Claus Meier

Richtig bauen

# Richtig bauen

## Bauphysik im Zwielicht – Probleme und Lösungen

Prof. Dr.-Ing. habil. Claus Meier †

9., bearbeitete Auflage

Mit 129 Bildern und 49 Tabellen

Kontakt & Studium
Band 645

Herausgeber:
Prof. Dr.-Ing. Dr. h.c. Wilfried J. Bartz
Dipl.-Ing. Hans-Joachim Mesenholl
Dipl.-Ing. Elmar Wippler

**Bibliografische Information Der Deutschen Bibliothek**

Die Deutsche Bibliothek verzeichnet diese Publikation
in der Deutschen Nationalbibliografie;
detaillierte bibliografische Daten sind im Internet über
http://www.dnb.de abrufbar.

**Bibliographic Information published by Die Deutsche Bibliothek**

Die Deutsche Bibliothek lists this publication
in the Deutsche Nationalbibliografie;
detailed bibliographic data are available on the internet at
http://www.dnb.de

ISBN 978-3-8169-3341-0

9., bearbeitete Auflage 2017
8. Auflage 2014
7., durchgesehene Auflage 2010
6., durchgesehene Auflage 2009
5., durchgesehene Auflage 2008
4., völlig neu bearbeitete und erweiterte Auflage 2006
3., durchgesehene und erweiterte Auflage 2004
2., durchgesehene Auflage 2003
1. Auflage 2002

# Herausgeber-Vorwort

Bei der Bewältigung der Zukunftsaufgaben kommt der beruflichen Weiterbildung eine Schlüsselstellung zu. Im Zuge des technischen Fortschritts und angesichts der zunehmenden Konkurrenz müssen wir nicht nur ständig neue Erkenntnisse aufnehmen, sondern auch Anregungen schneller als die Wettbewerber zu marktfähigen Produkten entwickeln.

Erstausbildung oder Studium genügen nicht mehr – lebenslanges Lernen ist gefordert! Berufliche und persönliche Weiterbildung ist eine Investition in die Zukunft:

- Sie dient dazu, Fachkenntnisse zu erweitern und auf den neuesten Stand zu bringen
- sie entwickelt die Fähigkeit, wissenschaftliche Ergebnisse in praktische Problemlösungen umzusetzen
- sie fördert die Persönlichkeitsentwicklung und die Teamfähigkeit.

Diese Ziele lassen sich am besten durch die Teilnahme an Seminaren und durch das Studium geeigneter Fachbücher erreichen.

Die Fachbuchreihe *Kontakt & Studium* wird in Zusammenarbeit zwischen der Technischen Akademie Esslingen und dem expert verlag herausgegeben.

Mit über 700 Themenbänden, verfasst von über 2.800 Experten, erfüllt sie nicht nur eine seminarbegleitende Funktion. Ihre eigenständige Bedeutung als eines der kompetentesten und umfangreichsten deutschsprachigen technischen Nachschlagewerke für Studium und Praxis wird von der Fachpresse und der großen Leserschaft gleichermaßen bestätigt. Herausgeber und Verlag freuen sich über weitere kritisch-konstruktive Anregungen aus dem Leserkreis.

Möge dieser Themenband vielen Interessenten helfen und nützen.

Dipl.-Ing. Hans-Joachim Mesenholl

Dipl.-Ing. Elmar Wippler

# Zum Geleit

Nach dem Ableben Claus Meiers 2015 in seinem 83. Lebensjahr ist es mir eine traurige, gleichwohl ehrenvolle Aufgabe, auch zu der nun posthum erscheinenden 9. Auflage ein Geleitwort schreiben zu dürfen. Seit unserem ersten Kennenlernen 1996 durfte ich an Claus Meiers Seite den Kampf um das richtige Bauen mitstreiten – auch gegen Boykott und vielfältige Verunglimpfung: in Fortbildungsveranstaltungen für Architekten und Ingenieure sowie durch Veröffentlichungen und Medienauftritte. Mein Berufsschaffen verdankt ihm neue Erkenntnisse und vielfältige Anregungen zum schadenfreien und wirtschaftlichen Konstruieren. Das hier vorliegende Werk ist inzwischen – dank unermüdlicher Fortschreibung der 2001er Erstauflage zum Manifest des emanzipierten Bauens geworden – als Gegenpol zur gratifikationsgestützten Planung in Abhängigkeit von der Bauwirtschaft.

Claus Meier benennt in diesem Buch seine Widersacher: die dem Lobbyismus unterwürfigen Politiker aller Couleur und ihre Ministerialen, die durch drittmittelgesponserte Forschungsaufträge, Pöstchen und Vortragshonorare verwöhnten und belohnten Doktores und Professores und deren spendierfreudigen Geldgeber, nicht zu vergessen die dem ökologistischen Aberglauben verfallenen Planer. All diese wurden in den letzten Jahren auch dank Meiers unermüdlichem Eintreten für persönliche Korrektheit und wissenschaftlich-technische Wahrheit ziemlich überrascht: Immer schärfer beleuchteten furchtlose Enthüllungsjournalisten der Fernseh- und auch Printmedien diese Situation. Die brandgefährlichen, vergifteten, schadens- und spechtanfälligen Häuserverpackungen, entgegen aller Reklame finanziell nutzlos, standen plötzlich im öffentlichen Fokus. Die Opfer und kritische Experten – darunter auch Meier und seine Mitstreiter – kamen endlich zu Wort. Immer mehr Eigenheimbesitzer und Mieter wehren sich nun gegen den unwirtschaftlichen Dämmzwang, dessen nach dem „Goldenen-Nasen-Paragrafen" im Mietrecht gesetzlich und auch gerichtlich gedeckte Umlagefähigkeit der Wohnungswirtschaft hohe Renditen in die Kassen und die armen Mieter an den Stadtrand spült. Empfindliche Umsatzeinbußen des Dämmstoffmarktes waren die logische Folge, millionenschwere Werbekampagnen dagegen verpufften bisher.

Immer mehr Hausbesitzer verloren dank der zunehmenden Medienaufklärung das Vertrauen in die falsche und von Claus Meier über Jahrzehnte entlarvte Bauphysik der Industriepropaganda. Von der Energieeinsparverordnung EnEV und dem Erneuerbare Energien Wärmegesetz EEWärmeG kann sich der Bauherr befreien lassen: Sozusagen alle Klimaschutz-Bauvorschriften – in Wahrheit Bedienmechanismen für die dahintersteckenden Branchen – lassen sich nämlich nicht wirtschaftlich umsetzen. Deshalb gelten sie rechtlich als „unbillige Härte" und widersprechen dem Artikel 14 unseres Grundgesetzes, der das Eigentum schützt. Da der Staat seine enteignungsgleichen Forderungen nach der teueren „Hauswende" nicht angemessen entschädigen will, gewährt er auf Antrag amtliche Befreiung. Diese gilt es direkt zu nutzen – gegen dämmstoffabhängige Energieberater, Planer und Beamte.

Die „Klimaschutzgesetze“ werden in immer geschwinderem Galopp verschärfend novelliert. Dummerweise gelingt aber genau dadurch der rechnerische Nachweis der „unbilligen Härte“ und damit die Befreiung vom strangulierenden Gesetzesdruck immer leichter. Jeder beratende Planer ist hier zu sachlich korrekter und wirtschaftlicher Information seines Bauherrn verpflichtet, sonst droht ihm Haftung, Honorarrückerstattung und Schadensersatz. Dazu gibt es eine unmissverständliche Urteilslage bis zum Bundesgerichtshof BGH und auch dieses Buch bietet hier wertvollen Stoff. Nicht wenige Bauherren lassen unsinnige Maßnahmen gleich ganz und gar, was gerade der Heizungsbranche zunehmend Kopfschmerzen bereitet. Sie hatte sich ja dank ihres EEWärmeG schier unendliche Umsatzsteigerungen versprochen.

Auch Fachleute der Baubranche melden sich zu Wort. Hier einige – betreffend Personennennung anonymisierte und rechtschreibkorrigierte – Zeilen aus einem mir von einem Insider aus öffentlich-rechtlicher Quelle zugespielten umfangreichen Schreiben (Auslassungen und Ergänzungen in eckigen Klammern):

> *„Ich selbst bin Brancheninsider und beobachte das Thema Brandschutz bei WDV-Systemen [...] seit mehreren Jahren sehr kritisch. Zur Ergänzung Ihrer Recherche möchte ich Sie über ein paar Hintergründe informieren, die einige Zusammenhänge und Aussagen ‚verständlicher‘ machen [...].*
>
> *Absolut zutreffend ist [die] Vermutung, dass sich Initiatoren und Treiber dieses Themas auf der Produzentenseite befinden. [...] In den letzten zwei Jahrzehnten wurde ein aufwändiges [und] kostspieliges Netzwerk bestehend aus Produzenten, Verbänden, Instituten und Politik aufgebaut und bislang erfolgreich betrieben. [...] hohe Zuwendungen [...] von der Lieferindustrie (u.a. überzogene Honorare für Vorträge etc.) [...].*
>
> *Seit Jahrzehnten eine Art Schlüsselfunktion in diesem Netzwerk wird von einem ehemaligen Geschäftsführer eines EPS-Marktführers [...] übernommen [...] [es folgen weitere Namen von Industrieverbänden, Instituten und Dämmstoffproduzenten sowie deren Vertreter]. Die Vorstände dieser Verbände u. Institute pflegen regelmäßig Kontakt zur Politik und deren Vertreter. Diese Kontaktpflege wird sehr aufwändig-kostspielig betrieben.*
>
> *Gegengefälligkeiten seitens der Politik wie z.B. die Verleihung von Bundesverdienstorden schließt dies ein. [...] war [...] im Übrigen auch an der Installation / Stellenbesetzung von (Deutsche Energie-Agentur dena, WDVS-Verband) maßgeblich beteiligt. Als Gegenleistung hierfür erwartete man (=Branche) eine entsprechende Ausrichtung und Ergebnisdokumentation / Plausibilität nach vorgegebenen Darstellungen. Diese Vorgehensweise und Handhabung erstreckt sich auf einige Positionen in Verbänden und Prüfinstituten z.B. [...] etc. Als gemeinsames Podium der Branche, Verbände u. Lob-*

*byisten, werden oft Veranstaltungen wie z.B. [...] genutzt (siehe beiliegende Teilnehmerliste). Teilweise klangvolle Namen, jedoch absolut käuflich in ihrer Aussage und auch Person (zum Beispiel Prof. [...], München).*

*Weiterhin ist es bei einigen Produzenten der EPS-Branche bis heute gängige Praxis, auch Verpackungsstyropor – also Styropor ohne Brandschutzmittel, welches nicht die Einstufung schwer entflammbar erfüllt – bei der Fertigung mit einzumahlen. Dies können Sie am Fertigprodukt nur sehr schwer erkennen, spart aber den Produzenten jede Menge teures Granulat.*

*Auch hiervon hatte und hat [...] Kenntnis, verantwortlich für einen Werksstandort in [...], der teilweise bis zu 50 % (produktabhängig) Verpackungsstyropor mit in den Fertigungsprozess einfließen ließ. Hierfür gibt es Zeugen und Belege!*

*Zum Thema Marktvorbereitung:*

*Die Branche ließ in den letzten Jahren sehr viele Mitarbeiter zu Energieberatern ausbilden, die entsprechend vorgefertigter Aussagen am Markt operieren. Oft werden von diesen unsinnige Konstruktionen empfohlen, die ausschließlich dem 'Mehrverkauf' dienen. [...] Einige Lieferanten bedienen sich sogar sehr geschickt der Hilfe von Schornsteinfegerinnungen und deren Mitgliedern. Hier fließen indirekt Gelder, um herstellerbezogene Konstruktionen direkt vor Ort zu empfehlen. Völlig haltlose Einsparpotentiale werden glaubhaft suggeriert und mit Nachdruck platziert. Initiator und Treiber dieser Maßnahmen ist auch hier der derzeitige Vorstandsvorsitzende des [...]!*

*Die Branche versucht mit hohem Aufwand diese Struktur (Institute, Fachverbände, Lobbyisten, politische Vertreter) aufrechtzuerhalten und gleichfalls geheim. Die enormen Kosten hierzu versucht man u.a. durch Preisabsprachen / Branchenkartell wirtschaftlich auszugleichen. [...]*

*gez. Insider"*

Derartige Machenschaften rechtfertigen Claus Meiers Eintreten für richtiges – das heißt auch ehrliches, an Recht und Wahrheit orientiertem Bauen. Die Eskapaden seiner vielen geschäftstüchtig ambitionierten Kontrahenten aus dem vorgenannten Netzwerk des nur angeblich energetischen Sanierens, des pervertierten Dämmterrors und dieser Art des Bauens sind im Buchanhang in Auszügen dokumentiert. Sie lesen sich nach obiger Enthüllung der geschäftstüchtigen Machenschaften ebenso wie seine rechtlichen und normentechnischen Hinweise neu und mit großem Gewinn.

Architekten und Ingenieure schulden vergabe-, haushalts- und berufsrechtlich produktneutrale Planung und Ausschreibung nach den Regeln der Baukunst und den sogenannten allgemein anerkannten Regeln der Technik. Viele Normen werden aber in den herstellerdominierten Ausschüssen des privatwirtschaftlich organisierten DIN e.V. nur profitorientiert zusammengeschustert, genau wie staatliche Bauregeln, -verordnungen und -gesetze in reicher Zahl. Die Einführung des grotesk verschärften Mindestwärmeschutzes nach DIN 4108-2:2003 in die Landesbauordnungen – gegen Claus Meiers 1999 zurückgewiesenen Einspruch – ist nur ein kleines, aber bezeichnendes Beispiel der Orchestrierung und Instrumentalisierung des Baurechts durch die Profiteure. Auch genügend Baufachliteratur hat ihren Hintergrund im Lobbyistentreiben und bezweckt alles andere als Verbraucherschutz. Planer, die zur Schadens- und Haftungsvermeidung, vielleicht auch aus persönlicher Gewissenhaftigkeit? – ohne die üblichen Gefälligkeiten der Produzentenberatung bis zum produktgespickten Leistungsverzeichnis – wirklich treuhänderisch dienstleisten wollen, werden dieses Buch als geradezu unerschöpfliche Quelle und Inspiration weiter nutzen können. Den letzten Ergänzungen Claus Meiers und dem expert verlag sei es gedankt.

Ich wünsche auch deshalb dieser neuen, nochmals verbesserten Auflage eine weite Verbreitung bei allen, die den Ausweg aus der beschriebenen Misere mittels Produktplacement, Dämmwahn, Überdichtung, gesteuerter Kostenexplosion, pfuschiger Sanierung und Maximalerneuerung dank Norm und gesetzlicher Verordnung suchen: Bei den Bauherrn, in den Lehranstalten des Bauwesens, den Baubehörden und vor allem bei uns Planern. „Hauswende", „Energiewende", „Klimaschutz" und ihre technischen Trugbilder werden auf dem Müllhaufen der Geschichte landen, richtig und ehrlich Gebautes bestimmt nicht.

Hochstadt am Main, August 2016
Konrad Fischer
Dipl.-Ing. Architekt
www.konrad-fischer-info.de

# Autorenvorwort

*Zur 1. Auflage*

Das Gebäude steht im Mittelpunkt des Bauens. Die derzeitige Konzentration auf das Thema Energie behindert die ganzheitliche Betrachtung, so daß für sinnvolle und abgerundete konstruktive Lösungen der Spielraum immer enger wird. Auf diesem Sektor besteht Informations- und Handlungsbedarf, damit im Interesse der Bewohner ihm nützliche und zuträgliche Konstruktionslösungen gefunden und angeboten werden können. Verbraucherschutz im umfassendsten Sinne ist auch hier gefragt.

Das Spektrum des zum Einsatz kommenden Erfahrungswissens ist breit angelegt und erfordert beim Bauen die Berücksichtigung vielfältiger Aspekte. Leider geht bei der heutigen Diskussion über bautechnische Entwicklungen viel an bewährtem Wissen verloren; es wird von recht einseitigen Überlegungen, die dem Bauen nicht zuträglich sind, verschüttet und überdeckt. Fragwürdige Initiativen werden gestartet, die, administrativ durchgesetzt, dem Bauen mehr schaden als nützen. Allein die Industrie und ihre Anhängsel sind Nutznießer dieser Tendenzen. Die Folgen sind schadensträchtige Bauten, Gesundheitsgefahren für den Bewohner und, wegen der zweideutigen Rechtslage, Streitereien vor Gerichten. Die Industrialisierung birgt auch beim Bauen für den Kunden mehr Gefahren als Nützliches.

Wie können diese negativen Begleiterscheinungen im Interesse der Bewohner verhindert werden? Nur unwiderlegbares Wissen, eine rückhaltlose Analyse begangener Fehler und eine umfangreiche Aufklärung kann dem entgegengesetzt werden. Der mündige Bürger ist dafür sehr aufgeschlossen. Parallele Vorkommnisse wie die geschäftsträchtige Behandlung von BSE, die industrielle Nahrungsmittelproduktion mit den Allergien auslösenden chemischen Lebensmittelzusatzstoffen und die in den Medien ständig geschilderten Korruptionsfälle lassen es geraten erscheinen, auch das Bauen kritisch zu durchleuchten. Hubert Markl sagt: "Die intellektuelle Respektlosigkeit in der Wissenschaft ist der alleinige Garant dafür, daß Fehler ausgemerzt, Betrug durchschaut, Schlampigkeit korrigiert werden können". Das Buch gibt Antwort auf Fragen, was beim Bauen zu beachten und wie zu entscheiden ist, aber auch, was falsch und deshalb zu vermeiden ist.

Nürnberg, im Juni 2001 Claus Meier

*Zur 2. Auflage*

Die kurzfristig notwendig werdende zweite Auflage unterstreicht den Bedarf an Büchern, die die bauphysikalischen Zusammenhänge erläutern und aufklären – aber auch die Fehler offenlegen. Die Praxis will informiert werden und ist dankbar, hierfür umfangreiches Material in die Hand zu bekommen. Das Buch ist durchgesehen und auf den neuesten Stand gebracht worden.

Nürnberg, im Juli 2002 Claus Meier

*Zur 3. Auflage*

Die notwendige dritte Auflage ist Zeugnis dafür, daß Planer, Architekten und Baufachleute, aber auch Bauherren und öffentliche Auftraggeber, solide Sachinformationen erwarten, um den Anforderungen der Praxis genügen zu können. Dabei wird vor allem Wert darauf gelegt, Hinweise und Anregungen zu bekommen, die von Industrie, Wirtschaft und Lobbyistenvereinigungen unabhängig sind. Ein „Richtiges Bauen" wird unabdingbar notwendig, damit Bauten und Gebäude bauschadensfrei und kostengünstig erstellt werden können.
Es hat sich herausgestellt, daß die Bauschäden überproportional zunehmen. Ärger und Verdruß, aber auch gerichtsgängige Verfahren belasten das Baugeschehen. Sachverständige werden zu Hauptakteuren, um bautechnische Wahrheiten gutachterlich zu begründen – jedoch auch hier werden Wissenslücken offenkundig. Die Folge können richterliche Fehlurteile sein, die die Misere im Bauen nur verstärken. Insofern muß Wissen wieder die Meinung ablösen, denn eine Wissensgesellschaft muß auf Meinungsmanipulation verzichten können. Es gilt, bautechnisches Wissen wieder zur Grundlage des Bauens zu machen. Die dritte Auflage ist umfangreich überarbeitet, erweitert und der neueste Stand berücksichtigt worden.

Nürnberg, im Februar 2004 Claus Meier

*Zur 4. Auflage*

Das weitverbreitete offizielle bauphysikalische Wissen basiert auf unrealistischen und damit fehlerhaften Voraussetzungen, Vorstellungen und Randbedingungen. Die Bauphysik entpuppt sich als ein für die Praxis zwielichtiger und damit unbrauchbarer Zweig der Wissenschaft, sie mutiert zu einer Pseudowissenschaft. Dies zu begründen, ist die 4. Auflage umfangreich überarbeitet, erweitert und ergänzt worden.

Nürnberg, im Mai 2006 Claus Meier

*Zur 5. Auflage*

Die überaus positive Resonanz der 4. Auflage bei den Fachleuten vor Ort macht es erforderlich, nun die fünfte Auflage herauszubringen. Das bauphysikalische Establishment allerdings ist nicht begeistert.

Nürnberg, im Januar 2008 Claus Meier

*Zur 6. Auflage*

Das Buch wird von Fachleuten sehr begrüßt. Der Erfolg der bisherigen Auflagen zwingt nun zur 6. Auflage. Das bauphysikalische Establishment sieht dies allerdings recht ungern.

Nürnberg, im Dezember 2008 Claus Meier

*Zur 7. Auflage*

Nach kurzer Zeit wurde bereits die 7. Auflage notwendig.

Nürnberg, im Dezember 2009 Claus Meier

*Zur 8. Auflage*

Nach einigen Nachdrucken wurde nun auch die 8. Auflage herausgebracht.

Nürnberg, im Dezember 2013 Claus Meier

*Zur 9., bearbeiteten Auflage*

Für die 9. Auflage wurden die EnEV-Bezüge aktualisiert und die Verzeichnisse übersichtlicher formatiert.
Der Inhalt bleibt aufgrund der von der Bundesregierung geplanten Entwicklung der Klimaschutzgesetze hin zu einer übertechnisierten Extremdämmbauweise brisant und gibt den Bauschaffenden nach wie vor Orientierung in all den widersprüchlichen, unwirtschaftlichen und bauschadensgeneigten gesetzlichen Vorgaben und Baunormen.
Das Geleitwort stellt aktuelle Entwicklungen dar. Dazu wurde aus dem Schreiben eines Whistleblowers / Insiders zitiert, der die im Buch genannten Informationen und Verbindungen zwischen Politik, Wirtschaft und Normgremien aus erster Hand bestätigt.

Hochstadt am Main, im Oktober 2016 Konrad Fischer

# Zur Einstimmung

Dieses Buch beschreibt viele fehlerhafte Vorstellungen und Annahmen in der Bauphysik und hilft mit diesem Aufdecken falscher Thesen, das Bauen wieder auf eine solide, bautechnisch fundierte Basis zu stellen, damit Fehlentwicklungen und Schäden vermieden werden können.

In diesem Zusammenhang muß das Werk des **Nikolaus Kopernikus** von 1543

"DE REVOLUTIONIBUS ORBIUM CAELESTIUM"

genannt werden, das das ptolemäische Weltbild ablöste und im Widmungsbrief zu diesen Büchern an Papst Paul III folgende Passagen enthielt [Kopernikus]:

> *"Zur Genüge, heiligster Vater, kann ich mir denken, es werden gewisse Leute, sobald sie erfahren, daß ich in diesen meinen Büchern über die Kreisbewegungen der Sphären des Weltalls der Erdkugel gewisse Bewegungen zuschreibe, sofort ausrufen, mit einer solchen Meinung sei ich zu verwerfen."*

Werden Erkenntnisse dargelegt, die dem "Trend" öffentlicher Meinungen widersprechen, dann wird gezetert – das war schon immer so.

> *"Und obschon ich weiß, daß die Gedanken eines Philosophen dem Urteil der Menge entzogen sind, da es sein Bestreben ist, in allen Dingen die Wahrheit zu erforschen, soweit dies der menschlichen Vernunft von Gott gestattet ist, so glaube ich doch, man müsse Meinungen vermeiden, die dem Richtigen geradezu zuwiderlaufen."*

Diese alte Regel der Wissenschaft, konsequent der Wahrheit zu dienen, sollte auch heute noch gelten, denn dieser hehre Anspruch wird arg gebeutelt.

> *"... damit nicht das Herrliche, was durch die Nachforschung großer Männer erkundet ist, von denen verspottet werde, die entweder zu träge sind, sich mit irgendeiner Wissenschaft viel Mühe zu geben, wenn sie nicht Geld bringt, oder die, durch Ermahnungen oder das Beispiel anderer zum freien Studium der Philosophie angeregt, doch wegen der Stumpfheit ihres Geistes sich unter den Philosophen bewegen wie Drohnen unter den Bienen."*

Da heute mehr das Prinzip des Nützlichen, eben die Gewinnmaximierung, im Vordergrund steht, werden verstärkt diejenigen Geister gefragt sein, die dieser Prämisse zu folgen bereit sind – und das sind nicht immer die charaktervollen Leute.

> *"Ich dürfte mich nicht länger aus Furcht weigern, meine Arbeit zu allgemeinem Nutzen der Mathematiker bekannt zu machen."*

Auch heute noch ist Furcht angebracht, obgleich es keinen reellen Scheiterhaufen mehr gibt – dafür aber einen virtuellen, einen gedanklichen.

> *"... wie durch die Veröffentlichung meiner Untersuchungen der Nebel des Befremdlichen vor den einleuchtendsten Beweisen gänzlich verschwände."*

Nebel muß heute ebenfalls wieder gelichtet werden, damit die Verschleierung der Bautechnik-Materie endlich ein Ende findet.

*"... wie ich auf den gewagten Gedanken gekommen bin, gegen die herrschende Meinung der Mathematiker, ja fast gegen den gesunden Menschenverstand eine Bewegung der Erde anzunehmen."*

Es ist auch heute noch besonders schwer, gegen die herrschende Meinung anzugehen, wenn auch Meinung in der Mediengesellschaft durchaus produzierbar und manipulierbar ist und mit Wissen nichts gemein hat. Es regiert in absolutistischer Art und Weise die Meinung, nicht das Wissen.

*"Sie müssen also im Zuge der Beweisführung, die sie ihre Methode nennen, entweder irgend etwas Wesentliches übergangen oder etwas Fremdartiges und nicht im geringsten zur Sache Gehöriges hinzugenommen haben. Das wäre ihnen keinesfalls passiert, wenn sie sicheren Grundsätzen gefolgt wären."*

Die wissenschaftliche Redlichkeit, die schon damals den Kritikern abhanden gekommen ist, wird auch heutzutage vielfach vermißt. Irrtümer sind langlebig.

*" ..., so daß Du leicht durch Deine Autorität und durch Dein Urteil mich vor den Bissen der Verleumder schützen kannst, wenn auch das Sprichwort sagt, gegen den Biß des Sykophanten gäbe es kein Mittel."*

Wenn sich eine gesteuerte Verleumdung und Diffamierung durch gewinnsüchtige Denunzianten erst einmal breit gemacht hat, dann zeigt dies doch im Grunde die argumentative Hilflosigkeit der Kritiker; sachlich sind sie am Ende.

*"Sollten aber vielleicht Schwätzer kommen, die, obgleich unwissend in der Mathematik, sich doch ein Urteil darüber anmaßen und es wagen sollten, aufgrund irgend einer Stelle in der Heiligen Schrift, die sie böswillig für ihre Zwecke verdrehen, dieses mein Werk zu tadeln und anzugreifen, so mache ich mir nichts aus ihnen, ja ich will ihr Urteil sogar als leichtfertig verachten."*

Schwätzer und Scharlatane mischen auch heute fleißig mit, um durch ihr schändliches Tun gewinnbringende Resultate zu erzielen – non olet.

*"Es darf daher Kundige nicht verwundern, wenn dergleichen Leute auch uns verspotten werden."*

Claqueure gab und gibt es zu allen Zeiten, die es zu ihrer ureigensten Aufgabe machen, den Mächtigen zu gefallen – armselige Kreaturen.

*"Und damit es Deiner Heiligkeit nicht so scheine, als verspräche ich mehr vom Nutzen dieses Buches als ich zu halten vermöchte, gehe ich nun zur Sache selbst über."*

Maßgebend sind nicht die Interpretationen fragwürdigen menschlichen Handelns, sondern allein die Auseinandersetzung mit der Sache selbst.

Was lehrt uns diese Vorrede im Widmungsbrief des Nikolaus Kopernikus?

Menschen sind damals wie heute zwiespältiger Natur, und nur deshalb müssen unbedingt die Regeln und Normen sittlichen und moralischen Verhaltens eingehalten werden – besonders in der Wissenschaft. Ansonsten wird nur Chaos und Willkür geschaffen.

# Inhaltsverzeichnis

**Geleitwort**
**Autorenvorwort**
**Zur Einstimmung**

**1 Einleitung ........ 1**

**2 Grundsatzüberlegungen ........ 3**

**2.1 Begriffe ........ 3**
2.1.1 Wissen, Meinung, Glaube ........ 4
2.1.2 Definitionen ........ 4

**2.2 Forschungsmethodik ........ 34**
2.2.1 Induktion ........ 35
2.2.2 Deduktion ........ 36
2.2.3 Modellrechnungen ........ 36

**2.3 Konsequenzen ........ 38**

**3 Rechtliche Randbedingungen ........ 40**

**3.1 Grundgesetz ........ 40**
3.1.1 Die Grundrechte ........ 41
3.1.2 Der Bund und die Länder ........ 42
3.1.3 Der Bundestag ........ 42

**3.2 Bürgerliches Gesetzbuch ........ 43**
3.2.1 Rechtsgeschäfte ........ 43
3.2.2 Verjährung ........ 44
3.2.3 Ausübung der Rechte, Selbstverteidigung, Selbsthilfe ........ 45
3.2.4 Recht der Schuldverhältnisse ........ 46
3.2.5 Einzelne Schuldverhältnisse ........ 46
3.2.6 Mietvertrag, Pachtvertrag ........ 49
3.2.7 Dienstvertrag ........ 52
3.2.8 Werkvertrag ........ 52
3.2.9 Auftrag und Geschäftsbesorgungsvertrag ........ 54
3.2.10 Unerlaubte Handlungen ........ 54

**3.3 Strafgesetzbuch ........ 55**
3.3.1 Beleidigung ........ 55
3.3.2 Körperverletzung ........ 56
3.3.3 Betrug und Untreue ........ 57
3.3.4 Strafbarer Eigennutz ........ 58
3.3.5 Sachbeschädigung ........ 59

3.3.6 Gemeingefährliche Straftaten ..... 59
3.3.7 Straftaten im Amt ..... 60

**3.4 Allgemein anerkannte Regeln der Technik ..... 62**

**3.5 DIN-Vorschriften ..... 63**

**3.6 Energieeinsparungsgesetz ..... 66**

**3.7 Wärmeschutz- und Energieeinsparverordnung ..... 68**

**3.8 Konsequenzen ..... 69**

**4 Wirtschaftlichkeit ..... 70**

**4.1 Dynamische Investitionsrechnung ..... 71**

4.1.1 Nachschüssige Behandlung ..... 71
4.1.2 Vorschüssige Behandlung ..... 83
4.1.3 Sonderbehandlung ..... 84

**4.2 Wirtschaftlichkeitsnachweis ..... 85**

4.2.1 Aufwand ..... 86
4.2.2 Nutzen ..... 86
4.2.3 Mehrkostennutzenverhältnis ..... 88
4.2.4 Wirtschaftlichkeit von U-Wert-Reduzierungen ..... 91

**4.3 Manipulative Aktivitäten ..... 94**

4.3.1 Unkorrekter Wirtschaftlichkeitsnachweis ..... 94
4.3.2 Wirtschaftlichkeit wird auf den Kopf gestellt ..... 97
4.3.3 Beispiele aus der Literatur ..... 99

**4.4 Minimum oder Effizienz ..... 104**

**4.5 Fehlerhafte Interpretation eines Optimums ..... 107**

**4.6 Sanierung und die Wirtschaftlichkeit ..... 109**

**4.7 Konsequenzen ..... 116**

**5 Humane Heiztechnik ..... 118**

**5.1 Strahlungsphysik ..... 118**

5.1.1 Die älteste Strahlungsheizung ..... 118
5.1.2 Die Solarstrahlung ..... 119
5.1.3 Strahlungsgesetze ..... 120
5.1.3.1 Das Plancksche Strahlungsgesetz 121
5.1.3.2 Das Stefan-Boltzmannsche Strahlungsgesetz 124
5.1.3.3 Der Halbraum 125
5.1.4 Absorption und Emission ..... 126

**5.2 Strahlungsaustausch ..... 130**

5.2.1 Differenzbildung ..... 130
5.2.2 Strahlungsaustauschzahl ..... 130
5.2.3 Ausgetauschte Energiemenge ..... 131

**5.3 Fehlerhafte Behandlung der Strahlung ........ 133**
5.3.1 Der Irrtum der Heizungsbranche ........ 133
5.3.2 Falsche Theorie für die Praxis ........ 135
5.3.3 Unsinnige Formeln für Wärmeleistungen ........ 136
5.3.4 Wärmeübergangskoeffizient Strahlung ........ 137
**5.4 Die Wärmeleistung einer Strahlungsheizung ........ 140**
5.4.1 Die Wärmeleistung einer temperierten Fläche ........ 141
5.4.2 Die Wärmeleistung von Verteilungsrohren ........ 146
5.4.3 Die Gesamtwärmeleistung ........ 149
**5.5 Strahlungs- oder Konvektionsheizung ........ 150**
5.5.1 Behaglichkeitsdiagramm ........ 152
5.5.2 Energetische Unterschiede ........ 153
5.5.3 Glas und die Wärmestrahlung ........ 154
5.5.4 Temperierung ........ 155
**5.6 Thermografie ........ 156**
**5.7 Konsequenzen ........ 157**

**6 Wärmeschutz ........ 159**
**6.1 Klima und Gebäude ........ 159**
6.1.1 Bautechnische Erfahrungen ........ 160
6.1.2 Der erfundene Treibhauseffekt ........ 160
6.1.3 Von der Solarenergie abgeschottet ........ 162
6.1.4 Solares Energieangebot ........ 164
**6.2 Speicherung ........ 168**
6.2.1 Empirische Erfahrungen ........ 169
6.2.1.1 Beispiel Wedel 169
6.2.1.2 Beispiel Bern 170
6.2.1.3 Beispiel Wärmestrommessung 171
6.2.1.4 Beispiel Heizkostenabrechnung 172
6.2.2 Instationäre Behandlung ........ 173
6.2.3 Temperaturgradient ........ 175
6.2.3.1 Unterschiedliche Wärmestromdichten 176
6.2.3.2 Bestätigung in der Literatur 178
6.2.4 Effektive U-Werte einer monolithischen Wand ........ 183
6.2.4.1 Der U-Wert-Bonus 183
6.2.4.2 Speicherwirkung und der U-Wert 183
6.2.4.3 Praxisnahe Berücksichtigung 187
6.2.4.4 Anwendungsbeispiele 191
6.2.5 Effektive U-Werte für das Dach ........ 199
**6.3 Temperaturmessungen ........ 204**
6.3.1 Lichtenfelser Experiment ........ 204
6.3.2 Temperatur-Amplituden-Verhältnis ........ 208
6.3.3 Temperaturstabile Konstruktionen ........ 213

**6.4 Fehlerhafte Forschungsaktivitäten ..... 215**
6.4.1 Angepaßte Systemgrenzen ..... 215
6.4.2 Irreführender Forschungsansatz ..... 216
6.4.3 Dubiose Forschungsmethoden ..... 218
6.4.4 Falsche Simulationsmodelle ..... 220
6.4.5 Absurde Forschungsergebnisse ..... 224
6.4.6 Tautologie als Beweis ..... 226
**6.5 Dämmung ..... 231**
6.5.1 Stationäre Fouriersche Wärmeleitungsgleichung ..... 231
6.5.2 Die U-Wert Funktion ..... 235
6.5.3 Effizienzgrenze des U-Wertes ..... 237
6.5.4 Energierelevanz des U-Wertes ..... 242
6.5.5 Energierelevanz des Heizwärmebedarfs ..... 243
6.5.6 Volkswirtschaftliche Energierelevanz ..... 243
6.5.7 Wärmebrücken ..... 246
6.5.7.1 Verdübelungen und Verankerungen 247
6.5.7.2 Heterogene Dämmschale 248
6.5.7.3 Funktionelle Behandlung 249
**6.6 Das Fenster ..... 250**
6.6.1 Temporärer Wärmeschutz ..... 250
6.6.2 Solargewinn durch Fenster ..... 253
6.6.3 Effektive $U_W$-Werte ..... 254
**6.7 Konsequenzen ..... 255**

**7 Feuchteschutz ..... 256**
**7.1 Außen- und Innenluftfeuchte ..... 256**
**7.2 Feuchtesorption ..... 258**
**7.3 Oberflächenkondensat ..... 262**
7.3.1 Kondensat als Naturgesetz ..... 262
7.3.2 Kondensat und Schimmelpilz ..... 268
7.3.3 Der Irrtum des Temperaturfaktors ..... 271
**7.4 Kondensat in der Konstruktion ..... 276**
7.4.1 Fehlerhafte Temperaturbestimmung ..... 276
7.4.2 Die Gültigkeit der μ-Werte ..... 277
7.4.3 Das Glaser-Verfahren ..... 282
7.4.4 Fehlerhafte Empfehlungen ..... 284
7.4.5 Das richtige Konstruieren ..... 287
**7.5 Luftdichtheit ..... 288**
**7.6 Konsequenzen ..... 291**

**8 Schallschutz ... 293**

**8.1 Schallempfinden ... 293**

**8.2 Grenzfrequenz ... 295**

**8.3 Eigenfrequenz ... 296**

**8.4 Schalldämm-Maße ... 300**

8.4.1 Wände ... 300
8.4.2 Fenster ... 301
8.4.3 Haustrennwände ... 303
8.4.4 Resultierende Schalldämmung ... 304

**8.5 Konsequenzen ... 306**

**9 Fragwürdige DIN-Vorschriften ... 307**

**9.1 DIN 4108 ... 308**

9.1.1 Manipulation der Norm ... 309
9.1.2 Fehlerhafte Vorstellungen beim Tauwasserschutz ... 309
9.1.3 Fragwürdige Dampfdiffusionsberechnungen ... 312
9.1.4 Methodischer Fehler in der DIN ... 317
9.1.5 Eigenartiger Schlagregenschutz ... 321
9.1.6 Wärmespeicherfähigkeit falsch eingeschätzt ... 324
9.1.7 Fragwürdiges Beiblatt 2 ... 325

**9.2 DIN EN 832 ... 327**

9.2.1 Fehler, Fehler und nochmals Fehler ... 328
9.2.2 Fehlerhafte Nettowärmegewinne durch Strahlung ... 328
9.2.3 Absurde Temperaturfestlegungen ... 331
9.2.4 Fehlerhafte mitwirkende Speicherdicke ... 333
9.2.5 Absurdes Berechnungsbeispiel ... 336

**9.3 DIN EN ISO 6946 ... 337**

**9.4 Konsequenzen ... 340**

**10 Verordnungen über den Wärmeschutz ... 342**

**10.1 Methodischer Aufbau ... 342**

10.1.1 Fehlende Wärmedämmgebiete ... 343
10.1.2 Das Absurde beim A/V-Verhältnis ... 344
10.1.3 Das Dämmstoff-Verteilungsproblem ... 347
10.1.4 Mißachtung der Wirtschaftlichkeit ... 349

**10.2 Wärmeschutzverordnung 1995 ... 350**

10.2.1 Die „neue“ Methodik – Fehlanzeige ... 350
10.2.2 Erfüllung der Anforderungen ... 352

**10.3 Die Energieeinsparverordnung ........ 354**
10.3.1 Die Mär von der Klimakatastrophe ........ 355
10.3.2 Gesetzwidriges Verhalten ........ 361
10.3.3 Unzumutbare Rechenmethoden ........ 362
10.3.4 Mißbrauch technisch-wissenschaftlicher Verfahren ........ 362
10.3.5 Energieausweis – Täuschung des Kunden ........ 363
10.3.6 Auswirkungen der EnEV ........ 364
10.3.7 Erfüllung von Industriewünschen ........ 366
10.3.8 Weitere inhaltliche und methodische Kritik ........ 367
10.3.9 Der Widersinn normierter Randbedingungen ........ 370
10.3.10 Das Anforderungsniveau ........ 380

**10.4 Wärmeschutznachweis ........ 383**
10.4.1 Die rechtlichen Voraussetzungen ........ 383
10.4.2 Ein alternativer Wärmeschutznachweis ........ 385

**10.5 Konsequenzen ........ 390**

**11 Zukunftsträchtiges Bauen ........ 392**

**11.1 Konzeption richtigen Bauens ........ 392**
11.1.1 Massivbau ........ 392
11.1.2 Belüftetes Dach ........ 393
11.1.3 Kasten- und Verbundfenster ........ 394
11.1.4 Strahlungsheizung ........ 394

**11.2 Konsequenzen ........ 395**

**12 Schlußbemerkung ........ 396**

**13 Anhang ........ 399**

**13.1 Anmerkungen ........ 399**
(1) Über den Zustand der Wissenschaft ........ 401
(2) Mißbrauch des Grundgesetzes ........ 411
(3) Führungsposition und die Ethik ........ 411
(4) Exzellente Begriffsverwirrungen ........ 412
(5) Nonsens-Definitionen ........ 413
(6) Konsensmißbrauch ........ 414
(7) Gauß als Nothelfer ........ 415
(8) Verzweifelte Reaktionen ........ 415
(9) Demokratische Bücherverbrennung ........ 420
(10) Konzertierte Verdammnis ........ 423

**13.2 Literaturverzeichnis ........ 439**

**13.3 Sachwortverzeichnis ........ 460**

**13.4 Namensverzeichnis ........ 466**

# 1 Einleitung

Das Bauen muß als konstruktive Einheit ganzheitlich gesehen und vollzogen werden und dabei die Belange der Bewohner in den Mittelpunkt stellen – andere Optionen sind zweitrangig. Allzu leichtfertig unterwerfen sich Politik und Wissenschaft den Wünschen der Industrie. Dies hat negative Folgen für den Kunden. Bei den Konstruktionen führen bautechnische Trends zu Fehlern. Deshalb muß beim "Richtig bauen" Fehlerhaftes bekannt und erkannt werden – sofern daran überhaupt ein Interesse besteht – Zweifel sind hier angebracht.

*"Heute sind drei Werte im allgemeinen Bewußtsein führend, deren mythische Vereinseitigung zugleich die Gefährdung der moralischen Vernunft im Heute darstellt. Diese ... sind Fortschritt, Wissenschaft, Freiheit"* [Ratzinger 05].

Eine zwielichtige Bauphysik forciert den Trend zum falschen Bauen – und bezeichnet ihn dann als technischen Fortschritt. Wissenschaft muß endlich entmythologisiert werden, denn der Mißbrauch der Begriffe wird immer mehr zum Normalfall. *"Wissenschaft ist ein hohes Gut. Aber es gibt auch Pathologien der Wissenschaft. Verzwecklichung des Könnens für die Macht, in denen zugleich der Mensch entehrt wird"* [Ratzinger 05]. Wissenschaft als pathologisches Phänomen; wie wahr ist diese Analyse; dem muß im Interesse der Menschen uneingeschränkt zugestimmt werden.

Die bauphysikalischen Überlegungen konzentrieren sich einseitig auf die Forderung nach Energieeinsparung, wobei der Wärmedämmung fälschlicherweise ein wesentlicher Part zugewiesen wird. Das schadensträchtige, chemiedurchsetzte "Niedrigenergiehaus" soll als Standard künftigen Bauens gelten. Da es vernünftige Alternativen gibt, muß dieses falsch gesetzte Ziel kritisch hinterfragt werden.

Für die behagliche Nutzung von Gebäuden sind wichtige bauphysikalische Forderungen zu berücksichtigen. Eine strahlungsorientierte Heiztechnik, ein für unser Klima zwischen Dämmung und Speicherung günstig abgestimmter Wärmeschutz, ein Bauschäden vermeidender Feuchteschutz, ein günstiger Schallschutz; all dies sind bei Vermeidung gesundheitsgefährdender Stoffe unverzichtbare Bestandteile ganzheitlicher Überlegungen. Die daraus resultierenden konstruktiven Lösungen sollen und müssen aber auch effizient sein, eben dem Wirtschaftlichkeitsgebot genügen. All diese Faktoren jedoch bleiben unberücksichtigt.

Bei den forcierten bautechnischen Entwicklungen treten viele methodische und inhaltliche Widersprüche auf, die auch zu Bauschäden führen: Durchfeuchtungen von Außenkonstruktionen sowie Schimmelpilz- und Algenbildungen an den Wänden; auch ist der sommerliche und winterliche Wärmeschutz auf einen gemeinsamen konstruktiven Nenner zu bringen; Gesundheitsgefahren für die Bewohner sind durch "richtiges Bauen" zu vermeiden, werden aber meist erst durch fehlerhafte Verordnungen hervorgerufen.

Für diese bautechnischen Fehlentwicklungen sind bauphysikalische Irrtümer und Trugschlüsse die Ursachen. In der proklamierten Bauphysik steckt viel Naivität und Einfalt, der Realität wird der virtuelle Schein vorgezogen – bei der Bauphysik muß unmißverständlich von einer leider weit verbreiteten Pseudowissenschaft gesprochen werden. Hier sind besonders zu nennen:

- Das Kostenminimum wird als wirtschaftlichste Lösung angesehen – falsch,
- Strahlung wird wie die Konvektion behandelt – falsch,
- Beim Energiebedarf wird stationär gerechnet – falsch,
- Die Superdämmung wird als effizient bezeichnet – falsch,
- Beim Feuchteschutz wird die so wichtige Sorption unterschlagen – falsch,
- Energiesparende Leichtbauweise erfülle Schallschutzanforderungen – falsch,
- DIN-Normen werden als Regeln der Technik angesehen – falsch,
- Energiesparhäuser seien die Bauweise der Zukunft – falsch.

Diese fehlerhaften Vorstellungen bilden die Basis "fortschrittlichen und modernen" Bauens. Das Fehlerhafte wird jedoch nur erkannt, wenn die Grundlagen der bauphysikalisch-funktionalen Zusammenhänge unter Berücksichtigung naturgesetzlicher Prämissen bekannt sind. Bei der wohnhygienischen, wärmetechnischen und schadensfreien Konzeption eines Gebäudes dürfen allein nur fach- und sachgerechte sowie wirtschaftlich effiziente Lösungen ausschlaggebend sein.

Bauphysik ist eine ernste Sache, doch muß hier im Sinne und im Interesse des Kunden gedacht und gehandelt werden. Der Desinformation muß endlich die Aufklärung entgegengesetzt werden. Diese Freiheit muß man sich nehmen. Die repressiven Mechanismen in der Bautechnik sind schonungslos zu entlarven. In der Bauphysik scheint Täuschung und Betrug zum Standard und das Banale zum Prinzip erhoben worden zu sein. Inhaltsleere und phrasenhafte Bekenntnisse ersetzen Erkenntnisse, Logik sucht man vergebens, Freiheit wird mißbraucht.

Fragt man nach den Hintergründen dieser nicht gut zu heißenden Entwicklung, so ist neben dem exorbitanten Gewinnstreben auch eine allgemein anzutreffende Oberflächlichkeit und Laxheit im Denken und Handeln festzustellen. Traditionelle Werte wie Geradlinigkeit, Lauterkeit, Integrität, Fleiß, Können und Wahrheitsliebe müssen wieder Oberwasser gewinnen, die Zeit der substanzlosen Blender und Hallodris muß endlich vorbei sein. Redlichkeit muß wider die Oberhand gewinnen. Allerdings hinterläßt jahrzehntelange Hegemonie der Showleute ihre ureigensten Spuren – die Desinformation dominiert. Mit dem gelegentlichen Korrigieren einzelner Aussagen und Thesen offizieller Bauphysik wird jedoch keineswegs der Trend dieser Zeit gestoppt – dieser wird nur verschleiert und vernebelt.

Das bautechnische Denkgebäude muß deshalb von Grund auf neu errichtet werden, all die bisher gemachten bautechnischen Erfahrungen müssen beachtet werden, bautechnische Traditionen sind zu berücksichtigen. Den geschilderten Negativ-Tendenzen werden das Kapitel "2 Grundsatzüberlegungen" und als juristische Konsequenz dann das Kapitel "3 Rechtliche Randbedingungen" dem Buch vorangestellt. Will der Leser jedoch sofort in die fachlich-technischen Belange des Bauens und die damit verbundenen Irrungen und Wirrungen einsteigen, so kann er sich diese beiden Kapitel für später vorbehalten.

# 2 Grundsatzüberlegungen

Bevor in die Materie eingestiegen werden kann, müssen einige grundsätzliche Anmerkungen zum Umgang mit dem Thema gemacht werden. Widersprüchliche Argumentationen, nicht nachvollziehbare Schlußfolgerungen und administrativ-doktrinäre Anordnungen belasten in fataler Weise das Bauen. Wie kann diesen Negativerscheinungen wirksam entgegengesteuert werden? [Austeda], [Elser 92], [Enzy 92], [Metzler 95], [Meyers 78], [Seifert 69].

## 2.1 Begriffe

Unser verstandesmäßiges Denken vollzieht sich in Begriffen. Die Logik ist als Regelsystem dafür entwickelt worden, um Formen und Methoden des *richtigen* Denkens zu klären. Nicht *was* gedacht werden soll, sondern *wie* gedacht werden soll, ist Gegenstand der Logik. Wie muß man denkend fortschreiten, um zu richtigen Ergebnissen zu gelangen? Die Bestandteile der klassischen logischen Elementarlehre sind seit Aristoteles der Begriff, das Urteil und der Schluß. Wie gewinnen wir klare, für das wissenschaftliche Denken brauchbare Begriffe? Nur durch Definition. Logisches Denken fordert also eine klare Definition der Begriffe.

Karl Steinbuch sagt hierzu: *"Das rationale Wissen von unserer Welt kann man sich als ein zusammenhängendes Erklärungsgitter aus Begriffen und ihren Relationen vorstellen, das sich der Erfahrung immer besser anpaßt"* [Steinbuch 79].

Wenn jedoch bereits Begriffe mißbraucht werden, dann werden auch die Urteile und die Schlußfolgerungen nur zu einem diffusen Wahrheitsgehalt kommen können (4). Deshalb ist immer die Frage zu stellen: "Was ist darunter zu verstehen?".

Koordinierte Aktionen von Wirtschaft, Wissenschaft und Administration, die in einträchtiger Symbiose bestimmte Vorstellungen zu realisieren versuchen, werden oft mit zwar gut erscheinenden, jedoch mißbräuchlich verwendeten und fehlerhaften Argumenten begleitet – die Folge einer Begriffsverwirrung (4). Die Behauptung triumphiert, der Beweis bleibt aus, Richtigkeit wird nur vorgetäuscht.

Ein typisches Beispiel für solch ein unlauteres Geflecht ist der Gebäudewärmeschutz, der das Bauen zu dominieren scheint. Karl Steinbuch sagt: *"Die meisten politischen Entscheidungen – besonders demokratisch legitimierte Entscheidungen – beruhen auf intuitiven Urteilen und sind deshalb häufig falsch"*. Er kommt zu dem Schluß: *"Wo Begriffe und Strukturen verflüssigt werden, versinkt man im Sumpf"* [Steinbuch 79].

Dem zu entgehen, bedarf es auch eindeutiger und klarer Begriffsklärungen.

## 2.1.1 Wissen, Meinung, Glaube

Einleitend kann hier ein Artikel hilfreich sein, aus dem Nachfolgendes wiedergegeben wird [Meier, 89c]:

*Wissen* ist im philosophischen und wissenschaftlichen Sinne die auf Begründungen bezogene und strengen Überprüfungspostulaten unterliegende Kenntnis – institutionalisiert in den Wissenschaften; Wissen ist allgemeinverbindlich.
*Meinung* ist im Unterschied zu begründetem Wissen ein Behauptungszusammenhang, der keinem strengen Überprüfbarkeitspostulat unterliegt. Meinung ist unverbindlich, Meinung ist auch produzierbar, sogar manipulierbar.
*Glaube* ist im Gegensatz zu Wissen nur subjektives Fürwahrhalten ohne methodische Begründungen. Glaube ist individuell.

Aussagen, die auf Wissen und nicht auf Meinungen beruhen, sind generell die besseren, doch werden oft Suggestiv-Meinungen erzeugt, die dann als "gesichertes Wissen" präsentiert werden. Der Mißbrauch feiert Triumphe. Es gibt genügend Beispiele, die für den interessierten Laien und selbst für Fachleute nur deshalb vielleicht überraschend erscheinen, weil Massensuggestion und Meinungsterror in Medien und Fachzeitschriften gezielte, jedoch falsche Vorstellungen über die naturgesetzlichen und logisch nachvollziehbaren Sachzusammenhänge verbreiten (3).

Karl Steinbuch sieht folgende Gefahr: *"Man übersieht aber leicht die viel schlimmere Entfremdung des Menschen von 'seiner' Meinung, die tatsächlich nicht mehr seine Meinung ist, sondern von anderen professionell produziert wird"* [Steinbuch 79].

Hier sei an ein Wort von Bertrand Russell erinnert:

*"Selbst wenn alle Fachleute einer Meinung sind,*
*können sie sehr wohl im Irrtum sein".*

Meinung ist eben nicht Wissen und neigt im Gegensatz zum Wissen zu eigenartigen und sogar zu falschen Interpretationen, ganz abgesehen vom Glauben. Was wird nicht heute, eben auch in der rational orientierten, aber oft nur als solche erscheinenden Technik, alles geglaubt. Hier muß Kant erwähnt werden, der *Wissen* zur Grundlage vernünftigen Handelns macht. Dies sollten wir beherzigen.

## 2.1.2 Definitionen

Zum einen werden Begriffe erläutert, die sich vor allem aus einer soliden und nachweisbar positiv zu sehenden wissenschaftlichen Vorgehensweise ergeben, Begriffe, die für das Verständnis und die Erkenntnis von Aussagen von Wichtigkeit sind und die das Fundament sachgerechten Handelns bilden.

Verstärkt wahrzunehmende marktorientierte Denk- und Handlungsweisen, die sich immer dominanter durchzusetzen versuchen, machen Begriffserläuterungen auch der Kehrseite notwendig. Gewinnorientierung verläßt oft die Basis vernünftiger und wissenschaftlich nachvollziehbarer Grundlagen. Bei dieser Doppelgleisigkeit wissenschaftlichen Handelns werden für den Kunden, für den Verbraucher, aber auch für den sachorientierten Fachmann viele Aktivitäten und Maßnahmen unverständlich und nicht nachvollziehbar.

*Aussage*
In der Logik ist dies ein Behauptungssatz (Urteil). Erlaubt das Argumentationsverfahren eine Gewinnstrategie für den Behauptenden, so gilt: "Die Aussage ist wahr". Erlaubt es eine Gewinnstrategie für den Bestreitenden, so gilt: "Die Aussage ist falsch". Die Möglichkeit von wahren und unwahren Aussagen beschränkt sich allerdings nur auf induktiv gewonnene, auf empirische Aussagen.
Eine Aussage gilt nach Raimund Popper nur so lange als wahr, bis sie widerlegt ist. Rational gesehen eine einfache Sache, doch kann der Nachweis einer unwahren Aussage bei den Betroffenen zu emotionalen und unwirschen Reaktionen führen (8).

*Axiom*
Als Axiomensystem bezeichnet man ein System von Sätzen, aus denen alle übrigen Sätze durch logische Deduktion ableitbar sind. In diesem Sinne muß das Axiomensystem vollständig und auch in sich schlüssig sein. Ein System von Aussagen, das aus Axiomen abgeleitet wurde, ist durch das deduktive Vorgehen von vornherein widerspruchsfrei, das heißt unwiderlegbar.

*Bekenntnis*
Ein Bekenntnis ist etwas völlig Unwissenschaftliches, ist die prägnante Formulierung einer zentralen Gewißheit in einer Religion. Ein Bekenntnis ist also ausschließlich eine Glaubensfrage. Gerade in der Produktion von technischen (und leider auch wissenschaftlichen) Aussagen sind Bekenntnisse an der Tagesordnung. Der Glaube versetzt Berge, heißt es – und so werden Sachverhalte postuliert, die einfach unsinnig sind. Was heute in der Bautechnik alles geglaubt wird, kann schon als ein Bekenntnis zu einem mörderischen Fortschrittsglauben bezeichnet werden. Wissen wird in diesem Zusammenhang als überflüssig erachtet.

*Beweis*
Ein Beweis ist die Begründung für eine aufgestellte Behauptung oder Aussage. Die Lehre vom Beweis gehört, zusammen mit der Lehre von der Definition, seit jeher zur Logik und Wissenschaftstheorie, zur Methodenlehre.
Man unterscheidet traditionell die deduktiven, vom Allgemeinen zum Besonderen führenden, unwiderlegbaren Beweise und die induktiven, vom Besonderen zum Allgemeinen führenden "Beweise", bei denen eine generelle Aussage über einen im allgemeinen unendlichen Bereich von Gegenständen nur aus der Gültigkeit aller zugehörigen Einzelaussagen erschlossen wird (Regel der unendlichen Induktion). Da es eine solche *Allaussage* in der Empirie nicht geben kann, ist solch ein "Beweis" widerlegbar. Man denke nur an die lange "Gültigkeit" des geozentrischen Systems, bis Kopernikus das heliozentrische System formulierte.

*Demagoge*
Im historisch-politischem Sinn ist ein Demagoge ein Volksverführer, der in verantwortungsloser Ausnutzung von Gefühlen, Ressentiments, Vorurteilen und Unwissenheit durch Hetze, Lügen und inhaltsleeren Phrasen sich Gehör zu verschaffen versucht.
Schutz vor Demagogen wird nur durch Wissen erlangt, nur dann können Phrasen entlarvt und Lügen entzaubert werden – auch in der Technik.

*Denkökonomie*
Denken ist die Grundlage wissenschaftlichen Arbeitens, des Strebens nach Wahrheit. Denkpsychologisch konnte nachgewiesen werden, daß Denken durch determinierende Tendenzen gesteuert wird. Denkökonomisches Vorgehen zielt darauf ab, Gegenstände möglichst vollständig auf einfachste Weise mit einem geringstmöglichen Aufwand an Denkvorgängen zu erfassen und darzustellen. Die Forderung nach größtmöglicher Einfachheit geht zurück bis auf Galilei, Kepler und Newton, von zentraler Bedeutung bei Ernst Mach (Ausschaltung zweckloser Tätigkeit). Wahrheit kann es sich leisten, sich einfach und klar auszudrücken. Semantisches Kauderwelsch deutet auf Täuschungsmanöver hin.

*Dogma*
Ein Dogma wird zunächst im Sinne von Meinung, veröffentlichtem Beschluß und religiöser Lehre gebraucht. Weithin versteht man heute unter Dogma eine gutgläubige und ungeprüft übernommene bzw. eine uneinsichtig und hartnäckig verteidigte Lehrmeinung. Dieser Dogmatismus bleibt Begründungen von Behauptungen schuldig und bestreitet sogar eine Begründungspflicht. Es handelt sich um eine von Vorurteilen gekennzeichnete Einstellung, vereint mit starker Autoritätsgläubigkeit. Hierbei bezeichnet Dogmatismus den unbedingten Glauben an die Wahrheit bestimmter Aussagen, der gleichzeitig deren kritische Überprüfung verhindert und sie damit gegen neue, ihnen gegenüber inkonsistente Informationen abschirmt. Es handelt sich um abstrakte Denkweisen, ohne nun konkrete Bedingungen und praktische Erfahrungen zu berücksichtigen.
Die Bauphysik existiert weitgehend von Dogmen, die verbissen verteidigt werden, obgleich wissenschaftliche Falsifikationen bereits die Unhaltbarkeit vieler Aussagen bewiesen haben.

*Doktrin*
Eine Doktrin bezeichnet allgemein eine Lehre, einen Lehrsatz, eine Theorie. Entscheidender ist die Bedeutung des Wortes doktrinär; hierbei handelt es sich um eine einseitige, auf einen bestimmten Standpunkt festgelegte Aussage, die in dogmatischer Form vorgetragen und beibehalten wird.
Infolge der Verzahnung von Wissenschaft und Industrie werden wegen Primats zielorientierter Gewinnmaximierung in der Mehrzahl doktrinäre Standpunkte verbreitet, die sachfremde Argumente und Aussagen in den Vordergrund stellen.

*Effizienz*
Als Effizienz werden der Wirkungsgrad, die Wirksamkeit und der Grad der Eignung (Berechnung zwischen Ertrag und Aufwand) von Handlungen und Vorrich-

tungen im Hinblick auf vorgegebene Ziele, besonders im Sinne von Produktivität und Wirtschaftlichkeit, bezeichnet. Auch dieser Begriff wird arg mißbraucht, wenn von effizienten Lösungen gesprochen wird, die jedoch unwirtschaftlich sind.

*Empirie*
Empirie oder Erfahrung bedeutet die erworbene Fähigkeit sicherer Orientierungen, das Vertrautsein mit bestimmten Handlungs- und Sachzusammenhängen ohne Rückgriff auf ein hiervon unabhängiges theoretisches Wissen. Empirie führt exemplarisch, sich auf viele Beispiele in der Anschauung stützend, zu einem elementaren Wissen, auf das nun natürlich auch jedes theoretische Wissen bezogen bleibt.
Bei Francis Bacon, dem Vater des Empirismus, wurde ein induktiver Begriff der Erfahrung zum erstenmal methodisch gegen die deduktiven Methoden zur Gewinnung genereller Sätze herangezogen. Empirie sollte der Naturbeherrschung dienen. Empirie enthält natürlich auch Gefahren. Es ist sicher recht aufschlußreich, daß Bacons Karriere nach einer Verurteilung wegen Bestechlichkeit mit der Aberkennung seiner Ämter und Würden endete.

*Empirismus*
In der Philosophie ist methodisch der Empirismus eine an naturwissenschaftlicher Theorienbildung orientierte erkenntnistheoretische Position, die im Gegensatz zum Rationalismus die generelle Abhängigkeit des Wissens von der Erfahrung behauptet. Danach nimmt jedes Wissen seinen Anfang in der Erfahrung und unterliegt ihrer Kontrolle. Dies jedoch hat sich als undurchführbar erwiesen, denn ohne a priori Sätze kann auch der Empirismus nicht auskommen.

*Erkenntnis*
Mit Erkenntnis wird die Erlangung von Wissen bezeichnet, es bedeutet das begründete Wissen über einen Sachverhalt. Der Vernunftsanspruch führt zur Verpflichtung auf Wahrheit. Zwar unterscheidet man zwischen diskursiver und intuitiver Erkenntnis, je nachdem, ob es sich um ein methodisch und begrifflich ausgebautes Wissen oder um ein in diesem Sinne unvermitteltes Wissen (Wissen durch Anschauung) handelt, doch sollte beim Bauen die Intuition wirklich zweitrangig bleiben. Anschauungen sind keineswegs Grundlage eines richtigen Bauens. Unbedingte Grundlage muß deshalb die Vernunft, die Logik, die Wahrheit sein.

*Erkenntnistheorie*
Erkenntnistheorie ist eine philosophische Disziplin, deren Gegenstand die Frage nach den Bedingungen eines begründeten Wissens ist. Sie umfaßt die Entstehung, das Wesen und die Grenzen der Erkenntnis, die aus den Teilbereichen Logik, Sprachphilosophie, Wissenschaftstheorie und Hermeneutik (Theorie des Verstehens) besteht und als theoretische Fundamentaldisziplin an die Stelle der Metaphysik tritt.
Allerdings sind in der "praktizierenden Bauphysik" wieder metaphysische Gedankengänge erkennbar. Auf diese Art und Weise wird versucht, den erkenntnistheo-

retisch totalen Niedergang der Bauphysik dadurch aufzuhalten, daß sie bei nachweisbar unwiderlegbarer Falsifikation dieses Wissen dann als "Mystik" diffamiert. Selbst davor schrecken diese Dogmatiker nicht zurück.

*Ethik*
Als philosophische (werttheoretische) Grunddisziplin, begründet durch Sokrates, Plato und Aristoteles, ist Ethik die Lehre von den Normen menschlichen Handelns. Es werden unter anderem folgende Fragen beantwortet:
- Wie soll der Mensch sein Leben gestalten?
- Wie soll er sich seinen Mitmenschen gegenüber verhalten?
- Welchem Ziel soll sein sittliches Handeln dienen?
- Welchen Motiven soll sein moralisches Verhalten entspringen?.

Alternativ zum Religionsunterricht wird in den Schulen Ethikunterricht angeboten. Die Bedeutsamkeit und Notwendigkeit ethischen Verhaltens wird damit eindrucksvoll unterstrichen. Ethikauffassungen sind aber auch wandelbar, Konsens ist deshalb gefragt; ein Verhaltenskodex kann deshalb nicht administrativ verordnet werden. Der Ruf nach der "Wertediskussion" erfolgt nicht unbegründet. Die Vorherrschaft "pragmatischen" Denkens und Handelns unter dem Diktat plutokratischer Ziele induziert förmlich die Frage nach der ethisch-sozialen Verantwortung des einzelnen und der Gemeinschaft. Eine allzu oft anzutreffende "kriminelle Energie" und ihre tatkräftige Umsetzung mit negativen Auswirkungen fordern automatisch den Gegenpol eines sittlichen Verhaltens. Wenn erst seismografisch zu wertende Bücher wie "Der Ehrliche ist der Dumme" zum Allgemeingut werden, kann dies entweder den Niedergang ethischen Verhaltens einläuten, oder aber die Gesellschaft aufrütteln und den Vorrang ethischen Verhaltens bekräftigen. Verantwortung für die Gemeinschaft muß wieder Vorrang haben – nicht nur verbal, sondern im täglichen Handeln. Die Gesellschaft steht hier am Scheidewege.

*Euphemismus*
Dies bedeutet soviel wie "Unangenehmes mit angenehmen Worten sagen", die beschönigende Umschreibung von unangenehmen, unheildrohenden, moralisch oder gesellschaftlich anstößigen Sachverhalten, von Tabus. In euphemistischem Sinne werden oft auch Fremdwörter gebraucht.
Die "modernen" Kommunikationstechniken bedienen sich oft ganz neuer Wortschöpfungen. Die meisten sind sog. "Euphemismen"; sie vertuschen und beschönigen, sie verschleiern und verharmlosen – die Wahrheit sagen sie selten; Beispiele gibt es zur Genüge. Eine Lüge wird z. B. als "unvollständige Tatsachenbeschreibung", Arbeitsplatzabbau als "Optimierung des Produktionsablaufes" oder sogar als "Sicherung von Arbeitsplätzen" bezeichnet. Auch wird von der "Entlassungsproduktivität" (Unwort des Jahres 2005) gesprochen.

*Falsifikation*
Allgemein bedeutet dies die Widerlegung einer wissenschaftlichen Aussage mit der logischen Form eines Allsatzes durch ein Gegenbeispiel. Gegen die Falsifikation gängiger Aussagen, an die viele – zu viele – glauben, wehrt man sich im Kollektiv. Dabei müssen das konsequente Weigern, einem Irrtum zu unterliegen und

die damit verbundene Blamage mit in die Würdigung dieser allzu menschlichen Reaktionen einbezogen werden (8).

*Gewinnstreben*
In der Betriebswirtschaftslehre wurde das Gewinnstreben, insbesondere in seiner Ausprägung als Streben nach maximalem Gewinn, lange Zeit als alleiniges Ziel eines Unternehmens angesehen. Das Gewinnstreben kann sich als Streben nach absoluten oder nach relativen Gewinngrößen in Form des Rentabilitätsstrebens äußern. Dabei läßt sich das Streben nach optimalen und nach befriedigenden Werten, die lediglich einem bestimmten Anspruchsniveau genügen, unterscheiden. In der neueren betriebswirtschaftlichen Zieldiskussion werden vielfach auch andere Ziele wie Sicherheitsstreben, Unabhängigkeitsstreben oder Machtstreben genannt. Die Übersteigerung des Erwerbssinns auf ein ungewöhnliches, sittlich anstößiges Maß wird als Gewinnsucht bezeichnet. Die gewinnsüchtige Absicht ist teils strafbegründendes, teils straferhöhendes Merkmal. Ein noch über die Gewinnsucht hinaus gesteigertes abstoßendes Gewinnstreben um jeden Preis ist die Habgier.
Eine rücksichtslose Gewinnmaximierung im Rahmen des *shareholder-value* führt zu einer inhumanen Arbeitswelt. Die Überbetonung plutokratischer Gedanken und die Macht des Geldes mit ihrem auf korrumptivem Gebiet recht erfolgreichen Wirken läßt moral-ethische und soziale Gesichtpunkte des Handelns und Agierens in den Hintergrund treten [Dönhoff 97].
In einer pluralistischen Wirtschaftsstruktur ist Gewinnstreben oft auch Motiv von eingeleiteten, administrativ verordneten "Richtlinien" und "Normen", die allein bestimmten Wirtschaftszweigen zugute kommen. Oft wird dies in euphemistischer Weise begleitet und begründet.

*Hermeneutik*
Die Hermeneutik behandelt die Kunst der Auslegung, die Interpretation und die Theorie der Auslegung als Reflexion auf die Bedingungen des Verstehens und seiner sprachlichen Fixierung. Historisch gesehen ging es dabei immer um die Auslegung der Schrift (Bibel). Mit der Entstehung des neueren Methoden- und Wissenschaftsbegriffes wird als Auslegungsnorm die Vernunft bestimmt. Es geht darum, den Sinn von Aussagen zu erfassen bzw. Texte zu verstehen.
Hermeneutische Bemühungen der "offiziellen Bauphysik" konzentrieren sich bei Darlegung widersprüchlicher Sachverhalte neuerdings auf die "Interpretation" von Aussagen, wobei verstärkt Wert darauf gelegt wird, auf Auslegungen anderer hinzuweisen, die jedoch ebenfalls fehlerhaft sind. Hier zeigt sich wieder einmal der Versuch, mit hermeneutischen Spitzfindigkeiten sich dem Dilemma des permanenten Irrtums zu entziehen, indem man sich rabulistischer Tendenzen bedient.

*Illusion*
Illusion ist Täuschung, Selbsttäuschung, Einbildung und bezeichnet die subjektive Verzerrung und Mißdeutung von Sinneseindrücken, denen im Gegensatz zu Halluzinationen objektive Erscheinungen zugrunde liegen. Im übertragenen Sinn bedeutet Illusion die nicht erfüllbare Wunschvorstellung oder Erwartung, die sub-

jektiv als realisierbar erlebt wird. Illusionäre oder illusionistische Vorstellungen sind aufgrund falscher Einschätzung der Istlage nicht zu verwirklichen. Trotz der Täuschungen faszinieren Illusionisten immer wieder, da sie die Grenzen von Schein und Wirklichkeit, von Fakt und Fiktion auflösen. Durch Werbung und Propaganda werden vielfach nur Illusionen geweckt, die dann weitgehend das Geschehen beherrschen.

*Intuition*

Intuition ist das unmittelbare, ganzheitliche Erkennen oder Erfahren von Sachverhalten im Gegensatz zu der unter anderem durch Beweis, Erklärung und Definition vermittelten diskursiven, das heißt von einer Vorstellung zu einer anderen mit logischer Notwendigkeit fortschreitenden Erkenntnis.

In der Philosophie werden nach Plato die Ideen und nach Aristoteles, Locke und andere die für unbeweisbar und evident gehaltenen "ersten" Sätze der Wissenschaften (Axiome) und auch die angeborenen Ideen durch Intuition erkannt und erfahren. Der menschliche Verstand verfährt nach Kant allerdings nicht intuitiv, sondern diskursiv.

Intuitives Denken kann, wenn ganzheitlich vollzogen, wertvoll sein und gibt oft entscheidende gedankliche Anstöße, bedarf aber im Endeffekt doch des Beweises, weil auf den Nachweis der Richtigkeit des Denkens nicht verzichtet werden kann. Ansonsten verbleibt nur eine unbewiesene, ohne Fundament im Raum stehende Behauptung, die, wird sie erst durch die modernen Informationstechniken zu einer "öffentlichen Meinung" verdichtet, verheerende Folgen haben kann. Die Manipulation des Denkens triumphiert dann uneingeschränkt.

*Intuitionismus*

Die Intuitionisten oder Irrationalisten halten die Intuition für die wichtigste Erkenntnisquelle. Statt "Intuition" könnte man auch "Einfühlung" oder "Wesensschau" sagen. Die gefühlsmäßig (intuitiv) aufgestellten Behauptungen so zu begründen, daß sie von jedem nachgeprüft werden können, halten die Intuitionisten für überflüssig; ihnen genügt die "Evidenz", das ist das Gefühl der Gewißheit, die Wahrheit unmittelbar erschaut zu haben.

Dagegen ist einzuwenden, daß die Intuition wohl neue Einsichten zu gewinnen ermöglicht, jedoch nicht zur Begründung allgemeingültiger Erkenntnisse ausreicht. Alle Intuitionen bedürfen unbedingt einer nachträglichen Kontrolle und Verifikation durch die allgemein zugängliche Erfahrung.

Da ein Widerlegen intuitiver Aussagen meist nur durch Erfahrung möglich ist, ein Gegenbeweis dementsprechend also auch erst nach gewisser Zeit erfolgen kann, muß der Intuitionismus, wenn Intuitionisten erst einmal mit Machtfülle ausgestattet werden, durchaus auch als ein Mittel für die Verwirklichung von Willkür und Repression angesehen werden. Auch die Umdeutung und damit der Mißbrauch bereits bestätigter Erfahrungssätze, ja sogar bekannter Naturgesetze kann damit eingeleitet werden. Damit aber wird abgesichertes Wissen wieder verschüttet und aus dem Erfahrungsschatz beseitigt. Eine wissenlose Gesellschaft wird zur gewissenlosen Gesellschaft.

*Irrationalismus*

Irrationalismus bedeutet ein geringes Vertrauen in die Leistungsfähigkeit der menschlichen Vernunft. Er ist gleichbedeutend mit Intuitionismus und ist eine Lebensphilosophie, die dem Leben und Erleben eine Vorrangstellung gegenüber dem Denken zuerkennt. Wird also das Denken nicht vorrangig gesehen, dann unterliegt man leicht dem Irrationalen – die "Spaß- und Nonsensgesellschaft" mit ihren Negativerscheinungen ist die Folge.
Leben bzw. Erleben und Denken bzw. Erkennen sind nicht identisch; das Denken und Erkennen hinkt dem Leben und Erleben nach; man muß deshalb genau wissen, was man als erstrebenswert ansieht: Erkenntnisse oder Erlebnisse.
Will man "erkennen", so muß man das Erleben nachträglich zu analysieren und zu verstehen suchen; oder man will nur "erleben" ...; nur glaube man nicht, allein damit schon etwas erkannt oder verstanden zu haben. Es gilt deshalb: Entweder "erleben und schweigen" oder "erkennen" – wer beides vermengt, der "schwätzt".
Es gibt zu viele "Schwätzer", die mehr dem Irrationalismus anhängen als dem systematischen Denken. Denken und analysieren ist auch schwieriger und zeitaufwendiger als das irrationale und intuitive Reden und Plaudern von Sprücheklopfern. Wenn Kopfarbeit angesagt ist, genügt es wahrlich nicht, sich auf den Kehlkopf zu beschränken.

*Irrtum*

Ein unwahrer Sachverhalt, ein Irrtum liegt vor, wenn jemand von der Richtigkeit der von ihm getroffenen Aussage zwar überzeugt ist, die Aussage selbst jedoch nicht den logischen Gesetzen bzw. den tatsächlichen Gegebenheiten entspricht. Ursache eines Irrtums können Vorurteile, Denkfehler, unzureichendes Erkenntnismaterial oder ein Mangel an Urteilskraft sein. Im Irrtum wird also ein Sachverhalt subjektiv als wahr angenommen, der objektiv unwahr ist.
Das reale Bauen wird dominiert von einer praktizierenden Bauphysik, die weitgehend auf Irrtümern beruht. Fehlerhafte Schlußfolgerungen oder einfach die Ignoranz unwiderlegbarer Sachverhalte führen zu diesem bautechnischen Chaos, das viele Bauschäden zur Folge hat.

*Konklusion*

Als Konklusion bezeichnet man in einem logischen Schluß die aus den Prämissen erschlossene Aussage. Die Regeln für die Konklusion liefert die Logik. Da Logik jedoch nicht zu den Stärken der Bauphysiker zählt, wird die Bautechnik mit fehlerhaften Konklusionen überhäuft.

*Konsens*

Ein Konsens bedeutet die Einigung der am Abschluß eines Vertrages beteiligten Parteien. Die "Vertragsschließenden" müssen über den von ihnen als wesentlich anzusehenden Vertragsinhalt Einigkeit erzielt haben. Kommt es zu keinem Konsens, handelt es sich um einen Dissens, der dann durch weitere Verhandlungen ausgeräumt werden muß, wenn es zu einem befriedigenden Vertragsabschluß kommen soll. Ein Konsens ist deshalb nicht diktierbar (6).

*Kultur*
Kultur ist das von Menschen zu bestimmten Zeiten und in abgrenzbaren Regionen Hervorgebrachte, das aufgrund der ihnen vorgegebenen Fähigkeiten in Auseinandersetzung mit der Umwelt und ihrer Gestaltung sowie mit ihrem Handeln in Theorie und Praxis entwickelt wird. Hierunter zählen Sprache, Religion und die Ethik, die Institutionen und der Staat, Politik, Recht, das Handwerk und die Technik, die Kunst, Philosophie und die Wissenschaft – und die Tradition. Wer keine geschichtliche Vergangenheit hat, der hat auch keine Zukunft. Auch verschiedene Kulturinhalte und typische Kulturmodelle in Form von Normsystemen und Zielvorstellungen wie auch in Korrelation dazu stehende Lebens- und Handlungsformen der Individuen wie der Gesellschaft eines bestimmten Kulturbereiches hervorzubringen und zu reproduzieren, gehören dazu.

Dabei wird dieser allgemeine Kulturbegriff häufig zwei Einschränkungen unterworfen:

1. in seiner Anwendung als Begriff kritischer Wertung wird er auf die am Maßstab der Vernünftigkeit und des ethisch und ästhetisch Vertretbaren gemessenen und von positiv zu bewertenden Kulturleistungen, Handlungsformen und Normensystemen der Menschen eingegrenzt.
2. Kultur wird vornehmlich im deutschen Sprachraum, häufig auch wertend, von Zivilisation, der materiell-technischen Seite der Lebensgestaltung, unterschieden; Zivilisation bedeutet nicht Kultur.

Kultur ist die ethisch-moralische und soziale Meßlatte einer Gesellschaft. Deutlich muß darauf hingewiesen werden, daß Kultur nicht mit den technisch-materiellen Vorzügen einer Zivilisation verwechselt werden darf. Da die monetär- und konsumorientierten Grundstrukturen unserer heutigen Gesellschaft immer dominanter werden, kann deshalb auch von einer immer weiter um sich greifenden und viele Bereiche beherrschenden Unkultur gesprochen werden. Der Umbruch geht langsam vor sich; auch "Reformen" sorgen dafür, daß selbst tradierte Grundfesten der Kultur aufgeweicht und "weiterentwickelt" werden; man beobachte nur die Veränderungen in den oben angeführten Kulturbereichen, die weitgehend einer geistigen Verflachung bzw. Verarmung und einer niedrigniveauorientierten Zielsetzung unterliegen. Banales und Nonsens werden zur Kultur hochstilisiert. Auch in der Nivellierung der Sprache ist ein gewisser Niedergang zu verspüren. Mangelnde Ausdrucksformen der Sprache führen automatisch zum Chaos im Denken. Amerikanismen sind kein Ersatz für kulturelle und geistige Leistungen, eher verschleiern sie die Niveaulosigkeit.

*Lobbyismus*
Der Ausdruck Lobbyismus kommt von dem Wort Lobby; dies ist die Bezeichnung für die Wandelhalle im britischen Unterhaus, im Kapitol in Washington und in anderen Parlamentsgebäuden, in der die Abgeordneten zu Gesprächen mit Wählern und Interessenten zusammentreffen, die nicht Mitglieder einer parlamentarischen Körperschaft sind und kein Regierungsamt innehaben. Auch gilt der Ausdruck Lobby als die Bezeichnung für die Gesamtheit der Lobbyisten.
Lobbyismus bezeichnet Versuche von Vertretern von Interessenverbänden, durch Einwirkung auf Parlamentarier bzw. Kontakte mit Regierungs- und Verwaltungs-

mitgliedern Einfluß auf Gesetzgebung und Verwaltung zu nehmen. Lobbyismus wird auch von Wählern selbst, häufiger jedoch von den zum Teil hauptamtlich tätigen Lobbyisten, vor allem in den USA, betrieben. In Bonn und nun auch in Berlin hat sich mittlerweile eine große Schar von Lobbyisten niedergelassen, die die Parlamentarier und Ministerien mit einer Unmenge von Werbeschriften überhäufen, um damit die Exekutive (Ministerialverwaltung) und die Legislative (Politiker) zu beeinflussen. Das Bundesministerium für Justiz veröffentlichte eine 400 Seiten lange Liste von insgesamt 530 Interessengemeinschaften. *"Ihre Vertreter wieseln in Bonn durch die Ministerien, pflegen den Kontakt zu Abgeordneten und schütten die Pressebüros mit Informationen zu. Sie haben in der Regel eine feine Nase, spitze Ohren und eine flinke Zunge"*, heißt es dort.
Allgemein sachlich-fachliche Entscheidungen werden zunehmend durch Interessenverbände mit spezifisch und einseitig interessenorientierten und damit für die Allgemeinheit oft sachfremden und schädlichen Inhalten durchsetzt oder ersetzt, wodurch sehr viel Unheil angerichtet wird. Verantwortungsvolle Fachleute stehen dieser monströsen Entwicklung machtlos gegenüber, bekämpfen vergebens den dabei potenziert auftretenden Unverstand von "Experten" und werden darüber hinaus noch von den Lobbykartellen beschimpft, verunglimpft, diffamiert und verleumdet; oft werden sie sogar auch unter Druck gesetzt. Wer sich dem allgemeinen "mainstream", dem Hauptstrom manipulativ erzeugter Meinungsmehrheiten, widersetzt, wird ignoriert, ausgegrenzt und "stillgelegt" (8).

*Logik*
Dies ist die Bezeichnung für ein nach bestimmten, allgemein als logisch und somit folgerichtig, schlüssig und gültig akzeptierten und zu akzeptierenden Regeln verfahrendes Denken, Argumentieren und Handeln. Als Begründer der formalen Logik gilt Aristoteles. Mit der Entwicklung der empirischen Naturwissenschaften verlor die Logik an Bedeutung. Dies hat leider negative Auswirkungen auf die heutige "wissenschaftlich/empirische" Forschung.

*Manager*
Das Wort Manager kommt aus dem Englischen und heißt soviel wie Geschäftsführer. Managen heißt auch "in Ordnung halten" – davon aber sind besonders Top-Manager teilweise weit entfernt. Mit dieser semantischen Umformung vollzieht sich somit auch eine inhaltliche Umorientierung. Die Negativ-Schlagzeilen über Manager in den Tageszeitungen lassen erwarten, daß vom "Managen" eines Betriebes kaum die Rede sein kann. Mehr noch: Oft bleibt vom Betrieb durch "Managen" nicht viel übrig.

Cornelius Welp meint, alte, zeitweilig schon vergessen geglaubte Tugenden von damals hätten wieder Hochkonjunktur, die "Idole", ob sie nun Thomas Middelhof, schlimmer Ron Sommer oder gar ganz schlimm Thomas Haffa hießen, sind entsorgt und schreibt über die mißbräuchlichen Interpretationen [Welp 02]:

*"Rechtschaffenheit: Enron, WorldCom, Tyco – die Reihe der Skandale ist lang; Manipulation, Machtmißbrauch und Raffgier zeugen von der häßlichen Fratze des Kapitalismus. Zu viel Geld und Macht verderben eben den Charakter".*

*"Loyalität: Das Unternehmen als Sprungbrett für die eigene Karriere, als Melkkuh, aus der man herausholt, was eben geht. Und wenn nichts mehr geht, verabschiedet man sich und heuert bei der nächsten Station an".*

*"Bescheidenheit: Personaler Pomp wird z. Zt. als die verabscheuungswürdigste menschliche Eigenschaft bezeichnet – Verzicht ist Pflicht. Gegenteilige Vorschläge legen die Vermutung nahe, dass der Betreffende ein rücksichtsloser Egoist ist"*

*"Genauigkeit: Wenn Zahlen zeigen, dass ein Konzept nichts taugt, kann man das Konzept ändern oder die Zahlen ignorieren. Das Letztere geschieht in der Mehrzahl – wer sich warnend entgegenstellte, galt schnell als pfennigfuchsender Bremser".*

*"Realismus: Viele träumten einen Traum und sind unsanft wieder auf dem Boden der Tatsachen angekommen. Der Traum handelte vom ewigen exponentiellen Wachstum in einer Wirtschaft, in der die Gesetze der Schwerkraft nicht mehr gelten sollten. Statt hochfliegender Visionen sind nun Augenmaß, Pragmatismus und Bodenständigkeit gefragt".*

*"Geradlinigkeit: Wissen, wo es langgeht; Orientierung schaffen; für etwas stehen, offen kommunizieren, verläßlich sein – die Realität sieht oft anders aus. Führungskräfte verlieren oft den Richtungssinn und bewegen sich mal hierhin, mal dorthin. Konsequenz und Klarheit bleiben auf der Strecke".*

*"Fleiß, Einsatzwille: Nur 15% der Deutschen sind bei der Arbeit immer engagiert. Der schlappe Rest ist nur manchmal oder gar nicht motiviert. Um die ehemals als urdeutsch geltenden Tugenden Tüchtigkeit und Fleiß scheint es schlecht bestellt zu sein. Der neueste Management-Trend allerdings läßt die klassischen Primär- und Sekundärtugenden wieder hochleben".*

Die Selbstbedienungsmentalität von Managern ist erschreckend – und zwar auf allen Gebieten. Wenn dann noch kriminelle Energie hinzukommt, der Aktienwert mehr bedeutet als der Mensch, dann kann man ermessen, was dabei am Ende herauskommt. Bilanzfälschungen von börsennotierten Firmen machen Schule, die Skrupellosigkeit triumphiert. Manager sind die Totengräber einer sozialen und humanen Gesellschaft [Hickel 01].

*Methode*

Als Methode bezeichnet man ein nach Mittel und Zweck planmäßiges Verfahren, das zu technischer Fertigkeit bei der Lösung theoretischer und praktischer Aufgaben führt. Sie gilt als Charakteristikum für die wissenschaftlichen Verfahren und damit auch als Kennzeichen der Wissenschaften selbst.
Innerhalb der analytischen Wissenschaftstheorien gilt die logisch-mathematische Methode, ergänzt durch die experimentelle Methode der empirischen Naturwissenschaften, als die wissenschaftliche Methode schlechthin. Der Grund hierfür liegt darin, daß traditionell allein die deduktive oder axiomatische Methode und die induktive Methode den Rang anerkannter wissenschaftlicher Verfahren erlangt haben.

*Moral*

Moral heißt soviel wie Sitte, Brauch, Gewohnheit, Charakter und bezeichnet, im Unterschied zur Ethik als Theorie der Begründung ethischer Normensysteme und

Handlungsregeln, die der gesellschaftlichen Praxis zugrundeliegenden, als verbindlich akzeptierten und eingehaltenen ethisch-sittlichen Normen des Handelns. Zum Verhältnis von Moral und Politik einige Zitate:

Kant: *"Die wahre Politik kann keinen Schritt tun, ohne vorher der Moral gehuldigt zu haben".*
Plato: *"Entweder müssen die Philosophen Könige werden in den Staaten oder die jetzt so genannten Könige und Gewalthaber wahrhaft und gründlich philosophieren, sonst gibt es kein Ende des Unheils für die Staaten und für das Menschengeschlecht".*
Zu dieser Aussage Platos sagt Kant:
*"Daß Könige philosophieren oder Philosophen Könige würden, ist nicht zu erwarten, aber auch nicht zu wünschen, weil der Besitz der Gewalt das freie Urteil der Vernunft unvermeidlich verdirbt. Daß aber Könige und königliche, sich selbst regierende Völker die Klasse der Philosophen nicht schwinden oder verstummen, sondern öffentlich sprechen lassen, ist beiden zur Beleuchtung ihres Geschäftes unentbehrlich".*

Moralisches Verhalten wird allgemein erwartet. Gegenteiliges ist jedoch oft zu registrieren, die täglichen Nachrichten liefern genügend Beispiele hierfür; die organisierte Kriminalität ist etablierter als vermutet. Neben allgemeiner Entrüstung und der Notwendigkeit, dieser Entwicklung Einhalt zu gebieten, dürfte hier auch das Strafgesetzbuch eine Handhabe liefern, korrigierend einzugreifen, damit nicht überzogener und gewissenloser Pragmatismus die Oberhand behält. Selbstreinigungsprozesse sind schon wahrzunehmen – oder werden sie nur vorgetäuscht? Immer, wenn der Sumpf unübersehbar wird, kann mit einer "Wertediskussion" gerechnet werden – und dabei geht es hoch her. Inwieweit ein Konsens über die Maßstäbe moralischen Handelns erzielt werden kann, wird die Zukunft zeigen. Die "Demokratie" steht am Scheideweg, denn allein die "Demokraten" entscheiden über den einzuschlagenden Weg. Den Politikern dies zu überlassen, wäre fatal, sie sind zu sehr involviert. Die allgemeine "Politikerverdrossenheit" in der Gesellschaft sollte jedoch den Anstoß geben, hier bereinigend zu wirken. Allerdings darf es nicht nur bei "Bauernopfern" bleiben – der Geist der Demokratie muß Basis sein, die Vorstellungen der Gründerväter des Grundgesetzes müssen mehr Gewicht bekommen.

*Mystik*
In der Religionsgeschichte ist Mystik eine weitverbreitete Sonderform religiöser Anschauung und religiösen Verhaltens; es ist das Dunkle, das Geheimnisvolle, eben das Mystische.

Dieser Begriff wird arg mißbraucht, indem in der wissenschaftlichen Auseinandersetzung klare, fundierte, eben unwiderlegbare und damit wahre Aussagen auch in den Bereich des "Mystischen" verbannt werden. Als Beispiel sei genannt: Der von mir auf der 10. WaBoLu-Tagung vom 26.-28. Mai 2003 im Umweltbundesamt gehaltene Vortrag "Führt die Energieeinsparverordnung in eine Sackgasse?, Richtiger und falscher Wärmeschutz von Gebäuden, Kritische Anmerkungen zur EnEV" wurde vom "Bauphysiker Eicke-Hennig vom Institut für Wohnen und

Umwelt in Darmstadt als "Mystik" bezeichnet. Dies zeigt sehr deutlich und überzeugend die argumentative Hilflosigkeit der offiziellen Bauphysikszene.

*Mythos*
Ursprünglich handelt es sich um Sage und Dichtung von Göttern, Helden und Geistern eines Volkes. Aus den Mythen ergibt sich dann eine bestimmte Glaubenshaltung. In heutiger Zeit wird dieser Begriff im Sinne von Legende und Legendenbildung verwendet. In diesem Zusammenhang ist es recht interessant, daß in [Ratzinger 05] zu lesen ist: *"Wir haben im abgelaufenen Jahrhundert zwei große Mythenbildungen mit schrecklichen Folgen erlebt (Nationalsozialismus und Sozialismus). Beide Male wurden die moralischen Ureinsichten des Menschen über gut und böse außer Kraft gesetzt"* und weiter:

*"Aber es gibt auch heute Formen der Mythisierung von wirklichen Werten, die gerade dadurch glaubwürdig erscheinen, dass sie sich an echte Werte heften, aber eben doch auch dadurch gefährlich sind, dass sie diese Werte in einer mythisch zu nennenden Weise vereinseitigen".*

*"Heute sind drei Werte im allgemeinen Bewußtsein führend, deren mythische Vereinseitigung zugleich die Gefährdung der moralischen Vernunft im Heute darstellt. Diese sind: Fortschritt, Wissenschaft, Freiheit.*

*Der Fortschritt fängt an, die Schöpfung – die Basis unserer Existenz – zu gefährden: er produziert Ungleichheit unter den Menschen, und er produziert auch immer neue Bedrohungen von Welt und Mensch. Insofern sind moralische Steuerungen des Fortschritts unerläßlich.*

*Wissenschaft ist ein hohes Gut. Aber es gibt auch Pathologien der Wissenschaft, Verzwecklichung ihres Könnens für die Macht, in denen zugleich der Mensch entehrt wird. Wissenschaft kann auch der Unmenschlichkeit dienen, ob wir an die Massenvernichtungswaffen denken oder an Menschenversuche oder an die Behandlung des Menschen als Organvorrat usw. Deswegen muss klar sein, dass auch die Wissenschaft moralischen Maßstäben untersteht und ihr wahres Wesen immer dann verloren geht, wenn sie sich statt der Menschenwürde der Macht oder dem Kommerz oder einfach dem Erfolg als einzigen Maßstab verschreibt.*

*"Auch Freiheit hat in der Neuzeit vielfach mythische Züge angenommen. Freiheit wird nicht selten anarchisch und einfach antiinstitutionell gefaßt und wird damit zu einem Götzen: Menschliche Freiheit kann immer nur Freiheit des rechten Miteinander, Freiheit in der Gerechtigkeit sein, andernfalls wird sie zur Lüge und führt zur Sklaverei".*

Es ist bemerkenswert, daß heutzutage wiederum die Mythenbildung Grundlage des Handelns wird. Hier sei nur die "Klimakatastrophe" (Abschnitt 10.3.1 "Die Mär von der Klimakatastrophe"), die daraus abgeleitete "Energieeinsparung" (Kapitel 10.3 "Die Energieeinsparverordnung") und die Legendenbildung des U-Wertes (Kapitel 6.5 "Dämmung") erwähnt.

*Nihilismus*
Der Standpunkt einer bedingungslosen Verneinung von Lehr- und Glaubenssätzen, von sittlichen Normen und Werten. Der "Nichts"-Standpunkt ist kennzeich-

nend für eine geistige Situation, in der nicht mehr gilt, was vorher noch alles bedeutete. Es wird nach dem Motto: "Nichts ist wahr, folglich ist alles erlaubt" verfahren.

Nihilistische Tendenzen sind unverkennbar. Wenn das Recht bereit ist, das Unrecht zu legitimieren, dann ist der kulturelle Verfall programmiert. Ohne moralisches Gerüst wird unvermeidlich das Chaos, die Anarchie angesteuert.

*Objektivismus*

Objektivismus bedeutet die Anerkennung von Wahrheiten in der Erkenntnistheorie bzw. von Werten und Normen in der Ethik unabhängig von den erkennenden und wertenden Subjekten. Das heißt, Objektivismus ist ein erkenntnis- und werttheoretischer Standpunkt, dem zufolge es objektive Gegebenheiten gibt (im Gegensatz zu subjektiven Gegebenheiten). Objektiv ist in diesem Zusammenhang als ein objektives Werturteil zu verstehen, das auf Grund einer naturgesetzlichen Beziehung oder infolge logischer Ableitung anerkannt werden muß (dazu gegensätzlich ist Subjektivismus, Psychologismus, Solipsismus oder Individualismus zu verstehen).

Wenn bei Entscheidungen und Handlungen die Orientierung nicht mit objektiven Maßstäben erfolgt, ist der dekadenten Entwicklung in der Gesellschaft Tür und Tor geöffnet. Bedingungsloser Objektivismus muß deshalb zum unwiderruflichen Bestandteil des Denkens und Handelns werden, sonst gilt das Gesetz des Mächtigen, auch des Finanzmächtigen mit der reizvollen und immer parat vorliegenden Möglichkeit von Korruption und Bestechung. Dies aber führt dann unweigerlich zum Biotop eines gesellschaftlichen Sumpfes [Scheuch 92].

*Objektivität*

Objektivität ist eine Ereignissen, Aussagen oder Einstellungen zuschreibbare Eigenschaft, die vor allem ihre Unabhängigkeit von individuellen Umständen, historischen Zufälligkeiten, beteiligten Personen etc. ausdrücken soll. Objektivität kann daher häufig als Übereinstimmung mit der Sache unter Ausschaltung aller subjektiven Einflüsse, als sachgemäße oder gegenstandsorientierte Bestimmung bezeichnet werden. Das "objektive Urteil" im Sinn einer sachlichen und wertfreien Aussage gilt traditionell als Musterbeispiel einer wissenschaftlichen Aussage, die eine objektive (im Sinn von neutrale, nicht wertende) Einstellung bei der Behandlung von Problemen, der Durchführung von Beobachtungen oder der Überprüfung von Aussagen verbürge.

Kant nennt als Kennzeichen der objektiven Gültigkeit von Aussagen und Begriffen ihre allgemeine Gültigkeit bzw. Anwendbarkeit sowie deren Notwendigkeit in dem Sinne, daß eine Person nur durch *Irrtum* zu einem anderen als dem in einer objektiven Aussage festgehaltenen Ergebnis kommen könnte.

Objektivität ist nicht dasselbe wie Realität oder Wirklichkeit, sie ist zwar unabhängig vom Empfinden, Anschauen und Vorstellen, aber nicht unabhängig von der Vernunft.

Gerade die technischen Wissenschaften unterliegen sehr stark der Versuchung, die dialektische Abhängigkeit von angewandter Forschung und wirtschaftlicher Prosperität auszuschöpfen und dabei dann aus Opportunität oftmals den Pfad der

Objektivität zu verlassen. Die Verführung durch Geld war schon immer Anreiz genug, bei der Verkündung von "wissenschaftlichen Erkenntnissen" die Kongruenz zu Industrieinteressen nicht zu verletzen.

*Opportunismus*
Dies ist allgemein die Bezeichnung für eine Haltung, die allein nach Zweckmäßigkeit zur Durchsetzung eigener Interessen handeln läßt gepaart mit allzu bereitwilliger Anpassung an die jeweilige Lage. Dabei spielen Karrieresucht, Geldgier, Machtstreben verbunden mit gewisser Skrupellosigkeit eine Rolle. All dies geschieht oft im Widerspruch zu eigenen Wertvorstellungen – doch die Rücksichtslosigkeit im Interesse eigenen Fortkommens überwiegt.

*Pluralismus*
Pluralismus ist ein philosophischer Standpunkt, der die Welt nicht auf ein einziges Prinzip zurückführt, sondern als Vielheit selbständiger Einzelwesen, die unabhängig nebeneinander bestehen, auffaßt.
Bei politischen Entscheidungsprozessen und im öffentlichen Informationswesen kann die Vertretung aller partikularen Interessen im Sinne des liberalen Demokratieverständnisses zwar eine einseitige Argumentation verhindern, führt jedoch durch Lobbyismus nicht von selbst nur argumentativ begründete Orientierungen herbei. Möglich sind z. B. Konflikte mit allgemein akzeptierten Kompromissen oder Orientierungen am empirisch größten gemeinsamen Nenner.
In den Sozialwissenschaften bezeichnet Pluralismus im einzelnen die Struktur moderner, funktional differenzierter Gesellschaften, in denen eine Vielzahl von politischen, wirtschaftlichen, religiösen, ethnischen und anderen untereinander in Konkurrenz stehenden und vom Staat autonomen Interessengruppen, Organisationen und Mitgliedern sozialer Teilbereiche um politischen und gesellschaftlichen Einfluß ringen.
Die durch den Pluralismus entstandene Komplexität der gesellschaftlichen Lebensbereiche macht die gesellschaftlichen Strukturverhältnisse für den einzelnen unüberschaubar, fördert damit aber die Organisierungs- und vor allem Bürokratisierungstendenzen innerhalb der einzelnen Teilbereiche wie z. B. Wirtschaft, Erziehung, Sport, Medizin, Kunst und Kirche und ersetzt damit die monistische Herrschaft des autoritären Staates durch die Herrschaft verschiedener Gruppen, wobei allerdings die Oligarchisierungstendenzen in den einzelnen Organisationen und Teilbereichen die Demokratisierungen teilweise wieder aufheben.

Pluralistische Strukturen in der Gesellschaft machen Entscheidungen und die Verantwortung dafür überaus undurchsichtig. Persönlich kann keiner zur Verantwortung gezogen werden, weil die kybernetischen Netzstrukturen derart komplex sind, daß ein einfacher Entscheidungsbaum kaum erkennbar wird – die organisierte Verantwortungslosigkeit dominiert. Die gegenseitigen Absicherungen führen zu einem Verantwortungsdschungel, bürokratische Strukturen verschlimmern dabei den Sachverhalt. Auf öffentlichen Druck hin werden "Bauernopfer" erbracht, die jedoch im Normalfall nach oben fallen – später. Durch diese pluralistischen Strukturen kommt viel Unverständliches zum Tragen, jeder ist entsetzt und am Schluß will es keiner gewesen sein – die Folge ist Politik-, Politiker- und Demokratieverdrossenheit!

*Postulat*
Dies ist ein Terminus der Wissenschaftstheorie sowie der praktischen Philosophie und heißt soviel wie Forderung. Heute wird der Ausdruck "Postulat" als Bestandteil axiomatischer Theorien synonym zu dem Begriff Axiom verwendet.

*Prämisse*
Eine Voraussetzung, eine Annahme, eine bereits zugestandene Aussage wird als Prämisse bezeichnet. In der Logik ist es die Annahme, durch einen Schluß, eventuell unter Verwendung weiterer Prämissen, eine Aussage zu gewinnen (Konklusion).

*Pragmatismus*
Als Pragmatismus wird ein vor allem von amerikanischen Philosophen (z. B. William James) Ende des 19. Jahrhunderts vertretener erkenntnistheoretischer Standpunkt bezeichnet, der das Tun und das Handeln über das Denken und die Theorie stellt, das Denken also nur nach seiner Dienstbarkeit für die Lebensgestaltung bewertet. Die Ethik des Pragmatismus folgt den Grundsätzen des Utilitarismus, einer philosophischen Lehre, die im Nützlichen die Grundlage des sittlichen Verhaltens sieht und ideale Werte nur anerkennt, sofern sie dem einzelnen oder der Gemeinschaft nützen oder zum höchstmöglichen Glück der meisten beitragen. Nach pragmatischer Auffassung ist ein Urteil nur dann wahr, wenn es sich "bewährt" hat, das heißt, wenn es der Lebenserhaltung und der Lebenssteigerung dient und die persönliche Lebensführung positiv beeinflußt. Wahrheit und Geltung einer Erkenntnis beruhen auf ihrer praktischen Brauchbarkeit.

Hierzu ist kritisch anzumerken, daß die Gleichung: "Wahrheit = Bewahrheitung = Bewährung = praktischer Erfolg" doch zu simpel und vor allem zu verführerisch für Mißbrauch ist, um als moralisches Gerüst bestehen zu können. Wer wird schon abstreiten, daß Geld "nützlich" sei – in vielfacher Hinsicht und Bedeutung. Die amerikanische Verfassung fußt auf den drei Säulen Freiheit, Gleichheit und das Streben nach Glück, wobei Glück irrenderweise eben meist mit Geld verwechselt wird. Die Französische Revolution sprach von Freiheit, Gleichheit, Brüderlichkeit; die amerikanische Verfassung verzichtet also auf die Brüderlichkeit!

Mit einem solchen Pseudomoralkorsett läßt sich so ziemlich alles Tun und Handeln rechtfertigen, zumal die Handlungen und Aktivitäten dann sogar als Wahrheit verkauft werden können. Symptomatisch ist auch hier die Tatsache, daß solche Gedanken und Ideen über den "großen Teich" zu uns gelangen, wo sie dann, als Krönung pseudophilosophischer Auslegung, sogar auch unter dem religiös interpretierten Begriff "Scientology" firmieren und agieren können (Geld machen als nützliches, oberstes Ziel). Bei all dem so oft anzutreffenden "pragmatischen Tun" ist deshalb immer die Frage klar zu beantworten: "Wer profitiert von einer Aktivität?"; nützt es einer Einzelperson, einer Gruppe, einer Vereinigung, einer Partei, einer bestimmten Gemeinschaft, der Masse des Volkes? Der recht weit verbreitete Lobbyismus liefert hier die beklemmenden Antworten. Die heutige Erfahrung lehrt, daß es sich oft um Manager, um Funktionsträger handelt, die das eigene Wohl im Vordergrund sehen, sich bereichern und dabei den Menschen als Manövriermasse benutzen. Die Gegenfrage lautet: "Wer ist der Verlierer einer Veränderung?" Diese Frage wird meist nur im Verborgenen behandelt [Postman, 99]. Oft wird den Verlierern dann auch noch eingeredet, gerade sie seien die glücklichen Gewinner – ein perfides Vorgehen!

*Prophetie*

Neben den Religionswissenschaften ist in der Parapsychologie dies die Bezeichnung für das (angebliche) Vorauswissen künftiger Ereignisse oder Sachverhalte. Diese Verhaltensweise firmiert auch unter Präkognition, ein Begriff für eine Form der außersinnlichen Wahrnehmung, bei der zukünftige Entwicklungen und Zusammenhänge vorausgesagt werden. Man bezeichnet dies auch als Hellsehen (Fähigkeit, Dinge oder Vorgänge zu erkennen, die der normalen sinnlichen Wahrnehmung nicht zugänglich sind). Die Verkünder sind parapsychologische Propheten.

Die Erläuterung des Begriffes "Prophetie" wird wegen der Einbeziehung des Gebäudewärmeschutzes in den Wissenschaftsbereich notwendig, weil sich ein namhafter Vertreter der Bauphysik, der weitgehend die unheilvolle Entwicklung im Wärmeschutz bestimmt, als Prophet sieht und dies sogar öffentlich verkündet. Anmerkend sei der Hinweis gegeben, daß derartige scholastische Auswüchse mit ernstzunehmender Wissenschaft nichts zu tun haben und den praktizierenden "Wissenschaftsbetrieb" in entlarvender Weise charakterisieren (3).

*Rabulistik*

In der verbalen Auseinandersetzung wird Rabulistik als eine Methode bezeichnet, die die Wortverdreherei und die Haarspalterei zum Inhalt macht. Bewußtes Nichtverstehen wollen, kleinkrämerisches Herumnörgeln und aus der Luft gegriffene Behauptungen kennzeichnen den argumentativen Disput. Diese Art eines Dialoges wird immer dann gepflegt, wenn die Argumente ausgehen. Dann greift man zurück auf das Arsenal verletzender, spöttischer und erniedrigender Beschuldigungen, nur um seine Meinung zu retten. Diffamierungen und Verleumdungen, die sich bis zum Rufmord steigern, sind dann alltäglich.

*Rationalismus*

Der Rationalismus ist eine methodisch an der Theorienbildung der Mathematik und der rationalen Mechanik orientierte erkenntnistheoretische Position, die im Gegensatz zum Empirismus die Existenz nichtempirischer Bedingungen und damit die Möglichkeit a priori begründeter synthetischer Sätze zuläßt.

Rationalismus und Empirismus erweisen sich als erkenntnistheoretische Varianten der Einsicht in den Zusammenhang von Vernunft und Erfahrung sowie des Primats der wissenschaftlichen Vernunft gegenüber traditionellen, auch theologischen Orientierungen (Scholastik).

Beide Varianten finden eine gewisse Annäherung durch die Positionen des kritischen Rationalismus und des logischen Empirismus.

*Rhetorik*

Die Beredsamkeit wurde in der Antike zu einer Kunst ausgebildet, bei der es sich um das neben der Philosophie wichtigste und wirkungsmächtigste Bildungssystem der europäischen Kulturgeschichte handelt (Gerd Ueding). Rhetorik ist eine

Wissenschaft, deren Anwälte, von Aristoteles bis Bacon, von Cicero bis Lessing, nicht müde wurden, das eine Problem zu analysieren: Wie kann Vernunft sprachmächtig und Denken praktisch werden? Anzustreben sind dabei Reinheit und Klarheit der Sprache und die Angemessenheit von Gedanken und Sprache. Oder nach Walter Jens: Wie läßt sich das für richtig Erkannte in überzeugendem Appell, in herzbewegender Argumentation den Menschen einsichtig machen. Als Verfremdungseffekt kommen die rhetorischen Figuren, die für Abwechselung sorgen und als Schmuck und Mittel der Affekterzeugung dienen sollen, hinzu. Rhetorik arbeitet oft mit Vermutungen, Analogien Metaphern und anderen Kunstgriffen, nur um wortgewaltig zu überzeugen. Und es heißt auch: Die Redekunst ist mehr als eine bloße Redetechnik, der es nicht um den Inhalt, sondern nur um die Darbietungsform des Gesagten geht, so daß sie eher der Überredung und Propaganda als der Wahrheit dient (Cicero). Rhetorik ist im wesentlichen die Kunst der Überredung, im Gegensatz zur Kunst des Beweises [Holton 00].

In [Postman 99] heißt es deshalb auch: *"Rhetorik handelt vom Wesen der Propaganda, Logik von den Möglichkeiten, den Wahrheitsgehalt einer Aussage zu prüfen. Bei all dem heutigen Gerede darüber, dass wir derzeit durch eine Informationsrevolution gehen, sollte man doch meinen, dass den Lehrern keine Frage* mehr *auf den Nägeln brennt als die, welche sprachlichen Fähigkeiten notwendig sind, um mit dieser Informationsschwemme fertig zu werden".*

Überredung, Propaganda, Werbesprüche und Informationsschwemme dominieren heute. Rhetorik wird ihrer selbst willen betrieben und es kann damit durchaus dem Schein zum Siege verholfen werden (Sophismen, Rabulistik, Semantik) oder, wie Karl Steinbuch sagt: *"Wenn Rhetorik Vernunft schlägt"* [Steinbuch 86]. Eloquenz bekommt einen bitteren Beigeschmack, weil immer mehr euphemistisches Getue die Worthülsen für inhaltsleere Aussagen ausmachen. Eine Niederlage wird als Sieg bezeichnet, eine Erhöhung (z. B. von Steuern) wird als Senkung verkauft (eigentlich wäre eine viel stärkere Erhöhung notwendig, doch dies konnte abgewendet werden). Floskeln ersetzen handfeste Arbeit. Ernsthaftigkeit wird zur Mangelware, Oberflächlichkeit dominiert.

*Scharlatanerie*

Ein Scharlatan ist ein Aufschneider, Schwindler, Quacksalber und Kurpfuscher. Scharlatanerie ist demzufolge die Äußerungs- und Betätigungsform von Scharlatanen, die sich dank weitgehender Entwicklungsmöglichkeiten in einer liberalistisch-pluralistischen und "freiheitlichen" Gesellschaft einen immer größer werdenden Einfluß verschaffen. Da die kulturell-zivilisatorischen Grundnormen ethisch-moralischer Handlungsweisen immer mehr verwässern, gewinnen "Scharlatane" und deren Aussagen durch die stetigen Wiederholungen einen immer größer werdenden Einfluß und damit eine immer größer werdende Pseudo-Glaubwürdigkeit – auch in der Politik.

In der Wissenschaft ist mit einer Aussage auch gleichzeitig immer der Beweis zu liefern. Da viele bauphysikalische Verlautbarungen offensichtlich nicht beweisfähig sind, wird neuerdings meist nur mit Behauptungen operiert. Wird darauf hin der nunmehr nicht mehr allzu schwierige Gegenbeweis, also die Falsifikation vorgelegt, dann werden als Erwiderung nur Argumente vorgebracht, die keineswegs

den wissenschaftlichen Beweis ersetzen. Es wird statt einer Beweislieferung nur verbal zurückgewiesen, widersprochen, die Meinungen anderer zitiert und sonstwie allerlei pseudowissenschaftliches Wortgeplänkel vorgebracht. Nie aber wird mit diesem eloquenten Getue der vorgelegte Gegenbeweis widerlegt; dies aber muß geschehen, wenn Wissenschaft glaubwürdig bleiben soll.
Damit hat sich bedauerlicherweise auch Scharlatanerie weitgehend etabliert. In solchen Fällen gilt dann immer, die Falschheit einer Behauptung nachzuweisen (Falsifikation) und die Lüge zu entlarven. Auf empirischem Gebiet ist dies allerdings manchmal recht schwierig (wegen induktiver Vorgehensweise), auf analytisch-logischem Gebiet jedoch sehr leicht (Deduktion). Deswegen bewegen sich Scharlatane nur auf empirischen Feldern. Sie werden sich allerdings vehement gegen eine Enttarnung durch Widerlegung wehren; in Ermangelung stichhaltiger Beweise sind dann Verleumdungen und Diffamierungen an der Tagesordnung. Verantwortlich für diese unschönen Begleiterscheinungen sind überzogener Pragmatismus und narzißhafter Selbsterhaltungstrieb (8).

*Scholastik*
Dies ist die Sammelbezeichnung für die Wissenschaften des lateinischen Mittelalters ab dem 9. Jahrhundert vor allem für die Philosophie, Theologie, Rechtswissenschaft und Medizin. Sie ist eine in der Frühzeit an der platonischen, später vor allem an der aristotelischen Philosophie orientierte mittelalterliche Schulphilosophie.
Die Absicht der Scholastiker war es vor allem, die Wahrheit der christlichen Dogmen zu beweisen. Das, was geglaubt werden sollte, sollte auch rational einsichtig gemacht werden, das heißt, es mußte eine Brücke vom Glauben zum Wissen geschlagen werden. In den Disputationen galt es, zur Begründung des eigenen Standpunktes möglichst viele Belege aus den Schriften anerkannter Autoritäten beizubringen, die man nicht in ihrem Sinne zu verstehen, sondern alle in einem bestimmten Sinn zu deuten versuchte. Besonderen Gefallen fand man an logischen Tüfteleien und Spitzfindigkeiten und an etymologischen Spielereien (wahre Wörterbedeutung).
Die charakteristische Theologieabhängigkeit der Scholastik führte zwangsläufig zu Konflikten mit den Erkenntnissen der Aufklärung. Kopernikus z. B. veröffentlichte erst 1543, kurz vor seinem Tode aus Angst vor der Inquisition sein Hauptwerk "De revolutionibus orbium caelestium", worin er das heliozentrische System formulierte, das im Widerspruch zu den religiösen Glaubenssätzen stand; das Werk kam dann mit Verspätung 1616 auf den Index Librorum prohibitorum.

Es ist nicht davon auszugehen, daß scholastische Denkweisen überwunden seien. Wurde in der mittelalterlichen Scholastik das Denken, Handeln und damit auch der Wissenschaftsbetrieb an den Universitäten weitgehend dem christlichen Dogma unterworfen, so kann in der "neuzeitlichen Scholastik" davon ausgegangen werden, daß das Denken und das Handeln und damit auch der Wissenschaftsbetrieb an den Universitäten und Hochschulen zum Teil weitgehend dem neokapitalistischen Dogma des Nützlichen unterworfen werden [Dönhoff 97]. Deshalb geraten wissenschaftliche Erkenntnisse, wenn sie unangenehme und blamable Aussagen für die merkantilen Kräfte in der Gesellschaft enthalten, ebenfalls mit Vorliebe auf den "Index". Viele wissenschaftliche Publikationen erleiden dieses Schicksal. Dies aber beweist die leidvolle, aber auch von Teilen der Wissenschaft sogar angestrebte Abhängigkeit von der Wirtschaft, da durch die sich daraus ergebende "Auftragsforschung" auch der Wissenschaftsbetrieb dann genehmen merkantilen Zwängen unterliegt.

*Semantik*

Als Teildisziplin der Sprachwissenschaft beschäftigt sich die Semantik mit der Erforschung der Bedeutung von Wörtern, Sätzen und Texten. Das semantische Ordnungsprinzip soll in der Lage sein, sowohl ihre Grundstrukturen zu erkennen, vor allem aber den Zusammenhang zwischen Sprache und menschlichem Handeln transparent zu machen und modellhaft zu formulieren. Semantik begreift Sprechen als Handeln nach sozialen Regeln und beschreibt Bedeutungen als Regeln des Gebrauchs sprachlicher Ausdrücke im Interaktionszusammenhang. Die traditionelle Semantik faßt Bedeutungen auf als sprachunabhängige Begriffe oder Vorstellungen, die im Bewußtsein des Individuums üblicherweise mit den Wörtern assoziativ verknüpft sind. Im Kontext eines streng formalisierten Sprach- und Zeichengebrauchs, wie er bei der Entwicklung und dem Einsatz von Computerprogrammen nötig ist, hat die Semantik große Bedeutung.

Die semantischen Verwerfungen nehmen überhand. Begriffe wie "dimensionslose Temperatur" oder "Stationär mit Absorption" (4) sind hierfür markante Beispiele für begrifflichen Nonsens. Karl Steinbuch sagt hierzu: *"Unter den unauffälligen Methoden der Kulturrevolution ist der semantische Betrug besonders gefährlich: Da werden Worte ihrer gewohnten Bedeutung entkleidet und irreführend anders verwendet. Da sagt man beispielsweise Demokratisierung und bereitet damit die Machtübernahme durch Funktionäre vor"* und an anderer Stelle: *"Charakteristisch für die psychosoziale Vergiftung ist der Bedeutungswandel des Wortes Kritik. Hierunter verstand man einst die Prüfung oder Veränderung von Meinungen oder Theorien anhand der Erfahrung, Logik oder Vernunft. Im progressiven Sprachgebrauch bedeutet kritisch jedoch etwas anderes: es ist etwa gleichbedeutend mit systemüberwindend oder systemzerstörend, gleichgültig, ob das Vorgebrachte nun irgend etwas mit Erfahrung, Vernunft oder Logik zu tun hat oder nicht. So stirbt hinter dem verbalen Dauerkritizismus die Fähigkeit zur Kritik und Selbstkritik* [Steinbuch 86].

In diesem Kontext ist die Bauphysik zu sehen. Sie ist für das Bauen eine viel zu ernste Sache, als daß sie sich auf Grund von Irrtümern, Denkfehlern und irrationalen Schlußfolgerungen sozusagen als Pseudowissenschaft etabliert hat und in dieser Eigenschaft das Bauen terrorisiert.

*Sophismen*

Sophismen nennt man Trugschlüsse, die einer beabsichtigten Täuschung dienen. Die Sophisten waren ursprünglich im antiken Griechenland Gelehrte. Im 5. und 4. Jahrhundert v. Ch. wurden damit wandernde Redner und Philosophen bezeichnet, die unter anderem als "Weisheits-Lehrer" ihre Schüler vor allem in Rhetorik unterwiesen, damit sie fähig wurden, durch geschickte Reden sogar dem Unrecht zum Siege zu verhelfen. Sie zeigten große Gewandtheit im Denken. Im Vertrauen auf ihre Redekunst rühmten sich die Sophisten, jedes Thema angemessen behandeln zu können. Typisch ist das Ziel, die Möglichkeit objektiver Wahrheit und allgemeiner Normen zu untergraben. Diese Leute gibt es noch heute – und sie sind leider recht erfolgreich.

*Sprachphilosophie*

Dies ist eine Teildisziplin der Philosophie, die Ursprung und Wesen, soziologische, kulturelle und geistige Funktion, Logik und Psychologie der Sprache sowie die Bedingungen der Möglichkeit von Philosophie und Wissenschaft und anderer sprachlich verfaßter Kulturleistungen zum Gegenstand hat.
Wissenschaftliche Veröffentlichungen werden im Normalfall als Kulturleistung gesehen. Wenn man bedenkt, daß viele derartige "Sprachschöpfungen" eher banaler und absurder Natur sind, dann kann ermessen werden, wo im Augenblick Kultur anzusiedeln ist. Es ist nicht übertrieben, das auf niedrigstem Niveau vorliegende wissenschaftliche Denken und Handeln als realitätsfern und damit als Schimäre anzusehen.

*Staat*

Die Organisation der Staatengemeinschaft ist vielfältiger Natur; die jüngste Geschichte lehrt, daß vieles möglich ist: Monarchien, Diktaturen, Demokratien und viele Mischformen. Über die "logische Folge" hat sich schon Plato (427 bis 347 v. Chr.) Gedanken gemacht. Tugend, Sittlichkeit, rechtes Handeln, Gerechtigkeit, alles, was Plato am Einzelmenschen darlegt, kehrt in vergrößertem Maßstab beim Staat wieder.

Plato unterscheidet drei Grundformen des Staates [Störig 63]:

*Die Oligarchie*: "Sie ist diejenige Verfassung, die sich auf die Wertschätzung des Vermögens gründet, in der die Reichen herrschen, die Armen aber von der Regierung ausgeschlossen sind. Die Oligarchie habe drei Fehler, sagt Plato:

1. Wo steht geschrieben, daß die Reichsten auch die Fähigsten sind? Der Staat würde, wenn nicht die fähigsten Steuerleute den Staat lenken, eine böse Fahrt nehmen.
2. Der Staat ist nicht *ein* Staat, sondern zwei. Den einen bilden die Armen, den anderen die Reichen und diese beiden Parteien werden sich fortgesetzt bedrohen.
3. Jeder Reiche kann seinen Besitz verschwenden – und dann trotzdem im Staat wohnen bleiben, als ein mittelloser Armer. Immer aber gibt es in einem Staat, wo man Bettler antrifft, im geheimen auch Diebe, Beutelschneider, Tempelräuber und sonstige gewerbsmäßige Verbrecher.

Was aber jedesmal in Achtung steht, das wird auch geübt und das nicht Geachtete bleibt liegen. Anstatt nach Weisheit und Gerechtigkeit werden die Menschen danach streben, Profit zu machen und Schätze zu sammeln. Drohnenhafte Begierden auf der einen, bettlerhafte auf der anderen Seite werden einen Menschen entstehen lassen, der vom Ideal der ausgeglichenen sittlichen Persönlichkeit denkbar weit entfernt ist". Dies alles ist bereits sehr gegenwartsnah geworden.

Eine Sonderform der Oligarchie wäre die Plutokratie, die Geldherrschaft, die sich bei Vorrang monetärer Interessen automatisch etabliert und gemäß dem pragmatischen Grundsatz des Nutzens, der alles rechtfertigt, sofern er sich bewährt, auch in der Lage ist, vieles mit Geld zu regeln (die Grundlage für Korruption).

*Die Demokratie*: "Eine Demokratie entsteht, wenn die Armen den Sieg davontragen und von der Gegenpartei die einen hinrichten lassen, die anderen verbannen und den übrigen Bürgern gleichen Anteil an der Staatsverwaltung und an den Ämtern geben. Das Schlagwort der Demokratie ist Freiheit. Vor allem sind die Leute frei, und die ganze Stadt hallt wider von Freiheit und unbeschränkter Meinungsäußerung, und jedermann darf hier tun, was er will ... Und ... daß man sogar nicht gezwungen ist, am Regiment teilzunehmen in einem solchen Staat, und wenn du auch noch so geschickt dazu bist; noch auch zu gehorchen, wenn du nicht Lust dazu hast und ebensowenig, wenn die anderen Krieg führen, auch mitzutun, oder Frieden zu halten, wenn die anderen ihn halten, du aber keine Lust dazu hast, ... ist das für den Augenblick nicht eine göttliche und höchst vergnügliche Daseinsweise? ... Diese und ähnliche ... wären also die Eigenschaften der Demokratie, und sie ist demnach eine vergnügliche Verfassung, ohne Regierung, buntscheckig, und verteilt eine angebliche Gleichheit gleichermaßen an Gleiche und Ungleiche.

... Wie sieht der Mensch aus, der dieser Verfassung entspricht? Müssen nicht Zügellosigkeit und allgemeine Auflösung um sich greifen? Wie soll man die Jugend erziehen, wenn alle gleich und alle gleich frei sind? Der Lehrer zittert unter solchen Verhältnissen vor seinen Schülern und schmeichelt ihnen; die Schüler aber machen sich nichts aus den Lehrern ... Und überhaupt stellen die Jüngeren den Älteren gleich und treten mit ihnen in die Schranken in Worten und Taten; die Alten aber setzen sich unter die Jugend und suchen es ihr gleichzutun an Fülle des Witzes und lustigen Einfällen, damit es nämlich nicht das Ansehen gewinne, als seien sie mißvergnügt oder herrisch. – Schamhaftigkeit nennen sie Dummheit und verstoßen sie in ehrlose Verbannung, Besonnenheit heißen sie Unmännlichkeit, beschimpfen sie und jagen sie hinaus; Mäßigkeit und häusliche Ordnung stellen sie als bäurisches und armseliges Wesen dar und bringen sie über die Grenze".

Hört sich dies nicht alles sehr modern an?

*Tyrannis*: Plato beschreibt die Tyrannei wie folgt: "Der Demokratie folgt die Gewaltherrschaft. Denn daß sie eine Reaktion gegen die Demokratie ist, das ist doch wohl klar". Wie vollzieht sich nun dieser Übergang? "Was die Oligarchie sich als größtes Gut vorsteckte und wodurch sie auch zustande gekommen war, das war doch der große Reichtum. Die Unersättlichkeit im Reichtum aber und die Vernachlässigung alles übrigen um des Geldmachens willen führte zu ihrem Untergang ... Und die Demokratie, löst nicht auch diese sich auf durch die Unersättlichkeit in dem, was sie als ihr Gut bestimmt? ... Die Freiheit ... Und in der Tat, wo etwas auf die Spitze getrieben wird, da pflegt als Folge ein Umschlag ins Gegenteil einzutreten: so ist es bei den Jahreszeiten, bei den Pflanzen, bei der Ernährung des Körpers und nicht am wenigsten bei den Staaten ... Und so wird denn auch, wie es scheint, die auf die Spitze getriebene Freiheit für den einzelnen Bürger wie für den Staat in nichts anderes umschlagen als in die entsprechende Knechtschaft. Der Volksführer würde dann vom Volk großmächtig gemacht, dieser koste von der Macht und sie berausche ihn. Um diese zu erhalten, schrecke er dann nicht zurück, Blutschuld auf sich zu laden und Verbannungsurteile auszusprechen. Für einen solchen bestehe die unausweichliche Notwendigkeit, entweder durch seine Feinde unterzugehen oder ein Tyrann zu werden".

Plato beschreibt die drei Grundstrukturen *Oligarchie, Demokratie* und *Tyrannei*, wobei selbstverständlich auch Mischformen möglich sind. Gesellschaftliche Entwicklungen unterliegen offensichtlich immer den gleichen soziologischen Gesetzen: Die "Mächtigen" überspannen den Bogen, geraten in Verruf und versuchen dann zu retten, was es noch zu retten gibt. Damit aber werden tyrannische und absolutistische Strukturen geboren und durchziehen netzartig die Gesellschaft, teils als Informationsmedium zur Beeinflussung der öffentlichen Meinung, teils als Diskriminierungswerkzeug gegen mißliebige Kritiker. Die jüngste Geschichte und auch die Gegenwart liefern hierfür genügend Beispiele.

*Subjektivismus*
In der Philosophie ist dies die Auffassung, nach der die Gegenstände des Wollens und Erkennens durch das Subjekt erzeugt werden bzw. die Erkenntnis von Sachverhalten als wahr und wirklich sowie der angestrebte Zweck oder die vollendete Tat durch das Subjekt als gut bestimmt wird. Subjektivismus ist also ein erkenntnis- und werttheoretischer Standpunkt, dem zufolge alle Erkenntnisse nur subjektiv gelten, also von persönlichen Wertungen und sogar von Vorurteilen bestimmt und vom Bewußtsein des Menschen (Subjekts) mitgeformt werden. Der Subjektivismus kann als ein Versuch verstanden werden, das neuzeitliche Problem der Erkenntnissicherung zu rechtfertigen, da der Anspruch auf Verläßlichkeit von Lehrmeinungen und die Verbindlichkeit von Normen in einer pluralistischen Gesellschaft mit ihren unterschiedlichsten Interessen nicht mehr a priori gesichert sind, wie dies früher durch allgemein anerkannte Autoritäten und durch Eingliederung in institutionalisierte Traditionen geschehen ist. Dies führt dann letztendlich zur Existenz vieler und vielschichtiger "Wahrheiten". Als Subjektivismus im moralischen und ethischen Sinn kann der Egoismus bezeichnet werden.

In der heutigen pluralistischen Gesellschaft gibt es viele unterschiedliche Interessen, viele unterschiedliche Sichtweisen, viele unterschiedliche Standpunkte. Da in einer solchen Situation der individuelle Subjektivismus triumphiert, der ja "die reine Wahrheit" jeweils für sich selbst pachtet, gibt es ein allgemeines "Hauen und Stechen", wobei Anstand und Moral notgedrungenerweise vernachlässigt oder vergessen werden. Dies ist dann ein Eldorado für Funktionäre, deren Existenz ja geradezu zum Subjektivismus zwingt und nur von diesem abhängt.

*Subjektivität*
Subjektivität ist die Eigenschaft von Aussagen, Urteilen, Haltungen oder Wert- und Handlungsorientierungen, die durch ihre ausschließliche oder weitestgehende Abhängigkeit von dem erkennenden, aussagenden und urteilenden Subjekt, das heißt von dem individuellen Bewußtsein und dessen (zufälligen) Wahrnehmungen, Vorstellungen sowie Wertungen, bestimmt ist. Daraus resultiert dann auch für das Subjekt (für den individuellen Menschen) die vollkommene Gültigkeit dieser Aussagen und Urteile; dies beinhaltet damit aber auch automatisch *keine*

Notwendigkeit des Überprüfens durch das Subjekt, denn der Wahrheitsbeweis liegt allein in der Überzeugung und dem Glauben an die individuelle Subjektivität.

Das heute publizierte Fachwissen in den öffentlichkeitswirksamen Medien (Fernsehen, Zeitschriften, Zeitungen, Büchern) ist weitgehend geprägt durch Subjektivität. Zugang zu den Medien erhalten wegen der lukrativen Werbeeinnahmen überwiegend finanzstarke Interessengruppen und deren Interpreten, so daß objektive Wertungen und Urteile durch den Konsumenten, durch den Kunden, durch den Verbraucher kaum mehr möglich sind. Diese Vorherrschaft der Subjektivität führt auch zu der bedauernswerten Tatsache, daß Verständigungen untereinander kaum mehr möglich sind, da "jeder Kontrahent" als Subjektivist ja vom Wahrheitsgehalt seines Standpunktes überzeugt ist. Eine Abkehr von einer einmal gefaßten subjektiven Meinung ist jedoch aus Prestigegründen meist nicht möglich, so daß bei einer solchen Verfahrensweise der Konflikt garantiert ist. Nur allein die Besinnung auf rein deduktiv gewonnene Erkenntnisse kann diesen Graben der Subjektivität überwinden helfen.

*Suggestion*
Die Suggestion arbeitet durch die Beeinflussung des Seelischen. Sie versucht ein gezieltes Erwecken bestimmter Vorstellungen und das Ansprechen des Gefühlslebens zu forcieren, um damit intuitive Zustimmung zu erreichen. Eine kollektive Begeisterung wird oft durch Suggestion erzielt.
Suggestive Beweisführung wird überall dort eingesetzt, wo die rationale Beweisführung versagt. Es werden damit Massenmeinungen produziert, die im demokratischen Umfeld eines Mehrheitswillens dann durch Mehrheitsbeschluß als maßgebend und damit für richtig erklärt werden. Über Wahrheit kann man aber nicht abstimmen lassen. Gotthold Ephraim Lessing sagte: *"Der die Wahrheit sucht, darf nicht die Stimmen zählen"*. Diese demokratische Vorgehensweise ist wissenschaftsfeindlich, obgleich sich viele "Wissenschaftler" daran beteiligen – es locken "Forschungsaufträge aus Drittmitteln".

*Syllogismus*
Die logische Beziehung zwischen drei Sätzen wurde erstmals in der Syllogistik des Aristoteles differenziert dargestellt. Ein Syllogismus ist ein mittelbarer Schluß, in welchem aus zwei Vordersätzen, den Prämissen, ein Nachsatz, die Konklusion, hergeleitet wird. Syllogismus ist somit der aus drei Urteilen bestehende logische Schluß zur Ableitung des Besonderen (weniger Allgemeinen) aus dem Allgemeinen. Es handelt sich also um einen deduktiven Schluß – und ist somit unwiderlegbar.

Leider spielt heutzutage in der Wissenschaft die Logik, die zu Erkenntnissen und zur Wahrheit führen, nicht mehr die entscheidende Rolle; entscheidend ist vielmehr der materielle Nutzen, der sich aus einer "wissenschaftlichen" Forschung ergibt und hier wird zu diesem Zweck auch vehement manipuliert und getrickst (1). Die Suche nach Wahrheit und Erkenntnis wird abgelöst durch die Suche nach Erfolg und Geld; der amerikanische Pragmatismus triumphiert. Edinson sagte: *"Ich betreibe Wissenschaft nicht, nur um die Wahrheit zu erkennen, wie dies Newton, Kepler, Faraday und Henry getan haben. Meine Studien und meine Ex-*

*perimente habe ich mit dem alleinigen Ziel durchgeführt, etwas zu erfinden, das kommerziellen Nutzen bringt".* Auch am Massachusetts Institute of Technology (MIT) herrscht dieser pragmatische Geist [Di Trocchio 95]. Die im Rahmen von "Bildungsreformen" angedachten "Strukturreformen" an unseren Universitäten und Hochschulen sollen diese Tendenzen verwirklichen, so daß es nicht mehr um Erkenntnisse, also um Wahrheit, sondern um Bekenntnisse zum Gedeihen der Wirtschaft geht.

*Synergie*
Synergie bedeutet das Zusammenwirken verschiedener, sich gegenseitig fördernder Kräfte zur Erzielung einer einheitlichen Leistung. Durch den Synergieeffekt ist die Gesamtwirkung deshalb größer, als es der Summe der Einzelwirkungen entsprechen würde.

Synergie verkommt heute zu einem Zauberwort. Bei fragwürdigen Aktivitäten wird dann immer von den zu erwartenden Synergieeffekten gesprochen, die doch nun einmal eintreten würden, dabei handelt es sich lediglich um Prognosen, die morgen bereits schon überholt sein können. Mit Wissenschaft hat das alles weniger zu tun, mehr mit Suggestion und Überredung. Selbst das Produzieren von schadensträchtigen und krankmachenden Häusern (sick building Syndrom) kann unter dem Aspekt der Synergie positiv gesehen werden (die auftretenden Schäden bezahlt ja die Versicherung), denn immerhin profitieren davon die Bauindustrie (Sicherung von Arbeitsplätzen), die Handwerker (notwendige Sanierungen), die Planenden (neue Aufträge), die Mediziner (gefüllte Wartezimmer) sowie schlußendlich die Politik, die durch Erlaß von Verordnungen für viele Prüfinstitutionen (Energiezentren) und damit für viel Bürokratie und unnötige Arbeit sorgt.

*Terror*
Es handelt sich hierbei um Bedrohung, um rücksichtsloses Vorgehen, Einschüchterung und Unterdrückung. Im engeren Sinne ist es eine Erscheinungsform des Machtkampfes und Machtmißbrauchs, bei denen demokratische Spielregeln und Rücksichten auf Leib, Leben und Güter des Gegners außer acht gelassen werden. Terror wird im allgemeinen Sprachgebrauch mit Terrorismus gleichgesetzt. Terroristen sind demzufolge Leute, die ihre Interessen eben auch mit Bedrohungen, rücksichtlosem Vorgehen, Einschüchterungen und Unterdrückungen durchzusetzen versuchen.

In sanfter Form existiert der Terrorismus auch in demokratischen Staatsformen, da der Lobbyismus mittlerweile ein immer stärker werdendes Gewicht erhält. "Light-Terroristen" werden überall angetroffen. Die Folge ist ein rigides Vorgehen gegen "Andersdenkende", wobei es sich hier nicht um politische Auseinandersetzungen, sondern schlichtweg um Fachfragen handelt. Dabei wird langjähriges Fachwissen ignoriert, verändert oder fehlerhaft interpretiert. Was dabei herauskommt ist ein bautechnisches Desaster, das viele Baufehler nach sich zieht. Logisches Denken, Vernunft und Einsicht sind zur Mangelware geworden. Bei diesem Zustand der Bautechnik kann man dann sogar von einer Pathologie der Wissenschaften sprechen [Ratzinger 05]. Sogenannte "Wissenschafts-Terroristen" arbeiten in einer "Demokratie" dann verstärkt mit den Mitteln der Diffamierung, Verleumdung, Verunglimpfung und Ehrabschneidung.

*Trial and error Methode*

Die Methode von "Versuch und Irrtum" ist ein (idealisiertes) Lernverfahren für Situationen, bei denen

1. ein Ziel, das heißt ein Erfolgskriterium der Problemlösung, feststeht,
2. eine Reihe von alternativen Lösungsversuchen möglich ist, von denen unbekannt ist, daß sie alle gleichwahrscheinlich erfolgreich (bzw. erfolglos) sind.

In solchen Situationen sind beliebige Lösungsversuche zu unternehmen, bis nach irrtümlichen Versuchen eventuell eine erste erfolgreiche Wahl getroffen werden kann.

In der Kybernetik wurde die "T.a.e.M." als Zusammenwirken von zielstrebigen Methoden mit "Black Box Methode" (Black-Box) beschrieben. Die "T.a.e.M." wurde im sogenannten Falsifikationismus Karl R. Poppers aufgenommen, wonach sogar erfahrungswissenschaftliche Theorien so lange versuchsweise gesetzt und dann widerlegt werden, bis eine "richtige" (im Sinne einer einstweilen nicht widerlegten) Theorie gewählt ist.

Die Trial and error Methode wird überall dort eingesetzt, wo Unwissenheit über die Zusammenhänge des zu erforschenden Gegenstandes vorherrscht. Bei nebulösen Vorstellungen hilft die "T.a.e.M." wie eine Wunder-Medizin. Allerdings können dabei auch irrationale Ergebnisse erzielt werden. Besonders gravierend wirkt sich die heutige Möglichkeit einer Programmierung von Lösungswegen aus. Komplizierte bzw. bewußt kompliziert gemachte Berechnungen werden in Sekundenschnelle erledigt. Daß sich hierbei die T.a.e.M. besonders anbietet, ist ein verlockender Tatbestand – man kann viel probieren, ohne nun über die Kausalitäten Bescheid zu wissen. Mehr noch: Durch die Programmierung entledigt sich jeder selbst der Nachprüfung des Rechenganges; wer sagt denn und kann bestätigen, daß die Berechnungen methodisch richtig sind. Ein Ergebnis kommt dabei immer heraus, nur kann es vom Ansatz her ein falsches Ergebnis sein. Diese Gefahr besteht bei Simulationsmodellen immer.

*Trugschluß*

Dies ist ein Fehlschluß, der zur Täuschung oder Überlistung eines Gesprächspartners oder -gegners angewandt wird. Ein Fehlschluß ist in der traditionellen Argumentationstheorie und Logik ein Schluß, bei dem irrtümlich – oder sogar bewußt – logisch nicht gültige Schlußweisen Verwendung finden. Solche ungültigen Schlußweisen entstehen aufgrund von Verwechslungen oder Fehlinterpretationen von Teilaussagen, die dann zu einer unlogischen Konklusion zusammengeführt werden. Das Ergebnis ist ein technisches Chaos.

Gerade die Bauphysik wird beherrscht von Trug- und Fehlschlüssen. Die Unlogik feiert Triumph, die Fehlaussagen dominieren.

*Tugend*

Tugend ist die Gesamtheit der sittlich guten Eigenschaften, die über das Verhalten der Menschen Auskunft geben. Allgemein bedeutet Tugend jede vollkommen entwickelte Fähigkeit auf geistigem oder seelischem Gebiet. Heutzutage wird

Tugend meist synonym zu Wert als ethischer Grundbegriff gebraucht und überwiegend durch diesen Begriff ersetzt. Platon unterscheidet als Grundtugenden: Weisheit, Tapferkeit, Besonnenheit und Gerechtigkeit. Die vier Haupttugenden der christlichen Sittenlehre nach Thomas von Aquin sind: die Klugheit als Tugend der Erkenntniskraft, die Gerechtigkeit, die dem Willen die feste Hinordnung auf das erkannte Rechte gibt, die Mäßigkeit, die das begehrende Affektleben ordnet und die Tapferkeit, die das Affektleben beherrscht. Die Vertreter der Stoa setzen Tugend gleich mit "nach der Natur leben".
Die heutige Zeit dürstet danach. Bei den vielfach in den Medien offenbarten Bilanzfälschungen, Korruptionen, Betrügereien und Lügenmärchen werden wieder einmal die Tugenden entdeckt – eine Wertediskussion wird angefacht. Es bleibt abzuwarten, ob dies Ablenkung oder Einsicht bedeutet.

*Universität*
Die Universität ist traditionell die ranghöchste und älteste Form der wissenschaftlichen Hochschule und ein Produkt der mittelalterlichen europäischen Kultur. Die ersten deutschen Universitätsgründungen waren Prag (1348), Wien (1365), Heidelberg (1386), Köln (1388) und Leipzig (1409). Gegen Ende des 15. Jahrhunderts hatte sich die Zahl auf 16 erhöht. An ihnen bestand nur in dem Maße Lehrfreiheit, in dem die Lehre sich mit den kirchlichen Dogmen in Einklang befand.

Ein Neubeginn ging von der Gründung der Universitäten Halle (1694) und Göttingen (1737) aus. Dies sind die ersten, die Lehrfreiheit für sich beanspruchten und auch zugestanden bekamen. Ein neuer Begriff der Wissenschaft, gegründet auf Erfahrung und Experiment, entstand. Neue Lehrformen der naturwissenschaftlichen Forschung traten an die Stelle der "disputationes", der Streitgespräche. Grundlegend hierfür waren die Ideen Wilhelm von Humboldts, nach ihnen wurde die Berliner Universität 1809 gegründet. Das Ideal war die "Wissenschaft als ständiger Prozeß wissenschaftlicher Erkenntnis". Die hieraus abgeleiteten Prinzipien waren:

1. Einheit von Forschung und Lehre (oberstes Ziel war die Bildung der Persönlichkeit).
2. Autonomie der Hochschule (der Staat durfte weder die Ziele des Erkenntnisprozesses noch den Prozeß selbst beeinflussen).
3. Ablehnung des Studiums als Vorbereitung auf die Berufspraxis.
4. Trennung von Universität und Schule (eine Folge war die zunehmende Bedeutung des Studiums generale).

Die heutige Bildungspolitik sollte sich diese Gedanken einmal ernsthaft durch den Kopf gehen lassen, hier finden sich gute geistige Ansatzpunkte – über Humboldt wird ja auch intensiv "diskutiert". Die Weichen werden aber anders gestellt.
Eine Einflußnahme staatlicherseits zum Zwecke dirigistischer Maßnahmen hatte für den Erkenntnisprozeß wissenschaftlicher Forschungen bisher immer verheerende Folgen. Auch und gerade Dogmen und Ideologien versuchen ständig, sich der Aussagekraft von Universitäten zu bedienen. Auch die im Interesse der Wirtschaft durchgeführte angewandte Forschung relativiert den Wahrheitsgehalt so mancher Aussage aus dem Universitätsbereich. Die Dogmengläubigkeit nimmt leider wieder zu, das selbständige und unabhängige Denken wird immer seltener – auch an den Universitäten.

*Utilitarismus*
Diese philosophische Lehre sieht im Nützlichen die Grundlage sittlichen Verhaltens und anerkennt nur ideale Werte, sofern sie dem einzelnen oder der Gemeinschaft nützen. Dieser Theorieansatz betrachtet somit die Summe des Nutzens (der Utilität) als Kriterium der Sittlichkeit. Der ideale Utilitarismus läßt verschiedene Werte als Bezugspunkt des Nutzens zu. Der klassische Utilitarismus bestimmt das menschliche Glück im Sinne der Befriedigung oder Gewinnung von Lust bzw. der Vermeidung von Schmerz als höchsten Wert. Der Nutzen soll nicht nur auf das einzelne, handelnde Individuum beschränkt sein, sondern auch einer möglichst großen Zahl von Menschen gelten.

Wissenschaft steht hier am Scheideweg. Bei der Formulierung von Erkenntnissen haben utilitaristische Motive keine Daseinsberechtigung. Nur bei "Bekenntnissen" spielt der Utilitarismus eine entscheidende Rolle. Einstein sagte zum 60. Geburtstag von Planck im Jahre 1918: *"Ein vielgestaltiger Bau ist er, der Tempel der Wissenschaft. Gar mancher befaßt sich mit der Wissenschaft im freudigen Gefühl seiner überlegenen Geisteskraft; gar viele sind auch im Tempel zu finden, die nur um utilitaristischer Ziele willen ihr Opfer an Gehirnschmalz darbringen".* Die Analyse so mancher "wissenschaftlicher" Aussagen läßt vermuten, daß hierfür ein überzüchteter Utilitarismus als Motor und Triebfeder fungiert. Meist sind Wirtschaftsinteressen die Nutznießer, weniger die Konsumenten und Endverbraucher.

*Verifikation*
Verifikation bedeutet das Bewahrheiten einer Behauptung durch Überprüfen an der Erfahrung. Im Gegensatz dazu steht die Falsifikation.

*Vernunft*
Vernunft ist in theoretischer und praktischer Hinsicht ein höheres Ordnungsprinzip, das Erkenntnisse leitet und Handlungen orientiert. Nach Aristoteles besteht die auf Tüchtigkeit beruhende Tätigkeit in der Fähigkeit, das eigene Handeln durch die Vernunft zu bestimmen. Der Mensch muß nach Vernunft streben, wenn er sich über das Wissen und den Umgang mit den Einzeldingen der Welt erheben will. Vernünftig zu sein besteht vor allem darin, anstelle überlieferter Meinungen und Gewohnheiten ein strenges Denken und Beweisen zu setzen. Vernunft bedeutet allerdings auch die Kombination von Tugend und Wissen; ideologisch gefärbte Bekenntnisse haben deshalb mit Vernunft nichts zu tun. Karl Steinbuch schreibt [Steinbuch 86]: *"Der mißbrauchte, antiquierte und verlachte gesunde Menschenverstand hat mehr Vernunft in sich als das maßlose, anmaßende und diffamierende kritische Bewußtsein, von dem der Chor der Phantasten das Heil der Erde erwartet. In der Vernunft stecken Jahrtausende menschlicher Erfahrung".*

*Wahrheit*
Was wahr ist, entspricht der Wahrheit; insofern ist zum Erkennen der Wahrheit im technisch-wissenschaftlichen Sinne lediglich ausreichend, den Beweis für den Wahrheitsgehalt einer Aussage zu führen. Die Wahrheit steht gerade jetzt wieder

hoch im Kurs. Für Einstein war Forschung immer das Streben nach Wahrheit [Rosenkranz 04] (Das Einsteinjahr 2005 – also ein Jahr der Wahrheitssuche und Wahrheitsfindung?). Auch Wild sagte. *"Die Macht der Naturwissenschaften beruht auf ihrer Wahrheit"* [Wild 86]. Wahrheit ist wieder gefragt.
Es gibt Aussagen, besonders aus der Vergangenheit, die eindeutig als *wahr* im Raum stehen und über die kein Wort mehr verloren werden müßte, da sie entweder einer deduktiven Arbeitsweise entstammend unangreifbar sind oder als Naturgesetze sich bisher bewährt haben. Diese "Grundlagen" werden allerdings oft negiert und ignoriert, entweder aus einer permanenten Unwissenheit heraus oder wegen einfach nicht gut zu heißender "pragmatischer" Überlegungen, die dem "Nützlichkeitspostulat" den Vorrang geben.
Gegenwärtig kann von einer verstärkt einsetzenden Verwässerung und Verflachung wissenschaftlicher Aussagen gesprochen werden, die zumeist auch noch im Widerspruch zu einmal bereits als "wahr" akzeptierten Erkenntnissen stehen. Ursache hierfür ist eine Bevormundung und Beeinflussung "wissenschaftlicher Aussagen" durch Interessen bestimmter Zweige der Wirtschaft und der Industrie. Hierdurch degradieren sich solche Aussagen aus den Reihen der "Forschung" zu unwichtigen, nichtssagenden, nebensächlichen und nicht ernst zu nehmenden "Pseudosätzen". Pragmatische Überlegungen gewinnsüchtiger Strategien lassen jedoch derartige Aktivitäten immer wieder entstehen – und es gibt viele, viele Jünger dieser "Glaubenslehre". Es kann sogar von einer "Scholastik des 20. Jahrhunderts" gesprochen werden, die sich keine Aussagen gegen die Interessen der Wirtschaft erlauben darf (4).

*Wertediskussion*
Immer wenn Korruption und Bestechung, Lüge und Betrug überhand nehmen, entdeckt man die gesellschaftlichen Werte und führt eine Wertediskussion. Wert ist im soziokulturellen Entwicklungsprozeß einer Gesellschaft die sich herausbildende, von der Mehrheit akzeptierte Vorstellung über das Wünschenswerte. Werte sind allgemeine und grundlegende Orientierungsmaßstäbe bei Handlungsalternativen; sie geben den Menschen Verhaltenssicherheit. Aus Werten leiten sich Normen und Rollen ab, die das Alltagshandeln bestimmen. Der Problematik der Werte hat sich die Wertphilosophie angenommen. Gemeinsam ist allen wertphilosophischen Ansätzen, daß sie die Kriterien für praktisches Handeln und für weltanschauliche Orientierungen zu geben versuchen, indem sie absolute Werte bestimmen, die für den Menschen Maßstab sein sollen. Die allgemeine Auffassung von der Gleichwertigkeit der Epochen ließ es geboten erscheinen, die menschliche Vernunft als eine inhaltlich zu bestimmende Kraft herauszustellen. Auch der Individualismus wurde von den Wertphilosophen als Gefahr erkannt, weil sich darin die Loslösung des einzelnen von der Wertegemeinschaft der Gesellschaft ankündige.
Die allgemeine Auflösung der Werte mit all ihren negativen Begleiterscheinungen kennzeichnet immer mehr das Wirtschaftsleben. Immerhin gestatten "das Wünschenswerte", die "Normen" und das "Rollenspiel" mannigfache Interpretationsspielräume, über die stets heiß gestritten werden kann – und natürlich auch gestritten wird. Hier erhalten die Meinungsmacher ihre große Chance. Bemerkenswert ist dabei, daß bei eklatanten Abweichungen vom Wertesystem stets Be-

gründungen gefunden werden, warum dies gerade so sei und nicht anders – die Ertappten jedenfalls halten sich dabei stets für unschuldig.

*Wertelite*
Die Soziologie bezeichnet damit eine gesellschaftliche Minderheit, die einen entscheidenden Einfluß auf die von der Mehrheit der Gesellschaftsmitglieder akzeptierten Werte und damit auf die gesamtgesellschaftliche Entwicklung hat. Die Wertelite legitimiert sich durch ihre mehrheitlich anerkannten geistigen, politischen und sozialen Qualitäten.
Eine Wertelite könnte hier Maßstäbe setzen – wenn sie vorhanden wäre, doch die geistigen, politischen und sozialen Spitzenkräfte sucht man vergebens. Individuelle Karrieresucht, verbunden mit einer ausgeprägten Vorliebe für Geldwerte, läßt diese für das seriöse Funktionieren einer Gesellschaft so wichtige Wertelite, die doch als Vorbilder unverzichtbar wird, verkümmern und zu einem Nichts schrumpfen. *"Die Gier nach Geld und Ruhm ist allgegenwärtig. Maulhelden in Film und Fernsehen, Fußballspiele und Tennisstars, die Millionen einstreichen und dann nicht einmal versteuern, das sind die Vorbilder, die nichts Gutes verheißen"* sagt Ulrich Krüger in [NN 02a]. Die Philosophie des Pragmatismus leistet hierfür die nötige Hilfestellung. Hier allerdings muß schleunigst ein Umdenken einsetzten, wenn Negativfolgen für die Gemeinschaft, für die Allgemeinheit vermieden werden sollen. Wenn die Wirtschaft plötzlich wieder Tugenden entdeckt, Werte reaktiviert; dann muß die Zukunft zeigen, ob dies ernsthaft gemeint ist oder ob dies nur als Alibi vorgebracht und vorgetäuscht wird.

*Wissenschaft*
Sie ist die Tätigkeit, die, im wahrsten Sinne des Wortes, das Wissen schafft. Gegenüber dem unabgesicherten, häufig subjektiven Meinen muß das wissenschaftlich abgesicherte Wissen seinem Anspruch entsprechend begründet werden. Dabei wird unterstellt, daß es in jeder kompetent und rational geführten Argumentation Zustimmung findet. Wissenschaftliche Aussagen sollten die Grundlage einer jeden fachlichen Entscheidung sein. Leider ist das nicht immer so (1). Oft beherrschen die Szenerie lediglich pseudowissenschaftliche Aussagen; diese sind erkennbar an der Unmöglichkeit, für jedermann nachvollziehbar zu sein, zu viele Argumente sprechen dagegen. Wer glaubt, Wissenschaft verkünde nur fundierte Erkenntnisse und Wahrheiten, der wird sehr schnell eines Besseren belehrt. Wissenschaft hat in der heutigen Zeit der wirtschaftlichen Globalisierung mehr die Aufgabe übernommen, gesellschaftlich und politisch erwünschte Bekenntnisse und damit leider auch Lügen zu verkünden (z. B. Klimakatastrophe und Energieeinsparung durch Dämmung).

*Wissenschaftsethik*
Wissenschaftsethik bedeutet die Reflektion auf die Verpflichtung, sich um objektive, für jedermann nachvollziehbare, in diesem Sinne wissenschaftliche Wahrheit zu bemühen. Dabei darf die gesellschaftliche Verantwortung gegenüber der Gemeinschaft nicht den Einzelinteressen bestimmter Gruppen, womöglich sogar den Eigeninteressen, geopfert werden. Zu diesem Zweck wird oft die Produktion von "Wissenschaftsergebnissen" angekurbelt, die eher zur Verwirrung als zur Klärung

beitragen. Bei solchen, meist noch öffentlich geförderten Forschungsvorhaben sollte die Wissenschaftsethik korrigierend eingreifen, leider geschieht dies nicht [Markl 89, 90].

*Wissenschaftstheorie*
Dies ist das wichtigste Teilgebiet der zeitgenössischen theoretischen Philosophie. Gegenstand der Wissenschaftstheorie sind alle Untersuchungen über Voraussetzungen, Methoden, Strukturen, Ziele und Auswirkungen von Wissenschaft. Die Durchführung von Forschungsarbeiten muß sich den Regeln der Wissenschaftstheorie unterordnen, wenn nicht der Eindruck entstehen soll, daß es sich um die Rechtfertigung von Absichten handelt, deren interessenorientierte Eigennützigkeit bestimmter Wirtschaftszweige evident ist. Die sogenannte "Drittmittelforschung" läßt allerdings für die Beachtung wissenschaftstheoretischer Grundlagen wenig oder sogar keinen Spielraum.

## 2.2 Forschungsmethodik

Forschung wird betrieben, um neue Erkenntnisse zu erlangen. Die zentrale Frage lautet: "Wahr oder falsch?" Grundsätzlich wäre aus wissenschaftstheoretischer Sicht folgendes zu sagen:
Um der Wahrheit zu dienen, können nach Karl Raimund Popper nur die falschen Aussagen widerlegt werden, denn es heißt in [Di Trocchio, 95]:

*"Karl Popper widerlegte die Überzeugung, es sei immer möglich, den Beweis zu erbringen, daß etwas wahr oder falsch ist. Popper zeigte, daß immer nur der Beweis dafür möglich ist, daß etwas falsch ist, während es sich nie letztgültig beweisen läßt, daß etwas wahr ist. Dies bedeutet, daß alle wissenschaftlichen Theorien, die wir für wahr halten, nicht deshalb als wahr betrachtet werden können, weil ihre Wahrheit wirklich bewiesen worden ist, sondern nur, weil es den Wissenschaftlern, die sie formuliert haben, gelungen ist, ihren Kollegen und uns glaubhaft zu machen, daß sie wahr seien. Normalerweise schließt das die Verwendung mehr oder weniger schwerwiegender Fälschungen und Tricks mit ein, die jedoch nicht als solche erkannt werden, oder wenn, dann erst nach langer Zeit".*

Die Zeit ist reif. Wenn es gelingt, kursierende Aussagen wissenschaftlich exakt zu widerlegen, so muß dieses Vorgehen im Interesse einer notwendigen Wahrheitsfindung akzeptiert werden. Alles andere führt am Thema vorbei.

Meist liegen bei nachweisbaren Fehlern von offizieller Seite Argumentationsschwächen und -schwierigkeiten vor, so daß auf allgemeine, unverbindliche und nichtssagende Erklärungen und Erläuterungen ausgewichen wird, um den Sachverhalt eher zu vernebeln und zu verschleiern, als ihn zu klären. Die semantischen Verwerfungen nehmen in erheblichem Maße zu. Nicht umsonst heißt es in [Markl, 00]:

*"Lügen und Betrug seien integrale Bestandteile des Forschens".*

Auch muß die Interessenlage des Argumentierenden berücksichtigt werden, die sich nicht immer mit den Interessen der Kunden, die die ganze Wahrheit erfahren wollen, decken muß. Eine solche Form der Information ist deshalb im Interesse der Seriosität wissenschaftlicher Aktivitäten strikt abzulehnen. Sie dient nur der Werbung und muß auch als solche gesehen werden. Motivation für Forschungsaktivitäten sollte immer die Bereicherung wissenschaftlicher Erkenntnisse sein; dies ist leider nicht immer so, meist wird nur die Bereicherung gesehen.

In der Wissenschaft gibt es zwei total unterschiedliche, man kann schon sagen gegensätzliche Vorgehensweisen: Die Induktion und die Deduktion.

### 2.2.1 Induktion

In den Erfahrungswissenschaften wird induktiv gearbeitet, indem spezielle Sachverhalte mit genau definierten Randbedingungen untersucht werden. Aus einer Vielzahl von Einzelergebnissen wird dann versucht, eine allgemeingültige These zu formulieren. Da die allgemeinen Obersätze, aus denen man schließen könnte, fehlen, gibt es auch keinen Induktionsschluß. Allgemeinsätze gelten deshalb nur hypothetisch. Empirische Forschung ist auch recht mühselig, zeit- und kostenaufwendig und führt oft zu unbefriedigenden Ergebnissen, die Aussagen gelten nur für die gewählten Versuchsanordnungen und sind nur so lange gültig, bis sie durch Gegenbeweis widerlegt werden.

Man wird deshalb bei Aussagen empirischer Forschungen in der wissenschaftlichen Auseinandersetzung immer streiten können, da eine vorliegende Falsifikation immer angezweifelt werden kann – und auch vehement angezweifelt wird.
Dies geschieht, wenn oberflächlich erarbeitete und einseitig gesehene Thesen verbreitet werden, die der Erfahrung widersprechen.
Natürlich können Hypothesen auch bei der Induktion zu Allgemeinsätzen führen, wenn die formulierten Aussagen über eine lange Zeit hinweg verifiziert werden. Aber trotzdem bleibt die Empirie ein unsicheres Pflaster, das nur betreten werden kann, wenn absolute Integrität, Redlichkeit, Lauterkeit und Rechtschaffenheit, finanzielle Unabhängigkeit und eine Wissenschaftsethik vorliegen, die Möglichkeiten von Manipulationen und Halbinformationen ausschließen [Markl, 89; 90].

Begründer der modernen induktiven Methode in den Erfahrungswissenschaften, der Empirie, ist Francis Bacon (1561 – 1626). Er sagte:

*"Wir haben ... ein Haus der Blendwerke, wo wir alle möglichen Gaukeleien, Trugbilder, Vorspiegelungen und Sinnestäuschungen hervorrufen"; es ist verboten, "etwas Natürliches durch künstliche Zurüstungen wunderbar zu machen"*
und weiter: *"Die Idole des Marktes, die lästigsten von allen, entstehen durch Kommunikation, durch unangemessene und törichte Zuordnung der Wörter zu den Dingen, durch Bildung von Bezeichnungen für nichtexistierende Phänomene, kurz: mit der Herrschaft der Wörter über den Verstand".*

All dies ist in der praktizierenden Empirie möglich. Immer wieder zählt Bacon auf, was erforscht werden sollte, damit *"die Naturerscheinungen rein, von jedem*

*Schein und von jeder Wunderhaftigkeit unberührt vorgeführt werden können"* [Metzler 95]. Diese Sätze gelten immer noch und gerade heute.

Die Deduktion kennt diese Schwierigkeiten, aber auch diese großen manipulativen Möglichkeiten nicht.

### 2.2.2 Deduktion

Der Gegenpol zur Induktion ist die Deduktion, die sich vor allem auf die Logik und die Mathematik stützt. Gegenüber der empirischen Induktion ist auf solche Aussagen *immer* Verlaß, denn sie sind eindeutig und nachweisbar richtig! Die vorgebrachte Kritik, z. B. an der Energieeinsparverordnung, resultiert aus deduktiv gewonnenen Erkenntnissen und Einsichten, aus bewährtem Erfahrungswissen und wissenschaftlichen Forschungsergebnissen durch Konklusion.
Aus einem gesicherten Axiom heraus werden durch logische Schlußfolgerungen Aussagen spezieller Art abgeleitet. Da sie logisch-mathematischen Regeln folgen, sind diese Aussagen allgemeinverbindlich und unwiderlegbar. In axiomatischen Theorien oder Systemen bilden Deduktionen das einzige Beweisverfahren. Die Aussagen beschreiben konkret Beziehungen zwischen definierten Begriffen und konkretisieren sich in Formeln.

Bei der Deduktion muß unterschieden werden zwischen diesen gesetzmäßigen Zusammenhängen (Formeln), die wahr, unwiderlegbar und generell gültig sind, und den Randbedingungen, den empirischen Daten, mit denen die gesetzmäßige Beziehung, die Formel anwendungsorientiert "gefüttert und versorgt" wird.
Es muß also strikt getrennt werden zwischen *a priori* der Formel (Logik-Ableitung) und *a posteriori* der numerischen Randbedingung (Empirie – Erfahrung), über die durchaus diskutiert werden kann.

Nur auf der Grundlage deduktiver Ableitungen sind unwiderlegbar und nachvollziehbar konkrete Aussagen gesichert und unumstößlich. Logik, Mathematik und die Naturgesetze werden damit zu den drei a priori Grundpfeilern eines sinnvollen Bauens, das ja wohl immer das große Ziel ist und bleiben muß. Die bautechnischen Aussagen in diesem Buch sind in der Mehrzahl deduktiv gewonnen.

### 2.2.3 Modellrechnungen

Zur Beschreibung von naturgesetzlichen Zusammenhängen werden oft Modellrechnungen eingesetzt. Die Vielfalt der Einflußfaktoren auf das Ergebnis zwingt oft zu Simulationsmodellen, die dann, einmal programmiert, sehr schnell auf rechnerischem Wege bei Variation der Randbedingungen die unterschiedlichsten Ergebnisse liefern und damit vielfältige Aussagen ermöglichen.

Voraussetzung für die selbst relative Richtigkeit der Ergebnisse ist jedoch die Richtigkeit des theoretischen Ansatzes. Wenn hier schon *falsche* Annahmen und *falsche* Prämissen verwendet werden, dann kann das Ergebnis nicht richtig sein.

Ein typisch historisches Beispiel für ein Modell mit falschen Prämissen ist das geozentrische Weltbild des im zweiten Drittel des zweiten Jahrhunderts nach Christi in Ägypten wirkenden Ptolemäus, der die erste systematische Ausarbeitung der mathematischen Astronomie vorlegte, indem er die bis zum Ende des Mittelalters benutzte vorkeplersche geozentrische Theorie formulierte. Aus Beobachtungsdaten abgeleitet wurde hierfür die mit einem zusätzlichen Ausgleichspunkt versehene Exzentertheorie mit der Epizykeltheorie verbunden und so ein Konstrukt entwickelt, das schon ziemlich realitätsnah die Bahnen der Sonne, des Mondes, der Planeten und Fixsterne beschrieb. Abweichungen von den realen Beobachtungsdaten wurden mit der noch notwendigen Verfeinerung des Modells erklärt. Mit dieser mathematischen Simulation konnte man also keineswegs die später als falsch erkannte Theorie erkennen.

Fast eineinhalbtausend Jahre war dies Stand der Erkenntnis und man war fest von der Richtigkeit überzeugt, bis Kopernikus in seinem Lebenswerk "DE REVOLUTIONIBUS ORBIUM CAELESTIUM",das heliozentrische System postulierte. Aus Angst vor der Inquisition entschloß sich Kopernikus erst in seinem Todesjahr 1543 zur Veröffentlichung des Werkes, das in Nürnberg erschien. Die Kirche setzte das Buch 1616 auf den Index librorum prohibitorum und strich es erst 1757 wieder aus der Liste. Immerhin wurde wegen dieser "Irrlehre" Giordano Bruno 1600 auf dem Scheiterhaufen verbrannt und Galilei (1564 – 1642) mußte den Konflikt in voller Schärfe austragen, als die Inquisition 1633 den Greis zwang, dem "Irrglauben" abzuschwören. Hier wurde Macht zur Durchsetzung dogmatisch verbreiteter Dogmen mißbraucht.

Die Zeiten haben sich nicht geändert; auch heute noch wird, zwar in gemäßigter Form, in diesem Sinne gedacht, gehandelt und gemaßregelt. Nicht ohne Grund schreibt Di Trocchio: *"Dabei bilden Wissenschaftler (häufig unsichtbare) Tribunale, die ebenso, wenn nicht sogar grausamer als die Inquisition sind. Es bleibt nur der Schluß, dass heute die Intoleranz der Religion durch die Intoleranz der Wissenschaft ersetzt worden ist"* [Di Trocchio 98]. Durch die verstärkte Ideologisierung nähert man sich heute durchaus wieder mittelalterlichen Praktiken – die Wiedergeburt einer "modernen" dogmatischen Scholastik.

Ein zweites Beispiel der sehr fragwürdigen Bemühungen, Naturereignisse modellhaft abzubilden, sind die Simulationsmodelle für eine postulierte Klimakatastrophe. Abgesehen davon, daß es eine durch $CO_2$ und vor allem durch Menschen bedingte "Klimakatastrophe" überhaupt nicht geben kann (s. Kapitel 10.3.1 "Die Mär von der Klimakatastrophe"), wird hier nur den Wunschträumen selbsternannter "Visionäre" nachgegeben, die die medienwirksame Show und Eloquenz bereits für ausreichend erachten, sich auf das Podest der Wahrheit zu hieven und sich damit sogar noch für den wissenschaftlichen Mittelpunkt halten.

Der Presse vom 10. September 2002 ist zu entnehmen, daß in Hamburg der "größte Klimarechner Europas" eingeweiht wurde, der mittels 1500 Milliarden Rechenoperationen pro Sekunde die Genauigkeit der Klimamodelle entscheidend verbessern kann. 35 Millionen € investierte das Bundesforschungsministerium. Mojib Latif vom Hamburger Max-Planck-Institut für Meteorologie meint, wir müßten weg von reinen Klimamodellen und uns Erdsystemmodellen zuwenden, die alle Einflüsse auf das Klima wie chemische und biologische Prozesse sowie menschliche Einflüsse mit einbeziehen würden. Die globale Simulation wurde bislang mit einer Auflösung von ungefähr 300 Kilometern betrieben, jetzt jedoch von 100 km. [NN 02].

Der Phantasie von Phantasten sind offensichtlich keine Grenzen gesetzt. Man muß nur Wahnwitziges formulieren und schon erregt man die Aufmerksamkeit der Medien – und der Politik. Unmögliches muß als möglich apostrophiert werden – und schon ist man der Mann der Zukunft. Damit aber ist Pseudowissenschaft auf dem besten Weg, sich ein gesellschaftliches Terrain zu erobern, das sich immer weiter davon entfernt, seriös und integer zu sein.

Bei Simulationsmodellen ist also konsequent immer nach den Prämissen zu fragen, die zur Formulierung des Modells führten. Die zu quantifizierenden Randbedingungen spielen nur eine zweitrangige Rolle. Auch ist es bei Anwendung eines Simulationsmodells wichtig, die Fragestellung zu konkretisieren, die dem Simulationsmodell zugrunde gelegen hat, damit die Einsetzbarkeit eines solchen Modells nicht fälschlicherweise auf andere oder ähnliche Fragestellungen übertragen wird. Dies führt dann ebenfalls zu absurden Ergebnissen – Nonsens-Forschung.

Neuerdings werden die unrealistischen Prämissen und Annahmen eines Simulationsmodells und die daraus resultierenden fehlerhaften Ergebnisse kaschiert und verschleiert, indem das Gaußsche Fehlerfortpflanzungsgesetz in unzulässiger Weise bemüht wird (7). Dies ist Pseudowissenschaft in Reinkultur, hat aber Hochkonjunktur. (siehe Abschnitt 6.4.4 "Falsche Simulationsmodelle").

## 2.3 Konsequenzen

Francis Bacons Karriere endete 1621 nach einer Verurteilung wegen Bestechlichkeit mit der Aberkennung all seiner Ämter und Würden. Man klagte ihn an, sich von Prozeßparteien bestechen zu lassen. Zu seiner Verteidigung führte er an, Geschenke hätten ihn in seiner Entscheidung nie beeinflussen können. Bacon wurde im Zusammenhang mit einem politischen Parteistreit verurteilt [Russell 02]. Wurde Bacon vielleicht das Opfer eines politischen Intrigenspiels?

Die damalige Zeit wiederholt sich heute in erschreckender Weise. Der Klüngel von Wirtschaft, Wissenschaft, Politik und Administration hat einen zu großen Einfluß. Dies kann nicht gut geheißen werden. Natürlich werden sich viele in der Bauphysik-Gemeinde betroffen fühlen und bei berechtigter Kritik lauthals protestieren, zurückweisen, widersprechen, verwerfen, doch dies alles sind keine Widerlegungen, keine Gegenbeweise. Dossiers machen die Runde, um zu retten, was bereits gescheitert ist. Abraham Lincoln sagte dazu einmal:

*"Man kann einige Leute die ganze Zeit,*
*und alle einige Zeit zum Narren machen,*
*nicht aber alle die ganze Zeit".*

Der Irrtum hat Konjunktur. Die Zeit ist deshalb reif für den Beweis falscher Aussagen durch Falsifikation. Gerade beim Bauen häufen sich die fragwürdigen Thesen, die im Passivhaus oder Nullenergiehaus ihren derzeitigen Höhepunkt erreichen. Ein neues Zeitalter der Aufklärung muß beginnen [Postman 99]. Natürlich wehrt man sich vehement, verständlicherweise, gegen den Nachweis von Irrtümern, doch der Beweis des Falschen muß im Interesse einer notwendigen Wahrheitsfindung gefordert, vollzogen und akzeptiert werden. Alles andere bedeutet Betrug am Kunden und Verschleierung von wahren Sachverhalten. Wissenschaft ist kein Marktplatz gesteuerter Meinungen. *"Die Lehren der exakten Wissenschaften beruhen auf gesicherten Erkenntnissen, die durch Experimente oder logische Beweisführungen bestätigt worden sind"* [Künzel 82]. Eigenartigerweise richtet er sich selbst aber nicht danach.

Sehr treffend beschreibt Di Trochio die Situation [Di Trocchio 98]:

*"Wissenschaftliche Institutionen sind dagegen oft stumpfsinnig konformistisch: Sie sind nicht nur nicht in der Lage, anders zu denken, sondern weisen diejenigen, die es versuchen, auch noch zurück und grenzen sie aus"* und weiter:

*"Die Anmaßung, im alleinigen Besitz der Wahrheit zu sein, hat das wissenschaftliche Establishment dazu verleitet, auch das Monopol der Wissenschaftsfinanzierung und der Veröffentlichungsmöglichkeiten zu fordern".*

Daraus folgernd schreibt er: *"Wissenschaftler mit abweichender Meinung riskieren heute, die Finanzmittel und die für ihre Arbeit erforderlichen Instrumente zu verlieren, ganz zu schweigen von der Möglichkeit, ihre Ideen bekannt zu machen und zu verbreiten. Aber wenn nonkonformistische Wissenschaftler ihre Karriere riskieren, riskiert die westliche Gesellschaft Stagnation, oder, schlimmer noch, technologischen Rückschritt".*

Das Meinungsbild und das Selbstverständnis der etablierten "Wissenschaftler" beschreibt er wie folgt: *"Viele vorgebliche Wissenschaftler halten es für gerechtfertigt, eine totale Kontrolle über das Wissenschaftssystem auszuüben"* und:

*"Allzu häufig gründet sich das Verdikt gegen innovative, die Kompetenz der Experten übersteigende Ideen, sie seien unmöglich oder nicht schlüssig, allein auf Anmaßung und nicht auf reale und streng wissenschaftliche Argumente".*

Zur Selbstbehauptung der etablierten Wissenschaftler heißt es dann: *"Dabei bilden Wissenschaftler (häufig unsichtbare) Tribunale, die ebenso, wenn nicht sogar grausamer als die Inquisition sind. Es bleibt nur der Schluss, dass heute die Intoleranz der Religion durch die Intoleranz der Wissenschaft ersetzt worden ist".*

Diese Aussagen charakterisieren sehr deutlich das heutige vorhandene pragmatische "Wissenschaftsgeschäft" mit all ihren negativen Auswirkungen auf die Praxis des Bauens. Der Investor, der Kunde ist der Verlierer [Postman 99].

# 3 Rechtliche Randbedingungen

Bei der Beurteilung und abschließenden Würdigung planerischer Lösungen müssen auch rechtliche Überlegungen und Sachverhalte mit einbezogen werden. Bei einer baurechtlichen Würdigung des Baugeschehens erhalten unterschiedliche Rechts-Komponenten auch unterschiedliche Bedeutungen. Allerdings ist zu bemängeln, daß die Justiz immer mehr in das politisches Fahrwasser gerät, so daß die im Grundgesetz vorgesehene Gewaltenteilung immer mehr zur Illusion wird. Die Äußerung eines Staatsanwaltes: *"Eine Gleichheit im Unrecht gibt es nicht"* läßt aufhorchen [NN 00]. Offen wird für die Rückgewinnung justitieller Macht gegenüber wirtschaftlichen Interessen plädiert [Schöndorf 98].

Ein Tatbestand ist aber viel schwerwiegender. Es stellt sich an die Juristen die Frage: "Wieviel Schuld trägt der Einzelne an einem Unrecht, auch wenn er sich an geschriebenes Recht und Gesetz hält" [NN 02b]. Zwar handelte es sich bei den hier angesprochenen Juristenprozessen 1947 in Nürnberg um Verbrechen gegen die Menschlichkeit, doch wird mit diesem Artikel grundsätzlich ein zentrales Problem der praktizierenden Justiz berührt, das heute wieder an Bedeutung gewinnt: "Wie sieht es mit der persönlichen Verantwortlichkeit von juristischen Schreibtischtätern aus, die damit auch einem formulierten Unrecht des Gesetzgebers Raum geben können?" "Wieviel Spielraum bleibt einem Juristen bei der Interpretation von Gesetzen?" Das Problem, daß sich Richter instrumentalisieren lassen, ist nicht aus der Welt geschafft. Zum Glück neigen gerade junge Juristen zu der Auffassung, daß nicht alles, was der Gesetzgeber sagt, richtig sei.

Neben den allgemein anerkannten Regeln der Technik werden nun aber auch DIN-Normen, Gesetze, Verordnungen und Richtlinien mit herangezogen, um das Baugeschehen formal-administrativ zu erfassen. Da vernetzter Lobbyismus und verzahnte Industrieinteressen sich immer deutlicher artikulieren, bestimmen oft auch technisch fragwürdige Sachverhalte die Inhalte, die dann trotz kritischer Hinweise auch durchgesetzt werden. An Beispielen mangelt es nicht [Meier 99g, 00a], [Probst 99]. Diese unsachlichen und technikfeindlichen Geschehnisse werden oft von unschönen Debatten begleitet. Insofern sei besonders darauf hingewiesen, auch die eventuell daraus resultierenden strafrechtlichen Konsequenzen einmal zu überdenken.

## *3.1 Grundgesetz*

Das Grundgesetzt legt die staatliche Grundordnung für die Bundesrepublik fest, indem es die Staatsform, die Aufgaben der Verfassungsorgane und die Rechtsstellung der Bürger regelt. Mit dem Begriff GG sollte auf den provisorischen Charakter der BRD hingewiesen werden; nach Art. 146 GG verliert das Grundgesetz seine Gültigkeit, wenn eine vom deutschen Volk in freier Entscheidung beschlossene Verfassung in Kraft tritt.

### 3.1.1 Die Grundrechte

**Artikel 1 Menschenwürde, Grundrechtsbindung der staatlichen Gewalt**
(1) Die Würde des Menschen ist unantastbar. Sie zu achten und zu schützen ist Verpflichtung aller staatlichen Gewalt.

**Artikel 5 Meinungsfreiheit**
(1) Jeder hat das Recht, seine Meinung in Wort, Schrift und Bild frei zu äußern und zu verbreiten und sich aus allgemein zugänglichen Quellen ungehindert zu unterrichten. Die Pressefreiheit und die Freiheit der Berichterstattung durch Rundfunk und Film werden gewährleistet. Eine Zensur findet nicht statt.
(3) Kunst und Wissenschaft, Forschung und Lehre sind frei. Die Freiheit der Lehre entbindet nicht von der Treue zur Verfassung.

**Artikel 18 Verwirkung von Grundrechten**
Wer die Freiheit der Meinungsäußerung, insbesondere die Pressefreiheit (Artikel 5 Abs. 1), die Lehrfreiheit (Artikel 5 Abs. 3), die Versammlungsfreiheit (Artikel 8), die Vereinigungsfreiheit (Artikel 9), das Brief-, Post- und Fernmeldegeheimnis (Artikel 10), das Eigentum (Artikel 14) oder das Asylrecht (Artikel 16 Abs. 2) zum Kampfe gegen die freiheitliche demokratische Grundordnung mißbraucht, verwirkt diese Grundrechte. Die Verwirkung und ihr Ausmaß werden durch das Bundesverfassungsgericht ausgesprochen.

*Kommentar:*
Wie mit diesen bedeutsamen Grundrechten, mit der Würde des Menschen und der Meinungsfreiheit umgegangen wird, bezeugen viele aktenkundig gewordene Vorfälle. Die Meinungsfreiheit wird beschnitten, aber auch mißbraucht (2). Das Recht zur Meinungsfreiheit ist zwar nach GG gewährleistet, doch wenn berechtigte, jedoch unangenehme Kritik geäußert wird, kann der Kritisierende, obgleich oder weil auf bewährtes Erfahrungswissen und deduktiv abgeleitete Aussagen zurückgegriffen wird, mit einer Flut von Beleidigungen, Verunglimpfungen und Verleumdungen rechnen.
"Wie steht es eigentlich mit dem Recht auf Wissen?" und "Ist Wissen überhaupt geschützt?" Oft wird dieses manipulativ verändert, um bestimmten Interessen zu entsprechen. Es gibt ausreichend Beispiele, die dies vielfältig belegen.
Wirtschaftlichkeit (Kapitel 4), Strahlungsphysik (Kapitel 5), Speicherung (Kapitel 6), Feuchteschutz (Kapitel 7) und Schallschutz (Kapitel 8) sind unter anderem technische Bereiche, bei denen durch Normen und Vorschriften von bewährtem Erfahrungswissen stark abgewichen wird – zu Gunsten der Industrie und zu Lasten des Verbrauchers – leider. Der Artikel 18 "Verwirkung von Grundrechten" gilt doch auch für den Staat und ist deshalb keine Einbahnstraße. Was geschieht, wenn "der Staat selbst" die dem Bürger nach GG zustehenden Rechte mißachtet und die dadurch Betroffenen dann in "Treue zur Verfassung" auf diese Mißstände aufmerksam machen? Handelt es sich hier um die "Durchsetzung" der im GG Art. 20(4) – Widerstandsrecht – zustehenden Rechte oder um einen "Kampf gegen den Staat"? Schon einmal haben wir den Ruf vernommen: "Wir sind das Volk".

### 3.1.2 Der Bund und die Länder

**Artikel 34 Haftung bei Amtspflichtverletzungen**

Verletzt jemand in Ausübung eines ihm anvertrauten öffentlichen Amtes die ihm einem Dritten gegenüber obliegende Amtspflicht, so trifft die Verantwortlichkeit grundsätzlich den Staat oder die Körperschaft, in deren Dienst er steht. Bei Vorsatz oder grober Fahrlässigkeit bleibt der Rückgriff vorbehalten. Für den Anspruch auf Schadenersatz und für den Rückgriff darf der ordentliche Rechtsweg nicht ausgeschlossen werden.

*Kommentar:*

Amtspersonen haften nicht für ihr Wirken. Da heutzutage das administrative Management dem parteipolitischen Raster unterworfen und fachlich-sachliche Qualifikation zweitrangig wird, häufen sich die Fehlentscheidungen. Dafür hat dann der Steuerzahler aufzukommen. Zwar wird "Qualifikation" nicht negiert, doch die "gestellten Anforderungen" sind nicht unbedingt an qualifiziertes Fachwissen gebunden. Der Rückgriff auf Schadensersatz ist dann eher eine Floskel, es sei denn, man beabsichtigt, einen "Beamten der Opposition" zu schaden.

### 3.1.3 Der Bundestag

**Artikel 38 Wahl**

(1) Die Abgeordneten des Deutschen Bundestages werden in allgemeiner, unmittelbarer, freier, gleicher und geheimer Wahl gewählt. Sie sind Vertreter des ganzen Volkes, an Aufträge und Weisungen nicht gebunden und nur ihrem Gewissen unterworfen.

**Artikel 46 Indemnität und Immunität**

(1) Ein Abgeordneter darf zu keiner Zeit wegen seiner Abstimmung oder wegen einer Äußerung, die er im Bundestage oder in einem seiner Ausschüsse getan hat, gerichtlich oder dienstlich verfolgt oder sonst außerhalb des Bundestages zur Verantwortung gezogen werden. Dies gilt nicht für verleumderische Beleidigungen.
(2) Wegen einer mit Strafe bedrohten Handlung darf ein Abgeordneter nur mit Genehmigung des Bundestages zur Verantwortung gezogen oder verhaftet werden, es sei denn, daß er bei Begehung der Tat oder im Laufe des folgenden Tages festgenommen wird.
(3) Die Genehmigung des Bundestages ist ferner bei jeder anderen Beschränkung der persönlichen Freiheit eines Abgeordneten oder zur Einleitung eines Verfahrens gegen einen Abgeordneten gemäß Artikel 18 erforderlich.
(4) Jedes Strafverfahren und jedes Verfahren gemäß Artikel 18 gegen einen Abgeordneten, jede Haft und jede sonstige Beschränkung seiner persönlichen Freiheit sind auf Verlangen des Bundestages auszusetzen.

**Artikel 47 Zeugnisverweigerungsrecht**

Die Abgeordneten sind berechtigt, über Personen, die ihnen in ihrer Eigenschaft als Abgeordnete oder denen sie in dieser Eigenschaft Tatsachen anvertraut haben, sowie über diese Tatsachen selbst das Zeugnis zu verweigern. Soweit dieses Zeugnisverweigerungsrecht reicht, ist die Beschlagnahme von Schriftstücken unzulässig.

*Kommentar:*
Die drei Artikel erinnern an "Märchen aus 1001 Nacht". Wo ist der nur seinem Gewissen unterworfene und unabhängige Abgeordnete noch zu finden? Entscheidungsfindungen erfolgen doch in heutiger Zeit in Abwägung eigener Interessenslagen und dabei steht mehr die Selbsterhaltung und Arbeitsplatzsicherung, die Funktionsfähigkeit des Apparates und das Ansehen der Partei im Vordergrund als die Aufgabe, "Schaden vom Volk" abzuwenden. Die Väter des Grundgesetzes ließen sich von den Erfahrungen der Weimarer Republik und der daraus resultierenden Misere der deutschen Geschichte leiten, insofern hatten diese Artikel ihre Berechtigung. Fünfzig Jahre politischer Entwicklung haben vom hehren Willen, aus der Vergangenheit lernen zu wollen und zu müssen, sehr wenig übrig gelassen. Verstärkt tummeln sich immer mehr die "wieselflinken Karrieristen" der Parteien in den Abgeordneten-Sälen – wenn überhaupt.

## *3.2 Bürgerliches Gesetzbuch*

Das bürgerliche Gesetzbuch (BGB) regelt das bürgerliche Recht und faßt das Zivilrecht Deutschlands in fünf Büchern zusammen: Allgemeiner Teil, Recht der Schuldverhältnisse, Sachenrecht, Familienrecht und Erbrecht. In speziellen Auszügen wird darüber berichtet: Aus dem Ersten Buch "Allgemeiner Teil" die Rechtgeschäfte (3.2.1), die Verjährung (3.2.2) und die Ausübung der Rechte, Selbstverteidigung, Selbsthilfe (3.2.3); die weiteren Auszüge sind dem Zweiten Buch "Recht der Schuldverhältnisse" entnommen (3.2.4 bis 3.2.10).

### 3.2.1 Rechtsgeschäfte

**§ 123 Anfechtbarkeit wegen Täuschung oder Drohung**

(1) Wer zur Abgabe einer Willenserklärung durch arglistige Täuschung oder widerrechtlich durch Drohung bestimmt worden ist, kann die Erklärung anfechten.

(2) Hat ein Dritter die Täuschung verübt, so ist eine Erklärung, die einem anderen gegenüber abzugeben war, nur dann anfechtbar, wenn dieser die Täuschung kannte oder kennen mußte. Soweit ein anderer als derjenige, welchem gegenüber die Erklärung abzugeben war, aus der Erklärung unmittelbar ein Recht erworben hat, ist die Erklärung ihm gegenüber anfechtbar, wenn er die Täuschung kannte oder kennen mußte.

**§ 138 Sittenwidriges Rechtsgeschäft; Wucher**

(1) Ein Rechtsgeschäft, das gegen die guten Sitten verstößt, ist nichtig.

(2) Nichtig ist insbesondere ein Rechtsgeschäft, durch das jemand unter Ausbeutung der Zwangslage, der Unerfahrenheit, des Mangels an Urteilsvermögen oder der erheblichen Willensschwäche eines anderen sich oder einem Dritten für eine Leistung Vermögensvorteile versprechen oder gewähren läßt, die in einem auffälligen Mißverhältnis zu der Leistung stehen.

**§ 157 Auslegung von Verträgen**
Verträge sind so auszulegen, wie Treu und Glauben mit Rücksicht auf die Verkehrssitte es erfordern.

*Kommentar:*
Bei der heutigen globalisierten Maxime zum shareholder value durch Gewinn- und dadurch Aktienkursmaximierung gehören Täuschung, Drohung, Sittenwidrigkeit und Wucher zum täglichen Geschäft [Chossudovsky 02]. Allerdings wird dieses brutale Vorgehen durch Werbung und Schönfärberei überdeckt. Die Begriffe "Verkehrssitte" sowie "Treu und Glauben" unterliegen offensichtlich einem reformerischen Eifer zur Umkehrung dieser Bedeutungen. Knallhartes Geschäft steht im Vordergrund. Wird einem Schaden zugefügt, so ist man als "aufgeklärter" Bürger selber schuld, man kann sich ja informieren; derart einfach ist das alles heute.

## 3.2.2 Verjährung

**§ 194 Gegenstand der Verjährung**
(1) Das Recht, von einem anderen ein Tun oder ein Unterlassen zu verlangen (Anspruch), unterliegt der Verjährung.

**§ 195 Regelmäßige Verjährungsfrist**
Die regelmäßige Verjährungsfrist beträgt drei Jahre.

**§ 196 Verjährungsfrist bei Rechten an einem Grundstück**
Ansprüche auf Übertragung des Eigentums an einem Grundstück sowie auf Begründung, Übertragung oder Aufhebung eines Rechts an einem Grundstück oder auf Änderung des Inhalts eines solchen Rechts sowie die Ansprüche auf die Gegenleistung verjähren in zehn Jahren.

**§ 197 Dreißigjährige Verjährungsfrist**
(1) In 30 Jahren verjähren, soweit nicht ein anderes bestimmt ist,
1. Herausgabeansprüche aus Eigentum und anderen dinglichen Rechten,
3. rechtskräftig festgestellte Ansprüche,
4. Ansprüche aus vollstreckbaren Vergleichen oder vollstreckbaren Urkunden.

**§ 199 Beginn der regelmäßigen Verjährungsfrist und Höchstfristen**
(2) Schadensersatzansprüche, die auf der Verletzung des Lebens, des Körpers, der Gesundheit oder der Freiheit beruhen, verjähren ohne Rücksicht auf ihre Entstehung und die Kenntnis oder grob fahrlässiger Unkenntnis in 30 Jahren von der Begehung der Handlung, der Pflichtverletzung oder dem sonstigen, den Schaden auslösenden Ereignis an.
(3) Sonstige Schadensersatzansprüche verjähren
1. ohne Rücksicht auf die Kenntnis oder grob fahrlässiger Unkenntnis in zehn Jahren von ihrer Entstehung an und
2. ohne Rücksicht auf ihre Entstehung und die Kenntnis oder grob fahrlässiger Unkenntnis in 30 Jahren von der Begehung der Handlung, der Pflichtverletzung oder dem sonstigen, den Schaden auslösenden Ereignis an.

(4) Andere Ansprüche als Schadensersatzansprüche verjähren ohne Rücksicht auf die Kenntnis oder grob fahrlässiger Unkenntnis in zehn Jahren von ihrer Entstehung an.

**§ 218 Unwirksamkeit des Rücktritts**
(1) Der Rücktritt wegen nicht oder nicht vertragsgemäß erbrachter Leistungen ist unwirksam, wenn der Anspruch auf die Leistung oder der Nacherfüllungsauftrag verjährt ist und der Schuldner sich hierauf beruft.

*Kommentar:*
Planer und Architekten gehen im Rahmen eines Werkvertrages das Risiko einer Erfolgsschuld ein, für das sie nach § 634a (2) fünf Jahre haften – Planungsfehler inbegriffen. Besteht ein rechtskräftig festgestellter Anspruch, so haften sie 30 Jahre. Auch bei Schadensersatzansprüchen gemäß § 199 gelten 30 Jahre Verjährungsfrist. Hier sind besonders Verletzung der Gesundheit und sonstige Schäden zu beachten – Delikte also, die besonders bei den "zukunftsträchtigen Energiesparbauweisen" immer wieder festzustellen sind. Langfristig nicht bewährte Bautechniken sollten nicht eingesetzt werden. Ein Urteil des OLG München besagt: *Mehr als ein Prozent Restrisiko einer neuen Technik, neuer Werkstoffe oder Verfahren dürfe der Planer einem Bauherrn nicht zumuten.*
Insofern ist es eine Verzerrung der Verantwortlichkeit, wenn beamtete Wissenschaftler und Administratoren für ihr Tun (Denkfehler und falsche Empfehlungen inbegriffen) gemäß § 675 (2) keinerlei Haftung übernehmen müssen – in wohlverstandener Loyalität zur profitorientierten Industrie. Die freien Berufe dagegen werden mit falschen Vorschriften und Verordnungen "von Amts wegen" erpreßt und stranguliert – dies nun ebenfalls im Interesse der lobbyistisch tätigen Wirtschaft – allerdings gegen den Kunden, den der Planer und Architekt ja zu beraten hat. Der amtlich eingeführte technische Widersinn führt bei ausreichendem Wissensstand dann automatisch zur bautechnischen Konfrontation.

### 3.2.3 Ausübung der Rechte, Selbstverteidigung, Selbsthilfe

**§ 226 Schikaneverbot**
Die Ausübung eines Rechtes ist unzulässig, wenn sie nur den Zweck haben kann, einem anderen Schaden zuzufügen.

*Kommentar:*
Wer beurteilt, ob der zugefügte Schaden der Zweck des erworbenen Rechts war? Diese Frage zu bejahen, dürfte ein schwieriges Unterfangen sein, kann jedoch dann klar bejaht werden, wenn in unmißverständlicher Form auf die zu erwartenden Schäden aufmerksam gemacht und trotzdem darauf nicht reagiert wurde. Meist wird versucht, den verordneten "Schaden" durch weitere dubiose bautechnische Empfehlungen zu kaschieren, was das Dilemma nur vergrößert; dies aber wird dann oft sogar als ein "Vorteil" dargestellt. Gelingt dies nicht, dann wird die "Eigenverantwortung" betont. Führt auch dies nicht zum Ziel, dann wird über die "fehlende Kontrolle" lamentiert und ein Schuldiger ist gefunden. Die fehlerhaften Vorschriften zwingend zurück zu ziehen, daran wird leider nicht gedacht.

## 3.2.4 Recht der Schuldverhältnisse

**§ 242 Leistung nach Treu und Glauben**
Der Schuldner ist verpflichtet, die Leistung so zu bewirken, wie Treu und Glauben mit Rücksicht auf die Verkehrssitte es erfordern.

**§ 280 Schadenersatz wegen Pflichtverletzung**
(1) Verletzt der Schuldner eine Pflicht aus dem Schuldverhältnis, so kann der Gläubiger Ersatz des hierdurch entstehenden Schadens verlangen. Dies gilt nicht, wenn der Schuldner die Pflichtverletzung nicht zu vertreten hat.

**§ 307 Inhaltskontrolle**
(1) Bestimmungen in Allgemeinen Geschäftsbedingungen sind unwirksam, wenn sie den Vertragspartner des Verwenders entgegen den Geboten von Treu und Glauben unangemessen benachteiligen. Eine unangemessene Benachteiligung kann sich auch daraus ergeben, daß die Bestimmung nicht klar und verständlich ist.
(2) Eine unangemessene Benachteiligung ist im Zweifel anzunehmen, wenn eine Bestimmung
1. mit wesentlichen Grundgedanken der gesetzlichen Regelung, von der abgewichen wird, nicht zu vereinbaren ist oder
2. wesentliche Rechte und Pflichten, die sich aus der Natur des Vertrags ergeben, so einschränkt, daß die Erreichung des Vertragszwecks gefährdet ist.

*Kommentar:*
Noch ist das "Vertrauen" auf die Rechtschaffenheit des Staates nicht verspielt, "Treu und Glauben" gegenüber dem Staat nicht gänzlich verschwunden. Doch was geschieht, wenn hier das Ansehen des Staates stückchenweise zerbröckelt? Wenn von "Staats wegen" auf Kosten des Verbrauchers Dinge veranlaßt werden, die großen Schaden verursachen und somit zu Vertrauens- und Glaubwürdigkeitsverlusten führt, dann muß die Ernsthaftigkeit des Verfassungsauftrages, Schaden vom Volk abzuwenden, bezweifelt werden.

## 3.2.5 Einzelne Schuldverhältnisse

**§ 433 Vertragstypische Pflichten beim Kaufvertrag**
(1) Durch den Kaufvertrag wird der Verkäufer einer Sache verpflichtet, dem Käufer die Sache zu übergeben und das Eigentum an der Sache zu verschaffen. Der Verkäufer hat dem Käufer die Sache frei von Sach- und Rechtsmängeln zu verschaffen.
(2) Der Käufer ist verpflichtet, dem Verkäufer den vereinbarten Kaufpreis zu zahlen und die gekaufte Sache abzunehmen.

**§ 434 Sachmangel**
(1) Die Sache ist frei von Sachmängeln, wenn sie bei Gefahrübergang die vereinbarte Beschaffenheit hat. Soweit die Beschaffenheit nicht vereinbart ist, ist die Sache frei von Sachmängeln,
1. wenn sie sich für die nach dem Vertrag vorausgesetzte Verwendung eignet, sonst

2. wenn sie sich für die gewöhnliche Verwendung eignet und eine Beschaffenheit aufweist, die bei Sachen der gleichen Art üblich ist und die der Käufer nach Art der Sache erwarten kann.
Zu der Beschaffenheit nach Satz 2 Nr. 2 gehören auch Eigenschaften, die der Käufer nach den öffentlichen Äußerungen des Verkäufers, des Herstellers (§ 4 Abs. 1 und 2 des Produkthaftungsgesetzes) oder seines Gehilfen insbesondere in der Werbung oder bei der Kennzeichnung über bestimmte Eigenschaften der Sache erwarten kann, es sei denn, daß der Verkäufer die Äußerung nicht kannte und auch nicht kennen mußte, daß sie im Zeitpunkt des Vertragsschlusses in gleichwertiger Weise berichtigt war oder daß sie die Kaufentscheidung nicht beeinflussen konnte.
(3) Einem Sachmangel steht es gleich, wenn der Verkäufer eine andere Sache oder eine zu geringe Menge liefert.

**§ 437 Rechte des Käufers bei Mängeln**

Ist die Sache mangelhaft, kann der Käufer, wenn die Voraussetzungen der folgenden Vorschriften vorliegen und soweit nicht ein anderes bestimmt ist,
1. nach § 439 Nacherfüllung verlangen,
2. nach den §§ 440, 323 und 326 Abs. 5 von dem Vertrag zurücktreten oder nach § 441 den Kaufpreis mindern und
3. nach den §§ 440, 280, 281, 283 und 311a Schadenersatz oder nach § 284 Ersatz vergeblicher Aufwendungen verlangen.

**§ 438 Verjährung der Mängelansprüche**

(1) Die in § 437 Nr. 1 und 3 bezeichneten Ansprüche verjähren
1. in 30 Jahren, wenn der Mangel
a) in einem dinglichen Recht eines Dritten, auf Grund dessen Herausgabe der Kaufsache verlangt werden kann, oder
b) in einem sonstigen Recht, das im Grundbuch eingetragen ist,
besteht.
2. in fünf Jahren
a) bei einem Bauwerk und
b) bei einer Sache, die entsprechend ihrer üblichen Verwendungsweise für ein Bauwerk verwendet worden ist und dessen Mangelhaftigkeit verursacht hat, und
3. im Übrigen in zwei Jahren.
(2) Die Verjährung beginnt bei Grundstücken mit der Übergabe, im Übrigen mit der Ablieferung der Sache.
(3) Abweichend von Absatz 1 Nr. 2 und 3 und Absatz 2 verjähren die Ansprüche in der regelmäßigen Verjährungsfrist, wenn der Verkäufer den Mangel arglistig verschwiegen hat.
(4) Für das in § 437 bezeichnete Rücktrittsrecht gilt § 218. Der Käufer kann trotz einer Unwirksamkeit des Rücktritts nach § 218 Abs. 1 die Zahlung des Kaufpreises insoweit verweigern, als er auf Grund des Rücktritts dazu berechtigt sein würde. Macht er von diesem Recht Gebrauch, kann der Verkäufer vom Vertrag zurücktreten.

**§ 439 Nacherfüllung**

(1) Der Käufer kann als Nacherfüllung nach seiner Wahl die Beseitigung des Mangels oder die Lieferung einer mangelfreien Sache verlangen.

(2) Der Verkäufer hat die zum Zwecke der Nacherfüllung erforderlichen Aufwendungen, insbesondere Transport-, Wege-, Arbeits- und Materialkosten zu tragen.

(3) Der Verkäufer kann die vom Käufer gewählte Art der Nacherfüllung unbeschadet des § 275 Abs. 2 und 3 verweigern, wenn sie nur mit unverhältnismäßigen Kosten möglich ist.

**§ 441 Minderung**

(1) Statt zurückzutreten, kann der Käufer den Kaufpreis durch Erklärung gegenüber dem Verkäufer mindern. Der Ausschlußgrund des § 323 Abs. 5 Satz 2 findet keine Anwendung.

**§ 442 Kenntnis des Käufers**

(1) Die Rechte des Käufers wegen eines Mangels sind ausgeschlossen, wenn er bei Vertragsschluß den Mangel kennt. Ist dem Käufer ein Mangel infolge grober Fahrlässigkeit unbekannt geblieben, kann der Käufer Rechte wegen dieses Mangels nur geltend machen, wenn der Verkäufer den Mangel arglistig verschwiegen oder eine Garantie für die Beschaffenheit der Sache übernommen hat.

**§ 443 Beschaffenheits- und Haltbarkeitsgarantie**

(1) Übernimmt der Verkäufer oder ein Dritter eine Garantie für die Beschaffenheit der Sache oder dafür, daß die Sache für eine bestimmte Dauer eine bestimmte Beschaffenheit behält (Haltbarkeitsgarantie), so stehen dem Käufer im Garantiefall unbeschadet der gesetzlichen Ansprüche die Rechte aus der Garantie zu den in der Garantieerklärung und der einschlägigen Werbung angegebenen Bedingungen gegenüber demjenigen zu, der die Garantie eingeräumt hat.

(2) Soweit eine Haltbarkeitsgarantie übernommen worden ist, wird vermutet, daß ein während ihrer Geltungsdauer auftretender Sachmangel die Rechte aus der Garantie begründet.

**§ 444 Haftungsausschluß**

Auf eine Vereinbarung, durch welche die Rechte des Käufers wegen eines Mangels ausgeschlossen oder beschränkt werden, kann sich der Verkäufer nicht berufen, wenn er den Mangel arglistig verschwiegen oder eine Garantie für die Beschaffenheit der Sache übernommen hat.

*Kommentar:*

Im Bürgerlichen Recht sind die Rechtsgeschäfte klar geregelt. Ein Käufer sollte sich die angepriesene dauerhafte Beschaffenheit der Sache (hier eines Hauses) garantieren lassen, um von vornherein die Spreu vom Weizen zu trennen. Dabei handelt es sich um die dauerhafte Dichtheit des Gebäudes (fragwürdige Klebebänder), aber auch um die Garantie des angegebenen Energieverbrauchs (der angegebene Energiebedarf ist (fehlerhaft) gerechnet und somit nicht identisch mit dem tatsächlichen Energieverbrauch). Anders sieht es im öffentlich-rechtlichen Rahmen aus. Hier werden "Verordnungen" erlassen, die bereits vor dem Inkrafttreten als widerspruchsvoll und falsch erkannt werden und die die "vereinbarte

Beschaffenheit" nicht erfüllen können. Sie führen sogar zu Schäden. Wird nun die Umsetzung von Amts wegen verordnet, dann ergibt sich hier ein Konflikt. Der Verkäufer kann bei Kenntnis der Sachlage die "vereinbarte Beschaffenheit" nicht zusichern und doch wird der Verkäufer gehalten, die Verordnungen einzuhalten – ansonsten droht z. T. sogar Bußgeld. Solche juristischen Widersprüche leistet sich der Staat – und der Kunde zahlt. Deshalb sollte sich der Käufer immer die in der entsprechenden Verordnung enthaltenen "vereinbarte Beschaffenheit" schriftlich garantieren lassen. Hier geht es vor allem um die "prognostizierten Energieeinsparungen", für die die Haftung übernommen werden muß. Wird diese Haftung verweigert, was in der Mehrzahl der Fall sein dürfte, dann sollte sich der Kunde auf ein solches "unseriöses Geschäft" nicht einlassen. Allerdings kann durch sachkundige Planer und Architekten darauf hingearbeitet werden, daß in Abweichung von Normen und Verordnungen auch sachgerecht und vor allem dauerhaft gebaut wird.

## 3.2.6 Mietvertrag, Pachtvertrag

**§ 536 Mietminderung bei Sach- und Rechtsmängeln**

(1) Hat die Mietsache zur Zeit der Überlassung an den Mieter einen Mangel, der ihre Tauglichkeit zu dem vertragsgemäßen Gebrauch aufhebt, oder entsteht während der Mietzeit ein solcher Mangel, so ist der Mieter für die Zeit, in der die Tauglichkeit aufgehoben ist, von der Entrichtung der Miete befreit. Für die Zeit, während der die Tauglichkeit gemindert ist, hat er nur eine angemessen herabgesetzte Miete zu entrichten. Eine unerhebliche Minderung der Tauglichkeit bleibt außer Betracht.

(2) Absatz 1 Satz 1 und 2 gilt auch, wenn eine zugesicherte Eigenschaft fehlt oder später wegfällt.

(4) Bei einem Mietverhältnis über Wohnraum ist eine zum Nachteil des Mieters abweichende Vereinbarung unwirksam.

**§ 536a Schadens- und Aufwendungsersatzanspruch des Mieters wegen eines Mangels**

(1) Ist ein Mangel im Sinne des § 536 bei Vertragsschluß vorhanden oder entsteht ein solcher Mangel später wegen eines Umstands, den der Vermieter zu vertreten hat, oder kommt der Vermieter mit der Beseitigung eines Mangels in Verzug, so kann der Mieter unbeschadet der Rechte aus § 536 Schadenersatz verlangen.

(2) Der Mieter kann den Mangel selbst beseitigen und Ersatz der erforderlichen Aufwendungen verlangen, wenn

1. der Vermieter mit der Beseitigung des Mangels in Verzug ist oder
2. die umgehende Beseitigung des Mangels zur Erhaltung oder Wiederherstellung des Bestands der Mietsache notwendig ist.

**§ 536b Kenntnis des Mieters vom Mangel bei Vertragsschluß oder Annahme**

Kennt der Mieter bei Vertragsschluß den Mangel der Mietsache, so stehen ihm die Rechte aus den §§ 536 und 536a nicht zu. Ist ihm der Mangel infolge grober

Fahrlässigkeit unbekannt geblieben, so stehen ihm diese Rechte nur zu, wenn der Vermieter den Mangel arglistig verschwiegen hat. Nimmt der Mieter eine mangelhafte Sache an, obwohl er den Mangel kennt, so kann er die Rechte aus den §§ 536 und 536a nur geltend machen, wenn er sich seine Rechte bei der Annahme vorbehält.

**§ 536c Während der Mietzeit auftretende Mängel; Mängelanzeige durch den Mieter**

(1) Zeigt sich im Laufe der Mietzeit ein Mangel der Mietsache oder wird eine Maßnahme zum Schutz der Mietsache gegen eine nicht vorhersehbare Gefahr erforderlich, so hat der Mieter dies dem Vermieter unverzüglich anzuzeigen.

(2) Unterläßt der Mieter die Anzeige, so ist er dem Vermieter zum Ersatz des daraus entstehenden Schadens verpflichtet. Soweit der Vermieter infolge der Unterlassung der Anzeige nicht Abhilfe schaffen konnte, ist der Mieter nicht berechtigt,

1. die in § 536 bestimmten Rechte geltend zu machen,
2. nach § 536a Abs. 1 Schadensersatz zu verlangen oder
3. ohne Bestimmung einer angemessenen Frist zur Abhilfe nach § 543 Abs. 3 Satz 1 zu kündigen.

**§ 536d Vertraglicher Ausschluß von Rechten des Mieters wegen Mangels**

Auf eine Vereinbarung, durch die die Rechte des Mieters wegen eines Mangels der Mietsache ausgeschlossen oder beschränkt werden, kann sich der Vermieter nicht berufen, wenn er den Mangel arglistig verschwiegen hat.

**§ 543 Außerordentliche fristlose Kündigung aus wichtigen Grund**

(1) Jede Vertragspartei kann das Mietverhältnis aus wichtigem Grund außerordentlich fristlos kündigen. Ein wichtiger Grund liegt vor, wenn dem Kündigenden unter Berücksichtigung aller Umstände des Einzelfalls, insbesondere eines Verschuldens der Vertragsparteien, und unter Abwägung der beiderseitigen Interessen die Fortsetzung des Mietverhältnisses bis zum Ablauf der Kündigungsfrist oder bis zur sonstigen Beendigung des Mietverhältnisses nicht zugemutet werden kann.

**§ 554 Duldung von Erhaltungs- und Modernisierungsmaßnahmen**

(1) Der Mieter hat Maßnahmen zu dulden, die zur Erhaltung der Mietsache erforderlich sind.

(2) Maßnahmen zur Verbesserung der Mietsache, zur Einsparung von Energie oder Wasser oder zur Schaffung neuen Wohnraums hat der Mieter zu dulden. Dies gilt nicht, wenn die Maßnahme für ihn, seine Familie oder einen anderen Angehörigen seines Haushalts eine Härte bedeuten würde, die auch unter Würdigung der berechtigten Interessen des Vermieters und anderer Mieter in dem Gebäude nicht zu rechtfertigen ist. Dabei sind insbesondere die vorzunehmenden Arbeiten die baulichen Folgen, vorausgegangene Aufwendungen des Mieters und die zu erwartende Mieterhöhung zu berücksichtigen. Die zu erwartende Mieterhöhung ist nicht als Härte anzusehen, wenn die Mietsache lediglich in einen Zustand versetzt wird, wie er allgemein üblich ist.

(3) Bei Maßnahmen nach Absatz 2 Satz 1 hat der Vermieter dem Mieter spätestens drei Monate vor Beginn der Maßnahme deren Art sowie voraussichtlichen

Umfang und Beginn, voraussichtliche Dauer und die zu erwartende Mieterhöhung in Textform mitzuteilen.

**§ 559 Mieterhöhung bei Modernisierung**

(1) Hat der Vermieter bauliche Maßnahmen durchgeführt, die den Gebrauchswert der Mietsache nachhaltig erhöhen, die allgemeinen Wohnverhältnisse auf Dauer verbessern oder nachhaltig Einsparungen von Energie oder Wasser bewirken (Modernisierung), oder hat er andere bauliche Maßnahmen aufgrund von Umständen durchgeführt, die er nicht zu vertreten hat, so kann er die jährliche Miete um 11 vom Hundert der für die Wohnung aufgewendeten Kosten erhöhen.

**§ 559a Anrechnung von Drittmitteln**

(1) Kosten, die vom Mieter oder für diesen von einem Dritten übernommen oder die mit Zuschüssen aus öffentlichen Haushalten gedeckt werden, gehören nicht zu den aufgewendeten Kosten im Sinne des § 559.

(2) Werden die Kosten für die baulichen Maßnahmen ganz oder teilweise durch zinsverbilligte oder zinslose Darlehen aus öffentlichen Haushalten gedeckt, so verringert sich der Erhöhungsbetrag nach § 559 um den Jahresbetrag der Zinsermäßigung. Dieser wird errechnet aus dem Unterschied zwischen dem ermäßigten Zinssatz und dem marktüblichen Zinssatz für den Ursprungsbetrag des Darlehens. Maßgebend ist der marktübliche Zinssatz für erstrangige Hypotheken zum Zeitpunkt der Beendigung der Maßnahmen. Werden Zuschüsse oder Darlehen zur Deckung von laufenden Aufwendungen gewährt, so verringert sich der Erhöhungsbetrag um den Jahresbetrag des Zuschusses oder Darlehens.

**§ 559b Geltendmachung der Erhöhung, Wirkung der Erhöhungserklärung**

(1) Die Mieterhöhung nach § 559 ist dem Mieter in Textform zu erklären. Die Erklärung ist nur dann wirksam, wenn in ihr die Erhöhung aufgrund der entstandenen Kosten berechnet und entsprechend den Voraussetzungen der §§ 559 und 559a erläutert wird.

**§ 569 Außerordentliche fristlose Kündigung aus wichtigem Grund**

(1) Ein wichtiger Grund im Sinne des § 543 Abs. 1 liegt für den Mieter auch vor, wenn der gemietete Wohnraum so beschaffen ist, daß seine Benutzung mit einer erheblichen Gefährdung der Gesundheit verbunden ist. Dies gilt auch, wenn der Mieter die Gefahr bringende Beschaffenheit bei Vertragsabschluß gekannt oder darauf verzichtet hat, die ihm wegen dieser Beschaffenheit zustehenden Rechte geltend zu machen.

*Kommentar:*

Schimmelpilzbefall und die anschließenden Rechtsstreitigkeiten nehmen horrend zu. Gegenseitige Schuldzuweisungen sind an der Tagesordnung. Die Frage wird immer sein: "Sind es bautechnische Mängel, die der Vermieter zu verantworten hat, liegt es an Planungsmängeln des Architekten oder verursacht der Mieter durch falsches Nutzerverhalten diese Mängel". Erschwerend kommt hinzu, daß die Wärmeschutzvorschriften und DIN-Normen hier nicht weiterhelfen, da sie einmal von Randbedingungen ausgehen, die unrealistisch und wirklichkeitsfremd sind und zum anderen es sich nur um Empfehlungen handelt und damit Planer und Architekten von der Haftungspflicht nicht entbinden. Zu viele sachliche Ungereimtheiten gerade bezüglich des Schimmelpilzbefalls sind in den DIN-Normen enthalten. Hier werden Schimären geritten.

Insofern konzentrieren sich die juristischen Bemühungen stets um einen Ausgleich der unterschiedlichsten Meinungen – genährt auch noch durch widersprüchliche Gutachten (Schlechtachten), die dem Gericht vorliegen. Dieses sachliche Chaos führt bei gerichtlichen Streitigkeiten dann meist zu einer Mietminderung.

### 3.2.7 Dienstvertrag

**§ 611 Vertragstypische Pflichten beim Dienstvertrag**
(1) Durch den Dienstvertrag wird derjenige, welcher Dienste zusagt, zur Leistung der versprochenen Dienste, der andere Teil zur Gewährung der vereinbarten Vergütung verpflichtet.

*Kommentar:*
Aus den freien Berufen sollen Dienstleister gemacht werden. Christoph Münzer, Bundesgeschäftsführer der Bundesarchitektenkammer, schreibt: "Aus dem Architekten ist ein moderner Dienstleister geworden" [Münzer 02]. Diese "moderne" Umorientierung hat fatale Folgen, denn damit wird "die Erstellung eines Werkes" in technischer Eigenverantwortung (Werkvertrag) umgemünzt in die notwendige Erfüllung von vorgegebenen Diensten (Dienstvertrag) – es werden zukünftig also Paladine (treue Gefolgsmänner) der Auftraggeber gezüchtet – die Unabhängigkeit der Entwurfsverfasser ist damit in Frage gestellt, wenn nicht sogar passé.

### 3.2.8 Werkvertrag

**§ 631 Vertragstypische Pflichten beim Werkvertrag**
(1) Durch den Werkvertrag wird der Unternehmer zur Herstellung des versprochenen Werkes, der Besteller zur Entrichtung der vereinbarten Vergütung verpflichtet.

**§ 633 Sach- und Rechtsmangel**
(1) Der Unternehmer hat dem Besteller das Werk frei von Sach- und Rechtsmängeln zu verschaffen.
(2) Das Werk ist frei von Sachmängeln, wenn es die vereinbarte Beschaffenheit hat. Soweit die Beschaffenheit nicht vereinbart ist, ist das Werk frei von Sachmängeln,
1. wenn es sich für die nach dem Vertrag vorausgesetzte, sonst,
2. für die gewöhnliche Verwendung eignet und eine Beschaffenheit aufweist, die bei Werken gleicher Art üblich ist und die der Besteller nach der Art des Werkes erwarten kann.
Einem Sachmangel steht es gleich, wenn der Unternehmer ein anderes als das bestellte Werk oder das Werk in zu geringer Menge herstellt.
(3) Das Werk ist frei von Rechtsmängeln, wenn Dritte in Bezug auf das Werk keine oder nur die im Vertrag übernommenen Rechte gegen den Besteller geltend machen können.

**§ 634 Rechte des Bestellers bei Mängeln**
Ist das Werk mangelhaft, kann der Besteller, wenn die Voraussetzungen der folgenden Vorschriften vorliegen und soweit nicht ein anderes bestimmt ist,
1. nach § 635 Nacherfüllung verlangen,
2. nach § 637 den Mangel selbst beseitigen und Ersatz der erforderlichen Aufwendungen verlangen,
3.nach den §§ 636, 323 und 326 Abs.5 von dem Vertrag zurücktreten oder nach § 638 die Vergütung mindern und
4. nach den §§ 636, 280, 281, 283 und 311a Schadenersatz oder nach § 284 Ersatz vergeblicher Aufwendungen verlangen.

**§ 634a Verjährung der Mängelansprüche**
(1) Die in § 634 Nr. 1, 2 und 4 bezeichneten Ansprüche verjähren
1. vorbehaltlich der Nummer 2 in zwei Jahren bei einem Werk, dessen Erfolg in der Herstellung, Wartung oder Veränderung einer Sache oder in der Erbringung von Planungs- oder Überwachungsleistungen hierfür besteht,
2. in fünf Jahren bei einem Bauwerk und einem Werk, dessen Erfolg in der Erbringung von Planungs- oder Überwachungsleistungen hierfür besteht, und
3. im Übrigen in der regelmäßigen Verjährungsfrist.

**§ 635 Nacherfüllung**
(1) Verlangt der Besteller Nacherfüllung, so kann der Unternehmer nach seiner Wahl den Mangel beseitigen oder ein neues Werk herstellen.

**§ 636 Besondere Bestimmungen für Rücktritt und Schadensersatz**
Außer in den Fällen der §§ 281 Abs. 2 und 323 Abs.2 bedarf es der Fristsetzung auch dann nicht, wenn der Unternehmer die Nacherfüllung gemäß § 635 Abs. 3 verweigert oder wenn die Nacherfüllung fehlgeschlagen oder dem Besteller unzumutbar ist.

**§ 637 Selbstvornahme bei Verschulden**
(1) Der Besteller kann wegen eines Mangels des Werkes nach erfolglosem Ablauf einer von ihm zur Nacherfüllung bestimmten angemessenen Frist den Mangel selbst beseitigen und Ersatz der erforderlichen Aufwendungen verlangen, wenn nicht der Unternehmer die Nacherfüllung zu Recht verweigert.

**§ 638 Minderung**
(1) Statt zurückzutreten, kann der Besteller die Vergütung durch Erklärung gegenüber dem Unternehmer mindern. Der Ausschlußgrund des § 323 Abs. 5 Satz 2 findet keine Anwendung.

**§ 639 Haftungsausschluß**
Auf eine Vereinbarung, durch welche die Rechte des Bestellers wegen eines Mangels ausgeschlossen oder beschränkt werden, kann sich der Unternehmer nicht berufen, wenn er den Mangel arglistig verschwiegen oder eine Garantie für die Beschaffenheit des Werkes übernommen hat.

*Kommentar:*
Bei Werkverträgen haftet der Planer, der Architekt, der Fachingenieur fünf Jahre für sein Werk. Maßgebend ist die vereinbarte Beschaffenheit, das Werk muß frei

von Sachmängeln sein, damit der Wert nicht gemindert und der Gebrauch gewährleistet ist. Mängel sind zu beheben. Hierfür gelten die anerkannten Regeln der Technik, aber nicht die DIN-Normen, die lediglich Empfehlungen verkörpern. Auch Schadenersatz kann verlangt werden. Um diese Haftungsbelange kümmert sich die Bauadministration beim Erlaß von Vorschriften und Verordnungen wenig oder gar nicht. An den "Schalthebeln" wird äußerst fehlerhaft und gegenüber dem Kunden verantwortungslos gehandelt. Fast auf allen Gebieten wird gegen die allgemein anerkannten Regeln der Technik verstoßen.

### 3.2.9 Auftrag und Geschäftsbesorgungsvertrag

**§ 665 Abweichung von Weisungen**
Der Beauftragte ist berechtigt, von den Weisungen des Auftraggebers abzuweichen, wenn er den Umständen nach annehmen darf, daß der Auftraggeber bei Kenntnis der Sachlage die Abweichung billigen würde. Der Beauftragte hat vor der Abweichung dem Auftraggeber Anzeige zu machen und dessen Entschließung abzuwarten, wenn nicht mit dem Aufschub Gefahr verbunden ist.

**§ 675 Entgeltliche Geschäftsbesorgung**
(2) Wer einem anderen einen Rat oder eine Empfehlung erteilt, ist, unbeschadet der sich aus einem Vertragsverhältnis, einer unerlaubten Handlung oder einer sonstigen gesetzlichen Bestimmung ergebenden Verantwortlichkeit, zum Ersatz des aus der Befolgung des Rates oder der Empfehlung entstehenden Schadens nicht verpflichtet.

*Kommentar:*
Der Architekt oder Planverfasser ist verpflichtet, bei Kenntnis von fehlerhaften Weisungen des Auftraggebers und/oder des Verordnungsgebers von diesen abzuweichen. Hierzu zählt vor allem eine Abweichung vom Verordnungstext (z. B. der Energieeinsparverordnung), wenn bekannt ist, daß diese "Weisungen" zu Schäden für Bauwerk und Bewohner führen.
Die Kommentatoren und Hinweisgeber aus Administration und Wissenschaft können zu den fragwürdigen bautechnischen Entwicklungen in "Fortbildungsveranstaltungen" hier wohlfeil alles empfehlen, denn dies geschieht, ohne nun für den oft produzierten Unsinn die Haftung übernehmen zu müssen. Diese Fragen werden erst bei der Umsetzung zwischen Planer, Handwerker und Kunde aktuell, wobei dann die Schuld hin- und hergeschoben wird. Schuld aber ist meist der Verordnungsgeber sowie eine mafiose Wissenschaftsgemeinde. Die "organisierte Verantwortungslosigkeit" wird bei diesem Vorgehen voll realisiert.

### 3.2.10 Unerlaubte Handlungen

**§ 823 Schadenersatzpflicht**
Wer vorsätzlich oder fahrlässig das Leben, den Körper, die Gesundheit, die Freiheit, das Eigentum oder ein sonstiges Recht eines anderen widerrechtlich verletzt, ist dem anderen zum Ersatz des daraus entstehenden Schadens verpflichtet.

**§ 824 Kreditgefährdung**
(1) Wer der Wahrheit zuwider eine Tatsache behauptet oder verbreitet, die geeignet ist, den Kredit eines anderen zu gefährden oder sonstige Nachteile für dessen Erwerb oder Fortkommen herbeizuführen, hat dem anderen den daraus entstehenden Schaden auch dann zu ersetzen, wenn er die Unwahrheit zwar nicht kennt, aber kennen muß.

**§ 826 Sittenwidrige vorsätzliche Schädigung**
Wer in einer gegen die guten Sitten verstoßenden Weise einem anderen vorsätzlich Schaden zufügt, ist dem anderen zum Ersatz des Schadens verpflichtet.

*Kommentar:*
Die jetzige "bautechnische Entwicklung" führt zu Bau- und Gesundheitsschäden, die nach dem Bürgerlichen Gesetzbuch als "unerlaubte Handlungen" eingestuft werden müssen und die einen Schadenersatz begründen. Besonders gravierend ist dabei der Umstand, daß hier der Staat und eine konformistische Wissenschaft im Interesse der Umsatzsteigerungen in der Wirtschaft maßgebend beteiligt sind. Die Gesundheitsschäden durch Tabakkonsum und die daraus resultierenden Schadenersatzforderungen beschäftigen bereits die Gerichte. Auch bei den "Lebensmitteln" stehen Teile der Ernährungsindustrie im Zwielicht, Schadenersatz wird auch hier nicht ausbleiben. Der Versuch allerdings, hier zivilrechtlich auch tatsächlich Schadenersatz zu bekommen, endet meist im Dschungel der Verantwortlichkeiten. Die Gerichte mit ihren (unwissenden) Richtern können hier oft nicht weiterhelfen – meist werden Fehlurteile produziert, denn auch die hinzugezogenen Sachverständigen müssen zum größten Teil zu den "Unwissenden" gezählt werden. Bei diesem sachlich/technischen Chaos werden Kritiker dieser Unzulänglichkeiten aus Verzweifelung oft diffamiert und verleumdet, wobei dann ein persönlicher Schaden unverkennbar beabsichtigt ist.

## *3.3 Strafgesetzbuch*

Um sich der strafrechtlichen Bedeutung von Aussagen und Handlungen der administrativen und wissenschaftlichen Ebene bewußt zu werden, seien einige entsprechende Paragraphen erwähnt [StGB]:

### 3.3.1 Beleidigung

**§ 185 Beleidigung**
Die Beleidigung wird mit Freiheitsstrafe bis zu einem Jahr oder mit Geldstrafe und, wenn die Beleidigung mittels einer Tätlichkeit begangen wird, mit Freiheitsstrafe bis zu zwei Jahren oder mit Geldstrafe bestraft.

**§ 186 Üble Nachrede**
Wer in Beziehung auf einen anderen eine Tatsache behauptet oder verbreitet, welche denselben verächtlich zu machen oder in der öffentlichen Meinung herabzuwürdigen geeignet ist, wird, wenn nicht diese Tatsache erweislich wahr ist, mit

Freiheitsstrafe bis zu einem Jahr oder mit Geldstrafe und, wenn die Tat öffentlich oder durch Verbreiten von Schriften (§11 Abs. 3) begangen ist, mit Freiheitsstrafe bis zu zwei Jahren oder mit Geldstrafe bestraft.

**§ 187 Verleumdung**
Wer wider besseres Wissen in Beziehung auf einen anderen eine unwahre Tatsache behauptet oder verbreitet, welche denselben verächtlich zu machen oder in der öffentlichen Meinung herabzuwürdigen oder dessen Kredit zu gefährden geeignet ist, wird mit Freiheitsstrafe bis zu zwei Jahren oder mit Geldstrafe und, wenn die Tat öffentlich, in einer Versammlung oder durch Verbreitung von Schriften (§ 11 Absatz 3) begangen ist, mit Freiheitsstrafe bis zu fünf Jahren oder mit Geldstrafe bestraft.

*Kommentar:*
In der wissenschaftlichen Auseinandersetzung werden beim Pro und Contra normalerweise Argumente ausgetauscht. Fehlen der einen Seite die Argumente, dann wird gern auf das Arsenal beleidigender Äußerungen zurückgegriffen. Manche Energieeinsparungsaktivisten sollten sich über die Folgen einer üblen Nachrede oder einer Verleumdung informieren. Spott, Verunglimpfungen und Diffamierungen bestimmen dann den Dialog; man beachte Art. 1 (1) GG: "Die Würde des Menschen ist unantastbar". Jean-Jacques Rousseau sagt: "Beleidigungen sind die Argumente derer, die Unrecht haben" (10).

## 3.3.2 Körperverletzung

**§ 223 Körperverletzung**
(1) Wer einen anderen körperlich mißhandelt oder an der Gesundheit beschädigt, wird mit Freiheitsstrafe bis zu drei Jahren oder mit Geldstrafe bestraft.

**§ 223a Gefährliche Körperverletzung**
(1) Ist die Körperverletzung ... mittels einer das Leben gefährdeten Behandlung begangen, so ist die Strafe Freiheitsstrafe bis zu fünf Jahren oder Geldstrafe.
(2) Der Versuch ist strafbar.

**§ 226 Körperverletzung mit Todesfolge**
(1) Ist durch die Körperverletzung der Tod des Verletzten verursacht worden, so ist auf Freiheitsstrafe nicht unter drei Jahren zu erkennen.
(2) In minder schweren Fällen ist die Strafe Freiheitsstrafe von drei Monaten bis zu fünf Jahren.

**§ 226a Einwilligung des Verletzten**
Wer eine Körperverletzung mit Einwilligung des Verletzten vornimmt, handelt nur dann rechtswidrig, wenn die Tat trotz der Einwilligung gegen die guten Sitten verstößt.

*Kommentar:*
Krank machende Häuser, das Sick-Building-Syndrom, sind eine schwere Bürde "neuzeitlichen Bauens". Holzschutzmittel, mit Gift getränkte Teppiche, Kunststoff-

produkte, kurzum, die Chemie im Haus führt oft zu schweren gesundheitlichen Schädigungen, die sofort, aber auch erst nach Jahren oder Jahrzehnten auftreten können. All dies ist ein Gemeinschaftswerk von Industrie, Administration und willfähriger Wissenschaft, aber auch Sachverständige sind gutachterlich bereit, für gutes Honorar dieses Treiben zu rechtfertigen [Cernaj 95], [Schöndorf 98].

### 3.3.3 Betrug und Untreue

**§ 263 Betrug**

(1) Wer in der Absicht, sich oder einem Dritten einen rechtswidrigen Vermögensvorteil zu verschaffen, das Vermögen eines anderen dadurch beschädigt, daß er durch Vorspiegelung falscher oder durch Entstellung oder Unterdrückung wahrer Tatsachen einen Irrtum erregt oder unterhält, wird mit Freiheitsstrafe bis zu fünf Jahren oder mit Geldstrafe bestraft.

(2) Der Versuch ist strafbar.

(3) In besonders schweren Fällen ist die Strafe Freiheitsstrafe von einem Jahr bis zu zehn Jahren.

**§ 263a Computerbetrug**

(1) Wer in der Absicht, sich oder einem Dritten einen rechtswidrigen Vermögensvorteil zu verschaffen, das Vermögen eines anderen dadurch beschädigt, daß er das Ergebnis eines Datenverarbeitungsvorganges durch unrichtige Gestaltung des Programms, durch Verwendung unrichtiger oder unvollständiger Daten, durch unbefugte Verwendung von Daten oder sonst durch unbefugte Einwirkung auf den Ablauf beeinflußt, wird mit Freiheitsstrafe bis zu fünf Jahren oder mit Geldstrafe bestraft.

**§ 266 Untreue**

(1) Wer die ihm durch Gesetz, behördlichen Auftrag oder Rechtsgeschäft eingeräumte Befugnis, über fremdes Vermögen zu verfügen oder einen anderen zu verpflichten, mißbraucht oder die ihm kraft Gesetzes, behördlichen Auftrags, Rechtsgeschäfts oder eines Treueverhältnisses obliegende Pflicht, fremde Vermögensinteressen wahrzunehmen, verletzt und dadurch dem, dessen Vermögensinteressen er zu betreuen hat, Nachteil zufügt, wird mit Freiheitsstrafe bis zu fünf Jahren oder mit Geldstrafe bestraft.

(2) In besonders schweren Fällen ist die Strafe Freiheitsstrafe von einem Jahr bis zu zehn Jahren.

(3) § 243 Abs. 2 sowie die §§ 247 und 248a gelten entsprechend.

*Kommentar:*

Der Betrugsparagraph verdeutlicht die strafrechtliche Brisanz einer nicht vollständigen Information durch Vorspiegelung falscher sowie Entstellung oder Unterdrückung wahrer Tatsachen. Fehlerhafte, unwahre und sogar erfundene Aussagen führen dann im Endeffekt zur Lüge. Auf diesem Gebiet wird arg gesündigt; der Kunde wird im Interesse der Industrie oft nur unvollständig und unzureichend informiert und aufgeklärt; auch eine ausgerichtete Medienlandschaft wirkt helfend mit und macht diese Desinformation möglich. Die moralisch/geistige Rechtfertigung für diesen Betrug erfolgt dann in der Vorstellung, die Pluralität der Meinungen in einer pluralistischen Gesellschaft mache so etwas ja doch wohl notwendig.

Dabei geht es hier nicht um unterschiedliche Meinungen, sondern um richtig oder falsch. Auch die unrichtige Gestaltung eines Computer-Programms führt zum Betrug. Gerade hier sündigt die "Wissenschaft", die sich mangels überzeugender Argumentation gern auf Computersimulationen beruft, die, fehlerhaft programmiert, keinesfalls den Beweis ersetzen. Betrügerische Machenschaften sind an der Tagesordnung. Über die Versuchungen der Untreue braucht kein Wort verloren zu werden, die Zeitungen sind voller denkwürdiger Delikte. Gerade die Bauwirtschaft muß sich seit jeher mit den Auswirkungen unlauteren Handelns beschäftigen [Pfarr 88].

### 3.3.4 Strafbarer Eigennutz

**§ 302a Wucher**

(1) Wer die Zwangslage, die Unerfahrenheit, den Mangel an Urteilsvermögen oder die erhebliche Willensschwäche eines anderen dadurch ausbeutet, daß er sich oder einem Dritten

3. für eine sonstige Leistung oder
4. für die Vermittlung einer der vorbezeichneten Leistungen

Vermögensvorteile versprechen oder gewähren läßt, die in einem auffälligen Mißverhältnis zu der Leistung oder deren Vermittlung stehen, wird mit Freiheitsstrafe bis zu drei Jahren oder mit Geldstrafe bestraft. Wirken mehrere Personen als Leistende, Vermittler oder in anderer Weise mit und ergibt sich dadurch ein auffälliges Mißverhältnis zwischen sämtlichen Vermögensvorteilen und sämtlichen Gegenleistungen, so gilt Satz 1 für jeden, der die Zwangslage oder sonstige Schwäche des anderen für sich oder einen Dritten zur Erzielung eines übermäßigen Vermögensvorteils ausnutzt.

(2) In besonderen schweren Fällen ist die Strafe Freiheitsstrafe von sechs Monaten bis zu zehn Jahren. Ein besonders schwerer Fall liegt in der Regel vor, wenn der Täter

1. durch die Tat den anderen in wirtschaftliche Not bringt,
2. die Tat gewerbsmäßig begeht,
3. sich durch Wechsel wucherische Vermögensvorteile versprechen läßt.

*Kommentar:*
Wenn die Vermögensvorteile im Mißverhältnis zur Leistung stehen und dabei die Zwangslage, die Unerfahrenheit oder ein Mangel an Urteilsvermögen ausgenutzt wird, macht sich der Anbieter des Wuchers schuldig. Hier muß an die Effizienzlosigkeit einer angebotenen "Superdämmung", an die bei einer Kostenanalyse sich notwendig ergebenden hohen "Energiepreise" und an die Fragwürdigkeit so mancher "technischen Gebäudeausrüstung" erinnert werden. Es wird dem Kunden vieles nur vorgegaukelt.

### 3.3.5 Sachbeschädigung

**§ 303 Sachbeschädigung**

(1) Wer rechtswidrig eine fremde Sache beschädigt oder zerstört, wird mit Freiheitsstrafe bis zu zwei Jahren oder mit Geldstrafe bestraft.

(2) Der Versuch ist strafbar.

**§ 305 Zerstörung von Bauwerken**

(1) Wer rechtswidrig ein Gebäude, ein Schiff, eine Brücke, einen Damm, eine gebaute Straße, eine Eisenbahn oder ein anderes Bauwerk, welche fremdes Eigentum sind, ganz oder teilweise zerstört, wird mit Freiheitsstrafe bis zu fünf Jahren oder mit Geldstrafe bestraft.

(2) Der Versuch ist strafbar.

*Kommentar:*

Wenn fremde Sachen (Gebäude) rechtswidrig beschädigt oder zerstört werden, dann wird eine Straftat begangen. Die Frage lautet: "Was ist rechtswidrig?" Wenn gegen die allgemein anerkannten Regeln der Technik verstoßen wird, dann ist dies eindeutig rechtswidrig (siehe § 323 "Baugefährdung"). Allerdings dürfen hierbei nicht die DIN-Normen als Richtschnur herangezogen werden, denn bei diesen handelt es sich nur um Empfehlungen, die lediglich den unbestimmten Rechtsbegriff "Stand der Technik" ausfüllen.

## 3.3.6 Gemeingefährliche Straftaten

**§ 323 Baugefährdung**

(1) Wer bei Planung, Leitung oder Ausführung eines Baues oder des Abbruchs eines Bauwerks gegen die allgemein anerkannten Regeln der Technik verstößt und dadurch Leib oder Leben eines anderen gefährdet, wird mit Freiheitsstrafe bis zu fünf Jahren oder mit Geldstrafe bestraft.

(2) Ebenso wird bestraft, wer in Ausübung eines Berufs oder Gewerbes bei der Planung, Leitung oder Ausführung eines Vorhabens, technische Einrichtungen in ein Bauwerk einzubauen oder eingebaute Einrichtungen dieser Art zu ändern, gegen die allgemein anerkannten Regeln der Technik verstößt und dadurch Leib oder Leben eines anderen gefährdet.

(3) Wer die Gefahr fahrlässig verursacht, wird mit Freiheitsstrafe bis zu drei Jahren oder mit Geldstrafe bestraft.

(4) Wer in den Fällen der Absätze 1 und 2 fahrlässig handelt und die Gefahr fahrlässig verursacht, wird mit Freiheitsstrafe bis zu zwei Jahren oder mit Geldstrafe bestraft.

(5) Das Gericht kann von Strafe nach den Absätzen 1 bis 3 absehen, wenn der Täter freiwillig die Gefahr abwendet, bevor ein erheblicher Schaden entsteht. Unter denselben Voraussetzungen wird der Täter nicht nach Absatz 4 bestraft.

*Kommentar:*

Wichtig ist, daß das Strafgesetzbuch nur den Begriff "allgemein anerkannte Regel der Technik" kennt. DIN-Normen werden nicht genannt; dies hat wohlweislich seine Gründe. Entscheidend und maßgebend sind seit alters her die allgemein anerkannten Regeln der Technik, die keineswegs von Normen oder Verordnungen abgelöst werden dürfen, denn diese unterliegen mehr den Industrieinteressen einer Vermarktung von Produkten (siehe Kapitel 3.4 "Allgemein anerkannte Regeln der Technik" und Kapitel 3.5 "DIN-Vorschriften").

### 3.3.7 Straftaten im Amt

**§ 331 Vorteilsannahme**

(1) Ein Amtsträger oder ein für den öffentlichen Dienst besonders Verpflichteter, der einen Vorteil als Gegenleistung dafür fordert, sich versprechen läßt oder annimmt, daß er eine Diensthandlung vorgenommen hat oder künftig vornehme, wird mit Freiheitsstrafe bis zu zwei Jahren oder mit Geldstrafe bestraft.

(2) Ein Richter oder Schiedsrichter, der einen Vorteil als Gegenleistung dafür fordert, sich versprechen läßt oder annimmt, daß er eine richterliche Handlung vorgenommen hat oder künftig vornehme, wird mit Freiheitsstrafe bis zu drei Jahren oder mit Geldstrafe bestraft. Der Versuch ist strafbar.

(3) Die Tat ist nicht nach Absatz 1 strafbar, wenn der Täter einen nicht von ihm geforderten Vorteil sich versprechen läßt oder annimmt und die zuständige Behörde im Rahmen ihrer Befugnisse entweder die Annahme vorher genehmigt hat oder der Täter unverzüglich bei ihr Anzeige erstattet und sie die Annahme genehmigt.

**§ 332 Bestechlichkeit**

(1) Ein Amtsträger oder ein für den öffentlichen Dienst besonders Verpflichteter, der einen Vorteil als Gegenleistung dafür fordert, sich versprechen läßt oder annimmt, daß er eine Diensthandlung vorgenommen hat oder künftig vornehme und dadurch seine Dienstpflichten verletzt hat oder verletzen würde, wird mit Freiheitsstrafe von sechs Monaten bis zu fünf Jahren, in minder schweren Fällen mit Freiheitsstrafe bis zu drei Jahren oder mit Geldstrafe bestraft.

(2) Ein Richter oder Schiedsrichter, der einen Vorteil als Gegenleistung dafür fordert, sich versprechen läßt oder annimmt, daß er eine richterliche Handlung vorgenommen hat oder künftig vornehme und dadurch seine richterlichen Pflichten verletzt hat oder verletzen würde, wird mit Freiheitsstrafe von einem Jahr bis zu zehn Jahren, in minder schweren Fällen mit Freiheitsstrafe von sechs Monaten bis zu fünf Jahren bestraft.

(3) Falls der Täter den Vorteil als Gegenleistung für eine künftige Handlung fordert, sich versprechen läßt oder annimmt, so sind die Absätze 1 und 2 schon dann anzuwenden, wenn er sich dem anderen gegenüber bereit gezeigt hat,

1. bei der Handlung seine Pflichten zu verletzen oder,
2. soweit die Handlung in seinem Ermessen steht, sich bei Ausübung des Ermessens durch den Vorteil beeinflussen zu lassen.

**§ 333 Vorteilsgewährung**

(1) Wer einem Amtsträger, einem für den öffentlichen Dienst besonders Verpflichteten oder einem Soldaten der Bundeswehr als Gegenleistung dafür, daß er eine in seinem Ermessen stehende Diensthandlung künftig vornehme, einen Vorteil anbietet, verspricht oder gewährt, wird mit Freiheitsstrafe bis zu zwei Jahren oder mit Geldstrafe bestraft.

(2) Wer einem Richter oder Schiedsrichter, als Gegenleistung dafür, daß er eine richterliche Handlung künftig vornehme, einen Vorteil anbietet, verspricht oder gewährt, wird mit Freiheitsstrafe bis zu drei Jahren oder mit Geldstrafe bestraft.
(3) Die Tat ist nicht nach Absatz 1 strafbar, wenn die zuständige Behörde im Rahmen ihrer Befugnisse entweder die Annahme des Vorteils durch den Empfänger vorher genehmigt hat oder sie auf unverzügliche Anzeige des Empfängers genehmigt.

**§ 334 Bestechung**
(1) Wer einem Amtsträger, einem für den öffentlichen Dienst besonders Verpflichteten oder einem Soldaten der Bundeswehr einen Vorteil als Gegenleistung dafür anbietet, verspricht oder gewährt, daß er eine Diensthandlung vorgenommen hat oder künftig vornehme und dadurch seine Dienstpflichten verletzt hat oder verletzen würde, wird mit Freiheitsstrafe von drei Monaten bis zu fünf Jahren oder mit Geldstrafe bestraft.
(2) Wer einem Richter oder Schiedsrichter einen Vorteil als Gegenleistung dafür anbietet, verspricht oder gewährt, daß er eine richterliche Handlung
1. vorgenommen und dadurch seine richterlichen Pflichten verletzt hat oder
2. künftig vornehme und dadurch seine richterlichen Pflichten verletzen würde,
wird in den Fällen der Nummer 1 mit Freiheitsstrafe von drei Monaten bis zu fünf Jahren, in den Fällen der Nummer 2 mit Freiheitsstrafe von sechs Monaten bis zu fünf Jahren bestraft. Der Versuch ist strafbar.
(3) Falls der Täter den Vorteil als Gegenleistung für eine künftige Handlung anbietet, verspricht oder gewährt, so sind die Absätze 1 und 2 schon dann anzuwenden, wenn er den anderen zu bestimmen versucht, daß dieser
1. bei der Handlung seine Pflichten verletzt oder,
2. soweit die Handlung in seinem Ermessen steht, sich bei Ausübung des Ermessens durch den Vorteil beeinflussen läßt.

**§ 336 Rechtsbeugung**
Ein Richter, ein anderer Amtsträger oder ein Schiedsrichter, welcher sich bei der Leitung oder Entscheidung einer Rechtssache zugunsten oder zum Nachteil einer Partei einer Beugung des Rechts schuldig macht, wird mit Freiheitsstrafe von einem Jahr bis zu fünf Jahren bestraft.

*Kommentar:*
Wenn all die in Praxis vorliegenden strafrechtlichen Delikte einer Vorteilsannahme, Bestechlichkeit, Vorteilsgewährung, Bestechung und Rechtsbeugung hier aufgezählt und kommentiert werden würden, dann wäre dafür ein extra Buch erforderlich. Gerade die gemäß Artikel 21 "bei der politischen Willensbildung mitwirkenden Parteien" und deren Repräsentanten stehen hier in der Kritik und werden arg gebeutelt. Es vergeht kaum ein Tag, an dem nicht in den Medien von einer Korruptionsaffäre berichtet wird. Immerhin wird gesagt [Richter 89]: "Korruption ist der normale Alltag in den Zentren der internationalen Politik- und Wirtschaftswelt". In seinem satirischen Plädoyer zur hohen Kunst der Korruption stellt er fest: "Korruption braucht korrupte Menschen" und legt die korrupten Strukturen in Wirtschaft, Politik, Wissenschaft, Kultur und Sport frei und beschreibt die Auswüchse geistiger Korruption.

## *3.4 Allgemein anerkannte Regeln der Technik*

Diese Regeln bilden die Grundlage bautechnischen Schaffens, sind bewährte Methoden und dienen der Planung und Herstellung von Bauwerken. Sie sind Bestandteil des Werkvertrages. Sowohl das BGB als auch die VOB/B (als Ergänzung zum BGB) stützen sich auf die a. a. R. d. Bt. Auch das Strafgesetzbuch kennt nur den Begriff der allgemein anerkannten Regel der Technik (§ 323). Diese Regeln entwickeln sich im Zusammenspiel von theoretischer Überlegung und praktischer Erfahrung langsam und stetig, müssen sich bewähren und können zum Teil auf eine lange Tradition zurückblicken.

Was ist darunter zu verstehen? Folgende Erläuterungen und Hinweise sind hier von Bedeutung [Soergel 83]:

- "Bei der Planung sind allgemein anerkannte Regeln der Technik zu beachten, wer diese außer acht läßt und damit die Ursache für einen Bauwerksmangel setzt, dem ist ein schuldhafter Planungsfehler anzulasten".
- "Mit der Beachtung der a. a. R. d. T. ist jedoch nicht gesagt, daß die in Normen festgehaltenen Regeln mit den allgemein anerkannten Regeln der Technik identisch sind. Die Nichtbeachtung einer Norm braucht deswegen kein Verstoß gegen die allgemein anerkannten Regeln der Technik zu sein und die Beachtung einer Norm gibt noch keine Gewähr dafür, daß allgemein anerkannte Regeln der Technik beachtet worden sind."
- "Wesen und Begriff der allgemein anerkannten Regeln der Technik entsprechen einem berechtigten Schutzbedürfnis des Bauherrn, nur ein Bauwerk errichtet zu bekommen, das auf Dauer gebrauchstauglich und haltbar ist. In den allgemein anerkannten Regeln der Technik finden wir solche Regeln wieder, die dieser Anforderung zu genügen vermögen, weil sie sich einmal in der Wissenschaft als richtig durchgesetzt haben und weil sie sich zum anderen in der Praxis als richtig und brauchbar bewährt haben".
- "Der Stand der Technik umfaßt die Gesamtheit der bis zu einem bestimmten Zeitpunkt gewonnenen technischen Erkenntnisse. Von diesem Stand der Technik sind jedoch die allgemein anerkannten Regeln der Technik zu unterscheiden. Von solchen kann man nur sprechen, wenn sich die Regeln als theoretisch richtig erwiesen und sich in der Praxis bewährt haben. Die Regel ist theoretisch richtig, wenn sie ausnahmslos wissenschaftlicher Erkenntnis entspricht und keinem Meinungsstreit ausgesetzt ist".
- "Daß allgemein anerkannte Regeln der Technik nicht schriftlich festgehalten zu sein brauchen, versteht sich von selbst".
- "Wenn nach allgemein anerkannten Regeln der Technik zu bauen ist, dann erhebt sich die Frage, ob man schlechthin nach Normen bauen darf. Dies wäre ohne Umschweife zu bejahen, wenn die in den Regelwerken zusammengefaßten Normen allgemein anerkannte Regeln der Technik zum Inhalt hätten. Dem ist aber nicht so. Normen sind im allgemeinen allgemein anerkannten Regeln der Technik nicht gleichzusetzen".
- "Wird in das Normenwerk eine Regel aufgenommen, deren theoretische Richtigkeit ungewiß und deren praktische Bewährung noch aussteht oder

noch nicht sicher festzustellen ist, dann kann die Norm nicht einer allgemein anerkannten Regel der Technik gleichgeachtet werden".

- "Beweisvermutungen verhelfen den in Regelwerken zusammengefaßten Normen zur rechtlichen Brauchbarkeit. Dies bedeutet, daß für die Norm die tatsächliche Vermutung spricht, das in ihr schriftlich niedergelegte sei mit der allgemein anerkannten Regel der Technik identisch. Wer behauptet, dies sei nicht so, mag das Gegenteil beweisen. Es muß der Beweis dafür geführt werden, daß die Norm entweder theoretisch unrichtig ist – z. B. durch bessere Erkenntnisse überholt ist – oder daß sie sich in der Praxis nicht bewährt hat".

In der Rangfolge stehen die a. a. R. d. T. eindeutig *vor* den DIN-Normen. Nun aber wird ständig versucht, in umgekehrter Rangfolge die allgemein anerkannten Regeln der Technik den oft fragwürdigen Fortschreibungen der DIN-Normen anzupassen [EnEV 02, § 15], [Meier 00a]. Dies bedeutet jedoch, Ursache und Wirkung zu vertauschen. DIN-Normen sind eben *keine* allgemein anerkannten Regeln der Technik.

Darüber hinaus muß aber auch folgendes beachtet werden: Wenn etwas vertraglich, z. B. auch abweichend von den a. a. R. d. T., vereinbart wird, so gilt nach BGB die Erfüllung dieser vertraglich *vereinbarten Beschaffenheit.*

Hierzu gibt es ein BGH-Urteil:
*Wie ist eine Minderung des Werklohnes zu berechnen?*
BGH, Urteil vom 17.12.1996
BGB § 472 (Minderung), § 633 (Mangelbeseitigung), § 634 (Wandelung und Minderung nach Fristablauf). [IBR 1997, Privates Baurecht, S. 368].

Ein Werk ist unabhängig davon, ob die anerkannten Regeln der Technik eingehalten sind, fehlerhaft, wenn es nicht den Anforderungen des vertraglich vorausgesetzten Gebrauchs entspricht.

*Fazit:*
Maßgebend sind also die vertraglichen Vereinbarungen. Selbst die anerkannten Regeln der Technik sind dann nicht bindend – und erst recht nicht die DIN-Normen.

## 3.5 DIN-Vorschriften

DIN ist ein privatrechtlich organisiertes Selbstverwaltungsorgan der Wirtschaft, ein 1917 gegründeter und eingetragener Verein mit Sitz in Berlin. DIN-Vorschriften können nicht als "technische Regeln" verwendet werden, weil von DIN selbst deren Unverbindlichkeit erklärt wird; es wird *keine* Verantwortung für die in DIN gemachten Konstruktionsvorschläge übernommen. Insofern erlangen sie nicht die Bedeutung von allgemein anerkannten Regeln der Technik. Auch das StGB kennt nur den Begriff der a. a. R. d. T.

Immerhin muß die Verbindlichkeit der DIN-Vorschriften erst vertraglich vereinbart werden [Meier 00a]. Im Bauvertragsrecht spielen die DIN-Normen erst dann eine

Rolle, wenn sie, z. B. in Leistungsverzeichnungen, als Vertragsbestandteil besonders vereinbart werden. Allerdings muß bei der technischen Umsetzung von DIN-Normen damit gerechnet werden, daß die Beachtung der DIN-Normen zu fehlerhaften, aber auch die Nichtbeachtung von DIN-Normen zu fehlerfreien Lösungen führen können. DIN gibt lediglich den "Stand" der Technik wider, der keineswegs "allgemein anerkannt" sein muß.

Diese Aussage mag überraschen, wird aber durch Feststellungen verständlich, die im Vorspann von zusammengefaßten DIN-Normen in den Hinweisen für den Anwender stehen:

- "DIN-Normen *sollen* sich als anerkannte Regeln der Technik einführen".
- "Bei sicherheitstechnischen Festlegungen in DIN-Normen besteht überdies eine tatsächliche *Vermutung* dafür, daß sie "anerkannte Regeln der Technik" sind".
- "DIN-Normen sind nicht die einzige, sondern *eine* Erkenntnisquelle für technisch ordnungsgemäßes Verhalten im Regelfall".
- "Durch das Anwenden von Normen entzieht sich niemand der Verantwortung für eigenes Handeln. Jeder handelt insofern auf eigene Gefahr".

Deutlicher kann die Unverbindlichkeit von DIN-Normen nicht charakterisiert werden. DIN-Normen haben den Charakter von Empfehlungen – heißt es bei DIN selbst. Trotzdem versucht DIN den Eindruck zu erwecken, eine a. a. R. d. T. zu sein, scheut sich aber offensichtlich vor der Verantwortung.

Das Bundesverwaltungsgericht hat zu den Normenausschüssen in einem Urteil festgestellt [Meersburg-Urteil]:

- "Daneben gehören den Normausschüssen des DIN aber auch Vertreter bestimmter Branchen und Unternehmen an, die deren Interessenstandpunkte einbringen".
- "Die Ergebnisse ihrer Beratungen dürfen deshalb im Streitfall nicht unkritisch als geronnener Sachverstand oder als reine Forschungsergebnisse verstanden werden".
- "Andererseits darf aber nicht verkannt werden, daß es sich dabei zumindest auch um Vereinbarungen interessierter Kreise handelt, die eine bestimmte Einflußnahme auf das Marktgeschehen bezwecken".
- "Den Anforderungen, die etwa an die Neutralität und Unvoreingenommenheit gerichtlicher Sachverständiger zu stellen sind, genügen sie deswegen nicht".

Außerdem ist bei DIN zu lesen [DIN 98]:

- "Die DIN-Normen haben kraft Entstehung, Trägerschaft, Inhalt und Anwendungsbereich den Charakter von Empfehlungen".
- "DIN-Normen an sich haben keine rechtliche Verbindlichkeit".
- "DIN-Normen dienen der Ausfüllung unbestimmter Rechtsbegriffe, z. B. des Begriffes *Stand* der Technik".

Dies sind klare und eindeutige Aussagen – jeder sollte sich dies zu eigen machen. DIN-Normen sollten wegen der Fragwürdigkeit ihrer Entstehung einen möglichst geringen Stellenwert bekommen. Konstruktionen gemäß DIN können fehlerhaft, Konstruktionen nicht gemäß DIN können fehlerfrei sein. Im Streitfall ist es somit zwecklos, DIN-Normen als Beweismittel für richtiges Bauen heranzuziehen.

Darüber hinaus heißt es bei DIN unter anderem auch [DIN 98]:

- "Die Mitgliedschaft im DIN sichert einen Einfluß auf die normungspolitischen Entscheidungen des DIN".
- "Die Förder- und Kostenbeiträge der Wirtschaft ... sind ein praxisnahes Steuerungsinstrument für die Normungsarbeit".
- "Wer die Normungsarbeit weder durch einen Förderbeitrag noch durch einen Kostenbeitrag finanziell unterstützt, kann von der Mitarbeit ausgeschlossen werden".

Wer also zum finanziellen Gedeihen des DIN beiträgt, kann mit entsprechenden Normungsleistungen rechnen, die den Geldeinsatz mehr als ausgleichen dürften.

Immerhin gibt es einen "Ausschuß Normenpraxis" (ANP), der sich als Bindeglied zwischen dem Normungsinstitut auf der einen und den normungsinteressierten Kreisen der Wirtschaft auf der anderen Seite versteht.

In [DIN 05] wird konkretisiert:

- Die Teilnahme an den ANP-Sitzungen und die Mitgliedschaft im ANP bringen für ihre Firma eindeutige Vorteile.
- Wirtschaftlichkeitsberechnungen belegen, daß den zeitlichen und finanziellen Aufwendungen für ein Mitwirken im ANP das 6 bis 7 fache an Nutzeffekt gegenübersteht.

Also bitte sehr, Normungsarbeit ist also für die Wirtschaft äußerst lukrativ.

Das Zustandekommen so mancher dubioser DIN-Normen mit vielen methodischen und inhaltlichen Fehlern wird damit verständlich. Sie werden in DIN-Vorschriften zementiert (siehe Teil 9 "Fragwürdige DIN-Vorschriften").

Bei entsprechenden finanziellen Beiträgen der Wirtschaft wird dann auch viel genormt. Die festzustellende Verordnungs- und Normenschwemme läßt darauf schließen, daß hier Gelder zur Genüge fließen. Da es sich bei den DIN-Normen um *Vereinbarungen* interessierter Kreise, keineswegs jedoch um wissenschaftliche *Erkenntnisse* handelt, häufen sich die *genormten* Fehler – die Folge ist dann produzierter Normungsschrott.

Insofern sind DIN-Normen (und jetzt Euro-Normen EN) industrie- und wirtschaftsorientiert – wer zahlt, wird bedient. Nur so ist es zu verstehen, daß "fortentwickelte Normen" sich oft auch als fehlerhaft und falsch erwiesen haben, weil zu sehr die Industrieinteressen und damit der Umsatz im Vordergrund stehen.
Bei der Unverbindlichkeit der DIN-Normen ist auch der Versuch der EnEV § 15 bedenklich, Normen nun auf dem Verordnungswege zu a. a. R. d. T. umfunktionieren zu wollen; das rechtliche und fachliche Durcheinander wäre vollkommen.

DIN ist *keine* allgemein anerkannte Regel der Technik

Wegen übertriebener Kooperation mit der Wirtschaft, des großen lobbyistischen Einflusses der Industrie und der daraus resultierenden technischen Fehler in den DIN-Vorschriften müssen diese stets mit großer Zurückhaltung und äußerster

Vorsicht angewendet werden. Mehr Verlaß ist auf die a. a. R. d. T., die sich von der Bindung der Industrie lösen sollten; allerdings hängen sie unverständlicherweise oft im repressiven Schlepptau der DIN-Normen [Meier 04b, 08b, 08c].
Die Fehlerhaftigkeit von DIN-Normen kann überzeugend nachgewiesen werden, das Kapitel 9 "Fragwürdige DIN-Vorschriften" enthält ein Fülle von Beispielen. Über DIN sollte deshalb ernsthaft nachgedacht werden.

## 3.6 Energieeinsparungsgesetz

Das Energieeinsparungsgesetz war die gesetzliche Grundlage zum Erlaß der Wärmeschutzverordnung, der Heizungsanlagenverordnung und der Heizungsbetriebsverordnung im Jahre 1977. Diese Ermächtigungsgrundlage führte dann auch zu den Novellierungen der einzelnen Wärmeschutzverordnungen und der Energieeinsparverordnung (siehe Teil 10 "Verordnungen über den Wärmeschutz").

Zu den energiepolitischen und energiewirtschaftlichen Grundlagen des Energieeinsparungsgesetzes wurde ausgeführt [Ehm 78]:

*"Eine Erreichung des Energieeinsparungszieles auf der Basis der Freiwilligkeit war um so weniger zu erwarten, als durch die relativ hohen Baukosten Bauherrn und Investoren bestrebt sind, alle Möglichkeiten zu einer Baukostensenkung im Interesse der Vermietbarkeit auszunutzen. Auch kann im allgemeinen von Bauherrn nicht erwartet werden, daß sie Vorsorgemaßnahmen für die nächsten Jahrzehnte sachgerecht treffen können".*

und weiter:

*"Die zusätzlich zu treffenden Aufwendungen müssen in der Weise wirtschaftlich sein, daß sie durch die laufenden Energieeinsparungen erwirtschaftet werden. Damit ergeben sich im Regelfall keine Erhöhungen der Gesamtkosten und für den Mieter keine Erhöhungen der Wohnkosten, die sich aus Mietzins und Betriebskosten sowie sonstigen Abgaben zusammensetzen".*

Dies alles ist wohlfeil formuliert, doch wird der staatliche Zwang deutlich, der hinter dieser "Energieeinsparaktion" steht. Außerdem nimmt der Verordnungsgeber die Vermutung für sich in Anspruch, sachgerechte Maßnahmen treffen zu können. Von dieser Vorstellung sollte er sich jedoch schleunigst trennen – die EnEV z. B. zeigt mehr Dilettantismus und Unverständnis als Sachverstand.

Bedeutsam ist jedoch die Bestätigung, daß sich alles wirtschaftlich tragen muß – und hier mangelt es an jeder Stelle.

Das Energieeinsparungsgesetz (EnEG), enthält im §5 (1) das Wirtschaftlichkeitsgebot, im §5 (2) das Härtefallgebot:

*(1) "Die in den Rechtsverordnungen ... aufgestellten Anforderungen müssen ... wirtschaftlich vertretbar sein. Anforderungen gelten als wirtschaftlich vertretbar, wenn generell die erforderlichen Aufwendungen innerhalb der üblichen Nutzungsdauer durch die eintretenden Einsparungen erwirtschaftet werden können."*

*(2) "In den Rechtsverordnungen ist vorzusehen, dass auf Antrag von den Anforderungen befreit werden kann, soweit diese im Einzelfall wegen besonderer Umstände durch einen unangemessenen Aufwand oder in sonstiger Weise zu einer unbilligen Härte führen".*

*Fazit:*
Damit wird unmißverständlich festgestellt, daß unwirtschaftliche Energiesparmaßnahmen gesetzwidrig sind; sie müssen unterbleiben (1) – und sie müssen befreit werden (2). Dieses Wirtschaftlichkeitsgebot findet sich deshalb in der EnEV im § 25 "Befreiungen" [EnEV 07] wieder und ermöglicht so die Befreiung von den unwirtschaftlichen "Wärmeschutz-Anforderungen".

Voraussetzung für die Befreiung ist der Nachweis der Unwirtschaftlichkeit. Da in der Mehrzahl die jetzigen U-Wert-Anforderungen an den Wärmeschutz unwirtschaftlich sind, kann fast von einem generellen Zwang zur Befreiung ausgegangen werden. Diese Möglichkeit sollte konsequent genutzt werden, juristisch *muß* sie sogar wahrgenommen werden.

*Fazit:*
Entscheidend ist also die Wirtschaftlichkeit einer Baukonstruktion (Vermeidung übermäßigen Aufwandes). Ist die Wirtschaftlichkeit nicht gegeben, kann die Planung mangelhaft sein – mit allen Konsequenzen bis zur Minderung des Werklohnes. Vorsicht also bei der Erfüllung der EnEV-Anforderungen.

Aufschlußreich ist im EnEG auch der §8 "Ordnungswidrigkeiten".

(1) Ordnungswidrig handelt, wer vorsätzlich oder fahrlässig einer Rechtverordnung
2. nach § 4 Abs.1 oder 2 über Sonderregelungen, *ausgenommen Anforderungen an den Wärmeschutz* (§1 Abs. 2) zuwiderhandelt, soweit die Rechtsverordnung für einen bestimmten Tatbestand auf diese Bußgeldvorschrift verweist.
(2) Die Ordnungswidrigkeit kann in den Fällen ... mit einer Geldbuße bis zu fünfzigtausend Deutsche Mark, im Falle ... mit einer Geldbuße bis zu fünftausend Deutsche Mark geahndet werden.

*Fazit:*
Zunächst muß der Vorsatz und die Fahrlässigkeit gegeben sein. Wer verantwortungsbewußt und sachgerecht sich von den "Rechtsverordnungen" distanzieren muß – und dazu besteht aus methodischen und inhaltlichen Gründen ein uneingeschränkter Anlaß, handelt nicht fahrlässig, sondern fachlich richtig und verantwortungsbewußt. Im Gegenteil, wer die "Rechtsverordnungen" blindlings akzeptiert und umsetzt, *der* handelt gegenüber seinem Bauherrn fahrlässig. Hier wird das Rechtssystem auf den Kopf gestellt.
Außerdem ist jedoch zu bemerken:

Die Anforderungen an den Wärmeschutz unterliegen nicht dem § 8 "Ordnungswidrigkeiten". Bußgeld steht also bei der Wärmedämmung nicht zur Debatte.

Hierzu heißt es in den Erläuterungen zur EnEV recht diabolisch, daß bei der Wärmedämmung die Sanktionsmöglichkeiten durch das Baugenehmigungsverfahren als ausreichend erachtet werden. Unsinnige Dämmanforderungen sollen also durch Sanktionen erzwungen werden; eine "bewährte" Methode hierzu ist auch die Bindung der Finanzierungszuschüsse an die Übererfüllung der sittenwidrigen U-Wert-Anforderungen. Hier greift also "der Staat" in unverantwortlicher Art und Weise in den Gestaltungs- und Entscheidungsspielraum unabhängiger Fachleute ein – wieder einmal muß "zuviel Staat" angeprangert werden.

## 3.7 *Wärmeschutz- und Energieeinsparverordnung*

Die Anforderungen in der WSchVO 1995 und dann besonders die der EnEV sind unwirtschaftlich und deshalb gemäß EnEG schlicht und einfach gesetzwidrig. Der Grund liegt in der mathematisch bedingten Hyperbeltragik des U-Wertes. Die Effizienz verhält sich proportional zum Quadrat des U-Wertes, nimmt also bei kleinen U-Werten quadratisch ab. Die verordneten Anforderungen mit den kleinen U-Werten, die sogenannten Superdämmungen sind somit hinausgeworfenes Geld, da kaum zusätzliche Energieeinsparungen mehr möglich sind. Das ist unwiderlegbare Mathematik [Meier, 95a, 99e].

Bei der Energieeinsparverordnung (EnEV) muß ein grundsätzlicher Widerspruch erwähnt werden.
Die EnEV wurde von der Bundesregierung erlassen. Sie wird deshalb als verbindliches Instrumentarium für den Bau von Gebäuden angesehen. Dabei wird jedoch auf eine Vielzahl von DIN-Normen zurückgegriffen; der Text der EnEV enthält immerhin Hinweise auf etwa 750 Seiten, die noch nicht einmal alle inhaltlich kompatibel sind. Außerdem enthalten DIN-Normen methodische Fehler (siehe Teil 9 "Fragwürdige DIN-Vorschriften"). Dies führt automatisch zu einer unübersichtlichen Normenflut, die nur mit auch noch fehlerhaften Computer-Programmen bewältigt werden können. Das Entscheidende aber ist:

Die DIN-Normen sind nach DIN-Aussage lediglich Empfehlungen [Soergel 83].

Was soll der "Anwender" nun von diesem methodischen Chaos halten?
Auf der einen Seite erzählt alle Welt, die Energieeinsparverordnung müsse angewendet und eingehalten werden, auf der anderen Seite handelt es sich aber lediglich um Empfehlungen, die durchaus falsch sein können – und oft auch falsch sind.

Bei diesem juristischen Durcheinander kann man nur dankbar sein, daß es, bedingt durch das Energieeinsparungsgesetz 2007, Ausnahmen (§ 24) und Befreiungen (§ 25) gibt. Diese rechtlichen Möglichkeiten müssen deshalb zur Gänze ausgeschöpft werden.

## 3.8 *Konsequenzen*

Die Basis zum Berechnen von Energiebedarfszahlen nach DIN oder Verordnung im Rahmen des Gebäudewärmeschutzes ist falsch (siehe Kapitel 6). Damit aber geraten diese administrativen Krücken eines falsch berechneten Wärmeschutzes ins Zwielicht. Maßgebend ist nicht ein (falsch) errechneter Bedarf, sondern der vorhandene Verbrauch. Beides hat miteinander nichts zu tun. Bei dieser konkreten und nicht zu widerlegenden Sachlage sind rechtliche Konsequenzen zu ziehen. Es darf doch in einer Demokratie nicht möglich sein, per Dekret, Verordnung oder Gesetz etwas vorzuschreiben, das nachgewiesenermaßen fehlerhaft ist – auch wenn darüber in speziellen und besonders ausgewählten Kreisen ein (fragwürdiger) Konsens erzielt wurde.

Folgende Fehlentwicklungen sind zweifelsfrei festzustellen:

- Die Ausuferung des Vorschriften- und Normungswesens kennt keine Grenzen [FAZ 99], [Groll 85]. Dient diese Informationsflut vielleicht der Unübersichtlichkeit und Verschleierung der wahren Zusammenhänge? Dies jedoch führt dann auch zur Resignation der Anwender. Marcel Reich-Ranicki sagt: "Unverständlichkeit ist noch lange kein Beweis für tiefe Gedanken".
- Die Verbürokratisierung des Bauwesens nimmt immer weiter zu. Ingenieursmäßiges Denken und Handeln wird damit erschwert und ausgeschaltet, es regiert die CD-ROM, die Geißel eines jeden vernunftbegabten Menschen. Nur Drittklassigkeit ist auf diese Hilfsmittel angewiesen und hält sich krampfhaft an Vorschriften fest – bedauernswerte Akteure.
- Wissenschaft und Politik unterwerfen sich mehr und mehr den Wirtschaftsinteressen einer ausschließlich gewinnorientierten Industrie; der Mensch wird zweitrangig, trotz gegenteiliger Beteuerungen. Damit aber treten Kunden- und Bauherrenwünsche in den Hintergrund.
- Für viele unsachgemäße Aussagen und Festlegungen sind auch persönlicher Ehrgeiz, jesuitenhaftes Sendungsbewußtsein und narzißhafter Selbstdarstellungstrieb verantwortlich. Anders ist das technische Durcheinander im Vorschriftenwesen des Gebäudewärmeschutzes nicht zu erklären.

Die richterliche Gewalt hat durch BGH-Urteile bereits Zeichen gesetzt, daß bei der praktischen Handhabung von Bautechnik nicht alles so zu sehen ist, wie es sich der Gesetz- und Verordnungsgeber sowie die Industrie wünscht. Es ist zu hoffen, daß hier alternative Pfade vorgezeichnet werden, die sich dann mehr der Wahrheit und der Vernunft und weniger den merkantilen Interessen verpflichtet fühlen, damit die im Gebäudewärmeschutz eingeschlagenen Irrwege verlassen werden können. Naturgesetze und die Logik müssen dann die Bausteine wahrer Erkenntnisse und einer folgerichtigen Umsetzung sein. Andere Optionen sind betrügerisch.

# 4 Wirtschaftlichkeit

Wirtschaftliche Konstruktionen sind ein Muß. Nie gab es eine Zeit, in der "genügend" Geld vorhanden war; auch die Haushaltslage öffentlicher Kassen zwingt zur Beachtung der Wirtschaftlichkeit. Besonders Architekten und Ingenieure sind durch die Berufsordnungen verpflichtet, wirtschaftliche Konstruktionen zu planen und auszuführen. Darüber hinaus wird die Wirtschaftlichkeit im Energieeinsparungsgesetz gefordert. Die Ermächtigungsgrundlage zum Erlaß der Wärmeschutzverordnungen enthält im §5 (1) EnEG das Wirtschaftlichkeitsgebot, im §5 (2) das Härtefallgebot. Die eindeutigste Form einer unbilligen Härte ist die Unwirtschaftlichkeit. Die EnEV weist im § 25 "Befreiungen" auf die Notwendigkeit hin, daß sich Energieeinsparungsmaßnahmen wirtschaftlich tragen müssen.

Dies wird sogar von einem BGH-Urteil bekräftigt:

BGH, Urteil vom 22.01.1998
*Muß Architekt die Wirtschaftlichkeit eines Gebäudes optimieren?*
BGB § 634 (Wandelung und Minderung nach Fristablauf), § 635 (Schadensersatz). [IBR 1998, Architekten und Ingenieurrecht, S. 157].

Ein Mangel des Architektenwerks kann vorliegen, wenn übermäßiger Aufwand getrieben wird. Sofern die Nutzflächen und Geschoßhöhen nicht den Vorgaben entsprächen, könne die Planung mangelhaft sein. Das gleiche gelte, wenn bei der *Wärmedämmung* oder der Dachkonstruktion überflüssiger Aufwand betrieben worden sei. Eine unwirtschaftliche Planung könne auch dann mangelhaft sein, wenn sie sich im Rahmen der vorgegebenen Kosten halte.

*Fazit:*
Entscheidend ist also die Wirtschaftlichkeit einer Baukonstruktion (Vermeidung übermäßigen Aufwandes). Ist die Wirtschaftlichkeit nicht gegeben, kann die Planung mangelhaft sein – mit allen zu erwartenden Konsequenzen (wie z. B. die Minderung des Werklohnes).

Der Nachweis der Wirtschaftlichkeit bzw. der Unwirtschaftlichkeit unterliegt finanzmathematischen Zusammenhängen, die alle Energieeinsparungsmaßnahmen klassifizieren können. Der investive Mehraufwand, bei der heutigen generellen Knappheit der Finanzmittel eine arge Belastung, wird dem zusätzlichen energetischen Nutzen, der jährlichen Kosteneinsparung gegenübergestellt und dann das Mehrkosten-Nutzen-Verhältnis MNV gebildet. Resultiert daraus die Unwirtschaftlichkeit, muß die Maßnahme zur Disposition gestellt werden.

## *4.1 Dynamische Investitionsrechnung*

Die Wirtschaftlichkeit ist immer einzuhalten, dies fordert allein schon die Verantwortung gegenüber dem Investor. Was ist unter Wirtschaftlichkeit zu verstehen? Grundlage eines Wirtschaftlichkeitsnachweises ist die dynamische Investitionsrechnung.

Bisher wurde wie folgt vorgegangen: Mit festgelegten Finanzdaten (Zinssatz und jährliche Teuerungsrate) werden bei angenommenem Betrachtungszeitraum entweder aus den einmaligen Investitionskosten die jährlichen Annuitäten (Annuitätenmethode) oder aus den jährlichen Annuitäten die analogen einmaligen Investitionskosten berechnet (Kapitalwertmethode), so daß entweder Annuitäten oder Investitionskosten von alternativen Baumaßnahmen aufgelistet und verglichen werden können; dabei handelt es sich ausschließlich um *Kosten*größen. Beim Vergleich von Varianten wird dann die kostengünstigere Lösung ermittelt – das bedeutet aber nicht, daß diese kostengünstigere Lösung dann auch wirtschaftlich sein muß. Dies ist ein weitverbreiteter Irrtum, der jedoch seit Jahrzehnten gehegt und gepflegt wird und bei der Bewertung der Wirtschaftlichkeit von Energieeinsparungsmaßnahmen zu vielen Fehlurteilen führt (siehe auch Kapitel 4.5 "Fehlerhafte Interpretation eines Optimums").

Um diese fehlerhaften Schlußfolgerungen auszuschließen, muß demgegenüber wie folgt vorgegangen werden. Bei angenommenem Zinssatz und jährlichen Teuerungsraten als fixe Daten werden als Variable einmalige Investitionskosten, jährliche Annuitäten und der Betrachtungszeitraum betrachtet. Sie stehen in einem funktionellen Zusammenhang – ein Gleichungssystem mit drei Variablen; zwei davon müssen gegeben sein, die dritte kann berechnet werden.

Mit dieser flexiblen Handhabung kann zur realen Würdigung der Wirtschaftlichkeit die Aufgabenstellung nun lauten: Bei vorgegebenen einmaligen Investitionskosten und jährlichen Annuitäten ergibt sich daraus der Betrachtungszeitraum, der dann als Amortisationszeit n bezeichnet werden muß und ein Maß dafür abgibt, inwieweit diese sich ergebende Amortisationszeit als wirtschaftlich angesehen werden kann. Dies ist dann die Amortisationsmethode.

Beim Nachweis der Wirtschaftlichkeit kann von einer nachschüssigen Behandlung (die Annuitäten werden *nach* dem Jahre n in Rechnung gesetzt) oder von einer vorschüssigen Behandlung (die Annuitäten werden *vor* dem Jahre n in Rechnung gesetzt) ausgegangen werden.

### 4.1.1 Nachschüssige Behandlung

Bei baulichen Energieeinsparungsmaßnahmen wird die dynamische Investitionsrechnung mit der funktionell bedingten finanzmathematischen Verknüpfung des Zinssatzes p (%), der jährlichen Teuerungsrate i (%), der Amortisationszeit n (Jahre) und des Mehrkostennutzenverhältnisses MNV herangezogen. Damit ist das funktionelle Grundgerüst gegeben [Diederich 85], [Nixdorf 85].

Hierzu bedarf es der Berechnung der beiden Barwerte, die dann gleichgesetzt werden und den Zeitpunkt n der Barwertgleichheit liefern, dies ist dann die Amortisationszeit. Das Verhältnis der beiden Kosten-Komponenten Investitionskosten $K_o$ und Folgekosten $B_o$ ist gemäß der dynamischen Investitionsrechnung der Barwertfaktor BWF – oft wird auch der Kehrwert verwendet. Dieser Barwertfaktor BWF dient der Umrechnung von $K_0$ zu $B_0$ (bei der Annuitätenmethode) bzw. der Umrechnung $B_0$ zu $K_0$ (bei der Kapitalwertmethode).

Die dynamische Investitionsrechnung kapitalisiert also jeweils die einmaligen Investitionskosten $K_0$ (Formel 4.1) und die jährlichen Folgekosten $B_0$ (Formel 4.2) auf das Jahr n. Die Formeln lauten [Meier 96]:

(4.1) $$K_n = K_0\left(1+\frac{p}{100}\right)^n$$ (€) (Zinseszinsformel)

(4,2) $$B_n = B_0\left(1+\frac{i}{100}\right)^n \cdot \frac{f^n-1}{f-1}$$ (€)

dabei ist:

(4.3) $$f = \frac{100+p}{100+i}$$ (-)

Werden nun die beiden Formeln 4.1 und 4.2 gleichgesetzt (Barwertgleichheit) und die beiden Größen $K_0$ und $B_0$ zum Barwertfaktor BWF zusammengefaßt, dann wird, da für BWF auch das MNV gesetzt werden kann (für den Vergleich zweier Varianten gilt immer automatisch das Mehrkostennutzenverhältnis MNV, siehe weiter hinten):

(4.4) $$BWF = MNV = \frac{f^n-1}{f^n(f-1)}$$ (-)

Wird nach der Amortisationszeit n gefragt, dann wird:

(4.5) $$n = -\frac{\log[MNV(1-f)+1]}{\log f}$$ (Jahre)

Bei einer nachschüssigen Behandlung muß die Amortisationszeit n auf volle Jahre aufgerundet werden (siehe Bild 4.1).

Die Kurzzeichen in den Formeln 4.1 bis 4.5 bedeuten:

| | | | |
|---|---|---|---|
| $K_n$ | = | Barwert von $K_o$ nach n Jahren | (€) |
| $K_o$ | = | Anfangswert der Investition | (€) |
| $B_n$ | = | Barwert von $B_o$ nach n Jahren | (€) |
| $B_o$ | = | Anfangswert der Folgekosten | (€) |
| p | = | Zinssatz | (%) |

i = jährliche Teuerung (%)
f = Zwischenwert aus Zinssatz p und Teuerung i
BWF = Barwertfaktor
MNV = Mehrkosten-Nutzen-Verhältnis
n = Amortisationszeit (Jahre)

Das Bild 4.1 zeigt die Formeln 4.1 und 4.2 grafisch, deutlich ist die Barwertgleichheit bei 7 Jahren zu erkennen.

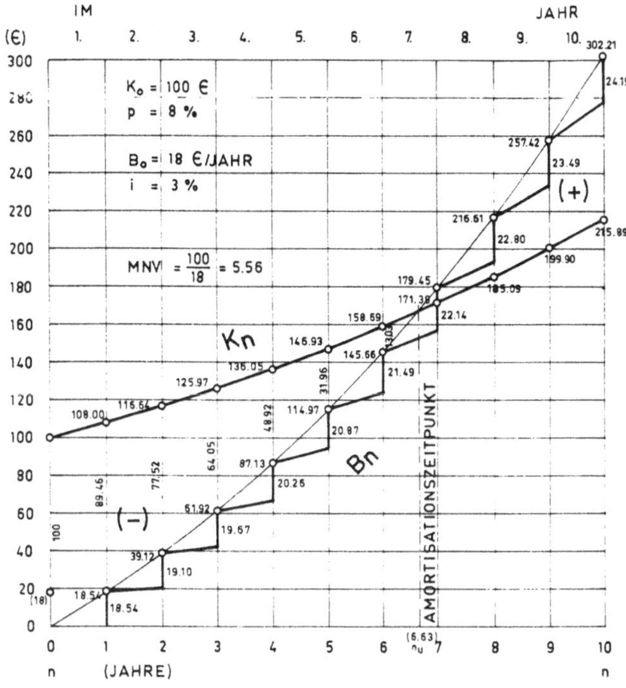


*Bild 4.1: Die Investitionssumme $K_o$ von 100 € und die Folgekosten $B_o$ von 18 € werden mit 8% verzinst. Die Folgekosten unterliegen einer jährlichen Teuerung von 3%. Die Barwertgleichheit wird im 7. Jahr erreicht – bei nachschüssiger Behandlung dann nach dem 7. Jahr.*

Bild 4.1: Kapitalisierte Endwerte für Investitions- und Folgekosten

Für dieses Ergebnis ist bei festgelegtem Zins (8%) und angenommener Teuerung (3%) allein der Barwertfaktor BWF oder beim Vergleich von Varianten das Mehrkostennutzenverhältnis MNV, wie später gezeigt wird, maßgebend. Entscheidend sind demzufolge keine absoluten Investitionskosten, auch keine absoluten jährlichen Einsparungen, sondern ausschließlich das Verhältnis beider Kostendaten. Diese können beide sehr groß ausfallen, jedoch auch sehr klein – immer ist das Mehrkostennutzenverhältnis MNV das Maß für die Wirtschaftlichkeit.

Warum kann statt des Barwertfaktors BWF nun das Mehrkostennutzenverhältnis MNV verwendet werden?

Bei der Beurteilung der Wirtschaftlichkeit werden immer zwei alternative Lösungen miteinander verglichen. Dabei wird die eine in den Investitionskosten und die andere in den Folgekosten teurer sein; ist dies nicht der Fall, dann braucht nicht gerechnet zu werden, das Ergebnis ist eindeutig. Auch der vorliegende Istzustand, der verändert werden soll, bildet dabei eine einzubeziehende Alternative.

Annuitäten- und Kapitalwertmethode geben nur Auskunft über Kostengrößen. Dabei ist der Betrachtungszeitraum n als Eingabedatum vonnöten. Eine abschließende Aussage über die Wirtschaftlichkeit erfolgt bei dieser Vorgehensweise jedoch nicht, wie bereits erwähnt.

An einem Beispiel soll dies erläutert werden [Meier 96].

Zwei Investitionsmaßnahmen werden mittels der Kapitalwertmethode wertmäßig miteinander verglichen. Dabei treten folgende Kostenbelastungen auf:

| | | |
|---|---|---|
| Lösung 1: | einmalige Investitionskosten: | $K_1$ = 60 000 € |
| | jährlich anfallende Folgekosten: | $B_1$ = 5 000 € |
| Lösung 2: | einmalige Investitionskosten: | $K_2$ = 45 000 € |
| | jährlich anfallende Folgekosten: | $B_2$ = 5 900 € |

Bei der finanztechnischen Beurteilung sollen angenommen werden:
Zinssatz p = 8%, jährliche Folgekostenteuerung i = 6%

nach Formel (4.3) wird: $$f = \frac{108}{106} = 1{,}019$$

a) gewählter Betrachtungszeitraum **n = 25 Jahre**:

nach Formel (4.4) wird: $$BWF = \frac{f^{25} - 1}{f^{25}(f - 1)} = 19{,}78$$

Die Umrechnung der jährlichen Folgekosten in einmalige Investitionskosten erfolgt also mit dem Barwertfaktor 19,78.

| | | | |
|---|---|---|---|
| Lösung 1: | Investitionskosten: | = | 60 000,00 € |
| | Folgekosten: 5000 x 19,78 | = | 98 927,15 € |
| | | | 158.927,15 € |
| Lösung 2: | Investitionskosten: | = | 45 000,00 € |
| | Folgekosten: 5900 x 19,78 | = | 116 734,04 € |
| | | | 161 734,04 € |

Ergebnis: Bei einem Betrachtungszeitraum von 25 Jahren ist die Lösung 1 kostengünstiger.

b) gewählter Betrachtungszeitraum **n = 15 Jahre**:

nach Formel (4.4) wird: $$BWF = \frac{f^{15} - 1}{f^{15}(f-1)} = 12{,}95$$

Die Umrechnung der jährlichen Folgekosten in einmalige Investitionskosten erfolgt hier mit dem Barwertfaktor 12,95.

| | | | |
|---|---|---|---|
| Lösung 1: | Investitionskosten: | = | 60 000,00 € |
| | Folgekosten: 5000 x 12,95 | = | 64 793,80 € |
| | | | 124.793,80 € |
| Lösung 2: | Investitionskosten: | = | 45 000,00 € |
| | Folgekosten: 5900 x 12,95 | = | 76 456,68 € |
| | | | 121 456,68 € |

Ergebnis: Bei einem Betrachtungszeitraum von 15 Jahren ist jetzt jedoch die Lösung 2 kostengünstiger.

Je nach Wahl des Betrachtungszeitraumes wird einmal diese, zum anderen jene Lösung kostengünstiger. Dabei spielt es keine Rolle, ob die Kapitalwertmethode oder die Annuitätenmethode Verwendung findet. Die Imponderabilien eines solchen Verfahrens sind jedoch offenkundig und öffnen Manipulationen Tür und Tor. Wie kann diese Willkür im Ergebnis ausgeschaltet werden? Es muß schlicht nach dem Zeitpunkt der Barwertgleichheit gefragt werden, eben nach der Amortisationszeit n. Dies leistet allein nur die Amortisationsmethode!

Was passiert eigentlich bei der dynamischen Investitionsrechnung? Es werden die Barwerte für bestimmte Betrachtungszeiträume berechnet. Dabei können gleiche Kostenbelastungen jeweils weggelassen werden, da sie bei beiden Lösungen die gleichen Effekte erzielen. Die Kostenbelastungen werden deshalb entsprechend aufgegliedert:

| | | |
|---|---|---|
| Lösung 1: | einmalige Investitionskosten: | $K_1$ = 45 000 + 15 000 € |
| | jährlich anfallende Folgekosten: | $B_1$ = 5 000 € |
| Lösung 2: | einmalige Investitionskosten: | $K_2$ = 45 000 € |
| | jährlich anfallende Folgekosten: | $B_2$ = 5 000 + 900 € |

Bei Wegfall gleichartiger Kostenbelastungen verbleiben dann folgende Summen:

| | | |
|---|---|---|
| Lösung 1: | einmalige Investitionskosten: | $\Delta K$ = 15 000 € |
| Lösung 2: | jährlich anfallende Folgekosten: | $\Delta B$ = 900 € |

Die finanztechnische Prüfung beider Varianten erfolgt also durch die Berücksichtigung der einzelnen Differenzkosten. Diese werden dann:

(4.6) $$\Delta K = K_1 - K_2$$

(4.7) $$\Delta B = B_2 - B_1$$

Werden diese Differenzsummen kapitalisiert, so können die beiden Barwertkurven ermittelt werden; dies zeigt das Bild 4.2:

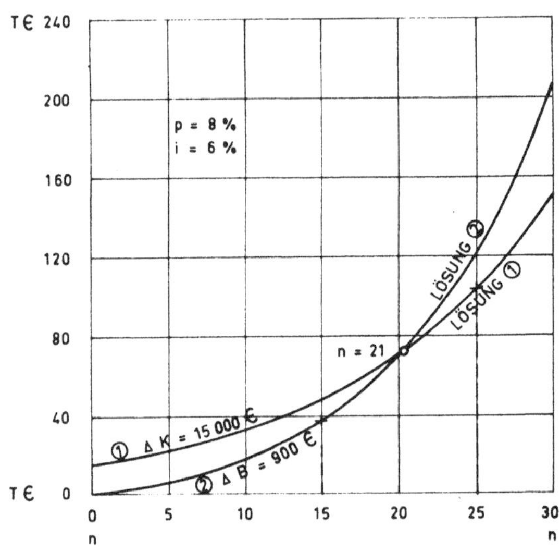


Bild 4.2: Barwertgleichheit zweier Varianten durch Differenzbildung

*Bild 4.2: Die Investitionskostendifferenz beträgt 15000 €, die Folgekostendifferenz pro Jahr 900 €. Bis zur Barwertgleichheit, dem Amortisationszeitpunkt bei 21 Jahren, ist die folgekostenteuere Lösung kostengünstiger (also auch bei 15 Jahren), nach dem Amortisationszeitpunkt dann die investitionsteuere Lösung (also auch bei 25 Jahren).*

Ergebnis:
Liegt die wünschenswerte Amortisationszeit unter 21 Jahren, dann muß die folgekostenteuere Lösung 1 gewählt werden, begnügt man sich mit einer Amortisationszeit über 21 Jahren, dann ist die investitionskostenteuere Lösung 2 zu wählen. Diese Aussage wird allein nur mit den Kostendifferenzen erzielt, nur die Amortisationsmethode macht dies möglich.

Bei der wirtschaftlichen Würdigung zweier Varianten liegen also zwei Investitionssummen und damit die Investitionskostendifferenz $\Delta K$ sowie zwei Folgekostensummen und damit wiederum die Folgekostendifferenz $\Delta B$ vor. Diese beiden Differenzsummen sind nun analog zu Bild 4.1 zu behandeln.

Es wird die Frage gestellt:
"Wann wird die mit höheren Investitionskosten belastete Lösung 1 von der mit höheren Folgekosten belasteten Lösung 2 finanzmathematisch eingeholt und danach dann zur kostengünstigeren Lösung"? Dies zeigt das Bild 4.3:

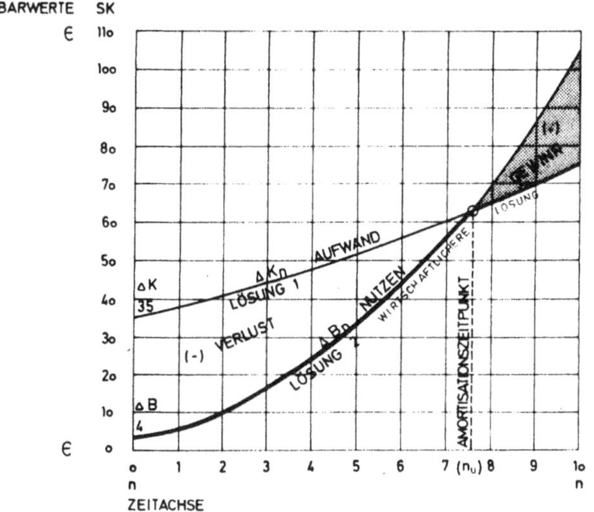


Bild 4.3: Barwertgleichheit von Aufwand und Nutzen zweier Varianten

*Bild 4.3*
*Die Investitionskostendifferenz beträgt 35 €, die Folgekostendifferenz pro Jahr 4 € Bis zur Barwertgleichheit, dem Amortisationszeitpunkt, ist die folgekostenteuere Lösung 2 kostengünstiger, nach dem Amortisationszeitpunkt dann die investitionsteuere Lösung 1. Davor ergeben sich bei dieser Investition Verluste, danach dann aber Gewinne.*

Ergebnis:
Generell müssen zur Bestimmung der Wirtschaftlichkeit einer Energieeinsparungsmaßnahme lediglich der zusätzliche Investitionskostenaufwand (Mehrkosten) und der jährliche Nutzen (Energiekosteneinsparung – der Nutzen) ermittelt werden. Dann wird der Quotient gebildet und man erhält damit das Mehrkostennutzenverhältnis MNV.

Insofern gilt für die Beurteilung der Wirtschaftlichkeit die Formel 4.4; die funktionellen Zusammenhänge sind im Bild 4.4 grafisch dargestellt.

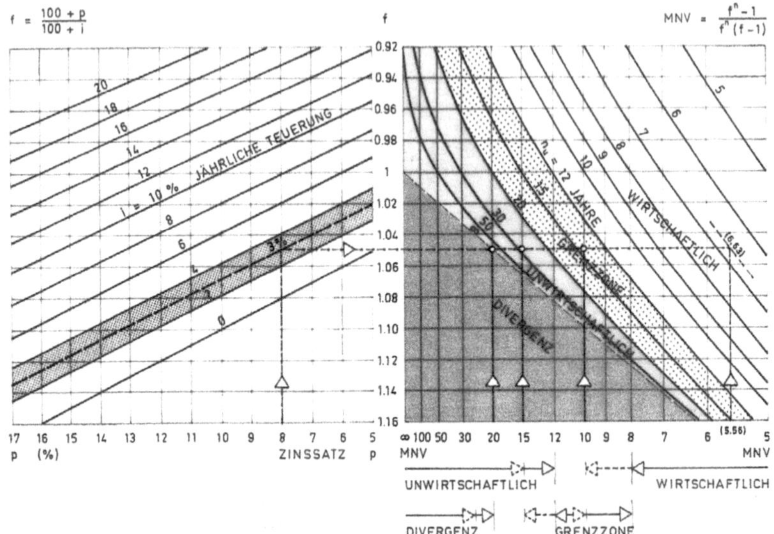

Bild 4.4 Amortisationszeit und Mehrkostennutzenverhältnis

*Bild 4.4:*
*Die linke Seite enthält die finanzmathematischen Daten Zinssatz p und jährliche Teuerungsrate i; als Beispiel werden p = 8% und i = 3% angenommen. Das Ergebnis ist ein f von ca. 1,05. Hiervon ausgehend können der rechten Seite folgende Zusammenhänge entnommen werden:*

- *ein MNV von 5,56 führt zu einer Amortisationszeit n von 6,63, also 7 Jahren (wirtschaftlich).*
- *ein MNV von 10 führt zu einer Amortisationszeit n von knapp 15 Jahren (noch wirtschaftlich),*
- *ein MNV von 15 führt zu einer Amortisationszeit n von knapp 30 Jahren (unwirtschaftlich),*
- *ein MNV von 20 führt zu einer Amortisationszeit n von $\infty$ Jahren (Divergenz).*

Wird der Zwischenwert f zu 1, dann werden Mehrkosten-Nutzen-Verhältnis und Amortisationszeit gleich groß. Dies trifft für gleiche Zinssätze und Teuerungsraten zu. Werden beide Daten zu Null, so handelt es sich um die stationäre Investitionsrechnung. Bei veröffentlichten Wirtschaftlichkeitsuntersuchungen wird meist stationär gerechnet, dies erbringt günstigere Ergebnisse. Es ist immerhin ein gewaltiger Unterschied, ob bei einem MNV von 20 die Divergenz oder eine Amortisationszeit von 20 Jahren deklariert wird; derartige Manipulationen sind üblich.

Zur Bestimmung von "Wirtschaftlichkeit" wird oft ein Betrachtungsraum von 50 Jahren angenommen, dies ergibt ebenfalls günstigere Ergebnisse. Daß damit aber auch eine Amortisationszeit von 50 Jahren einhergeht, das wird verschwiegen. Für diesen Fall zeigt das Bild 4.5 die funktionellen Zusammenhänge.

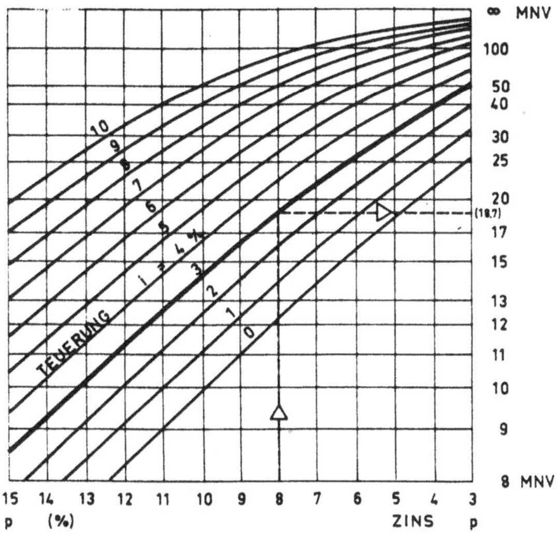


*Bild 4.5:
Ein Zinssatz von p = 8% und eine jährliche Teuerung von 3% führt zu einem einzuhaltenden Mehrkostennutzenverhältnis von MNV = 18,7. Dies ist ein recht niedriger Wert und wird bei den empfohlenen Energieeinsparungsmaßnahmen meist überschritten.*

Bild 4.5: Zins, Teuerung und Mehrkostennutzenverhältnis bei einer Amortisationszeit von 50 Jahren

Wenn der Zinssatz größer als die jährliche Teuerungsrate ist, dann kann bei höheren Mehrkosten-Nutzen-Verhältnissen sogar die Divergenz eintreten (die Maßnahme amortisiert sich nie – die Amortisationszeit ist dann n = ∞).

Wie ist dies zu verstehen? Bei der Feststellung der Wirtschaftlichkeit alternativer Lösungen muß zunächst geklärt werden, ob sich die beiden Barwertkurven im Bild 4.1 überhaupt schneiden. Bild 4.6 verdeutlicht die beiden Begriffe Divergenz und Konvergenz.

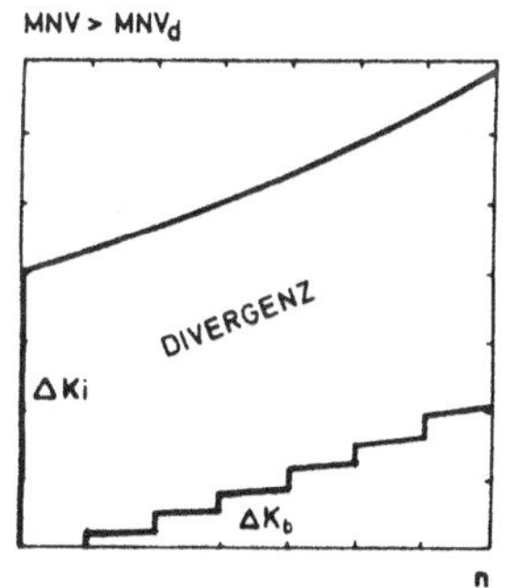


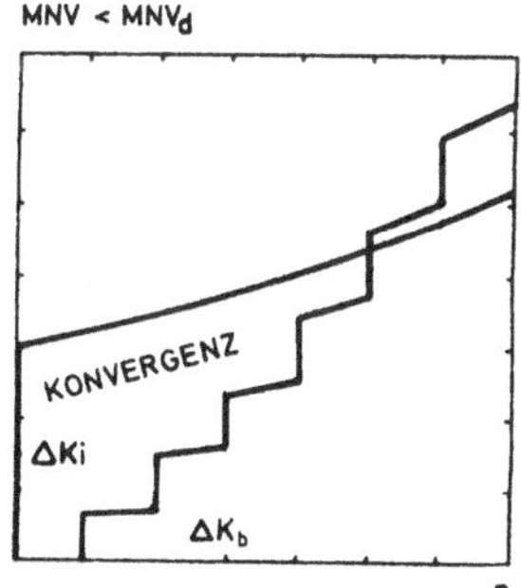


*Bild 4.6:
Links die Divergenz: die beiden Barwertkurven laufen auseinander. Die rechte Seite zeigt den Normalfall für Wirtschaftlichkeit. – die Konvergenz.*

Bild 4.6: Divergenz und Konvergenz

Maßgebend für Divergenz oder Konvergenz ist das Mehrkostennutzenverhältnis. Der Übergang von der Konvergenz zur Divergenz, die Divergenzschwelle, wird bei einem bestimmten Mehrkostennutzenverhältnis $MNV_d$ erreicht. Dieser Wert kann mit der Formel 4.8 berechnet werden. Hierfür sind allein der Zinssatz und die jährliche Teuerung maßgebend.

$$MNV_d = \frac{100 + i}{p - i} \qquad (-) \tag{4.8}$$

$MNV_d$ = Mehrkosten-Nutzen-Verhältnis der Divergenz
i = jährliche Teuerung (%)
p = Zinssatz (%)

Diese Divergenzschwelle $MNV_d$ wird in Bild 4.7 grafisch gezeigt.

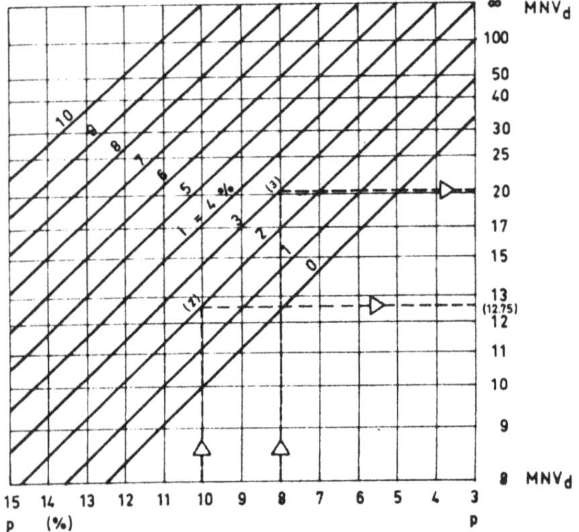


*Bild 4.7:*
*Bei einem Zinssatz von 8% und einer jährlichen Teuerung von 3% wird die Schwelle zur Divergenz bei einem Mehrkostennutzenverhältnis von etwa 20 überschritten. Bei 10% Zinsen und einer Teuerung von 2% liegt dieser Grenzwert der Divergenz schon bei 12,75.*

Bild 4.7: Divergenzschwelle (nachschüssig)

Der Divergenzbereich ist auch im Bild 4.4 deutlich zu erkennen. Hohe Mehrkostennutzenverhältnisse führen unweigerlich zur Unwirtschaftlichkeit, sogar zur Divergenz. In einem solchen Fall spielt die Diskussion um "Betrachtungszeiträume" von 30, 50 oder 100 Jahren überhaupt keine Rolle, viel entscheidender ist bei der Beurteilung der Wirtschaftlichkeit immer die Höhe des Mehrkostennutzenverhältnisses.

Da bei den heutigen empfohlenen Energieeinsparungsmaßnahmen immer hohe Mehrkostennutzenverhältnisse erreicht werden, kann von einer generellen Unwirtschaftlichkeit gesprochen werden. Meist liegen diese weit über den Wert 20, fanatische Superdämmer mit 30 bis 40 cm Dämmung liegen schon bei MNV-Werten von 60 bis 80. Dies ist entgegen offizieller Aussagen, die Wirtschaftlichkeit sei bei dem geforderten Anforderungsniveau an den Wärmeschutz durchaus gegeben, geradezu das Gegenteil. Eine solche Diskrepanz zwischen Wunsch und Wirklichkeit bedeutet ein unseriöses Vorgehen des Verordnungsgebers.

Wird ein tabellarisches Ablesen der Mehrkostennutzenverhältnisse MNV bevorzugt, so kann die Tabelle 4.1 benutzt werden:

Der Tabelle 4.1 können bei vorgegebenen Finanzdaten für Zins p und jährlicher Teuerung i die Mehrkosten-Nutzen-Verhältnisse für anzunehmende Amortisationszeiten n von 6 bis 12 Jahren (wirtschaftlich), n von 15 und 20 Jahren (Grenzzone), n von 30 und 50 Jahren (unwirtschaftlich) sowie n von $\infty$ Jahren (Divergenz) entnommen werden. Diese gelten als obere Grenzwerte und dürfen nicht überschritten werden, wenn das Wirtschaftlichkeitsgebot im EnEG § 5 und der EnEV § 25 ernst genommen wird und gelten soll.

Einen groben Überschlagswert liefert bereits die letzte Spalte, die die Divergenz angibt (beschreibt allerdings die wirtschaftliche Absurdität, eine Amortisationszeit von $n = \infty$ Jahren); meist werden bei einer Wirtschaftlichkeitsanalyse sogar diese Werte weit überschritten (grober Richtwert also: MNV = 20).

Der Tabelle 4.1 kann folgendes entnommen werden:

- Sind die jährlichen Teuerungsraten niedriger als die Zinssätze, dann werden die zulässigen Mehrkosten-Nutzen-Verhältnisse *kleiner* als die gewünschten Amortisationszeiten.
- Bei Wahrung der Wirtschaftlichkeit dürfen die MNV-Werte von Energieeinsparungsmaßnahmen nicht allzu groß werden. Die wirtschaftliche Grenze liegt etwa bei MNV-Werten zwischen 8 und 10, maximal 12.
- Selbst wenn die Restnutzungsdauer eines Gebäudes (meist 50 Jahre) als Amortisationszeit gewählt wird (niemand in der Wirtschaft würde sich auf eine solche Bedingung einlassen), werden Mehrkosten-Nutzen-Verhältnisse erforderlich, die noch unter 20 zu liegen kommen. Übrigens: Die "Restnutzungsdauer" als Zeitpunkt der Barwertgleichheit, also der Amortisationszeit, anzunehmen, grenzt an Schizophrenie, denn wenn der Augenblick erreicht wird, endlich in die Gewinnzone zu kommen, dann wird das Gebäude abgerissen und erbringt keine Erträge, keinen Nutzen mehr.
- Eine nützliche Richtzahl für eine überschlägige Würdigung der Wirtschaftlichkeit ist der $MNV_d$-Wert, bei dem Divergenz eintritt (eine solche Maßnahme amortisiert sich nie). Ein MNV darf deshalb den Wert von etwa 20 nicht übersteigen (z. B. $p = 8\%$ und $i = 3\% \Rightarrow MNV_d = 20{,}6$). Bei dem MNV der Divergenz entfällt die Diskussion über Amortisationszeit, Restnutzungsdauer oder Betrachtungszeitraum, weil hier bereits eine Amortisationszeit von $n = \infty$ angenommen wird.

**Tabelle 4.1**:
Das Mehrkosten-Nutzen-Verhältnis MNV in Abhängigkeit vom Zinssatz p (%), der Teuerungsrate i (%), und in der dritten Zeile der Amortisationszeit n (Jahre); $MNV_d$ der Divergenz wird ebenfalls angegeben (letzte Spalte, p > i)

| | | Amortisationszeit n | | | | | | | | |
|---|---|---|---|---|---|---|---|---|---|---|
| p | i | wirtschaftlich | | | | Grenzzone | | unwirtschaftlich | | Diverg |
| % | % | 6 | 8 | 10 | 12 | 15 | 20 | 30 | 50 | ∞ |
| 5 | 0 | 5,1 | 6,5 | 7,7 | 8,9 | 10,4 | 12,5 | 15,4 | 18,3 | 20 |
| | 1 | 5,2 | 6,7 | 8,1 | 9,4 | 11,1 | 13,6 | 17,4 | 21,6 | 25,3 |
| | 2 | 5,4 | 7,0 | 8,6 | 10,0 | 12,0 | 15,0 | 19,8 | 26,0 | 34,0 |
| | 3 | 5,6 | 7,3 | 9,0 | 10,6 | 12,9 | 16,4 | 22,6 | 31,8 | 51,5 |
| | 4 | 5,8 | 7,7 | 9,5 | 11,3 | 13,9 | 18,1 | 26,0 | 39,5 | 104,0 |
| | 5 | 6,0 | 8,0 | 10,0 | 12,0 | 15,0 | 20,0 | 30,0 | 50,0 | ∞ |
| 6 | 0 | 4,9 | 6,2 | 7,4 | 8,4 | 9,7 | 11,5 | 13,8 | 15,8 | 16,7 |
| | 1 | 5,1 | 6,5 | 7,7 | 8,9 | 10,4 | 12,5 | 15,5 | 18,4 | 20,2 |
| | 2 | 5,3 | 6,8 | 8,1 | 9,4 | 11,2 | 13,7 | 17,5 | 21,8 | 25,5 |
| | 3 | 5,4 | 7,0 | 8,6 | 10,0 | 12,0 | 15,0 | 19,8 | 26,2 | 34,3 |
| | 4 | 5,6 | 7,3 | 9,0 | 10,6 | 12,9 | 16,5 | 22,6 | 31,9 | 52,0 |
| | 5 | 5,8 | 7,7 | 9,5 | 11,3 | 13,9 | 18,1 | 26,0 | 39,6 | 105,0 |
| 7 | 0 | 4,8 | 6,0 | 7,0 | 7,9 | 9,1 | 10,6 | 12,4 | 13,8 | 14,3 |
| | 1 | 4,9 | 6,2 | 7,4 | 8,4 | 9,8 | 11,5 | 13,9 | 15,9 | 16,8 |
| | 2 | 5,1 | 6,5 | 7,8 | 8,9 | 10,4 | 12,6 | 15,5 | 18,5 | 20,4 |
| | 3 | 5,3 | 6,8 | 8,2 | 9,4 | 11,2 | 13,7 | 17,5 | 21,9 | 25,8 |
| | 4 | 5,4 | 7,1 | 8,6 | 10,0 | 12,0 | 15,0 | 19,9 | 26,3 | 34,7 |
| | 5 | 5,6 | 7,4 | 9,0 | 10,6 | 12,9 | 16,5 | 22,7 | 32,1 | 52,5 |
| 8 | 0 | 4,6 | 5,7 | 6,7 | 7,5 | 8,6 | 9,8 | 11,3 | 12,2 | 12,5 |
| | 1 | 4,8 | 6,0 | 7,0 | 8,0 | 9,1 | 10,7 | 12,5 | 13,9 | 14,4 |
| | 2 | 4,9 | 6,2 | 7,4 | 8,4 | 9,8 | 11,6 | 13,9 | 16,0 | 17,0 |
| | 3 | 5,1 | 6,5 | 7,8 | 8,9 | 10,5 | 12,6 | 15,6 | 18.7 | 20,6 |
| | 4 | 5,3 | 6,8 | 8,2 | 9,5 | 11,2 | 13,8 | 17,6 | 22,1 | 26,0 |
| | 5 | 5,4 | 7,1 | 8,6 | 10,0 | 12,1 | 15,1 | 20,0 | 26,4 | 35,0 |
| 9 | 0 | 4,5 | 5,5 | 6,4 | 7,2 | 8,1 | 9,1 | 10,3 | 11,0 | 11,1 |
| | 1 | 4,6 | 5,8 | 6,7 | 7,6 | 8,6 | 9,9 | 11,3 | 12,3 | 12,6 |
| | 2 | 4,8 | 6,0 | 7,1 | 8,0 | 9,2 | 10,7 | 12,6 | 14,0 | 14,6 |
| | 3 | 4,9 | 6,3 | 7,4 | 8,5 | 9,8 | 11,6 | 14,0 | 16,2 | 17,2 |
| | 4 | 5,1 | 6,5 | 7,8 | 9,0 | 10,5 | 12,7 | 15,7 | 18,8 | 20,8 |
| | 5 | 5,3 | 6,8 | 8,2 | 9,5 | 11,3 | 13,8 | 17,7 | 22,2 | 26,3 |
| 10 | 0 | 4,4 | 5,3 | 6,1 | 6,8 | 7,6 | 8,5 | 9,4 | 9,9 | 10,0 |
| | 1 | 4,5 | 5,6 | 6,4 | 7,2 | 8,1 | 9,2 | 10,4 | 11,1 | 11,2 |
| | 2 | 4,6 | 5,8 | 6,8 | 7,6 | 8,6 | 9,9 | 11,4 | 12,5 | 12,8 |
| | 3 | 4,8 | 6,0 | 7,1 | 8,0 | 9,2 | 10,8 | 12,7 | 14,2 | 14,7 |
| | 4 | 5,0 | 6,3 | 7,4 | 8,5 | 9,9 | 11,7 | 14,1 | 16,3 | 17.3 |
| | 5 | 5,1 | 6,5 | 7,8 | 9,0 | 10,5 | 12,7 | 15,8 | 18,9 | 21,0 |
| 11 | 0 | 4,2 | 5,1 | 5,9 | 6,5 | 7,2 | 8,0 | 8,7 | 9,0 | 9,1 |
| | 1 | 4,4 | 5,4 | 6,2 | 6,8 | 7,6 | 8,6 | 9,5 | 10,0 | 10,1 |
| | 2 | 4,5 | 5,6 | 6,5 | 7,2 | 8,1 | 9,2 | 10,4 | 11,2 | 11,3 |
| | 3 | 4,7 | 5,8 | 6,8 | 7,6 | 8,7 | 10,0 | 11,5 | 12,6 | 12,9 |
| | 4 | 4,8 | 6,0 | 7,1 | 8,1 | 9,3 | 10,8 | 12,8 | 14,3 | 14,9 |
| | 5 | 5,0 | 6,3 | 7,5 | 8,5 | 9,9 | 11,7 | 14,2 | 16,4 | 17,5 |

Wird bei einer Energieeinsparungsmaßnahme das Mehrkostennutzenverhältnis MNV berechnet, so liefert die Tabelle 4.1 den Überblick, inwieweit es sich bei angenommenem Zinssatz p und prognostizierter Teuerungsrate i um ein realistisches MNV handelt. Die Frage lautet: "Wie lange muß man warten, bis das investierte Geld durch Einsparungen wieder zurückgeflossen ist"?

Die Tabelle 4.1 zeigt mit den zulässigen MNV-Werten unmißverständlich die Grenzen wirtschaftlichen Bauens auf. Dies muß ernst genommen und beachtet werden. Leider wird auf dem Gebiet der Wirtschaftlichkeit sehr oberflächlich gearbeitet, es wird zuviel geflunkert.

## 4.1.2 Vorschüssige Behandlung

Im Gegensatz zur bisherigen nachschüssigen Behandlung (die Barwertgleichheit wird *nach* dem Jahre n erzielt) gibt es die vorschüssige Behandlung (die Barwertgleichheit wird *vor* dem Jahre n erzielt). Für das Mehrkostennutzenverhältnis MNV lautet dann die Formel [Swyter 81]:

(4.9) $$MNV = \frac{f\left(f^n - 1\right)}{f^n\left(f - 1\right)}$$

Der Wert f entspricht dann wieder der Formel (4.3).

Der Unterschied zur Formel (4.4) ist der zusätzliche Faktor f im Zähler. Da dieser Faktor größer als 1 sein dürfte (normalerweise ist p größer als i), ergibt sich daraus als zulässiges Mehrkostennutzenverhältnis ein etwas größeres MNV. Dies macht eine vorschüssige Maßnahme etwas wirtschaftlicher als bei der nachschüssigen Behandlung.

Der Grenzwert zur Divergenz gehorcht der Formel (4.10):

(4.10) $$MNV_d = \frac{100 + p}{p - i}$$

Der Unterschied zur Formel (4.8) liegt im Zähler: statt i erscheint p; dies bedeutet dann ebenfalls einen etwas höheren Wert als bei der nachschüssigen Behandlung. Grafisch ist die Formel (4.10) in Bild 4.8 dargestellt.

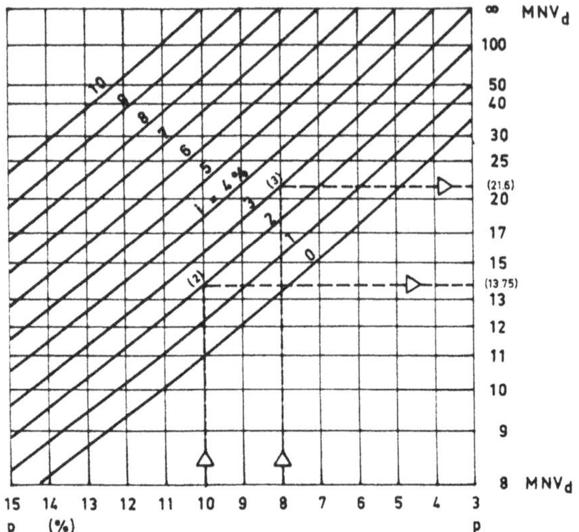


*Bild 4.8: Wenn die gleichen Randbedingungen wie bei dem Bild 4.5 gewählt werden, dann wird bei p = 8% und i = 3% ein $MNV_d$ von 21,6 erreicht, bei p = 10% und i = 2% ein $MNV_d$ von 13,75 erzielt.*

Bild 4.8: Divergenzschwelle (vorschüssig)

### 4.1.3 Sonderbehandlung

Darüber hinaus wäre noch eine Formel zu nennen, die, angeglichen an die Grundform der Formel (4.4), in [Küsgen 70] aufgeführt wird und die in [Ehm 79] und [Werner 79] übernommen wurde.

Für das Mehrkostennutzenverhältnis MNV lautet hier die Formel:

$$MNV = \frac{\left(\frac{100}{100+i}\right)\left(f^n - 1\right)}{f^n\left(f - 1\right)} \tag{4.11}$$

Der Wert f entspricht dann wieder der Formel (4.3).

Der Unterschied zur Formel (4.4) ist der zusätzliche große Klammerausdruck im Zähler. Da diese Klammer immer kleiner als 1 ist (normalerweise ist i größer als Null), ergibt sich daraus als zulässiges Mehrkostennutzenverhältnis ein etwas kleineres MNV als bei der nachschüssigen Behandlung. Dies würde eine Maßnahme dann unwirtschaftlicher machen als bei der nachschüssigen Behandlung.

Der Grenzwert zur Divergenz gehorcht der Formel (4.12):

$$MNV_d = \frac{100}{p - i} \tag{4.12}$$

Der Unterschied zur Formel (4.8) liegt im Zähler: statt 100 + i erscheint nur 100, das i entfällt also; dies bedeutet dann ebenfalls einen etwas kleineren Wert als bei der nachschüssigen Behandlung. Grafisch ist diese Formel in Bild 4.9 dargestellt.

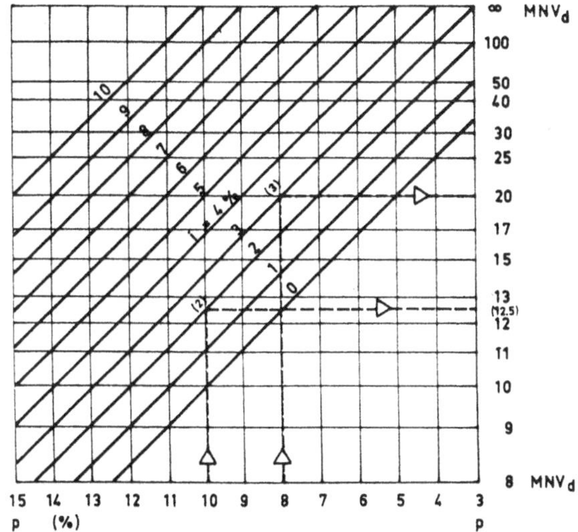


*Bild 4.9:*
*Wenn die gleichen Randbedingungen wie bei dem Bild 4.5 gewählt werden, dann wird bei p = 8% und i = 3% ein $MNV_d$ von 20 erreicht, bei p = 10% und i = 2% ein $MNV_d$ von 12,5 erzielt.*

Bild 4.9: Divergenzschwelle

Fazit:
Die von Ehm und Werner/Gertis verwendete Formel erschwert gegenüber der nachschüssigen Behandlung den Nachweis der Wirtschaftlichkeit, da als zulässige Höchstwerte kleinere MNV und $MNV_d$-Werte berechnet werden. Der Sachverhalt liegt also jenseits einer nachschüssigen Behandlung.
Da die Grenzen einer wirtschaftlichen Wertung nur zwischen einer vorschüssigen und einer nachschüssige Behandlung sein können, muß hier die Frage beantwortet werden, wie diese Formel entstanden ist? Sie beschreibt Zustände jenseits der nachschüssigen Behandlung und somit nur einen virtuellen Bereich – es handelt sich um eine Phantasieformel [Meier 95].

## 4.2 *Wirtschaftlichkeitsnachweis*

Bei der Gebäudetechnik wird dies für einen Ingenieur kaum Schwierigkeiten bereiten. Zusätzlicher Aufwand und der damit zu erzielende Nutzen sind quantifizierbar. Beim Gebäudewärmeschutz allerdings können zwar die Mehrkosten noch relativ einfach festgestellt werden, doch bei der Nutzenermittlung bedarf es einiger Erläuterungen.

Wirtschaftlichkeit wird an dem Verhältnis von investivem Mehraufwand zum zusätzlichen energetischen Nutzen gemessen und ist ein Effizienzkriterium [Meier, 80]; [Meier, 81]. Um bei wirtschaftlich fragwürdigen Energieeinsparungsmaßnahmen der geforderten Wirtschaftlichkeit entgegenzukommen, wird oft versucht, den Aufwand zu mindern und/oder den Nutzen zu vergrößern. Dieser Trend nimmt manipulative Züge an.

### 4.2.1 Aufwand

Ein investiver Mehraufwand von Wärmedämm-Maßnahmen ($\Delta Ki$) ist relativ leicht zu ermitteln (Angebote, Richtpreise, Vergleichskosten) und wird in €/m² Außenkonstruktion festgelegt. Auch andere Bezugseinheiten sind möglich. Formelmäßig kann dies wie folgt ausgedrückt werden:

(4.13) $$\Delta Ki = \Delta d \cdot ki + ka \qquad (€/m^2)$$

| | | | |
|---|---|---|---|
| $\Delta Ki$ | = | Differenzkosten des Investitionsaufwandes | (€/m²) |
| $\Delta d$ | = | Dicke der zusätzlichen Wärmedämmung | (cm) |
| ki | = | Kosten des Dämmstoffes | (€/m²cm) |
| ka | = | unabhängige konstante Kosten | (€/m²) |

Für Energieeinsparungsmaßnahmen durch Dämmung gilt diese Formel allgemein, da auch der konstante Kostenanteil enthalten ist. Bei Sanierungen kommt dies immer zum Tragen. Für andere Wirtschaftlichkeitsnachweise (z. B. Lüftungsanlagen) ist der zusätzliche Investitionsaufwand $\Delta Ki$ als Kostengröße insgesamt zu bestimmen.

### 4.2.2 Nutzen

Beim jährlichen Nutzen ($\Delta K_b$) wird die gleiche Bezugseinheit gewählt wie beim Aufwand. Den monetären Nutzen bei Energieeinsparungsmaßnahmen durch Dämmung in € auszudrücken, erfordert jedoch einige Vorbemerkungen.

Zunächst sei generell vorausgeschickt:
Der aus einer U-Wert-Differenz abgeleitete Nutzen, die Kosteneinsparung, stimmt streng genommen nur bei *speicherlosem* Material, also lediglich für Leichtkonstruktionen, da der U-Wert nur für den Beharrungszustand gilt (stationäre Verhältnisse). Da jedoch der stets vorliegende Solarenergieeinfluß das "stationäre Rechnen" nach DIN 4108 ad absurdum führt, müssen bei schwerem, speicherfähigem Material (instationäre Verhältnisse) die stationären U-Werte stark reduziert werden. Bei realistischem Rechnen muß dann der effektive U-Wert eingesetzt werden. (siehe Kapitel 6.2 "Speicherung").

Trotz dieses Vorbehalts soll der Nutzen mittels *stationärer* Rechnung mit dem U-Wert nach DIN 4108 erläutert werden.

Der EnEV 2002 konnte ein Gradtagzahlfaktor $F_{GT}$ von 66, das ist ein Heizenergiebedarf von 66 kWh/m²a bei einem U-Wert von 1 W/m²K, entnommen werden. Die

Zahl 66 ist die in kGh (Kilogradstunden) umgerechnete Gradtagzahl von 2900 Kd unter Berücksichtigung einer Nachtabsenkung ($f_{NA}$ = 0,95). Die Berechnung lautet: $F_{GT}$ = 0,024 x 2900 x 0,95 = 66,12 ⇒ 66. Gemäß den Vorgaben in der WSchVO 1995 würde dieser Gradtagzahlfaktor $F_{GT}$ von 66 einer Gradtagzahl GTZ von 3056 entsprechen. In der Wärmeschutzverordnung 1995 mußte im Gegensatz dazu eine Gradtagzahl GTZ von 3500 (Würzburg) und ein Teilbeheizungsfaktor TBF von 0,9 berücksichtigt werden, was dann einen Gradtagzahlfaktor von 84 x 0,9 = 75,6 ergab. Man sieht hieran schon, wie mit den Zahlen, besonders mit den Gradtagzahlen jongliert wurde. Allein durch derartige Veränderungen von Daten wird bei der EnEV rein rechnerisch gegenüber der WSchVO 95 schon eine "Einsparung" von rund 13% erzielt; damit hat man schon einen wesentlichen Teil der "groß angekündigten" Energieeinsparung von 30% erreicht. Man sieht, nur durch entsprechende Datenwahl kann hier bereits eine grandiose "Energieeinsparung" gefeiert werden. Phantastisch.

Seriös und integer kann eine solche Vorgehensweise nicht genannt werden.

Ein Wirkungsgrad $\eta$, der seit der EnEV 2002 für die Berechnung des Jahres-Primärenergiebedarfs mit der Anlagenaufwandszahl ep berücksichtigt wird, muß bei Wirtschaftlichkeitsbetrachtungen beachtet werden (angenommener durchschnittlicher Wirkungsgrad $\eta$ = 0,92).

Daraus folgt:
Wird ein vorhandener U-Wert um 1 W/m²K verbessert, dann werden (theoretisch) 66 kWh/m²a eingespart. Ein Liter Heizöl bedeuten 10 kWh, das wären dann jährlich 6,6 l Heizöl. Bei einem durchschnittlichen Preis von 0,40 €/l Heizöl ergibt sich damit ein Wert von 6,6 x 0,40 = 2,64 Euro/m²a (Konstruktionsfläche). Infolge des Wirkungsgrades $\eta$ = 0,92 errechnet sich dann eine jährliche "Heizkosteneinsparung" von 2,64 : 0,92 = 2,87 Euro/m²a, also rund 2,90 Euro/m²a – dies wäre dann der Energiekostenkoeffizient $\varepsilon$.

Aus dieser gemäß EnEV gedanklichen Abfolge ergibt sich dann folgende Formel:

(4.14) $$\varepsilon = \frac{66 \cdot kl}{\eta \cdot H_u}$$

Wenn nach den Energiekosten pro Liefereinheit gefragt wird (kl), dann wird:

(4.14a) $$kl = \frac{\varepsilon \cdot \eta \cdot H_u}{66}$$ (€/LE)

| | | |
|---|---|---|
| $\varepsilon$ | = | Energiekostenkoeffizient ($\varepsilon$ = 2,9 in €), ($\varepsilon$ = 5,7 in DM) bei 1 W/m²K |
| GTZ | = | Gradtagzahl (WSchVO 95: 3500 für Würzburg) |
| $\eta$ | = | Wirkungsgrad (hier : $\eta$ = 0,92) |
| $H_u$ | = | unterer Heizwert pro Liefereinheit (kWh/LE) (Heizöl: 10 kWh/l) |

Die jährlichen Heizkosteneinsparungen (nur theoretisch) von 2,9 Euro/m²a (5,70 DM/m²a) bei einer U-Wert-Differenz von 1 W/m²K müssen nun mit der U-Wert-

Differenz $\Delta U$ und der energetischen Beanspruchung, die durch den $\tau$ -Wert beschrieben wird, multipliziert werden (Temperatur-Korrekturfaktor nach WSchVO 95: 1,0 für die Wand, 0,8 für das Dach, 0,5 für den Keller; nach EnEV 2002: 1,0 für Wand und Dach (ein belüftetes Dach existiert in der "offiziellen Bauphysik" nicht mehr!) 0,8 für die oberste Geschoßdecke (Dachraum nicht ausgebaut) und 0,6 für den Keller). Der Regressionskoeffizient a, der immer kleiner als 1 ist, berücksichtigt unter anderem die absorbierte Solareinstrahlung.

Daraus folgt die Formel:

(4.15) $$\Delta K_b = \Delta U \cdot \varepsilon \cdot \tau \cdot a$$ (€/m²a) bzw. (DM/m²a)

| | | |
|---|---|---|
| $\Delta K_b$ | = | jährliche Heizkosteneinsparung (€/m²a) (DM/m²a) |
| $\Delta U$ | = | Differenz zweier Wärmedurchgangskoeffizienten (W/m²K) |
| $\varepsilon$ | = | Energiekostenkoeffizient (2,90 €/m²a) bzw. (5,70 DM/m²a) |
| $\tau$ | = | Temperaturkoeffizient (energetische Belastung) |
| a | = | Regressionskoeffizient,<br>berücksichtigt u. a. Solarabsorption (a<1) |

Vereinfacht und überschlägig kann aus der U-Wert-Verbesserung $\Delta U$ bei einer Wand ($\tau$ = 1), wenn a mit 1 angenommen wird, die Heizkosteneinsparung ermittelt werden nach der Kurzformel:

(4.15a) $$\Delta K_b = 2{,}9 \cdot \Delta U$$ (€/m²a).

(4.15b) $$\Delta K_b = 5{,}7 \cdot \Delta U$$ (DM/m²a).

### 4.2.3 Mehrkostennutzenverhältnis

Das Mehrkosten-Nutzen-Verhältnis ist das Verhältnis der zusätzlichen investiven Mehrkosten ($\Delta Ki$) zu den dadurch bedingten Heizkosteneinsparungen ($\Delta K_b$). Die Formel lautet:

(4.16) $$MNV = \frac{\Delta Ki}{\Delta K_b}$$ (-)

| | | |
|---|---|---|
| MNV | = | Mehrkosten-Nutzen-Verhältnis |
| $\Delta K_i$ | = | Differenzkosten des Investitionsaufwandes (€/m²) (DM/m²) |
| $\Delta K_b$ | = | Differenz der jährlichen Energiekosten (€/m²a) (DM/m²a) |

Wenn nach der höchstzulässigen Investitionskostendifferenz, den maximalen Mehrkosten gefragt wird, dann heißt die Formel:

(4.16a) $$\Delta Ki = \Delta K_b \cdot MNV$$ (€/m², DM/m²)

Beispiel:
Es fallen Heizkosten von 800,- € pro Jahr an. Diese sollen durch bauliche Energieeinsparmaßnahmen halbiert werden. Die beabsichtigte Einsparung $\Delta K_b$ be-

trägt somit 400,-€. Bei einem MNV von 15 (sehr hoch gegriffen) dürfen die hierfür erforderlichen Baukosten den Betrag von 400 x 15 = 6000,- € nicht übersteigen.

Wenn aber die notwendigen jährlichen Heizkosteneinsparungen $\Delta K_b$ berechnet werden sollen, dann heißt die Formel:

(4.16b) $$\Delta K_b = \frac{\Delta Ki}{MNV}$$ (€/m²a, DM/m²a)

Beispiel:
Wenn bei einem Einfamilienhaus infolge einer gewählten "Niedrigenergie-Bauweise" Mehrkosten von 24000,- € anfallen, dann müssen bei einem angenommenen MNV von 15 (sehr hoch gegriffen) dadurch mindestens Heizkosteneinsparungen von 24000 : 15 = 1600,- € erreicht werden. Die Heizöllieferungen müssen somit bei einem Heizölpreis von kl = 0,40 €/l um etwa 1600 : 0,40 = 4000 Liter Heizöl reduziert werden. Das ist sehr viel und liegt meist *über* den bereits vorliegenden Heizölmengen.

Das Verhältnis von Aufwand zum Nutzen ist immer das zentrale Thema, wenn es um die Wirtschaftlichkeit einer Energieeinsparungsmaßnahme geht. Wenn zum Beispiel durch eine Investition von 120 € die jährlichen Heizkosten um 12 €/a reduziert werden können, dann ergibt sich daraus ein Mehrkosten-Nutzen-Verhältnis von MNV = 10; dies wäre wirtschaftlich.

*Hinweis:* Bei den hier dargelegten Kostenbeispielen aus der DM-Zeit wird dann auch in DM gerechnet.

*Beispiel 1*
Einer Stellungnahme des Bundesministerium für Raumordnung, Bauwesen und Städtebau zur Wärmeschutzverordnung 1995 können folgende Kostendaten entnommen werden [BMBau 92]:

| | Basiskonstruktion 36,5 cm | | Variante 49,0 cm | |
|---|---|---|---|---|
| | U (k) W/m²K | Ki DM/m² | U (k) W/m²K | Ki DM/m² |
| Mauerwerk | 0,76 | 262,- | 0,34 | 340,- |

*Hinweis:* Die angegebenen U-Werte (k-Werte), gerechnet nach DIN 4108, gelten nur für den Beharrungszustand und spiegeln demzufolge für Mauerwerk nicht die Realität wider. Wird die Speicherfähigkeit berücksichtigt, ergeben sich jeweils kleinere U-Werte (k-Werte) und damit kleinere U-Wert-Differenzen, geringere Energieeinsparungen.

Ist die Variante mit 49 cm Mauerwerk aus *energetischen* Gründen wirtschaftlich zu rechtfertigen? Immerhin wird mit einem Mehraufwand von 78 DM/m² der U-Wert (k-Wert) um ca. 55% reduziert!

Zunächst wird die durch die U-Wert- (k-Wert)-Differenz mögliche (theoretische) Heizkosteneinsparung $\Delta K_b$ nach Formel (4.15b) berechnet.

(4.15b) $$\Delta K_b = 5{,}7 \cdot (0{,}76 - 0{,}34) = 2{,}40$$ DM/m²a

Dann wird nach Formel (4.16) das sich ergebende MNV ermittelt:

(4.16) $$MNV = \frac{340 - 262}{2{,}40} = 32{,}5 \quad \Rightarrow$$ Divergenz

Nach Tabelle 4.1 wäre damit die wirtschaftliche Schieflage dieser Variante geklärt. Sie zeigt für die Divergenz $MNV_d$ -Werte, die bei realistischen Finanzdaten Werte von etwa 20 bis 25 erreichen.

*Ergebnis:* Aus energetischer Sicht kann die Variante mit 49 cm Mauerwerk nicht empfohlen werden. Selbst die nicht zutreffende stationäre Betrachtung führt zu diesem negativen Resultat. Die 78 DM/m² Mehrkosten werden sich energetisch nicht amortisieren.

*Kommentar:*
Bemerkenswert ist, daß selbst das BMBau zur Rechtfertigung einer Novellierung der Wärmeschutzverordnung 1984 Beispiele anführte, deren Unwirtschaftlichkeit leicht nachzuweisen ist. Auch die Wirtschaftlichkeit des Gesamtgebäudes, die in der Stellungnahme ebenfalls aufgeführt wird, ist nicht gegeben.

Daß Verbesserungen kleinerer U-Werte unwirtschaftlich sind, zeigt auch das nächste Beispiel:

*Beispiel 2*
Es stehen zwei Wandkonstruktionen zur Auswahl [Eicke 91]:

1. Als Basiskonstruktion wird eine 30 cm LHLZ-Wand mit einem U-Wert von 0,51 W/m²K und Kosten von 176,60 DM/m² angenommen.
2. Demgegenüber soll eine 17,5 cm KSV-Wand mit 15 cm Thermohaut, einem U-Wert von 0,242 W/m²K und Kosten von 211,00 DM/m² energetisch bewertet werden (die Kosten sind Ausschreibungsergebnisse).

Aus diesen Daten ergibt sich ein ΔU von 0,268 W/m²K (0,51 - 0,242), das ist eine Verbesserung von über 50%, und ein ΔKi von 34,40 DM/m² (211,00 - 176,60), dies sind 19,5% Mehrkosten.

*Hinweis:*
Der U-Wert der LHLZ-Wand ist nach DIN 4108 gerechnet und gilt für den Beharrungszustand. Der effektive U-Wert der LHLZ-Wand ist wesentlich günstiger. Insofern werden hier unzulässige Vergleiche angestellt. Aber selbst bei Annahme eines Beharrungszustands kann die Unwirtschaftlichkeit nachgewiesen werden.

Trotz dieses realitätsfernen Rechnens bei der LHLZ-Wand soll die Frage gestellt werden, ob hier die (theoretische) U-Wert-Reduzierung um 0,268 W/m²K die Kostenverteuerung von 34,40 DM/m² rechtfertigen kann.

Die Differenz der jährlichen Heizkosten wird nach Formel (4.15b):

(4.15b) $$\Delta K_b = 5{,}7 \cdot 0{,}268 = 1{,}53$$ DM/m²a

Mit dieser U-Wert-Differenz werden (nur theoretisch) Heizkosten von etwas über 1,50 DM pro Quadratmeter und Jahr eingespart.

Damit wird nach Formel (4.16):

(4.16) $$MNV = \frac{34,40}{1,53} = 22,5$$ ⇒ Divergenz nach Tab. 4.1.

Ergebnis: Im unteren Bereich der U-Wert-Skala vorgeschlagene U-Wert-Verbesserungen leiden unter einer unerträglichen Unwirtschaftlichkeit. Kleine U-Werte erbringen keine merkbaren zusätzlichen Energieeinsparungen, erfordern dafür aber überproportional hohe Mehrkosten. Deshalb muß bei einer "Superdämmung" generell immer das wirtschaftliche Fiasko vorausgesetzt werden.

*Beispiel 3:*
Wieviel darf investiert werden, wenn ein U-Wert um 0,1 W/m²K verbessert wird? Die durch diese Verbesserung erzielte (theoretische) Heizkosteneinsparung $\Delta K_b$ bei einer Wand wird nach Formel (4.15a) ermittelt.

(4.15a) $$\Delta K_b = 2,9 \cdot 0,1 = 0,29$$ €/m²a

Aus der Tabelle 4.1 wird für p = 8%, i = 3% und eine wünschenswerte Amortisationszeit von n = 15 Jahren ein anzustrebendes wirtschaftliches MNV von 10,5 abgelesen.
Die höchstzulässige Investitionssumme $\Delta Ki$ wird dann nach Formel (4.16a) :

(4.16a) $$\Delta Ki = 10,5 \cdot 0,29 = 3,04$$ €/m² (Konstruktionsfläche).

Ergebnis: Um die Verbesserung eines U-Wertes um 0,1 W/m²K wirtschaftlich rechtfertigen zu können, dürfen hier nicht mehr als rund 3,00 Euro/m² (Konstruktionsfläche) an investiven Mehrkosten anfallen. Dies ist recht wenig und kann meist nicht verwirklicht werden, da die energetische Verbesserung kleiner U-Werte einen überproportional hohen Aufwand erfordert!

## 4.2.4 Wirtschaftlichkeit von U-Wert-Reduzierungen

Selbst die verordneten U-Wert-Reduzierungen bei der "Novellierung" der Wärmeschutzverordnung 1984 waren unwirtschaftlich [Meier 95a]. Die U-Wert-, damals k-Wert-Anforderungen in der Wärmeschutzverordnung 1995 rechtfertigen nicht die "Verschärfung" des Anforderungsniveaus. Nicht selten werden dafür (stationär gerechnet) Dämmstoffdicken von 15 cm und mehr erforderlich. Bei der EnEV werden sogar Dämmstoffdicken von 20 cm und mehr angepriesen, die "Passivhausbauweise" empfiehlt sogar bis zu 40 cm Dämmstoff.

Die Frage lautet: "Warum sind all diese "Verbesserungen" unwirtschaftlich und somit gemäß Wirtschaftlichkeitsgebot im Energieeinsparungsgesetz zu verwerfen?"

*Beispiel 1:*
In der Begründung zur Novellierung der WSchVO 1984 steht:

1) Die Mehraufwendungen betragen 2,5 bis 4% der Gebäudekosten (Mittelwert dann 3,25%). Bei Gebäudekosten von 2500 DM/m² wären dies dann Mehrkosten von $\Delta$Ki = 0,0325 x 2500 = 81,25 DM/m².

2) Die Energieeinsparungen betragen 28 bis 38% (Mittelwert dann 33%). Das Energiebedarfsniveau der 84er Wärmeschutzverordnung wurde mit 120 bis 180 kWh/m²a festgelegt (Mittelwert dann 150 kWh/m²a). Davon 33% sind dann 0.33 x 150 = 49,5 kWh/m²a. Dies entspricht einer Heizölmenge von 4,95 Liter oder bei einem Literpreis von 0,75 DM dann Heizkosteneinsparungen $\Delta K_b$ von 4,95 x 0,75 = 3,71 DM/m²a.

Nach Formel 4.16 wird dann:

(4.16) $$MNV = \frac{81,25}{3,71} = 21,9$$ $\Rightarrow$ Divergenz nach Tab. 4.1.

Selbst die Kostenangaben des Bundesministeriums führen zur Divergenz – und das bereits bei der Verschärfung der WSchVO 1984. Bei den späteren "Verschärfungen" sieht es dann mit der Wirtschaftlichkeit noch viel schlechter aus! Wo hat sich das BMBau bei der Frage der Wirtschaftlichkeit bloß beraten lassen?

*Beispiel 2:*
Die Anforderung beim Dach betrug nach der WSchVO 84 noch 0,30 W/m²K ($U_0$), nach der WSchVO 95 dagegen 0,22 W/m²K ($U_1$). Die Differenz beträgt damit $\Delta$U = 0,30 - 0,22 = 0,08 W/m²K. Diese Verschärfung des U-Wertes bedeutet eine Dämmstofferhöhung $\Delta$d; diese wird nach Formel 4.17 berechnet:

(4.17) $$\Delta d = 100\lambda\left(\frac{1}{U_1} - \frac{1}{U_0}\right)$$ (cm)

Bei einer Wärmeleitfähigkeit von 0,04 W/mK werden dann knapp 5 cm mehr Dämmung errechnet.

(4.17) $$\Delta d = 4\left(\frac{1}{0,22} - \frac{1}{0,30}\right) = 4,85$$ cm

Die durchschnittlichen Dämmstoffkosten wurden vom Institut für Wohnen und Umwelt in Darmstadt (IWU) mit 2,50 DM/m²cm angegeben. Der Mehraufwand nur aus dem Dämmstoffmehrverbrauch beträgt damit 5 x 2,50 = 12,50 DM/m².

Die Energieeinsparung wird bei einem $\varepsilon$ von 5,7 (in DM) im Dach ($\tau$ = 0,8) und einem a von 1 nach Formel 4.15:

(4.15) $$\Delta K_b = 0,08 \cdot 5,7 \cdot 0,8 \cdot 1 = 0,365$$ DM/m²a

Nach Formel 4.16 wird dann:

(4.16) $$MNV = \frac{12{,}50}{0{,}365} = 34{,}2$$ ⇒ Divergenz nach Tab. 4.1.

Das gegenüber der WSchVO 84 verschärfte Anforderungsniveau der WSchVO 95 bedeutet beim Dach abgrundtiefe Divergenz. Bei dem verschärften Anforderungsniveau der EnEV wird alles noch viel dramatischer.

*Beispiel 3:*

Die Anforderung an eine Kellerdecke oder an eine Kelleraußendämmung betrug nach der WSchVO 84 noch 0,55 W/m²K ($U_0$), nach der WSchVO 95 dagegen 0,35 W/m²K ($U_1$). Die Differenz beträgt damit $\Delta U$ = 0,55 - 0,35 = 0,20 W/m²K. Diese Verschärfung bedeutet bei einer Wärmeleitfähigkeit von 0,04 W/mK nach Formel (4.17) dann ca. 4 cm mehr Dämmung.

(4.17) $$\Delta d = 4\left(\frac{1}{0{,}35} - \frac{1}{0{,}55}\right) = 4{,}15$$ cm

Die durchschnittlichen Dämmstoffkosten werden für die Kellerdecke mit 2,50 DM/m²cm und für die Kelleraußenwand mit 5,20 DM/m²cm (Perimeterdämmung) angenommen. Der Mehraufwand nur aus dem Dämmstoffmehrverbrauch beträgt damit einmal 4 x 2,50 = 10,00 DM/m² und zum anderen 4 x 5,20 = 20,80 DM/m².

Die Energieeinsparung wird beim Keller ($\tau$ = 0,5) und einem $\varepsilon$ von 5,7 (a wird 1) nach Formel 4.15:

(4.15) $$\Delta K_b = 0{,}20 \cdot 5{,}7 \cdot 0{,}5 \cdot 1 = 0{,}57$$ DM/m²a

Nach Formel 4.16 wird dann für die Kellerdecke:

(4.16) $$MNV = \frac{10{,}00}{0{,}57} = 17{,}5$$ ⇒ unwirtschaftlich.

und für die Kelleraußenwand:

(4.16) $$MNV = \frac{20{,}80}{0{,}57} = 36{,}5$$ ⇒ Divergenz nach Tab. 4.1.

Die Verschärfung des Anforderungsniveaus in der WSchVO 1995 gegenüber der WSchVO 1984 bedeutet auch beim Keller unverantwortliches Handeln gegenüber dem Kunden. Wo bleibt der Verbraucherschutz? Die EnEV allerdings führt zu noch schlechteren Ergebnissen.

*Beispiel 4:*

Von den Dämmstoffenthusiasten werden wahre Dämmstoffpakete empfohlen. Diese sind alle unwirtschaftlich. Die "Passivhaus-Dämmqualität" wird in [Feist 96] für die Wand wie folgt beschrieben:

| | U-Wert (W/m²K) | Dämmstoffstärke (040) |
|---|---|---|
| Mußwert | 0,16 | 25 cm |
| Zielwert | 0,10 | 40 cm |

Die Differenzwerte sind dann: $\Delta U = 0{,}06$ W/m²K und $\Delta d = 15$ cm.

Die durchschnittlichen Dämmstoffkosten wurden gemäß IWU mit 2,50 DM/m²cm angenommen, so daß sich der Investitionskostenmehraufwand allein nur aus dem Dämmstoffmehrverbrauch analog Formel 4.13 ergibt von:

(4.13) $$\Delta Ki = 15 \cdot 2{,}50 = 37{,}50$$ (DM/m²)

Bei einem Energiekostenkoeffizient von $\varepsilon = 5{,}7$ wird bei der Wand die jährliche Heizkosteneinsparung nach Formel 4.15b:

(4.15b) $$\Delta K_b = 5{,}7 \cdot 0{,}06 = 0{,}342$$ (DM/m²a).

Aus diesen beiden Angaben wird dann nach Formel 4.16:

(4.16) $$MNV = \frac{37{,}50}{0{,}342} = 109$$ ⇒ Divergenz nach Tab. 4.1.

Das Ergebnis ist niederschmetternd. Ein MNV von 109 bedeutet Betrug am Kunden und mit solchen Offerten propagiert Feist sein "Passivhaus"; dabei spricht er ständig von Effizienz – bei der "Passivhaustechnologie" wird stets und immer Irreführung ganz groß geschrieben. Hier kann die Devise nur lauten: "Hände weg von solchen Empfehlungen, man hüte sich vor derartigen Geschäftsleuten". Wenn man bedenkt, daß die Effizienzgrenze bei 0,38 W/m²K liegt (siehe Abschnitt 6.5.3 "Effizienzgrenze des U-Wertes"), wird die ganze pseudowissenschaftliche Scharlatanerie offenkundig.

## *4.3 Manipulative Aktivitäten*

Da Unwirtschaftlichkeit gegen das Wirtschaftlichkeitsgebot im Energieeinsparungsgesetz sowie auch im § 25 "Befreiungen" ab der EnEV 2007 verstößt, wird beim notwendigen Nachweis der Wirtschaftlichkeit viel manipuliert, viel gemogelt, viel Scharlatanerie betrieben. Meist wird dann eine vorliegende Wirtschaftlichkeit auch nur behauptet, ohne nun den konkreten Nachweis hierfür zu führen.

### 4.3.1 Unkorrekter Wirtschaftlichkeitsnachweis

Ein verantwortungsvoller Planer hat bei der wärmetechnischen Konzeption eines Gebäudes drei Bedingungen zu erfüllen:

1. Die Beachtung der allgemein anerkannten Regeln der Technik,
2. Die Einhaltung der Energieeinsparverordnung 2007,
3. Die geplanten Maßnahmen müssen nach dem EnEG § 5(1), der Ermächtigungsgrundlage zum Erlaß der EnEV sowie nach § 25 EnEV wirtschaftlich sein (Wirtschaftlichkeitsgebot).

Hierbei treten durchaus Diskrepanzen auf, da die Erfüllung der EnEV- Anforderungen meist die Mißachtung des Wirtschaftlichkeitsgebotes sowie der a.a.R.d.T. bedeuten. Der Planer kommt in einen Gewissenskonflikt. Der Ausweg aus dieser mißlichen Lage kann nicht darin bestehen, entweder davon nichts wissen zu wollen oder gewissenlos zu sein.

Auf diese zu erwartenden Schwierigkeiten wurde in Veröffentlichungen mit der Feststellung aufmerksam gemacht, daß bereits der Sprung von der WSchVO 1982 zur WSchVO 1995 bei der bautechnischen Umsetzung der verschärften Anforderungen generell unwirtschaftlich sei. Es wurde detailliert nachgewiesen, daß die Reduzierung der einzelnen Bauteil-U-Werte ausreichen, um den Verstoß gegen das Energieeinsparungsgesetz §5 nachzuweisen [Meier 95a].

Auf diese generelle Feststellung wurde nun von offizieller Bauphysikseite widersprochen, wobei dann sogar mit einem methodisch untauglichen und unkorrekten Wirtschaftlichkeitsnachweis versucht wurde, die Nichtigkeit der WSchVO 1995 infolge Unwirtschaftlichkeit zu widerlegen [Hauser 95a].

Worin bestand nun dieser unkorrekte Nachweis?
Es wurden für das Gebäude die vier Konstruktionsteile Dach, Wand, Geschoßdecke und Keller jeweils entsprechend der unterschiedlichen Anforderungen an den Wärmeschutz festgelegt und die sich daraus ergebenden Kosten festgestellt. Aus den Kostenzusammenstellungen sollte ein Ergebnis abgelesen werden können, das am Ende zugunsten der Wärmeschutzverordnung 1995 ausfällt.

Wie wurde das angestellt?

Für die Erfüllung der Wärmeschutzanforderungen werden für die Geschoßdecke und den Keller sowohl bei der WSchVO 1982 als auch bei der WSchVO 1995 jeweils die *gleichen* Konstruktionen gewählt!

Dies ist irreführend. Wenn ständig von einer 30%igen Verschärfung der Anforderungen gesprochen wurde, dann müßte zumindest im Schnitt von einer 30%igen Reduzierung der einzelnen U-Werte ausgegangen werden, obgleich selbst auch dies infolge der notwendigen empirischen Korrekturen (fehlerhafte Annahme des Beharrungszustandes) nicht stimmt. Dem Leser jedoch identische Bauteile zu präsentieren, grenzt an Hinterhältigkeit. Entweder reicht die Konstruktion für die WSchVO 1995 aus, dann ist sie für die WSchVO 1982 überzogen, also für einen ökonomischen Vergleich nicht brauchbar, oder die Konstruktion deckt die WSchVO 1982 ab, dann reicht sie nicht für die WSchVO 1995, ist also unzureichend und deshalb ebenfalls nicht brauchbar. Hier kann von einem unseriösen Vorgehen beim Wirtschaftlichkeitsnachweis gesprochen werden. Mit solchen identischen Präsentationen wird dem Leser auch die Erfüllung der verschärften Anforderungen als unbedeutend suggeriert. Dies aber stimmt nicht, denn der Aufwand ist gegenüber dem Nutzen überproportional groß und führt zur Unwirtschaftlichkeit.

Das Dach erhält eine vergrößerte Zwischensparrendämmung mit Mehrkosten, die die dadurch erzielbare (rechnerische) Heizkostenreduzierung nicht aufwiegt. Die Mehrkosten der angegebenen 32,00 DM/m² amortisieren sich durch die U-Wert-Verbesserung von 0,13 W/m²K und den dadurch bedingten geringeren Heizkosten von 5,7 x 0,13 x 0,8 x 1,0 = 0,60 DM/m²a nicht (Formeln 4.15 und 4.15b). Das Mehrkosten-Nutzen-Verhältnis liegt damit nach Formel 4.16 etwa bei 53 und bedeutet haushohe Divergenz. Diese energetische Verbesserung verstößt gegen das Wirtschaftlichkeitsgebot im Energieeinsparungsgesetz und der EnEV und ist deshalb strikt abzulehnen. Mit derartigen "Präsentationen" betritt man strafrechtliches Terrain (StGB §263 "Betrug").

Um nun die unwirtschaftlichen Mehrkosten im Dach auszugleichen und trotzdem die erhöhten Anforderungen der WSchVO 1995 einzuhalten, wurde bei der Wand eine Reduzierung des U-Wertes von 0,76 (Leichthochlochziegel) auf 0,42 W/m²K (Wärmedämmverbundsystem), also um knapp 45 %, vorgenommen. Diese Reduzierung um 0,34 W/m²K mit einer *anderen* Konstruktion wird dann auch noch mit geringeren Kosten angesetzt. Die monolithische LHLZ-Konstruktion (WSchVO 1982) wird mit 276,- DM/m² und das Wärmedämmverbundsystem (Thermohaut) mit 268,- DM/m² angenommen. Beide Konstruktionen sind jedoch in ihrem bauphysikalischen Verhalten und in ihrem Wohnwert (Feuchteverhalten) völlig unterschiedlich einzustufen und demzufolge nicht vergleichbar.

Hier werden Äpfel mit Birnen verglichen. Die Willkür in der Wahl des Konstruktionssystems für die "verbesserte" Konstruktion ist der manipulative Versuch, dem Kunden Wirtschaftlichkeit vorzutäuschen, ist also im höchsten Maße unseriös.

Diese Art der Behandlung suggeriert dem Leser die Vorstellung,

a) eine Verschärfung der Wärmeschutzanforderungen führe zu billigeren Konstruktionen,
b) mit Einführung der WSchVO 1995 werde die monolithische Wand durch Wärmedämmverbundsystem-Konstruktionen abgelöst.

Damit entsteht jedoch eine nicht zu duldende Wettbewerbsverzerrung. Solche Praktiken zur Durchsetzung einseitiger Interessen sind abzulehnen und gehören deshalb in den Katalog einer industrieeigenen Werbestrategie. Daß sie trotzdem vorliegen, beweist die Abhängigkeit der hier beteiligten "Wissenschaft" von Industrieinteressen mittels umfangreicher Drittmittelforschung.

Abschließend werden dann bei der wirtschaftlichen Würdigung die Energiekosten mit einer 6,7%igen jährlichen Preissteigerung belegt (dies ist völlig überzogen und unrealistisch; dadurch wird nur die Inflation angeheizt); Man kann sich ausrechnen, daß bei einer solchen "Milchmädchenrechnung" insgesamt wirklich nichts Vernünftiges herauskommt. Betrügerische Manipulation ist Trumpf.

Wenn man bedenkt, daß eine derartig oberflächliche Gegendarstellung als Gegenbeweis herangezogen wird, dann wird deutlich erkennbar, auf welch schwachen und tönernen Füßen die WSchVO 1995 mit ihrem Anspruch auf gewaltige Energieeinsparungen stand. Im übrigen sei darauf hingewiesen, daß der Verfasser dieses manipulativ zelebrierten Wirtschaftlichkeitsnachweises bereits 1993 selbst festgestellt hat: *"Nennenswerte Reduktionen der $CO_2$-Emissionen bis zum Jahre 2005 werden aus der neuen Wärmeschutzverordnung nicht resultieren".* Diese Aussage läßt auf Doppelzüngigkeit schließen, nachdem er die Einführung der Wärmeschutzverordnung 1995 vehement vorangetrieben hat. Lauterkeit und Redlichkeit scheinen für viele "Experten" wirklich Fremdwörter zu sein.

Da die unwiderlegbare mathematische Tatsache der U-Wert-Funktion als Hyperbel die Unwirtschaftlichkeit bzw. Divergenz kleiner U-Werte automatisch nach sich zieht, wird immer wieder mit solchen wie hier dargestellten Winkelzügen versucht, diesem ökologischen und ökonomischen Dilemma argumentativ zu entrinnen. Solche Versuche sind jedoch höchst blamabel und können das wirtschaftliche Desaster der U-Wert minimierenden Konstruktionen nicht verhindern – ganz abgesehen vom viel schlimmeren bautechnischen Chaos infolge der daraus resultierenden sehr schadensträchtigen Konstruktionen.

Der Übergang von der WSchVO 1995 zur EnEV 2002 ist wirtschaftlich gesehen für den Kunden und Investor noch viel dramatischer – allerdings nicht für die Dämmstoffindustrie, die verdient dabei überproportional gut. In der Begründung zur EnEV 2002 steht: *"Die wirtschaftliche Vertretbarkeit der verschärften energetischen Anforderungen ist durch Gutachten belegt"*. Symptomatisch für die Administration ist wieder einmal der Versuch, die Verantwortung auf externe und deshalb gut bezahlte Gutachter zu verlagern. Warum wohl? Man drückt sich vor der eigenen Verantwortung. Es wäre wichtig zu erfahren, von wem die "Gutachten" stammen. Wieder einmal wurde auch hier bei der Einführung der EnEV gewaltig manipuliert, denn die generelle Unwirtschaftlichkeit der energetischen Anforderungsniveaus kann unschwer nachgewiesen werden (Kapitel 4.2 "Wirtschaftlichkeitsnachweis" und Abschnitt 4.3.3 "Beispiele aus der Literatur"). Offensichtlich sind die "Gutachter" die gleichen Leute, die den "Dämmwahn" auf allen Ebenen systematisch vorantreiben.

### 4.3.2 Wirtschaftlichkeit wird auf den Kopf gestellt

Energieeinsparmaßnahmen müssen nach dem Energieeinsparungsgesetz und der EnEV wirtschaftlich sein. Das ökonomische Gleichungssystem jedoch ist durch die formulierten Anforderungsniveaus mathematisch überbestimmt.

Die Wirtschaftlichkeit wird durch das Mehrkostennutzenverhältnis gekennzeichnet (siehe Tabelle 4.1). Eine angestrebte Amortisationszeit in Verbindung mit einem angenommenen Zinssatz und einer Teuerungsrate limitiert den MNV-Wert, der nicht überschritten werden darf.

Der Kostenaufwand für bestimmte Energieeinsparungsmaßnahmen liegt durch Erfahrungswerte fest; hier gibt es für die Variation von notwendigen Mehrkosten wenig Spielraum.

Der energetische Nutzen ist bei einer anstehenden Energieeinsparmaßnahme durch die vorliegende Ausgangsposition $U_0$ und der damit zu erwartenden U-Wert-Differenz durch Wahl eines kleineren $U_1$-Wertes aber auch weitgehend festgelegt, so daß sich das unangenehme Ergebnis der Unwirtschaftlichkeit automatisch einstellt. Allerdings wird dabei stationär gerechnet, was bei speicherfähigen Konstruktionen fehlerhaft ist. Wird dies beachtet, so verschlechtert sich die Wirtschaftlichkeit.

In dieser Zwangslage wird nun zu einem Trick gegriffen. Der Nutzen wird einfach als Variable gehandhabt, wobei dann am Ende, weil alle Daten weitgehend festliegen, nur die "erforderlichen Energiekosten" aus dem Hut gezaubert werden können. Dieses Ergebnis wird erreicht, indem die Formeln (4.16) für das MNV, (4.14) für den Energiekoeffizienten ε und (4.15) für den Nutzen $\Delta K_b$ zusammengefaßt und nach kl aufgelöst werden. Was dann bei diesem ökonomischen Gleichungssystem als Energiekosten herauskommt, wird wegen der (vorgeblichen) Energieeinsparung zwecks Klimakatastrophenbekämpfung als "energetische Notwendigkeit" deklariert (siehe Abschnitt 4.3.3 das Beispiel 3 mit den "Mindestkosten für eingesparte Heizenergie").

Die Formel lautet dann:

(4.18) $$kl = \frac{\Delta Ki \cdot \eta \cdot H_u}{66 \cdot \Delta U \cdot MNV \cdot \tau \cdot a}$$ (€/l Heizöl)

Alle Daten dieser Formel sind bekannt – bis auf die U-Wert-Differenz ΔU. Hier nun wird der Grenzwert $U_g$ nach Formel (6.20) im Abschnitt 6.5.3 als anzustrebendes Ziel gewählt, zumal damit auch die günstigste Wirtschaftlichkeit erreicht wird (siehe Kapitel 4.6 "Sanierung und die Wirtschaftlichkeit").

(6.20) $$U_g = \sqrt{\frac{100\lambda \cdot ki}{MNV \cdot \varepsilon \cdot \tau \cdot a}}$$ (W/m²K)

Ein **Beispiel** soll die Vorgehensweise verdeutlichen.
Bei der "energetischen Ertüchtigung" einer Außenwand durch ein Wärmedämmverbundsystem liegen folgende Daten vor:

Die Wärmeleitfähigkeit 100λ = 4 W/mK und die Dämmstoffkosten ki = 1,25 €/m²cm, die zumutbare Wirtschaftlichkeit MNV = 12 (Tabelle 4.1), der Energiekostenkoeffizient ε = 2,9 sowie durch den Einsatzort (Wand, Dach oder Keller) der τ-Wert für die Wand von 1,0 und außerdem a = 1.

Mit diesen Daten wird zunächst der "optimale" U-Wert mit der Formel (6.20) bestimmt:

(6.20) $$U_g = \sqrt{\frac{4 \cdot 1{,}25}{12 \cdot 2{,}9 \cdot 1 \cdot 1}} = 0{,}38$$ (W/m²K)

Damit ist das Ziel einer U-Verbesserung bei Beachtung der wirtschaftlichsten Lösung fixiert. Weiter wird angenommen:

Eine Ausgangssituation $U_0$ = 0,91 W/m²K, dieser U-Wert muß nach EnEV, Anhang 3(1e) "energetisch verbessert" werden. Die U-Wert-Differenz beträgt damit: ΔU = 0,91 - 0,38 = 0,53 W/m²K. Außerdem wird festgelegt: Die Investitionskosten Ki bzw. ΔKi = 50 €/m², η = 0,9 und Hu = 10 kWh/l (Heizöl).

Die Berechnung der "erforderlichen" Energiekosten kl zum Nachweis der Wirtschaftlichkeit erfolgt dann nach Formel (4.18).

(4.18) $$kl = \frac{50 \cdot 0{,}9 \cdot 10}{66 \cdot 0{,}53 \cdot 12 \cdot 1 \cdot 1} = 1{,}07$$ (€/l Heizöl)

Das vorgesehene Wärmedämmverbundsystem würde also erst ab einem Heizölpreis von über 1,- €/Liter dem Wirtschaftlichkeitsgebot des Energieeinsparungsgesetzes (EnEG) und der EnEV § 24 (theoretisch) genügen.

Dies ist einzig und allein der Grund, weswegen ständig über die viel zu billigen Energiepreise lamentiert wird. Die Energieverkäufer greifen dieses "Manko" natürlich dankbar auf und verteuern – dabei profitiert dann auch der Staat – Kassieren im Konsens. Es muß dann allerdings auch davon ausgegangen werden, daß eine Verteuerung der Energie automatisch die Inflation anheizt, denn dann wird alles mit der Begründung teurer, man müsse für Energie ja sehr viel mehr bezahlen. An einer hohen Inflation sind jedoch alle Schuldner interessiert – und Schulden sind heute weit verbreitet, vor allem bei der öffentlichen Hand!

Der beim Passivhaus in Kranichstein eingebrachte U-Wert im Keller von 0,13 W/m²K würde, um dem Wirtschaftlichkeitsgebot zu genügen, immerhin einen Energiepreis von ca. 10,- €/l Heizöl erfordern. Ausgehend von der Formel (6.20b) im Abschnitt 6.5.3 kann dann mit Formel (4.14a) der Wert für kl berechnet werden. Nun versteht man vielleicht auch, warum die Schöpfer dieser "Passivhausbauweise" ständig von der unbedingt notwendigen Verteuerung der Energie reden, damit "endlich Energie gespart werde" – eine makabre Sophisterei und Verdummung der Kunden – dabei wird damit nur ein horrender wirtschaftlicher Flop verschleiert.

### 4.3.3 Beispiele aus der Literatur

*Beispiel 1:*

Die Wirtschaftlichkeit eines WDV-Systems ist nicht gegeben. Jede andere Aussage ist manipuliert, bedeutet eine Milchmädchenrechnung oder ist eine Mogelpackung. Es existiert keine reelle und seriöse Wirtschaftlichkeitsberechnung, die die Wirtschaftlichkeit eines WDV-Systems nachweist. Wenn großangelegte Feldversuche nur zu dem Ergebnis kommen, bei WDV-Systemen 30 bis 40 Prozent Energie einzusparen, dann ist dies (auch wissenschaftlich) unseriös. Was kommt denn nominell heraus? Nur allein das ist wichtig! 100% von Nichts ist Nichts.

Nach Michel (Fachverband Wärmedämmverbundsysteme) sollte ein WDVS nicht unter 70 €/m² kosten [Labusch 02]. Bei einem einzuhaltenden Mehrkostennutzenverhältnis von z. B. 12 muß somit nach Formel (4.16b) eine jährliche Kosteneinsparung von 70 : 12 = 5,83 €/m²a erreicht werden. Dies bedeutet nach umgestellter Formel 4.15a eine U-Wert-Differenz von mindestens 5,83 : 2,9 = 2,01 W/m²K. Vorhandene Außenwandkonstruktionen liegen jedoch *alle* unter 2,0 W/m²K, so daß dieses Ziel einfach utopisch ist. Ein WDV-System ist deshalb im höchsten Grade unwirtschaftlich.

*Beispiel 2:*

Ein nichtssagendes, aber wirkungsvolles "Prozent" Ergebnis soll ebenfalls erwähnt werden [Erhorn 90]. In Heidenheim wurden bei verschiedenen Lösungen bis zu 66% Energie eingespart, die jedoch, werden die absoluten Einsparungen betrachtet, alle unwirtschaftlich sind. Mit prozentualen Energiegewinnen wird nur geblufft und dem Kunden ein X für ein U vorgemacht. Mehrkosten von 88,- bis 234 DM/m² bedingen lediglich Heizkosteneinsparungen von 1,05 bis 5,25 DM/m²a. Daraus ergeben sich MNV-Werte von 84 bzw. 45; also ist alles sogar divergent.

Abschließend heißt es dann aber: *"Das Demonstrationsbauvorhaben Niedrigenergiehäuer Heidenheim soll dazu dienen, aufzuzeigen, mit welchen Bau- und Anlagentechniken es möglich ist, unter hiesigem Klima Niedrigenergiehäuser wirtschaftlich zu erstellen".* Diese Aussage resultiert einzig und allein aus einem Wunschdenken, ist jedoch aufgrund der veröffentlichten Fakten irreführend, falsch und in höchsten Grade strafwürdig; es gaukelt nur Wirtschaftlichkeit vor (siehe § 263 StGB "Betrug").

*Beispiel 3:*
In [Erhorn, 98] werden die wichtigsten Untersuchungsergebnisse für ein durchschnittliches Einfamilienhaus mit 150 m² Nutz/Wohnfläche in unterschiedlicher Ausführung aufgelistet. Als Vergleichshaus wird der Standard der Wärmeschutzverordnung 1995 genommen. Die nachfolgende Tabelle 4.2 liefert Aussagen, die die Effizienz und die Wirtschaftlichkeit der durchgeführten Energieeinsparungsmaßnahmen schlichtweg ignorieren. Folgende Daten wurden veröffentlicht:

**Tabelle 4.2**: Unwirtschaftliche Extremenergiesparhäuser

| | | Ausführungsvariante | | |
|---|---|---|---|---|
| | | NEH | Ultra | Nullheizenergie |
| Heizenergiereduzierung | kWh/a | 4500 | 8500 | 11000 |
| Heizkostenreduzierung | DM/m²a | 1,3 | 1,7 | 3,7 |
| Minimale Mehrinvestition | DM/m² | 50 | 250 | 800 |
| Statische Amortisation | Jahre | 40 | 160 | 220 |
| Mindestkosten für eingesparte Heizenergie | DM/(kWh/a) | 1,8 | 4,7 | 16,9 |
| $CO_2$-Emissionsminderung | kg/m²a | 6,3 | 10,5 | 12,6 |
| Mindestkosten für $CO_2$-Reduzierung | DM/(kg/a) | 8,0 | 23,9 | 63,6 |

Zu diesen Zahlen muß folgendes gesagt werden:
Selbst die statischen Amortisationszeiten sind unzumutbar: 40, 160 und 220 Jahre. Da diese Zahlen gleichbedeutend mit den Mehrkostennutzenverhältnissen sind, liegen diese außerhalb jeglicher wirtschaftlichen Vernunft. Derart divergente Maßnahmen müssen unterbleiben, wenn bei "Energieeinsparungsmaßnahmen" Glaubwürdigkeit und Redlichkeit Geltung bekommen sollen.

Man betrachte nur die "Mindestkosten für eingesparte Energie", die für die eingesparte Kilowattstunde aufgebracht werden müssen: 1,80 DM/kWh, 4,70 DM/kWh und 16,90 DM/kWh. Fossile Energie kostet 0,08 DM/kWh und die elektrische Energie liegt bei etwa 0,30 DM/kWh. Es ist deutlich erkennbar, daß die angepriesene und offerierte "zukünftige Regelbauweise" vom Kunden *sehr teuer* bezahlt werden muß, ohne daß nun dabei nennenswerte Energieeinsparungen und damit $CO_2$-Minderungen zu erzielen wären. Somit katapultieren sich auch die "Mindestkosten für $CO_2$-Reduzierung" in schwindelerregende Höhen: 8,0 DM/kg, 23,9 DM/kg und 63,6 DM/kg. Der Emissionsfaktor bei einem durchschnittlichen Energiemix beträgt ca. 0,3 kg $CO_2$/kWh, so daß auch hier die schon oben angeführten hohen Kosten pro Kilowattstunde herauskommen. Dieses uneffiziente Bauen drückt sich auch schon in den Mehrkostennutzenverhältnissen aus. Es ist blamabel, was hier der Fachwelt vorgesetzt wird. Scharlatanerie und Betrug am Kunden sind prägnante Bezeichnungen für derartige Empfehlungen.

*Beispiel 4:*
Zur Bekräftigung der Wirtschaftlichkeit werden in [Eicke 94] Mehrkosten veröffentlicht, die in der Tabelle 4.3 aufgeführt sind. Allerdings sind diese Umwandlungen zu einem Niedrigenergiehaus alle unwirtschaftlich. Bei der Analyse werden als wirtschaftlicher Grenzwert ein Mehrkostennutzenverhältnis von 15 und Heizölkosten von 0,50 DM/l angenommen. Die Spalte 5 zeigt die notwendigen Einsparungen in kWh/m²a, wenn ein MNV von 15 (sehr gewagt) eingehalten werden soll.

**Tabelle 4.3**: Durchschnittliche investive Mehrkosten von Niedrigenergiehäusern nach Bundesländern oder Objekten und die daraus resultierenden notwendigen Energieeinsparungen.

| | | Notwendige Einsparungen | | |
|---|---|---|---|---|
| | Mehrkosten | Heizkosten | Heizöl | Energie |
| Bundestaat/Objekte | $\Delta Ki$ (DM/m²) | $\Delta Kb$ (DM/m²a) | $\Delta Vb$ (l/m²a) | $\Delta Q''_H$ (kWh/m²a |
| 1 | 2 | 3 | 4 | 5 |
| Hessen | 155 | 10,33 | 20,7 | 207 |
| Niedernhausen | 104 | 6,93 | 13,9 | 139 |
| Schleswig.-H. mit Abluftanl. | 138-148 | 9,2-9,7 | 18,4-19,7 | 184-197 |
| Schleswig H. mit WRG | 207-228 | 13,8-15,2 | 27,6-30,4 | 276-304 |
| Schopfheim | 100-150 | 6,7-10,0 | 13,3-20,0 | 133-200 |
| Hannover | 109-280 | 7,3-18,7 | 14,5-37,3 | 145-373 |

Die Spalte 5 gibt erforderliche Einsparungen an, die in Realität nicht zu erreichen sind. Insofern sind all die Umrüstungen auf Niedrigenergiehäuser unwirtschaftlich.

Was aber steht im Text von [Eicke 94]: *"Niedrigenergiehäuser stehen heute an der Schwelle zur Wirtschaftlichkeit. Bezieht man nur die Mehrkosten der Maßnahmen an der Gebäudehülle in die Betrachtung ein und ordnet die Mehrkosten der Wohnungslüftung als Beitrag zur Herstellung einer erforderlichen, dauerhaft guten Raumqualität der Wohnhygiene zu, ist die Bauweise in vielen Fällen bereits wirtschaftlich".*

Hier wird verbal nur herumgetrickst. Vage Aussagen, aus Wunschträumen geboren, kennzeichnen diese Sätze. Es muß hier sogar die Wohnungslüftung als Alibi herhalten, wobei diese ebenfalls unwirtschaftlich ist – und eine "dauerhafte Raumqualität" ist aus hygienischen Gründen sowieso nicht gewährleistet. Diese läßt sich anders viel besser und kostengünstig verwirklichen.

Wenn, wie in [Eicke 94] auch erwähnt, für die Außenhülle U-Werte von unter 0,25 W/m²K (Außenwände), für Dächer und Decken 0,15 W/m²K und für Keller bzw. Bodenplatte U-Werte unter 0,3 W/m²K vorgesehen wurden, so sind diese Dämmstoffpakete ebenfalls unwirtschaftlich bzw. divergent (siehe Abschnitt 6.5.3 "Effizienzgrenze des U-Wertes").

*Beispiel 5:*
Zur Begründung einer notwendigen Novellierung der Wärmeschutzverordnung 1984 wurde auch immer wieder betont, die beabsichtigte 30%ige Energieeinsparung könne durch Mehrkosten von nur 3 bis 4% der Baukosten erreicht werden. Auch hier wird suggestiv empfunden, bei soviel Energieeinsparung und derart geringen Mehrkosten führe doch eigentlich kein Weg daran vorbei.

Und wiederum begibt man sich aufs Glatteis.
Bei einem durchschnittlichen jährlichen Heizenergiebedarf gemäß Wärmeschutzverordnung 1984 von 150 kWh/m²K würden 30% dann 45 kWh/m² ausmachen. 45 kWh/m² bedeuten bei 10 kWh/l Heizöl dann 4,5 Liter Heizöl und bei einem durchschnittlichen Preis von damals ca. 0,55 DM/l Heizöl ergeben sich daraus Heizkosteneinsparungen von rund 2,50 DM/m² Wohn- oder Nutzfläche, dies ist der (gerechnete) Nutzen für den Bewohner.

Bei durchschnittlichen Baukosten von 2500 DM/m² würden 3 bis 4 % dann durchschnittlich rund 88 DM/m² bedeuten, dies sind die Mehrkosten für den Bewohner. Der Hinweis sei erlaubt, daß das Institut Wohnen und Umwelt in Darmstadt die durchschnittlichen Mehrkosten auf über 100 DM/m² beziffert hat; 88 DM/m² an Mehrkosten sind damit als sehr moderat anzusehen.

Das Mehrkosten-Nutzen-Verhältnis MNV, das Maß für die Wirtschaftlichkeit, wird 88 : 2,50 und damit über 35; dies aber ist ein Wert, der wirtschaftlich gesehen untragbar ist. Wirtschaftliche MNV-Werte liegen je nach gewünschter Amortisationszeit etwa zwischen 10 und 15. Die Divergenz (das heißt, die Maßnahme würde sich nie amortisieren) liegt etwa bei einem Mehrkosten-Nutzen-Verhältnis von 20. Daraus ist erkennbar, daß der Slogan "30% Energieeinsparung für 3 bis 4% Baukostenerhöhung" eine Verdummung und Täuschung des Kunden bedeutet. Der Häuslebauer, der Investor zahlte bei der Wärmeschutzverordnung 1995 nur drauf – und dies ist kein Einzelfall. Noch schlimmer wird es dann mit jeder weiteren EnEV-Novellierung.

*Beispiel 6:*
Die Unwirtschaftlichkeit nimmt groteske Formen an. Gerade beim Altbau wird jetzt entsprechend der ausgegebenen Parole "Energiefresser Altbau" mit Macht saniert und "energetisch ertüchtigt". Einer Zeitungsnotiz sind folgende Informationen zu entnehmen [FAZ 00]:

Drei Wohnhäuser mit jeweils 6 Dreizimmer-Wohnungen a 71 m² Wohnfläche werden von der "Gesellschaft für Wohnungsbau und Hausverwaltung im Stadtgebiet Aschaffenburg" saniert.
Als "energiesparende Maßnahmen" wurden durchgeführt:

- Wärmedämmverbundsystem mit 8 cm Mineralfaser und Silikonputz,
- wärmedämmende Kunststoffenster mit Wärmedämmverglasung,
- Decke zum Dach mit 12 cm Polystyrol,
- Einbau eines Brennwertkessels,
- Regelung der Raumtemperaturen.

Im Text heißt es dann: "Der Energiebedarf zum Heizen der Häuser wird nach den *Erwartungen* der Baugesellschaft um rund 35 Prozent sinken. Pro Jahr und Wohnung würde das eine Einsparung von etwa 180 Mark ergeben".

35% Energieeinsparung pro Jahr suggeriert viel, 180 DM jedoch bedeutet ein "Nichts". Bei 6 Wohnungen pro Haus wird damit eine Einsparung von 1080 DM/a erzielt. Wird für die Wirtschaftlichkeitsberechnung ein Mehrkostennutzenverhältnis von 15 (sehr gewagt) angenommen, dann beträgt das Investitionskostenlimit pro Haus:

$$15 \times 1080 = 16200 \text{ DM}.$$

Jeder Architekt oder Bauleiter weiß, daß für dieses Geld die oben genannten fünf "Energieeinspar-Maßnahmen" eine Utopie und nie zu realisieren sind – wie eben alles im *verordneten* Gebäudewärmeschutz.

Mit solchen Baumaßnahmen werden die Wohnungsbaugesellschaften nur in ein wirtschaftliches Fiasko gestürzt. Man sollte deshalb auf derartige dubiose Energieeinsparmaßnahmen verzichten. Gesteuert wird dieser bautechnische und finanzielle Unfug auch noch zusätzlich durch eine Broschüre "Das NiedrigEnergieHaus", die von der ASEW herausgegeben wurde und offensichtlich viel Unheil anrichtet [ASEW 98]. Die "wissenschaftliche" Beratung hat Dr. Feist übernommen! Das sagt alles – siehe im Abschnitt 4.2.4 das Beispiel 4, das den von Feist offerierten Dämmwahn offenlegt. Auch Energieberatungszentren überschlagen sich in Forderungen, diese bautechnischen Übel nun endlich zu realisieren.

Beabsichtigte "energiesparende" Baumaßnahmen müssen deshalb ernsthaft auf ihre Wirtschaftlichkeit überprüft werden, sonst erlebt man ein finanzielles Desaster.

*Beispiel 7:*

Einem Fachartikel können folgende Daten entnommen werden [Koch 02]:

1. Normalhaus nach Wärmeschutzverordnung 1995 $Q_h$ = 100 kWh/m²a
2. Niedrigenergiehaus NEH $Q_h$ = 70 kWh/m²a
3. Wärmerückgewinnhaus WRH $Q_h$ = 30 kWh/m²a
4. Solar-Speicherhaus SSH $Q_h$ = 20 kWh/m²a
5. Passivhaus PWRG $Q_h$ = 15 kWh/m²a

Dies suggeriert phantastische Energieeinsparquoten. Was aber kommt tatsächlich heraus, wenn die hierfür erforderlichen Mehrkosten in die Überlegungen mit einbezogen werden?

Für ein Haus von 124 m² Wohnfläche werden für die Varianten 2 bis 5 die Mehrkosten $\Delta$Ki angegeben, die sich dann in der Wirtschaftlichkeitsberechnung als MNV-Werte (Spalte 3 geteilt durch Spalte 6 gleich Spalte 7) wie folgt niederschlagen (bei 0,40 €/l Heizöl):

**Tabelle 4.4**: Unwirtschaftliche Energiesparhäuser

| | | $\Delta$Ki | Ki | $\Delta$Ki/m² | $\Delta Q_h$ | $Q_h$ | $\Delta K_b$ | MNV |
|---|---|---|---|---|---|---|---|---|
| | | € | % | €/m² | kWh/m²a | % | €/m²a | (-) |
| | | 1 | 2 | 3 | 4 | 5 | 6 | 7 |
| 1 | | - | 100% | - | - | 100% | - | - |
| 2 | NEH | 14000 | 108,1% | 112,90 | 30 | 70% | 1,2 | 94 |
| 3 | WRH | 15750 | 109,1% | 127,02 | 70 | 30% | 2,8 | 45 |
| 4 | SSH | 21500 | 112,4% | 173,39 | 80 | 20% | 3,2 | 54 |
| 5 | PWRG | 21500 | 112,4% | 173,39 | 85 | 15% | 3,4 | 51 |

Die Wirtschaftlichkeit ist verheerend – die Spalte 7 zeigt haushohe Divergenz an, die ja bereits etwa bei einem MNV von 20 beginnt. Die Maßnahmen amortisieren sich nie.

Was aber steht im Text?

*"Ein Passives Wärmerückgewinnhaus ist heute schon wirtschaftlich"*
und weiter:
*"Das Gesamtkonzept des Hauses beruht auf dem Low-Tech-Prinzip und ist darauf ausgerichtet, mit geringem Aufwand einen großen Nutzen und eine hohe Energieeffizienz zu erlangen. Bei einer geringen Mehrkostenbelastung dürfte es umweltbewußten Bauherrn nicht schwer fallen, die Möglichkeit des Baues eines Wärmerückgewinnhauses in Betracht zu ziehen".*

Dies ist ein typischer Text voller Floskeln und Worthülsen. Das "Low-Tech-Prinzip" bedeutet hier in der Tat ein niedriges Niveau – geistig gesehen. Es ist eine Farce, vom "großen Nutzen" zu sprechen. Auch die "hohe Energieeffizienz" ist eine Fata Morgana. Hier wird mächtig gekalauert. Zum Schluß muß dann, wie immer, die Umweltkeule geschwungen werden, um diesen Unsinn zu rechtfertigen. Es wird den Unwissenden das "schlechte Umweltgewissen" suggeriert – ein schändliches Spiel.

## 4.4 Minimum oder Effizienz

Bei der Präsentation "optimaler" Lösungen wird meist die Ideologie des "Minimums" vertreten. Es werden das "Kostenminimum" oder auch das "Energieverbrauchsminimum" dargestellt und dann behauptet, dies seien die anzustrebenden besten Lösungen, wie z. B. bei [Hauser 91], oder es wird sogar verkündet, das Kostenminimum sei das wirtschaftliche Optimum des Wärmeschutzes [Gertis 83].

Weit gefehlt, diese Schlußfolgerungen sind schlichtweg falsch. Die Problematik des Kostenminimums zeigt Bild 4.10.

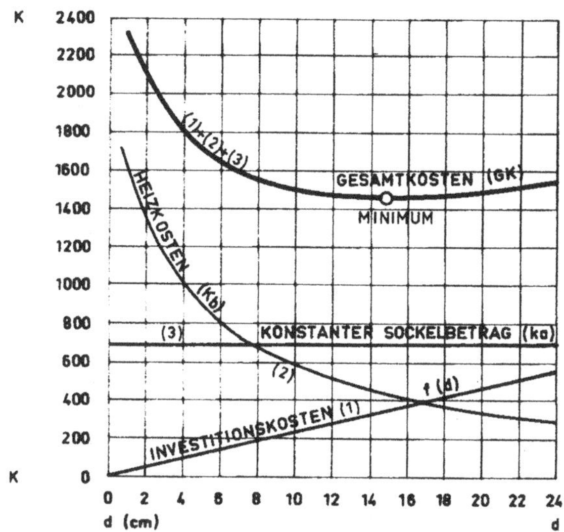


Bild 4.10: Das Kostenminimum

*Bild 4.10: Die Addition der drei Kostenanteile Investitionskosten, Heizkosten und konstanter Sockelbetrag führen zum Minimum. Eine Aussage über die Wirtschaftlichkeit wird damit jedoch nicht gemacht. Der Sockelbetrag kann so groß sein wie er will, das Kostenminimum bleibt unverändert; die Gesamtkostenkurve wird nur vertikal verschoben. Insofern kann eine kostenminimierte Lösung auch keine Aussage über die Wirtschaftlichkeit machen.*

Wenn ein Kostenminimum als "wirtschaftlichste" Lösung gepriesen wird, ist dies ein Denkfehler und absolut falsch, denn es handelt sich lediglich um die *kostengünstigste* Lösung, die jedoch keineswegs wirtschaftlich sein muß. Das mag überraschen, doch es stimmt [Meier 87].

Wenn gegenläufige Kostenfunktionen – eine Geradenfunktion f(d) und eine Hyperbelfunktion ($K_b$) – zusammengefaßt werden, dann wird zwar damit das Gesamtkostenminimum bestimmt, doch der konstante Sockelbetrag (ka), der immer vorliegt und zu berücksichtigen ist, hat auf die Lage des Minimums überhaupt keinen Einfluß. Dies allein zeigt schon sehr deutlich, daß ein Kostenminimum nicht mit Wirtschaftlichkeit verwechselt werden darf.

Durch manipulierte Datenwahl kann das Minimum geschickt in den Bereich hoher Dämmstoffdicken gerückt werden. Auch eine hohe Amortisationszeit – meist 50 Jahre – führt eher zu Superdämmungen; allerdings wird dies dann als "Betrachtungszeitraum" oder sogar als "Restnutzungsdauer" des Gebäudes bezeichnet – dies aber bedeutet eine Täuschung des Kunden. Immer handelt es sich hier um die Amortisationszeit.

Wenn das Verhältnis von Aufwand und Nutzen sehr groß ist (große MNV-Werte), dann tritt sogar Divergenz ein – die Maßnahme amortisiert sich nie – und doch gibt es ein Minimum. Es wird klar, mit Wirtschaftlichkeit hat das Minimum wirklich nichts zu tun.

Diese mit einem Minimum versehenen Kurven dürften allgemein bekannt sein, Kostenminimumdarstellungen und auch Energieverbrauchsminimumdarstellungen geistern noch immer durch die Fachliteratur und verkünden Absurdes [Eicke 91], [Möhl 84], [München 99], [Raiß 58]. Dies wurde bereits in [Meier 92, 95] klargestellt.

Wie kann eine solche Kurve beschrieben und bewertet werden?

Das Bild 4.11 gibt darüber Auskunft.
Die waagerechte Abszisse kennzeichnet die Kosten, den Aufwand, hier durch die Dämmstoffdicke d charakterisiert. Die senkrechte Ordinate zeigt den Nutzen, dieser wird durch den U-Wert (k-Wert) repräsentiert.

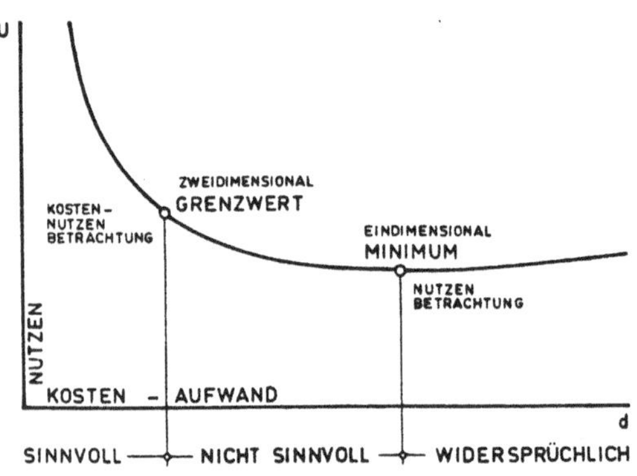


Bild 4.11: Minimum oder Effizienz

*Bild 4.11: Zusammengesetzte Kostenkurven haben ein Minimum. Dabei wird nur die Ordinate minimiert, die Abszisse dagegen wird nicht beachtet (eindimensionale Betrachtungsweise, nicht brauchbar). Der Grenzwert jedoch beachtet beide Koordinaten und ist das Maß für die Effizienz (zweidimensionale Betrachtungsweise, immer maßgebend).*

Eine konstruktive Lösung kann also im breiten Spektrum der U-Werte entlang der Kurve wie folgt eingestuft werden:

1. Sinnvolle und effiziente Konstruktion – bis zum Grenzwert (bei steilem Abfall wird mit wenig Aufwand noch ein großer Nutzen erzielt).
2. Nicht sinnvolle und uneffiziente Konstruktion vom Grenzwert bis zum Minimum (bei flachem Verlauf der Kurve wird der Nutzen immer geringer; am Punkt des Minimums erbringt ein zusätzlicher Aufwand dann überhaupt keinen zusätzlichen Nutzen mehr).
3. Widersprüchliche und sogar schizophrene Konstruktion nach dem Minimum – es handelt sich um eine negative Effizienz (hier wird mit mehr Aufwand sogar *weniger* als vorher erreicht).

*Ergebnis:* Das Minimum ist als Empfehlung für eine Konstruktion nicht brauchbar, da es nur eindimensional definiert ist und den Beginn widersinniger Lösungen beschreibt. Deshalb muß immer die *Effizienz* Grundlage der Entscheidung sein – eben das Verhältnis von Nutzen zu Aufwand.

Der Effizienz-Grenzwert kann eindeutig bestimmt werden. Hier wird auf Abschnitt 6.5.3 "Effizienzgrenze des U-Wertes" verwiesen.

Die Absurdität des "Kostenminimums" als Maß der Wirtschaftlichkeit zeigt auch die Formel für die Bestimmung der "optimalen" Dämmstoffdicke:

$$d_{opt} = \sqrt{\frac{MNV \cdot 100\lambda \cdot \varepsilon \cdot \tau \cdot a}{ki}} - \frac{100\lambda}{U_0} \quad \text{(cm)} \tag{4.19}$$

Die Formel (4.19) enthält keine konstanten Kosten ka, die damit unendlich groß werden können. Dies ist der mathematische Beweis, warum das Kostenminimum als Nachweis für die Wirtschaftlichkeit unbrauchbar und falsch ist [Meier 87].

Nun aber kommt das Ungeheuerliche: Die Formel (4.19) für die "optimale Dämmstoffdicke $d_{opt}$" (Kostenminimum) ist identisch mit der Formel (6.21) im Abschnitt 6.5.3 "Effizienzgrenze des U-Wertes" für den Grenzwert $U_g$, wenn die erforderliche Dämmstoffdicke $\Delta d$ von der Ausgangsposition $U_0$ zum Grenzwert $U_g$ berechnet werden soll.

Diese Dämmstoffdicke $\Delta d$ wird gemäß Formel (4.20):

$$\Delta d = 100\lambda \left( \frac{1}{U_g} - \frac{1}{U_0} \right) \quad \text{(cm)} \tag{4.20}$$

Wird hier für $U_g$ die Formel (6.21) eingesetzt, so erhält man die Formel (4.19).

Was heißt das?
Das $d_{opt}$ des Kostenminimums ist keine *optimale* Dämmung, wie überall in der "Fachliteratur zu lesen ist, sondern die Dämmstoffdicke $\Delta d$, die erforderlich wird, um vom $U_0$ -Wert zum Grenzwert $U_g$ zu gelangen. Damit aber wird keine "optimale Stelle" beschrieben, sondern der Weg dorthin. Man setzt einfach $d_{opt} = \Delta d$, dies ist der Denkfehler. Diese Dämmstoffdicke $d_{opt}$ (richtig $\Delta d$) wird sogar zu Null, wenn für $U_0$ der Grenzwert $U_g$ gewählt wird.

Ergebnis: Die Proklamation des "Kostenminimums" als Maß der Wirtschaftlichkeit bedeutet Informationsselektion und damit Betrug und Täuschung; die Kunden werden falsch unterrichtet, die hohe "Wissenschaft" irrt wieder einmal.

Für diejenigen, die diese Aussage für überzogen halten, sei auf die Definition im Strafgesetzbuch § 263 hingewiesen (siehe Abschnitt 3.3.3 "Betrug und Untreue"). Dieser Text scheint vielen in der Bauphysikszene nicht geläufig zu sein, sonst würde der Lobbyismus mit seinen Argumenten nicht immer wieder in derart suggestiver, manipulativer und selektiver Form dominieren.

## *4.5 Fehlerhafte Interpretation eines Optimums*

Die höhere Mathematik kennt die Differentialrechnung, die es ermöglicht, bei der funktionellen Darstellung eines Sachverhaltes unter bestimmten Voraussetzungen eine optimale Lösung durch Nullsetzung der "ersten Ableitung" zu erzielen. Dabei kann es sich um ein Maximum, z. B. eine maximale Heizkosteneinsparung oder um ein Minimum, z. B. ein Energieverbrauchs- oder Kostenminimum, handeln.

Diese Vorgehensweise scheint für das Finden der günstigsten Lösung recht vorteilhaft zu sein, denn immerhin werden damit im Rahmen einer Funktionsanalyse Größt- oder Kleinstwerte gefunden. Aber es scheint nur so, denn in Wirklichkeit wird damit ein falscher Weg beschritten, der in die Irre führt.

Das Kostenminimum z. B. ist ein klar umgrenzter Begriff und kennzeichnet die *geringsten* Kosten. Aber ständig wird dem Leser suggeriert, dies sei auch die wirtschaftlichste Lösung [Gertis 83] und so wird es dann auch überall deklariert und verbreitet. Eine solche Feststellung ist jedoch falsch und deshalb ein exzellenter Fall von eklatanter Begriffsverwirrung. Das gleiche gilt auch für das Energieverbrauchsminimum (siehe Kapitel 4.4 "Minimum oder Effizienz").

Das Institut für Wohnen und Umwelt, das sich neben dem Passivhaus-Institut als glühender Vertreter der Niedrigenergiehaus-Bauweise ansieht, gibt sich nun selbst mit dem falsch gesehenen Kostenminimum nicht zufrieden, sondern empfiehlt Lösungen jenseits des Minimums (siehe Bild 4.11). Zur Begründung wird erklärt, eine 3%ige Abweichung vom Minimum sei tolerierbar [Eicke 91].

Die Gesamtkostenersparnis ergibt sich aus der Heizkostenersparnis abzüglich der Material- und Fixkosten und bildet eine Hyperbel mit einem Optimum. Diese Überlegungen werden in Bild 4.12 gezeigt.

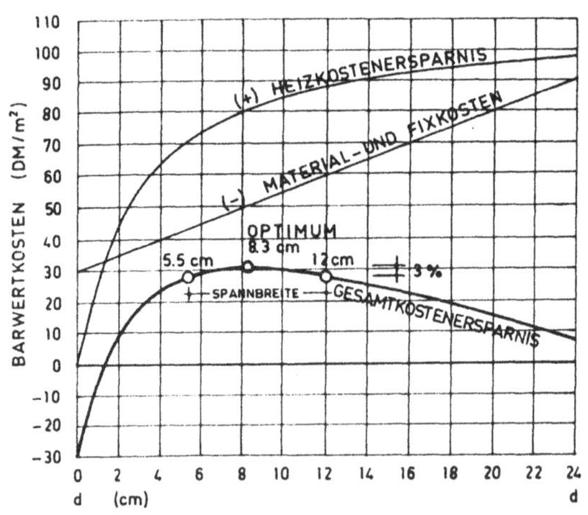


*Bild 4.12:*
*Es wird eine "minimale sinnvolle Dämmstoffdicke" (5,5 cm), eine "optimale Dämmstoffdicke" (8,3 cm) und eine "maximale sinnvolle Dämmstoffdicke" (12 cm), die dann auch gewählt wird, deklariert. Die Gesamtkostenersparnis nimmt jedoch nach dem Optimum wieder ab und erreicht hier bei 27 cm Dämmung wieder die Barwertkosten von Null.*

Bild 4.12: Mißverstandene Wirtschaftlichkeit

Die 12 cm Dämmung liegt im widersinnigen Bereich (negative Effizienz, also mehr Aufwand bei weniger Nutzen) und erreicht genau die Kosteneinsparung, die auch bei einer 5,5 cm Dämmung vorliegt. Ein vernunftbegabter Mensch wählt 5.5

cm Dämmung. Aber das Institut für Wohnen und Umwelt (IWU) empfiehlt 12 cm, da im Institut offensichtlich die Dämmstoffindustrie das Sagen hat [Meier 95].

Die Analyse der "Gesamtkostenersparnis-Kurve" führt zu folgenden Aussagen:

1. Eine Dämmung unter 1,5 cm ist ein Zuschußgeschäft, der Barwert ist negativ. Die Material- und Fixkosten überwiegen.
2. Eine Dämmung zwischen 1,5 cm und ca. 27 cm erbringt positive Barwerte. Das günstigste Ergebnis wird bei 8,3 cm erreicht. Hier wird auch das günstigste Mehrkostennutzenverhältnis erzielt, das allerdings unwirtschaftlich oder sogar divergent sein kann.
3. Jede Lösung nach dem Optimum ist doppelt vorhanden. Sinnvollerweise wählt man die Lösung *vor* dem Optimum mit dem geringeren Kostenaufwand. Wer will schon für gleiche Ergebnisse *mehr* bezahlen.
4. Eine Dämmung ab ca. 27 cm ist dann wiederum ein Zuschußgeschäft, der Barwert wird wieder negativ, es überwiegen die Material- und Fixkosten. Man ist wieder bei Punkt 1. angelangt. Eine solche Lösung grenzt an Idiotie. Man bedenke nur: Es werden zur Realisierung von "Passivhäusern" 40 cm Dämmstoff empfohlen [Feist 96]. Bei den Randbedingungen dieses Beispiels entpuppt sich dieser Dämm-Wahnsinn als grandioses Zuschußgeschäft. Nur die Dämmstoffindustrie verdient dabei, der Kunde muß bluten.

Ein Optimum wird errechnet, indem ein immer sehr hoher "Betrachtungszeitraum" gewählt wird. Dieser ist jedoch identisch mit der Amortisationszeit.

Mit "Wissenschaft" hat dies alles nichts zu tun, es ist Geschäftemacherei mit unseriösen Mitteln. Das Argumentieren für Superdämmungen erfüllt den Straftatbestand des Betruges, denn damit wird die Effizienzlosigkeit kleiner U-Werte nur kaschiert und vertuscht. Die Dämm-Wirtschaft aber feiert Triumphe. Als "wissenschaftliche" Begleiter der Niedrigenergiehaus-Programme in Hessen und Schleswig-Holstein muß das IWU auch solche fehlerhaften und unzutreffenden Thesen verbreiten, um die Superdämmungen ihrer Häuser zu rechtfertigen.

Das Passivhaus-Institut, das den Dämm-Wahn auf die Spitze treibt, geht sogar noch einen Schritt weiter. Dort wird von einer 5%igen Abweichung vom Minimum ausgegangen und so wird ein "wirtschaftlicher" Bereich von 15 bis 40 cm empfohlen [ASEW 98]. Schlimmer geht's nicht mehr. Die Minimumsphilosophie, diese pseudowissenschaftliche Grundlage, ist kriminell, denn dieser konstruktive Unfug wird dann auch noch irreführend als "energieeffizientes" Bauen bezeichnet – die Verdummung des Kunden kennt eben keine Grenzen. Die Baufachwelt wird gefoppt. Die Scharlatane haben überall ihre Finger im Spiel, wie in [ASEW 98] und [München 99].

## 4.6 Sanierung und die Wirtschaftlichkeit

Bei allen "Wirtschaftlichkeitsnachweisen" wird mit dem U-Wert gerechnet, somit wird die Akzeptanz des U-Wertes vorausgesetzt. Dies jedoch ist infolge der in Realität vorliegenden instationären Verhältnisse fehlerhaft. Damit aber werden stets "zu günstige" Ergebnisse berechnet. Die Wirklichkeit liefert noch viel schlechtere Zahlen, die Wirtschaftlichkeit ist noch viel ungünstiger, als hier nachgewiesen. Dies sollte stets beachtet werden.

Der Grenzwert $U_g$ (Formel 6.20) bedeutet die wirtschaftliche Grenze "an sich" – gilt also z. B. für anzusteuernde "Anforderungsniveaus" bei Verordnungen. Mit diesen verordneten U-Werten ist jedoch keineswegs der Nachweis der im EnEG und in der EnEV geforderten Wirtschaftlichkeit verbunden. Auch das "Kostenminimum $d_{opt}$" (Formel 4.19), das methodisch gleichbedeutend mit dem Grenzwert $U_g$ ist, kann hier nicht weiterhelfen. Für den Wirtschaftlichkeitsnachweis bei Sanierungen bedarf es deshalb weiterer Überlegungen.

Immer muß bei einer Sanierung vor allem das Dreigestirn Mehrkostennutzenverhältnis (Wirtschaftlichkeit), Ausgangsposition $U_0$ und Konstantkostenanteil ka in Einklang gebracht werden. Liegt als Ausgangsposition bereits ein niedriger U-Wert vor und ist außerdem ein größerer Konstantkostenanteil ka zu berücksichtigen, dann ist die Wirtschaftlichkeit nicht mehr gegeben – das Mehrkostennutzenverhältnis MNV erklimmt astronomische Größen und signalisiert damit die Unwirtschaftlichkeit, sogar die Divergenz.

Dieses für die Wirtschaftlichkeit so wichtige Zusammenspiel der drei entscheidenden Kriterien ist bereits in [Meier 87] beschrieben worden. Dem Bild 4.13 können die funktionellen Zusammenhänge entnommen werden:

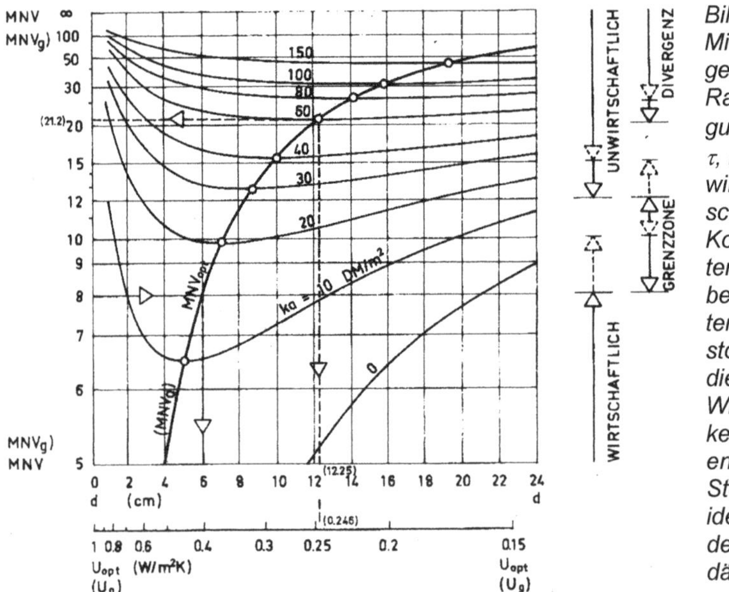


*Bild 4.13: Mit den angegebenen Randbedingungen $U_0$, $\varepsilon$, $\tau$, ki, und $100\lambda$ wird bei unterschiedlichen Konstantkosten ka jeweils bei bestimmten Dämmstoffdicken d die günstigste Wirtschaftlichkeit ($MNV_{min}$) erreicht. Diese Stelle aber ist identisch mit der Grenzwertdämmung $U_g$.*

Bild 4.13: Optimiertes Mehrkostennutzenverhältnis und die Grenzwertdämmung.

1. Der wirtschaftliche Grenzwert $U_g$ (siehe im Abschnitt 6.5.3 die Formel 6.20) ist identisch mit dem Kostenminimum (siehe im Kapitel 4.4 die Formeln 4.19 und 4.20).
2. Beide Werte allein können bei einer aktuellen Bauaufgabe über die Wirtschaftlichkeit *keine* Aussage machen – sie sind dafür untauglich und unbrauchbar, denn sie beschreiben nur einen anzusteuernden Grenzwert. Der Weg dorthin aber kann durchaus unwirtschaftlich sein.
3. Dieser Grenzwert $U_g$ liefert beim Nachweis der Wirtschaftlichkeit für den Weg von der Ausgangsposition $U_0$ zu diesem Grenzwert unter Berücksichtigung des Konstantkostenanteils ka allerdings das *günstigste* Mehrkostennutzenverhältnis, also das $MNV_{min}$. Es zeigt sich, daß dieser Punkt optimaler Wirtschaftlichkeit ($MNV_{opt}$) einer Sanierungsmaßnahme (Vorliegen der Werte $U_0$ und ka) identisch ist mit der Grenzwirtschaftlichkeit $MNV_g$ (siehe Bild 4.13).
4. Das so ermittelte "günstigste" Mehrkostennutzenverhältnis jedoch ist meist derart hoch, daß die Unwirtschaftlichkeit (MNV $\geq$ ca. 12) bzw. sogar die Divergenz (MNV $\geq$ ca. 20) festgestellt werden muß. Viele "Sanierungsmaßnahmen" ergeben MNV-Werte von weit über 50, somit sind sie divergent. Es muß deshalb klargestellt werden: Das "optimierte Mehrkostennutzenverhältnis" muß nicht wirtschaftlich sein (wenn nämlich MNV > 12 - 15 ist). Dann ist dies eigentlich die Stelle der "günstigsten Unwirtschaftlichkeit".
5. Eine Abweichung vom Grenzwert $U_g$ nach oben oder unten führt demzufolge immer zu einem ungünstigeren Mehrkostennutzenverhältnis, also zu einer schlechteren Wirtschaftlichkeit als das "optimale" MNV.
6. Insofern muß der Grenzwert $U_g$ (Formel 6.20) stets zum *Ausgangspunkt* aller wirtschaftlichen Überlegungen gemacht werden. Dieser Grenzwert ist der zentrale Angelpunkt aller Überlegungen.

Zur Erläuterung des Bildes 4.13 werden noch folgende Hinweise gegeben:

Wenn nach der Dämmstoffdicke $d_{opt}$ gefragt wird (Abszisse), dann lautet die Formel für die Stelle des anzustrebenden optimalen Mehrkostennutzenverhältnisses ($MNV_{min}$) [Meier 87]:

(4.21) $$d_{opt} = \sqrt{\frac{100\lambda \cdot ka}{U_0 \cdot ki}} \quad \text{(cm)}$$

Werden die im Bild 4.13 angenommenen Daten eingesetzt, so wird:

(4.21) $$d_{opt} = \sqrt{\frac{4 \cdot 60}{1 \cdot 1{,}60}} = 12{,}2 \quad \text{(cm)}$$

Ergebnis:
Bei einer Ausgangsposition $U_0$ von 1 W/m²K, Dämmstoff mit einer Wärmeleitfähigkeit von 0,04 W/mK und Kosten von 1,60 DM/m²cm sowie Konstantkosten von 60 DM/m² liegt die optimale Dämmstoffdicke bei 12,2 cm (siehe Bild 4.13).

Wenn nach dem Wärmegurchgangskoeffizienten $U_{opt}$ gefragt wird, dann lautet die Formel für die Stelle des anzustrebenden optimalen Mehrkostennutzenverhältnisses ($MNV_{min}$) [Meier 87]:

(4.22) $$U_{opt} = \frac{1}{\frac{1}{U_0} + \sqrt{\frac{ka}{U_0 \cdot 100\lambda \cdot ki}}}$$ (W/m²K)

Werden auch hier die im Bild 4.13 angenommenen Daten eingesetzt, so wird:

(4.22) $$U_{opt} = \frac{1}{\frac{1}{1} + \sqrt{\frac{60}{1 \cdot 4 \cdot 1{,}60}}} = 0{,}246$$ (W/m²K)

Ergebnis:
Um das "günstigste" Mehrkostennutzenverhältnis zu erhalten, müßte ein U-Wert von 0,246 W/m²K angesteuert werden. Dies entspricht dann auch einer Dämmstoffdicke von 12,2 cm (siehe Bild 4.13). Allerdings wird mit diesem U-Wert nur die Unwirtschaftlichkeit erreicht. Die "optimale" Lösung ergibt ein Mehrkostennutzen-Verhältnis von 21,2 (siehe Bild 4.13). Hierfür gilt Formel (4.23) auf der nächsten Seite. Werden auch hier wiederum die im Bild 4.13 angenommenen Daten eingesetzt, (a = 1) so wird:

(4.23) $$MNV_{\min} = \frac{\left(\sqrt{\frac{4 \cdot 1{,}60}{1{,}00}} + \sqrt{60}\right)^2}{1{,}00 \cdot 5{,}0 \cdot 1 \cdot 1} = 21{,}2$$ (-)

Ergebnis:
Das "günstigste" Mehrkostennutzenverhältnis liegt bei 21,2 und ist somit divergent, die Maßnahme amortisiert sich nie. Jede andere Variante wäre wirtschaftlich gesehen noch schlechter einzustufen (siehe Bild 4.13).

Mit der Kenntnis des anzusteuernden Grenzwertes $U_g$ als zentrale Größe kann dann unter Einbeziehung der Ausgangsposition $U_0$ und des Konstantkostenanteils ka überprüft werden, ob die Wirtschaftlichkeit einer Sanierungsmaßnahme gegeben ist.

Es kann gefragt werden:

1. Wie groß ist das günstigste Mehrkostennutzenverhältnis MNV, wenn die Ausgangsposition $U_0$ und der Konstantkostenanteil ka bekannt sind?
2. Welche Ausgangsposition $U_0$ muß vorliegen, wenn eine definierte Wirtschaftlichkeit (MNV) und der Konstantkostenanteil ka vorgegeben werden?
3. Wo liegt die Grenze des Konstantkostenanteils ka, wenn die Ausgangsposition $U_0$ bekannt ist und das erwünschte Mehrkostennutzenverhältnis MNV eingehalten werden soll?

Die nachfolgenden Formeln zur Beantwortung der drei gestellten Fragen enthalten Kurzzeichen, die folgende Bedeutung haben:

| | | |
|---|---|---|
| $U_0$ | = | Wärmedurchgangskoeffizient der Ausgangskonstruktion (W/m²K) |
| $F_{U0}$ | = | Zwischenwert zur Berechnung von $U_0$ (W/m²K) |
| $100\lambda$ | = | hundertfacher Wert der Wärmeleitfähigkeit (W/mK) |
| ki | = | Kosten des Dämmstoffes (€/m²cm) (DM/m²cm) |
| $MNV_{min}$ | = | Bestmögliches Mehrkostennutzenverhältnis (-) |
| $\varepsilon$ | = | Energiekostenkoeffizient (2,9 €/m²a) (5,4 DM/m²a) |
| $\tau$ | = | Temperaturkoeffizient (Wand 1,0; Dachgeschoßdecke 0,8; |
| a | = | Regressionskoeffizient, berücksichtigt die Speicherfähigkeit (a < |
| ka | = | von der Wärmedämmung unabhängige Kosten (€/m²) (DM/m²) |

In allen folgenden Beispielrechnungen werden immer wiederkehrende, verallgemeinerte Daten verwendet, diese sind:

$100\lambda = 4$ W/mK; ki = 0,90 €/m²cm; $\varepsilon = 2{,}9$; $\tau = 1$; a = 1.

1. Im Normalfall ist die konstruktiv/technische Lösung mit den entsprechenden Daten $U_0$ und ka bekannt. Dann muß nach dem günstigsten Mehrkostennutzenverhältnis ($MNV_{min}$)gefragt werden.

Das günstigste Mehrkostennutzenverhältnis wird:

$$(4.23) \qquad MNV_{\min} = \frac{\left(\sqrt{\frac{100\lambda \cdot ki}{U_0}} + \sqrt{ka}\right)^2}{U_0 \cdot \varepsilon \cdot \tau \cdot a} \qquad (\text{-})$$

Folgende Werte werden im gerechneten Beispiel außerdem berücksichtigt: $U_0 = 1{,}20$ W/m²K; ka = 60 €/m².

$$(4.23) \qquad MNV_{\min} = \frac{\left(\sqrt{\frac{4 \cdot 0{,}90}{1{,}20}} + \sqrt{60}\right)^2}{1{,}20 \cdot 2{,}9 \cdot 1 \cdot 1} = 25{,}8 \qquad (\text{-})$$

Diese Lösung ist nicht nur unwirtschaftlich, sie ist sogar divergent.

2. Soll die Wirtschaftlichkeit gewahrt werden und liegt der Konstantkostenanteil ka fest, dann muß nach der notwendigen Ausgangsposition $U_0$ gefragt werden. Hierzu bedarf es normalerweise eines großen, wenn nicht sogar eines utopischen $U_0$-Wertes als Ausgangsposition, damit die Differenz zum anzusteuernden Grenzwert Ug eine ausreichend große Heizkosteneinsparung (zumindest theoretisch) nach sich zieht. Diese notwendige Ausgangsposition $U_0$ wird mit den Formeln (6.24) und (6.25) bestimmt.

(4.24) $$U_0 \geq F_{U0} + \sqrt{(F_{U0})^2 - \frac{100\lambda \cdot ki}{MNV \cdot \varepsilon \cdot \tau \cdot a}}$$ (W/m²K)

Dabei ist:

(4.25) $$F_{U0} = \sqrt{\frac{100\lambda \cdot ki}{MNV \cdot \varepsilon \cdot \tau \cdot a} + \frac{ka}{2 \cdot MNV \cdot \varepsilon \cdot \tau \cdot a}}$$ (W/m²K)

In den heutigen überzogenen Energieeinsparungsdebatten sind die Vorschläge ganz aktuell, durch ein Wärmedämmverbundsystem die Gebäudesubstanz "energetisch zu verbessern".

Folgende Werte werden im anschließenden Rechenbeispiel beispielhaft außerdem berücksichtigt: MNV = 12; ka = 60 €/m².

(4.25) $$F_{U0} = \sqrt{\frac{4 \cdot 0{,}90}{12 \cdot 2.9 \cdot 1 \cdot 1} + \frac{60}{2 \cdot 12 \cdot 2{,}9 \cdot 1 \cdot 1}} = 1{,}184$$ (W/m²K)

(4.24) $$U_0 \geq 1{,}184 + \sqrt{(1{,}184)^2 - \frac{4 \cdot 0{,}90}{12 \cdot 2{,}9 \cdot 1 \cdot 1}} = 2{,}32$$ (W/m²K)

Für ein Wärmedämmverbundsystem wird tendenziell ein $U_0$-Wert von über 2,00 W/m²K erforderlich, um dem geforderten Wirtschaftlichkeitsgebot im EnEG sowie der EnEV zu genügen. Diese notwendige energetische Ausgangsposition $U_0$ liegt jedoch in Realität nie vor, da allein die in der DIN 4108 geforderten Höchstwerte auch in der Vergangenheit kleinere Werte vorgeschrieben haben.

3. Wenn bei einer vorliegenden Ausgangsposition $U_0$ eine wirtschaftliche Lösung realisiert werden soll, dann muß nach dem höchstzulässigen ka-Wert gefragt werden. Dieser höchstzulässige Konstantwert ka wird [Meier 87]:

(4.26) $$ka \leq \left( \sqrt{MNV \cdot \varepsilon \cdot \tau \cdot a \cdot U_0} - \sqrt{\frac{100\lambda \cdot ki}{U_0}} \right)^2$$ (€/m²)

Folgende Werte werden in der nachfolgenden Rechnung beispielhaft berücksichtigt: MNV = 12; $U_0$ = 1,20 W/m²K.

(4.26) $$ka \leq \left( \sqrt{12 \cdot 2{,}9 \cdot 1 \cdot 1 \cdot 1{,}20} - \sqrt{\frac{4 \cdot 0{,}90}{1{,}20}} \right)^2 = 22{,}4$$ (€/m²)

Bei dieser gewählten Konstellation darf der konstante Kostenanteil ka den Wert von etwa 22 €/m² nicht überschreiten. Dies aber ist ökonomische Utopie.

Ergebnis:

Die Wirtschaftlichkeit von nachträglichen baulichen Energieeinsparungsmaßnahmen wird meist unwirtschaftlich bzw. divergent sein. Unwirtschaftlichkeit wird somit zum Standard "fortschrittlichen" Bauens. Die Berechnungen zeigen dies sehr eindrucksvoll und deutlich. Allerdings können einer einzelnen Rechnung keine Tendenzen, Richtungen und Grenzen entnommen werden.

Deshalb wird der funktionale Zusammenhang zwischen den Hauptgrößen $MNV_{min}$, $U_o$ und ka der obigen Formeln im Bild 4.14 grafisch dargestellt. Damit kann man sich visuell einen Überblick verschaffen, inwieweit Wirtschaftlichkeit überhaupt erreicht werden kann. Hierbei werden folgende Daten angenommen:

$100\lambda = 4$ W/mK; ki = 0,90 €/m²cm; $\varepsilon = 2{,}9$; $\tau = 1$; a = 1.

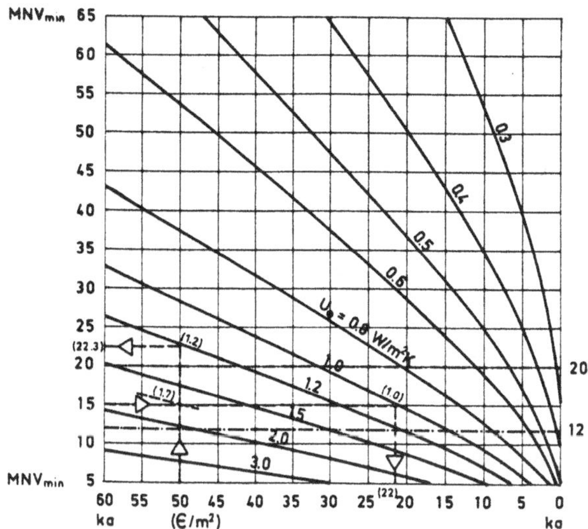


Bild 4.14: Das günstigste Mehrkostennutzenverhältnis

*Bild 4.14:*
*Deutlich kann erkannt werden, wie eng es bei dem Nachweis der Wirtschaftlichkeit zugeht. Sobald bereits kleine U-Werte erreicht wurden (bei den WSchVOen 84 und 95 war dies bereits gegeben), ergibt sich ein sehr schmaler, finanzieller Spielraum. U-Werte dann noch zu "verbessern", verbietet sich von selbst.*

*Bild 4.14:*
*Folgende Beispiele können abgelesen werden:*

1. *Bei Konstantkosten ka von 50 Euro/m² und einer Ausgangsposition von 1,2 W/m²K ergibt sich ein MNV von 22,3; dies bedeutet Divergenz.*
2. *Bei einem noch zu duldenden MNV von 15 (sehr gewagt) wird hier dann ein $U_o$-Wert von 1,7 W/m²K erforderlich – also eine recht hohe Ausgangsposition, die in Realität nie vorliegen dürfte.*
3. *Ein MNV von 15 (sehr gewagt) läßt bei einer Ausgangsposition von $U_o$ = 1,0 W/m²K nur Konstantkosten ka von 22 Euro/m² zu. Dies aber ist Utopie.*

*Fazit:* "Energetische" Verbesserungen sind bei den bereits jetzt schon erzielten und damit vorliegenden kleinen $U_o$-Werten *immer* unwirtschaftlich bzw. divergent. Für den Kunden rechnet es sich nicht.

Beim Nachweis der Wirtschaftlichkeit z. B. eines Wärmedämmverbundsystems triumphiert deshalb die Täuschung des Kunden. Derartige "energetische Verbesserungen" sind stets unwirtschaftlich und verstoßen damit gegen das Energieeinsparungsgesetz und auch gegen die Energieeinsparverordnung. Der § 25 "Befreiungen" der EnEV muß deshalb im Mittelpunkt der energetischen Überlegungen stehen und natürlich stets in Anspruch genommen werden.

Aber auch bei der Behandlung der Wirtschaftlichkeit in Fachaufsätzen und Veröffentlichungen wird weitgehend getrickst und manipuliert, nur um Wirtschaftlichkeit vorzutäuschen. Die in den Verordnungen vorgeschriebenen Anforderungsniveaus sind unwirtschaftlich und allein nur deshalb gesetzwidrig, weil sie gegen das Energieeinsparungs*gesetz* verstoßen. Der Verordnungsgeber als Gesetzesbrecher – eine phantastische Zukunft.

## 4.7 Konsequenzen

Diese exemplarischen Beispiele könnten en masse vorgelegt werden. Das heutige "Anforderungsniveau" ist und bleibt unwirtschaftlich. Die Versuche, die Wirtschaftlichkeit als gegeben nachzuweisen, sind dilettantisch und manipulativ.

Mit dem hier präsentierten Rüstzeug eines Mehrkostennutzenverhältnisses, das auch in [Ehm 79] und [Werner 79] vorgestellt und als entscheidendes Merkmal von Wirtschaftlichkeit gepriesen wird, kann bei jeder in der Literatur oft vorzufindenden Wirtschaftlichkeitsberechnung, die kleine U-Werte zu wirtschaftlichen Konstruktionen umfunktionieren wollen, die Fehlerhaftigkeit nachgewiesen werden. Denkfehler, Manipulation und Datenmißbrauch sind dann die Grundpfeiler dieser obskuren Nachweise.

Dabei ist zu bedenken, daß alle Wirtschaftlichkeitsberechnungen von der Annahme ausgehen, die Gültigkeit des U-Wertes, gerechnet nach DIN 4108, sei gegeben. Dies aber ist nicht der Fall und wird in Kapitel 6 "Wärmeschutz" und hier besonders in Kapitel 6.2 "Speicherung" dargelegt..

Alle rechnerischen Überlegungen, auch die hier unterbreiteten, gelten somit nur für den Beharrungszustand, der in den einzelnen Bauteilschichten konstante Wärmestromdichten voraussetzt und stationäre Verhältnisse beschreibt.

Wo aber kommt dies vor? Nirgends!

Wenn nun trotzdem hier Wirtschaftlichkeitsüberlegungen präsentiert werden, dann deshalb, weil *trotz* der für die Wirtschaftlichkeit günstigen stationären Behandlung der Transmissionswärmeverluste verheerende Ergebnisse herauskommen. Instationäre Verhältnisse würden die Ergebnisse noch dramatischer werden lassen.

Die harten, wirtschaftlich bedingten U-Wert-Begrenzungen einer Dämmstoffkonstruktion mit U-Werten, die weit *über* 0,30 W/m²K zu liegen kommen, desavouiert die Superdämmung als eine unzumutbare, nur viel Geld kostende Konstruktion, die dem Kunden, dem Bürger nicht aufoktroyiert werden darf. Schichtkonstruktionen sind aus wirtschaftlicher Sicht mit normalen U-Werten um 0,40 bis 0,80 W/m²K zu versehen. Der vermeintliche energetische Vorteil einer Schichtkonstruktion, unbegrenzt den U-Wert durch dickere Dämmungen reduzieren zu können, ist wegen der Hyperbeltragik eine Fata Morgana; sie kostet nur viel Geld und bringt nichts an zusätzlichen U-Wert-Verbesserungen. Insofern ist das "Niedrigenergiehaus", das minimierte U-Werte voraussetzt, der falsche Weg [Meier 01d].

An die Feuchteprobleme von Schichtkonstruktionen sei in diesem Zusammenhang ebenfalls erinnert (siehe Kapitel 7 "Feuchteschutz").

Die Frage der Wirtschaftlichkeit wird deshalb so zwingend, weil durch das Wirtschaftlichkeitsgebot im § 5 des Energieeinsparungsgesetzes sowie im § 25 "Befreiungen" ab der EnEV 2007 die Gesetzwidrigkeit der verordneten Wärmedämmungen nachgewiesen werden kann. Wie will man "gesetzestreue" Bürger erwarten, wenn der Verordnungsgeber selbst sich nicht nach den geltenden Gesetzen richtet? Dieser dem Bürger abverlangte "ökonomische Widersinn" hat nichts mit den globalisierten Praktiken "ökonomischen Handelns" zu tun, das sich dem Prinzip des *shareholder value* verpflichtet fühlt und deshalb den arbeitenden Menschen lediglich als Manövriermasse ansieht [Forrester 97]. Hier geht es ausschließlich um wirtschaftliche Konstruktionen, auf die die Bauherren zu recht Wert legen.

*Alternative*
Wird demgegenüber die speicherfähige, monolithische Wand mit der Möglichkeit einer Nutzung kostenloser Solarenergie durch Absorption gewählt, so bedeutet die seit Jahrhunderten bewährte Massivbauweise eine äußerst interessante und konstruktiv bessere Möglichkeit, Energie zu sparen. Die Berücksichtigung der Speicherfähigkeit (siehe Abschnitt 6.2.4 "Effektive U-Werte") führt zu effektiven U-Werten, die zum Teil weit *unter* den durch Grenzwert limitierten U-Werten der Schichtkonstruktionen liegen (siehe Abschnitt 6.5.3 "Effizienzgrenze des U-Wertes). Der Kapitel 6.2 "Speicherung" behandelt diesen Themenkreis, der den einzuschlagenden Weg weist, hier alternativ zu denken und zu bauen.

*Quintessenz:*
Die speicherfähige monolithische Wand ist energetisch günstig, wirtschaftlich tragbar, physiologisch angenehm, bauschadensunanfällig, langlebig und standfest. Dies sind entscheidende Vorteile, die heute systematisch durch Fehlinformationen verschüttet und den Bauwilligen vorenthalten werden. Die überall empfohlenen Skelett- und Leichtkonstruktionen dagegen enthalten keineswegs die breite Palette dieser so wesentlichen Vorteile einer massiven Konstruktion. Die Bauschäden "zukunftsweisender Bauweisen" sind mittlerweile zum Hauptgesprächsthema avanciert.

# 5 Humane Heiztechnik

Mit der Zivilisation entwickelte sich auch die Heiztechnik, mit der in unserem Klima während der Winterzeit thermisch behagliche Wohnverhältnisse geschaffen werden sollen. Strahlungswärme bedeutet eine Energieform, die physiologisch günstig bewertet und vom menschlichen Organismus als wohltuend empfunden wird. Seit Urzeiten nutzt und genießt der Mensch die Strahlungswärme der Sonne [Eisenschink, 90], [Meier, 95, 99a, 01b, 01f, 06b, 07a, 07c, 09].

Bei Strahlungsheizungen hat sich empirisch herausgestellt, daß sie energetisch wesentlich günstiger einzustufen sind, als die Theorie dies voraussagt [Eisenschink 81], [Haartje 97]. Humane Strahlungswärme gilt als eine sehr wirkungsvolle energiesparende Heiztechnik. Die unterschiedlichen Ergebnisse zwischen Theorie und Praxis werfen nun die Frage auf, inwieweit die bei einer Strahlungsheizung angewendeten Recheninstrumente einer kritischen Analyse standhalten können?

## *5.1 Strahlungsphysik*

Die klassische Wärmelehre und damit die Thermodynamik war seit Beginn der Aufklärung und dem Siegeszug der Naturwissenschaften ein erfolgreiches Feld intensiver Forschung mit rational nachvollziehbaren Ergebnissen. Dagegen war die Strahlungsphysik in der Wissenschaft bis zur Wende zum 20. Jahrhundert ein Buch mit sieben Siegeln. Erst mit der Formulierung der Quantenmechanik und der entsprechenden Strahlungsgesetze wurden die physikalischen Grundlagen für die Beschreibung der Strahlung geschaffen.

### 5.1.1 Die älteste Strahlungsheizung

Der Wärmestrahlung der Sonne verdanken wir alles Leben auf der Erde. Bei einer Oberflächentemperatur der Sonne von 5785 K liefert diese an der Obergrenze der Erd-Atmosphäre ein Leistungspotential von 1,37 kW/m² (Solarkonstante); insgesamt ergibt sich damit für die Erde eine Energie von 1,53 x $10^{18}$ kWh/Jahr; durch Reflektion und Absorption gelangen davon ca. 47,3% (0,72 x $10^{18}$ kWh/Jahr) auf die Erdoberfläche bzw. 14,3 % (0,22 x $10^{18}$ kWh/Jahr oder 0,8 x $10^{6}$ EJ/Jahr) auf die Kontinente [Stoy 80], [Natur 83].

Aufgrund der geographischen Lage der Industrienationen liegen die Möglichkeiten einer solaren Energienutzung allerdings nicht so günstig, wie man es gern annehmen möchte. Auch die Verhältnisse in der Bundesrepublik sind global gesehen eingeschränkt.

Trotzdem sollte Solarenergie ernst genommen werden. Immerhin wird diese Energie mit Lichtgeschwindigkeit durch einen luftleeren Raum von etwa -270 °C über eine Entfernung von 150 Mio km transportiert. Geschähe dies nicht, würde die bodennahe Erdtemperatur wesentlich niedriger liegen. Die Unterschiede zwischen Sommer und Winter zeigen infolge unterschiedlicher Einstrahlwinkel den enormen Einfluß der Solarstrahlung. Die energetische Bedeutung dieser Strahlung ist gewaltig, es ergibt sich immer eine *positive* Bilanz. Die Erde und damit auch die Behausungen profitieren von der gratis gelieferten Solarenergie.

Die Sonne, die kulturphilosophisch die Menschen schon immer fasziniert und das Denken der Menschheit stark beeinflußt hat, darf auch heute im Zeitalter der Technik nicht vernachlässigt werden. Gerade das zur Zeit sehr vehement auf Energie abgestimmte Denken und Handeln wäre viel zu elementar und simplifiziert, wenn die seit jeher bestimmende Kraft unseres Lebens ignoriert werden würde. Die Vorstellung, durch den technischen Fortschritt könne vieles substituiert werden, ist eine auf das technisch Machbare ausgerichtete Philosophie und berücksichtigt nicht die Gefahren und negativen Begleitumstände, die mit der Durchsetzung von Machbarkeitsthesen verbunden sind. Darüber hinaus wird es immer offenkundiger, daß mit neuen Techniken als Zeichen globaler Fortentwicklung mehr das monetäre Denken und Handeln bestimmter Wirtschaftszweige sich durchzusetzen versucht. Im Zuge *dieser* Tendenzen wird zur Zeit bedauerlicherweise Solarenergienutzung hauptsächlich durch den Einsatz maschinen- und elektrotechnischer Lösungen verwirklicht, die verstärkt durch hohe, meist zu hohe Investitions- und Folgekosten gekennzeichnet sind. Windenergie und Photovoltaik z. B. sind wirtschaftlich gesehen ein Flop – nur am Leben zu erhalten durch milliardenschwere Steuergeldinfusionen. Energieideologie führt eben nie zum Ziel. Die Verwendung aktiver Systeme sollte deshalb zugunsten kostengünstiger passiver Systeme eingeschränkt, wenn nicht sogar vermieden werden.

### 5.1.2 Die Solarstrahlung

Hierbei handelt es sich um kurzwellige elektromagnetische Strahlen in einem Wellenlängenbereich von etwa 0,2 bis ca. 7 μm. Die Energie der elektromagnetischen Strahlung pflanzt sich mit Lichtgeschwindigkeit fort, erwärmt keine Luft, sondern nur die Erdoberfläche und dann natürlich genauso auch Wände, Decken, Fußböden und Möbel. Auch Flüssigkeiten profitieren von der Sonne.

Die Solarstrahlung ist jedoch nur ein kleiner Ausschnitt aus dem breiten Band elektromagnetischer Wellen. Die Strahlung beginnt beim Strom (50 Hz bzw. 1,8 x $10^{13}$ μm) und geht über die einzelnen hochfrequenten Radiowellen Langwelle (2 bis 1 km), Mittelwelle (1000 bis 182 m), Kurzwelle (100 bis 10 m) und UKW (10 bis 1 m) sowie über die Mikrowellenstrahlung ($10^6$ bis 300 μm) zur infraroten Strahlung, der Wärmestrahlung mit dem Wellenlängenbereich von 300 bis ca. 0,8 μm. Das sichtbare Licht liegt zwischen 0,38 und 0,78 μm. Danach kommen die ultravioletten Strahlen (bis $10^{-1}$ μm). Die Röntgenstrahlen (bis $10^{-6}$ μm), γ-Strahlen (bis $10^{-7}$ μm) und kosmische Höhenstrahlung (bis $10^{-14}$ μm) sind ultrakurzwellige Strahlen. Radarstrahlen ($10^3$ bis $10^5$ μm) und Mobilfunknetze (1,5 bis 3,4 x $10^5$ μm) liegen innerhalb des Mikrowellenbereiches.

Für heiztechnische Zwecke wird die langwellige Wärmestrahlung von etwa 3 bis 50 µm genutzt (langwellige terrestrische Strahlung von ca. 2,5 bis ca. 60 µm).

Es muß also unterschieden werden zwischen der Solarstrahlung (hohe Temperaturen) mit kurzwelliger Natur und der Wärmestrahlung von Heiz- und Raumflächen sowie der terrestrischen Strahlung (niedrige Temperaturen) mit langwelliger Natur.

### 5.1.3 Strahlungsgesetze

Die von einer Oberfläche ausgehende Wärmestrahlung, wie z. B. die von der Heizfläche einer Strahlplatte oder die von der Oberfläche eines Raumes, ist als Temperaturstrahler eine elektromagnetische Welle, gleich dem sichtbaren Licht, der Radiowelle, den Röntgenstrahlen.

Hierüber ist in [Cziesielski 85] zu lesen:
*"Der Wärmetransport durch Strahlung unterscheidet sich grundsätzlich von den Vorgängen der Wärmeübertragung durch Leitung oder Konvektion. Die Unterschiede bestehen darin, daß der Energietransport durch Strahlung an keinen stofflichen Träger gebunden ist und damit auch nicht vom Temperaturfeld des durchstrahlten Mediums abhängt"* und weiter *"Die Temperatur des Strahlers ist demnach die wesentliche Größe, die auf den abgegebenen Energiestrom bei der Wärmestrahlung Einfluß nimmt".* Außerdem heißt es dort: *"Wichtig ist, daß Gase wie $O_2$, $N_2$, $H_2$, trockene Luft und die Edelgase praktisch diatherm (Wärmestrahlen durchlassend) sind. Dies kann man mit einigen Ausnahmen auch so zusammenfassen, daß alle zweiatomigen Gase nicht strahlen".*

Die Thermodynamik lebt von der Temperaturdifferenz (2. Hauptsatz). Wenn also Temperaturdifferenzen auftreten, dann handelt es sich um thermodynamische Prozesse (klassische Wärmelehre). Der Temperaturstrahler aber lebt allein von der absoluten Temperatur (Stefan-Boltzmannsche Gesetz). Bei der Strahlung darf also keine Temperaturdifferenz auftreten, erst recht nicht zu einer Lufttemperatur, da Luft überhaupt keine Strahlung aufnimmt bzw. abstrahlt. Ein Strahlungsaustausch zwischen der Raumluft und der Heizfläche kann es also nicht geben.

Die Strahlungsgesetze lassen sich nicht aus der klassischen Physik (Thermodynamik) herleiten, sondern erfordern die Annahme einer Absorption und Emission elektromagnetischer Strahlungsenergie durch den Schwarzen Strahler in Energiequanten. Diese Annahme gab den Anstoß zur Entwicklung der Quantentheorie. Es mußte damit von Max Planck ein radikaler Bruch mit den Vorstellungen der klassischen Wärmelehre vollzogen werden. Somit läßt sich Strahlung auch nicht mit den Mitteln der kinetischen Wärmelehre, die mit Temperaturdifferenzen operiert (2. Hauptsatz der Thermodynamik) beschreiben. Dies aber wird irrtümlicherweise in der Heizungstechnik praktiziert und führt demzufolge zu irregulären Ergebnissen.

Deshalb ist in [Tipler, 94] auch zu lesen:
*"Experimentelle und theoretische Arbeiten zur spektralen Verteilung der Strahlung eines schwarzen Körpers waren bei der Entwicklung der modernen Physik von außerordentlicher Bedeutung. Es zeigte sich, daß die tatsächliche Wellen-*

*längenabhängigkeit stark von derjenigen abwich, die mit den Gesetzen der klassischen Physik berechnet wurde. Die Erklärung dieser Diskrepanz führte Max Planck 1900 zur Hypothese von der Quantisierung der Energie".*

Und weiter wird dort gesagt:
*"Im Jahr 1900 gelang Max Planck die Herleitung einer Verteilungsfunktion, die mit den experimentellen Daten im gesamten Wellenbereich übereinstimmt. Dazu war allerdings eine merkwürdige Änderung in der klassischen Berechnung notwendig. Er fand die Lösung, als er sich entschloß, die Energie des schwarzen Körpers nicht als eine kontinuierliche Größe zu betrachten, sondern anzunehmen, daß sie in kleinen, diskreten Paketen, sog. Quanten, emittiert und absorbiert wird. Die Energie eines Quantums ist dabei eine Konstante, multipliziert mit der Frequenz der Strahlung".*

Über diese Plancksche Konstante, auch als Plancksches Wirkungsquantum bezeichnet, heißt es dann:
*"Planck konnte diese Konstante h nicht in die klassische Physik einpassen. Die fundamentale Bedeutung der Energiequantisierung erkannte man erst, als Einstein auf ihrer Grundlage den photoelektrischen Effekt erklärte. Bei seinen Überlegungen ging er über Max Planck hinaus und nahm an, daß die Energiequantisierung nicht bloß eine mathematische Hilfskonstruktion ist, sondern eine fundamentale Eigenschaft der elektromagnetischen Strahlung".*

Auch Niels Bohr hatte erkannt, daß die klassischen Auffassungen schlicht nicht in der Lage waren, in ausreichender Weise beispielsweise spezifische Wärmekapazitäten oder den Hochfrequenzanteil der Schwarzkörper-Strahlung oder die magnetischen Eigenschaften der Materie zu erklären [Holton 00].

All dies bedeutet aus physikalischer Sicht:
Wärmestrahlung als elektromagnetische Welle kann nicht mit den Regeln der klassischen kinetischen Wärmelehre behandelt werden. Die Methoden der Thermodynamik, der klassischen Wärmelehre, können nicht auf einen Temperaturstrahler übertragen werden.

Dies aber geschieht in der gesamten Heizungsbranche; die "Strahlungs-Grundlagen" orientieren sich an der klassischen Thermodynamik, die Wärmeleistung wird wiederum der "Übertemperatur" zugeordnet (siehe Bild 5.6). Es sei auch an die DIN EN ISO 6946 erinnert, die Wärmeübergangskoeffizienten für Konvektion und fälschlicherweise auch für Strahlung in W/m²K einführt (siehe Kapitel 9.3 "DIN EN ISO 6946).

### 5.1.3.1 Das Plancksche Strahlungsgesetz

Das Plancksche Strahlungsgesetz beschreibt die Intensität der elektromagnetischen Strahlung eines schwarzen Körpers in W/m²μm. Die oft vorzufindende Dimension W/cm³ ist gleichbedeutend. Experimentell wird ein "Schwarzer Strahler" in einem Hohlraum erzeugt, da hier infolge stets vorliegender Absorption die Strahlung automatisch zum Schwarzen Strahler konvergiert. Deshalb spricht man auch beim Schwarzen Strahler von einer Hohlraumstrahlung.

Die Formel lautet: [Meyers 78].

$$I'_{SK} = \frac{2 \cdot c_1 / \lambda^5}{\exp(c_2 / \lambda \cdot T) - 1} \quad (5.1) \qquad \text{(W/m}^2\mu\text{m) bzw. (W/cm}^3\text{)}$$

$I'_{SK}$ = spektrale Intensität des schwarzen Körpers (Strahlungsdichte) ($W/m^2\mu m$) oder auch ($W/cm^3$)

$c_1$ = erste Plancksche Strahlungskonstante ($3{,}7415 \times 10^{-12}$ $Wcm^2$)

$\lambda$ = Wellenlänge ($\mu m$)

$c_2$ = zweite Plancksche Strahlungskonstante (1,4388 cm K)

T = absolute Temperatur (K) absoluter Nullpunkt: - 273 °C

Durch den Faktor 2 im Zähler der Formel (5.1) werden die beiden Polarisationsmöglichkeiten berücksichtigt [Meyers 70]. Benutzt die elektromagnetische Welle die Ebenen des elektrischen und des magnetischen Feldes, die zueinander senkrecht stehen, so heißt sie polarisiert [Lüscher 87]. Die übliche Praxis in der Heiztechnik halbiert allerdings diese von Max Planck gefundene Formel einer Hohlraumstrahlung mit der Begründung, es handle sich um die Strahlung "in den Halbraum" (hierzu siehe Abschnitt 5.1.3.3: Der Halbraum).

Das Bild 5.1 zeigt die grafische Darstellung der Formel 5.1 für die Hohlraumstrahlung (rechte Skala) sowie die halbierten Werte für die "Halbraumstrahlung" (linke Skala) für Temperaturen von 2400 K, 2000 K und 1600 K.

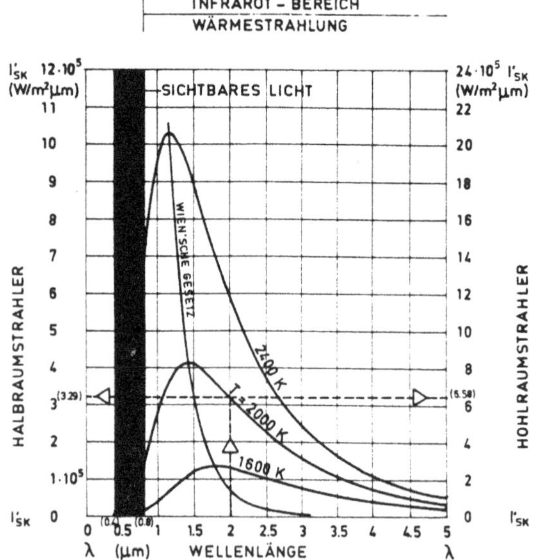


Bild 5.1: Spektrale Intensitätsverteilung der Temperaturstrahlung eines schwarzen Körpers

*Bild 5.1:*
*Für hohe Temperaturen wird ein Wellenlängenbereich von 0 bis 5 µm gewählt. Das sichtbare Licht ist besonders gekennzeichnet. Die Lage der größten Ordinatenwerte folgt dem Wienschen Gesetz. Ein 2000 K Strahler erreicht z. B. bei 2 µm eine Intensität von $6{,}58 \times 10^5$ $W/m^2$ µm (Hohlraumstrahler) oder, wenn die Werte halbiert werden, eine Intensität von $3{,}29 \times 10^5$ $W/m^2$ µm (Halbraumstrahler).*

Die spektralen Intensitätsverteilungen für die in der Heiztechnik verwendeten niedrigen Temperaturen von 0 °C bis 60 °C werden im Bild 5.2 grafisch dargestellt. Für die Hohlraumstrahlung gilt die rechte Skala, für die halbierten Werte einer Halbraumstrahlung gilt die linke Skala.

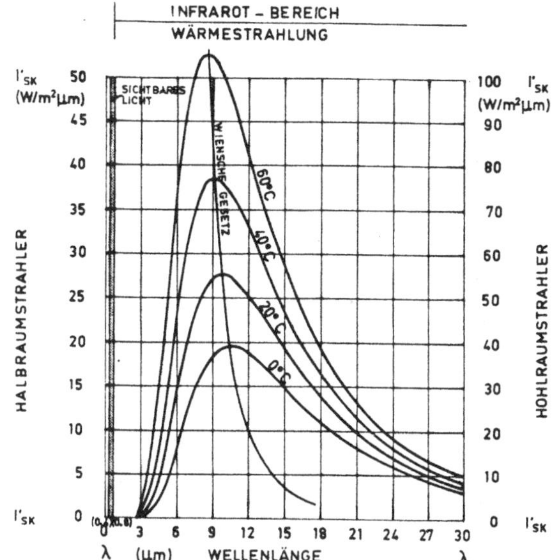


*Bild 5.2:*
*Für niedrige Temperaturen wird ein größerer Wellenlängenbereich von 0 bis 30 µm gewählt. Das sichtbare Licht ist besonders gekennzeichnet, liegt aber weit jenseits der wirksamen Wärmestrahlung. Die Lage der größten Ordinatenwerte folgt dem Wienschen Gesetz.*

Bild 5.2: Spektrale Intensitätsverteilung der Temperaturstrahlung eines schwarzen Körpers

Für bestimmte Strahlungstemperaturen T ergibt sich die größte Strahlungsintensität $I'_{SKmax}$ (W/m²µm) bei einer ganz bestimmten Wellenlänge λ. Dies ist deutlich in den Bildern 5.1 und 5.2 zu erkennen. Das von Wilhelm Wien 1893/94 formulierte Wiensche Verschiebungsgesetz besagt:

$$\lambda_{max} \cdot T = \text{const.}$$

Der konstante Wert (Strahlungskonstante a) beträgt 2896 µmK, bei [Raiß 58] nur 2885, bei [Tipler 94] sogar 2898, so daß die Beziehung etwa lautet:

$$\lambda_{max} = \frac{2896}{T} \qquad \mu m \tag{5.2}$$

Das Wiensche Verschiebungsgesetz gibt zum Beispiel bei vorgegebener Temperatur T die Lage der maximalen Intensität auf der Abszisse an ($\lambda_{max}$-Wert). Auch kann dann ebenso durch Umstellung der Formel (5.2) die Strahltemperatur T ermittelt werden, bei der für eine bestimmte Wellenlänge die maximale Strahlungsintensität erzielt wird.

Für praktische Anwendungen kann die Formel (5.1) vereinfacht werden, indem die zwei Planckschen Konstanten $c_1$ und $c_2$ mit eingearbeitet werden. Für eine

"Hohlraumstrahlung" lautet dann die Formel für die spektrale Intensität des Schwarzen Strahlers an beliebiger Stelle [Meier 95]:

(5.3) $$I'_{SK} = \frac{\frac{7483}{\lambda^5} \cdot 10^5}{e^{\frac{14388}{\lambda \cdot T}} - 1}$$ (W/m²µm) bzw. (W/cm³)

Außerdem kann auch die Größe der maximalen Intensität nach dem Wienschen Verschiebungsgesetz gemäß Formel (5.2) vereinfacht dargestellt werden. Bei Kenntnis der Wellenlänge λ (in µm) wird:

(5.4) $$I'_{SK\max} = \frac{5241206}{\lambda^5}$$ (W/m²µm) bzw. (W/cm³)

Bei Kenntnis der absoluten Temperatur T wird:

(5.4a) $$I'_{SK\max} = 0{,}2573 \cdot \left( \frac{T}{100} \right)^5$$ (W/m²µm) bzw. (W/cm³)

### 5.1.3.2 Das Stefan-Boltzmannsche Strahlungsgesetz

Mit der Intensitätsverteilung nach Max Planck kann das Strahlungsgesetz von Stefan und Boltzmann für die Strahlungsleistung in W/m² erläutert werden. Es handelt sich dabei um die Fläche unterhalb der Intensitätskurve in den Bildern 5.1 und 5.2, also um das Integral dieser Funktion. 1879 empirisch von Stefan gefunden und 1884 von seinem Schüler Boltzmann theoretisch begründet lautet die Formel für die Hohlraumstrahlung dann:

(5.5) $$q_{rs} = 2 \cdot \sigma \cdot T^4$$ (W/m²)

Für Temperaturen in °C kann dann auch geschrieben werden:

(5.5a) $$q_{rs} = 2 \cdot C_S \cdot \left( \frac{273 + \vartheta}{100} \right)^4$$ (W/m²)

| | | |
|---|---|---|
| $q_{rs}$ | = | radiative Wärmeleistung des schwarzen Körpers (W/m²) |
| $\sigma$ | = | Stefan-Boltzmann Konstante (5,67 x $10^{-8}$ W/m²K⁴) |
| T | = | absolute Temperatur (K) (absoluter Nullpunkt: -273 °C) |
| $C_S$ | = | Strahlungszahl des schwarzen Strahlers ($C_S$ = 5,67 W/m²$K^4$) |
| $\vartheta$ | = | Temperatur (°C) |

Jede temperierte Fläche strahlt. Insofern wird auch vom "Temperaturstrahler" gesprochen. Immer handelt es sich um strahlende Flächen. Das Strahlungsgesetz von Stefan und Boltzmann wird in der Abbildung 5.3 grafisch dargestellt.

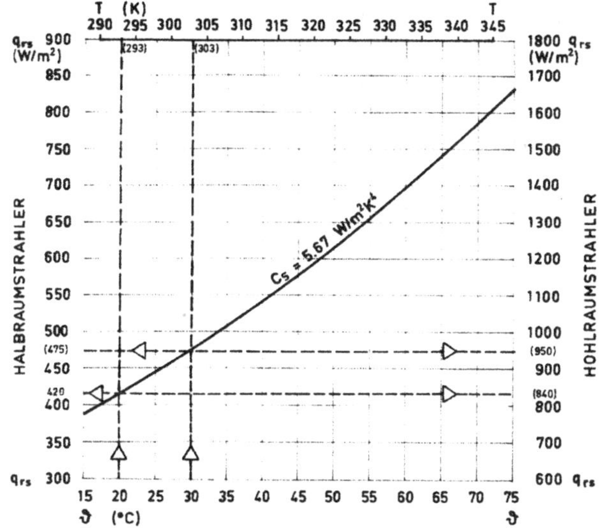


Bild 5.3: Wärmestrahlung des schwarzen Körpers nach Stefan und Boltzmann

*Bild 5.3: Ein Temperaturstrahler von z. B. 20 bis 30 ° C oder 293 bis 303 K strahlt als Hohlraumstrahler immerhin mit rund 840 bis 950 W/m². Der überall angenommene "Halbraumstrahler" bringt es auf die halben Leistungswerte.*

Für eine Oberflächentemperatur ϑ (in °C) auf der unteren Skala oder T (K) auf der oberen Skala kann die sich daraus ergebende emittierte Strahlungsenergie in W/m² abgelesen werden. Hier gilt auch wiederum für die Hohlraumstrahlung die rechte Skala sowie für die halbierten Werte einer Halbraumstrahlung dann die linke Skala.

Eine Wärmemenge von 840 bis 950 Wh/m²h für einen Hohlraumstrahler ist für eine Fläche mit derart geringer Oberflächentemperatur von 20 und 30 °C schon recht respektabel. Diese günstigen Wärmeleistungen werden erreicht, weil es sich hier um eine elektromagnetische Strahlung eines Schwarzen Körpers im Infrarotbereich handelt. Diese hängt allein von der *absoluten Temperatur* ab, dadurch fallen Temperaturunterschiede von z. B. 10 oder 15 K nicht allzu groß ins Gewicht.

### 5.1.3.3 Der Halbraum

Es wird darauf hingewiesen, daß das in [Meyers 78] genannte Plancksche Strahlungsgesetz in der Formel (5.1) einen Faktor 2 enthält, der nach [Meyers 70] die beiden Polarisationsmöglichkeiten berücksichtigt. Diese Handhabung wird angezweifelt und man fragte beim Lexikon-Verlag an, inwieweit man vergessen habe, diesen Faktor 2 zu löschen. Auch von einem Druckfehler ist die Rede. Hierbei geht es um die grundsätzliche Auseinandersetzung Hohlraumstrahlung kontra Halbraumstrahlung, die für die Bemessung einer Strahlungsheizung von Wichtigkeit ist.

Dieses administrative Vorgehen ist unberechtigt, denn die Strahlleistung am Temperaturstrahler ist nach der Planckschen Strahlungsformel voll anzusetzen. Lediglich bei der Frage, wer von dieser Strahlungsleistung profitiert, ergibt sich bei einer Streustrahlung eine Verdünnung, die dann durch die Einstrahlzahl $\varphi$ berücksichtigt wird. Bei kugelförmiger Ausstrahlung von einem Punkt verdünnt sich die Strahlleistung mit dem Quadrat der Entfernung, da sich die Fläche mit dem Quadrat der Entfernung vergrößert. Bei einer Parallelstrahlung dagegen bleibt die Strahlungsleistung ($W/m^2$) unabhängig von der Entfernung konstant.

Auch das Wiensche Strahlungsgesetz enthält analog zur Formel 5.1 in [Meyers 78] den Faktor 2. Der Versuch, diesen Faktor 2 als unzulässig zu deklarieren und sogar auf einen eventuellen "Druckfehler" zurückzuführen, muß als recht dubios angesehen werden. Zwei übersehene "Druckfehler" wären schon recht eigenartig.

In der "Fachliteratur" wird durch den Wegfall des Faktors 2 die Strahlungsleistung halbiert, also die "Halbraumstrahlung" praktiziert. Wegen dieser Vorstellung einer räumlich nur nach einer Seite hin gerichteten Strahlung wird deshalb vom "Schwarzen Strahler in den Halbraum" gesprochen wie z. B. in [Bogoslovkij 82], [Cerbe 96], [Lutz 94], [Recknagel 88], [Reeker 94]. Als Konsequenz dieser fragwürdigen Argumentation würde der Faktor 2 in den Strahlungsformeln 5.1 sowie 5.5 und 5.5a entfallen.

Dies aber ist nicht gerechtfertigt.

Wenn eine Fläche gemäß dem Strahlungsgesetz Energie emittiert, dann strahlt sie eine bestimmte Energieleistung pro Flächeneinheit ab ($W/m^2$), unabhängig von der Form der Strahlfläche (Kugelgestalt oder ebene Fläche) und der Lage der angestrahlten Flächen. Die emittierte Leistung ist immer gleich. Die unterschiedliche Lage der angestrahlten Flächen wird dann erst in einem zweiten Schritt mit der Einstrahlzahl $\varphi$, die die "Verdünnung" für die empfangenden Flächen angibt, berücksichtigt.

Seit Jahren haben sich jedoch in der praktischen Anwendung die Werte einer Hohlraumstrahlung, also mit dem Faktor 2, bestätigt. Es besteht kein Grund, unbedingt davon abzuweichen.

### 5.1.4 Absorption und Emission

Kurzwellige Solarstrahlung sowie langwellige terrestrische Erd- und die im Haus vorliegende Wärmestrahlung werden absorbiert und – nach Kirchhoff – dann auch wieder emittiert. Die in den Strahlungsgesetzen formulierten Größen gelten für den schwarzen Strahler, der die gesamte Strahlung absorbiert und emittiert. Beim Bauen werden jedoch Baustoffe und Materialien verwendet, die nur Anteile der Gesamtstrahlung absorbieren und emittieren, also Strahlung auch reflektieren; sie werden deshalb als graue Strahler bezeichnet.

Die Energiezunahme, die ein Körper erfährt, wenn er Solarstrahlung absorbiert (verschluckt), bewirkt eine Erhöhung seiner Temperatur. Damit erhöht sich aber auch seine Abstrahlung an die Umgebung. Bei speicherfähigem Material erfolgt wegen der Fähigkeit, Energie einzuverleiben, eine geringere Anhebung der Oberflächentemperatur – folglich emittiert speicherfähiges Material auch weniger

Energie. Dagegen erfolgt bei nichtspeicherfähigem Material wegen unzureichender Speichermassen eine erhebliche Temperaturanhebung der Wandaußenfläche, so daß nichtspeicherfähiges Material dann auch wiederum mehr Energie emittiert.

Wichtig wird deshalb die Reduzierung der Wandstrahlung (Energieverlust) durch Niedrighalten der Wandaußentemperatur. Durch ausreichende Speichermasse, durch Massivwände wird dies erreicht.

Wärmedämmverbundsysteme dagegen sind nachteilig. Die Wärmedämmung verzögert bzw. verhindert trotz hoher Temperaturleitfähigkeit das direkte Speichern durch die dahinter liegende Speichermasse, so daß die auftreffende Strahlung mehr emittiert als absorbiert wird.

Absorption (Aufnahme), Emission (Ausstrahlung) sowie Reflektion (Rückwurf) von Wärmestrahlen sind Eigenschaften der Oberflächen und abhängig vom Temperaturstand der Strahlfläche. Die unterschiedlichen Absorptions- und Reflektionseigenschaften zeigen die Bilder 5.4 und 5.5 aus [Bogoslovkij 82]:

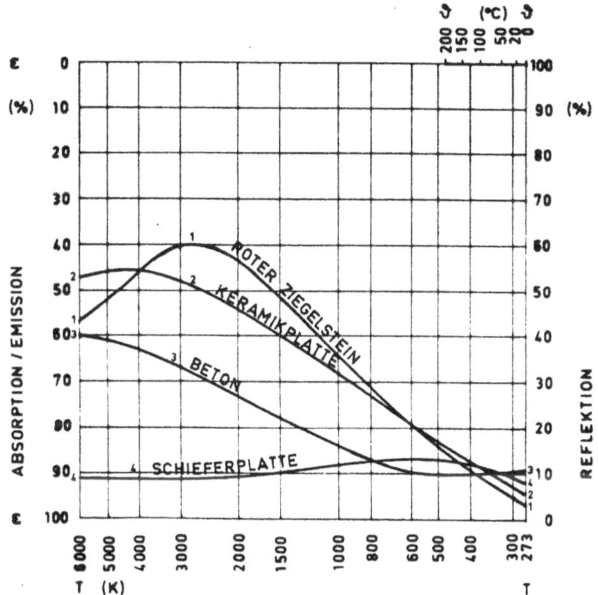


Bild 5.4: Absorptions- und Reflektionseigenschaften verschiedener Materialien

*Bild 5.4:*

*Es werden die unterschiedlichen Absorptions-/Emissionsgrade $\varepsilon$ der vier Baumaterialien Roter Ziegelstein, Keramikplatte, Beton und Schieferplatte behandelt, wobei die Abhängigkeit von der absoluten Temperatur T zwischen 6000 K und*

*273 K (untere Skala) sowie zwischen 200 °C und 0 °C (obere Skala) dargestellt wird.*

*Roter Ziegelstein absorbiert kurzwellige Strahlung (6000 K) zu etwa 60 %, die Absorptionsfähigkeit nimmt dann bis etwa 3000 K etwas ab (40 %), um dann stark zuzunehmen. Normal temperierte Strahlung wird als langwellige Wärmestrahlung etwa zu 95 % absorbiert.*

*Die Absorption kurzwelliger Strahlung liegt bei einer Keramikplatte (50 %) und bei Beton (60 %) niedriger als bei einer langwelligen Wärmestrahlung normaler Wandtemperaturen (95 % und 90 %).*

*Allein die Schieferplatte behält über das breite Spektrum zwischen kurz- und langwelliger Strahlung einen gleichmäßig hohen Absorptionsgrad von rund 90 % bei (die hohe Absorption direkter kurzwelliger Solarstrahlung wird beim Weinanbau vorteilhaft genutzt).*

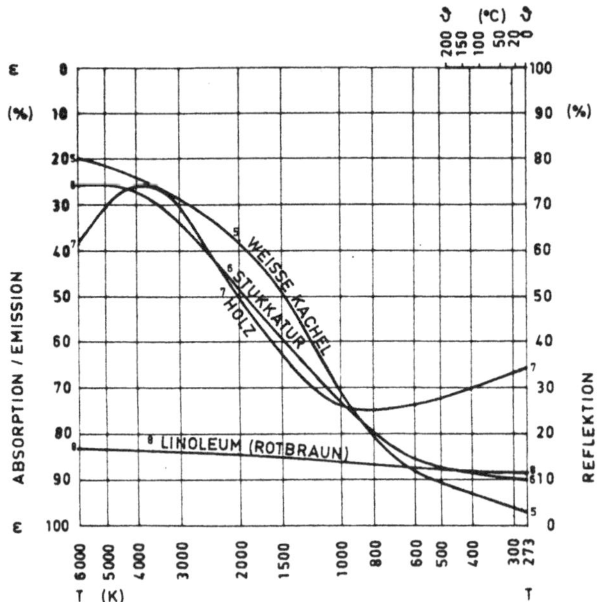


Bild 5.5: Absorptions- und Reflektionseigenschaften verschiedener Materialien

*Bild 5.5:*

*Es werden die unterschiedlichen Absorptions-/Emissionsgrade ε der vier Materialien Weiße Kachel, Stukkatur, Holz und Linoleum (rotbraun) gezeigt, wobei wiederum der Einfluß der absoluten Temperatur T zwischen 6000 und 273 K abgelesen werden kann. Die obere Skala zeigt für langwellige Strahlung die Werte in °C an.*

*Eine weiße Kachel und auch Stukkatur absorbiert eine kurzwellige Strahlung etwa zu 20 bis 25 %; eine langwellige Wärmestrahlung dagegen wird zu etwa 90 bis 95 % absorbiert.*

*Holz vollzieht, ähnlich wie der rote Ziegelstein, eine Wellenbewegung: Kurzwellige Solarstrahlung wird zu etwa 40 % absorbiert, bei fallenden Temperaturen sinkt dieser Wert bis auf etwa 27% (4000 K), um dann bei etwa 800 bis 1000 K den größten Absorptionsgrad von rund 75% zu erreichen. Bei normaltemperierter Strahlung fällt die Absorption dann wieder auf etwa 65 % ab.*

*Rotbraunes Linoleum absorbiert über den weiten Bereich kurz- und langwelliger Wärmestrahlung hinweg, ähnlich wie der Schiefer, gleichbleibend hoch etwa 80 bis 90 %.*

Da das Sonnenlicht in erheblichem Maße aus kurzwelligen Strahlen besteht, spielt beim strahlenempfangenen Körper bezüglich der Absorption und Reflektion auch die Farbe eine Rolle. Bei langwelliger Wärmestrahlung ist dagegen weitgehend farbunabhängig ein fast konstanter Wert (etwa 0,81 bis 0,93) festzustellen.

Ein schwarzer Körper absorbiert die gesamte auftreffende Strahlung, ebenso aber emittiert er auch diese gesamte Strahlung. Ein grauer Körper dagegen absorbiert und emittiert nur einen Teil der auftreffenden Strahlung. Das Verhältnis der absorbierten und damit auch der emittierten Strahlung eines grauen Körpers zur Absorption und Emission des schwarzen Körpers (100%) wird mit dem Emissionsgrad $\varepsilon$ beschrieben.

Formelmäßig wird dies wie folgt ausgedrückt:

$$q_r = q_{rs} \cdot \varepsilon \qquad (5.6) \qquad (W/m^2)$$

$q_r$ = radiative Wärmeleistung des grauen Körpers ($W/m^2$)

$q_{rs}$ = radiative Wärmeleistung des schwarzen Körpers ($W/m^2$)

$\varepsilon$ = Emissionsgrad

Nach dem Kirchhoffschen Gesetz ist der Emissionsgrad $\varepsilon$ eines Strahlers gleich dem Absorptionsgrad a; dies gilt bei einer monochromatischen Strahlung für jede Temperatur und Wellenlänge. Flächen mit hoher Absorptionszahl strahlen also mehr als Flächen mit niedriger Absorptionszahl. Was eine Fläche nicht absorbiert, wird reflektiert.

Allerdings muß bei einer Hohlraumstrahlung (also bei einem geschlossenen System, und dazu gehört auch ein Zimmer oder ein geschlossener Raum mit Glasscheiben, die ja von der Wärmestrahlung nicht durchdrungen werden können) erwähnt werden, daß die nicht absorbierte, also reflektierte, Strahlung durch mehrfache Reflektion nicht verloren geht und demzufolge wiederum absorbiert werden kann, so daß am Ende die gesamte Strahlung absorbiert wird. Der Emissionsgrad $\varepsilon$ liegt dann bei 1, wie bei der experimentellen Versuchsanlage eines Hohlraumstrahlers gemäß den Planckschen Messungen.

## 5.2 *Strahlungsaustausch*

Wärmestrahlen tauschen ohne Medium Energie aus. Energie der höher temperierten Strahlfläche gibt Energie an die niedriger temperierte Strahlfläche ab. Dies geschieht so lange, bis Temperaturgleichheit besteht. Insofern werden bei einer Strahlungsheizung einheitliche Temperaturfelder erzeugt, die alle nach gewisser Zeit gleich stark strahlen. Dies ist der große Vorteil einer Strahlungsheizung.

### 5.2.1 Differenzbildung

Mit der Differenzbildung wird demzufolge die Energiemenge bestimmt, die im Strahlungsaustausch zwischen zwei Strahlflächen ausgetauscht wird. Dabei empfängt die niedriger temperierte Strahlfläche die Energiemenge, die die höher temperierte Strahlfläche abgibt. Umgekehrt empfängt aber auch die höher temperierte Strahlfläche die Energiemenge, die die niedriger temperierte Strahlfläche abgibt. Die Differenz beider Energiemengen wird demzufolge entweder von der niedriger temperierten Strahlfläche aufgenommen (+) oder von der höher temperierten Strahlfläche abgegeben (-). Die Bilanz der transportierten Gesamtenergie in beiden Richtungen ist damit aber null.

Infolge stetiger Absorption bei dem "Hin und Her" der Strahlung mit Lichtgeschwindigkeit wird die Größe des Strahlungsaustausches jedoch immer kleiner. Dadurch aber gleichen sich die Temperaturen an. Bei gleichen Temperaturen der Strahlflächen wird dann *keine* Energie mehr ausgetauscht, es wird keine Energie von der einen zur anderen Strahlfläche übertragen. Dabei spielt die Höhe der Temperatur keine Rolle. Wenn es um den *Strahlungsaustausch* geht, bekommt die Differenzbildung einen Sinn.

### 5.2.2 Strahlungsaustauschzahl

Die Strahlungsaustauschzahl $C_{1,2}$ [Cerbe 96], [Glück 82], [Raiß 58], [Recknagel 88], [Reeker 94] beinhaltet sowohl die Halbierung der Strahlleistung (fragwürdig) als auch die beim Strahlungsaustausch notwendige Differenzbildung.

Durch die Strahlungsaustauschzahl $C_{1,2}$ wird die Strahlungszahl des Schwarzen Körpers $C_S$ (5,67 W/m²K⁴) infolge unterschiedlicher Emissionsgrade zweier Flächen zum Teil drastisch reduziert. Die Formel lautet:

$$(5.7) \qquad C_{1,2} = \frac{C_S}{\frac{1}{\varepsilon_1} + \frac{1}{\varepsilon_2} - 1} \qquad (\mathrm{W/m^2K^4})$$

Werden die Strahlungszahl $C_S$ und die Strahlungsaustauschzahl $C_{1,2}$ in der Formel (5.7) eliminiert, so wird der Strahlungsaustauschgrad E gefunden, das Verhältnis von $C_{1,2}$ zu $C_S$ (behandelt in der DIN EN ISO 6946).

Die Formel lautet:

(5.8) $$E = \frac{1}{\frac{1}{\varepsilon_1} + \frac{1}{\varepsilon_2} - 1} \quad (-)$$

$C_{1,2}$ = Strahlungsaustauschzahl zweier Flächen ($W/m^2K^4$)
$C_S$ = Strahlungszahl des schwarzen Strahlers ($C_S$ = 5,67 $W/m^2K^4$)
$\varepsilon_1$ = Emissionsgrad der Fläche 1 (-)
$\varepsilon_2$ = Emissionsgrad der Fläche 2 (-)
E = Strahlungsaustauschgrad zweier Flächen (-)

Mit dem Strahlungsaustauschgrad E der Formel (5.8) wird der "gemeinsame" Strahlungsaustausch aus den einzelnen Emissionsgraden $\varepsilon_1$ und $\varepsilon_2$ berechnet. Interessant ist, daß dieser gemeinsame Strahlungsaustauschgrad bereits nach einmaliger Reflektion *immer* kleiner ist als der kleinere von beiden Emissionsgraden.

Beispiel: Putz: $\varepsilon_1 = 0{,}94$; Aluminium: $\varepsilon_2 = 0{,}04$. Nach Formel (5.8) wird:

(5.8) $$E = \frac{1}{\frac{1}{0{,}94} + \frac{1}{0{,}04} - 1} = 0{,}0398$$

Dieser "zusammengefaßte" Strahlungsaustauschgrad von 0,0389 kommt dadurch zustande, daß sich der Strahlungsaustausch am kleineren Emissionsgrad orientiert und außerdem bei der theoretischen Behandlung des Strahlungsaustausches die absorbierte Energie nicht berücksichtigt wird. "Mit der Zeit" wird die ausgetauschte Energiemenge dann jedoch immer kleiner, da ständig absorbiert wird.

In diesem Zusammenhang soll auch der "gemeinsame" Strahlungsaustauschgrad E angesprochen werden, wenn beide Emissionsgrade gleich groß sind. Es wird also $\varepsilon_1 = \varepsilon_2$ gesetzt, damit wird:

(5.8a) $$E = \frac{\varepsilon}{2 - \varepsilon} \quad (-)$$

Selbstverständlich wird auch bei gleichen Emissionsgraden der Strahlungsaustausch infolge Absorption der nicht reflektierten Energie stetig reduziert. Der Nenner ist immer >1, so daß stets $E < \varepsilon$ wird. Nur allein der Schwarze Strahler mit $\varepsilon = 1$ bleibt bei $E = \varepsilon$.

### 5.2.3 Ausgetauschte Energiemenge

Die zwischen zwei Flächen ausgetauschte Strahlungsenergie wird nun bei Berücksichtigung der Strahlungsaustauschzahl $C_{1,2}$ sowie der fragwürdigen Prämisse einer Halbraumstrahlung in der Fachliteratur wie folgt angegeben:

(5.9) $$q_{r1,2} = \frac{C_S}{\frac{1}{\varepsilon_1} + \frac{1}{\varepsilon_2} - 1} \cdot \left[ \left( \frac{T_1}{100} \right)^4 - \left( \frac{T_2}{100} \right)^4 \right]$$ (W/m²)

Dies ist nun die allseits bekannte und überall angewendete "Strahlungsformel".

$q_{r1,2}$ = radiativer Strahlungsaustausch des grauen Körpers (W/m²)
$C_S$ = Strahlungszahl des schwarzen Strahlers ($C_S$ = 5,67 W/m²K$^4$ )
$\varepsilon_1$ = Emissionsgrad der strahlenden Fläche 1 (-)
$\varepsilon_2$ = Emissionsgrad der strahlenden Fläche 2 (-)
$T_1$ = absolute Temperatur der strahlenden Fläche 1 (K)
$T_2$ absolute Temperatur der strahlenden Fläche 2 (K)

Bei dieser Formel kommen nun zusätzlich folgende kritik- und fragwürdigen Randbedingungen zum Tragen:

1. Es wird eine *einmalige* Reflektion berücksichtigt. Diese Einschränkung beschreibt einen Zeitpunkt, der eigentlich schon sofort vorbei ist. Mit der Lichtgeschwindigkeit einer elektromagnetischen Strahlung erfolgt bei einem Abstand von 10 m eine 30millionenfache Reflektion pro Sekunde, die solange anhält, bis die gesamte Strahlungsenergie absorbiert (schwarzer Strahler) und nach gewisser Zeit der Energieaustausch zwischen den beiden Flächen abgeschlossen ist; die Temperaturen haben sich angeglichen. Wenn alle Strahlung jedoch absorbiert wird, dann ist der Emissionsgrad $\varepsilon$ = 1.
2. Die absorbierte Strahlung, die zur Temperaturerhöhung der strahlenden Oberfläche führt, wird in der "Gesamtenergiebilanz" unterschlagen. Nur die reflektierte Energie wird behandelt und deshalb wird bei vermehrter Reflektion die Strahlungsaustauschmenge immer kleiner.
3. Es werden zwei gleich große und parallele Flächen angenommen. Bei der verallgemeinerten Anwendung der Strahlungsaustauschzahlen trifft dies selten zu.
4. Die seitlichen Strahlungsverluste werden zu Null. Inwieweit diese Randbedingung gesetzt werden kann, hängt vom Abstand der beiden Flächen ab. Allerdings wird bei einem Hohlraum, also auch bei einem Zimmer, die Frage der Streuung belanglos, da die Strahlung im "Hohlraum" permanent absorbiert und reflektiert wird. Die Strahlung verbleibt im (Hohl)-Raum.
5. Die beiden Temperaturen $T_1$ und $T_2$ werden als konstant angenommen. Dies entspricht infolge des ständigen Energieaustausches nicht der Realität, da die Temperaturen sich mit der Zeit angleichen (siehe Randbedingung 1).
6. Die beiden Emissionsgrade $\varepsilon_1$ und $\varepsilon_2$ werden ebenfalls konstant angenommen. Auch dies entspricht nicht der Realität, da sie beide mit der Zeit zu 1 werden (siehe Randbedingung 1).

Diese angenommenen und definierten Randbedingungen lassen die allgemeingültige Einsatzfähigkeit der Formel (5.9) für den Strahlungsaustausch fast zu Null schrumpfen. Es ist sogar zu vermuten, daß man bei der in der Fachwelt doch allgemein angenommenen Gültigkeit dieser in der Literatur vorzufindenden Formel gar nicht ahnt, wie fehlerhaft diese ist.

## 5.3 Fehlerhafte Behandlung der Strahlung

Die langjährig angewendeten und damit sicher auch als "bewährt" bezeichneten fehlerhaften Formelansätze für die Bemessung einer Strahlungsheizung, wie z. B. die Formel (5.9), erweisen sich für die Beurteilung der wahren Strahlungsverhältnisse als logisch widersprüchlich und fehlerhaft; sie verstoßen eklatant gegen die elementaren Gesetzmäßigkeiten der nur mit der Quantenmechanik zu erklärenden Strahlungsphysik.

### 5.3.1 Der Irrtum der Heizungsbranche

Die energetische Bilanzierung eines Strahlungsaustausches zwischen Strahlflächen gemäß Formel (5.9) wird nun eklatant fehlgedeutet.

Der Strahlungs*ausgleich* wird als Strahlungs*leistung* angesehen.

Mit dieser Gleichsetzung wird fälschlicherweise davon ausgegangen, daß mit dem Strahlungsausgleich die in den Raum strahlende und für den Menschen nutzbare Energie bestimmt werden würde. Immerhin wird ja mit der Wärmebedarfsberechnung die verlorengehende Energiemenge berechnet, die dann durch die Heizung wieder nachgeliefert werden muß.

Die aus der Thermodynamik bekannte und bei einer Konvektionsheizung notwendige Differenzbildung kann für die Bestimmung der Wärmeleistung einer Strahlungsheizung nicht übernommen werden. Bei der Strahlung wirken Wärmestrahlen als elektromagnetische Wellen. Sie sind allein abhängig von der absoluten Temperatur, sind also immer positiv (+). Wenn zwei gegenüberliegend angeordnete Temperaturstrahler vorhanden sind, dann strahlen sie beide positiv. Diese beiden Strahlungsleistungen nun in Anlehnung an die Differenzbildungen in der kinetischen Wärmelehre jeweils mit einem positiven (+) und einem negativen (-) Vorzeichen zu belegen, ist zwar beim Strahlungsausgleich richtig, für die Wärmelieferung an den Raum jedoch völlig unverständlich. Diese Differenzbildung wird jedoch überall praktiziert, so unter anderem in [Bogoslovkij 82], [Cerbe 96], [Glück 82], [Lutz 94], [Raiß 58], [Recknagel 88], [Reeker 94]. Man berechnet damit allein nur die Energiebilanz einer Strahlfläche, also die Differenz zwischen abgegebener und empfangener Strahlung, nicht aber, wie erforderlich, die Summe der in den Raum strahlenden Energie. Bei einer Strahlungsheizung versagt also dieses Modell der Differenzbildung, es führt zu absurden Ergebnissen.

Die Differenzbildung ist der große Irrtum; hier der Nachweis als Gedankenexperiment:

1. Ist in der Formel (5.9) z. B. $T_1$ = 80 °C (Strahlplatte) und $T_2$ = 20 °C (Putzfläche), so ist der Strahlungsaustausch, die Differenz in der eckigen Klammer, sehr groß. Es ergäbe sich also eine große "Strahlungsleistung".

2. Wird nun $T_2$ z. B. auf 50 °C angehoben (eine mäßig temperierte Strahlplatte), so wird die Differenz, eben der Strahlungsaustausch, dadurch kleiner. Es ergäbe sich damit jedoch auch eine kleinere "Strahlungsleistung". Tatsächlich aber erhöht sich doch die Strahlungsleistung der Fläche 2, denn sie strahlt jetzt statt mit 20 °C mit 50 °C – also stimmt doch etwas nicht.
3. Wird nun die in 1. gewählte Strahlplatte mit $T_1$ = 80 °C, etwa wegen vermeintlicher Wärmeunterversorgung des Raumes, auf der gegenüberliegenden Seite nochmals angeordnet, wird also die Strahlfläche und damit das Strahlungsangebot für den Raum verdoppelt, dann ergibt sich nach Formel (5.9) zwar ein Strahlungs*austausch* von Null, was durchaus stimmt, aber eben auch nach gängiger Vorgehensweise eine Strahlungs*leistung* beider Strahlplatten von Null – dies aber ist absolut unsinnig und zeigt sehr deutlich den Widerspruch zwischen angenommener Theorie und vorliegender Empirie. Ein solches Ergebnis ist ein Unding und *kann* nicht stimmen, denn immerhin strahlen beide Flächen recht deutlich.
4. Wenn alle Oberflächen im Raum einschließlich der Möbel eine Oberflächentemperatur von z. B. 22 °C hätten, dann wäre die Behaglichkeitsanforderung an einen Raum voll erfüllt; das Behaglichkeitsprofil nach Bedford und Liese gemäß Bild 5.10 zeigt es. Durch den stets vorliegenden Strahlungsaustausch wird dieser Zustand gleichmäßiger Oberflächentemperaturen sehr schnell erreicht. Wenn jetzt zur Bestimmung der "Wärmeleistung" aller Flächen die Formel (5.9) verwendet werden würde, dann käme ebenfalls wieder Null heraus – ein völlig absurdes Rechenergebnis, das der Erfahrung widerspricht, denn die Wärmeversorgung ist doch wohl voll gewährleistet.
5. Diesen rechnerischen Unfug kann sogar jeder empirisch selber nachvollziehen. Man stelle sich nur zwischen zwei hochgradig temperierte Flächen (50, 100 oder sogar 500 °C), die Rechnung nach Formel (5.9) ergibt Null, die Erfahrung aber zeigt, daß es einem dabei sicher recht heiß werden wird – und doch wird für die beiden Heizflächen jeweils eine "Wärmeabgabe" von Null errechnet – ein Nullergebnis aber ist da höchst unbefriedigend. Was hier gerechnet wird ist allein die Tatsache, daß keine Strahlung mehr ausgetauscht wird, da beide Strahler das gleiche Temperaturniveau haben.

Dieses logische Gedankenexperiment zeigt unwiderlegbar: Die Formel für den Strahlungs*ausgleich* ist für die Bestimmung der Strahlungs*leistung* nicht verwendbar, sie wird in der Praxis jedoch überall angewendet – leider. Richtigerweise muß in der Formel (5.9) nicht die Differenz, sondern die Summe beider Strahlungsleistungen gemäß Formel (5.1) Verwendung finden.

Dies kennzeichnet bei der Bestimmung der Wärme*leistung* einer Strahlungsheizung in eindrucksvoller Weise die Unzulässigkeit einer Differenzbildung. Thermodynamische Gedankengänge sind für die elektromagnetische Strahlung nicht übertragbar. Beim Strahlungsaustausch wird also genau das berechnet, was damit auch deutlich gesagt wird: nämlich der Strahlungs*austausch*.

Die Anwendung der Strahlungsaustausch-Formel für die Wärmeleistung einer Strahlungsheizung ist deshalb falsch. Irrtümer, Denkfehler und fehlerhafte Schlußfolgerungen sind die Ursachen hierfür.

## 5.3.2 Falsche Theorie für die Praxis

Von der offiziellen Heiztechnik wird die Wärmeleistung einer Strahlungsheizung analog einer Konvektionsheizung nach thermodynamischen Regularien festgelegt. Dies ist falsch. Thermodynamik lebt von Temperatur*differenzen* (erkennbar z. B. an der Dimension W/m²K) und von Übertemperaturen (K), die Strahlungsleistung jedoch hängt nach Stefan-Boltzmann allein von der vierten Potenz der absoluten Temperatur ab (W/m²). Beides ist aus physikalischen Gründen nicht kompatibel.

Die Heizungsbranche führt insofern im Gegensatz zu den von Max Planck gefundenen Ergebnissen bei ihren Strahlungsberechnungen Korrekturen ein, die die Strahlungsleistung einer Strahlungsheizung gewaltig mindern [Meier 99a, 02b]. Diese Diskrepanz zeigt Bild 5.6, das unter anderem die Werte der Tabelle 5.1 grafisch darstellt.

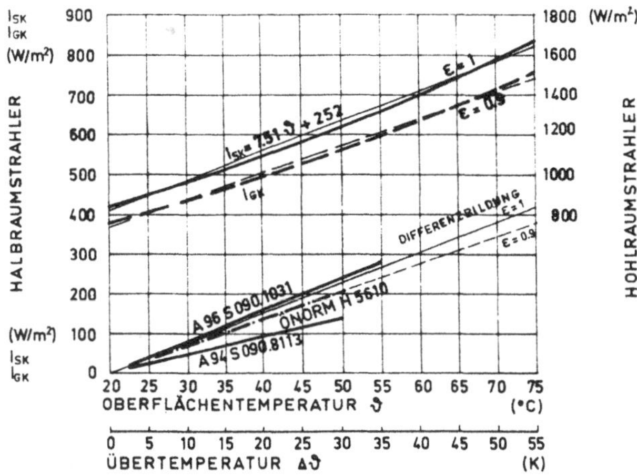


Bild 5.6: Fehlerhafte Berechnung der Wärmeleistung einer Strahlungsheizung

*Bild 5.6: Die Leistungsunterschiede sind recht hoch. Es wird bei einer Halbraumstrahlung über den gesamten Bereich einer Strahltemperatur zwischen 20 und 75 °C eine zusätzliche Strahlungsleistung $I_{SK}$ bzw. $q_r$ in Formel (5.6) von ca. 400 W/m² unterschlagen.*

Bei einer Hohlraumstrahlung (Verhältnisse in einem Innenraum) sind die Diskrepanzen noch größer (ca. 800 bis 1200 W/m²). Dies ist unverantwortlich und ist der Grund, weshalb Konvektionsheizungen es zu einer mehr als fragwürdigen Dominanz gebracht haben. Strahlungsheizungen werden damit generell unterbewertet und maßlos benachteiligt.

Bemerkenswert ist, daß bei Anwendung der "praktizierten" Formeln *alle* errechneten Werte stets zu Ergebnissen führen, die zu niedrig ausfallen. Diese fehlerhafte Behandlung führt zwangsläufig dann auch zu einer Überdimensionierung der Strahlungsheizung und damit zu einer ungerechtfertigten Kostenverteuerung. Bei einer solchen Methodik braucht man sich dann auch nicht zu wundern, daß die Strahlungsheizung nicht die Geltung erfährt, die sie verdient.

### 5.3.3 Unsinnige Formeln für Wärmeleistungen

In altbewährter Manier wird bei der Prüfung der Wärmeleistung einer Strahlungsheizung von "Übertemperaturen", also von Temperaturdifferenzen wie bei der Konvektionsheizung, ausgegangen, obgleich die Wärmestrahlung einzig und allein von der absoluten Temperatur der strahlenden Oberfläche abhängt.

So häufen sich die Fehler:

- Es wird wie bei einer Konvektionsheizung ein Strahlungsanteil angenommen. Dies ist für einen Wandstrahler unrealistisch. Hier zeigt sich das Unvermögen, zwischen Wärmeleitung/Wärmeströmung (Thermodynamik) und Wärmestrahlung (Quantenmechanik) zu unterscheiden. Die Rechenmethoden der Thermodynamik sind auf die Strahlung nicht übertragbar.
- Es wird eine Nutzwärmeleistung bei einer bestimmten Temperaturdifferenz zwischen mittlerer Heizwassertemperatur und der Luft angegeben. Auch dies ist für eine Strahlungsheizung überhaupt nicht relevant, es ist unsinnig, denn Luft ist für Strahlung diatherm.
- Es wird eine spezifische Leistung in W/K bzw. in W/m²K berechnet. Der Bezug auf die Temperaturdifferenz "pro K" ist für eine Strahlungsheizung genauso widersinnig.
- Die Bestimmung der Wärmeleistung geschieht nach thermodynamischen Gesichtspunkten unter Einbeziehung der "Übertemperatur". Dieses Vorgehen ist methodisch falsch, weil eine Strahlfläche völlig unabhängig von Übertemperaturen strahlt.

Trotz dieser Irrtümer macht die "Heiztheorie" folgendes daraus?
Die Wärmeleistung einer Strahlungsheizung wird (fast) proportional zur Übertemperatur festgelegt. Bei Kenntnis der Strahlungsphysik ist dies widersinnig. Maßgebend ist einzig und allein die Oberflächentemperatur der strahlenden Fläche.

Aus dieser Diskrepanz ergeben sich automatisch große Unterschiede zwischen der tatsächlichen Strahlungsleistung (quantenmechanische Gesetzmäßigkeiten) und der "hingerechneten" Strahlungsleistung (thermodynamische Gesetzmäßigkeiten). Die DIN 4703/04 bzw. EN 442 darf also nicht zur Bestimmung der Nutzwärmeleistung einer Strahlungsheizung (Wandstrahler) herangezogen werden. Das Ergebnis ist ein Theoriedebakel sondersgleichen, ein völliges Durcheinander im Denken und ein vollkommenes Chaos im Rechnen.

Die Benachteiligung der Strahlungsheizung in Theorie und Praxis ist offenkundig Dieser Trend wird von durchgeführten "Prüfungen" in offiziellen Labors und Instituten sogar unterstützt und zementiert.

Die Wärmeleistung von Strahlungsheizungen wird in Prüfberichten fälschlicherweise wie folgt angegeben:

$$q = C \cdot (\Delta t)^n \qquad \text{W/m}^2 \tag{5.10}$$

"Offizielle Prüfberichte" gehen in Anlehnung an die klassische Wärmelehre also stets von einer zur Übertemperatur (fast) proportionalen Wärmeleistung aus. Beispielhaft werden einige "Meßergebnisse" in der Tabelle 5.1 aufgelistet:

**Tabelle 5.1:** Wärmeleistungen q von Strahlungsheizungen nach "offiziellen Prüfmethoden".

| C | n | Δt | 10 | 15 | 20 | 25 | 30 | 35 | K |
|---|---|---|---|---|---|---|---|---|---|
| 1,5281 | 1,3 | q = | 30,5 | 51,7 | 75,1 | 100,3 | 127,2 | 155,4 | W/m² |
| 5,486 | 1,11 | q = | 70,7 | 110,8 | 152,5 | 195,4 | 239,3 | 283,9 | W/m² |
| 4,0743 | 1,03 | q = | 44,1 | 67,0 | 90,2 | 113,6 | 137,2 | 160,9 | W/m² |
| 8,333 | 1 | q = | 83,3 | 125,0 | 166,7 | 208,3 | 250,0 | 291,7 | W/m² |
| 6,667 | 1 | q = | 66,7 | 100,0 | 133,3 | 166,7 | 200,0 | 233,3 | W/m² |

Die ersten drei Zeilen stammen aus offiziellen Prüfberichten, die beiden letzten Zeilen aus einem Entwurf für eine österreichische Strahlungsnorm. Diese "Ergebnisse" sind niederschmetternd und dafür verantwortlich zu machen, daß Strahlungsheizungen bisher nicht die Bedeutung erlangen konnten, die sie ehrlicherweise verdienen. Es ist ein kapitaler Fehler, wenn die Strahlungsleistung "proportional zur Übertemperatur" angegeben wird.

Das bisherige Ziel in der Heiztechnik, mit einer Konvektionsheizung erstrebenswerte Raumlufttemperaturen zu gewährleisten, muß aufgegeben werden zugunsten der Aufgabe, mit einer Strahlungsheizung temperierte Wände zu erzielen. Hier drängt sich folgende Frage auf: "Muß nicht bei solchen Vorteilen und den vorliegenden methodischen Fehlern die Strahlungsheizung aus grundsätzlichen physiologischen, ökologischen und ökonomischen Erwägungen heraus gegenüber der Konvektionsheizung favorisiert werden?". Die Antwort ist ein klares Ja.

Es ist deshalb ernsthaft die Frage zu prüfen, inwieweit hier nicht grundsätzlich umgedacht werden muß, damit bei der Planung von Heizungsanlagen die rechnerisch produzierten Benachteiligungen der Strahlungsheizung der Vergangenheit angehören.

### 5.3.4 Wärmeübergangskoeffizient Strahlung

Es geht bei der Behandlung von Strahlung hier weniger um die baupraktische Umsetzung z. B. einer Wandstrahlungsheizung durch unterschiedliche Systeme, die der Markt ja umfangreich präsentiert, sondern mehr um die technisch-wissenschaftliche Handhabung in Theorie und Praxis. Und hier offenbart sich bei den verwendeten Rechenmethoden das ganze Dilemma.

Ausgehend von der Formel (5.9), die einen Strahlungsaustausch in W/m² beschreibt, wird in der praktischen Anwendung der dort vorliegende [ ]-Ausdruck mit der Differenz der vierten Potenzen der absoluten Temperaturen dann noch durch die Temperaturdifferenz ($T_1$ - $T_2$) geteilt. Dieser neue [ ]-Ausdruck, in Formel (5.11) dargestellt, wird dann als Temperaturfaktor bezeichnet und erhält die Dimension $T^3$ [Glück 82], [Gösele 85], [Raiß 58], [Reeker 94]. Damit aber bekommt die Formel (5.11) die Dimension W/m²K und wird der klassischen Wärmelehre angeglichen – ein physikalischer Fauxpas.

Durch die Bildung des Temperaturfaktors kann am Ende wieder analog der allerdings für die Strahlung nicht zutreffenden kinetischen Wärmelehre mit einer Temperaturdifferenz multipliziert werden.

Hierfür wird dann meist die Temperaturdifferenz zwischen Heizkörper und "Luft" gewählt. Auch bei der Abstrahlung einer erwärmten Außenoberfläche wird die Differenz zwischen Außenoberflächentemperatur und Außenlufttemperatur bzw. "Himmelstemperatur" genommen. Da jedoch Luft für Strahlung diatherm ist und somit Strahlung überhaupt nicht absorbieren und emittieren kann, ist dies ein kapitaler methodischer Fehler.

Auch müßte in einer Konstruktion beim Strahlungsaustausch zweier Flächen über einen Luftspalt dann später richtigerweise mit der Temperaturdifferenz dieser beiden am Luftspalt angrenzenden Oberflächen multipliziert werden. Dies aber geschieht keineswegs, denn es wird, da es sich bei der Gesamtbehandlung um eine Addition von Wärmedurchlaßwiderständen einzelner Schichten handelt, am Ende eben mit der Temperaturdifferenz zwischen Innenluft und Außenluft multipliziert. Diese Unsauberkeit führt ebenfalls zu fehlerhaften Ergebnissen. Denkfehler bestimmen also weiterhin die Strahlungs-Heiztechnik.

Mit dieser willkürlichen Festlegung wird dann der fehlerhaft angewendete Strahlungsaustausch der Formel (5.9) in W/m² zu einem fehlerhaften Wärmeübergangskoeffizienten $\alpha_S$ [Glück 82], [Raiß 58], [Reeker 94] bzw. $h_r$ [nach DIN EN ISO 6946] in W/m²K umfunktioniert. Hier bereits wird durch den klassischen Begriff "Wärmeübergang" die Basis der Strahlungsphysik verlassen. Dieser "Wärmeübergangskoeffizient" wird somit:

(5.11) $$h_r = \frac{C_S}{\frac{1}{\varepsilon_1} + \frac{1}{\varepsilon_2} - 1} \cdot \left[ \frac{\left(\frac{T_1}{100}\right)^4 - \left(\frac{T_2}{100}\right)^4}{T_1 - T_2} \right]$$ (W/m²K)

Da die Beziehung besteht:

(5.12) $$\sigma = C_S \cdot 10^{-8}$$ (W/m²K⁴)

kann für die Formel (5.11) auch geschrieben werden:

(5.13) $$h_r = \frac{\sigma}{\frac{1}{\varepsilon_1} + \frac{1}{\varepsilon_2} - 1} \cdot \left[ \frac{(T_1)^4 - (T_2)^4}{T_1 - T_2} \right]$$ (W/m²K)

$h_r$ = Wärmeübergangskoeffizient Strahlung des grauen Körpers (W/m²K)

$C_S$ = Strahlungszahl des schwarzen Strahlers ($C_S$ = 5,67 W/m²K$^4$ )

$\varepsilon_1$ = Emissionsgrad der strahlenden Fläche 1 (-)

$\varepsilon_2$ = Emissionsgrad der strahlenden Fläche 2 (-)

$T_1$ = absolute Temperatur der strahlenden Fläche 1 (K)

$T_2$ absolute Temperatur der strahlenden Fläche 2 (K)

$\sigma$ = Stefan-Boltzmann Konstante (5,67 x $10^{-8}$ W/m²K$^4$)

Die Fragwürdigkeiten der Formel (5.13) sind offenkundig und offenbaren sich vor allem durch die Differenzen der absoluten Temperaturen der zwei strahlenden Flächen $T_1$ und $T_2$ in der [ ]-Klammer. Hier nun wurde zur visuellen Angleichung an die klassische Wärmelehre folgender Trick ausgeheckt. Wenn definiert wird:

(5.14) $$T_m = \frac{T_1 + T_2}{2}$$ (K)

dann kann für den [ ]-Ausdruck in der Formel (5.13) annähernd gesetzt werden:

(5.15) $$\left[\frac{(T_1)^4 - (T_2)^4}{T_1 - T_2}\right] = 4 \cdot T_m^{\ 3}$$ (K³)

$T_m$ = mittlere thermodynamische Temperatur von zwei strahlenden Flächen

Dies bedeutet: Der Ausdruck $4 \cdot T_m^3$ enthält inkognito zum einen im Zähler für den Strahlungsausgleich (!) die Differenz zweier Temperaturen in vierter Potenz und zum anderen die Division dieses Zählers mit der nominellen Differenz der zwei Temperaturen.

Durch diese "Vereinfachung" wird aus der Formel (5.13):

(5.16) $$h_r = \frac{4 \cdot \sigma \cdot T_m^{\ 3}}{\frac{1}{\varepsilon_1} + \frac{1}{\varepsilon_2} - 1}$$ (W/m²K)

Wenn nun auch noch von gleichen Emissionsgraden der beiden strahlenden Flächen ausgegangen wird ($\varepsilon_1 = \varepsilon_2 = \varepsilon$), dann wird gemäß Formel (5.8a):

(5.16a) $$h_r = \frac{4 \cdot \varepsilon \cdot \sigma \cdot T_m^{\ 3}}{2 - \varepsilon}$$ (W/m²K)

Dies nun wäre der (fiktive) "Wärmeübergangkoeffizient Strahlung" für den Strahlungsaustausch zweier Flächen, wobei die mittlere Temperatur $T_m$ der beiden strahlenden Flächen eingesetzt und außerdem ein einheitlicher Emissionsgrad $\varepsilon$ verwendet wird.

Anmerkung: Nach DIN EN ISO 6946, Anhang A wird nun auch noch in Anwendung dieser fehlerhaften Formel der Nenner in der Formel (5.16a) weggelassen (siehe Formel 9.18), wodurch bei der Behandlung einer Strahlungsheizung wiederum recht oberflächlich, eben recht dubios vorgegangen wird.

Zunächst gelten einmal die Fehler der Formel (5.9) für den Strahlungsaustausch. Darüber hinaus muß nun nochmals festgehalten werden:

- Einen Wärmeübergangskoeffizienten $h_r$ an die Luft kann es durch Strahlung überhaupt nicht geben, dies wäre ein physikalisches Phänomen. Luft ist diatherm und wird durch Strahlung überhaupt nicht erwärmt. Nur feste Körper und Flüssigkeiten können Strahlung absorbieren und emittieren, durch Absorption werden sie temperiert. Die entsprechenden Formeln für $h_r$ sind reine Phantasiewerte.
- Durch die Formel (5.14) werden die für den "Strahlungsaustausch" notwendigen zwei Temperaturen $T_1$ und $T_2$ zu einer mittleren Temperatur $T_m$ zusammengefaßt. Damit werden die gegenseitigen Strahlungsaustauschvorgänge zweier unterschiedlich temperierter Flächen verwässert und verschleiert. Es erscheint nur *eine* "mittlere" Temperatur. Diese aber besteht meist nicht aus zwei strahlenden Flächen, sondern enthält unsinnigerweise auch Lufttemperaturen (siehe Abschnitte 9.2 "DIN EN 832" und 9.3 "DIN EN ISO 6946"). Immerhin muß ja der Strahlungsaustauschkoeffizient $h_r$ – ein virtuelles Konstrukt in W/m²K – später bei der fiktiven, weil stationären Berechnung einer konstanten Wärmestromdichte q in W/m² noch mit einer Temperaturdifferenz $(T_1 - T_2)$ multipliziert werden – und hier wird dann später nie die Differenz der beiden strahlenden Oberflächen, sondern eine andere Temperaturdifferenz eingesetzt, die mit der Differenz $(T_1 - T_2)$ der strahlenden Flächen nicht mehr übereinstimmt. Die *strahlenden* Oberflächentemperaturen $T_1$ und $T_2$ gehen auf diese Art verloren. Mit dem Wert $T_m$ (K) glaubt also der Anwender, damit sei "eine mittlere Strahlungstemperatur" gemeint, dabei handelt es sich um den [ ]-Ausdruck in Formel (5.15). Diese beiden strahlenden Oberflächentemperaturen $T_1$ und $T_2$, die ja Voraussetzung für die allerdings fragwürdige "Umwandlung" sind, werden nicht mehr beachtet. Dies ist ein gravierender formaler Fehler, der in der Strahlungstheorie allerdings stets und immer gemacht wird.

Es werden also normative Festlegungen getroffen, die mit der Realität der Strahlungsphysik nicht konform gehen. Dies bedeutet aus physikalischer Sicht:

Den Wärmetransport durch Strahlung mit dem Wärmetransport durch Konvektion und Leitung zu vermischen, führt zu absurden Ergebnissen. Bei der Strahlung und demzufolge auch bei einer Strahlungsheizung wird schlicht und ergreifend methodisch falsch gerechnet. Dieser Irrtum wird auch von DIN-Normen übernommen. Das Festhalten an DIN-Normen führt deshalb bei der praktischen Anwendung zu äußerst kuriosen Ergebnissen. Hier wird auf Kapitel 9 "Fragwürdige DIN-Vorschriften" verwiesen.

## 5.4 Die Wärmeleistung einer Strahlungsheizung

Die Wärmeleistung einer Strahlungsheizung setzt sich bei einer Strahlplatte oder temperierten Wand, aber auch bei den Verteilungsrohren, aus einem radiativen, also strahlungsintensiven und einem konvektiven Anteil zusammen. Je nach Temperatur der wirksamen Heizfläche ist die Verteilung beider Wirkmechanismen jedoch sehr unterschiedlich.

Die Strahlungsintensitäten des Planckschen Strahlungsgesetzes wurden meßtechnisch in einem zylindrischen Hohlraum gefunden. Durch vielfache Reflektion der Strahlung erhält man einen schwarzen Strahler, man spricht dann von einer Hohlraumstrahlung. Ein Zimmer mit seinen Umfassungsflächen kann nun durchaus mit einem Hohlraum verglichen werden. Allerdings wird in der Heizungsbranche eine Halbraumstrahlung angenommen (Die Wärmeleistungen der Formeln (5.3) bzw. (5.3a) werden halbiert).

Um nun beiden Anwendungsmöglichkeiten gerecht zu werden, werden die Leistungszahlen sowohl einer Halbraumstrahlung als auch die einer Hohlraumstrahlung behandelt.

## 5.4.1 Die Wärmeleistung einer temperierten Fläche

Die radiative Wärmeleistung $q_r$ einer temperierten Fläche als Hohlraumstrahlung wird nach Formel (5.6) in Verbindung mit der analogen Formel 5.5a:

(5.17) $$q_r = 2 \cdot C_S \cdot \varepsilon \cdot \left( \frac{273 + \vartheta_{si}}{100} \right)^4$$ (W/m²)

Für $C_S = 5{,}67$ und $\varepsilon = 0{,}93$ wird damit:

(5.17a) $$q_r = 10{,}54 \cdot \left( \frac{273 + \vartheta_{si}}{100} \right)^4$$ (W/m²)

$q_r$ = radiative Wärmeleistung einer strahlenden Fläche (W/m²)

$C_S$ = Strahlungszahl des schwarzen Strahlers ($C_S = 5{,}67$ W/m²K⁴ )

$\varepsilon$ = Emissionsgrad der strahlenden Fläche (-)

$\vartheta_{si}$ = Oberflächentemperatur der strahlenden Fläche (°C)

Die Oberflächentemperatur $\vartheta_{si}$ ist bei Strahlplatten einer Heizanlage etwa gleichbedeutend mit $H_m$, der mittleren Heizwassertemperatur.

Zunächst werden die Leistungswerte für eine Hohlraumstrahlung aufgelistet, da eine Heizungsanlage für einen Raum analog zu den Hohlraumexperimenten von Max Planck zu sehen sind. Die Tabelle 5.2 listet die nach Formel (5.17a) berechneten Wärmeleistungen auf.

Die radiative Wärmeleistungen $q_r$ einer temperierten Fläche im Hohlraum liegen zwischen 778 W/m² (bei 20 °C Wandoberflächentemperatur) und 1999 W/m² (bei 98 °C Strahlplattentemperatur). Deutlich wird, daß hohe Oberflächentemperaturen wie bei einer Konvektionsheizung nicht erforderlich werden, um ausreichende Wärmeleistungen zu erzielen.

**Tabelle 5.2**: Die radiative Wärmeleistung $q_r$ einer temperierten Fläche in Abhängigkeit von der Oberflächentemperatur $\vartheta_{si}$ (°C)
**Hohlraumstrahlung**

| $\vartheta_{si}$ | 0 | 2 | 4 | 5 | 6 | 8 | |
|---|---|---|---|---|---|---|---|
| 20 | 778 | 799 | 821 | 832 | 843 | 866 | W/m² |
| 30 | 889 | 913 | 937 | 949 | 962 | 987 | W/m² |
| 40 | **1013** | 1039 | 1065 | 1079 | 1092 | 1120 | W/m² |
| 50 | 1148 | 1177 | 1206 | 1221 | 1236 | 1266 | W/m² |
| 60 | 1297 | 1329 | 1361 | 1377 | 1393 | 1426 | W/m² |
| 70 | 1460 | 1495 | 1530 | 1547 | 1565 | 1601 | W/m² |
| 80 | 1638 | 1676 | 1714 | 1733 | 1752 | 1792 | W/m² |
| 90 | 1832 | 1873 | 1914 | 1935 | 1956 | 1999 | W/m² |

Bei einer Halbraumstrahlung halbieren sich die Werte der Tabelle 5.2. Dies zeigt die Tabelle 5.2a.

**Tabelle 5.2a**: Die radiative Wärmeleistung $q_r$ einer temperierten Fläche in Abhängigkeit von der Oberflächentemperatur $\vartheta_{si}$ (°C)
**Halbraumstrahlung**

| $\vartheta_{si}$ | 0 | 2 | 4 | 5 | 6 | 8 | |
|---|---|---|---|---|---|---|---|
| 20 | 389 | 399 | 410 | 416 | 421 | 433 | W/m² |
| 30 | 444 | 456 | 468 | 475 | 481 | 493 | W/m² |
| 40 | **506** | 519 | 532 | 539 | 546 | 560 | W/m² |
| 50 | 574 | 588 | 603 | 610 | 618 | 633 | W/m² |
| 60 | 648 | 664 | 680 | 688 | 696 | 713 | W/m² |
| 70 | 730 | 747 | 765 | 773 | 782 | 800 | W/m² |
| 80 | 819 | 838 | 857 | 866 | 876 | 896 | W/m² |
| 90 | 916 | 936 | 957 | 967 | 978 | 999 | W/m² |

Demgemäß liegen die radiativen Wärmeleistungen $q_r$ einer temperierten Fläche im Halbraum zwischen 389 W/m² (bei 20 °C Wandoberflächentemperatur) und 999 W/m² (bei 98 °C Strahlplattentemperatur). Auch hier wird deutlich, daß selbst bei einer "Halbraumstrahlung hohe Oberflächentemperaturen nicht notwendig werden, um zu einer behaglichen Raumtemperierung zu kommen.

Bei einer temperierten Fläche (Strahlplatte oder Wand) wird stets auch ein konvektiver Wärmeübergang festzustellen sein, der die unmittelbar anliegende Luftschicht erwärmt. Bei Strahlungsheizungen wird dabei eine laminare Strömung zum Tragen kommen, da Strahlung die Luft unbehelligt läßt.

Die konvektive Wärmeleistung $q_c$ einer laminaren Strömung wird bei senkrechten Flächen einer Strahlplatte oder temperierten Wand nach [Raiß 58]:

$$q_c = 1{,}45 \cdot (\Delta\vartheta)^{1,25} \quad (5.18) \quad (\mathrm{W/m^2})$$

dabei ist:

$$\Delta\vartheta = \vartheta_{si} - \vartheta_i \quad (5.19) \quad (\mathrm{K})$$

$q_c$ = konvektive Wärmeleistung einer senkrechten Fläche (W/m²)

$\Delta\vartheta$ = vorliegende Temperaturdifferenz (K)

$\vartheta_{si}$ = Oberflächentemperatur der senkrechten Fläche (°C)

$\vartheta_i$ = Innenraumtemperatur (°C)

Die Tabelle 5.3 enthält die konvektiven Wärmeleistungen einer temperierten Wand oder Strahlplatte nach Formel (5.18):

**Tabelle 5.3**: Die konvektive Wärmeleistung $q_c$ einer senkrechten Fläche in Abhängigkeit von der Temperaturdifferenz $\Delta\vartheta$ (K)

| $\Delta\vartheta$ | 0 | 2 | 4 | 5 | 6 | 8 | |
|---|---|---|---|---|---|---|---|
| 0 | 0 | 3 | 8 | 11 | 14 | 20 | W/m² |
| 10 | 26 | 32 | 39 | 43 | 46 | 54 | W/m² |
| 20 | 61 | **69** | 77 | 81 | 85 | 93 | W/m² |
| 30 | 102 | 110 | 119 | 123 | 128 | 137 | W/m² |
| 40 | 146 | 155 | 164 | 169 | 174 | 183 | W/m² |
| 50 | 193 | 202 | 212 | 217 | 222 | 232 | W/m² |
| 60 | 242 | 252 | 262 | 268 | 273 | 283 | W/m² |
| 70 | 294 | 304 | 315 | 320 | 325 | 336 | W/m² |

Die konvektiven Wärmeleistungen $q_c$ einer senkrecht angeordneten temperierten Fläche oder Strahlplatte liegen zwischen 0 W/m² (bei einem $\Delta\vartheta$ von 0 K) und 336 W/m² (bei einem $\Delta\vartheta$ von 78 K). Hier wird deutlich, daß konvektiv nur hohe Oberflächentemperaturen zu ausreichenden Ergebnissen führen.

Die gesamte Wärmeleistung $\Sigma q$ temperierter Flächen ergibt sich aus $q_r$ und $q_c$:

$$\Sigma q = q_r + q_c \quad (5.20) \quad (\mathrm{W/m^2})$$

$\Sigma q$ = zusammengefaßte Wärmeleistung einer senkrechten Fläche (W/m²)

$q_r$ = radiative Wärmeleistung (W/m²)

$q_c$ = konvektive Wärmeleistung (W/m²)

*Beispiel:*

Folgende Daten werden gewählt: Raumlufttemperatur $\vartheta_i$ = 18 °C,
Strahlplattentemperatur $\vartheta_{si}$ = 40 °C.
Daraus folgt: $\Delta\vartheta$ = 22 K.

Selbst bei einer **Halbraumstrahlung** werden phantastische Ergebnisse erzielt:

nach Tabelle 5.2a ($\vartheta_{si}$ = 40 °C): $q_r$ = 506 W/m²
nach Tabelle 5.3 ($\Delta\vartheta$ = 22 K): $q_c$ = 69 W/m²
$\sum q$ = 575 W/m²

Der Strahlungsanteil beträgt hier dann (506 : 575) x 100 = 88%. Die Dominanz der Strahlung ist beachtlich. Bei üblichen Heizmitteltemperaturen einer Strahlungsheizung mit Strahlplatten von ca. 35 bis 45 °C wird der Anteil der Strahlungswärme ca. 86 bis 90% betragen. Eine temperierte Wand mit 20 bis 25 °C Oberflächentemperaturen ergibt dann Strahlungsanteile von ca. 96 bis 99%.

Bei einer **Hohlraumstrahlung** werden die Leistungswerte sogar:

nach Tabelle 5.2 ($\vartheta_{si}$ = 40 °C): $q_r$ = 1013 W/m²
nach Tabelle 5.3 ($\Delta\vartheta$ = 22 K): $q_c$ = 69 W/m²
$\sum q$ = 1082 W/m²

Der Strahlungsanteil vergrößert sich hier auf (1013 : 1082) x 100 = 93,6%. Bei den üblichen Heizmitteltemperaturen einer Strahlungsheizung mit Strahlplatten von ca. 35 bis 45 °C wird der Anteil der Strahlungswärme hier sogar ca. 92 bis 95% betragen. Eine temperierte Wand mit 20 bis 25 °C Oberflächentemperaturen ergibt dann Strahlungsanteile von ca. 98 bis 99,6%.

Eine Strahlungsheizung funktioniert eben durch Strahlung und vor allem durch *niedrige* Vorlauf- und damit Oberflächentemperaturen. Die Vorstellungen konvektiver Heiztechnik sind auf die Strahlungsheizung nicht übertragbar.

Die großen Diskrepanzen in der Bewertung von Strahlungsheizungen zeigt auch das Bild 5.7. Deutlich sind die großen Unterschiede in der Bewertung der Wärmeleistungen von Strahlungsheizungen zu erkennen. Unten sind die in Tabelle 5.1 aufgelisteten Wärmeleistungen grafisch dargestellt. Demgegenüber sind die Wärmeleistungen zu sehen, die bei Beachtung der strahlungsphysikalischen Grundlagen sich aus einem radiativen und einem konvektiven Anteil zusammensetzen. Dabei ist die "Halbraumstrahlung" und die "Hohlraumstrahlung" zu unterscheiden. Man erkennt, hier geht es um gewaltige Leistungsunterschiede. Die Strahlungsheizung wird maßlos unterbewertet.

Gegen diesen Vorwurf wehrt sich natürlich die Konvektionsheizungs-Branche, die in der Strahlungsheizung einen gefährlichen Konkurrenten sieht.

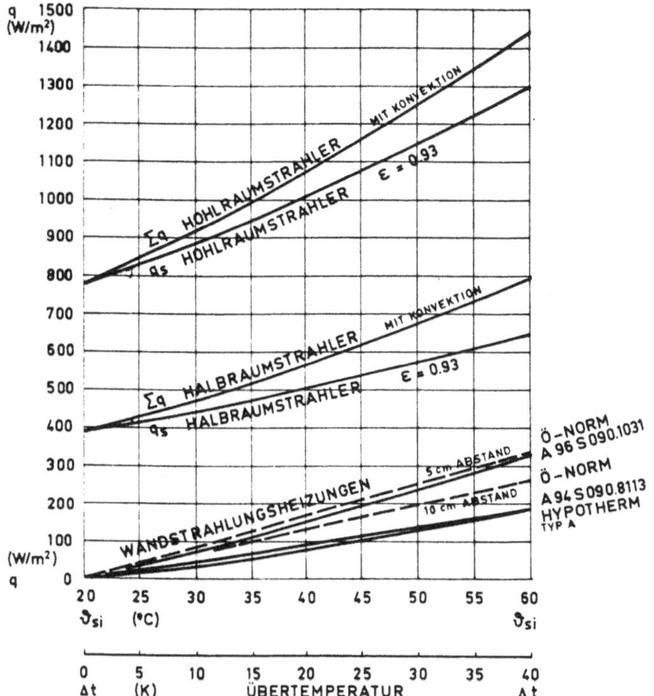


Bild 5.7: Falsche Bewertung von Strahlungsheizungen.

*Bild 5.7: Während "Prüfberichte" bei z. B. 40 °C Oberflächentemperatur von Wärmeleistungen etwa von 80 bis 170 W/m² ausgehen, müssen in Realität demgegenüber bei einem Halbraumstrahler eine Gesamtwärmeleistung von etwa 570 W/m², bei einem Hohlraumstrahler sogar von etwa 1170 W/m² angesetzt werden.*

Diese günstigen Leistungszahlen lassen sich im Nachhinein nun auch durch einen (fiktiven) Wärmeübergangskoeffizienten darstellen. Der bei einer Strahlungsheizung als "Phantasiewert" fungierende Wärmeübergangskoeffizient $h_r$ würde bei dem vorn gerechneten Beispiel als "Halbraumstrahlung" 506 : 22 = 23,0 W/m²K, der Gesamtwärmeübergangskoeffizient $1/R_S$ dann 575 : 22 = 26,1 W/m²K betragen. Bei einer Hohlraumstrahlung würden diese beiden Werte 46,0 und 49,2 W/m²K betragen. Die sehr hohen "Wärmeübergangskoeffizienten" charakterisieren die große Leistungsfähigkeit einer Strahlungsheizung.

Erst aus der richtigen Quantifizierung einer Strahlungsheizung lassen sich derartig "fiktive" Wärmeübergangskoeffizienten ($\Sigma$ h) ableiten. Dies zeigt auch das Bild 5.8 sehr deutlich.

Ergebnis:
Die sehr großen "fiktiven Wärmeübergangskoeffizienten" sind nur bei einer Strahlungsheizung möglich und zeigen die große heiztechnische Überlegenheit gegenüber einer Konvektionsheizung. Die "Panik" in der Heizungsbranche ist verständlich.

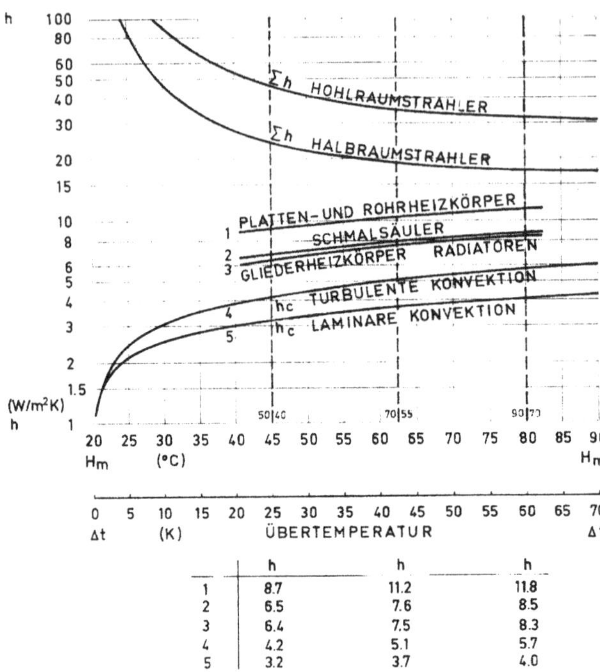


| | h | h | h |
|---|---|---|---|
| 1 | 8.7 | 11.2 | 11.8 |
| 2 | 6.5 | 7.6 | 8.5 |
| 3 | 6.4 | 7.5 | 8.3 |
| 4 | 4.2 | 5.1 | 5.7 |
| 5 | 3.2 | 3.7 | 4.0 |

Bild 5.8: (Fiktive) Wärmeübergangskoeffizienten h.

*Bild 5.8: Wärmeübergangskoeffizienten von Konvektionsheizkörpern liegen etwa zwischen 6 und 12 W/m²K. Strahlungsheizungen (Halbraum) dagegen erreichen je nach Oberflächentemperatur "Wärmeübergangskoeffizienten", die etwa bei 25 W/m²K beginnen und bis 60 W/m²K gehen. Ein Hohlraumstrahler erreicht sogar Werte bis zu 100 W/m²K.*

Hinweis: In DIN EN ISO 6946 wird der Wärmeübergangskoeffizient durch Strahlung $h_{ro}$ in einer ersten Näherung mit 5 W/m²K angesetzt. Damit wird es offenkundig, daß viele Festlegungen und Vereinbarungen in den DIN-Vorschriften absoluter Nonsens sind. Aber auch Tabellen, die "Wärmeübergangskoeffizienten der Strahlung" auflisten, liefern Werte, die für den Temperaturbereich 10 bis 50 °C Größenordnungen von etwa 5,0 bis 6,4 W/m²K ausweisen [Gösele 85]. Auch diese Zahlen zeigen eindrucksvoll die fehlerhafte Bewertung der Leistungsfähigkeit von Strahlungsheizungen.

## 5.4.2 Die Wärmeleistung von Verteilungsrohren

Wenn bei einer Heizungsanlage die Rohrleitungen offen verlegt werden, dann können auch diese für die Wärmelieferung mit herangezogen werden.

Die radiative Wärmeleistung $q_{Lr}$ einer Rohrleitung durch eine Hohlraumstrahlung wird:

$$q_{Lr} = 2 \cdot C_S \cdot \varepsilon \cdot \left( \frac{273 + \vartheta_{si}}{100} \right)^4 \cdot d \cdot \pi \qquad (5.21) \qquad \text{(W/m)}$$

Für $C_S$ = 5,67 und $\varepsilon$ = 0,93 sowie d = 0,018 m wird damit:

$$q_{L_r} = 0{,}596 \cdot \left( \frac{273 + \vartheta_{si}}{100} \right)^4 \qquad \text{(W/m)} \tag{5.21a}$$

$q_{Lr}$ = radiative Wärmeleistung einer Rohrleitung (W/m)

$C_S$ = Strahlungszahl des schwarzen Strahlers ($C_S$ = 5,67 W/m²K$^4$ )

$\varepsilon$ = Emissionsgrad der strahlenden Rohrleitung (-)

$\vartheta_{si}$ = Oberflächentemperatur der Rohrleitung (°C)

d = Durchmesser der Rohrleitung (m)

Die Oberflächentemperatur $\vartheta_{si}$ ist allgemein gleichbedeutend etwa mit $H_m$, der mittleren Heizmitteltemperatur.

Werden als Verteilungsrohre andere Durchmesser verwendet, so müssen die Tabellenwerte im Verhältnis der Durchmesser umgerechnet werden Die Tabellenwerte gelten für ein 18 mm Verteilungsrohr.

Die Tabelle 5.4 listet die nach Formel (5.21a) berechneten Wärmeleistungen auf.

**Tabelle 5.4**: Die radiative Wärmeleistung $q_{Lr}$ von Verteilungsrohren in Abhängigkeit von der Oberflächentemperatur $\vartheta_{si}$ (°C)
**Hohlraumstrahlung**

| $\vartheta_{si}$ | 0 | 2 | 4 | 5 | 6 | 8 | |
|---|---|---|---|---|---|---|---|
| 20 | 44,0 | 45,2 | 46,4 | 47,0 | 47,7 | 49,0 | W/m |
| 30 | 50,3 | 51,6 | 53,0 | 53,7 | 54,4 | 55,8 | W/m |
| 40 | **57,2** | 58,7 | 60,2 | 61,0 | 61,8 | 63,3 | W/m |
| 50 | 64,9 | 66,5 | 68,2 | 69,0 | 69,9 | 71,6 | W/m |
| 60 | 73,3 | 75,1 | 76,9 | 77,8 | 78,8 | 80,6 | W/m |
| 70 | 82,5 | 84,5 | 86,5 | 87,5 | 88,5 | 90,5 | W/m |
| 80 | 92,6 | 94,7 | 96,9 | 98,0 | 99,1 | 101,3 | W/m |
| 90 | 103,6 | 105,9 | 108,2 | 109,4 | 110,6 | 113,0 | W/m |

Bei einer Halbraumstrahlung müßten diese Werte halbiert werden. Hierfür gilt dann die Tabelle 5.4a.

**Tabelle 5.4a**: Die radiative Wärmeleistung $q_{Lr}$ von Verteilungsrohren in Abhängigkeit von der Oberflächentemperatur $\vartheta_{si}$ (°C)
**Halbraumstrahlung**

| $\vartheta_{si}$ | 0 | 2 | 4 | 5 | 6 | 8 | |
|---|---|---|---|---|---|---|---|
| 20 | 22,0 | 22,6 | 23,2 | 23,5 | 23,8 | 24,5 | W/m |
| 30 | 25,1 | 25,8 | 26,5 | 26,8 | 27,2 | 27,9 | W/m |
| 40 | **28,6** | 29,4 | 30,1 | 30,5 | 30,9 | 31,7 | W/m |
| 50 | 32,5 | 33,3 | 34,1 | 34,5 | 34,9 | 35,8 | W/m |
| 60 | 36,7 | 37,6 | 38,5 | 38,9 | 39,4 | 40,3 | W/m |
| 70 | 41,3 | 42,2 | 43,2 | 43,7 | 44,2 | 45,3 | W/m |
| 80 | 46,3 | 47,4 | 48,4 | 49,0 | 49,5 | 50,6 | W/m |
| 90 | 51,8 | 52,9 | 54,1 | 54,7 | 55,3 | 56,5 | W/m |

Die konvektive Wärmeleistung $q_{Lc}$ von Verteilungsrohren wird bei laminarer Strömung nach [Raiß 58]:

(5.22) $$q_{Lc} = 3{,}84 \cdot (\Delta\vartheta)^{1,25} \cdot d^{0,75}$$ (W/m)

für d = 0,018 m wird dann:

(5.22a) $$q_{Lc} = 0{,}189 \cdot (\Delta\vartheta)^{1,25}$$ (W/m)

$q_{Lc}$ = konvektive Wärmeleistung einer Rohrleitung (W/m)

$\Delta\vartheta$ = die Übertemperatur (K)

d = Durchmesser der Rohrleitung (m)

Die Tabelle 5.5 enthält die konvektiven Wärmeleistungen eines Verteilungsrohres nach Formel (5.22a):

**Tabelle 5.5**: Die konvektive Wärmeleistung $q_{Lc}$ von Verteilungsrohren in Abhängigkeit von der Temperaturdifferenz $\Delta\vartheta$.

| $\Delta\vartheta$ | 0 | 2 | 4 | 5 | 6 | 8 | |
|---|---|---|---|---|---|---|---|
| 0 | 0 | 0,4 | 1,1 | 1,4 | 1,8 | 2,5 | W/m |
| 10 | 3,4 | 4,2 | 5,1 | 5,6 | 6,0 | 7,0 | W/m |
| 20 | 8,0 | **9,0** | 10,0 | 10,6 | 11,1 | 12,2 | W/m |
| 30 | 13,3 | 14,4 | 15,5 | 16,1 | 16,7 | 17,8 | W/m |
| 40 | 19,0 | 20,2 | 21,4 | 22,0 | 22,6 | 23,9 | W/m |
| 50 | 25,1 | 26,4 | 27,7 | 28,3 | 29,0 | 30,3 | W/m |
| 60 | 31,6 | 32,9 | 34,2 | 34,9 | 35,6 | 36,9 | W/m |
| 70 | 38,3 | 39,6 | 41,0 | 41,7 | 42,4 | 43,8 | W/m |

Die gesamte Wärmeleistung von Verteilungsrohren ergibt sich aus $q_{Lr}$ und $q_{Lc}$:

$$\Sigma q_L = q_{Lr} + q_{Lc} \qquad (5.23) \qquad \text{(W/m)}$$

$\Sigma q_L$ = Zusammengefaßte Wärmeleistung einer Rohrleitung (W/m)

$q_{Lr}$ = radiative Wärmeleistung einer Rohrleitung (W/m)

$q_{Lc}$ = konvektive Wärmeleistung einer Rohrleitung (W/m)

*Beispiel:*

Bei einer Raumlufttemperatur von $\vartheta_i$ = 18 °C und einer Temperatur der Rohrleitung von $H_m = \vartheta_{si}$ = 40 °C wird $\Delta\vartheta$ = 22 K.

Damit wird für die **Hohlraumstrahlung**:

| | | |
|---|---|---|
| nach Tabelle 5.4: ($\vartheta_{si}$ = 40 °C): | $q_{Lr}$ = | 57,2 W/m |
| nach Tabelle 5.5: ($\Delta\vartheta$ = 22 K): | $q_{Lc}$ = | 9,0 W/m |
| | $\Sigma q_L$ = | 66,2 W/m |

Für die **Halbraumstrahlung** wird dann:

| | | |
|---|---|---|
| nach Tabelle 5.4a: ($\vartheta_{si}$ = 40 °C): | $q_{Lr}$ = | 28,6 W/m |
| nach Tabelle 5.5: ($\Delta\vartheta$ = 22 K): | $q_{Lc}$ = | 9,0 W/m |
| | $\Sigma q_L$ = | 37,6 W/m |

Die Wärmeleistungen von Verteilungsrohren sind gegenüber temperierten Strahlflächen nicht allzu groß, doch können sie ohne weiteres in die Wärmebilanz-Überlegungen mit einbezogen werden.

## 5.4.3 Die Gesamtwärmeleistung

Für die Gesamtwärmeleistung einer Strahlungsheizung werden die Werte für die temperierten Flächen bzw. Strahlplatten und der Verteilungsrohre zusammengefaßt. Diese Daten müssen individuell den Tabellen entnommen werden.

Bei dem hier gewählten Beispiel einer mittleren Heizmitteltemperatur von 40 °C und damit in etwa auch der Oberflächentemperatur einer Strahlplatte sowie einer Raumlufttemperatur von 18 °C wird dann die Gesamtwärmeleistung aus Strahlplatte und Verteilungsrohr:

Bei einer **Hohlraumstrahlung**:

| | | |
|---|---|---|
| für die Strahlplatte: | $\Sigma q$ = | 1082,0 W/m² |
| für das Verteilungsrohr: | $\Sigma q_L$ = | 66,2 W/m |

Bei einer **Halbraumstrahlung**:

| | | |
|---|---|---|
| für die Strahlplatte: | $\Sigma q$ = | 575,0 W/m² |
| für das Verteilungsrohr: | $\Sigma q_L$ = | 37,6 W/m |

Diese Leistungsdaten bilden die Grundlage für die Konzeption einer Strahlungsheizung.

## 5.5 Strahlungs- oder Konvektionsheizung

Bei der Konvektionsheizung und besonders anschaulich bei der Luftheizung wird die Atemluft, das wichtigste "Lebens"mittel des Menschen, als Transportmedium eingesetzt. Man atmet warme Luft. Diese Wärmeströmung ist Teil der klassischen Wärmelehre und braucht zum Wirksamwerden immer einen Anschub oder Auftrieb durch unterschiedliche Temperaturen.

Bei einer Konvektionsheizung wird durch Erwärmung der umzuwälzenden Luftmengen viel Energie benötigt. Deshalb erfordern diese zur Schaffung einer ausreichenden Raumtemperatur gegenüber Strahlungsheizungen auch einen erheblichen Mehraufwand an Energie. Da sich die Behaglichkeitstemperatur eines Raumes aus der Wand- und Lufttemperatur zusammensetzt und bei einer Konvektionsheizung die Lufttemperatur höher als die Wandtemperatur ist – das typische Charakteristikum einer Konvektionsheizung -, ergibt sich allein daraus ein Mehrverbrauch an Energie. Außerdem muß diese Raumluft gemäß den hygienischen Erfordernissen in ausreichendem Maße ausgetauscht werden. Es bedeutet deshalb Energieverschwendung, eine Behaglichkeit des Raumes durch erwärmte Luft sicherstellen zu wollen. Dies jedoch scheint die Zielsetzung "moderner" Heiztechnik zu sein, obgleich sie aus physiologischer Sicht abzulehnen ist.

Da bei feuchter Luft Kondensat nur bei einer Abkühlung auftritt und die Wandtemperaturen immer kleiner als die Lufttemperaturen sind, kann sich auch nur bei einer Konvektionsheizung Schimmelpilzbildung einstellen.

Darüber hinaus ist zu beachten, daß Luft für den Menschen das wichtigste Nahrungsmittel ist und dieses Lebenselixier wird nun als Transport-Mittel für Wärme benutzt. Konvektions- und Luftheizungen sind allein von dieser Warte aus sehr überdenkungswürdig.

Bei der Wahl einer Heizungsanlage kommen trotz dieser Nachteile in der Mehrzahl Konvektionsheizungen zum Einsatz. Das Charakteristische dieser Heizungsart ist die Erwärmung der Raumluft auf ca. 20 bis 22 °C, wobei diese wegen der anzustrebenden Behaglichkeit manchmal auch auf 23 oder 24 °C angehoben wird. Diese Luft wird umgewälzt und erzeugt so einen staubaufwirbelnden Kreislauf, der die Raumluft als zu trocken erscheinen läßt. Insofern wird, um dem abzuhelfen, dann vom notwendigen Anfeuchten der Luft gesprochen [Eisenschink 90], [Raiß 58]. Dabei verträgt der Mensch ohne weiteres trockene Luft – sie muß nur staubfrei sein. Trotzdem sind Luftheizungen das Übliche in der Heiztechnik.

Neben Konvektionsheizungen gibt es auch Strahlungsheizungen und diese lassen die Raumluft in Ruhe. Schon allein aus diesem Grunde sind Strahlungsheizungen den Konvektionsheizungen überlegen; sie sind deshalb den Luftheizungen unbedingt vorzuziehen [Eisenschink 95].

Das Natürlichste ist eine Strahlungsheizung; sie funktioniert als Solarstrahlung schon seit ewigen Zeiten, der Mensch hat sich konstitutionell darauf eingestellt. Strahlung erwärmt keine Luft, sondern nur Materie – z. B. die Innenoberflächen eines Raumes. Bei einer Strahlungsheizung profitiert also die Luft erst aus "Zweithand", indem die Wand durch Wärmeübergang nur die berührenden Luftschichten erwärmt. Auch stationärer und instationärer Zustand einer Außenkonstruktion, behandelt im Kapitel 6 "Wärmeschutz", sind zu unterscheiden; diese Zusammenhänge werden in Bild 5.9 gezeigt.

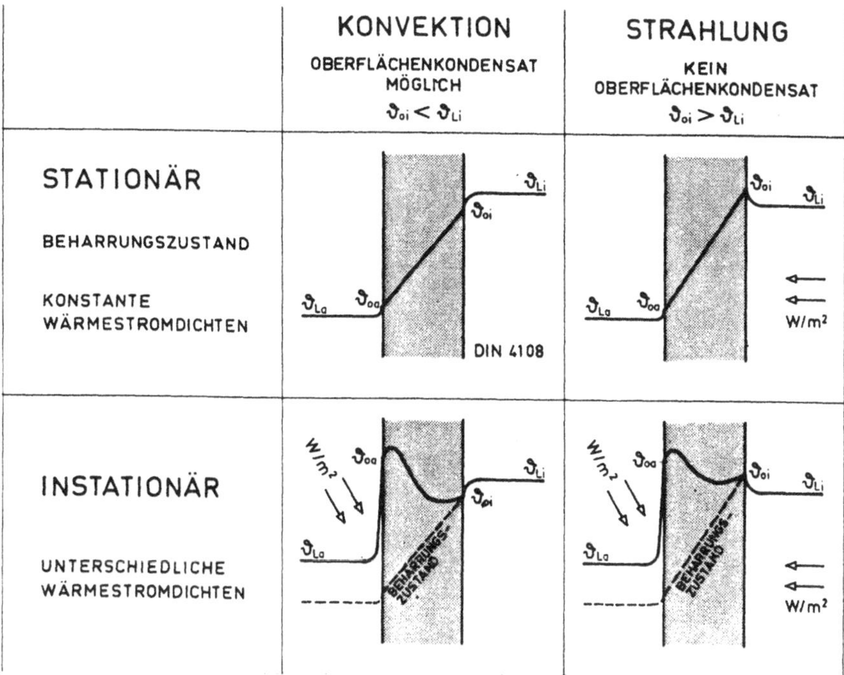


Bild 5.9: Konvektions- und Strahlungsheizung sowie stationäres und instationäres Verhalten

*Bild 5.9:*
*Nur bei einer Konvektionsheizung sind Feuchteschäden und damit Schimmelpilzbildung durch Kondensat möglich, da die Temperatur der Wand immer niedriger als die der Raumluft ist (linke Seite). Dagegen schließt eine Strahlungsheizung Kondensatbildung an den inneren Wandoberflächen aus, da ihre Temperatur immer höher als die der Luft ist (rechte Seite). Auch der grundsätzliche Unterschied der Temperaturkurven im Bauteil zwischen falscher stationärer Betrachtung (oben) mit konstanten Wärmestromdichten (geradlinig) und richtiger instationärer Betrachtung (unten) mit in Größe und Richtung unterschiedlichen Wärmestromdichten (kurvenförmig) wird deutlich.*

Von diesen vier möglichen empirischen Modellen zur Beschreibung der Wirklichkeit wird in der DIN 4108 für die Berechnung von Energieströmen (unter anderem in der WSchVO und der EnEV) leider gerade das wirklichkeitsfremdeste und für den Menschen physiologisch schädlichste Modell gewählt: "Stationär und Konvektion".

## 5.5.1 Behaglichkeitsdiagramm

Eine Strahlungsheizung erwärmt die Innenoberflächen des Raumes durch Temperierung und läßt die Luft thermisch in Ruhe. Die höhere Strahlungstemperatur der Wände ermöglicht eine niedrige Lufttemperatur. Das ist auch energetisch günstig. Das Bild 5.10 zeigt diese Zusammenhänge recht deutlich [Reeker 94].

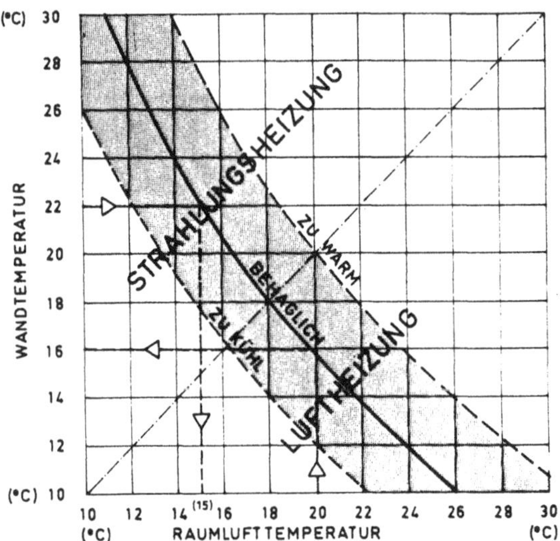


Bild 5.10: Behaglichkeitsprofil aus Wand- und Raumlufttemperatur (nach Bedford und Liese).

*Bild 5.10:*
*Die Behaglichkeitstemperatur setzt sich aus der Raumlufttemperatur und der Wandtemperatur zusammen und liegt etwa in der Mitte beider Einzeltemperaturen. Dabei ist zu unterscheiden: Bei der Konvektionsheizung ist die Raumlufttemperatur höher als die Wandtemperatur, bei der Strahlungsheizung dagegen niedriger – dies schließt Schimmelpilzbildung aus. Eine Wandtemperatur z. B. von 22 °C läßt eine Raumlufttemperatur von 15 °C zu, um Behaglichkeitskriterien zu erfüllen.*

Wird durch eine Strahlungsheizung die Innenoberfläche eines Raumes erwärmt, dann ergeben sich dadurch insbesondere auch energetische Vorteile, da die niedriger temperierte Raumluft energieärmer ist und demzufolge bei dem hygienisch notwendigen Luftaustausch zu Energieeinsparungen führt.

Bei Konvektionsheizungen entstehen Behaglichkeitsdefizite. Um diese zu klassifizieren, wurde die VDI Richtlinie 6030 "Auslegung von freien Raumheizflächen", Blatt 1, geschaffen. Vor allem wurden Strahlungsdefizite beklagt, die aber nun in der VDI-Richtlinie durch konvektiv wirkende "Übertemperaturen" beseitigt werden sollen. Man versucht, sich mit "warmer Luft" zu retten, anstatt sich auf die Strahlung zu besinnen.

Strahlungsdefizite werden am wirkungsvollsten durch eine Strahlungsheizung behoben. Davon ist allerdings in der ganzen VDI-Richtlinie nichts zu lesen. Die quantenmechanischen Grundlagen einer Strahlungsheizung werden in der Heiztechnik konsequent ignoriert. Man verfährt weiterhin wie gehabt thermodynamisch und damit fehlerhaft.

## 5.5.2 Energetische Unterschiede

Infolge der höheren Strahlungstemperatur der Wände kann die Lufttemperatur niedrig gehalten werden. Der in der Wärmeschutzverordnung 95 geforderte 0,8 fache Luftwechsel bedeutete innerhalb von 24 Stunden immerhin einen über 19 fachen Austausch der Innenraumluft. Ein ab der EnEV 2002 vorgeschriebener 0,7facher Luftwechsel bedeutet den knapp 17 fachen und ein 0,6facher Luftwechsel den 14,4 fachen Austausch der Luft. Diese angenommenen Luftwechsel sind besonders bei einer Strahlungsheizung weit überzogen, hier würde ein 0,2 bis 0,3facher Luftwechsel ausreichen; dies entspricht dann einem 4,8 bis 7,2 fachen Luftaustausch pro 24 Stunden. Ein 3facher Luftaustausch (morgens, mittags, abends) entspricht sogar nur einem 0,125fachen Luftwechsel/h.

Reduzierte Raumlufttemperaturen und physiologisch ermöglichte kleinere Luftwechselraten führen zu geringeren absoluten Lüftungswärmeverlusten $q_L$ und damit zu Einsparungen, die in der Tabelle 5.6 aufgeführt werden.

**Tabelle 5.6:** Absoluter Lüftungswärmebedarf ($q_L$ in kWh/m²a) und relative Minderungen (%) – Basis WSchVO 1995: 51,4 kWh/m²a – bei Reduzierung von Lufttemperatur und Luftwechselrate.

| | | β | | | | | | | | | |
|---|---|---|---|---|---|---|---|---|---|---|---|
| | | WSchVO 95 | | EnEV | | EnEV | | Strahlungsheizung | | | |
| $\vartheta_i$ | $\Delta t_L$ | 0,8 | | 0,7 | | 0,6 | | 0,3 | | 0,2 | |
| °C | K | $q_L$ | % | $q_L$ | % | $q_L$ | % | $q_L$ | % | $q_L$ | % |
| 20 | 0 | 51,4 | 0 | 39,3 | 23,6 | 33,7 | 34,5 | 16,8 | 67,3 | 11,2 | 78,2 |
| 19 | 1 | 48,0 | 6,7 | 36,7 | 28,7 | 31,4 | 38,9 | 15,7 | 69,4 | 10,5 | 79,6 |
| 18 | 2 | 44,6 | 13,3 | 34,0 | 33,8 | 29,2 | 43,3 | 14,6 | 71,6 | 9,7 | 81,1 |
| 17 | 3 | 41,1 | 20,0 | 31,4 | 38,9 | 26,9 | 47,6 | 13,5 | 73,8 | 9,0 | 82,5 |
| 16 | 4 | 37,7 | 26,7 | 28,8 | 44,0 | 24,7 | 52,0 | 12,3 | 76,0 | 8,2 | 84,0 |

Die Tabelle spricht für sich. Wird der 0,8 fache Luftwechsel in der WSchVO 95 als Basis genommen, dann erbringt eine Temperaturabsenkung um 2 K ($q_L$ = 44,6 kWh/m²a) 13,3 %, eine um 4 K ($q_L$ = 37,7 kWh/m²a) 26,7 % Einsparung. Kleinere Luftwechselrate würden weitere bedeutende Energieeinsparungen erbringen.

Die Strahlungsheizung ermöglicht wegen wesentlich geringerer Raumlufttemperaturen und Luftwechselraten einen großen energetischen Gewinn. Deshalb erfordern Luftheizungen (Konvektionsheizungen), um nun notwendige Raumlufttemperaturen zu erzielen, gegenüber Strahlungsheizungen einen erheblichen Energiemehraufwand. Wer Energie sparen will, wählt deshalb eine Strahlungsheizung!

Darüber hinaus erzeugt Strahlungswärme ein physiologisch angenehmes Raumklima. Behaglichkeit ist der Ausdruck der Harmonie zwischen menschlichem Organismus und der Umwelt [Glück 82]. Hier wird die Strahlungswärme einer temperierten Rauminnenoberfläche zum entscheidenden Faktor menschlichen Wohlbefindens.

## 5.5.3 Glas und die Wärmestrahlung

Ein Naturgesetz der elektromagnetischen Strahlung besagt, daß ein Temperaturstrahler normales Fensterglas nicht durchdringt. In [Cziesielski 85] steht:

*"Wichtig ist die Tatsache, daß Glas für Wellenlängen unterhalb 0,3 µm und oberhalb etwa 2,7 µm praktisch völlig undurchlässig ist. Ultraviolette Strahlung wird nicht hineingelassen (kein Bräunen hinter einer Glasscheibe) und langwelliges Infrarot (Temperaturstrahlung) nicht herausgelassen. Das Fenster erzeugt den Treibhauseffekt: Wenn Sonnenstrahlung in einen Raum eindringt und von den Raumflächen absorbiert wird, kann die daraus resultierende Wärmestrahlung nicht mehr hinaus".*

Das U-Wert-Denken beim Fenster muß deshalb neu durchdacht werden. Doppel- und Dreifachscheiben, Edelgasfüllungen und metallische Beschichtungen zur Minimierung der $U_W$-Werte sind nicht notwendig, wenn als Heizung Temperaturstrahler (Kaminfeuer, Kachelofen, temperierte Wand, Strahlplatte) verwendet werden. Bei einer Strahlungsheizung gehören Wärmeschutzgläser der Vergangenheit an.

Das Bild 5.11 zeigt diesen Zusammenhang in übersichtlicher Form grafisch.

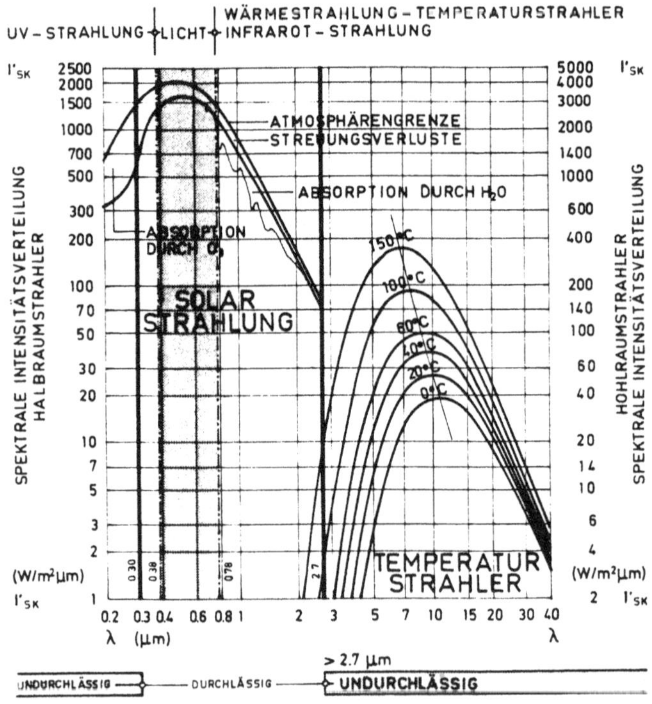


Bild 5.11: Elektromagnetische Strahlung und die spektrale Durchlässigkeit von Fensterglas.

*Bild 5.11:*
*Die Zuordnung der Strahlung zur Wellenlänge λ wird erkennbar: Die kurzwellige Solarstrahlung zwischen 0,2 und ca. 10 µm, das Licht zwischen 0,38 und 0,78 µm und die Wärmestrahlung eines Temperaturstrahlers (0 bis 150 °C) zwischen ca. 2,5 und etwa 50 µm. Eine Strahlungsheizung in einem Zimmer wirkt auch beim Glas als Hohlraumstrahler, da die elektromagnetische Strahlung für Glas undurchlässig ist. Die spektrale Intensitätsverteilung bei der Hohlraumstrahlung (rechte Skala) entspricht der Versuchsanordnung bei Max Planck, als er die Strahlungsgesetze formulierte. Ein Innenraum ist analog zu sehen.*

Hier drängt sich folgende Frage auf: "Muß nicht die Strahlungsheizung bei diesen vielen Vorteilen aus grundsätzlichen physiologischen und ökologischen Erwägungen gegenüber der Konvektionsheizung favorisiert werden?" Diese Frage muß entschieden bejaht werden [Eisenschink 90], [Meier 01f, 02b].

## 5.5.4 Temperierung

Bisherige Überlegungen in der Heiztechnik gingen immer davon aus, mit geringsten energetischen Mitteln eine bedarfsorientierte Raumlufttemperatur zu gewährleisten; dies ist zur festen Aufgabe der Heizungsingenieure geworden. Gebäudetechnische Simulationsmodelle konzentrieren sich deshalb auf diese Fragestellung.

Bei zukunftsträchtigen heiztechnischen Überlegungen geht es jedoch nicht um die Temperierung der Luft (Konvektionsheizung), sondern vielmehr um die Temperierung der Umfassungsflächen und der Objekte im Raum (Strahlungsheizung). Seit vielen Jahrzehnten hat sich diese Heizungsart bestens bewährt [Eisenschink 81, 95], nur wird sie in der Theorie recht stiefmütterlich und fehlerhaft behandelt.

Die technische Umsetzung der strahlungsintensiven Heizung kann auf unterschiedliche Art und Weise geschehen. Allen gemeinsam ist die geringe Vorlauftemperatur, die ausreicht, um den Raum wohnbehaglich zu temperieren. Dabei gibt es drei grundsätzlich unterschiedliche Verfahren:

1. Die Heizkörper einer Heizanlage werden als Strahlplatten ausgebildet und garantieren somit einen sehr hohen Strahlungsanteil. Schmale und damit hohe Strahlplatten sind wegen geringerer Konvektion zu bevorzugen. Auch das Verteilungsnetz dient der Raumheizung. Ebenso können separate, elektrisch erwärmte Heizflächen mobil eingesetzt werden.

2. Bei niedriger Strahlungstemperatur wird eine größere Strahlungsfläche vorteilhaft sein. Wird dafür die Wandfläche gewählt, dann kann dies durch den Coanda-Effekt erreicht werden, indem ein lineares Heizsystem am Sockel der Wand einen leichten, nach oben strömenden Luftschleier erzeugt, der zur Temperierung der Wand führt. Diese temperierte Wand ist dann die eigentliche Strahlungsheizung.

3. Werden die Verteilungsrohre der Heizanlage in Schlangenform direkt auf der Wand verlegt und dann verputzt, so wird die Heizenergie zwar unmittelbar an

die Wandoberflächen abgegeben, aber auch das Wandinnere selbst profitiert davon, was meist nicht erforderlich ist. Allerdings ist die Heizung dann "unter Putz" und somit bei Rohrschäden schwer zugänglich. Besonders nachteilig wirkt sich bei dieser Art von Wandheizung die "Überdimensionierung" der Wandheizflächen infolge fehlerhafter Berechnungen aus; es wird zu groß dimensioniert.

Durch den Strahlungsausgleich werden mit der Zeit alle Objekte im Raum auf eine Strahlungstemperatur von etwa 20 bis 22 °C gebracht, selbst das normale Glasfenster bringt es auf ca. 19 °C Oberflächentemperatur. Insofern sind Strahlungsheizungen den Konvektionsheizungen unbedingt vorzuziehen. Allerdings wird in der Heiztechnik die Strahlung fehlerhaft behandelt und damit in überaus unberechtigter Art und Weise stark benachteiligt.

## *5.6 Thermografie*

Die Thermografie wird als "Wunderwaffe" gegen vorliegende und vermeintliche Wärmelecks eingesetzt. Immerhin startete Greenpeace eine bundesweite Aktion, um bei der energetischen Ausgestaltung der Außenhülle eines Gebäudes auf die "schwerwiegenden Dämmfehler" hinzuweisen.

Die Frage muß gestellt werden:
"Kann die Thermografie überhaupt Wärmelecks entdecken und einwandfrei identifizieren?"

Bei der Thermografie werden Infrarot-Kameras benutzt, die die Wärmestrahlung einer strahlenden Oberfläche messen. Da nach dem Stefan-Boltzmannschen Gesetz die Wärmestrahlung sich proportional zur vierten Potenz der absoluten Temperatur verhält, strahlt eine höher temperierte Fläche auch mehr als eine kühlere Fläche. Es werden somit thermografische Bilder hergestellt, die mit unterschiedlichen Farben versehen deutlich die unterschiedlichen Oberflächentemperaturen der aufgenommenen Flächen zeigen. Einer Temperatur allein ist jedoch keineswegs Richtung und Größe eines Wärmestromes zu entnehmen, dies wäre ein meßtechnisches Phänomen.

Es können somit aus einer thermografischen Aufnahme zwar die unterschiedlichen Oberflächentemperaturen abgelesen werden, doch daraus nun zu schließen, bei hohen Temperaturen liege ein hoher Wärmedurchlaßkoeffizient vor, also eine schlechte Wärmedämmung, ist einfach zu voreilig und führt zu fehlerhaften Vorstellungen und Bewertungen. Maßgebend für derartige falsche Interpretationen ist das stationäre Denken mit den daraus resultierenden fehlerhaften stationären Berechnungen und den fehlerhaften Ergebnissen (siehe Kapitel 6.2 "Speicherung").

Der speicherfähige Massivbau mit dem "größeren" U-Wert wird stets rechnerisch benachteiligt und damit fälschlicherweise als energieverschwendend eingestuft; dies wird im Abschnitt 6.2.4 "Effektive U-Werte" behandelt. Kurioserweise führt nun diese Fehlinterpretation von Thermografie-Ergebnissen zur scheinbaren Bestätigung dieser falschen These.

Massive Baustoffen werden am Tage infolge absorbierter Solarstrahlung sehr hohe Oberflächentemperaturen erreichen, die dann am Abend und sogar noch in der Nacht durch das große Speichervermögen gegenüber den kalten Oberflächen z. B. eines Wärmedämmverbundsystems immer noch strahlen und damit Energie abgeben. Und nun wird eilfertig geschlußfolgert: "Große Wärmeverluste bedeuten schlechte U-Werte – die Dämmung muß verbessert werden". Geflissentlich wird dabei vergessen oder aber sogar verschwiegen, daß die abgestrahlte Energie von der Sonne und nicht vom Heizsystem des Gebäudes stammt. Selbst Greenpeace unterliegt diesem simplen Irrtum, aber auch sonstige arme und bedauernswerte Aktivisten stimmen hier mit ein.

Massive Bauteile erwärmen sich an der Außenoberfläche gedämpfter, da die absorbierte Solarenergie nach innen abgeleitet wird. Wärmedämmverbundsysteme dagegen erreichen höhere Temperaturen, da sich die vom Außenputz absorbierte Energie staut und am Abfließen nach innen gehindert wird. Wird nun *dieser* Temperaturzustand von einer Infrarot-Kamera dokumentiert, dann wird gegenüber dem Massivbau (großer U-Wert) das WDV-System (kleiner U-Wert) als "Wärmeleck" entlarvt. Diese gegenteilige Aussage wäre ebenfalls eine durch Messung nachgewieseneTatsachenbeschreibung.

Wie zu sehen ist, kann mit der Thermografie fast alles bewiesen werden. Da die offizielle Bauphysik am U-Wert krampfhaft festhält, wird natürlich immer versucht, diese falsche These auch durch die Thermografie zu stützen. Hier wird der Kunde dann mit fehlerhaften Argumenten bedient, er wird hinters Licht geführt. Dies aber wäre wiederum ein Fall für den § 263 StGB "Betrug".

## 5.7 Konsequenzen

Die Ungereimtheiten bei der rechnerischen Behandlung einer Strahlungsheizung in Theorie und Praxis sind kein Einzelfall. Die Energiebedarfsberechnungen beim Energiepaß sind genauso falsch. Es ist bemerkenswert, daß gerade die Bauphysik viele Sachverhalte in recht einseitiger und simpler Form durchzusetzen versucht, so daß falsche Vorstellungen weit verbreitet sind. Daten werden in manipulativer Art verfälscht, fehlerhafte Aussagen werden suggestiv vorgetragen. Der Glaube an das "Expertentum" dominiert.

Bei Kenntnis früherer Baufach-Literatur hätte der Fundamentalfehler durchaus vermieden werden können: *"Die Wärmestrahlen dringen durch die Luft, ohne diese wesentlich zu erwärmen. Erst beim Auftreffen auf die festen Körper werden die Wärmestrahlen in Wärme umgewandelt"* [Ebbinghaus 51].

Trotz fast einfältiger Mediendiktatur muß gesagt werden: "Strahlungswärme ist das Gebot der Stunde". Die Konzeption einer Strahlungsheizung stützt sich dabei zusammenfassend auf folgende physikalische Grundlagen:

1. Wärmestrahlung als Infrarot-Strahler ist eine elektromagnetische Welle wie das Licht, der Strom, die Mikrowelle, die Radiowellen.

2. Die für Heizzwecke in Frage kommenden Wellenlängen liegen etwa zwischen 2 und 50 µm und sind insofern völlig gefahrlos (im Gegensatz zu Radar- und Röntgenstrahlen).
3. Die Strahlungsleistung gehorcht dem Stefan-Boltzmannschen Gesetz, das heißt, sie ist proportional zur vierten Potenz der absoluten Temperatur. Eine Konvektionsheizung dagegen braucht "Übertemperaturen". Diese entfallen bei der Strahlungsheizung.
4. Eine Wärmestrahlung erwärmt keine Luft, sondern nur feste und flüssige Körper. Die Raumluft ist diatherm und bleibt deswegen kühl und angenehm.
5. Da die Umfassungstemperaturen deshalb höher sind als die Lufttemperatur, entsteht auch kein Schimmelpilz – Luft kondensiert nur bei einer Abkühlung.
6. Bei dem aus hygienischen Gründen notwendigen Luftaustausch wird infolge der niedrigen Lufttemperaturen Energie gespart.
7. Infolge der ruhenden Luft (keine Staubaufwirbelung) wird eine geringe Luftwechselrate ermöglicht.
8. Alle Oberflächentemperaturen im Raum gleichen sich infolge des Strahlungsausgleiches an. Es entstehen dadurch gleichmäßig temperierte Umfassungsflächen einschließlich der Möbel – man fühlt sich wohl und behaglich.
9. Eine Wärmestrahlung durchdringt kein normales Glas. Sie verbleibt im Raum und erzeugt damit einen "Treibhauseffekt". Dadurch werden sogenannte Wärmeschutzgläser mit kleinen U-Werten überflüssig.

Diese physikalischen Gegebenheiten erzwingen geradezu die Wahl einer Strahlungsheizung. Die Heiztechnik jedoch berücksichtigt diese Vorzüge leider nicht.

Bereits installierte Strahlungsheizungen zeigen, daß diese in Zukunft eine immer größer werdende Verbreitung finden werden. Sie werden im Rahmen dieser fortschrittlichen Heiztechnik damit in völlig neue Dimensionen vorstoßen.

Physiologisch ist der Mensch auf Strahlungswärme ausgerichtet – seit Jahrtausenden. Strahlungswärme schafft energiesparend behagliche Wärme. Bedauerlicherweise wird die Strahlungswärme rechnerisch und damit auch heizungstechnisch stark benachteiligt und demzufolge sträflich vernachlässigt.

Mit daran beteiligt sind Rechenmethoden, die durch Denkfehler und falsche Schlußfolgerungen entstanden sind. Elektromagnetische Strahlung (Strahlungsheizung) und thermodynamische Prozesse der kinetischen Wärmelehre (Konvektionsheizung) sind aus physikalischen Gründen gegenseitig nicht adaptionsfähig. Was hier bei einer Strahlungsheizung "berechnet" wird, sind Phantomrechnungen mit absonderlichen Resultaten.

Karl Steinbuch zitiert ein Kant-Wort [Steinbuch 79], das gerade für die Strahlungsheizung paßt:

*"Habe Mut, dich deines Verstandes ohne fremde Leitung zu bedienen".*

Gerade in der Wissenschaft und besonders in der praktizierenden Bau- und Heiztechnik sollte dies zum Leitmotiv jeglichen Handelns werden. In Zukunft wird kein Weg mehr an der Strahlungsheizung vorbeiführen.

# 6 Wärmeschutz

Das Bauwesen wird durch den stets in den Vordergrund gestellten Wärmeschutz zu stark gemaßregelt; es wird damit nur die "Energieeinsparung" gesehen. Dies ist eine zu einseitige Sichtweise. Für den Bewohner ist nicht der Wärmeschutz, sondern ausschließlich der Temperaturschutz von Bedeutung. Stimmt die Temperatur, dann fühlt er sich wohl. Erst eine vom Behaglichkeitsniveau abweichende Temperatur muß mit Hilfe von Wärme, eben von Energie korrigiert werden – entweder durch Heizung bei zu niedrigen Temperaturen oder durch Kühlung bei zu hohen Temperaturen. Temperaturstabilität heißt deshalb das große Ziel wohnbehaglicher Gebäudeplanung. Um dieses Ziel zu erreichen, wird jedoch weitgehend von der Annahme ausgegangen, hierfür sei ausschließlich die Dämmung verantwortlich und damit vom Wärmedurchgangskoeffizienten U abhängig, der nach Vorstellung der meisten den Wärmefluß in einer Außenkonstruktion beschreiben soll. Alle energetischen Berechnungen sind deshalb auf den U-Wert bezogen, offiziell wird an der Richtigkeit nicht gezweifelt. Man denkt unbeirrt stationär – und doch handelt es sich um Phantasierechnungen, da nennenswerte Speichereffekte von Solarenergie abgestritten und ignoriert werden. Eine Speicherfähigkeit massiver Bauteile und die damit verbundene solare Energiegewinnung wird von der etablierten Bauphysik eben strikt verneint. Offiziell beschränkt sich Solararchitektur neben den Energiegewinnen über die Fenster vor allem auf transparente Wärmedämmung, Warmwasser-Kollektoren, Photovoltaik und Erdwärmenutzung. Dies aber sind alles unwirtschaftliche Aktivitäten, die viel kosten und dem Kunden wenig bringen.

So wird im Endeffekt, auch offiziell, die These der Dämmstoffindustrie vertreten, die als das entscheidende Merkmal eines Gebäudewärmeschutzes einzig und allein die Dämmung und damit den U-Wert ansieht und diesem Grundsatz schließen sich die stationär denkenden Bauphysiker und Energieberater an. Sie verharren damit geistig im Beharrungszustand, der ja für die Gültigkeit des U-Wertes Voraussetzung ist. Im Bauwesen wird somit der U-Wert in den Mittelpunkt energetischer Überlegungen gestellt. Die U-Wert-Reduzierungen und Verbesserungen werden zum allgemeinen Energie-Dogma erhoben. Ist dies gerechtfertigt?

## *6.1 Klima und Gebäude*

Die mitteleuropäische Klimazone erfordert eine Bauweise, die sowohl die Dämmung als auch die Speicherung der Außenhülle berücksichtigt. Diese Notwendigkeit wird auch in [Eichler 89] bestätigt: *"Die Temperaturbewegungen werden durch periodisch auftretende Strahlungsvorgänge verstärkt, so daß von den Elementen der Bauwerkshülle weniger Wärmedämmleistungen als Wärmebeharrungsvermögen und Wärmespeicherfähigkeit verlangt werden"*.

### 6.1.1 Bautechnische Erfahrungen

Im mediterranen Raum ums Mittelmeer herum wird infolge übermäßiger Sonneneinstrahlung ausschließlich die Speicherung wichtig (meterdicke Lehmwände, massive Steinwände). In Nordeuropa dagegen übernimmt den Wärmeschutz, den Schutz vor Kälte, wegen mangelnder Solarstrahlung verstärkt die Dämmung (Iglu der Eskimos). Mittel- und Westeuropa liegen geographisch zwischen diesen beiden Extremen und benötigen infolge ausreichender Sonnenstunden beides, die Dämmung *und* die Speicherung. Die konstruktive Umsetzung erfolgt mit dem schweren Ziegelbau oder dem Holz-Blockbau. Dieses energieökonomische Prinzip einer sinnvollen Bauweise hat sich in jahrhundertealter Tradition langsam als sehr wirksam und effektiv herauskristallisiert.

Die Speicherung lebt von der Solarenergie. Diese kurzwellige Strahlung wird durch das unterschiedliche Streuungs- und Absorptionsvermögen verschiedener Gase wie z. B. $O_3$, $H_2O$ oder $CO_2$ in der Atmosphäre bei bestimmten Wellenlängen teilweise herausgefiltert, so daß an diesen Stellen eine reduzierte Strahlung festzustellen ist. Die spektrale Intensitätsverteilung infolge dieser "Störungen" in der Atmosphäre führt zu Einbußen der Strahlungsdichte. Insofern kommt nicht alle Strahlung der Sonne bis zur Erdoberfläche [Meier 95].

Das gleiche gilt auch für die Abstrahlung der Erdoberfläche. Wellenlängenabhängige Absorptionen von Spurengasen, die Fraunhoferschen Spektrallinien, behindern diese Abstrahlung. Außerhalb dieser Absorptionslinien ist die Atmosphäre ein offenes Fenster. Hier wird vor allem die $CO_2$-Konzentration zur Begründung herangezogen, um die "notwendige Energieeinsparung durch Superdämmungen" durchzusetzen. Wegen fehlender Sachargumente wird dann ein Horrorszenario installiert, um die großen Geschäfte der Wirtschaft anzukurbeln (siehe auch Abschnitt 10.3.1 "Die Mär von der Klimakatastrophe").

### 6.1.2 Der erfundene Treibhauseffekt

Zu diesen Horrorszenarien sagt der Meteorologe Thüne in einem Interview [Thüne 96]:

"Der erfundene Treibhauseffekt fasziniert insbesondere die Medien, weil er ständig neue Sensationen verspricht. Die Journalisten werden als 'nützliche Idioten' ebenso belächelt wie als Transporteure von 'bad news' hofiert. In Wirklichkeit finden über die 'Klimakatastrophe' wichtigste Interessen- und Verteilungskämpfe statt, bei denen es wechselweise Gewinner und Verlierer gibt."

Mit der "Klimakatastrophe"

- kann man für die Kernenergie kämpfen,
- man kann gegen Kohle und Erdöl als fossile Energien kämpfen,
- man kann für alternative Energien kämpfen,
- man kann gegen Auto und Mobilität kämpfen,
- man kann für Steuererhöhungen kämpfen,
- man kann für höhere Versicherungsprämien kämpfen,
- man kann gegen die Industriegesellschaft schlechthin kämpfen,
- man kann für die neomarxistische oder grüne Kulturrevolution kämpfen etc.

Dieses Schlachtgetümmel an allen Fronten birgt die Gefahr, daß man als Kämpfer gegen den "Treibhausunsinn" plötzlich mitten im Kampfgetümmel zwischen allen Fronten steht und unter Beschuß gerät, denn der mächtigste unter den Göttern ist laut Erasmus von Rotterdam Pluto, der Gott des Reichtums".

Viele versprechen sich von derartigen Redeschlachten eigene Vorteile – Profite und Gewinne locken. Jeder kocht klammheimlich sein eigenes Süppchen, so daß der Nachweis, ein anthropogener Einfluß liege nicht vor, hier nur sehr störend wirkt und deshalb schlicht und einfach ignoriert und dementiert wird [Meier 01e, 07b].

Es gibt eindeutige Indizien, daß die "Klimakatastrophe durch $CO_2$-Ausstoß" eine Erfindung der Atomstromindustrie ist. Wird erst einmal $CO_2$ zum Welthorrorszenario hochstilisiert und die "Minderung der Treibhausgase" zum obersten Gebot der Weltindustrie gemacht, dann kann jeder Atommeiler frohlocken, denn der emittiert überhaupt kein $CO_2$. Ausstieg aus der Atomenergie und Reduzierung von $CO_2$ sind kontraproduktiv und widersprechen sich. So ist es dann nicht verwunderlich, daß die Vereinigung Deutscher Elektrizitätswerke (VDEW) bereits klarstellt, "daß aufgrund des beabsichtigten Kernenergieausstiegs eine absolute Kohlendioxidminderung im Kraftwerksbereich nicht mehr möglich sei", und sie verkünden im gleichen Atemzuge: "Hierzulande vermeiden Kernkraftwerke derzeit jährlich 170 Mio t $CO_2$ " [Stromthemen 00a].

Da die von der Bundesregierung vorgeschlagenen Lösungen zur $CO_2$-Minderung entweder nichts bewirken (die Effizienzlosigkeit z. B. einer durch die EnEV geforderten Wärmedämmung ist evident) oder wenig durchdacht sind (Kraft-Wärme-Koppelung soll auch gefördert werden, wenn überhaupt kein Bedarf an Wärme vorliegt [Stromthemen 00]), können sie nicht akzeptiert werden. Zum Schluß bleibt dann nur noch der Atomstrom als "Retter in der Not". Und Amerika läßt Cheney verkünden: "Der Bau von Atomkraftwerken sei ein möglicher neuer Ansatz zur Reduzierung von Kohlendioxid" [NN 01].

In dieses Bild paßt dann auch der Umstand, daß im Internet der Stromindustrie der Hauptverkünder der "Klimakatastrophe" hoch gelobt, der überzeugendste Kritiker jedoch verhöhnt und beleidigt wird. Nur um dieses "Märchen von der Klimakatastrophe" aufrecht erhalten zu können, wird die Würde dieses "unverbesserlichen Nörglers" beschädigt; Verunglimpfungen und Diffamierungen sind dann die Argumente.

Jean-Jacques Rousseau sagte einmal: *"Beleidigungen sind die Argumente derer, die Unrecht haben"*, auch sagte er einmal den allgemeingültigen Satz: *"Es ist nicht nötig, den Charakter der Leute zu kennen, sondern nur ihre Interessen, um ungefähr zu erraten, was sie zu jeder Sache sagen werden".*

Die größten Proteste zur Abkehr Amerikas von den Kyoto-Zielen einer $CO_2$-Reduzierung kommen von Staaten mit großem Atomstromanteil und von Staaten mit geringen "Pro-Kopf-Emissionen", da sie die Milliarden-Gewinne durch die Kohlendioxid-Börse, die ebenfalls in Kyoto beschlossen wurde, schwinden sehen. Es ist immerhin recht erstaunlich, womit alles Geld gemacht wird – selbst mit erdachten und damit fiktiven Umweltsünden werden Geschäfte abgewickelt. Der

Handel mit "Verschmutzungsrechten" kann jedenfalls beginnen – die rechtlichen Voraussetzungen sind geschaffen. Mit derartigen "Schwindel-Aktivitäten" wird ein Prozeß in Gang gesetzt, um mit einem derartig banalen Aktionismus ganz persönliche monetäre Vorteile zu erzielen. Es ist ja höchst possierlich, wenn sich Menschen um die Auswirkungen einer Fata Morgana die Köpfe heiß reden. Um es abschließend nochmals zu wiederholen. Es geht hier nicht um die "Klimaschwankungen" (es handelt sich ja lediglich um Temperaturschwankungen, die allein ja keineswegs ein Klima ausmachen), denn diese Schwankungen gibt es seit ewigen Zeiten, es geht hier um die Ursachen dieser Temperaturverläufe – und hier scheidet $CO_2$ eindeutig aus (siehe Abschnitt 10.3.1 "Die Mär von der Klimakatastrophe").

### 6.1.3 Von der Solarenergie abgeschottet

Wenn es um die Nutzung der Solarenergie durch speicherfähige Wände geht, wird von offizieller Seite stets abgewinkt. Man vertraut der Superdämmung, die durch stetiges Verschärfen des Anforderungsniveaus an den Wärmeschutz administrativ durchgesetzt werden soll. Die energetische Aufrüstung durch Wärmedämmverbundsysteme wird permanent propagiert.

Von Anfang an wurde jedoch immer wieder darauf hingewiesen, daß durch ein Wärmedämmverbundsystem die seit jeher stets wirksame Solarstrahlung von der speicherfähigen Wand abgeschottet wird, so daß die möglichen Energiegewinne ausbleiben [Aggen 81, 85]. Hier wird auch auf Abschnitt 6.2.1 "Empirische Erfahrungen" verwiesen.

Diese Abschottung wurde von der offiziellen Bauphysik immer abgestritten, die energetischen Gewinne seien nämlich "bei seriöser Betrachtung" vernachlässigbar klein. Es wird sogar vom "Irrtum mit der Solarstrahlung" gesprochen [Gertis 89]. Die darüber geführten Kontroversen "Pro – Contra" sind unübersehbar, die Auseinandersetzungen haben schon historischen Wert; immer aber wurden die angeführten Pro-Argumente konsequent ignoriert und die Kritiker verunglimpft und lächerlich gemacht. Man blieb unbeeindruckt stets bei der fehlerhaften Vorstellung, die Speicherfähigkeit einer Massivwand habe kaum einen Einfluß auf die Energiebilanz eines Gebäudes. Dies aber ist der große Irrtum.

Es kann der Beweis angetreten werden, daß die These der Abschottung im Institut für Bauphysik in Stuttgart schon lange bekannt ist.

In [IBP 85] ist das Bild 6.1 zu finden, das eindeutig belegt, daß ein Wärmedämmverbundsystem die kostenlose Nutzung der Solarenergie durch die dahinter liegende Massivwand verhindert. Die große energetische Einbuße wird erkennbar, wenn die in der gleichen "Forschungsarbeit" angegebene Temperaturverteilung einer monolithischen Wand zum Vergleich herangezogen wird. Das Bild 6.15 zeigt den Einfluß der Solarstrahlung ohne abschottende Dämmschicht. Dabei wird immerhin die Energiemenge von rund 2200 Wh/m²d eingespeichert, eine Energiemenge, die ein Vielfaches des stationären Wärmeflusses ausmacht.

Die großen Unterschiede eingespeicherter Energie bei massiven Wänden im Gegensatz zu Wärmedämmverbundsystemen führen dazu, daß alle "Energiebilanzberechnungen" mit dem U-Wert nur fiktiver Natur sein können. Wer dies nicht erkennt, glänzt mehr durch Einfalt und Starrköpfigkeit als durch Einsicht und Erkenntnisstreben.

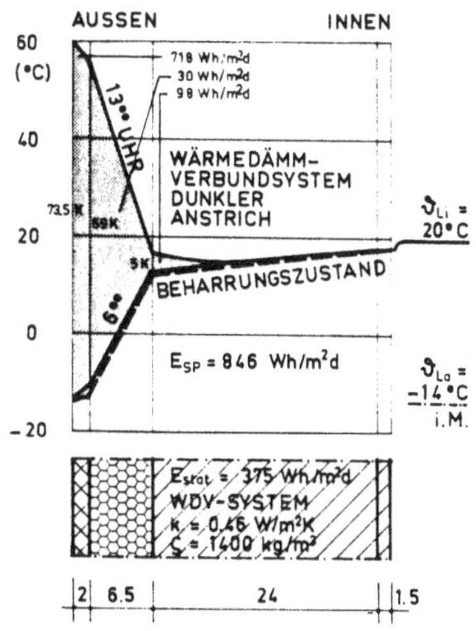


Bild 6.1: Solarstrahlung und das Wärmedämmverbundsystem

*Bild 6.1*
*Die besondere Temperaturverteilung der $13^{00}$ Uhr Kurve eines WDV-Systems mit äußeren Oberflächentemperaturen von ca. 60 °C läßt hier für die Massivwand lediglich die Speicherung von knapp 100 Wh/m²d zu; die Dämmung schafft gerade 30 Wh/m²d. Den Hauptanteil übernimmt mit ca. 720 Wh/m²d die 2 cm Putzschicht. Die Massivwand wird also durch das WDV-System an der energieeinbringenden Speicherung gehindert – sie wird abgeschottet. Ein Wärmedämmverbundsystem erweist sich also auch in energetischer Hinsicht als äußerst nachteilig.*

Die Abschottung wird in [Gertis 83b] sogar bestätigt. Dort ist zunächst zu lesen: *"Tages- und jahreszeitliche Schwankungen der Lufttemperaturen und der Sonneneinstrahlung haben große Temperaturänderungen auf der Außenseite von Gebäudehüllen zur Folge".* Ein Wärmedämmverbundsystem wird dann wie folgt charakterisiert: *"Das Mauerwerk wird durch die vorgelagerte Thermohaut von der außenseitigen Temperaturbeanspruchung praktisch abgekoppelt.*

Bei dieser Sachlage wird dann jubiliert:
*"Wenn die Masse des Mauerwerks aber thermisch eliminiert wird, ist in der gesamten Wandkonstruktion keine nennenswerte thermisch wirksame Masse mehr da, denn die Dämmschicht ist sehr leicht und die Putzschicht relativ dünn. Unter diesen Umständen müssen sich aber zu jedem Zeitpunkt der instationären Wärmeeinwirkung von außen im Wandquerschnitt annähernd stationäre (das heißt geradlinige) Temperaturverteilungen einstellen".*

Das heißt im Klartext: Sollte speicherfähige Masse vorhanden sein – wie beim Altbau – dann muß schleunigst die segensreiche Speichermasse von der kostenlosen Solarenergie abgekoppelt werden, damit das "Gerede von der Sonnenenergienutzung massiver Außenwände" endlich aufhört. Diese Abkoppelung geschieht durch ein Wärmedämmverbundsystem. Damit hat man einen "innovativen" Weg gefunden, um wieder stationär rechnen zu können – ein makabres Spiel mit der Sonne – und den Kunden.

Auch in der DIN 4108-6 steht unter 5.5.1 "Wirksame Speicherfähigkeit und Zeitkonstante: *"..., da beispielsweise Wärmedämmschichten dahinterliegende Speichermassen abschotten"*. Das Ausschalten der Sonne ist also bewußt beabsichtigt, um damit im stationären Denken und Rechnen verharren zu können.

## 6.1.4 Solares Energieangebot

Die Sonne liefert stetig Energie. Tabellen und Daten über das solare Energieangebot werden mannigfach veröffentlicht. Dabei handelt es sich meist um Angaben über die Energiemenge der Globalstrahlung, die sich aus der Summe der diffusen und direkten Sonnenstrahlung auf *horizontale* Flächen zusammensetzt. Wenn bei Gebäuden und hier vor allem bei Wänden der solare Einfluß berücksichtigt werden soll, daß muß die Solarstrahlung auf *senkrechte* Flächen quantifiziert werden.

Die Veränderungen der Sonnenbahn im Jahresverlauf führen zu unterschiedlichen Einstrahlungswinkeln und Tageslängen. Daraus ergibt sich ein unterschiedliches Angebot an Strahlungsenergie für verschiedene Standorte und Jahreszeiten. Die Tabelle 6.1 zeigt die unterschiedlichen Sonnenbahn-Höhenwinkel um 12 Uhr mittags für die vier markanten Jahresdaten [Koblin 84].

**Tabelle 6.1**: Sonnenbahn-Höhenwinkel um 12 Uhr

| | | Sonnenbahn-Höhenwinkel | | | |
|---|---|---|---|---|---|
| | | 21.03 | 21.06 | 21.09 | 21.12 |
| Freiburg, Memmingen, München | 48° NB | 42° | 65° | 42° | 19° |
| Karlsruhe, Regensburg | 49° NB | 41° | 64° | 41° | 18° |
| Mainz, Bamberg, Bayreuth | 50° NB | 40° | 63° | 40° | 17° |
| Köln, Erfurt, Dresden | 51° NB | 39° | 62° | 39° | 16° |
| Münster, Bielefeld, Magdeburg | 52° NB | 38° | 61° | 38° | 15° |
| Bremen, Wittenberge, Angermünde | 53° NB | 37° | 60° | 37° | 14° |
| Lübeck, Rostock, Ahlbeck | 54° NB | 36° | 59° | 36° | 13° |

Gerade die flach stehende Sonne im Winter mit Einfallwinkeln zwischen 13° und 19° bedeutet für senkrechte Wände einen hohen Grad an Energieabsorption, so daß diese Form der kostenlosen Energiegewinnung keineswegs vernachlässigt werden darf.

Hier liefert das Bild 6.2 für Tagesgänge im Winter und Sommer bei unterschiedlichen Fensterorientierungen konkrete Zahlen [Koblin 84]:

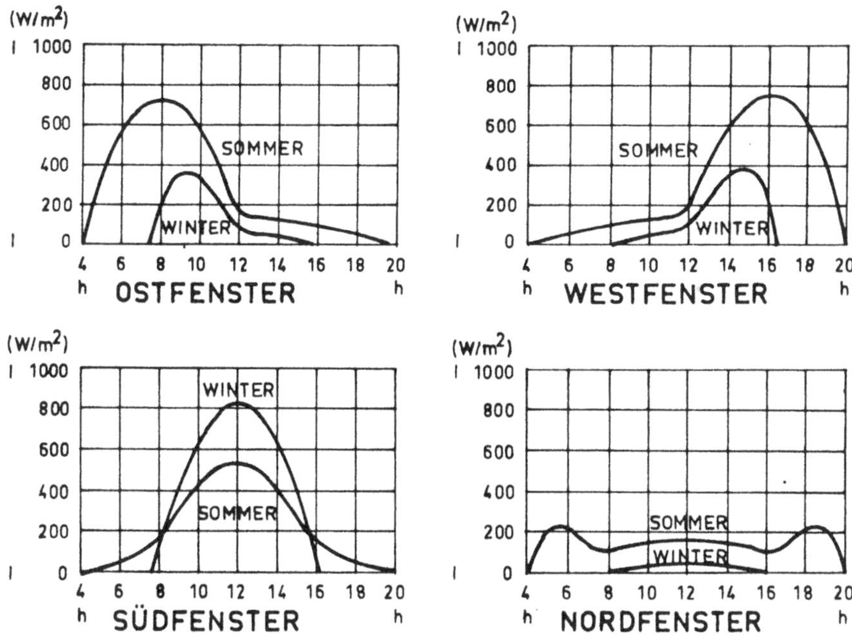


Bild 6.2: Strahlungsintensität I im Tagesverlauf auf Fenster an wolkenlosen Tagen im Winter und Sommer nach Messungen in Holzkirchen

*Bild 6.2:*
*Die Einstrahlungskurven für Ost- und Westfenster – und damit auch für Wände – verhalten sich spiegelbildlich. Im Winter werden gegen 10 Uhr und kurz nach 14 Uhr die größten Einstrahlungen registriert, die sogar etwa 350 bis 380 W/m² ausmachen. Selbst das Nordfenster kann zwischen 8 und 16 Uhr Energie vereinnahmen mit einer größten Einstrahlung um 12 Uhr von etwa 40 W/m². Besonders eindrucksvoll verhält sich die Einstrahlung beim Südfenster. Hier wird um 12 Uhr im Winter eine größere Einstrahlung (über 800 W/m²) erzielt als im Sommer (ca. 550 W/m²). Die Einstrahlungszeit liegt zwischen $7^{30}$ und $16^{00}$ Uhr.*

Dies bedeutet im Klartext, daß die Absorption der eingestrahlten Solarenergie unbedingt berücksichtigt werden muß, will man sich nicht dem Vorwurf aussetzen, hier fahrlässig mit Energie umgegangen zu sein.

Wenn die Maximalwerte interessieren, dann liefert das Bild 6.3 aus [Koblin 84] genügend Informationen. Hier wird für die Heizperiode von September bis Mai der Maximalwert um $12^{00}$ Uhr grafisch aufgetragen, wobei horizontale Flächen (Globalstrahlung) und vertikale Südflächen, jeweils bei wolkenlosem und bei bedecktem Himmel – also bei diffuser Strahlung, dokumentiert werden.

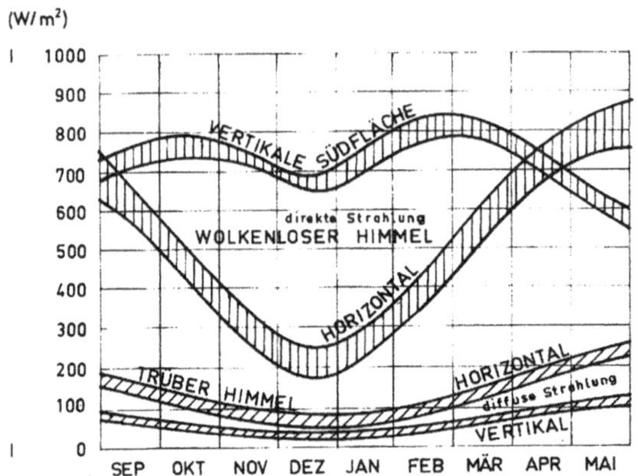


Bild 6.3: Maximale Sonnenstrahl-Intensität I um $12^{00}$ Uhr bei wolkenlosem und trübem Himmel auf horizontale und vertikale Südflächen während der Heizperiode [Koblin 84]

*Bild 6.3*
*Deutlich ist bei wolkenlosem Himmel die höhere Strahlungsintensität auf eine vertikale Südwand (um die 650 bis 800 W/m²) gegenüber der auf horizontale Flächen auftreffenden Globalstrahlung (zwischen 200 W/m² im Winter und 800 W/m² im Sommer) zu erkennen.*

*Aber selbst bei bedecktem Himmel werden in der Heizperiode bei der vertikalen Südwand $12^{00}$ Uhr-Maximalwerte zwischen 60 und 100 W/m² erreicht.*

Für eine nach Süden orientierte Fassadenfläche zeigt das Bild 6.4 die einzelnen Tagesgänge, jetzt nach Monaten geordnet [Cziesielski 85].

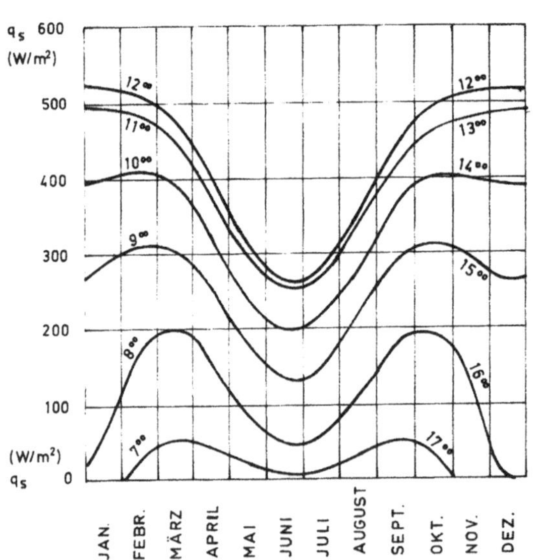


Bild 6.4: Wärmeeinstrahlung bei einer Südfassade, 50° NB, nach Tages- und Jahreszeit

*Bild 6.4:*
*Die größten Wärmeeinstrahlungen werden um 12 Uhr erzielt. Bemerkenswert ist, daß in der Heizperiode die Werte größer sind (ca. 500 W/m²) als in den Sommermonaten (ca. 300 W/m²). Auch um 9 Uhr und 15 Uhr wird im Winter eine größere Einstrahlzahl erreicht als im Sommer. Optisch ist klar zu erkennen, wie gerade im Sommer die Gewinne rigoros "einbrechen", also kleiner als im Winter sind. Selbst die 7 Uhr und 17 Uhr Kurve erreicht noch annehmbare Werte.*

Die eingestrahlten Gesamtenergiemengen pro Tag, geordnet nach Monaten, für unterschiedliche Himmelsrichtungen und als Globalstrahlung (Horizontale) zeigt das Bild 6.5 [Koblin 84], das dann noch zusätzlich die berechneten durchschnittlichen Einstrahlzahlen in W/m² für eine 12stündige Einstrahlzeit enthält. Dieses Datum wird bei der Berechnung der effektiven U-Werte berücksichtig und ist deshalb als Vergleichswert wichtig.

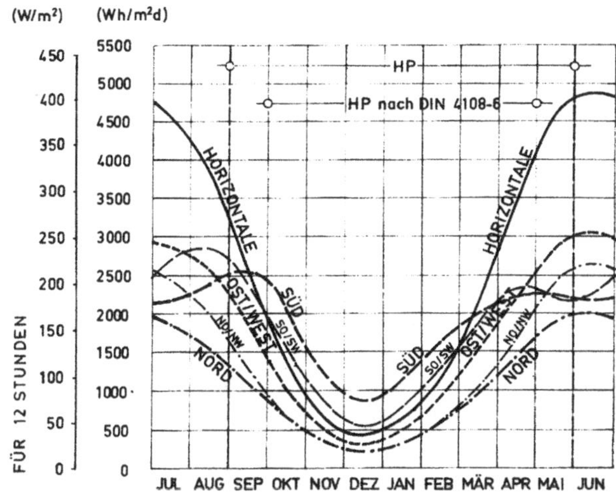


Bild 6.5: Jahresverlauf der Einstrahlung auf horizontale und vertikale Flächen

*Bild 6.5:*
*Hier werden die Gesamtenergiemengen in Wh/m²d grafisch gezeigt, die doch recht ansehnliche Größenordnungen erreichen. Für die Heizperiode Sept. bis Mai können etwa 1770 kWh/m²d (145 W/m²) für Süd, 1300 kWh/m²d (110 W/m²) für West und Ost sowie 820 kWh/m²d (65 W/m²) für Nord angesetzt werden.*

Die kostenlos angebotenen Energiemengen müssen nutzbringend verwertet werden. Dies geschieht durch speicherfähige Baustoffe, die Solarstrahlung zu absorbieren in der Lage sind.

Die in den Statistiken enthaltenen Energiebeträge in kWh pro m² und Zeiteinheit (Jahr, Heizperiode, Monat, Tag) können als Leistungseinheit in mittlere Strahlungsintensitäten in W/m² umgerechnet werden.

Liegen Strahlungsintensitäten in W/m² vor, so handelt es sich um Durchschnittswerte für 24 Stunden. Analog der Tabelle 6.6 müssen deshalb für die Festlegung der Strahlungsintensität I gemäß Formel (6.8a) die statistischen Tabellenwerte in Tabelle 10.3 z. B.) verdoppelt werden, da bei der Ableitung der effektiven U-Werte das tägliche Strahlungsangebot auf 12 Stunden komprimiert wurde.

Die mittlere Strahlungsintensität in W/m² kann aus dem Strahlungsangebot pro Heizperiode berechnet werden, indem die für die EnEV gemäß DIN 4108-6 festgelegten 185 Heiztagen für je 12 Stunden berücksichtigt werden, also insgesamt 2220 Stunden.

**Tabelle 6.2**: Mittleres Strahlungsangebot für das Referenzklima Deutschland (Zeile 0) und für die 15 Referenz-Regionen (Zeilen 1-15) pro Jahr in kWh/m²a (Spalten 2, 5, 8 und 11) bzw. pro Heizperiode in kWh/m²HP (Spalten 3, 6, 9 und 12) sowie die mittlere Strahlungsintensität während der Heizperiode in W/m² (Spalten 4, 7, 10 und 13) für eine senkrechte Wand (Neigung 90°).

| | Süden | | | Osten | | | Westen | | | Norden | | |
|---|---|---|---|---|---|---|---|---|---|---|---|---|
| | /a | /HP | W/m² | /a | /HP | W/m² | /a | /HP | W/m² | /a | /HP | W/m² |
| 1 | 2 | 3 | 4 | 5 | 6 | 7 | 8 | 9 | 10 | 11 | 12 | 13 |
| 0 | 810 | 270 | 121 | 975 | 155 | 70 | 975 | 155 | 70 | 590 | 100 | 45 |
| 1 | 838 | 291 | 131 | 644 | 148 | 67 | 671 | 150 | 68 | 415 | 90 | 41 |
| 2 | 754 | 263 | 118 | 617 | 136 | 61 | 606 | 136 | 61 | 391 | 82 | 37 |
| 3 | 838 | 263 | 118 | 640 | 135 | 61 | 683 | 138 | 62 | 387 | 80 | 36 |
| 4 | 796 | 282 | 127 | 640 | 148 | 67 | 629 | 148 | 67 | 397 | 88 | 40 |
| 5 | 796 | 287 | 129 | 628 | 149 | 67 | 631 | 155 | 70 | 413 | 95 | 43 |
| 6 | 767 | 285 | 128 | 639 | 159 | 72 | 582 | 148 | 67 | 406 | 99 | 45 |
| 7 | 730 | 266 | 120 | 600 | 145 | 65 | 577 | 141 | 64 | 391 | 90 | 41 |
| 8 | 780 | 278 | 125 | 623 | 146 | 66 | 620 | 155 | 70 | 400 | 100 | 45 |
| 9 | 879 | 324 | 146 | 687 | 178 | 80 | 663 | 163 | 73 | 402 | 101 | 45 |
| 10 | 844 | 383 | 173 | 681 | 195 | 88 | 643 | 191 | 86 | 364 | 95 | 43 |
| 11 | 825 | 309 | 139 | 662 | 163 | 73 | 675 | 175 | 79 | 426 | 106 | 48 |
| 12 | 800 | 296 | 133 | 651 | 158 | 71 | 648 | 164 | 74 | 411 | 101 | 45 |
| 13 | 862 | 349 | 157 | 690 | 181 | 82 | 677 | 182 | 82 | 414 | 107 | 48 |
| 14 | 871 | 356 | 160 | 694 | 185 | 83 | 702 | 200 | 90 | 434 | 116 | 52 |
| 15 | 1016 | 501 | 226 | 764 | 242 | 109 | 738 | 240 | 108 | 422 | 120 | 54 |

Die Werte der Spalten 4,7,10 und 13 sind thematisch vergleichbar mit den Durchschnittswerten der Tabelle 6.6; dabei ist festzustellen, daß die "neueren" Werte niedriger liegen. Dies liegt auch an der angenommenen Heizgrenztemperatur von 10 °C (bei einer Außenlufttemperatur über 10 °C wird nicht mehr geheizt!) und den damit verbundenen reduzierten 185 Heiztagen (statt bisher rund 250 Tage). Immerhin werden noch Heizgrenztemperaturen von 12 °C mit rund 220 Heiztagen und 15 °C mit rund 275 Heiztagen angegeben. Man hat sich jedoch für 185 Heiztage entschieden, zumal damit auch rein rechnerisch ein reduzierter "Energiebedarf" ermittelt und außerdem das Solarenergieangebot und somit der Solareinfluß systematisch immer geringer berücksichtigt und wesentlich geschmälert wird.

## 6.2 Speicherung

Abweichend von den fachlich nicht ernst zu nehmenden Empfehlungen der Wärmeschutzverordnungen hat sich eine 36,5 cm bzw. 49 cm Massivwand aus Hochlochziegeln mit einem Raumgewicht von mindestens 1200 bis 1400 kg/m³ auch energetisch als überaus günstig erwiesen. Das zeigt die Erfahrung. Die festgestellten Heizenergieverbrauchswerte liegen auf Niedrigenergiehausniveau, da eben auch der auftretende Speichereffekt der massiven Außenwand die anfallende und kostenlose Solarenergie in die Energiebilanz des Gebäudes mit einbringt. Mit leichteren Baustoffen vermindert sich der Speichereffekt.

Das Bauen wird demgegenüber weitgehend von einem neuverstandenen, leider jedoch mehr illusionären Gebäudewärmeschutz bestimmt. Zu diesem Zweck werden Energieeinsparung und Reduzierung der $CO_2$-Emissionen als Argumente benutzt, um das Anforderungsniveau der Wärmeschutzverordnungen immer weiter zu verschärfen. Als dominantes Maß des Wärmeschutzes fungiert dabei allein der U-Wert, der alles zu bestimmen und zu beherrschen droht.

"Warum haben Häuser mit massivem einschaligen Außenmauerwerk nachweislich einen niedrigeren Heizmittelverbrauch als unsere heutigen hochgedämmten?" wird in [Neumüller 86] gefragt. Schon 1982 wurde festgestellt: "..., daß das sog. k-Wert-Verfahren (jetzt U-Wert-Verfahren) nicht zur energietechnischen Beurteilung von Bauteilen und Baumaterialien geeignet ist." [Assmann 82]

Aufkommende Zweifel an der Richtigkeit der U-Wert Berechnungen sind berechtigt, zumal sie auch wissenschaftlich zu begründen sind [Meier 00].

## 6.2.1 Empirische Erfahrungen

Immer wieder wird festgestellt, daß sich die Heizenergiebedarfsberechnungen nicht mit den Verbrauchsdaten decken. Wenn die Unterschiede immer einseitig abweichen, kann es am Fehlen maßgebender Einflußfaktoren liegen. Die Abweichungen aber sind eigenartigerweise gegensätzlicher Natur.

### 6.2.1.1 Beispiel Wedel

Im Rahmen eines Auftrages der Stadt Wedel [UTEC-IFEU-88] wurden neben den errechneten Energiebedarfswerten auch die Energieverbrauchsdaten der Stadtwerke statistisch ausgewertet. Abgesehen von den zum Teil großen Streuungen einzelner Daten wurden Trends in Form von Regressionsgeraden festgestellt, die sehr bedeutsam sind und deshalb Aufmerksamkeit verdienen.

Das Bild 6.6 zeigt für die untersuchten Objekte die festgestellten Trends, wobei die berechneten Heizenergiebedarfszahlen (Rechnung) und die festgestellten Heizenergieverbrauchsdaten (Verbrauch) für zwei typische Bauweisen dargestellt werden. Es handelt sich um in Massivbauweise erstellte Gebäude vor 1945 und um Gebäude von 1977 bis 1988, die damit in die Periode der Wärmeschutzverordnungen fallen und somit "dämmorientiert" sind.

Das Ergebnis ist ernüchternd.
Da je nach Konstruktionsart einmal mehr, jedoch auch einmal weniger als der Verbrauch "berechnet" wird, muß hier ein methodischer Fehler vorliegen. Bei dieser Sachlage stellt sich automatisch die Frage nach der Allgemeingültigkeit und Richtigkeit des U-Wert-Verfahrens.

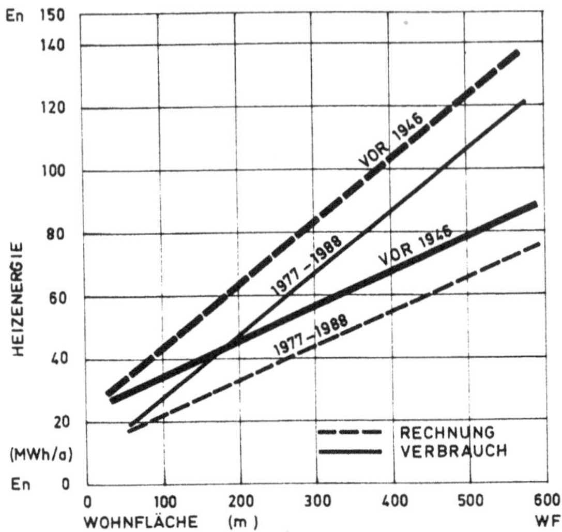


Bild 6.6: Vergleich Rechnung – Verbrauch bei unterschiedlichen Bauweisen

*Bild 6.6:*
*Bei den vor 1945 errichteten Massivbauten wird ein höherer Bedarf berechnet als der tatsächlich anfallende Verbrauch.*

*Bei den von 1977 bis 1988 errichteten Gebäuden, die somit der Wärmeschutzverordnung unterliegen, wird jedoch demgegenüber ein niedrigerer Bedarf berechnet, als der tatsächlich anfallende Verbrauch. Es wird in Realität also mehr verbraucht, als die Rechnung ermittelt.*

### 6.2.1.2 Beispiel Bern

Auch in einer weiteren Untersuchung bestätigt sich für alte massive Gebäude die Aussage eines geringeren Energieverbrauchs gegenüber der Berechnung nach der Wärmeschutzverordnung 1995. Einer klimabezogenen Verbrauchsanalyse [Bossert-96] können Daten entnommen werden, die auszugsweise in der Tabelle 6.3 zusammengestellt sind.

**Tabelle 6. 3**: Abweichung der Rechnung (WSchVO 95) vom Verbrauch

| Baujahr | Verbrauch kWh/m²a | Rechnung kWh/m²a | Abweichung (%) |
|---|---|---|---|
| 1875 | 44,4 | 89,4 | 101 |
| 1900 | 59,2 | 97,2 | 64 |
| 1924 | 64,2 | 93,1 | 45 |

Zunächst ist einmal festzustellen:

1. Die massiven Altbauten erfüllen bereits die Energieverbrauchskriterien, die allgemein an ein "Niedrigenergiehaus" gestellt werden.
2. Niedrigenergiehäuser bestehen also nicht nur aus Dämmstoff, wie sie allerorts und überall auch in Form der bauschadensträchtigen Holzskelettbauweise angeboten werden.

In der Zusammenfassung von [Bossert-96] heißt es dann auch: *"Je besser die k-Werte der Gebäudehülle, desto höher steigt der Energieverbrauch".*

Ja bereits in [Assmann 82] wird auf die Bossertsche Energie-Verbrauchs-Analyse hingewiesen und ausgeführt, daß Massivbauten der Jahrgänge 1925 bis 1930 ohne Zusatzdämmung nur etwa 3 bis 5 Liter Öl für die Beheizung eines Raumkubikmeters pro Jahr erfordern, daß aber die Bauten der Jahre 1965 bis 1970 bereits die doppelte und hochgedämmte Leichtbau-Konstruktionen sogar die dreifache Brennstoffmenge beanspruchen können.

### 6.2.1.3 Beispiel Wärmestrommessung

In [Oblak 00] werden durchgeführte Messungen veröffentlicht, die das U-Wert-Denken ad absurdum führen. Es heißt dort: *"Um hier klärende Beiträge zu liefern, wurden in den Jahren 1982 und dann von 1987 bis 1990 Messungen an unterschiedlichen Außenwandkonstruktionen durchgeführt, die das bisherige Behandeln von Energiefragen am Gebäude sehr in Frage stellen".*

1) Messungen im März 1982 hatten zum Ziel, den quantitativen Unterschied zwischen einer massiven, ungedämmten (U = 2,78 W/m²K) und einer massiven, gedämmten Wand (U = 0,74 W/m²K) bezüglich der Sonnenwärmeaufnahme aufzuzeigen. Die wesentlichsten Aussagen sind:

- Für die ungedämmte Massivwand ergab sich für die Zeit der Besonnung eine akkumulierte Sonnenwärme von 1,65 kWh/m², dagegen waren es bei der gedämmten Massivwand nur 0,38 kWh/m².
- Die absorbierten Wärmemengen verhalten sich dabei fast proportional zu den U-Werten. Dies bedeutet: Der "schlechte" U-Wert gewinnt mehr Energie als der "gute" U-Wert; es geschieht also genau das Umgekehrte dessen, was die U-Wert-Methode verspricht.
- Die Temperatur an der Innenseite der ungedämmten Wand ist bis zu 3 °C höher als die der gedämmten Wand.

2) Messungen vom März 1987 ergaben ebenfalls interessante Ergebnisse. Dem Versuchsprotokoll vom 25.03.87 kann z. B. folgendes entnommen werden:

- Bei der nicht gedämmten Wand fließt der Wärmestrom im Tagesdurchschnitt von außen nach innen (Gewinn) mit der Intensität von 30 bis 40 Wh/m². Würde man den Wärmestrom dagegen rechnerisch nach der U-Wert-Methode ermitteln, dann ergäbe sich ein umgekehrter Wärmestrom von innen nach außen (Verlust) von etwa der doppelten Größe.
- Durch die Absorption der Sonnenwärme steigt die Fassadentemperatur, auch im Tagesdurchschnitt, so hoch, daß der Temperaturunterschied zwischen der Wand an der Innenseite und Außenseite dem Unterschied zwischen Innen- und Außenlufttemperatur nicht mehr ähnlich ist [Oblak 88].

Und so wird dann sehr richtig geschlußfolgert: *"Der Wärmefluß in der Wand ist proportional der Temperaturdifferenz in der Wand; diese aber ist meist der Temperaturdifferenz zwischen Innen- und Außenluft kaum ähnlich".* Damit wird das Problem zwischen stationärer und instationärer Betrachtung der Transmissionswärmeverluste sehr deutlich angesprochen.

## 6.2.1.4 Beispiel Heizkostenabrechnung

Ein sehr interessantes Ergebnis zur Energieverbrauchsanalyse steuert Prof. Fehrenberg aus Hildesheim bei [Fehrenberg 03]. Es wurden die Heizkosten dreier gleichartiger und großer Wohngebäude ab dem Jahre 1976 miteinander verglichen, wobei das Haus 6 im Jahre 1988 ein WDV-System erhielt (4 cm Polystyrol + 1 cm Verblender). Das Ergebnis zeigt das Bild 6.7:

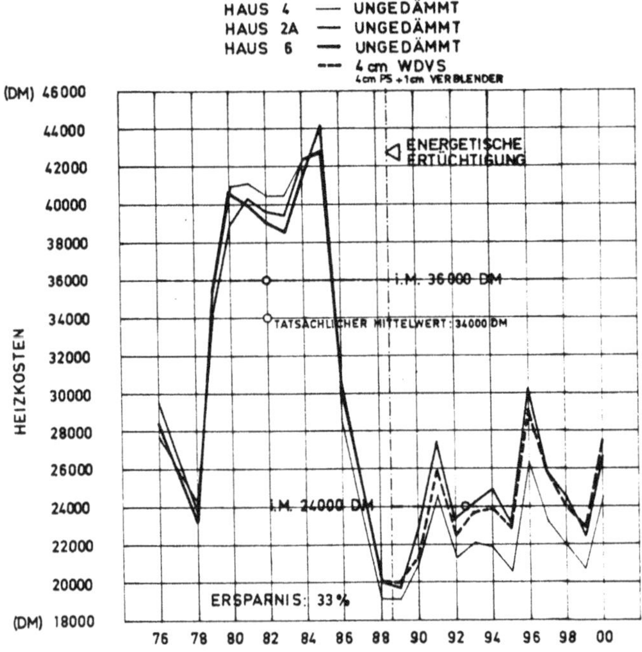


Bild 6.7: Energetisch nutzlose WDV-Systeme

Bild 6.7: *Die Heizkosten der drei Gebäude verliefen bis 1988 fast völlig synchron. Dann wurde das Haus 6 mit einem WDV-System versehen (gestrichelte Linie). An den Heizkosten änderte sich jedoch wenig, sie verliefen weiterhin fast synchron. Die energetische Aufrüstung mit Dämmstoff war zwecklos. Die ausgesperrte Solarenergie machte alles zunichte.*

Zur Rechtfertigung dieser energetisch zwecklosen Maßnahme erscheint nun die Interpretation dieser Zahlen recht interessant. Bis 1988 wurden mittlere Heizkosten von 36000 DM (richtig eigentlich 34000 DM), ab 1988 bis 1996 dann mittlere Heizkosten von 24000 DM errechnet. Aus diesen beiden Zahlen wurde dann eine "Ersparnis" von über 30% konstatiert – und damit sei man dann doch voll im beabsichtigten Trend, man kann sich beruhigt und zufrieden zurücklehnen. Daß die ungedämmten Gebäude jedoch die gleichen Ersparnisse aufweisen, das wird geflissentlich verschwiegen; ein Fall für den § 263 StGB "Betrug".

Dies ist ein besonders markantes Beispiel manipulativer Interpretation von Meßdaten, ein Verfahren, das sich großer Beliebtheit erfreut. Vor allem aber ist bei dieser "energiesparenden Maßnahme" zu bedenken: Die Feuchteproblematik wird verschärft und führt letztendlich zur Alehnung eines Wärmedämmverbundsystems (s. Kapitel 7.2: Feuchtesorption).

## 6.2.2 Instationäre Behandlung

Über die mathematischen Zusammenhänge und Randbedingungen bei der Beschreibung von Wärmeflüssen in einer Außenkonstruktion gibt die Fouriersche Wärmeleitungsgleichung Auskunft. In diesem Zusammenhang muß ein Tatbestand erwähnt werden, der bei der Begründung für die Richtigkeit des U-Wertes ein bedrückendes Schlaglicht auf die Vorgehensweise in der "offiziellen Bauphysik" wirft. Jeder beruft sich dabei auf die Fouriersche Wärmeleitungsgleichung, die ja bereits seit 1822 bekannt sei. Auch Heindl geht bei seinen Überlegungen von der Fourierschen Wämeleitungsgleichung aus [Heindl 66], doch auch hier, genau so wie bei anderen Veröffentlichungen [Klement 79], [Kupke 87], [Raiß 58], fehlt der entscheidende Part in der Gleichung: die Solarstrahlung.

Damit aber wird suggeriert, daß der in der DIN 4108 fixierte U-Wert die Transmissionswärmeverluste einer Wand in zutreffender Weise beschreibt. Mitnichten! Dies ist nachvollziehbar zu begründen; darüber ist bereits umfassend berichtet worden [Meier 95, 97, 99, 99d, 03].

Die große Misere im Gebäudewärmeschutz besteht darin, daß der offiziell verkündete Gebäudewärmeschutz sich einzig und allein auf den Wärmedurchgangskoeffizienten, auf den U-Wert (W/m²K) stützt. Dieser gilt nach übereinstimmenden Aussagen in der Fachliteratur nur für den Beharrungszustand. Selbst in der DIN 4108, Teil 5 von 1981 *steht: "Durch ein Außenbauteil ... fließt im Beharrungszustand eine Wärmestrom von der Dichte q"*. Da dieser Beharrungszustand in Realität jedoch nie vorliegt, beschreibt der U-Wert nicht die wirklichen Wärmeleitungsvorgänge in der Außenwand. Dies kann sogar in der bauphysikalischen Literatur der Vergangenheit nachgelesen werden. Da hilft dann auch keine "2. Definition instationär" u. a. in [Gertis 83, 02], die vorgibt, den U-Wert "allgemeinverbindlich" zu machen (siehe Abschnitt 6.4.6 "Tautologie als Beweis"). Insofern führt die praktizierende und sich in Vorschriften manifestierende Bauphysik in eine Sackgasse. Normen und Verordnungen werden arg mißbraucht und können hier auch nichts retten.

Den mathematischen Beweis für den Irrweg im Gebäudewärmeschutz liefert die Fouriersche Wärmeleitungsgleichung, grafisch wird dies im Bild 6.8 verdeutlicht. Für den *instationären* Fall mit sonstigen Wärmequellen lautet die Fouriersche Wärmeleitungsgleichung wie folgt [Cziesielski 85], [Glück 82], [Lutz 94]:

$$(6.1) \quad c \cdot \rho \cdot \frac{\partial \vartheta}{\partial t} = \frac{\partial}{\partial x}\left(\lambda \frac{\partial \vartheta}{\partial x}\right) + \frac{\partial}{\partial y}\left(\lambda \frac{\partial \vartheta}{\partial y}\right) + \frac{\partial}{\partial z}\left(\lambda \frac{\partial \vartheta}{\partial z}\right) + E \qquad (\mathrm{W/m^3})$$

Die Skizze 1 in Bild 6.8 beschreibt diesen allgemeinen Fall.

Wird nur ein eindimensionales Temperaturfeld in x-Richtung beschrieben, dann folgt gemäß Skizze 2:

$$(6.2) \qquad c \cdot \rho \cdot \frac{\partial \vartheta}{\partial t} = \frac{\partial\left(\lambda \frac{\partial \vartheta}{\partial x}\right)}{\partial x} + E \qquad (\mathrm{W/m^3})$$

Diese reduzierte Fouriersche Gleichung kann, etwas umgestellt, in Differenzen-Schreibweise nach Skizze 3 auch wie folgt geschrieben werden:

$$c \cdot \rho \cdot \Delta x \cdot \frac{\Delta \vartheta}{\Delta t} = \Delta\left(\lambda \frac{\Delta \vartheta}{\Delta x}\right) + E \cdot \Delta x \qquad (6.3) \qquad (\text{W/m}^2)$$

*Erläuterung der Formel (6.3):*

Die rechte Seite beschreibt einmal die Differenz unterschiedlicher Wärmestromdichten, die bei instationären Verhältnissen immer auftreten und zum anderen eine sonstige Wärmequelle (E·Δx), wie sie z. B. auch bei der Solarstrahlung vorliegt. Die Wärmestromdifferenz und die sonstigen Wärmequellen entsprechen dann der eingespeicherten Energie auf der linken Seite der Formel.

Entscheidend ist die Tatsache, daß bei instationären Verhältnissen der linke Ausdruck, der die Speicherfähigkeit eines Bauteils kennzeichnet, nicht weggelassen werden darf. Bei speicherfähigem Material liegen immer instationäre Verhältnisse vor. Diese sind bei Temperaturkurven eindeutig dadurch zu identifizieren, daß sie in den einzelnen Schichten nicht geradlinig verlaufen (siehe unter anderem die Bilder 6.9, 6.14 und 6.15).

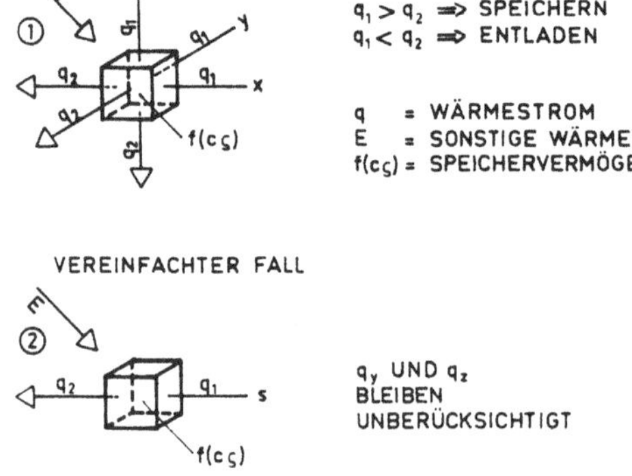


*Bild 6.8:*
*Die thermischen Einflüsse bei einem Volumenteil (der dargestellte Kubus) sind einmal die drei Wärmeleitungsrichtungen x, y und z jeweils mit unterschiedlicher Wärmestromdichte ($q_1 \neq q_2$) sowie sonstige Wärmequellen (hier besonders die Solarenergie). Für die anfallende Energie ist die Speicherfähigkeit zuständig. Vereinfachend wird nur die x-Richtung weiterverfolgt (Skizze 2 und 3).*

Bild 6.8: Fouriersche Wärmeleitungsgleichung

Das entscheidende Merkmal eines instationären Zustandes in einem Bauteil ist stets die Unterschiedlichkeit des empfangenden und des abgegebenen Wärmestromes. Ist $q_1 > q_2$, dann wird gespeichert, ist $q_1 < q_2$, dann wird Energie abgegeben.

## 6.2.3 Temperaturgradient

Die bei instationären Zuständen vorliegenden Wärmeströme werden durch den Temperaturgradienten charakterisiert. Der Temperaturgradient ist somit das physikalische Maß für einen Wärmestrom, der in einer Konstruktion an verschiedenen Stellen in Richtung und Größe durchaus auch unterschiedlich sein kann.

Der Temperaturgradient bedeutet eine Temperaturdifferenz $\Delta\vartheta$, bezogen auf eine Streckendifferenz $\Delta x$, zeigt die Richtung der thermischen Wärmeströme eines Bauteils an und verdeutlicht durch die Neigung des Temperaturgradienten die Größe des Wärmestromes. Allein schon optisch ermöglicht somit die Temperaturkurve eine qualitative Aussage über Größe (proportional zur Neigung) und Richtung des Wärmestromes. Dies zeigt das Bild 6.9 [Gertis 83a].

An dieser Stelle muß folgender Hinweis gegeben werden:
Die ganze Diskussion über die Gültigkeit des U-Wertes würde hinfällig werden, wenn sich die U-Wert Verteidiger nur klarmachen würden, daß eine nicht geradlinige Temperaturverteilung in einer Bauteilschicht automatisch die Irregularität des U-Wertes nach sich zieht. Dieses Argument ist derart stichhaltig, daß die Dämmstoffenthusiasten als Entlastung nur Verunglimpfungen und Beleidigungen im Köcher haben.

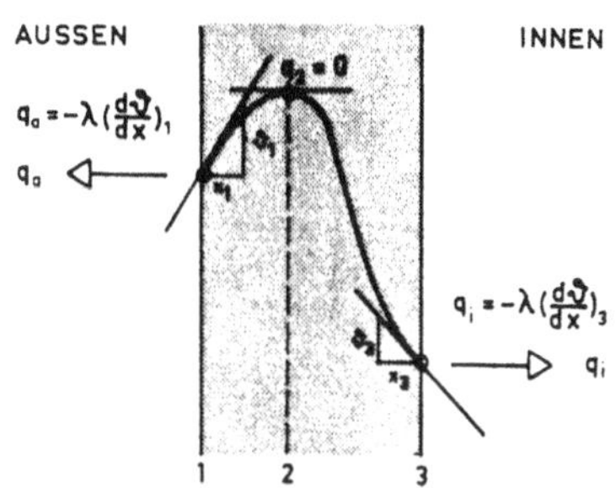


Bild 6.9: Instationäre Temperaturverteilung

*Bild 6.9:*
*Wärme fließt immer vom höheren zum niedrigeren Niveau. Die dargestellte Temperaturkurve kennzeichnet die "Entladungsphase" der Wand während der Nacht und zeigt einen Wärmefluß von der Mitte der Wand nach außen, aber auch einen Wärmefluß von der Mitte der Wand nach innen. Gespeicherte Wärme ist der Energiespender. Deutlich sind die in Größe und Richtung unterschiedlichen Wärmeströme zu erkennen.*

Bei speicherfähigem Material wirkt sich die Nutzung der kostenlosen Solarenergie infolge Absorption durch die Außenwände energetisch sehr günstig aus. Daß Solarenergie von außen einverleibt wird, beweist in Bild 6.9 der "Temperaturbuckel", der *über* den beidseitigen Lufttemperaturen liegt. Diese hohe Temperatur in Wandmitte entsteht während der Sonnenscheindauer, indem die äußere Oberflächentemperatur weit darüber liegt und somit einen Wärmefluß zur Mitte der Wand bewirkt, der zu der hohen Temperatur in der Wandmitte führt. Diese außenliegende "Temperaturspitze" wird dann langsam wieder abgebaut, wenn keine Solarenergieabsorption mehr vorliegt.

Durch Absorption wird ein Energiepolster angelegt. Dies ist der bedeutsame Vorteil einer speicherfähigen, massiven Außenwand, da die Heizungsanlage dadurch entscheidend entlastet wird [Meier 99, 99c, 00]. Der Gebäudewärmeschutz besteht also aus Dämmung *und* Speicherung. Immerhin wird in [Cords-Parchim 53] bei der energetischen Bewertung einer Wand im Vergleich zum Ziegel von der "gleichdämmenden" und "gleichspeichernden" Ziegelstärke gesprochen.

Bei Kenntnis dieser grundlegenden Zusammenhänge ist es dann erschreckend, in [Gertis 83a] (daraus stammt das Bild 6.9) zu lesen: *"Im vorliegenden Fall ist nur der an der Innenoberfläche vorhandene Wärmestrom* $q_i$ *interessant; er allein bestimmt nämlich die Heizenergieverluste oder die Solargewinne der Außenwand".*

Allein dies ist der große Irrtum. Der Wärmestrom an der Innenoberfläche sagt nichts über die davon sehr unterschiedlichen Wärmeströme in der Wand aus (siehe Bild 6.10). Hier manifestiert sich die fehlerhafte Vorstellung, daß der an der Innenoberfläche vorliegende Wärmestrom im Bauteil ebenfalls vorhanden ist – man geht von einem konstanten Wärmestrom aus. Dies aber bedeutet Beharrungszustand, der ja nicht vorliegt, auch im Bild 6.9. Wenn dann weiter gesagt wird: *"Die an der Außenoberfläche (Stelle 1) ein- oder ausgeladenen Wärmemengen sind bei dieser Betrachtung unerheblich; sie beaufschlagen zwar die Wand, nicht aber die Heizenergiebilanz"*, so ist dies eine weitere Falschaussage.

Hier wird systematisch das Dogma vertreten: "Die durch Solarenergieabsorption gewonnene Energie hat nichts mit einer Heizenergiebilanz zu tun". Diese Aussage aber ist als bewußte Falschinformation zu ignorieren – diese fehlerhafte Diktion aber wird von den bauphysikalischen Eleven brav und folgsam übernommen.

### 6.2.3.1 Unterschiedliche Wärmestromdichten

Wärme fließt nach dem zweiten Hauptsatz der Thermodynamik nur von der höheren zur niedrigeren Temperatur. Damit wird die Richtung des Wärmeflusses bestimmt. Der Temperaturgradient TG bedeutet nun eine Temperaturdifferenz $\Delta t$, bezogen auf eine Streckendifferenz $\Delta s$ und gibt, multipliziert mit der Wärmeleitfähigkeit $\lambda$ die Größe des Wärmestromes q an (siehe Bild 6.10). Der Temperaturgradient charakterisiert somit die unterschiedlichen thermischen Wärmeströme in einem Bauteil.

Wird bei einem Außenwandquerschnitt neben der Temperaturkurve im Beharrungszustand (konstante Wärmestromdichte in üblicher geradliniger Darstellung) eine sich infolge Solareinstrahlung ergebende Temperaturkurve betrachtet, so spannt sich diese wie eine Kettenlinie zwischen den "Aufhängepunkten" Außenoberfläche (z. B. +16 °C) und Innenoberfläche (z. B. +18 °C) mit einem tiefsten Durchhängepunkt (z. B. +11 °C). Dies zeigt sehr deutlich die Abbildung 6.10 aus [Feist 87].

Die absorbierte Solarenergie steht als Energiereserve für die Entladungsphase in der Nacht zur Verfügung. Zur Verdeutlichung der unterschiedlichen Wärmeströme werden vier Wärmeflußzustände mit unterschiedlichen Richtungen und Größen beschrieben:

(1) Beharrungszustand:
Der über den gesamten Querschnitt gleichmäßig verteilte konstante Wärmestrom von innen nach außen ist am größten (größte Neigung) und bedeutet

einen stationären Transmissionswärmeverlust, wie er in jeder einschlägigen und gängigen Energiebilanz rechnerisch festgestellt wird, der jedoch von der tatsächlichen Temperaturkurve stark abweicht.

(2) Innenwand:
Der Wärmestrom in der Nähe der Innenwand von innen nach außen ist gegenüber dem Beharrungszustand etwas geringer (flachere Neigung). Hier wird auf Abschnitt 6.4.2: "Irreführender Forschungsansatz" hingewiesen.

(3) Außenwand:
Der in der Nähe der Außenwand vorliegende entgegengesetzte Wärmestrom ist im Normalfall größer (steilere Neigung), als der an der Innenwand und bedeutet einen erheblichen solaren Energiegewinn, da ein Temperaturgefälle zur Mitte der Wand vorliegt.

(4) Durchhängepunkt:
Ein waagerechter Temperaturgradient bedeutet bei einer Senke, daß kein Wärmestrom fließt, weder nach außen, noch nach innen. Es erfolgt während der Aufladungsphase von beiden Seiten ein Zufluß von Energie, die eingelagert wird. Während der Entladungsphase erfolgt dagegen ein Abfluß von Energie nach beiden Seiten (siehe Bild 6.9).

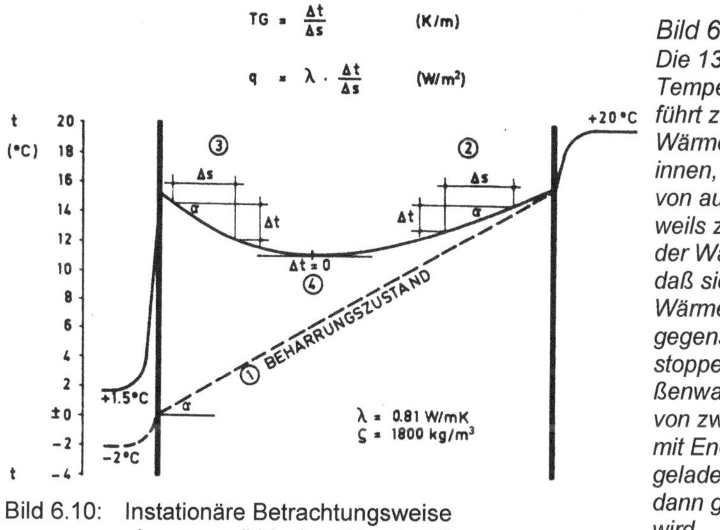


Bild 6.10: Instationäre Betrachtungsweise einer monolithischen Konstruktion

*Bild 6.10: Die 13⁰⁰ Uhr Temperaturkurve führt zu einem Wärmefluß von innen, aber auch von außen jeweils zur Mitte der Wand, so daß sich beide Wärmeströme gegenseitig abstoppen. Die Außenwand wird von zwei Seiten mit Energie aufgeladen, die dann gestapelt wird.*

Eine speicherfähige Außenwand vereinnahmt somit wertvolle Sonnenenergie kostenlos und stoppt den stationären Transmissionswärmeverlust von innen nach außen. Dies ist der entscheidende Vorteil einer speicherfähigen, massiven Außenwand; die Heizungsanlage wird dadurch in hohem Maße entlastet.

## 6.2.3.2 Bestätigung in der Literatur

Da der Beharrungszustand bei Verwendung speicherfähigen Materials infolge der vorliegenden Solarstrahlung nie eintreten kann, ist der U-Wert nicht aussagefähig, die Berechnung fehlerhaft. Der "Beharrungszustand" mit einer konstanten Wärmestromdichte ist nur eine Fiktion [Bernsdorf 88].

Die Wärmeträgheit einer Wand zeigt Bild 6.11 aus [Cords-Parchim 53].

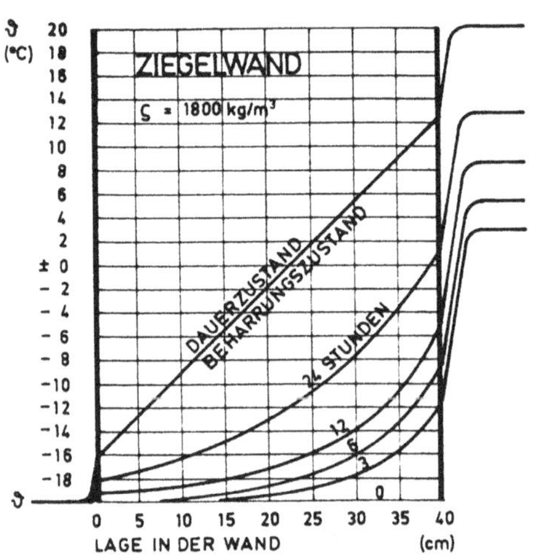


Bild 6.11: Der Wärmestandsverlauf in einer Wand beim Anheizen (nach Cammerer)

*Bild 6.11:*
*Bei instationären Verhältnissen, wie z. B. beim Anheizen eines Raumes, stellt sich der Beharrungszustand, also der stationäre Zustand, erst recht langsam ein. Nach Cammerer liegt die dafür notwendige Zeit bei weit über 24 Stunden. Das heißt jedoch im Klartext: Bei gut speicherfähigem Material würde sich im 24-Stunden-Rhythmus einer Tag/Nacht-Periode der Beharrungszustand nie einstellen. Auch in [Rudolphi 81] ist festgestellt worden, daß sich bei einem Schornstein mit sehr hohen Abgastemperaturen der Beharrungszustand erst nach 20 Stunden einstellt.*

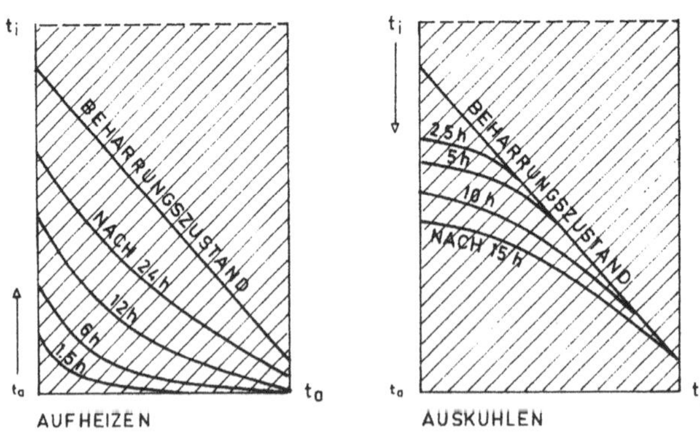


Bild 6.12: Aufheizen und Auskühlen einer ebenen Wand

*Bild 6.12:*
*Auch hier wird deutlich: Bei äußeren Temperaturveränderungen reagiert eine massive Wand recht zögernd. Es vergehen Stunden und Tage, ehe sich das Temperaturfeld der Wand der neuen Situation anpaßt.*

Die instationären Verhältnisse einer massiven Wand mit ihren zeitabhängigen Temperaturveränderungen zeigt auch das Bild 6.12 aus [Raiß 58].

Aufheiz- und Abkühlvorgänge von 15, 20 Stunden oder sogar von vielen Tagen sind nichts Ungewöhnliches. Nach [EMPA 94] erreicht eine massive Wand mit einer Rohdichte von 1100 kg/m³ den Beharrungszustand sogar erst nach 7 Tagen. Bei einer Energiebilanz den Beharrungszustand anzunehmen, bedeutet also glasklare Utopie.

Für die instationären Zustände einer massiven Außenwand ist das Bild 6.13 ebenfalls recht ausschlußreich [Wichmann 83]. Demzufolge kann seit 1983 bei redlicher Verhaltensweise durchaus registriert werden, daß die Absorption solarer Energie beträchtliche Heizenergieeinsparungen erbringt.

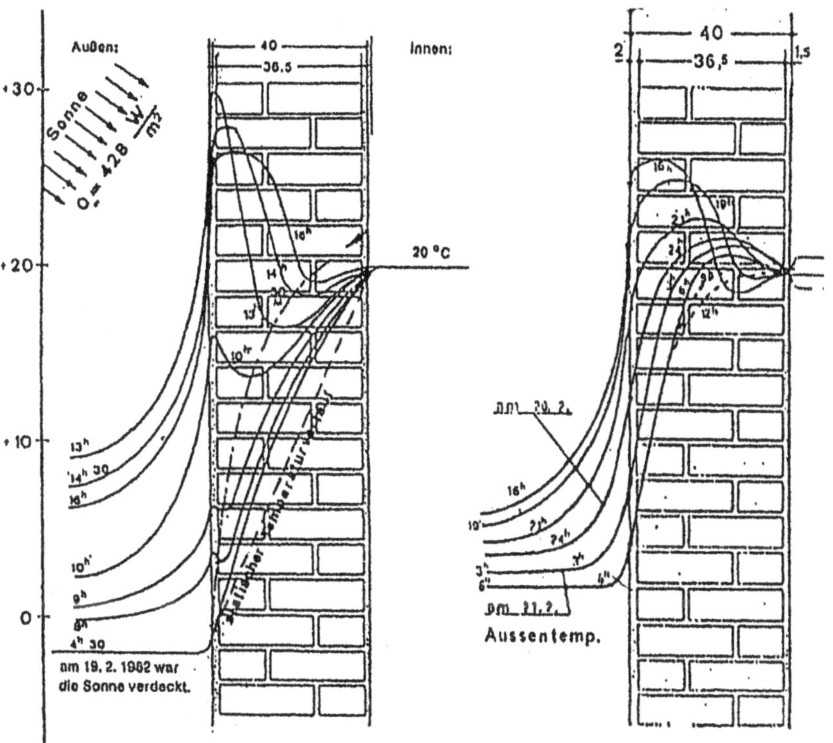


Bild 6.13: Julius Knecht Gymnasium Bruchsal: Aufladevorgang und Entladung einer massiven SSW-Wand im Februar 1982 [Wichmann 83].

Eine einschalige, massive Vollziegel-Außenwand MZ 1400 kg/m³ mit einem U-Wert von 1,23 W/m²K erfährt bei einer mittleren Solarenergieeinstrahlung von 428 W/m² und einer auftreffenden Energiemenge von ca. 2,7 kWh/m²d folgende Energiebilanz (Meßergebnisse vom 20. und 21. 02. 1982 bei einer SSW-Wand im

2. OG): Aufgenommene Energiemenge ca. 0,8 kWh/m²d, nächtliche Entladung ca. 0,7 kWh/m²d. Der Energiegewinn beträgt damit ca. 0,1 kWh/m²d.

Als Vergleichszahl: Der stationäre Transmissionswärmeverlust über den U-Wert würde ca. 0,42 kWh/m²d ausmachen.

*Quintessenz:* Statt der stets und ständig nach DIN 4108 stationär berechneten Energieverluste hier von ca. 0,42 kWh/m²d werden bei instationärer Betrachtung infolge der Nutzung des Solarenergieeintrags ein Energiegewinn von ca. 0,1 kWh/m²d erzielt.

Abschließend kann festgestellt werden: Tagsüber erfolgt ein Aufheizen der Außenwand mit Oberflächentemperaturen bis fast 30° C, also weit über Außentemperatur (linkes Bild), während das Abkühlen, eben die Entladung in der Nacht den Beharrungszustand, also die Geradlinigkeit der Temperaturkurve, keinesfalls erreicht. Es verbleibt also ein Rest an zusätzlich gewonnener Sonnenenergie, die eben nur durch die Speicherfähigkeit der Außenwand sinnvoll und ohne apparativen Aufwand nutzbar gemacht werden kann (rechtes Bild). Solarstrahlung führt somit automatisch zum instationären Verhalten einer massiven, speicherfähigen Außenwand, der stationäre Zustand ist eine Mär.

Wegen der Wärmeträgheit massiver Baustoffe steht auch in [Gösele 85]:
*"Beim Anheizen oder Auskühlen von Räumen oder bei Sonnenzustrahlung liegen jedoch instationäre Verhältnisse vor, so daß diese durch die Werte 1/Λ (oder R in m²K/W) und k (oder U in W/m²K) nicht erfaßt werden".*

Vielleicht wurde die Bauphysikgemeinde von Anfang an in Unkenntnis der mathematischen Zusammenhänge der Fourierschen Wärmeleitungsgleichung auf die falsche U-Wert-Fährte gelockt. Fragt man nach dem Grund für die konsequente Ignoranz dieser gesicherten Aussagen in [Gösele 85] und für den demzufolge in der Bauphysik vorherrschenden U-Wert-Dogmatismus, so ist dieser vielleicht in [Gertis 87] zu finden, dort steht:

*"Diese Diskussionen (um den U-Wert) erscheinen in Kreisen echter Fachexperten überflüssig, weil der U-Wert bzw. der Wärmedurchlaßwiderstand seit Jahrzehnten in der Wärmetechnik und in der Heizungstechnik unumstritten und mit Erfolg verwendet worden war".*

Mit dieser Aussage wird die doktrinäre Parole ausgegeben:
"Der U-Wert stimmt und alle haben sich danach zu richten, basta"!
Was ja dann meist auch folgsam und devot geschieht – europaweit.

Nur ist dabei folgendes zu bedenken: In der Heiztechnik werden fehlerhafte Berechnungen (bei Massivbauten Überdimensionierungen) ausgeglichen durch größere Stillstandszeiten der Heizungsanlagen; auch werden für extreme Klimaverhältnisse damit Wärmepuffer geschaffen. Bei Leichtbauten jedoch treten durch die Unterdimensionierungen bedenkliche Diskrepanzen in der Heizenergieversorgung auf – und die sind schon jetzt zu registrieren.

Bei der Absorption von Solarenergie durch massive Baustoffe handelt es sich um beträchtliche Energiemengen. Selbst die Beton-Industrie hat schon lange die Absorptionsfähigkeit ihrer Materialien entdeckt. In einem Prospekt [Betonbau] wird der Massivabsorber als umweltfreundliche Sonnenheiztechnik empfohlen. Dabei kennzeichnen markante Worte die Absorptionsfähigkeit von Beton:

*"Massiv-Absorber – Wärme gewinnen aus der Sonne"* und *"Im Beton des Massiv-Absorbers wird Wärme vom Tag in die Nacht gespeichert";* in dieser Form werden sloganartig die Vorteile eines speicherfähigen Baustoffes angepriesen. Weiter heißt es: *"Wärme absorbieren, leiten und speichern – das kann Beton bestens. Wärmeübergang und Wärmeleitung sind bei einem Betonelement besonders gut. Durch die große Masse ist er gleichzeitig ein idealer Speicher. Beste Voraussetzungen also für einen Massiv-Absorber".*

In einem Manuskript, das allerdings die nicht zutreffende Auffassung zu verbreiten versucht, die Speicherfähigkeit der Wand spiele in der Praxis kaum eine Rolle [Feist 87], ist Bild 6.14 zu finden, das jedoch gerade das Gegenteil dieser Aussage recht anschaulich verdeutlicht.

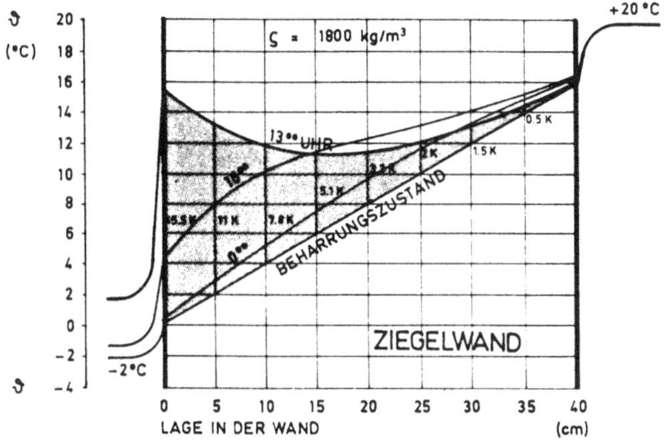


*Bild 6.14: Die $13^{00}$ Uhr Temperaturkurve zeigt innerhalb einer 24stündigen Tag/Nacht-Periode gegenüber dem Beharrungszustand ein eingespeichertes Energiepolster von rund 980 Wh/m$^2$.*

Bild 6.14: Temperaturverlauf und eingespeicherte Energie in einer Außenwand [Feist 87]

Die täglich zu gewinnende Energiemenge von 980 Wh/m$^2$ ist ein recht ansehnlicher Betrag, der zusätzlich zur Verfügung steht und erst einmal verbraucht werden will.

Eine Gegenrechnung verdeutlicht diesen "Bonus-Gedanken".
Bei einem U-Wert von 1,51 W/m$^2$K und einer Temperaturdifferenz von 22 K würde sich hier innerhalb von 24 Stunden ein stationärer Wärmeverlust von knapp 800 Wh/m$^2$ einstellen, gegenüber dem Energiepolster ein kleinerer Betrag. Bei diesem Beispiel würde das instationäre Einspeichern von kostenloser Solarstrahlungsenergie durch die Außenwand den Transmissionswärmeverlust durch den stationären Wärmestrom überwiegen; es ergibt sich energetisch sogar ein Gewinn. Es ist deshalb recht verantwortungslos davon auszugehen, solare Energiegewinne könnten vernächlässigt werden (DIN EN 832, Anhang D.5.1).

Die Absorption direkter und diffuser Solarstrahlung durch Außenwände wird sogar durch eine Forschungsarbeit des Instituts für Bauphysik bestätigt [IBP 85]. Es wird darin eine instationäre Temperaturverteilung vorgestellt, die die Energiegewinne durch Absorption kostenloser Solarstrahlung eindrucksvoll verdeutlicht. Die energetische Bedeutung massiver Wände wird damit offenkundig, die Irrelevanz eines Beharrungszustandes eindeutig unter Beweis gestellt:

Bild 6.15 zeigt dieses Ergebnis.

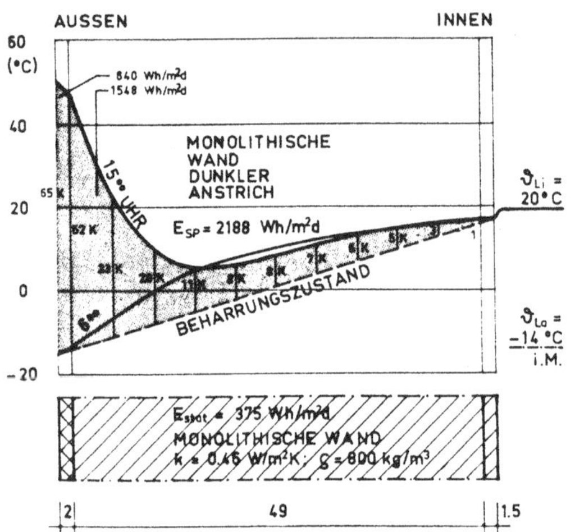


*Bild 6.15:*
*Die $15^{00}$ Uhr Temperaturkurve zeigt hier gegenüber dem Beharrungszustand meßbare Temperaturunterschiede, die in der Tag/Nacht-Periode immerhin zu einem eingespeicherten "Energiepolster" von rund 2190 Wh/m² führen; dies ist eine sehr große Energiemenge. Es ist immerhin recht erstaunlich, daß derartige Sachverhalte aus dem Institut für Bauphysik in Stuttgart stammen.*

Bild 6.15: Temperaturverteilung und Energiegewinn durch Solarstrahlung [IPB 85]

Die stationäre Gegenrechnung lautet: Bei einem U-Wert von 0,46 W/m²K und einer Temperaturdifferenz von 34 K würde sich in 24 Stunden ein Wärmeverlust von rund 375 Wh/m² ergeben, gegenüber dem Energiepolster von 2190 Wh/m² ein "Mini-Betrag"; es wird hier immerhin die über fünffache Menge absorbiert.

Bei diesem Beispiel würde das instationäre Einspeichern von Solarstrahlungsenergie durch die Außenwand den stationären Transmissionswärmestrom bei weitem überwiegen, es ergibt sich energetisch ein bedeutender energetischer Gewinn. Solarstrahlung kann also sehr wohl nutzbringend durch die Außenwand im Tag/Nacht-Rhythmus gespeichert werden. Was aber steht in [IPB 85]? *"Die Sonneneinstrahlung auf die Wandfläche bewirkt lediglich einen Rückgang der Verluste, aber keine Gewinne".* Dies ist ein typischer Fall von Sophistik.

Die Notwendigkeit der Speicherung von Solarstrahlung im Sommer/Winter-Rhythmus durch sehr kostenintensive Langzeitspeicher (z. B. beim "Nullenergiehaus") besteht also überhaupt nicht. Ist diese "Langzeitspeicherdiskussion" vielleicht nur ein willkommenes Manöver, um von der viel sinnvolleren täglichen Speicherung einer massiven Wand abzulenken?

### 6.2.4 Effektive U-Werte einer monolithischen Wand

Die passive Nutzung der Sonnenenergie steht außer Zweifel [Koblin 84]. Dieses kostenlose Nutzen der absorbierten Solarstrahlung bei speicherfähigem Material und die damit zusammenhängende U-Wert-Reduzierung infolge eingespeicherter Energie kann durch einen effektiven U-Wert beschrieben werden. Der U-Wert-Bonus, der von dem nach DIN 4108 berechneten U-Wert abgezogen wird, hängt weitgehend vom Wärmeeindringkoeffizienten b ab. Je größer das Raumgewicht und die Wärmeleitfähigkeit sind, desto größer wird der Wärmeeindringkoeffizient und damit die Speicherfähigkeit der Außenhülle; desto größer wird dann auch der U-Wert-Bonus.

#### 6.2.4.1 Der U-Wert-Bonus

Eine Vernachlässigung der Speicherung durch Außenwände darf nicht akzeptiert werden. Gerade beim Altbau kann (und muß) die Speicherfähigkeit des Materials berücksichtigt werden, da es sich meist um Vollziegelmaterial oder massive Baustoffe handelt. Es widerspräche jeder wirklichkeitsnahen Behandlung, bei speicherfähigem Material den U-Wert nach DIN 4108 zu verwenden. Um realistische Ergebnisse zu erzielen und damit Benachteiligungen für schwere, massive Bauweisen zu vermeiden, muß der nach DIN 4108 für den Beharrungszustand geltende U-Wert durch den um den U-Wert-Bonus reduzierten $U_{eff}$-Wert (instationäre Verhältnisse) ersetzt werden.

Dies hat für den Altbau deshalb besondere Bedeutung, da die "Notwendigkeit" (?) proklamiert wird, den Bestand infolge "schlechter U-Werte" energetisch zu sanieren. Dies bedeutet die Verpackung mit Wärmedämmstoff, um niedrige U-Werte gemäß DIN 4108 berechnen zu können. Eine solche Rechnung gilt aber nur für den nie vorliegenden stationären Zustand; somit stimmen auch nicht die Berechnungen mit dem U-Wert, die Begründung für eine "energetische Ertüchtigung" entfällt.

Die Verwirklichung von "Schreibtischvorlagen", alte Bausubstanz mit Dämmstoff zu verpacken, wäre der falscheste Weg, da wertvolles Baukulturgut gefährdet, wenn nicht sogar zerstört wird. Die Bauschadensträchtigkeit dämmstoffverpackter Fassaden ist evident. Hier wird auf Kapitel 7.2 "Feuchtesorption" verwiesen.

Bei Berücksichtigung der Speicherung werden die Ziele der Energieeinsparverordnung durch "andere Maßnahmen" nicht nur erreicht, sondern sogar übertroffen (nach EnEV § 24 "Ausnahmen", Absatz (2) ist dies möglich).

#### 6.2.4.2 Speicherwirkung und der U-Wert

Wie wirkt sich eine Speicherung auf den U-Wert aus?

Die kostenlose Nutzung der absorbierten Solarstrahlung und die damit zusammenhängende U-Wert-Reduzierung (Bonus) infolge der eingespeicherten Energie kann durch einen effektiven U-Wert beschrieben werden [Meier 95, 97, 99c, 99d, 00]. Dies führt zu maßgeblichen Reduzierungen des DIN-U-Wertes.

Für eine monolithische Wand mit Putz gilt:

(6.4) $$U_{eff} = \frac{1}{s/\lambda + 0{,}21} - \frac{I \cdot a_s}{\Delta\vartheta_L} \cdot \frac{(b + f_d \cdot U)}{(b + f_d \cdot h_e)}$$ (W/m²K)

Hierfür kann auch geschrieben werden:

(6.4a) $$U_{eff} = U - \frac{I \cdot a_s}{\Delta\vartheta_L} \cdot \frac{(b + f_d \cdot U)}{(b + f_d \cdot h_e)}$$ (W/m²K)

$U_{eff}$ = effektiver U-Wert durch Absorption von Solarstrahlung bei speicherfähigen Wänden und Dächern (W/m²K)

s = Abmessung der Außenkonstruktion, Dicke des Bauteils (m)

$\lambda$ = Wärmeleitfähigkeit der Außenkonstruktion (W/mK)

I = durchschnittliche Strahlungsintensität während einer theoretisch 12stündigen Einstrahlungszeit analog einer Sinus-Funktion (W/m²)

$a_s$ = Strahlungsabsorptionsgrad (-)

$\Delta\vartheta_l$ = Temperaturdifferenz zwischen innen und außen (K), als Durchschnittswert können 15 K angenommen werden

b = Wärmeeindringkoeffizient ($Wh^{0,5}/m^2K$)

$f_d$ = Faktor, der den mitwirkenden Speicherquerschnitt der Konstruktion sowie die entsprechende Wärmeflußzeit berücksichtigt ($h^{0,5}$); für einen mitwirkenden Parabelquerschnitt gilt ein Faktor von 7,63.

U = Wärmedurchgangskoeffizient nach DIN 4108 (stationärer U-Wert) (W/m²K)

$h_e$ = äußerer Wärmeübergangskoeffizient (W/m²K), ein experimentell ermittelter Wert von 17,5 W/m²K kann verwendet werden.

$S_w$ = Solargewinnfaktor (-)

Der Wärmeeindringkoeffizient b ist somit die entscheidende Größe für die Berücksichtigung der eingespeicherten Solarenergie. Auch in der DIN EN 832 und in [Raiß 58] gilt der Wärmeeindringkoeffizient b als Maß dafür.

(6.5) $$b = \sqrt{\lambda \cdot \rho \cdot c}$$ ($Wh^{0,5}/m^2K$)

b = Wärmeeindringkoeffizient ($Wh^{0,5}/m^2K$)

$\lambda$ = Wärmeleitfähigkeit der Außenkonstruktion (W/mK)

$\rho$ = Raumgewicht des Baustoffes (kg/m³)

c = spezifische Wärmekapazität (Wh/kg K)

Der Wärmeeindringkoeffizient b ist das Maß für die Fähigkeit eines Materials, Wärme aufzunehmen oder wieder abzugeben. Je *größer* der Wärmeeindringkoeffizient ist, desto *mehr* und *langsamer* wird aufgenommen bzw. abgegeben. Der

Wärmeeindringkoeffizient b hängt weitgehend vom Raumgewicht und von der spezifischen Wärmekapazität ab.

Geht der Wärmeeindringkoeffizient b zu Null über (es wird dann die spezifische Wärmekapazität c = 0), dann wird aus dem obigen Ansatz (Formel 6.4a) das Modell "Stationär mit Absorption", das in Forschungsarbeiten und Publikationen, unter anderem in [Erhorn 88], [Gertis 83, 83a, 89], [IBP 85, 96], [Möhl 84], [Rouvel 79], [Werner 86] immer wieder verwendet und präsentiert wird. Dort wird dann noch für den äußeren Wärmeübergangskoeffizienten statt $h_e$ dann die alte Bezeichnung $\alpha_a$ verwendet:

(6.6) $$U_{eff} = U(1 - \frac{I \cdot a_s}{\Delta \vartheta_L \cdot \alpha_a})$$ (W/m²K)

Dies bedeutet, daß bei diesem "Modell" für die Außenwand speicherloses Material verwendet werden muß; ein Umstand, der nur bei einer Leichtbauweise, wie sie derzeit auch beim "Niedrigenergiehaus" oder "Nullheizenergiehaus" von offizieller Seite empfohlen wird, annähernd zutrifft. Bei Verwendung speicherfähigen Materials kann diese Formel jedoch nicht angewendet werden, weil sie nur den Anteil aus der Erhöhung der Außenlufttemperatur enthält. Eine Erwärmung der massiven und dicken Außenwand selbst wird dagegen ignoriert [Meier 95]. Dies ist auch der große Irrtum in der DIN EN 832, Anhang D.5.3.

Dieser Umstand drückt sich bereits in der Bezeichnung "stationär" aus. Der Hinweis der "offiziellen Bauphysik", mit dieser Formel 6.6 würde durch die Strahlungsintensität I die Solarstrahlung ja berücksichtigt werden, ist also irreführend.

Die Verwendung des "stationären Ansatzes mit Absorption", der Formel (6.6), führt zur Beschreibung des in [Gertis 83, 89] definierten Solargewinnfaktor, der das Verhältnis des effektiven U-Wertes $U_{eff}$ zum stationär berechneten U-Wert nach DIN 4108, angibt. Der Solargewinnfaktor wird dann:

(6.6a) $$S_w = (1 - \frac{I \cdot a_s}{\Delta \vartheta_L \cdot \alpha_a})$$ (-)

Anmerkung:
Die Bezeichnung "Solargewinnfaktor" ist irreführend, denn je geringer der Gewinn ist, desto größer wird der Solargewinnfaktor. Ein Solargewinn von z. B. 80% führt zum einem Solargewinnfaktor von 20%. Kein Solargewinn bedeutet ein Solargewinnfaktor von 1. Klare Begriffsdefinitionen sind in der Bauphysik eben auch Mangelware.

Die spezifischen Wärmekapazitäten c sind nach DIN 4108, Teil 4, Tabelle 7 (dort in J/kg K) in der Tabelle 6.4 aufgelistet. Was kann nun der Tabelle entnommen werden?

Holz und Holzwerkstoffe haben eine hervorragende Wärmekapazität, deshalb sind *massive* Holzhäuser so vorteilhaft. Auch Holzbohlen im Dach für Speicherzwecke sind deshalb zu bevorzugen. Wasser ist mit 1,17 Wh/kg K überragend und eignet sich somit als Wärmeträger bei Heizungen. Pflanzliche Fasern und Schaumkunststoffe liegen zwar höher als die anorganischen Bau- und Dämmstoffe, sind jedoch wegen geringer Raumgewichte als Speicher ungeeignet.

**Tabelle 6.4:** Rechenwerte der spezifischen Wärmekapazität c verschiedener Stoffe.

| | | J/kg K | Wh/kg K |
|---|---|---|---|
| 1 | Anorganische Bau- und Dämmstoffe | 1000 | 0,28 |
| 2 | Holz und Holzwerkstoffe (auch HWL-Platten) | 2100 | 0,58 |
| 3 | Pflanzliche Fasern und Textilfasern | 1300 | 0,36 |
| 4 | Schaumkunststoffe und Kunststoffe | 1500 | 0,42 |
| 5.1 | Aluminium | 800 | 0,22 |
| 5.2 | Sonstige Metalle | 400 | 0,11 |
| 6 | Luft ($\rho$ = 1,25 kg/m³) | 1000 | 0,28 |
| 7 | Wasser | 4200 | 1,17 |

Die anzunehmenden Absorptionsgrade $a_s$ werden in der Tabelle 6.5 aufgeführt; sie wurden der DIN V 4108-6, Tabelle 8, entnommen.

**Tabelle 6.5**: Strahlungsabsorptionsgrade $a_s$

| Oberfläche | Strahlungsabsorptionsgrad $a_s$ |
|---|---|
| Verputzte Oberflächen: | |
| - heller Anstrich | 0,4 |
| - gedeckter Anstrich | 0,6 |
| - dunkler Anstrich | 0,8 |
| Klinkermauerwerk | 0,8 |
| helles Sichtmauerwerk | 0,5 |
| Dächer: | |
| - ziegelrot | 0,5 |
| - dunkle Oberfläche | 0,8 |
| - Metall | 0,2 |
| - Bitumenpappe | 0,4 |

Bei Putzflächen liegen die Strahlungsabsorptionsgrade zwischen 0,4 (heller Anstrich) und 0,8 (dunkler Anstrich). Als Mittelwert kann dann ein Wert von 0,6 angenommen werden.

Die großen Unterschiede der Strahlungsabsorptionsgrade und die Abhängigkeit von der Farbe sind nur bedeutsam bei der kurzwelligen Solarstrahlung. Die langwellige Temperaturstrahlung deckt bei normalen Baustoffen etwa die Größenordnung 0,90 bis 0,93 ab; die Unterschiede sind minimal.

### 6.2.4.3 Praxisnahe Berücksichtigung

Der U-Wert nach DIN 4108 gilt nur für den Beharrungszustand und berücksichtigt nicht die absorbierte Solarenergie; die Formeln 6.4 bzw. 6.4a liefern dagegen die effektiven U-Werte.

Nun ist die Frage zu beantworten: "Welche absorbierten Solarstrahlungen sind in unseren Breiten in etwa anzusetzen?"

Darüber wird im Abschnitt 6.1.4 "Solares Energieangebot" umfangreiches Material zur Verfügung gestellt. Hier jedoch werden Daten übernommen, die bereits "Verordnungscharakter" erlangt haben. Deshalb werden die in der Wärmeschutzverordnung 1995 im Anhang 1, Absatz 1.6.4.1 angegebenen Werte als Strahlungsangebot übernommen. Für eine Gradtagzahl von 3500 Kd, einer durchschnittlichen Temperaturdifferenz von $\Delta t$ = 15 K, einer Einstrahlungsperiode von 12 Stunden und einem durchschnittlichen Strahlungsabsorptionsgrad von 0,6 ergeben sich absorbierte Strahlungswerte, die in der Tabelle 6.6 in Spalte 4 zusammengestellt sind:

Die hier in der Spalte 4 angegebenen Strahlungswerte werden bei der Bestimmung der effektiven U-Werte in der Tabelle 6.7 berücksichtigt. Dabei werden ein Innenputz mit 1,5 cm und ein Außenputz von 2 cm aus Kalkmörtel ($\lambda$ = 0,87 W/mK) mit eingerechnet.

**Tabelle 6.6**: Das Strahlungsangebot unterschiedlicher Himmelsrichtungen

| | WSchVO 95 | für 12 Stunden | $a_s$ = 0,6 |
|---|---|---|---|
| 1 | 2 | 3 | 4 |
| Südorientierung | 400 kWh/m²a | 143 W/m² | 85 W/m² |
| Ost- und Westorientierung | 275 kWh/m²a | 98 W/m² | 59 W/m² |
| Nordorientierung | 160 kWh/m²a | 57 W/m² | 34 W/m² |

Die Tabelle 6.7 zeigt diese effektiven U-Werte für den Neubau. Monolithische Wände erreichen dabei U-Werte, die durch den Solarbonus hier sogar auch gegen Null gehen können (Negativwerte, also Gewinne, sind auf Null aufgerundet). Dies festzustellen wird besonders wichtig, da die bautechnische Entwicklung der Massivbauweise durch die unzutreffende stationäre Betrachtung in Richtung guter Dämmung mit kleinen Wärmeleitzahlen geht. Dies ist falsch, denn aus einem speicherfähigen Material sollte kein "Dämmstoff" gemacht werden. Wärmeschutz bedeutet in unseren Breiten Dämmung *und* Speicherung. Deshalb ist der massive Bau gerade die ideale Kombination für einen hervorragenden Wärmeschutz mit guten Dämpfungseigenschaften. Leichthäuser sind in unseren Breiten fehl am Platz.

Bei Berücksichtigung der Speicherung werden bei Massivbauten dann sogar die Ziele der Energieeinsparverordnung "durch andere Maßnahmen", nämlich durch richtiges Rechnen, erreicht und sogar übertroffen (EnEV § 24, Absatz 2).

Richtiges Rechnen wird deshalb vordringlich und notwendig, da "Experten" es für erforderlich erachten, die durch fehlerhafte Berechnung entstehenden "schlechten U-Werte" der Altbauten zu "verbessern". Energetische Sanierung wird allerorten proklamiert. Dies bedeutet die Verpackung mit Wärmedämmstoff und die EnEV soll hierfür die Grundlage liefern. Da die Berechnung nicht stimmt, ist auch eine "energetische Sanierung" mittels U-Wert falsch. Hier müssen zumindest die durch Absorption von Solarenergie auftretenden effektiven U-Werte berücksichtigt werden.

Alte Bauten mit Dämmstoff zu verpacken, wäre deshalb ein Schildbürgerstreich. Damit wird sogar wertvolle Bausubstanz gefährdet, wenn nicht sogar zerstört. Feuchteschäden sind nicht zu vermeiden. Durch die Sorptionsbeeinträchtigungen wird der Feuchtetransport arg behindert, wenn nicht sogar verhindert. Feuchte Bauten und der daraus resultierende Schimmelpilz sind aktuelle Themen geworden.

Auch die unvermeidliche Algenbildung an Außenfassaden muß hier gesehen werden. Mittlerweile ist es sogar zum "Stand der Technik" geworden, durch entsprechende Gegenmaßnahmen wie den Einsatz fungizider Mittel den Algenbewuchs zu vermeiden (Urteil des Landgerichtes Wiesbaden vom 7. August 2003). Das Gift wird also bewußt und gezielt eingesetzt. Die Wärmedämmverbundsystem-Produzenten kennen keinen anderen Ausweg. Das Kapitel 7.2 "Oberflächenkondensat" behandelt dieses Problem.

*Zur Tabelle 6.7:*
*Ein 36,5 cm Hochlochziegel mit einem Raumgewicht von 1200 kg/m³ und einer Wärmeleitfähigkeit von 0,50 W/mK würde statt des stationären U-Wertes von 1,06 W/m²K nach Süden einen effektiven U-Wert von 0,25 W/m²K, nach Osten oder Westen einen effektiven U-Wert von 0,50 W/m²K und nach Norden einen effektiven U-Wert von 0,74 W/m²K erhalten. Bei einer 49 cm Wand (stationär 0,84 W/m²K) ergeben sich effektive U-Werte von 0,09 ; 0,32 und 0,54 W/m²K. Die Tabelle liefert umfangreiches Informationsmaterial für die Bestimmung realistischer U-Werte.*

**Tabelle 6.7**:

Wärmeeindringkoeffizienten b, stationäre U-Werte (mit Putz) und die $U_{eff}$-Werte für verschiedene Himmelsrichtungen von unterschiedlichem Mauerwerk nach Rohdichte $\rho$ und Wärmeleitfähigkeit $\lambda$.

| | | | d = 30 cm | | | | d = 36,5 cm | | | | d = 49 cm | | | |
|---|---|---|---|---|---|---|---|---|---|---|---|---|---|---|
| $\rho$ | $\lambda$ | b | U | $U_{eff}$ | | | U | $U_{eff}$ | | | U | $U_{eff}$ | | |
| | | | | S | O/W | N | | S | O/W | N | | S | O/W | N |
| 500 | 0,15 | 4,6 | 0,45 | 0,12 | 0,22 | 0,32 | 0,38 | 0,07 | 0,17 | 0,26 | 0,29 | 0,01 | 0,09 | 0,18 |
| | 0,16 | 4,7 | 0,48 | 0,14 | 0,24 | 0,34 | 0,40 | 0,08 | 0,18 | 0,27 | 0,31 | 0,02 | 0,10 | 0,19 |
| | 0,18 | 5,0 | 0,53 | 0,16 | 0,27 | 0,38 | 0,45 | 0,10 | 0,21 | 0,31 | 0,34 | 0,03 | 0,12 | 0,22 |
| | 0,20 | 5,3 | 0,58 | 0,19 | 0,31 | 0,43 | 0,49 | 0,12 | 0,24 | 0,34 | 0,38 | 0,04 | 0,14 | 0,24 |
| | 0,22 | 5,5 | 0,64 | 0,21 | 0,34 | 0,47 | 0,54 | 0,14 | 0,26 | 0,38 | 0,41 | 0,06 | 0,16 | 0,27 |
| 600 | 0,18 | 5,5 | 0,53 | 0,14 | 0,26 | 0,38 | 0,45 | 0,08 | 0,19 | 0,30 | 0,34 | 0,01 | 0,11 | 0,21 |
| | 0,20 | 5,8 | 0,58 | 0,17 | 0,30 | 0,42 | 0,49 | 0,10 | 0,22 | 0,34 | 0,38 | 0,02 | 0,13 | 0,23 |
| | 0,22 | 6,1 | 0,64 | 0,19 | 0,33 | 0,46 | 0,54 | 0,12 | 0,25 | 0,37 | 0,41 | 0,04 | 0,15 | 0,26 |
| | 0,24 | 6,3 | 0,68 | 0,22 | 0,36 | 0,50 | 0,58 | 0,14 | 0,28 | 0,40 | 0,44 | 0,05 | 0,17 | 0,29 |
| 700 | 0,20 | 6,3 | 0,58 | 0,15 | 0,28 | 0,41 | 0,49 | 0,09 | 0,21 | 0,33 | 0,38 | 0,01 | 0,12 | 0,23 |
| | 0,21 | 6,4 | 0,61 | 0,16 | 0,30 | 0,43 | 0,51 | 0,09 | 0,22 | 0,35 | 0,39 | 0,01 | 0,13 | 0,24 |
| | 0,23 | 6,7 | 0,66 | 0,19 | 0,33 | 0,47 | 0,56 | 0,11 | 0,25 | 0,38 | 0,43 | 0,02 | 0,15 | 0,27 |
| | 0,27 | 7,3 | 0,76 | 0,23 | 0,39 | 0,55 | 0,64 | 0,15 | 0,30 | 0,44 | 0,49 | 0,05 | 0,19 | 0,32 |
| | 0,30 | 7.7 | 0,83 | 0,27 | 0,44 | 0,60 | 0,70 | 0,18 | 0,34 | 0,49 | 0,54 | 0,07 | 0,21 | 0,35 |
| | 0,36 | 8,4 | 0,96 | 0,33 | 0,52 | 0,71 | 0,82 | 0,23 | 0,41 | 0,58 | 0,64 | 0,11 | 0,27 | 0,42 |
| 800 | 0,16 | 6,0 | 0,48 | 0,09 | 0,21 | 0,32 | 0,40 | 0,03 | 0,15 | 0,25 | 0,31 | 0,00 | 0,07 | 0,17 |
| | 0,18 | 6,3 | 0,53 | 0,11 | 0,24 | 0,36 | 0,45 | 0,05 | 0,17 | 0,29 | 0,34 | 0,00 | 0,09 | 0,20 |
| | 0,21 | 6,9 | 0,61 | 0,15 | 0,29 | 0,42 | 0,51 | 0,08 | 0,21 | 0,34 | 0,39 | 0,00 | 0,12 | 0,23 |
| | 0,23 | 7,2 | 0,66 | 0,17 | 0,32 | 0,46 | 0,56 | 0,10 | 0,24 | 0,37 | 0,43 | 0,01 | 0,14 | 0,26 |
| | 0,33 | 8,6 | 0,89 | 0,28 | 0,47 | 0,65 | 0,76 | 0,19 | 0,36 | 0,53 | 0,59 | 0,07 | 0,23 | 0,38 |
| | 0,39 | 9,3 | 1,02 | 0,34 | 0,55 | 0,75 | 0,87 | 0,24 | 0,43 | 0,62 | 0,68 | 0,10 | 0,28 | 0,45 |
| 900 | 0,21 | 7,3 | 0.61 | 0,13 | 0,28 | 0,42 | 0,51 | 0,06 | 0,20 | 0,33 | 0,39 | 0,00 | 0,11 | 0,23 |
| | 0,24 | 7,8 | 0,68 | 0,16 | 0,32 | 0,48 | 0,58 | 0,09 | 0,24 | 0,38 | 0,44 | 0,00 | 0,13 | 0,27 |
| | 0,27 | 8,2 | 0,76 | 0,20 | 0,37 | 0,53 | 0,64 | 0,12 | 0,28 | 0,43 | 0,49 | 0,01 | 0,16 | 0,30 |
| | 0,30 | 8,7 | 0,83 | 0,23 | 0,41 | 0,59 | 0,70 | 0,14 | 0,31 | 0,48 | 0,54 | 0,03 | 0,19 | 0,34 |
| | 0,36 | 9,5 | 0,96 | 0,29 | 0,50 | 0,69 | 0,82 | 0,19 | 0,38 | 0,57 | 0,64 | 0,07 | 0,24 | 0,41 |
| | 0,42 | 10,3 | 1,08 | 0,35 | 0,57 | 0,79 | 0,93 | 0,24 | 0,45 | 0,65 | 0,73 | 0,10 | 0,29 | 0,48 |
| 1000 | 0,28 | 8,9 | 0,78 | 0,19 | 0,37 | 0,54 | 0,66 | 0,11 | 0,28 | 0,44 | 0,51 | 0,00 | 0,16 | 0,31 |
| | 0,32 | 9,5 | 0,87 | 0,23 | 0,43 | 0,62 | 0,74 | 0,14 | 0,32 | 0,50 | 0,57 | 0,03 | 0,19 | 0,35 |
| | 0,35 | 9,9 | 0,94 | 0,26 | 0,47 | 0,67 | 0,80 | 0,17 | 0,36 | 0,55 | 0,62 | 0,04 | 0,22 | 0,39 |
| | 0,39 | 10,4 | 1,02 | 0,30 | 0,52 | 0,73 | 0,87 | 0,20 | 0,41 | 0,60 | 0,68 | 0,07 | 0,25 | 0,44 |
| | 0,45 | 11,2 | 1,14 | 0,36 | 0,60 | 0,83 | 0,98 | 0,25 | 0,47 | 0,69 | 0,77 | 0,10 | 0,31 | 0,50 |
| | 0,50 | 11,8 | 1,23 | 0,41 | 0,66 | 0,90 | 1,06 | 0,29 | 0,52 | 0,75 | 0,84 | 0,13 | 0,35 | 0,56 |
| 1200 | 0,39 | 11,4 | 1,02 | 0,27 | 0,50 | 0,72 | 0,87 | 0,16 | 0,38 | 0,59 | 0,68 | 0,03 | 0,23 | 0,42 |
| | 0,44 | 12,2 | 1,12 | 0,32 | 0,56 | 0,80 | 0,96 | 0,20 | 0,44 | 0,66 | 0,76 | 0,06 | 0,27 | 0,48 |
| | 0,45 | 12,3 | 1,14 | 0,32 | 0,57 | 0,81 | 0,98 | 0,21 | 0,45 | 0,67 | 0,77 | 0,06 | 0,28 | 0,49 |
| | 0,46 | 12,4 | 1,16 | 0,33 | 0,59 | 0,83 | 1,00 | 0,22 | 0,46 | 0,69 | 0,78 | 0,07 | 0,29 | 0,50 |
| | 0,50 | 13,0 | 1,23 | 0,37 | 0,63 | 0,89 | 1,06 | 0,25 | 0,50 | 0.74 | 0,84 | 0,09 | 0,32 | 0,54 |
| 1400 | 0,58 | 15,1 | 1,38 | 0,40 | 0,70 | 0,99 | 1,19 | 0,27 | 0,55 | 0,82 | 0,95 | 0,10 | 0,36 | 0,61 |
| | 0,70 | 16,6 | 1,57 | 0,49 | 0,82 | 1,14 | 1,37 | 0,35 | 0,66 | 0,96 | 1,10 | 0,16 | 0,45 | 0,72 |
| 1600 | 0,68 | 17,5 | 1,54 | 0,44 | 0,78 | 1,10 | 1,34 | 0,30 | 0,62 | 0,92 | 1,07 | 0,11 | 0,41 | 0,69 |
| | 0,79 | 18,8 | 1,70 | 0,51 | 0,88 | 1,22 | 1,49 | 0,37 | 0,71 | 1,04 | 1,20 | 0,16 | 0,48 | 0,79 |
| 1800 | 0,81 | 20,2 | 1,72 | 0,49 | 0,87 | 1,23 | 1.51 | 0,34 | 0,70 | 1,05 | 1,23 | 0,14 | 0,47 | 0,79 |
| | 0,99 | 22,3 | 1,95 | 0,60 | 1,01 | 1,41 | 1,73 | 0,44 | 0,83 | 1,21 | 1,42 | 0,21 | 0,58 | 0,94 |

Für den Altbau ergibt sich die Tabelle 6.8:

**Tabelle 6.8**: Wärmeeindringkoeffizienten b, stationäre U-Werte (mit Putz) und die $U_{eff}$-Werte für verschiedene Himmelsrichtungen von unterschiedlichem Mauerwerk nach Rohdichte ρ (kg/m³) und Wärmeleitfähigkeit λ (W/mK) für den **Altbau**.

| | | | d = 38 cm | | | | d = 51 cm | | | | d = 64 cm | | | |
|---|---|---|---|---|---|---|---|---|---|---|---|---|---|---|
| ρ | λ | b | U | $U_{eff}$ | | | U | $U_{eff}$ | | | U | $U_{eff}$ | | |
| | | | | S | O/W | N | | S | O/W | N | | S | O/W | N |
| 1200 | 0,52 | 13,2 | 1,06 | 0,24 | 0,49 | 0,73 | 0,84 | 0,08 | 0,31 | 0,54 | 0,69 | 0,00 | 0,20 | 0,41 |
| 1400 | 0,60 | 15,3 | 1,19 | 0,26 | 0,54 | 0,81 | 0,94 | 0,09 | 0,35 | 0,60 | 0,78 | 0,00 | 0,19 | 0,44 |
| 1800 | 0,81 | 20,2 | 1,47 | 0,31 | 0,67 | 1,01 | 1,19 | 0,11 | 0,44 | 0,76 | 1,00 | 0,00 | 0,29 | 0,59 |
| 2000 | 1,05 | 24,2 | 1,75 | 0,40 | 0,81 | 1,21 | 1,44 | 0,17 | 0,56 | 0,93 | 1,22 | 0,02 | 0,38 | 0,74 |

Ergebnis:
Altbauten sind hervorragende Energiesparkonstruktionen. Die Sonne macht es möglich. 51 cm Wände liefern überraschend gute $U_{eff}$-Werte und auch die anderen Ergebnisse können sich sehen lassen.

Für Schwerbeton (ρ = 2400 kg/m³) und Natursteine wie Sedimentsteine (Sandstein, Muschelkalk, Nagelfluh - ρ = 2600 kg/m³) und kristalline metamorphe Gesteine (Granit, Basalt, Marmor - ρ = 2800 kg/m³) werden größere Abmessungen gewählt.

**Tabelle 6.9**: Wärmeeindringkoeffizienten b, stationäre U-Werte (ohne Putz) und die $U_{eff}$-Werte für verschiedene Himmelsrichtungen von unterschiedlichem Material nach Rohdichte ρ (kg/m³) und Wärmeleitfähigkeit λ (W/mK) für **Beton** und **Natursteine**.

| | | | d = 30 cm | | | | d = 50 cm | | | | d = 100 cm | | | |
|---|---|---|---|---|---|---|---|---|---|---|---|---|---|---|
| ρ | λ | b | U | $U_{eff}$ | | | U | $U_{eff}$ | | | U | $U_{eff}$ | | |
| | | | | S | O/W | N | | S | O/W | N | | S | O/W | N |
| 2400 | 2,1 | 37,6 | 3,20 | 1,14 | 1,77 | 2,38 | 2,45 | 0,59 | 1,16 | 1,71 | 1,55 | 0,00 | 0,41 | 0,89 |
| 2600 | 2,3 | 40,9 | 3,33 | 1,17 | 1,83 | 2,47 | 2,58 | 0,61 | 1,21 | 1,79 | 1,65 | 0,00 | 0,45 | 0,96 |
| 2800 | 3,5 | 52,4 | 3,91 | 1,40 | 2,17 | 2,91 | 3,20 | 0,86 | 1,57 | 2,26 | 2,19 | 0,09 | 0,73 | 1,35 |

Ergebnis:
Selbst Beton und Natursteine sind energetisch besser als ihr Ruf. Bei genügenden Dickenabmessungen werden recht passable Ergebnisse erzielt.

### 6.2.4.4 Anwendungsbeispiele

Für übliche Materialien und Abmessungen zeigt Bild 6.16 den Einfluß der Speicherfähigkeit in Abhänigkeit von der absorbierten Solarenergie und die daraus resultierenden $U_{eff}$-Werte [Meier 95, 97].

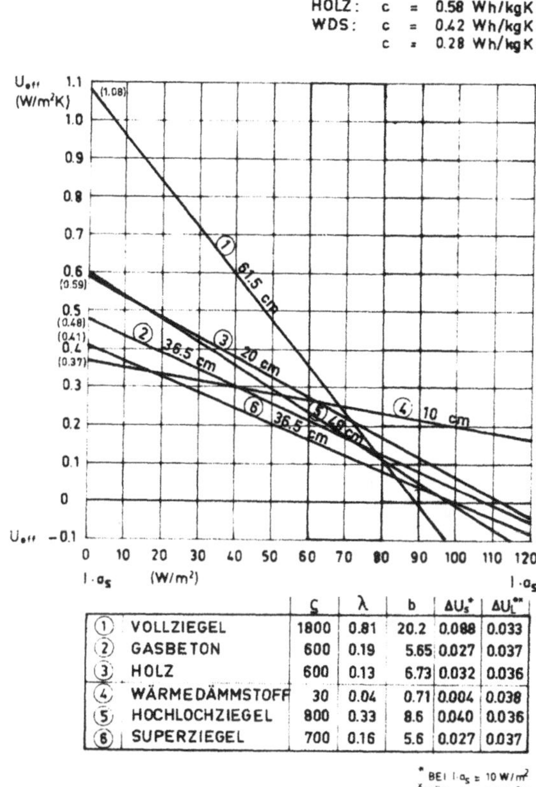


| | | ς | λ | b | ΔUs* | ΔUL** |
|---|---|---|---|---|---|---|
| 1 | VOLLZIEGEL | 1800 | 0.81 | 20.2 | 0.088 | 0.033 |
| 2 | GASBETON | 600 | 0.19 | 5.65 | 0.027 | 0.037 |
| 3 | HOLZ | 600 | 0.13 | 6.73 | 0.032 | 0.036 |
| 4 | WÄRMEDÄMMSTOFF | 30 | 0.04 | 0.71 | 0.004 | 0.038 |
| 5 | HOCHLOCHZIEGEL | 800 | 0.33 | 8.6 | 0.040 | 0.036 |
| 6 | SUPERZIEGEL | 700 | 0.16 | 5.6 | 0.027 | 0.037 |

* BEI I · as = 10 W/m²
** FÜR U = 1 W/m²K

Bild 6.16: Der effektive U-Wert unterschiedlicher Außenwandkonstruktionen

*Bild 6.16: Von den gewählten Konstruktionen würde bei Ignoranz einer absorbierten Solarstrahlung ($I \cdot a_S$) die 10 cm Dämmstoff-Konstruktion den günstigsten $U_{eff}$-Wert erzielen; Wird die absorbierte Solarstrahlung jedoch mit einbezogen, dann ergeben sich völlig andere Verhältnisse. Ab einem durchschnittlichen Wert von ca. 70 W/m² (für eine 12stündige Einstrahlungsperiode) wandelt sich die Dämmstoff-Konstruktion zur energetisch schlechtesten Konstruktion, da durch die Speicherfähigkeit der anderen Konstruktionsvarianten nun bei diesen der U-Wert-Bonus infolge absorbierter Solarenergie zum Tragen kommt und die "Dämmkonstruktion" energetisch überflügelt.*

Von "Wissenschaft und Administration" wird z. Zt. nur die stationäre Sichtweise akzeptiert, denn die "Superdämmung" mit sehr kleinen U-Werten, so wird behauptet, sei die "energiesparendste" Lösung – und ist bei der "Niedrigstenergiebauweise" ein beliebtes Aushängeschild. Dies aber sind völlig falsche Vorstellungen über die Wirkungsweise der Solarstrahlung.

Ein massives Mauerwerk kann infolge der Speicherfähigkeit solarer Energie durchaus als ein energiesparendes Material bezeichnet werden.

Der Ziegel als traditionsbeladenes Baumaterial steht natürlich im Mittelpunkt der Überlegungen. Der technologische Trend zu immer kleineren Wärmeleitfähigkeiten λ versucht auch hier den allseits propagierten "energetischen Einsparbemühungen" nachzukommen; allerdings wird der "rechnerische U-Wert nach DIN 4108" und damit ausschließlich ein minimaler U-Wert als zentraler Maßstab für die Reduzierung von Transmissionswärmeverlusten angesehen. Wenn Solarstrahlung nicht wahrgenommen und absorbierte Solarenergie in der Außenwand nicht akzeptiert wird, dann wird mit dieser Vorgehensweise eben auch unrealistisch gerechnet.

Bild 6.17 zeigt die erreichbaren effektiven U-Werte einer 36,5 cm Wand in unterschiedlichen Ziegelmaterialien.

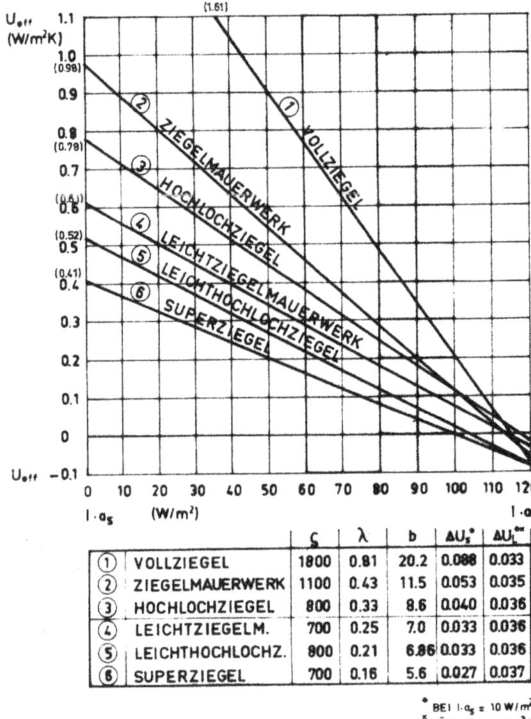


| | | ς | λ | b | $\Delta U_s$* | $\Delta U_L$** |
|---|---|---|---|---|---|---|
| ① | VOLLZIEGEL | 1800 | 0.81 | 20.2 | 0.088 | 0.033 |
| ② | ZIEGELMAUERWERK | 1100 | 0.43 | 11.5 | 0.053 | 0.035 |
| ③ | HOCHLOCHZIEGEL | 800 | 0.33 | 8.6 | 0.040 | 0.036 |
| ④ | LEICHTZIEGELM. | 700 | 0.25 | 7.0 | 0.033 | 0.036 |
| ⑤ | LEICHTHOCHLOCHZ. | 800 | 0.21 | 6.86 | 0.033 | 0.036 |
| ⑥ | SUPERZIEGEL | 700 | 0.16 | 5.6 | 0.027 | 0.037 |

* BEI $I \cdot a_s$ = 10 W/m²
** FÜR U = 1 W/m²K

Bild 6.17: Der effektive U-Wert unterschiedlicher 36,5 cm Ziegelkonstruktionen

*Bild 6.17:*
*Die sechs Materialien mit völlig unterschiedlichen rechnerischen U-Werten konvergieren bei steigender absorbierter Solarstrahlung und laufen zwischen 110 und 120 W/m² in etwa zusammen. Der effektive U-Wert $U_{eff}$ beträgt an dieser Stelle sogar Null oder darunter – das heißt, daß sich Energiegewinne einstellen würden.*
*Bei einer durchschnittlich absorbierten Solarstrahlung von 85 W/m² (Südwand) werden die großen Unterschiede der stationär gerechneten U-Werte von 1.61 bis 0,41 W/m²K stark gemindert. Die erreichten $U_{eff}$-Werte liegen zwischen 0,05 und 0,40 W/m²K.*

Es ergeben sich Unterschiede, die im Reigen dieser unterschiedlichsten Ziegelmaterialien durchaus recht klein sind. Es ist schon erstaunlich, wie sich die Speicherfähigkeit selbst bei einer 36,5 cm Wand energetisch günstig auswirkt.

Bei einer 49 cm dicken Wand werden die energetischen Ergebnisse noch günstiger. Bild 6.18 verdeutlicht dies sehr anschaulich.

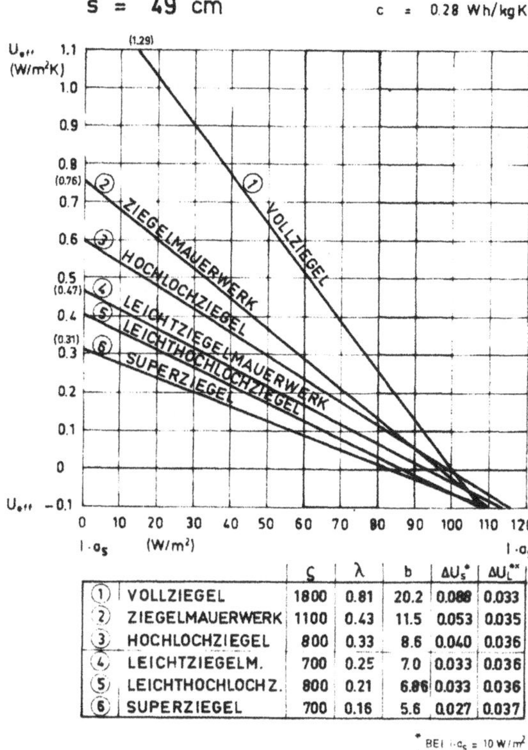


| | | ρ | λ | b | $\Delta U_s^*$ | $\Delta U_L^{**}$ |
|---|---|---|---|---|---|---|
| 1 | VOLLZIEGEL | 1800 | 0.81 | 20.2 | 0.088 | 0.033 |
| 2 | ZIEGELMAUERWERK | 1100 | 0.43 | 11.5 | 0.053 | 0.035 |
| 3 | HOCHLOCHZIEGEL | 800 | 0.33 | 8.6 | 0.040 | 0.036 |
| 4 | LEICHTZIEGELM. | 700 | 0.25 | 7.0 | 0.033 | 0.036 |
| 5 | LEICHTHOCHLOCHZ. | 800 | 0.21 | 6.86 | 0.033 | 0.036 |
| 6 | SUPERZIEGEL | 700 | 0.16 | 5.6 | 0.027 | 0.037 |

* BEI $I \cdot a_s$ = 10 W/m²
** FÜR U = 1 W/m²K

*Bild 6.18:*
*Die sechs Materialien mit völlig unterschiedlichen rechnerischen U-Werten zwischen 1,29 und 0,31 W/m²K konvergieren bei steigender absorbierter Solarstrahlung und laufen ebenfalls etwa zwischen 110 und 120 W/m² zusammen. Der effektive U-Wert $U_{eff}$ liegt an dieser Stelle sogar unter Null – das heißt, daß sich Energiegewinne einstellen würden.*
*Bei einer durchschnittlich absorbierten Solarstrahlung von 85 W/m² (Südwand) werden die großen Unterschiede der stationär berechneten U-Werte stark gemildert. Die erreichten $U_{eff}$-Werte liegen zwischen 0,00 und 0,20 W/m²K*

Bild 6.18: Der effektive U-Wert unterschiedlicher 49 cm Ziegelkonstruktionen

Es ergeben sich auch hier energetische Unterschiede, die im Reigen dieser unterschiedlichsten Ziegelmaterialien sehr klein sind. Es ist deshalb immer wieder darauf hinzuweisen, daß sich die Speicherfähigkeit energetisch sehr günstig auswirkt. Bei einer 49 cm Wand ist dieser Effekt noch gravierender. Es stellt sich hier sogar die Frage, inwieweit nicht eine 36,5 cm Wand ausreicht, um zufriedenstellende Energiespareffekte zu erzielen. Der Kostenaufwand einer 49 cm Wand muß deshalb sehr sorgfältig abgewogen werden.

Die technologische Entwicklung der Ziegel in Richtung "Dämmstoff" ist ein sehr fragwürdiges Unternehmen. Die Wärmeleitfähigkeit λ eines Vollziegels von 0,81 W/mK, der immerhin mit einem Raumgewicht ρ von 1800 kg/m³ eine ausreichende Temperaturstabilität aufweist, wird nun rigoros in Richtung Dämmstoff "fortentwickelt", wobei jetzt bereits ein Wert von 0,09 W/mK (Poroton 09) erreicht ist. Daß mit der Perlit-Füllung ein Mischmaterial angeboten wird, das bezüglich des kapillaren Feuchtetransportes nachteilig ist und wegen der Leichtheit schallmäßig zu Problemen führt, daran wird nicht erinnert. Die einseitige energetische Sichtweise ist ein "Teufelswerk".

Wenn man zusätzlich bedenkt, daß mit dieser ominösen technologischen Entwicklung die gesamte Ziegelindustrie auf einen fehlerhaften und falschen Pfad gelockt wurde, dann kann ermessen werden, welcher volkswirtschaftliche Schaden damit angerichtet wurde. Die Produktionen mußten mit einem Millionenaufwand umgerüstet werden, um dieser Fata Morgana zu folgen.

Es werden nun unterschiedliche Ziegelmaterialien in Abhängigkeit von der Dicke und der absorbierten Solarenergie dargestellt. Mit dem Vollziegel wird bei einem Raumgewicht von 1800 Kg/m³ und einer Wärmeleitfähigkeit λ von 0,81 W/mK mit dem schwersten Ziegel begonnen. Das Bild 6.19 zeigt diesen Vollziegel.

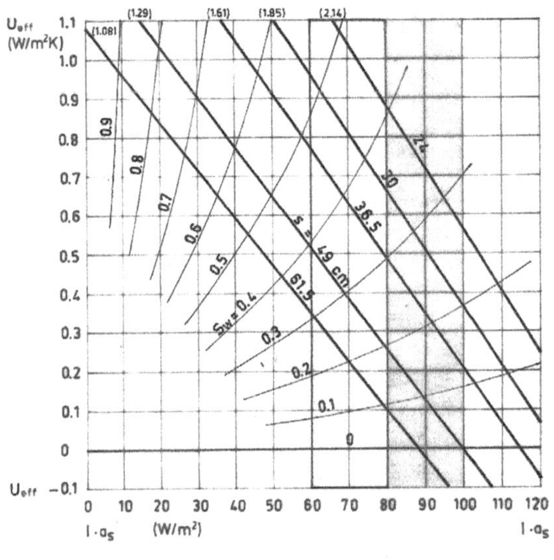


ρ = 1800 kg/m³
λ = 0.81 W/mK
c = 0.28 Wh/kg K

Bild 6.19: Der effektive U-Wert – Vollziegel

*Bild 6.19:*
*Ein Wärmeeindringkoeffizient von 20,2 $Wh^{0,5}/m^2K$ weist auf günstige Bonus-Werte hin, die zu einer steilen Geradenschar führen. Bei einer absorbierten Solarstrahlung von wieder angenommenen 85 W/m² (Süden) werden dicke Wände durchaus auch energetisch lukrativ. Bei Solargewinnfaktoren von unter 0,1 (61,5 cm) bis 0,25 (36,5 cm) werden Ergebnisse erzielt, die schon erheblich vom rechnerischen U-Wert abweichen (Formel 6.6a). Die $U_{eff}$-Werte liegen dann bei ca. 0,05 W/m²K bis 0,40 W/m²K*

Die erzielten Ergebnisse sind Größenordnungen, die beachtet werden müssen, wenn energetisch motivierte Sanierungen von Altbauten anstehen. Hier nur den rechnerischen U-Wert allein in die Überlegungen mit einzubeziehen, wäre ein folgenschwerer Irrtum.

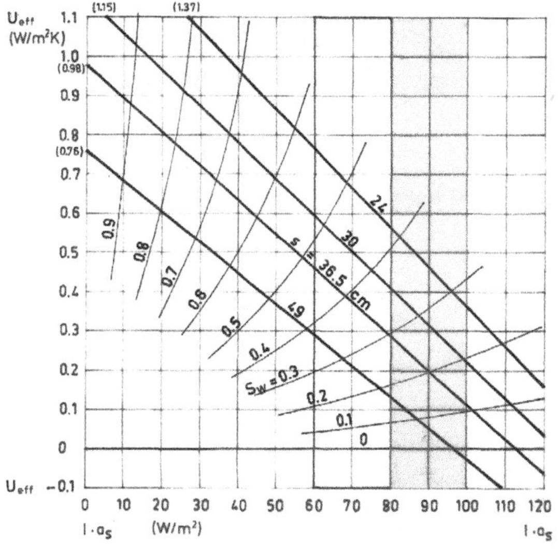


Bild 6.20: Der effektive U-Wert -Ziegelmauerwerk

*Bild 6.20:*
*Es wird ein Ziegelmaterial mit einem Raumgewicht von 1100 kg/m³ und einer Wärmeleitfähigkeit von 0,43 W/mK. behandelt. Die üblichen Wandstärken von 49 und 36,5 cm liegen bei einer absorbierten Strahlungsenergie von 85 W/m² bei $U_{eff}$-Werten, die zwischen 0,05 und 0,25 W/m²K angesiedelt werden können. Die erzielten Solargewinnfaktoren gehen bis zu $S_W$ = 0,1 hinunter (Formel 6.6a).*

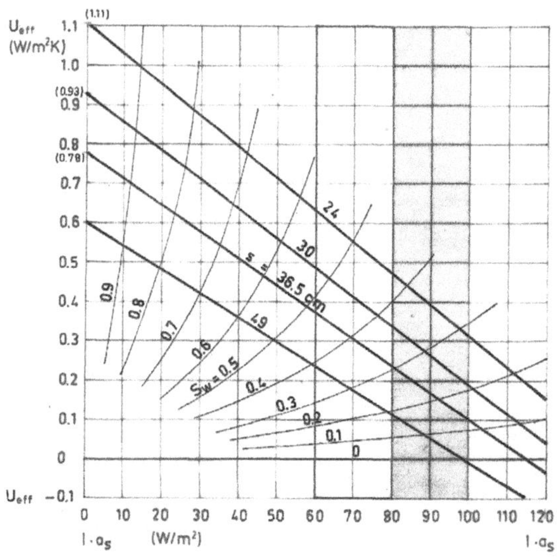


Bild 6.21: Der effektive U-Wert – Hochlochziegel

*Bild 6.21:*
*Es wird ein Hochloch-Ziegel gezeigt, der mit einem Raumgewicht von 800 kg/m³ und einer Wärmeleitfähigkeit λ von 0,33 W/mK leichter ist und somit einen Wärmeeindringkoeffizienten b von 8,60 $Wh^{0,5}$/m²K hat. Hier würde der $U_{eff}$-Wert (wiederum bei absorbierter Solarstrahlung von 85 W/m²) die Größenordnungen um 0,10 bis 0,20 W/m²K erreichen, wenn Abmessungen von 36,5 cm bzw. 49 cm gewählt werden. Solargewinnfaktoren liegen etwa zwischen 0,12 und 0,3 (Formel 6.6a).*

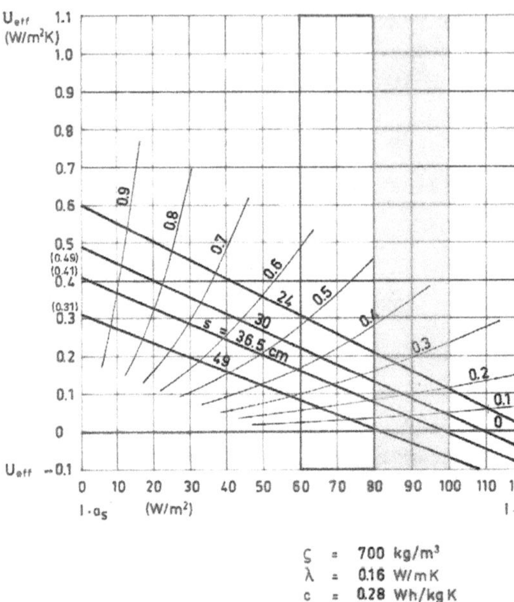


Bild 6.22: Der effektive U-Wert – Superziegel

*Bild 6.22: Die fast letzte Stufe der "technologischen Entwicklung" erreicht der "Superziegel" mit einem Raumgewicht von 700 kg/m³ und einer Wärmeleitfähigkeit λ von 0,16 W/mK. Auch hier werden bei 85 W/m² an absorbierter Solarstrahlung mit 49 und 36,5 cm Mauerwerk $U_{eff}$-Werte von etwa 0 bis 0,06 W/m²K und demzufolge $S_W$-Werte zwischen 0 und 0,14 erzielt (Formel 6.6a), so daß sich auch hier natürlich Größenordnungen einstellen, die günstiger als die nach DIN 4108 ermittelten "rechnerischen" U-Werte sind.*

Vollziegel, die heute angeboten werden, haben ein geringeres Raumgewicht. Bei den unterschiedlichen Materialien zeigt sich jedoch immer wieder dieselbe Tendenz: "Je leichter der Baustoff, desto geringer wird der U-Wert-Bonus".

Quintessenz:
Wenn Solararchitektur ernst genommen und auch passive Solarenergienutzung in die Überlegungen mit einbezogen wird, dann können mit massiven, speicherfähigen Materialien für Außenwände Ergebnisse erzielt werden, die genügend Spielraum für die Erfüllung des Auftrags einer entschiedenen Energieeinsparung bieten.
Die "High-Tech"-Variante mit Dämmstoff ist damit nicht die einzige Möglichkeit, Solarenergie zu nutzen; im Gegenteil, Kostenüberlegungen sprechen für die "passive Solarenergienutzung" durch massive Baustoffe und gegen Lösungen, über "Apparate" und "Elektronik" dieses Ziel zu erreichen.

Jetzt wird das Baumaterial Holz vorgestellt. Die Werte für das Raumgewicht ρ = 600 kg/m³, die Wärmeleitfähigkeit λ = 0,13 W/mK und die gegenüber den Baumaterialien über doppelt so große spezifische Wärmekapazität c = 0,58 Wh/kg K führen zu einem sehr günstigen Wärmeeindringkoeffizienten b = 6,73 $Wh^{0,5}$/m²K, der dem Hochlochziegel fast ebenbürtig ist, jedoch bezüglich der Wärmeleitfähigkeit mit 0,13 W/mK gegenüber 0,33 W/mK weit überlegen ist. Allein dieser Vergleich zeigt schon, daß Holz im Hinblick auf die Speicherfähigkeit als ein vorzügliches Baumaterial anzusehen ist.

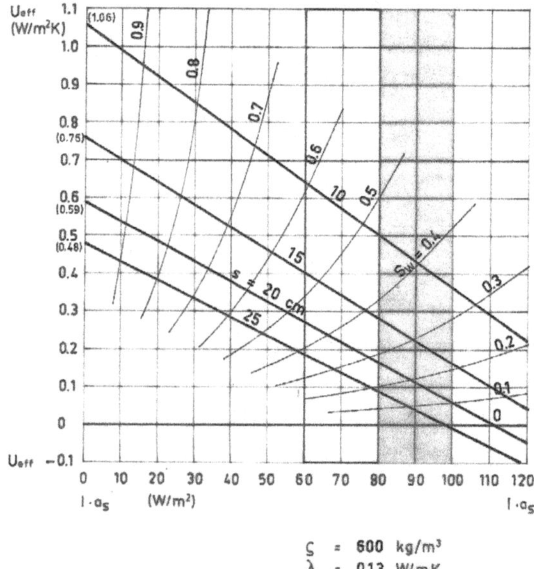


*Bild 6.23:*
*Die $U_{eff}$-Werte sind beeindruckend. Bei einer absorbierten Solarenergie von 85 W/m² und einer Vollholzabmessung von 15 cm ergibt sich ein Wert von 0,25 W/m²K mit einem Solargewinnfaktor von etwa 0,25 (Formel 6.6a); bei 20 cm Vollholz wird der $U_{eff}$-Wert den Bereich von 0,15 W/m²K erreichen, was einem Solargewinnfaktor von etwa 0,24 entspricht.*

Bild 6.23: Der effektive U-Wert – Holz

Quintessenz:
Vollholz ist als nachwachsender Rohstoff ein Baumaterial, das energetisch ausgezeichnete Werte erzielt und eben auch durch die ausstrahlende Behaglichkeit nicht unterschätzt werden darf.

Diese Massivholzhäuser sind aber nicht zu verwechseln mit den jetzt auch aus Kostengründen angebotenen "Holzhäusern", die in den meisten Fällen aus einem Holzskelett bestehen, das dann in den Feldern mit Dämmstoff ausgefüllt wird. Dämmstoff ist kein speicherfähiges Material und demzufolge ungeeignet, Temperaturspitzen durch Speicherung abzupuffern; Überhitzungen sind zu erwarten. Hier kann dann nur "High-Tech" der Heizungs- und Lüftungsbranche weiterhelfen, die jedoch dann meist den sonst üblichen Kostenrahmen sprengen wird.

Am Schluß wird der Wärmedämmstoff behandelt. Das Raumgewicht ($\rho$ = 30 kg/m³), die Wärmeleitfähigkeit ($\lambda$ = 0,04 W/mK) und die gegenüber den Baumaterialien etwas höhere spezifische Wärmekapazität (c = 0,42 Wh/kg K) führen zu einem Wärmeeindringkoeffizienten (b = 0,71 $Wh^{0,5}$/m²K), der die kaum vorhandene Speicherfähigkeit des Materials recht deutlich zum Ausdruck bringt. Dies hat dann auch sehr geringe Bonus-Werte zur Folge, die kaum ins Gewicht fallen. Die schräge Lage der Geraden verdankt der Dämmstoff hauptsächlich dem "Außenlufterwärmungsanteil" infolge Wärmeabgabe direkt an die Außenluft, der geringe Reduzierungen durch die Solarstrahlung noch möglich macht.

Wird dieser vernachlässigt und wird bei der Minderung verstärkt der Speicheranteil gesehen, dann geht die Dämmstoffkonstruktion bezüglich der Solarminderungen leer aus, der sehr minimale Speicheranteil von 0,004 W/m²K ist deprimierend und kann wirklich als nicht vorhanden angesehen werden.

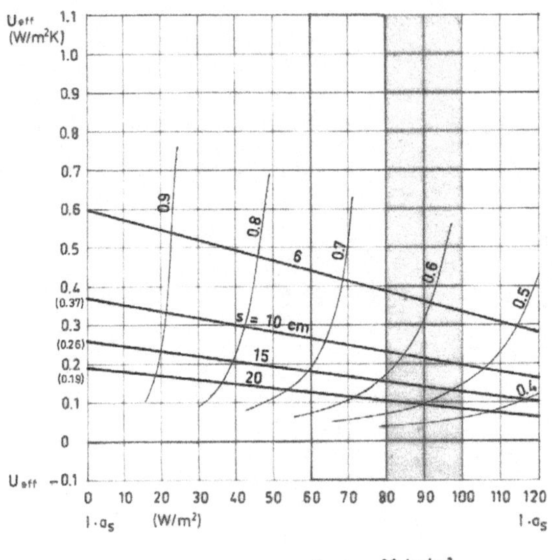


Bild 6.24: Der effektive U-Wert – Wärmedämmstoff

*Bild 6.24: Unter Beachtung wirtschaftlicher U-Werte (siehe Abschnitt 6.5.3 "Effizienzgrenze des U-Wertes") kann eine 10 cm Dämmung (liegt schon in unwirtschaftlichen Bereich) bei Berücksichtigung einer absorbierten Solarstrahlung von 85 W/m² auf $U_{eff}$-Werte kommen, die knapp über 0,2 W/m²K zu liegen kommen; der Solargewinnfaktor (Formel 6.6a) wird dann etwa bei 0,6 liegen.*

Je größer die Abmessung des Dämmstoffes wird, desto flacher wird die Gerade und desto weniger hat demzufolge die Solarstrahlung Einfluß auf eine mögliche, wenn auch sehr geringe Minderung des U-Wertes.

Quintessenz:
Allein die Dämmstoffkonstruktionen müssen von der einmal festgelegten Grundlage eines rechnerischen U-Wertes nach DIN 4108 zehren (Beharrungszustand), da merkbare Minderungen durch passive Solarenergiegewinnung infolge mangelnder Speicherfähigkeit nicht eintreten. Die transparente Wärmedämmung bildet technologisch hier eine Ausnahme, die jedoch aus Kostengründen unrealisierbar bleibt. Nur allein speicherfähiges Material kann die passive Solarenergiegewinnung kostengünstig nutzen und damit die "Unrichtigkeit" der üblichen U-Wert Berechnungen überzeugend ins Feld führen.

Die fehlende Speicherfähigkeit von Dämmstoff hat zur Folge, daß mangels massiver Puffermasse für thermische Veränderungen dann Überhitzungen auftreten, die nur mit großem technologischen Aufwand und viel Geld über die Heizungs- und Lüftungsanlage eventuell kompensiert werden können.

Darüber hinaus muß noch auf einen weiteren Nachteil hingewiesen werden:

Bei Temperaturveränderungen, die sich sehr schnell im Dämmstoff fortpflanzen, tritt bei Dämmstoffkonstruktionen eine nur geringe Dämpfung ein; so daß äußere Temperaturschwankungen innen deutlich spürbar werden (siehe auch Abschnitt 6.3.1 "Lichtenfelser Experiment"). Dies führt beim Temperatur-Amplituden-Verhältnis zu relativ hohen Werten und auch die Phasenverschiebung ist relativ kurz. Beide Merkmale hängen vom Wärmeeindringkoeffizienten b ab. Je kleiner dieser Wert b wird, desto ungünstiger wirken sich also Temperaturveränderungen auf das Innenraumklima aus. Dämmstoffkonstruktionen neigen deshalb zum "Barackenklima".

In einem solchen Falle können als Gegenmaßnahme nur im Rahmen der "technischen Gebäudeausrüstung" entsprechende, allerdings sehr kostenträchtige Vorkehrungen getroffen werden. Vom BMBau wurde immerhin darauf hingewiesen, "es sei die Frage zu beantworten, wie wir in den nächsten Jahrzehnten Gebäude beheizen und – von Fall zu Fall – kühlen werden" [Ehm 96]. Lüftungsanlagen jedoch sind aus Kostengründen, aber auch in hygienischer Sicht abzulehnen.

## 6.2.5 Effektive U-Werte für das Dach

Die Dachkonstruktionen bestehen normalerweise aus mehreren Schichten, wobei für die Speicherung aus Gewichtsgründen hauptsächlich Holz in Frage kommt. Da es sich um dünnere Speicherschichten handelt, muß bei der Bestimmungformel für den effektiven U-Wert das Wärmespeichervermögen $q_S$ der einzelnen Schichten in Ansatz gebracht werden.

Die Formel für das Wärmespeichervermögen lautet:

(6.7) $$q_s = f_{qs} \cdot \rho \cdot c \cdot s$$ (Wh/m²K)

| | | |
|---|---|---|
| $q_s$ | = | Wärmespeichervermögen (Wh/m²K) |
| $f_{qs}$ | = | Faktor, der den mitwirkenden Speicherquerschnitt der Konstruktion berücksichtigt (-). |
| $\rho$ | = | Raumgewicht des Baustoffes (kg/m³) |
| c | = | spezifische Wärmekapazität (Wh/kg K) |
| s | = | Dicke der Bauteilschicht (m) |

Der Faktor $f_{qs}$, der den mitwirkenden Speicherquerschnitt kennzeichnet, ist bei einem monolithischen, ausreichend dicken Querschnitt ein Parabelquerschnitt mit dem Wert 1/3 (wie Tabelle 6.7 ihn berücksichtigt und auch der Abschnitt 9.2.4 "Fehlerhafte mitwirkende Speicherdicke" enthält in der Tabelle 9.3 die entsprechenden Werte für einen Rechteckquerschnitt, einen Dreiecksquerschnitt und einen Parabelquerschnitt).

Die unterschiedlichen Speichervermögen verschiedener Konstruktionen zeigt die Tabelle 6.10; dabei wird von einer gleichmäßigen Temperaturverteilung im gesamten Querschnitt ausgegangen, also von einer Rechteckverteilung und somit wird dann $f_{qs} = 1$.

**Tabelle 6.10**: Das Wärmespeichervermögen $q_s$ von unterschiedlichen Baustoffen und Konstruktionen.

| | ρ | s (m) | c (Wh/kg K | $q_s$ (Wh/m²K) |
|---|---|---|---|---|
| 1 mm Blech (Autodach) | 7850 | 0,001 | 0,11 | 0,9 |
| 8 mm Glas | 2500 | 0,008 | 0,28 | 5,6 |
| 11,5 cm Ziegel | 1800 | 0,115 | 0,28 | 58,0 |
| 11,5 cm Hochloch-Ziegel | 1200 | 0,115 | 0,28 | 38,6 |
| 19 cm Ziegeldach | 280 kg/m² | | 0,28 | 78,2 |
| Einhängeziegel 18 cm | 260 kg/m² | | 0,28 | 72,8 |
| Klimadachplatte | 45 kg/m² | | 0,28 | 12,6 |
| Biberschwanzziegel (Doppeld.) | 75 kg/m² | | 0,28 | 21,0 |
| Biberschwanzziegel (Einfachd.) | 40 kg/m² | | 0,28 | 11,2 |
| Strangfalzziegel | 60 kg/m² | | 0,28 | 16,8 |
| Falzziegel, Flachdachpfannen | 55 kg/m² | | 0,28 | 15,4 |
| Hohlpfanne, Krempziegel | 45 kg/m² | | 0,28 | 12,6 |
| 6 cm Holzbohle | 600 | 0,06 | 0,58 | 20,9 |
| 10 cm Polystyrol-Hartschaum | 20 | 0,10 | 0,42 | 0,8 |
| 5 mm Kunstharzputz | 1100 | 0,005 | 0,42 | 2,3 |
| 2,5 cm Mineralputz | 1800 | 0,025 | 0,28 | 12,6 |

Deutlich ist erkennbar, daß das Autodach, aber auch 10 cm Polystyrol-Hartschaum und sogar der 5 mm Kunsthatzputz ein sehr geringes Wärmespeichervermögen haben, dagegen die 6 cm Holzbohle sowie die massiven Ziegel eine viel höhere Speicherfähigkeit besitzen.

Die Formel für den effektiven U-Wert einer Dachkonstruktion lautet:

(6.8) $$U_{eff} = U - \frac{I \cdot a_s}{\Delta \vartheta_L} \cdot \left[ \frac{\Sigma q_s + \left(\Sigma f_{qs}\right) \cdot f_d^{\,2} \cdot U}{\Sigma q_s + \left(\Sigma f_{qs}\right) \cdot f_d^{\,2} \cdot h_e} \right]$$ (W/m²K)

$U_{eff}$ = effektiver U-Wert durch Absorption von Solarstrahlung bei speicherfähigen Dachkonstruktionen (W/m²K)

U = Wärmedurchgangskoeffizient nach DIN 4108 (stationärer U-Wert) (W/m²K)

I = durchschnittliche Strahlungsintensität während einer theoretisch 12stündigen Einstrahlungszeit analog einer Sinus-Funktion (W/m²)

$a_s$ = Strahlungsabsorptionsgrad (-)

$\Delta\vartheta_L$ = Temperaturdifferenz zwischen innen und außen (K), als Durchschnittswert können 15 K angenommen werden

$\Sigma q_s$ = Wärmespeichervermögen der gesamten Dachkonstruktion (Wh/m²K)

$\Sigma f_{qs}$ = Faktor, der den mitwirkenden Speicherquerschnitt der Dachkonstruktion berücksichtigt (-).

$f_d$ = Faktor, der die mitwirkenden Speicherdicke der Konstruktion sowie die entsprechende Wärmeflußzeit berücksichtigt ($h^{0,5}$)

$h_e$ = äußerer Wärmeübergangskoeffizient (W/m²K), ein experimentell ermittelter Wert von 17,5 W/m²K kann verwendet werden (früher $\alpha_a$).

Zum $\Sigma q_s$-Wert: Dieser Wert setzt sich aus den einzelnen in Ansatz zu bringenden Speicherschichten zusammen, wobei eine Temperaturabstufung von außen nach innen angenommen wird. Dies führt damit zu reduzierten Speichervermögen.

Zum $\Sigma f_{qs}$-Wert: Dies ist der Verhältniswert des angenommenen $\Sigma q_s$-Wert zum 100%igen Speichervermögen, also die Annahme der Temperaturverteilung in Rechteckform (Rechteckquerschnitt).

Zum $f_d$-Wert: für eine Temperaturverteilung in Rechteckform gilt ein Wert von 3,46; für einen mitwirkenden Dreieckquerschnitt ein Wert von 5,88 und bei einer Parabelverteilung ein Wert von 7.63. Zwischenwerte werden approximativ gefunden.

Gemäß Formel (6.8) ist das Wärmespeichervermögen $\Sigma q_s$ somit die entscheidende Größe für die Berücksichtigung der eingespeicherten Solarenergie beim Dach.

Die Strahlungswerte der Tabelle 6.6 für die Wand (90°) gelten als Ausgangswerte (Spalte 4 der Tabelle 6.11). Die jeweils prozentualen Anteile für die unterschiedlichen Himmelrichtungen und Dachneigungen (Spalte 3) werden dann analog der Strahlungsintensitäten in der DIN V 4108, Teil 6, Tabelle D5 Referenzklima (Spalte 2) umgerechnet.

Dieses Verfahren ist gerechtfertigt, da die Tabellenwerte D5 für eine Heizgrenztemperatur von 10 °C mit einer Gradtagzahl von 2900 Kd sowie einer Heizzeit von 185 Tagen gelten. Als Vergleich sei die Gradtagzahl von 3500 Kd (Würzburg) mit einer Heizzeit von rund 220 Tagen erwähnt, die bei der WSchVO 1995 angenommen wurde. Die tatsächlich vorliegenden Werte liegen somit wesentlich höher. Darüber hinaus ist zu bedenken: In der "verordneten" Bauphysik werden nur Solargewinne über Fenster akzeptiert und berücksichtigt, so daß die hierdurch auftretenden Energiegewinne hauptsächlich der Bestimmung von Kühllasten dienen – und diese werden dann aus Kostengründen gering gehalten.

Bei einer täglichen Einstrahlungszeit von 12 Stunden und einem durchschnittlichen Strahlungsabsorptionsgrad von 0,6 ergeben sich absorbierte Strahlungswerte für das Dach, die in der Tabelle 6.11 in Spalte 5 zusammengestellt sind, wobei die für die Wand angenommenen Strahlungswerte 85 (Süd), 59 (Ost/West) und 34 (Nord) W/m² der Tabelle 6.6 die Grundlage bilden.

**Tabelle 6.11**: Das Strahlungsangebot unterschiedlicher Himmelsrichtungen und Dachneigungen für 12 Stunden während der Heizperiode

| | DIN V 4106-6 | | $I \cdot a_s$ | |
|---|---|---|---|---|
| Ausrichtung | kWh/m²a | % | W/m² | W/m² |
| 1 | 2 | 3 | 4 | 5 |
| 90° Wand - Süden | 270 | 100 | 85 | 85 |
| - Osten/Westen | 155 | 100 | 59 | 59 |
| - Norden | 100 | 100 | 34 | 34 |
| 60° Dachneigung - Süden | 310 | 115 | 85 | 98 |
| - Osten/Westen | 196 | 126 | 59 | 74 |
| - Norden | 125 | 125 | 34 | 42 |
| 45° Dachneigung - Süden | 310 | 115 | 85 | 98 |
| - Osten/Westen | 210 | 135 | 59 | 80 |
| - Norden | 135 | 135 | 34 | 46 |
| 30° Dachneigung - Süden | 295 | 109 | 85 | 93 |
| - Osten/Westen | 220 | 142 | 59 | 84 |
| - Norden | 150 | 150 | 34 | 51 |
| Globalstrahlung | 225 | 225 | 34 | 76 |

Die Globalstrahlung ist die senkrecht auf ein Flachdach auftreffende Strahlung. Die Strahlungswerte für geneigte Dächer der Spalte 5 bilden die Grundlage für die in der Tabelle 6.12 enthaltenen effektiven U-Werte:

1: Als Speicher- und Dämmschicht dient ausschließlich eine Holzbohle:

1.1 = 6 cm;
1.2 = 7 cm;
1.3 = 8 cm;
1.4 = 10 cm.

Bei den Dachkonstruktionen werden folgende Ziegeldeckungen berücksichtigt:

a = einfaches Biberschwanzdach;
b = Doppel- oder Kronendach;
c = Strangfalzziegel;
d = Hohlpfanne / Krempziegel.

Grundsätzlich werden belüftete Konstruktionen verwendet und ein Unterdach von 2,4 cm Holzdielen vorgesehen:

2: Die Grundkonstruktion A besteht aus einer innenliegenden 6cm Holzbohle.
3: Die Grundkonstruktion B besteht aus einer zwischen den Sparren liegenden 6cm Holzbohle und einer Innenverkleidung aus 1,25 cm Rigips.
4: Wie 3., jedoch eine Innenverkleidung aus 2 x 1,25 cm Rigips.
5: Wie 3., jedoch eine Innenverkleidung aus 1,5 cm Heraklith.
6: Wie 3., jedoch eine Innenverkleidung aus 2,5 cm Heraklith.

**Tabelle 6.12**: Das Wärmespeichervermögen $\Sigma q_s$, die stationären U-Werte und die $U_{eff}$-Werte für verschiedene Himmelsrichtungen und Dachneigungen von unterschiedlichen Dachkonstruktionen.

| | $\Sigma q_s$ | $\Sigma f_{qs}$ | $f_d^2$ | U | Dachneigung 30° $U_{eff}$ | | | Dachneigung 45° $U_{eff}$ | | | Dachneigung 60° $U_{eff}$ | | |
|---|---|---|---|---|---|---|---|---|---|---|---|---|---|
| | Wh/m²K | | | W/m²K | S | O/W | N | S | O/W | N | S | O/W | N |
| 1.1 | 20,9 | 1 | 12,0 | 1,49 | 0,45 | 0,55 | 0,92 | 0,39 | 0,59 | 0,97 | 0,39 | 0,66 | 1,02 |
| 1.2 | 23,2 | 0,95 | 13,1 | 1,37 | 0,33 | 0,43 | 0,80 | 0,28 | 0,48 | 0,86 | 0,28 | 0,55 | 0,90 |
| 1.3 | 22,5 | 0,81 | 17,1 | 1,23 | 0,30 | 0,39 | 0,72 | 0,25 | 0,43 | 0,77 | 0,25 | 0,49 | 0,81 |
| 1.4 | 20,9 | 0,60 | 26,9 | 1,04 | 0,27 | 0,34 | 0,62 | 0,23 | 0,38 | 0,66 | 0,23 | 0,43 | 0,69 |
| 2a | 23,8 | 0,588 | 27,7 | 1,50 | X | X | X | 0,48 | 0,67 | 1,02 | 0,48 | 0,73 | 1,06 |
| 2b | 30,7 | 0,61 | 26,6 | 1,50 | 0,42 | 0,52 | 0,91 | 0,36 | 0,57 | 0,96 | 0,36 | 0,64 | 1,01 |
| 2c | 27,0 | 0,586 | 27,8 | 1,50 | 0,48 | 0,58 | 0,94 | 0,42 | 0,62 | 0,99 | 0,42 | 0,69 | 1,04 |
| 2d | 25,1 | 0,544 | 30,9 | 1,50 | 0,52 | 0,62 | 0,96 | 0,47 | 0,66 | 1,02 | 0,47 | 0,72 | 1,06 |
| 3a | 23,8 | 0,588 | 27,7 | 1,11 | X | X | X | 0,22 | 0,39 | 0,69 | 0,22 | 0,44 | 0,73 |
| 3b | 30,7 | 0,61 | 26,6 | 1,11 | 0,15 | 0,24 | 0,58 | 0,10 | 0,28 | 0,64 | 0,10 | 0,35 | 0,68 |
| 3c | 27,0 | 0,586 | 27,8 | 1,11 | 0,21 | 0,30 | 0,62 | 0,17 | 0,34 | 0,67 | 0,17 | 0,40 | 0,71 |
| 3d | 25,1 | 0,544 | 30,9 | 1,11 | 0,26 | 0,34 | 0,64 | 0,21 | 0,38 | 0,69 | 0,21 | 0,43 | 0,73 |
| 4a | 23,8 | 0,588 | 27,7 | 1,04 | X | X | X | 0,18 | 0,34 | 0,64 | 0,18 | 0,39 | 0,67 |
| 4b | 30,7 | 0,61 | 26,6 | 1,04 | 0,10 | 0,19 | 0,53 | 0,05 | 0,23 | 0,58 | 0,05 | 0,29 | 0,62 |
| 4c | 27,0 | 0,586 | 27,8 | 1,04 | 0,17 | 0,25 | 0,56 | 0,12 | 0,29 | 0,61 | 0,12 | 0,35 | 0,65 |
| 4d | 25,1 | 0,544 | 30,9 | 1,04 | 0,21 | 0,29 | 0,59 | 0,17 | 0,33 | 0,63 | 0,17 | 0,38 | 0,67 |
| 5a | 23,8 | 0,588 | 27,7 | 1,06 | X | X | X | 0,19 | 0,35 | 0,65 | 0,19 | 0,40 | 0,69 |
| 5b | 30,7 | 0,61 | 26,6 | 1,06 | 0,12 | 0,21 | 0,54 | 0,07 | 0,25 | 0,59 | 0,07 | 0,31 | 0,63 |
| 5c | 27,0 | 0,586 | 27,8 | 1,06 | 0,18 | 0,27 | 0,58 | 0,13 | 0,30 | 0,63 | 0,13 | 0,36 | 0,66 |
| 5d | 25,1 | 0,544 | 30,9 | 1,06 | 0,23 | 0,31 | 0,60 | 0,18 | 0,34 | 0,65 | 0,18 | 0,40 | 0,68 |
| 6a | 23,8 | 0,588 | 27,7 | 0,90 | X | X | X | 0,09 | 0,24 | 0,52 | 0,09 | 0,29 | 0,55 |
| 6b | 30,7 | 0,61 | 26,6 | 0,90 | 0,01 | 0,09 | 0,41 | 0,00 | 0,13 | 0,46 | 0,00 | 0,19 | 0,50 |
| 6c | 27,0 | 0,586 | 27,8 | 0,90 | 0,07 | 0,15 | 0,45 | 0,03 | 0,19 | 0,49 | 0,03 | 0,24 | 0,53 |
| 6d | 25,1 | 0,544 | 30,9 | 0,90 | 0,12 | 0,19 | 0,47 | 0,08 | 0,23 | 0,51 | 0,08 | 0,28 | 0,55 |

*Zur Tabelle 6.12:*

*Ein 45° Strangfalzziegel-Dach mit der Grundkonstruktion B und einer Innenverkleidung mit 2 x 1,25 cm Rigips (4c) kann statt des stationären U-Wertes von 1,04 W/m²K nach Süden mit einem effektiven U-Wert von 0,12 W/m²K, nach Osten oder Westen mit einem effektiven U-Wert von 0,29 W/m²K und nach Norden mit einem effektiven U-Wert von 0,61 W/m²K angesetzt werden. Bei einem 30° Dach ergeben sich effektive U-Werte von 0,17 ; 0,25 und 0,56 W/m²K. Die Tabelle liefert umfangreiche realistische U-Werte für Dächer.*

## 6.3 *Temperaturmessungen*

Wohnbehaglichkeit wird durch annehmbare Temperaturen erzielt. Entscheidend sind deshalb die Temperaturen, die in einem Gebäude vorherrschen. Energie spielt nur insofern eine Rolle, daß diese zur Aufrechterhaltung physiologisch richtiger Temperaturen aufgebracht werden muß. Sei es bei zu kühlen Temperaturen durch Heizen, sei es bei zu warmen Temperaturen durch Kühlen. Immer aber wird dafür Energie verbraucht. Planungsziel muß es deshalb sein, Konstruktionen zu wählen, die weitgehend Temperaturstabilität garantieren, damit energieaufwendige Korrekturen unterbleiben können. Welche Baustoffe eignen sich nun für die so wichtige Temperaturstabilität? Das "Lichtenfelser Experiment" gibt hierüber Aufschluß.

### 6.3.1 Lichtenfelser Experiment

Das Lichtenfelser Experiment zeigt, daß bei Temperaturveränderungen der U-Wert als Maß für die Temperaturstabilität eines Innenraumes nicht brauchbar ist. Herkömmliche Dämmstoffe wie Mineralwolle oder Styropor mit "hervorragenden U-Werten" sind nicht in der Lage, bei Temperaturveränderungen dem "Durcheilen von Temperaturen" ausreichend Widerstand entgegenzusetzen.

Der erste Vorbericht erfolgte in [Fischer 01]. Die Einstrahlung einer 150 W Lampe führte auf der Rückseite einer 4 cm Schicht von unterschiedlichen Baustoffen nach 10 Minuten zu sehr unterschiedlichen Temperaturen; dies zeigt die Tabelle 6.13:

**Tabelle 6.13**: Oberflächentemperaturen auf der Rückseite nach 10 Minuten

| | Anfangstemperatur | Endtemperatur |
|---|---|---|
| Mineralwolle | 21,4 °C | 59,8 °C |
| Polystyrol | 21,4 °C | 35,4 °C |
| Holzfaserplatte | 21,4 °C | 22,2 °C |
| Fichte | 20,6 °C | 20,9 °C |
| Vollziegel | 20,9 °C | 23,4 °C |

Diese Ergebnisse lösten Überraschung und Erstaunen, aber auch Protest aus, denn immerhin wird der Fachwelt seit über 20 Jahren eingeredet, die Dämmung (sprich U-Wert) sei der entscheidende Part im Wärmeschutz von Gebäuden. Der Tabelle ist jedoch zu entnehmen, daß bei den "Dämmstoffen" die Temperatur im Bauteil sehr schnell hindurcheilt. Hängt dies vielleicht mit dem Speichervermögen zusammen? Immerhin steht in [Cords-Parchim 53]: *"Für alle Räume, die unter Sonneneinstrahlung leiden können, sollte ein gewisser Wärmeinhalt der Wände sichergestellt sein"*. Das aber bedeutet Speicherfähigkeit.

Diese für viele doch sehr überraschenden Ergebnisse zeigen deutlich, daß die allgemeine Vorstellung von der "energetischen Wirksamkeit" von Dämmstoff eine Fata Morgana ist und allein einem ungebrochenen Wunschdenken entspringt.

Die Werte der Tabelle 6.13 zeigt das Bild 6.25.

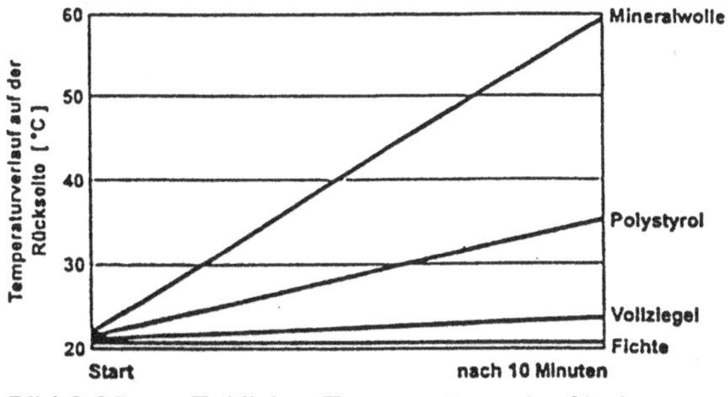


Bild 6.25: Zeitlicher Temperaturverlauf beim Lichtenfelser Experiment [Fischer 01].

*Bild 6.25:*
*Die Ausgangstemperatur von etwa 20 °C erhöhte sich nach 10 Minuten auf der Rückseite der gewählten Baustoffe wie folgt:*
*Bei Fichte kaum, beim Vollziegel auf ca. 23 °C, bei Polystyrol auf ca. 35 °C und bei der Mineralwolle auf ca. 60 °C.*

Die erwähnten unterschiedlichen Baustoffe wurden beim Lichtenfelser Experiment für 10 Minuten einer intensiven Strahlung ausgesetzt, wobei dann auch für weitere 10 Minuten die Abklingphase beobachtet wurde. Die vor und hinter einer 4 cm Baustoffschicht auftretenden Temperaturen wurden in zeitlicher Abfolge gemessen.

Das Bild 6.26 zeigt die gemessenen Temperaturen auf der direkt bestrahlten Seite über einen Zeitraum von 20 Minuten [Meier 02].

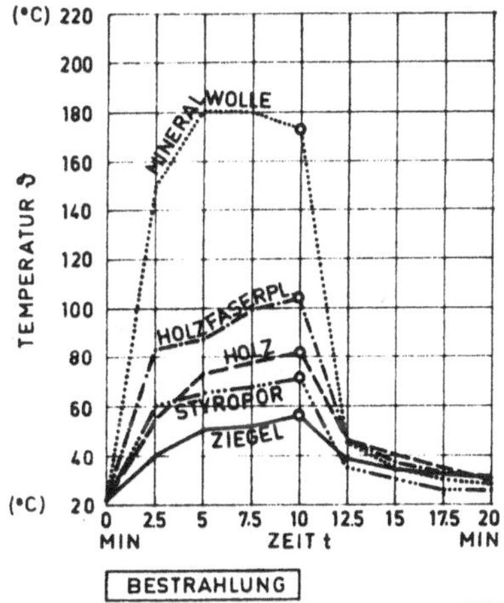


Bild 6.26: Temperaturveränderungen auf der direkt bestrahlten Oberfläche

*Bild 6.26:*
*Die Oberflächentemperaturen auf der bestrahlten Seite differieren während der 10minütigen Bestrahlung sehr, hier sei besonders die sehr hohe Temperatur der Mineralwolle erwähnt. Sie klingen dann aber nach weiteren 10 Minuten auf ein Temperaturniveau um die 30 °C ab.*

Bedeutsam für die energetische Bewertung von Baustoffen werden jedoch die unterschiedlichen Temperaturen auf der Rückseite der 4 cm Schicht, dies zeigt das Bild 6.27 [Meier 02], [Meier 02a].

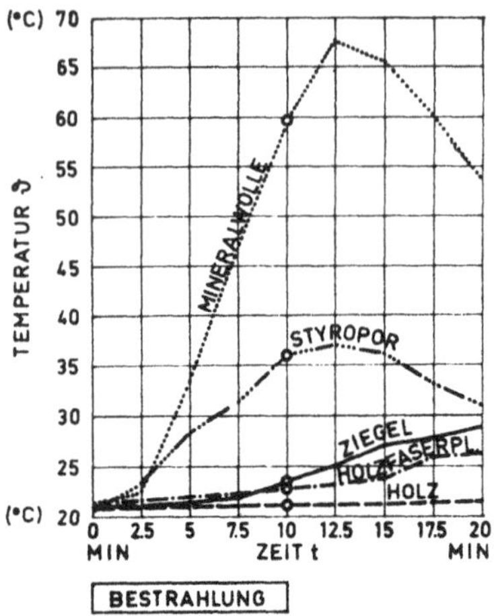


Bild 6.27: Temperaturveränderungen auf der Rückseite einer jeweils 4 cm Schicht

*Bild 6.27:*
*Nach 10 Minuten weisen die Dämmstoffe verheerende Temperaturen auf, während die Speicherstoffe Holz, Holzfaserplatte und Ziegel kaum nennenswerte Temperaturerhöhungen zulassen. In der anschließenden Abklingzeit von 10 Minuten steigen bei den Dämmstoffen die Temperaturen zunächst kurz an, um dann wieder abzufallen. Die Temperaturen nach 20 Minuten sind jedoch immer noch höher als die der Speicherstoffe. Bei diesen erhöht sich nach der Bestrahlung die Oberflächentemperatur und gleicht sich wegen ungenügender Speicherkapazität (nur eine 4 cm Schicht) dem allgemein höheren Temperaturniveau an. Nur Holz zeigt fast gleichbleibende niedrige Temperaturen.*

Diese Meßergebnisse sind bei der etablierten Bauphysikszene und den entsprechenden Industriezweigen verständlicherweise recht unwirsch und mit Unbehagen registriert worden. Immerhin werden ja damit weitverbreitete Vorstellungen über "den Wärmeschutz" und "die Dämmung" ad absurdum geführt.

Es hagelte Kritik. Unter anderem wurden auch die Meßergebnisse und die angenommene Geradlinigkeit für die Dauer von 10 Minuten angezweifelt. Hier jedoch kann auf [Gertis 02] verwiesen werden. Er schreibt:

*"In diesem winzigen Zeitfenster ergeben sich in der Tat die linearisierten Gradienten. Die Messung selbst dürfte deshalb im Rahmen der sonstigen Meßgenauigkeit sogar richtig sein".*

Es wird also die Richtigkeit der Versuchsergebnisse bestätigt. Weshalb wird nun dieses Ergebnis mit Staunen, Verwunderung, Skepsis und Verärgerung aufgenommen? Die Erklärung ist einfach.

Mit dem "Lichtenfelser Experiment" werden die wesentlichen bauphysikalischen Zusammenhänge einer erstrebenswerten Außenkonstruktion wieder in Erinnerung gerufen. Dies ist wichtig, denn die etablierte Bauphysik ist weit davon entfernt, davon überhaupt Kenntnis zu nehmen. Umfassende Aufklärung ist notwendig, um hier die Spreu vom Weizen zu trennen, [Postman 99], [Wertheimer 01]. Unabhängige Fachleute sind bemüht, hier den Nebel von Fehl- und Falschinformationen zu lichten, unter anderem auch die AGH, der Arbeitskreis Gesundes Haus [AGH].

Stationäres oder instationäres Verhalten von Baukonstruktionen sind klar zu unterscheiden. Instationäre Zustände im Bauteil verbieten den Gebrauch des U-Wertes, denn es bedarf einer gewissen Zeitdauer, die eine speicherfähige Wand benötigt, um bei Temperaturveränderungen den stationären, den Beharrungszustand zu erreichen. Nun ist darüber auch in [Gertis 02] mit dem Bild 6.28 eine klare Aussage gemacht worden.

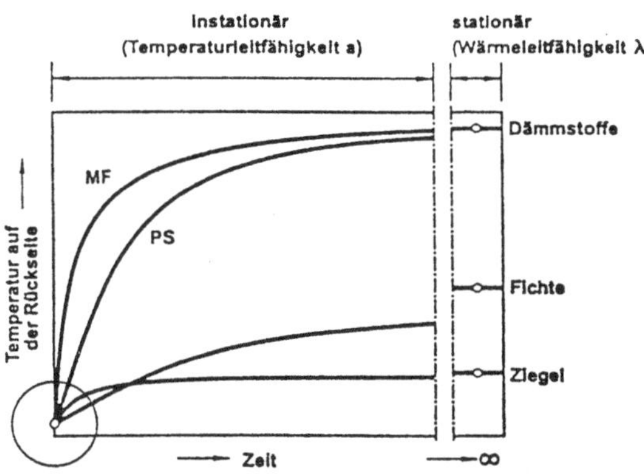


Bild 6.28: Zeitlicher Temperaturverlauf beim Lichtenfelser "Experiment", wie er hätte wirklich ablaufen müssen [Gertis 02].

*Bild 6.28:*
*Der Abbildung ist zu entnehmen:*
*a) Erst bei der Zeit "unendlich" wird der stationäre Zustand erreicht und erst dann gilt die Wärmeleitfähigkeit λ.*
*b) Für die Zeit davor muß vom instationären Zustand ausgegangen werden und hier gilt die Temperaturleitfähigkeit a. Diese enthält aber die Werte ρ (Raumgewicht) und c (spezifische Wärmekapazität).*

Erläuternd heißt es deshalb hierzu in [Gertis 02]:
*"Erst nach längerer Zeit wird asymptotisch ein horizontaler Endverlauf, d. h. der stationäre Endzustand erreicht. Der stationäre Endwert der Kurven ist von der Wärmeleitfähigkeit, also vom Dämmwert, abhängig".*

Und weiter: *"Der übrige nichtlineare Kurvenverlauf hängt nicht von der Wärmeleitfähigkeit λ, sondern von der Temperaturleitfähigkeit a = λ/c·ρ ab".*

Zusammenfassend wird dann gesagt:
*"Der instationäre Aufheizvorgang ist von der Temperaturleitfähigkeit geprägt, der stationäre Endzustand hingegen von der Wärmeleitfähigkeit".*

Das bedeutet im Klartext: Alle Berechnungen nur mit der Wärmeleitfähigkeit λ gelten lediglich für den "Endzustand", der infolge der 24stündigen Tag/Nacht-Periode aber nie eintreten kann.

Das Ziel des Lichtenfelser Experimentes war es, die *unmittelbaren* thermischen Reaktionen unterschiedlicher Materialien bei Aufheizvorgängen (Temperaturveränderungen) vor allem durch die Sonnenzustrahlung festzustellen. Dies war wichtig, denn die erzielten Ergebnisse zerstören die überall offiziell publizierte und deshalb vorherrschende Meinung, bei energetischen Fragestellungen sei nur eine "gute Dämmung" anzustreben. Nein, die *Speicherfähigkeit* ist wesentlicher Bestandteil eines klimagerechten Hauses, das den großen Temperaturveränderungen Widerstand entgegensetzen muß. Nicht der "stationäre" Zustand nach langer Zeit, sondern der "instationäre" Zustand sofort nach Einwirken einer Temperaturveränderung ist entscheidend.

Der Beitrag in [Gertis 02] bestätigt in eindrucksvoller Weise die Fragwürdigkeit von Positionen, die die "offizielle Bauphysik" seit jeher vertritt, denn der Beharrungszustand ist in der realen Welt nur eine Fiktion. Die Formeln in der DIN 4108, die ja den Beharrungszustand voraussetzen, sind demzufolge hinfällig, sie sind nicht brauchbar. Es handelt sich um Phantomrechnungen, die nicht ernst genommen werden können.

Was ist daraus abzuleiten?
Sind solche sachlichen Zugeständnisse nun pure Hilflosigkeit oder bereits das langsame Zurücknehmen fehlerhafter bauphysikalischer Positionen? Eine derartige wundersame Metamorphose der "offiziellen Bauphysik" wäre bemerkenswert, ist doch bisher stets behauptet worden, der U-Wert gelte auch für instationäre Verhältnisse (siehe Abschnitt 6.4.6 "Tautologie als Beweis"). Kritiker dieser unhaltbaren These werden jedoch systematisch diskriminiert und verleumdet

Oder ist es vielleicht die nur nach außen hin demonstrierte tolerante Haltung in Veranstaltungen, die dem Negativ-Image einer doktrinären Haltung entgegenwirken soll, wobei dann letztendlich doch alles beim Alten bleibt – Zugeständnisse werden ja in einem solchen Fall meist als Niederlage angesehen. Dies würde dann allerdings die Grundeinstellung der offiziellen Bauphysik bekräftigen: "Wir wissen zwar, daß wir fast alles falsch machen – aber wir bleiben dabei".

## 6.3.2 Temperatur-Amplituden-Verhältnis

Das Temperatur-Amplituden-Verhältnis (TAV) dämpft außenseitige Oberflächentemperaturschwankungen auf der Innenseite; die Phasenverschiebung versetzt die gedämpften Temperaturschwankungen zeitlich nach hinten. Ein TAV von 0,1 bedeutet bei einer Außenoberflächentemperaturamplitude von z. B. 20 K eine innere Oberflächentemperaturamplitude von 2 K. Dies ist sehr günstig und beeinflußt das Innenraumklima nur sehr wenig. Hier wirkt sich besonders günstig die Speicherfähigkeit einer Außenkonstruktion auf die Behaglichkeitskriterien im Innenraum aus.

Maßgebend ist die Wärmespeicherfähigkeit; der dafür maßgebende bauphysikalische Wert ist der Wärmeeindringkoeffizienten b. In [Cziesielski 85] ist zu lesen:
*"Wird einem Raum Wärmeenergie (z. B. durch Heizung oder durch Sonneneinstrahlung) zugeführt, so ist die Geschwindigkeit der Erwärmung der Raumluft nicht nur vom Volumen und von der Energiemenge abhängig, sondem wird in erster Linie von der speicherfähigen Masse und dem Wärmeeindringkoeffizienten der Umfassungsbauteile (Wände und Decken) bestimmt".*

Um temperaturstabile Innenräume zu schaffen, wird ein TAV von 0,15 empfohlen; dieser Wert sollte deshalb immer eingehalten werden.

Für homogene, einschalige Bauteile gibt Bild 6.29 Auskunft über das Temperatur-Amplituden-Verhältnis (TAV) in Abhängigkeit vom Wärmedurchlaßwiderstand R und dem Wärmeeindringkoeffizienten b, wobei der Wärmedurchlaßwiderstand aus Bauteildicke d und Wärmeleitfähigkeit $\lambda$ abgelesen werden kann. Für unterschiedliche Baustoffe werden die Wärmeeindringkoeffizienten b in aufsteigender Folge in der Tabelle 6.14 aufgeführt.

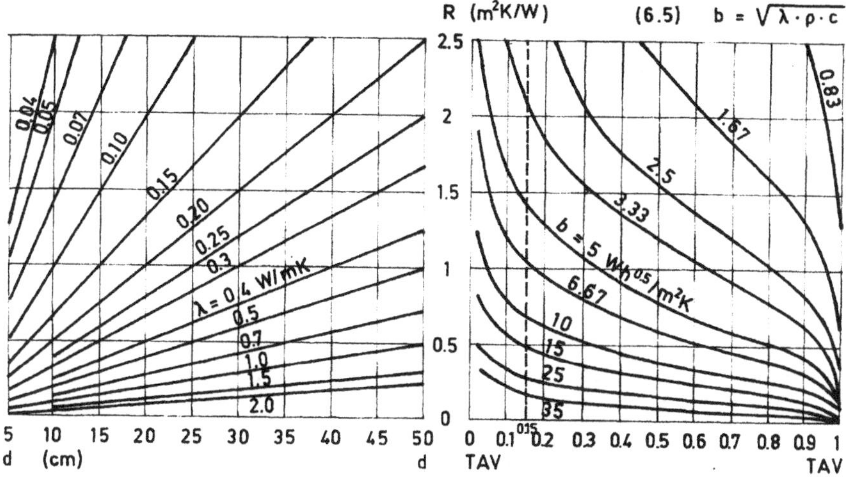


Bild 6.29: Das Temperatur-Amplituden-Verhältnis TAV, der Wärmeeindringkoeffizient b und der Wärmedurchlaßwiderstand R (rechtes Feld) sowie die entsprechenden Werte Wärmeleitfähigkeit λ und Bauteildicke d (linkes Feld).

*Bild 6.29:*
*Ein TAV von 0,15 wird erzielt, wenn hohe Wärmeeindringkoeffizienten von etwa 15 oder größer gewählt werden (siehe hierzu Tab. 6.14). Damit aber würden dann sogar Wärmedurchlaßwiderstände von etwa 0,5 m²K/W völlig ausreichen. Die leichten Dämmstoffe dagegen ergeben TAV-Werte von über 0,9. Das bedeutet dann ein ausgesprochenes Barackenklima.*

**Tabelle 6.14:** Wärmeeindringkoeffizienten b und Temperaturleitfähigkeit a verschiedener Baustoffe

| | W/mK<br>λ | kg/m³<br>ρ | Wh/kg K<br>c | $Wh^{0,5}/m^2K$<br>b | cm²/h<br>a |
|---|---|---|---|---|---|
| 1 | 2 | 3 | 4 | 5 | 6 |
| Polystyrol | 0,04 | 30 | 0,42 | 0,71 | 31,7 |
| Mineralfaser | 0,04 | 50 | 0,28 | 0,75 | 28,6 |
| Kokosfaser | 0,04 | 50 | 0,36 | 0,85 | 22,2 |
| Ziegel | 0,16 | 700 | 0,28 | 5,6 | 8,1 |
| Holz | 0,13 | 600 | 0,58 | 6,73 | 3,7 |
| Ziegel | 0,27 | 800 | 0,28 | 7,78 | 12,1 |
| Ziegel | 0,50 | 1200 | 0,28 | 13,0 | 14,9 |
| Ziegel | 0,58 | 1400 | 0,28 | 15,1 | 14.8 |
| Ziegel | 0,81 | 1800 | 0,28 | 20,2 | 16,1 |
| Beton | 2,1 | 2400 | 0,28 | 37,6 | 31,2 |

In [Gösele 85] ist eine Grafik enthalten, die die großen Unterschiede der TAV-Werte von speicherfähigem und speicherlosem Material aufzeigt. Es werden folgende Baustoffe in ihren unterschiedlichen Auswirkungen dargestellt:

| | | | |
|---|---|---|---|
| 1 | Holz | $\lambda$ = 0,13 W/mK | $\rho$ = 600 kg/m³ |
| 2 | Gasbeton | $\lambda$ = 0,16 W/mK | $\rho$ = 500 kg/m³ |
| 3 | Leichtbeton | $\lambda$ = 0,50 W/mK | $\rho$ = 1200 kg/m³ |
| 4 | Normalbeton | $\lambda$ = 2,10 W/mK | $\rho$ = 2400 kg/m³ |
| 5 | Wärmedämmstoff | $\lambda$ = 0,04 W/mK | $\rho$ = 30 kg/m³ |

Dem Bild 6.30 kann unter anderem folgender Sachverhalt entnommen werden:

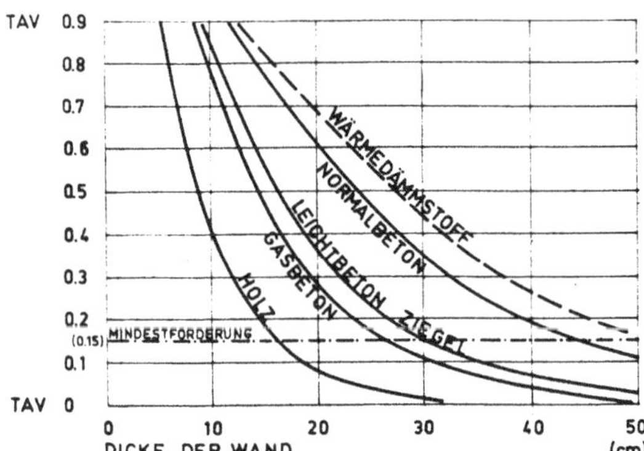


Bild 6.30: Temperatur-Amplituden-Verhältnis homogener Wände mit unterschiedlichen Abmessungen aus verschiedenen Baustoffen

*Bild 6.30:*
*Ein TAV von 0,1 wird erreicht etwa durch 20 cm Holz, 36,5 cm Leicht- und Gasbeton (in etwa auch durch massive Ziegel) und etwa 50 cm Normalbeton. Dies ist immerhin sehr bemerkenswert. Wärmedämmstoff dagegen muß selbst bei Abmessungen von etwa 12 bis 16 cm (unwirtschaftlich) mit Temperatur-Amplituden-Verhältnissen von 0,8 bis 0,9 belegt werden.*

Je nach Baustoff ergeben sich recht unterschiedliche TAV-Werte. Wärmedämmstoff kann außenseitige Temperaturschwankungen innen nicht ausreichend dämpfen. 20 K Außenoberflächentemperaturschwankung führt innen zu einer Temperaturschwankung von immerhin 16 bis 18 K. Reine Dämmstoffleichtkonstruktionen (Niedrigenergiebauweise) bedeuten also ein ausgesprochenes "Barackenklima", das im Interesse der Bewohner strikt zu vermeiden ist.

Interessant ist, daß Beton und Wärmedämmstoff im TAV gar nicht allzu weit auseinander liegen. Die beiden Extrembaustoffe für Speicherung (Beton) und Dämmung (Wärmedämmstoff) können also bei ähnlichen Dicken ihre jeweiligen Schwachstellen in etwa kompensieren. Beton erfüllt die TAV-Anforderung schon mit 50 cm, eine durchaus mögliche Konstruktion. Dämmstoff dagegen muß nun noch mehr Dicke aufbringen, um annehmbare TAV-Werte zu erzielen – dies aber ist konstruktiv nicht umsetzbar und außerdem wirtschaftlich völlig unakzeptabel.

Auch Haferland weist auf die Bedeutung einer notwendigen Temperatur-Amplituden-Dämpfung (TAD) hin, wobei ein Temperatur-Amplituden-Verhältnis von 0,15 (TAD = 6,67) immer gewährleistet sein sollte [Haferland 86]. Dies zeigt Bild 6.31.

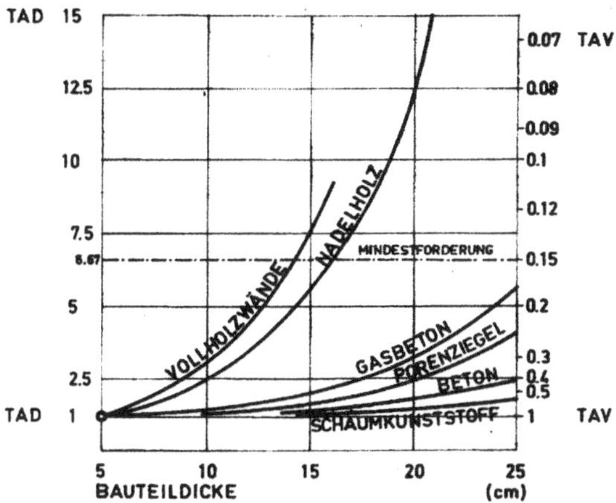


Bild 6.31: Temperatur-Amplituden-Dämpfung sowie TAV homogener Wände

*Bild 6.31: "Schaumkunststoff" wird an unterster Stelle ausgewiesen, noch unterhalb des Betons. Der Porenziegel erreicht annehmbare und gute Werte, doch das Nadelholz zeigt seine ganze Stärke: Vollholzkonstruktionen sind hervorragend. Außerdem werden noch aus [Nürnberger 85] die TAV-Werte für Vollholzwände übernommen, die sogar noch günstiger als die Haferland-Angaben sind.*

Diese positiven Eigenschaften der Speicherstoffe gegenüber Temperaturveränderungen können "gute U-Werte" bei fehlender Speicherfähigkeit nie bieten. Die "schlechten" U-Werte von Holz und und Ziegeln dagegen reagieren auf Temperaturveränderungen hervorragend, weil hier eine genügende Speicherfähigkeit vorliegt. Bei einer energetischen Bewertung ist "Dämmung" zweitrangig.

Holz und massive Baustoffe wie der Ziegel sind hervorragend geeignet, klimatisch stabile Innenraumverhältnisse zu schaffen. Aus diesem Grunde ist die "zukunftsweisende" Bauweise mit viel Dämmstoff nicht nur sehr kritisch zu sehen, sondern sogar konsequent abzulehnen. Immerhin werden in [Schulze 77] für Leichtkonstruktionen recht ungünstige TAV-Werte ausgewiesen..

Daneben muß aber auch als wichtige Behaglichkeitskomponente die Feuchtestabilität gewährleistet sein. Bei einer einschaligen und sorptionsfähigen Massivbauweise ist dies gegeben, bei einer Leichtkonstruktion (Schichtkonstruktion) jedoch nicht. Auf die Problematik des kapillaren Feuchtetransportes bei Schichtkonstruktionen muß deshalb besonders hingewiesen werden (siehe Kapitel 7.2 "Feuchtesorption"). Deshalb wird bei Leichtkonstruktionen (Niedrigenergiebauweise) versucht, durch aufwendige und kostenintensive apparative Bestückung (z. B. durch Zwangslüftung und/oder Kühlung) diesen Mißstand zu mildern. Im normalen Wohnungsbau ist jedoch wegen der hohen Kosten und der unvermeidlichen Verschmutzung der Anlage davon abzuraten. Das stationäre Denken eines Beharrungszustandes muß auch bei der wohnklimatischen Bewertung massiver, speicherfähiger Außenkonstruktionen konsequent überwunden werden.

So schnell aber gibt sich die Industrie nicht geschlagen. Sie engagiert "willige Wissenschaftler", die einen Ausweg aus dieser Sackgasse glauben gefunden zu haben. Insofern verwundert es nicht, daß das für ein angenehmes Raumklima so entscheidende Maß des Temperatur-Amplituden-Verhältnisses von den Herstellern von Fertighäusern in Leichtbauweise bagatellisiert und für überflüssig gehalten wird. So steht unter der Überschrift "TAV nicht mehr aktuell" in [Spethmann 76]: *"Das Temperatur-Amplituden-Verhältnis der Außenwände wird nicht mehr als wichtigste Größe für den sommerlichen Wärmeschutz angesehen"* und weiter heißt es dort: *"Im Verlauf der Diskussion entwickelte sich eine Prioritätenfolge, die derzeit folgendermaßen dargestellt werden kann:*

1. *Energiedurchlässigkeit und Fläche der transparenten Außenbauteile.*
2. *Sommerliche Gebäudelüftung (Nutzen der nächtlichen Abkühlung).*
3. *Orientierung der transparenten Außenbauteile.*
4. *Wärmespeicherfähigkeit der Innenbauteile.*
5. *Instationärer Wärmeschutz (TAV) der nicht-transparenten Außenbauteile.*

Nur um die Leichtwand zu retten, wird einfach das Temperatur-Amplituden-Verhältnis abgeschafft. Es wird die Parole ausgegeben, das TAV sei nicht mehr wichtig und alle haben willig und gehorsam zu folgen, schließlich würde in der DIN 4108, wie in [Cziesielski 85] zu lesen ist, der Nachweis des TAV auch nicht gefordert. So einfach ist das beim globalisierten Geschäft mit dem Kunden.

Hier zeigt sich die ganze Fragwürdigkeit "moderner" Bauentwicklungen, die von "fortschrittlichen Experten" auch noch gestützt werden. Bewährtes Erfahrungswissen wird nicht mehr als solches *angesehen*, es wird einfach weg*diskutiert*. Die Sonne wird nur beim Fenster akzeptiert, die speicherfähige Außenwand wird ignoriert. Der Energieeintrag über die Fenster aber führt zu Überheizungen – hierfür braucht man dann eben nur die "speicherfähigen *Innen*bauteile".

Als "Behaglichkeits-Ausgleich" wird nun empfohlen (oder verordnet), auftretende Mißstände beim Raumklima durch eine aufwendige und kostenintensive technische Gebäudeausrüstung zu "bereinigen". Wieder geht alles zu Lasten des Kunden. Es werden, wie immer, nicht die Ursachen beseitigt, sondern lediglich die Symptome auf Kosten der Bauherrn versucht zu mildern.

Da sich die Speicherfähigkeit einer Außenwand besonders günstig auf die Behaglichkeitskriterien im Innenraum auswirkt, wäre es leichter und billiger, für die Außenkonstruktion eben speicherfähiges Material zur Dämpfung und Pufferung der unliebsamen Temperatureinflüsse vorzusehen. Auch wenn dagegen polemisiert wird [Feist 87], es hat sich gezeigt, daß auf das Speichervermögen einer Außenkonstruktion nicht verzichtet werden kann – auch besonders in energetischer Hinsicht [Meier 99].

*Fazit:*

Im Interesse bestimmter Industriezweige wird "moderne" Bauphysik je nach Bedarf *diskutiert* und *umformuliert*. Nicht Erkenntnisse bestimmen die deshalb pseudowissenschaftlichen Aussagen, sondern Kooperationsbekenntnisse zur Industrie – und all dies geht zu Lasten des Kunden. Dem wird dann durch gezielte Werbekampagnen immer wieder eingehämmert (Gehirnwäsche), daß dies ja alles *letzter* Stand der Technik und deshalb erstrebenswert sei – außerdem diene es der Umwelt. Aber gerade das Umweltargument ist nur ein Scheinargument, es wird arg mißbraucht [Meier 01e]. Was hier konstruktiv angeboten wird, ist wirklich "das Letzte" (!).

### 6.3.3 Temperaturstabile Konstruktionen

Für temperaturstabile Konstruktionen ist die Temperaturleitfähigkeit a verantwortlich. Sie ist ein Maß für die Geschwindigkeit, mit der sich unterschiedliche Temperaturen innerhalb des Materials ausgleichen, ist also ein Maß für den Temperaturstrom, der sich im Bauteil bei Temperaturveränderungen einstellt. Deshalb steht auch in [Gösele 85]: *"Eine Temperaturänderung pflanzt sich in einem Stoff umso schneller fort, je größer die Temperaturleitfähigkeit a dieses Stoffes ist".*

Die Formel lautet:

$$a = \frac{\lambda}{\rho \cdot c} \qquad (m^2/h) \qquad (6.9)$$

Die Tabelle 6.14 zeigt die Temperaturleitfähigkeit a verschiedener Stoffe. Wenn zu den hohen a-Werten dann nicht eine hohe Speicherfähigkeit hinzukommt (Wärmeeindringkoeffizient b), dann handelt es sich um keine temperaturstabile Konstruktion, sie muß deshalb abgelehnt werden.

Bei der Temperaturleitfähigkeit a wird besonders darauf aufmerksam gemacht, daß nicht allein die Wärmeleitfähigkeit $\lambda$ maßgebend ist, sondern darüber hinaus auch noch das Raumgewicht und die spezifische Wärmekapazität des Materials mit einfließen. Dies ist wichtig zu wissen.

Deshalb steht zur Definition der Wärmeleitfähigkeit $\lambda$ in [Cziesielski 85]: *"Die Wärmeleitfähigkeit $\lambda$ gibt an, welche Wärmemenge (J) in einer Sekunde (J/s = W) durch einen m² einer 1m dicken Schicht eines Stoffes im stationären Temperaturzustand (Temperaturbeharrungszustand) hindurch geleitet wird, wenn das Temperaturgefälle zwischen den beiden Oberflächen 1 K beträgt".*

Die Gültigkeit der *Wärme*leitfähigkeit $\lambda$ allein fordert also den Temperaturbeharrungszustand, der jedoch, wie auch das Lichtenfelser Experiment zeigt, nie vorliegt – und in Realität auch nie vorliegen kann. Deshalb ist in [Eichler 89] zu lesen: *"Die Temperaturbewegungen werden durch periodisch auftretende Strahlungsvorgänge verstärkt, so daß von den Elementen der Bauwerkshülle weniger Wärmedämmleistungen als Wärmebeharrungsvermögen und Wärmespeicherfähigkeit verlangt wird. Damit kommen die Rechengrößen c (spezifische Wärmekapazität), a (Temperaturleitfähigkeit) und b (Wärmeeindringvermögen) ins Spiel".*

Bei der Wärmeaufnahme bzw. -abgabe spielt das Wärmespeichervermögen die wichtigste Rolle. Dies ist die Wärmemenge, die das Material bei einer Temperaturdifferenz von 1 K speichern oder abgeben kann. Das Wärmespeichervermögen $q_s$ bestimmt also maßgebend die instationären Verhältnissen einer Konstruktion (siehe Formel (6.7)). Je größer $q_s$ ist, desto träger reagiert die Konstruktion auf Temperatur- und Wärmestromveränderungen.

Das Wärmespeichervermögen $q_s$ muß bei einer energetischen Beurteilung eines Bauteils deshalb stets beachtet werden, da es immerhin bedeutsam ist, ob ein Bauteil viel oder wenig Energie zu "horten" imstande ist, eben Energie, die die Sonne kostenfrei liefert.

Der Tabelle 6.14 kann entnommen werden: Mineralwolle und Styropor haben hohe Temperaturleitfähigkeiten a, also schnelle Temperaturbewegungen, aber auch kleine Wärmeeindringkoeffizienten b, also eine geringe und schnelle Energieaufnahme. Dieser Nachteil der Dämmstoffe drückt sich ebenfalls auch im kaum vorhandenen Speichervermögen $q_s$ aus (siehe Tabelle 6.10).

Die Speicherstoffe dagegen haben trendmäßig geringe Temperaturleitfähigkeiten a, also langsame Temperaturbewegungen, und hohe Wärmeeindringkoeffizienten b, also eine hohe und langsame Energieaufnahme, weil das Speichervermögen $q_s$ wesentlich höher ist (Tabelle 6.10). Der Ziegel gleicht hier die etwas höhere Temperaturleitfähigkeit a durch einen sehr hohen Wärmeeindringkoeffizienten b und besonders hohes Speichervermögen $q_s$ aus.

Diese bauphysikalischen Speicherkennwerte sind für das Temperaturverhalten einer Außenkonstruktion somit bestimmend und äußerst wichtig.

Der Tabelle 6.10 kann bezüglich der Speicherung folgendes entnommen werden: Die Baustoffe Metall und Glas in den üblichen Abmessungen können kaum Energie speichern, aber auch der Hartschaum und der Kunstharzputz gehören zu den "nicht speicherfähigen" Materialien. Die nächtliche Vereisung bei Autodächern und Metallfassaden liegt ausschließlich an dem unzulänglichen Wärmespeichervermögen der dünnen Bleche. Auch die bei WDV-Systemen anzutreffende Algenbildung ist auf die unzureichende Wärmespeicherung der dünnen Putzschale zurückzuführen. Sie kühlt durch Abstrahlung aus, die Nachluft kondensiert.

Werden jedoch Ziegel- und *Voll*holzkonstruktionen verwendet, dann darf bei einer Bewertung der Aspekt der Speicherung nicht vernachlässigt werden, zumal damit eine hervorragende Feuchte- und Temperaturstabilität erreicht wird. Das *"Lichtenfelser Experiment"* zeigt sehr deutlich, daß das unterschiedliche Speichervermögen der Baustoffe bei Temperaturveränderungen völlig unterschiedliche Temperaturverlagerungen zur Folge hat. Dämmstoff läßt die Temperaturen sehr schnell hindurchfließen, Speicherstoffe dagegen können die Temperaturen zurückhalten – die geforderte Temperaturstabilität ist gegeben [Fischer 01], [Meier 02].

Dies sollte z. B. bei einem Dachausbau berücksichtigt werden. Nicht Dämmstoffe, sondern Speicherstoffe sind gefragt, wenn Temperaturstabilität im Innenraum gewünscht wird. Massive Holz und Ziegelkonstruktionen sind wertvoller als die leichten, mit den Feuchtesorption verhindernden Dampfsperren versehenen Dämmkonstruktionen. Eine 6 cm Holzbohle oder eine Klimadachplatte reichen hierfür vollends aus. Konsequenterweise würde ein Ziegel-Massivdach eine sehr günstige Lösung sein.

Es muß darauf hingewiesen werden, daß dies keineswegs "die neuesten Erkenntnisse" sind. In [Aggen 85] steht: *"Bauherren sollten auch die U-Werte und die beinahe stofffreien Dämmstoffe auf den Dachsparren vergessen. Massive Vollholzbohlen und eventuell zusätzlich eingelegte massive Vollziegel auf einer Filzpapp-Unterlage sind geeigneter".*

Es muß bei instationären Verhältnissen eigentlich ein *Temperatur*durchgangskoeffizient und nicht der *Wärme*durchgangskoeffizient, der U-Wert, Verwendung finden, denn wesentlich ist nicht der Wärmeschutz, sondern der Temperaturschutz. In *allen* Energiebedarfsberechnungen gilt jedoch nur der U-Wert, der eben nur bei eingependelten, festen Temperaturen (eine Utopie) anwendbar ist. Außerdem wird dieser *imaginäre* Wärmestrom auch noch durch die *Luft*temperaturdifferenz zwischen Innen und Außen bestimmt. Maßgebend für den Wärmedurchlaß im Bauteil ist jedoch ausschließlich die *Oberflächen*temperaturdifferenz zwischen Innen und Außen und diese ist wesentlich geringer als die Lufttemperaturdifferenz (siehe Bild 6.35).

Fazit
Hier schon wird klar, daß die spezifische Wärmekapazität und das Raumgewicht in die energetischen Überlegungen mit einbezogen werden müssen, wenn sachgerecht Temperatur- und Wärmetransportvorgänge bewertet werden sollen. Da sich im Tagesrhythmus die Temperaturen in der Außenkonstruktion infolge der Solareinstrahlung ständig ändern, diese Temperaturen jedoch erst den Wärmestrom bestimmen, wird für die Beschreibung von Energieströmen die *Temperatur*leitfähigkeit in Verbindung mit der Speicherkapazität entscheidend und maßgebend. Holz, die Holzfaserplatte und der massive Ziegel bieten sich deshalb als geeignete Baustoffe an, die üblichen "Dämmstoffe" dagegen sind unbrauchbar.

## *6.4 Fehlerhafte Forschungsaktivitäten*

Bauphysikalische Forschungen unterliegen dem Dogma, an den wesentlichen Aussagen der Bauphysik nicht zu rütteln. Vor allem der U-Wert ist tabu. Ständig wird versucht, die Richtigkeit nachzuweisen und dabei werden oft erstaunliche Kapriolen geschlagen.

### 6.4.1 Angepaßte Systemgrenzen

Wenn Gleichungssysteme für Energieflüsse aufgestellt werden, dann müssen die für das Gleichungssystem gültigen räumlichen Begrenzungen fixiert werden. Es müssen die Systemgrenzen festgelegt werden.

Wird die Wärmestrombilanz des Gebäudes vom Innenraum aus betrachtet, dann wird normalerweise als Systemgrenze die Innenoberfläche der Außenhülle gewählt (die Tapetengrenze). Den nach außen fließenden Wärmestrom übernimmt dann (fälschlicherweise) ausschließlich der U-Wert. Die einzelnen Einflüsse zeigt das Bild 6.32 recht deutlich.

Wird dagegen die Wärmestrombilanz des Gebäudes von außen betrachtet, dann wird als Systemgrenze die Außenoberfläche der Außenhülle gewählt (die Außenputzgrenze). Der von innen kommende Wärmestrom wird wiederum (fälschlicherweise) durch den U-Wert quantifiziert. Die einzelnen Einflüsse werden im Bild 6.33 grafisch dargestellt.

Mit diesen Systemabgrenzungen wird jeweils davon ausgegangen, daß der U-Wert die Wärmeflüsse in der Außenkonstruktion richtig beschreibt – doch das ist Wunschtraum, ist Fiktion. Aber auf diese Art und Weise wird souverän die Fragwürdigkeit des U-Wertes per "Definition" nicht zur Disposition gestellt – man meidet vehement dieses ungeliebte heiße Eisen.

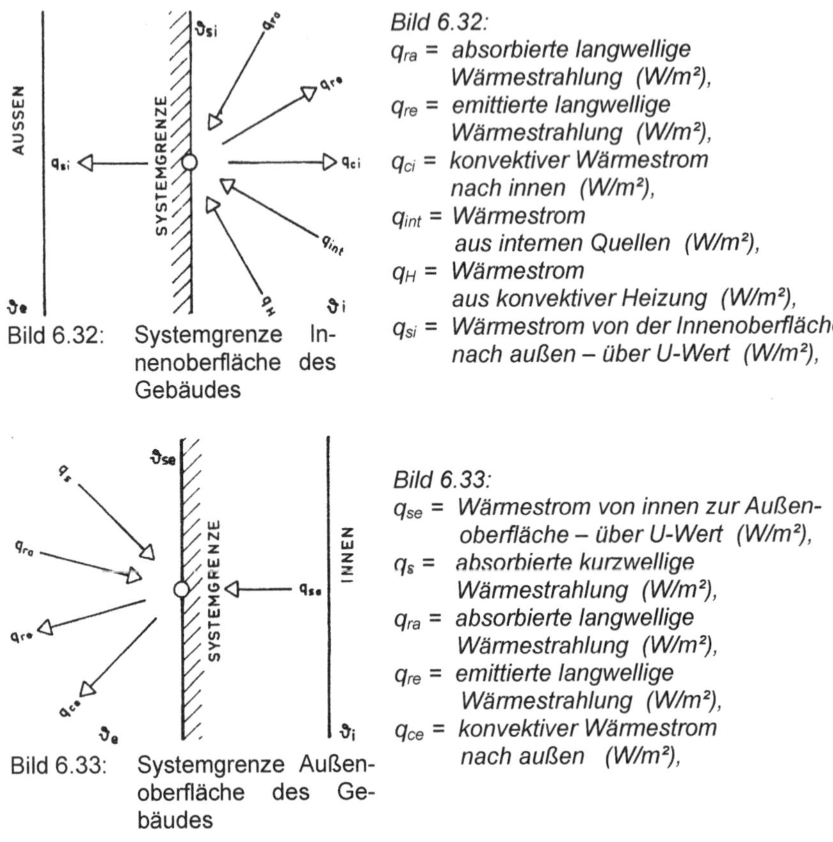


Bild 6.32: Systemgrenze Innenoberfläche des Gebäudes

*Bild 6.32:*
*$q_{ra}$ = absorbierte langwellige Wärmestrahlung (W/m²),*
*$q_{re}$ = emittierte langwellige Wärmestrahlung (W/m²),*
*$q_{ci}$ = konvektiver Wärmestrom nach innen (W/m²),*
*$q_{int}$ = Wärmestrom aus internen Quellen (W/m²),*
*$q_H$ = Wärmestrom aus konvektiver Heizung (W/m²),*
*$q_{si}$ = Wärmestrom von der Innenoberfläche nach außen – über U-Wert (W/m²),*

Bild 6.33: Systemgrenze Außenoberfläche des Gebäudes

*Bild 6.33:*
*$q_{se}$ = Wärmestrom von innen zur Außenoberfläche – über U-Wert (W/m²),*
*$q_s$ = absorbierte kurzwellige Wärmestrahlung (W/m²),*
*$q_{ra}$ = absorbierte langwellige Wärmestrahlung (W/m²),*
*$q_{re}$ = emittierte langwellige Wärmestrahlung (W/m²),*
*$q_{ce}$ = konvektiver Wärmestrom nach außen (W/m²),*

Der grundsätzliche Fehler liegt in der Annahme, der stationär berechnete U-Wert würde die real existierenden Wärmeströme $q_{si}$ und $q_{se}$ richtig beschreiben. Dies aber ist der Global-Irrtum in der Bauphysik. Man hält aber eisern daran fest.

## 6.4.2 Irreführender Forschungsansatz

Die Ignoranz instationärer Verhältnisse im Außenbauteil führt bei der Beschreibung von Transmissionswärmeverlusten bedauerlicherweise auch zu einer irreführenden und falsch verwendeten Forschungsmethodik.

Bei der Bewertung von speicherfähigen Massivwänden (Schwerbauweise) und von Dämmstoffkonstruktionen (Leichtbauweise) wird von offizieller Bauphysikseite die Meinung vertreten, beide würden energetisch etwa gleichrangig einzustufen sein. Dies stimmt jedoch nur, wenn einerseits für beide Konstruktionsarten etwa der gleiche U-Wert gewählt wird, und andererseits für die Energiebilanz die Systemgrenze des Gebäudes auf der Innenseite der Außenhülle zu liegen kommt (die Tapetengrenze). Nur so kann die eingespeicherte Solarenergie einer massiven Wand ausgegrenzt und dann (fälschlicherweise) angenommen werden, die Transmissionswärmeverluste fänden durch einen, wenn auch durch Messung der inneren Wärmestromdichte etwas reduzierten U-Wert hinreichend Berücksichtigung. Dies aber sind Annahmen, die keineswegs in Realität zutreffen. Eine solche innenliegende Systemabgrenzung entspricht nicht der Wirklichkeit. Die Systemgrenze gehört nach außen, denn ein Gebäude steht draußen im Freien und genießt auch die energetischen Segnungen der Sonne, die dann natürlich auch mit in die Überlegungen einbezogen werden müssen – wo doch die Nutzung von Solarenergie so groß im Gespräch ist! Nur mit solchen Tricks einer innen liegenden Systemgrenze werden dann die erwünschten und genehmen "Forschungsergebnisse" erzielt.

Wegen dieser ungenauen und nebulösen Vorgehensweise wird nun ständig evaluiert. Eine "Evaluierung" ist jedoch überhaupt kein strenger wissenschaftlicher Beweis, sondern heißt nur Abschätzung, Taxierung; man schwebt also im Vermutungsbereich. Zur "Evaluierung" des U-Wertes wird nun stets auf die gemessene Wärmestromdichte an der Innenoberfläche der Außenwand hingewiesen, die ja nun "exakt" den verlorengegangenen Wärmestrom angeben würde. Im Bild 6.10 wäre dies der Punkt (2). Es wird jedoch dabei vergessen, daß ein in die Wand hineingehender Wärmestrom nicht automatisch auf der anderen Seite wieder hinausgeht. Diese Annahme gilt nur für den Beharrungszustand, also bei konstanter Wärmestromdichte im gesamten Bauteil und geradliniger Temperaturverteilung in einer Bauteilschicht. Dies aber ist illusionär. Hier muß auf Bild 6.10 hingewiesen werden, das die unterschiedlichen Temperaturgradienten mit unterschiedlichen Wärmeströmen im instationären Temperaturzustand verdeutlicht.

Die Messung des inneren Wärmestromes beschreibt somit nicht die wirklichen Wärmestromverhältnisse in der Außenwand. Sie ist jedoch bei [EMPA 94], [Frank 01], [Hauser 81], [Kupke 87], [Möhl 84] und auch in [IBP 96] zur Grundlage der "Forschungsarbeit" gemacht worden. Immer wurden hier die inneren Wärmestromdichten gemessen und dann "extrapoliert". Doch was innen hineingeht, muß keineswegs außen wieder herauskommen. Bei derartigen methodischen Fehlern in der "Forschung" kann einfach nichts Vernünftiges herauskommen.

Ein solches Vorgehen bedeutet Mißbrauch der Wissenschaft und im Endeffekt sogar Betrug am Kunden und sollte Anlaß sein, Forschungsarbeiten zu mißtrauen; sie müssen genauer unter die Lupe genommen werden.

Fragt man nach der Ursache, warum nun immer wieder der U-Wert allerorts verteidigt wird, so liefert vielleicht [Cziesielski 85] den Grund. Dort steht:

*"Weiterhin liegt in den wenigsten Fällen ein stationäres Temperaturprofil vor. Die Zeitabhängigkeit bedingt, daß die Fouriersche Wärmeleitgleichung nicht mehr geschlossen lösbar ist und daß man auf umfangreiche mathematische Methoden oder grafische Verfahren übergehen muß".*

Es wird also festgestellt, daß in den wenigsten Fällen ein stationäres Temperaturprofil vorliegt. Es wird aber auch unmißverständlich gesagt, daß ein instationäres Temperaturprofil "umfangreiche Methoden" oder "grafische Verfahren" erfordert. Sind es vielleicht die umfangreichen Methoden, daß man sich vehement sträubt, bei massiven Außenwänden die instationär wirkende Solarstrahlung in die Berechnung mit einzubeziehen? Ehe man aber infolge "schwieriger Rechenmechanismen" mit dem U-Wert völlig falsch rechnet, wäre es doch erstrebenswert, ein Rechenverfahren einzusetzen, das, in deduktiver Weise abgeleitet, die wirklichen Verhältnisse ziemlich genau beschreibt und zu Ergebnissen führt, die realistisch sind [Meier 95, 99d, 00]. Ansätze einer Bonus-Lösung in Form eines Solargewinnfaktors gemäß Formel (6.6a) sind bereits in [Erhorn 88], [Gertis 83, 83a, 89], [IBP 85, 96], [Rouvel 79] und [Werner 86] enthalten, allerdings nur als "stationäres Modell mit Absorption" gemäß Formel (6.6), also ohne Berücksichtigung der Speicherfähigkeit des Materials. Dies aber ist fehlerhaft und muß geändert werden. Die effektiven U-Werte im Abschnitt 6.2.4 "Effektive U-Werte" weisen den einzuschlagenden Weg.

### 6.4.3 Dubiose Forschungsmethoden

Um die Richtigkeit des U-Wertes "wissenschaftlich" zu untermauern, werden bei Forschungsarbeiten erzielte Meßergebnisse mit Hilfe von denkfehlerbehafteten Rechen- und Simulationsmodellen korrigiert, bereinigt und vervollständigt.

In diesem Zusammenhang sei eine Forschungsarbeit angeführt, die all diese Ungereimtheiten enthält [Kupke 87].

1). Es wird zwar die Fouriersche Wärmeleitungsgleichung erwähnt, es fehlt jedoch die Solarstrahlung, sie wird ignoriert und einfach weggelassen.

2). Dann wird von der Prämisse ausgegangen, der U-Wert sei richtig und beruft sich dabei auf [Hauser 84]. Bei der Zielsetzung der Forschungsarbeit ist dies eine unzulässige Annahme, denn dies sollte doch erst empirisch als Ergebnis ermittelt werden – ein unverzeihlicher "circulus vitiosus".

3). Auch bei dieser Arbeit wird nur die durch Fenster gewonnene Solarstrahlung weiterverfolgt und dabei die an der Innenseite der Außenwand vorliegende Wärmestromdichte gemessen. Diese Vorgehensweise aber mißachtet die am Tage eingespeicherte Solarenergie in der Außenwand und führt somit zu falschen Schlußfolgerungen (siehe Bild 6.10).

4). Außerdem werden gemessene Reduzierungen nicht auf den stationären U-Wert, sondern auf eine weiße Nordwand bezogen, wodurch geringere prozentuale Reduzierungen erzielt werden. Dies ist methodisch irreführend, da nur das Verhältnis von "effektivem U-Wert" zum stationären U-Wert von Interesse ist.

5). Darüber hinaus wird der methodische Fehler begangen, fehlende Solareinstrahlungen durch Gradtage zu ersetzen. Dies muß zu falschen Ergebnissen führen, da die beiden Verteilungen über die Heizperiode hinweg diametral entgegengesetzt verlaufen. Diesen Irrtum zeigt sehr deutlich das Bild 6.34.

6). Außerdem wird (entschuldigend) festgestellt: "Der Meßdatenumfang ist noch nicht ausreichend. Dazu muß die Lufttemperatur vor jeder Wand gemessen und die Sonnenzustrahlung auf die Wände in jede Himmelsrichtung einzeln registriert werden"!

7). Es wird gesagt: "Wegen der nicht vermeidbaren Unterschiede der Lufttemperatur vor den Wänden und den unterschiedlichen Wärmeübergangkoeffizienten auf der Innenseite sind die Wärmeströme mit der Simulationsmethode entsprechend zu korrigieren".

Bei dieser "Forschungsarbeit" ist zu beanstanden:

Sonnenzustrahlung auf die Wände ist nicht gemessen worden – wozu also dann dieser ganze Aufwand, wenn im Endeffekt die gravierenden Einflüsse auf den U-Wert überhaupt nicht registriert werden. Viel entscheidender aber ist die Tatsache, daß die festgestellten Wärmeströme mit der Simulationsmethode korrigiert werden. Hier bestätigt also nicht das Experiment die Theorie, sondern die Theorie korrigiert das Experiment – eine wundersame Forschungsmethodik! Es wird also unterstellt, daß die "Theorie" stimmt. Dies aber sollte und muß doch erst nachgewiesen werden. Mit dieser falschen und damit irreführenden Forschungsmethodik kann doch jedes gewünschte Ergebnis erarbeitet und "berechnet" werden. Derartige "Ergebnisse" können getrost unter Rubrik Nonsens abgelegt werden.

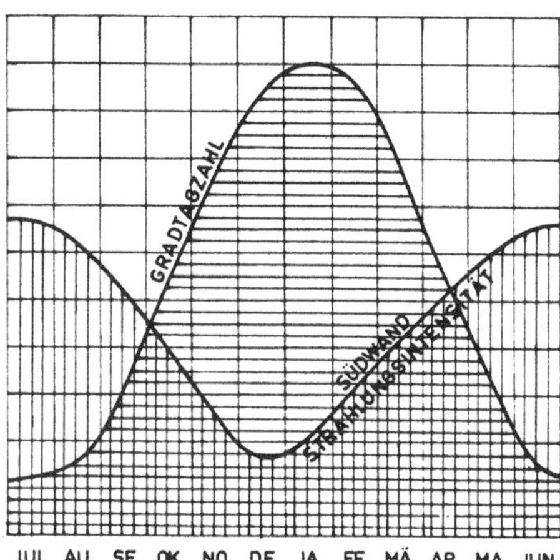


Bild 6.34: Gradtagzahl und Strahlungsintensität der Sonne

*Bild 6.34:*
*Gradtagzahl und Solarenergieeintrag sind zwei grundverschiedene Dinge. Wenn bei experimentell durchgeführten Forschungsarbeiten Daten vom Solarenergieeintrag fehlen, darf als "Ersatz" nicht die Gradtagzahl verwendet werden, da diese für Energiebedarfsberechnungen, die ja vom stationären Zustand, dem Beharrungszustand, ausgehen, als Gradmesser der Energieverluste genommen werden. Die völlig unterschiedlichen Kurven sind deutlich zu erkennen, sie verlaufen gegensätzlich. Große Gradtagzahl bedeutet kleinen Solareintrag und umgekehrt.*

Die gleiche Forschungsmethodik war auch Grundlage in [IPB 85]. Dort ist zu lesen: *"Man kann nach Anpassung einiger Randbedingungen (Absorptionsgrade und Wärmeübergangskoeffizienten) eine sehr gute Übereinstimmung zwischen Messung und der instationären Rechnung feststellen"* (Anmerkung: mit instationär ist hier lediglich die Berücksichtigung zeitlich unterschiedlicher Lufttemperaturen und Strahlungen gemeint). Ein falsches, weil stationäres Modell wird also durch Anpassung von Randbedingungen derart malträtiert, daß letztendlich eine allerdings sehr fragwürdige "Übereinstimmung" zu den Meßdaten erreicht wird.

In [IPB 83] steht: *"Mit Hilfe einer begleitenden theoretischen Untersuchung wurden die experimentellen Ergebnisse verglichen, wobei die unbekannten Randbe-*

*dingungen entsprechend dem Experiment angepaßt wurden. Dadurch war es möglich, rechnerisch Verallgemeinerungen durchzuführen".*
Konkret wird hier das falsche Modell (stationäre Behandlung der Außenwand mittels U-Wert) wiederum durch Anpassung von Randbedingungen so hingetrimmt, daß von einer "Übereinstimmung" von Theorie und Experiment gesprochen werden kann – Im Fachjargon wird dies als manipulative Forschungsmethodik bezeichnet.

Aber immerhin wird auch gesagt: "..., *daß die zusatzgedämmten Wandkonstruktionen im allgemeinen problematischer im Wärmebrückeneffekt sind als monolithische Konstruktionen"* und weiter: *"..., nimmt mit abnehmendem rechnerischen U-Wert die Genauigkeit und Repräsentanz seiner Aussage für den Heizenergieverbrauch ab".*

Die beiden letzten Aussagen können bestätigt werden. Warum aber werden dann daraus nicht die richtigen Schlußfolgerungen gezogen? Es bleiben bei diesen "Forschungsarbeiten" nur Fragwürdigkeiten übrig. Die Gültigkeit des U-Wertes wurde jedenfalls auch hier nicht nachgewiesen – im Gegenteil, die Richtigkeit wurde vorausgesetzt. Mit solchen Arbeiten wird Pseudowissenschaft betrieben.

Wenn nach der Ursache von solchen geistigen Fehlentwicklungen gefragt wird, dann muß auch an Karl Steinbuch erinnert werden [Steinbuch 79]:
*"Die Pluralität der Meinungen in den Massenmedien schafft Rechtfertigung für fast alle Verrücktheiten unserer Zeit und vernachlässigt das "Normale", auf dessen Existenz unser Zusammenleben beruht".*
Es sei der Hinweis erlaubt, daß Steinbuch von der Pluralität der *Meinungen* spricht, die in unserer "Desinformationsgesellschaft" verbreitet werden und nicht vom Wissen. Lobbyisten versuchen ja ständig, die naturgesetzlichen Wahrheiten, eben das Wissen, durch produzierte Meinungen zu ersetzten. Um Meinungen, und besonders die falschen, aufrecht erhalten zu können, wird ein Feuerwerk von Rhetorik auf Nebenkriegsschauplätzen veranstaltet. Es wird das Augenmerk auf "bedeutende Sachverhalte" nicht dazu gehörender Thematik gelenkt, um mit solchen überflüssigen Diskussionen vom eigentlichen Thema abzulenken.

Diese Untersuchung zeigt recht deutlich, daß offensichtlich nur das eine Ziel verfolgt wurde, die alten (und falschen) Thesen, die sich einzig und allein der stationären Denkweise bedienen, zu stützen. Dies geschieht durch Manipulation der Forschungsmethodik und völlig einseitige und irrige Interpretationen der Ergebnisse.

### 6.4.4 Falsche Simulationsmodelle

Zur Rechtfertigung dieses Fehlverhaltens wird nun gesagt, auch der stationäre U-Wert beschreibe in zutreffender Weise instationäre Verhältnisse, wenn konstante Lufttemperaturen mindestens drei Wochen vorliegen. Tatsächlich können bei *konstanten* Randbedingungen von drei Wochen die Einpendelungszeiten zum Beharrungszustand keine allzu großen Fehler hervorrufen, doch liegen in Realität durch den 24stündigen Rhythmus einer Tag-Nacht-Periode und durch die zu berücksichtigende Solarstrahlung diese konstanten Randbedingungen für einen so langen Zeitraum eben nicht vor. Außerdem – und das ist viel entscheidender – wird der Wärmestrom durch die Wand nicht durch die beidseitigen Lufttemperaturen, sondern von den beiden Oberflächentemperaturen und den daraus resultierenden inneren Temperaturgradienten bestimmt. Die äußeren Oberflächentemperaturen aber weichen sehr stark von den Außenlufttemperaturen ab. Dafür sorgt die immer vorliegende Solarstrahlung, die bei den theoretischen Überlegungen ja stets vergessen bzw. fehlerhaft behandelt wird. Dies zeigt Bild 6.35 aus [IBP 85]:

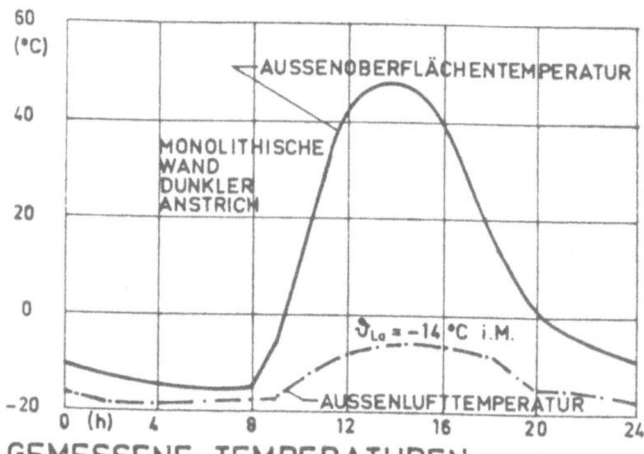


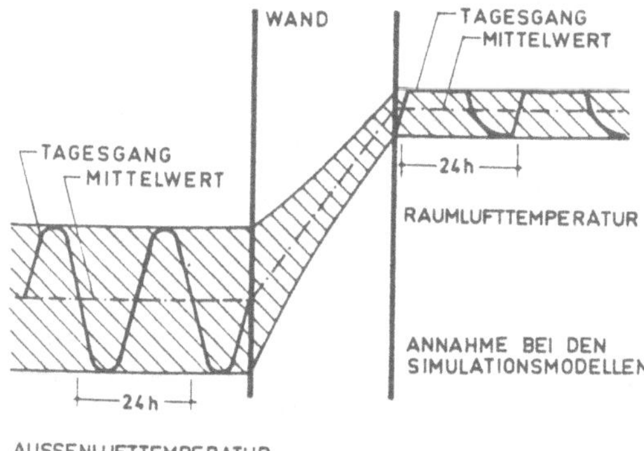


Bild 6.35: Vergleich der Luft- und Oberflächentemperaturen und der daraus resultierende Irrtum bei den Simulationsmodellen.

*Bild 6.35:*
*Die gemessenen Außenluft- und Oberflächentemperaturen infolge Solarstrahlung verlaufen nicht synchron. Durch die Absorptionsvorgänge sind die Unterschiede gewaltig; die Oberflächentemperaturen sind wesentlich höher als die Lufttemperaturen. Da bei den dynamischen Simulationsmodellen von "instationären" Temperaturverläufen der angrenzenden Lufttemperaturen ausgegangen wird und nicht von den Oberflächentemperaturen der Außenwand, sind die Randbedingungen für den Wärmedurchgang falsch gesetzt. Bei absorbierter Solarenergie durch massive Außenwände können derartige Simulationsmodelle also nicht verwendet werden.*

Die absorbierte Solarstrahlung wird in den Simulationsmodellen nicht berücksichtigt, die durch Absorption zusätzlich gewonnene Solarenergie nicht erfaßt. Die Wand wird damit weiterhin stationär gesehen, es werden konstante Wärmestromdichten angenommen, es bleibt damit alles beim alten. Somit kommt mit dieser fehlerhaften Behandlung der U-Wert immer wieder zur Anwendung. Man spricht zwar stets von "dynamischen Modellen", jedoch bezieht sich diese Bezeichnung auf die dynamische Behandlung der Lufttemperaturen – diese jedoch bestimmen eben *nicht* den Wärmedurchlaß der Wand, sondern allein nur die Oberflächentemperaturen. Die Kunden und Verbraucher werden arg getäuscht.

Wenn bei vergleichenden Untersuchungen unterschiedlicher Konstruktionen gleiche oder ähnliche U-Werte verwendet werden, dann ergeben sich bei Verwendung solcher Simulationsmodelle eben auch etwa gleiche Ergebnisse. Daraus wird dann messerscharf geschlossen: "Unterschiedliche Konstruktionen – also massive und leichte Konstruktionen – hätten keinen Einfluß auf das energetische Gesamtergebnis". Welch ein Trugschluß – aber offensichtlich ist man noch stolz auf diesen Irrtum und klopft sich gegenseitig auf die Schulter.

Der U-Wert wird also von offizieller Seite nicht zur Disposition gestellt. Wenn Hauser dann in einer Literaturstudie die vielfältige Verwendung des U-Wertes auflistet, so wird damit nur dokumentiert, wer alles mit dem U-Wert hantiert [Hauser 84]. Keinesfalls jedoch wird damit die Gültigkeit und Richtigkeit des U-Wertes bewiesen. Quantität ersetzt doch nicht Qualität. Es ist immerhin recht erstaunlich, wer alles an "Experten" hier irrt – oder aus Opportunität mitläuft.

Die verwendeten und immer zitierten Simulationsmodelle behandelten die damals wichtigen zwei Hauptziele des Wärmeschutzes im Hochbau [Heindl 67] und verwenden dabei eben auch den U-Wert:

1) Unter Vermeidung von Heizen und Kühlen durch bauliche Maßnahmen allein die Innentemperatur innerhalb eines vorgegebenen Bereiches zu halten,
2) durch geeignete Ausbildung der Wände, Decken etc. dafür zu sorgen, daß Heizung bzw. Kühlung keinen zu großen Aufwand verursachen.

In [Hauser 97] steht deshalb:
*"Mit einer dynamischen Simulation lassen sich die Unterschiede der einzelnen Bauweisen quantifizieren"* und weiter steht zu lesen: *"Der Einfluß der Nachtabsenkung, der Überheizung und der Gebäudezonierung wurde für Bauteile aus Beton, Holz, Kalksandstein, Porenbeton und Ziegel auf den Jahres-Heizwärmebedarf quantifiziert"*. Außerdem wird geschrieben: *"Zusätzlich wurden der Einfluß der Regelgröße auf die empfundene Raumtemperatur oder Raumlufttemperatur und der Einfluß des raumseitigen Wärmeübergangskoeffizienten auf den Jahres-Heizwärmebedarf aufgezeigt"*.

Hier wurden also viele Einflußgrößen variiert, die Transmissionswärmeverluste der unterschiedlichen Außenwände jedoch wiederum nur mit den U-Werten beschrieben. Der zu diskutierende Einfluß der direkt absorbierten Solarstrahlung durch Außenwände auf den U-Wert wurde, und das ist wichtig festzustellen, eben nicht behandelt. Die damaligen Aufgabenstellungen waren also völlig andere.

Daß bei Simulationsrechnungen der U-Wert nicht zur Disposition gestellt wurde, zeigen auch Äußerungen in [Hauser 95]. Dort heißt es über den Einfluß der Wärmespeicherfähigkeit auf den Jahres-Heizwärmebedarf:

*"Wegen der auch während der Heizperiode vorhandenen Temperaturschwankungen in Gebäuden wird deren Heizwärmebedarf auch von der Wärmespeicher-*

*fähigkeit und der Schichtanordnung der eingesetzten Materialien, d. h. von der thermisch wirksamen Wärmespeicherfähigkeit, beeinflußt. Dabei sind zwei Vorgänge zu beachten:*

- *Die auf ein Gebäude auftreffende und durch die Fenster in die einzelnen Räume gelangende Sonneneinstrahlung kann im allgemeinen von der Schwerbauart besser ausgenutzt werden als von der Leichtbauart, da bei der Schwerbauart eine Überheizung der Räume entweder überhaupt nicht auftritt oder wesentlich geringer ausfällt. Somit bleiben zusätzliche Energieverluste durch ansteigende Raumlufttemperaturen, die eine Erhöhung der Lüftungs- und Transmissionswärmeverluste zur Folge haben, bei der Schwerbauart kleiner als bei der Leichtbauart.*
- *Bezüglich des Heizbetriebes erweist sich jedoch eine trägheitslosere, weniger wärmespeichernde Bauweise als günstiger, weil die Raumlufttemperaturen während jener Zeiten, zu denen die Räume nicht genutzt werden, stärker absinken können, wodurch die Wärmeverluste verringert werden (Nacht-, Wochenendabsenkung)".*

Solarenergienutzung wird also nur durch die Fenster akzeptiert, die speicherfähige Außenwand wird also wieder ausgeklammert. Außerdem wird der Vorteil des Leichtbaus infolge einer Temperaturabsenkung der Raumluft herausgestellt, aber nicht der Nachteil mangelnder Temperaturstabilität; diese muß dann bei Überheizungen durch zusätzliches Lüften erreicht werden – welch ein Aufwand.

Und so wird dann geschlußfolgert: *"Unter den meteorologischen Daten Deutschlands ist bei wohnähnlicher Nutzung der Einfluß der Wärmespeicherfähigkeit von praktisch vernachlässigbarer Bedeutung".*

Es ist erstaunlich, daß von der "offiziellen Bauphysik" die meteorologischen Daten Deutschlands dann aber bei der "Transparenten Wärmedämmung" für ausreichend angesehen werden, gewaltige Energiemengen zu absorbieren, damit zu gewinnen und so die Energiebilanz zu verbessern. Je nach Zweck wird unterschiedlich argumentiert.

Weiter heißt es bei [Hauser 95]:
*"Für die Gebäudesimulation werden Stundenmittelwerte für die nutzungsspezifischen Daten, wie interne Wärmeproduktion, Raumlufttemperatur während der Nutzung, Luftwechsel und Strombedarf für Kunstlicht benötigt".*

Die Variationen der Randbedingungen sind gewaltig, die Bauteile selbst aber werden dann generell wieder mit den nach DIN 4108 gerechneten und nur für den Beharrungszustand geltenden U-Werten beschrieben. Die solarenergiespeichernde Außenwand wird in den Modellrechnungen also einfach negiert, sie existiert in den Köpfen der etablierten Bauphysiker nicht.

Wie zur Bestätigung steht dann in [IPB 94]:
*"In neueren Ansätzen werden die solaren und internen Gewinne gebäudeabhängig quantifiziert (z. B. in der DIN EN 832). Diese Betrachtungen konzentrieren sich insbesondere auf Innenbauteile und zweitrangig auf Außenbauteile und dürfen nicht direkt mit Untersuchungen zur solaren Absorption an Außenbauteilen in Verbindung gebracht werden. Wie stark die solare Einstrahlung über Fenster und*

*die Wärme aus internen Quellen genutzt werden kann, hängt von der wirksamen Wärmespeicherfähigkeit der raumumschließenden Bauteile ab".*

Auch hier wird es deutlich: Alle Untersuchungen konzentrieren sich auf die durch *Fenster* gewonnene Solarenergie und berücksichtigen die Speicherfähigkeit der Innenbauteile. Die direkte solare Absorption der Außenbauteile wird nicht behandelt – auch in der DIN EN 832 wird dieser Aspekt, der ja hier einzig und allein zur Debatte steht, nicht berücksichtigt. Dort steht lapidar im Anhang D.5. "Solare Wärmegewinne von opaken Teilen der Gebäudehülle" in D.5.1:

*"Die jährlichen solaren Nettogewinne ... können vernachlässigt werden".*

Der U-Wert selbst wird also bei den Simulationsrechnungen überhaupt nicht zur Disposition gestellt, er wird als richtig angesehen; man rechnet also wie immer weiter stationär. Dieser Standpunkt aber muß dringend verlassen werden, da jetzt die "energetische Ertüchtigung" der speicherfähigen Altbausubstanz, also die Verpackung mit Dämmstoff, mit der Begründung vorangetrieben wird, es lägen bei der bestehenden Substanz "schlechte" U-Werte vor.

Dabei hat Wick bereits vor über zwanzig Jahren geschrieben [Wick 80]:
*"Erhebungen des Energieverbrauches von Schulbauten in der Schweiz bescheinigen der Schwerbauweise generell geringere Energieverbräuche als der Leichtbauweise".*

Die absorbierte Solarstrahlung durch die Außenhülle scheint tabu zu sein. Es ist schon recht erstaunlich, daß in der Bauphysik gerade die fatalen Fehler und Irrtümer derart Furore machen und eine derartig lawinenartige Verbreitung finden.

Insofern muß besonders hervorgehoben werden, wenn auch in [Gösele 85] geschrieben steht:
*"Die Wärmeleitung durch eine ebene Platte eines Baustoffes im Beharrungszustand der Temperaturverteilung, das heißt nach genügend langer Zeit bei konstanten Temperaturen zu beiden Seiten der Platte, erfolgt nach der Gleichung ..."* und nun wird die allseits bekannte Formel für den U-Wert, nur gültig für den stationären Zustand, aufgeführt. Also auch hier wird auf die beschränkende Anwendbarkeit des U-Wertes deutlich hingewiesen.

## 6.4.5 Absurde Forschungsergebnisse

Wie zuverlässig sind die Informationen, die in den Fachmedien publiziert werden? Immerhin muß festgestellt werden: Was in den Forschungsstätten der Bauphysik alles zusammengeforscht wird, ist oftmals banal, absurd und überflüssig. Die Krönung pseudowissenschaftlichen Arbeitens zeigt ein Ergebnis, das eine unbeschienene Nordwand energetisch günstiger ausweist als eine beschienene Südwand [IBP 96]. Und der Auftraggeber bemüht sich sofort, Auszüge aus diesem Elaborat der Baufachwelt und seinen Mitgliedern des Ziegelverbandes zu präsentieren [Gierga 97]. Dem Forschungswerk sind die entscheidenden Daten entnommen, die in nachfolgender Tabelle 6.15 zusammengestellt sind.

Diesen drei Zeilen können folgende "Forschungs-Erkenntnisse" entnommen werden:

1. Ein nach DIN 4108 für den stationären Fall (Beharrungszustand) gerechneter U-Wert von 0,50 W/m²K (Spalte 5) wird unverständlicherweise auf 0,60 und 0,59 sowie 0,55 W/m²K abgemindert (Spalte 6 "ohne Einstrahlung"). Mit dieser Vergrößerung der Bezugsbasis wird ein berechneter solarer Gewinn prozentual kleiner.
2. Gegenüber dem nach DIN 4108 errechneten U-Wert von 0,50 W/m²K (Spalte 5) erzielt die Südwand einer weißen Ziegelwand "mit Einstrahlung" (Absorptionsgrad mit 0,15 angenommen) nur einen U-Wert von 0,59 W/m²K (Spalte 7). Damit würde Solarenergie von 90 W/m² sogar schädlich für die energetische Bilanz einer Außenwand sein.
3. Eine weiße Ziegelwand liefert "mit Einstrahlung" (Spalte 7) und "ohne Einstrahlung" (Spalte 6) *gleiche* U-Werte (Nr. 8 und 13). Bei der gewählten Forschungsmethode hat die Solarstrahlung hier also überhaupt keinen Einfluß auf das Minderungspotential.
4. Der Tabelle kann auch entnommen werden, daß eine weiße "Nordwand ohne Einstrahlung" mit U = 0,55 W/m²K (Nr.13, Spalte 6) energetisch *günstiger* ist, als eine "Südwand mit Einstrahlung" mit einem U-Wert von 0,59 W/m²K (Nr.6 und 8, Spalte 7).

**Tabelle 6.15**: Einfluß der Solarabsorption auf die Transmissionswärmeverluste

| Wandelement | | Außenoberfläche | | Tab.1 | Temperaturbezogene Wärmestromdichte (W/m²K) | |
|---|---|---|---|---|---|---|
| Nr. | Aufbau | Farbe | Struktur | U-Wert W/m²K | ohne Einstrahlung | mit Einstrahlung |
| 1 | 2 | 3 | 4 | 5 | 6 | 7 |
| 6 | Leichtziegel | weiß | rauh | 0,50 | 0,60 ± 0,03 | 0,59 ± 0,03 |
| 8 | 36,5 cm / Süd | weiß | glatt | 0,50 | 0,59 ± 0,03 | 0,59 ± 0,03 |
| 13 | Leichtziegel 36,5 cm/Nord | weiß | rauh | 0,50 | 0,55 ± 0,03 | 0,55* ± 0,03 |

* gegenüber der Südeinstrahlung von 90 W/m² tritt im Norden nur eine Einstrahlung von 30 W/m² auf. (Anmerkung: Das Energieangebot im Norden beträgt etwa 1/3 von der Südeinstrahlung).

Etwas Absurderes und Abstruseres als dies ist bis jetzt noch nicht verbreitet worden. Diese Fakten beweisen die Fragwürdigkeit von etablierter Forschungsarbeit in eindrucksvoller Weise und zeigen, daß mit "Forschung" nur alte Irrtümer bestätigt werden sollen – "Absorption von Solarenergie durch massive Außenwände habe kaum einen energetischen Einfluß". Ein solches mit abstruser Methodik erarbeitetes pseudowissenschaftliches Machwerk sollte am besten schleunigst aus dem Verkehr gezogen werden. Aber die Verfasser dieser wissenschaftlichen Fälschungen lehren heute an Hochschulen und bestimmen das Bauen.

## 6.4.6 Tautologie als Beweis

Die Gültigkeit des U-Wertes für die Bestimmung eines Energieverbrauchs ist nicht nachgewiesen. Im Gegenteil: Die Allgemeingültigkeit kann widerlegt werden. Allerdings sträubt man sich permanent, die Fehlerhaftigkeit des U-Wertes bei massiven, speicherfähigen Baustoffen anzuerkennen.

Die Formel für den U-Wert im Beharrungszustand lautet:

$$U = \frac{1}{1/\alpha_i + 1/\Lambda + 1/\alpha_a} \qquad (6.10) \qquad \text{(W/m}^2\text{K)}$$

Dies ist die analoge Formel (4) in DIN 4108, Teil 5 (Aug. 1981), gültig nur für den Beharrungszustand, also mit im gesamten Bauteil konstantem Wärmestrom q.

Bezieht sich die Temperaturdifferenz zwischen innen und außen auf die beidseitigen Lufttemperaturen ($\Delta\vartheta_L$), dann muß der Wärmedurchgangskoeffizient U eingesetzt werden. Der konstante Wärmestrom q wird dann analog der Formel (7) in DIN 4108, Teil 5 (August 1981):

$$q = U \cdot (\vartheta_i - \vartheta_e) \qquad (6.11) \qquad \text{(W/m}^2\text{)}$$

Wenn sich die Temperaturdifferenz zwischen innen und außen jedoch auf die beidseitigen Oberflächentemperaturen bezieht ($\Delta\vartheta_S$ ), dann muß der Wärmedurchlaßkoeffizient $\Lambda$ (jetzt 1/R) eingesetzt werden. Der konstante Wärmestrom q kann dann auch wie folgt beschrieben werden:

$$q = \Lambda \cdot (\vartheta_{si} - \vartheta_{se}) \qquad (6.12) \qquad \text{(W/m}^2\text{)}$$

Die funktionelle Verknüpfung zwischen dem U-Wert in der Formel (6.11) und dem $\Lambda$-Wert in der Formel (6.12) erfolgt durch die allseits bekannte Formel (6.10).

All diese Formeln gelten nur für den Beharrungszustand. Dies bedeutet, daß die Bauteile bereits den "eingeschwungenen Temperaturzustand" erreicht haben müssen. Das kann viele Tage dauern – theoretisch sogar die Zeit "unendlich" [Gertis 02]. Auch die DIN 52611 "Bestimmung des Wärmedurchlaßwiderstandes von Bauteilen", also die Werte $1/\Lambda$ oder R in m²K/W, geht beim Bestimmen der Wärmeleitfähigkeit $\lambda$ in W/mK vom stationären Zustand aus. Die Bauteil-Probe muß die Mitteltemperatur der beidseitigen Lufttemperaturen erreicht haben (in der Regel bei 20 °C und 0 °C dann als Mitteltemperatur 10 °C).

Die stationäre Grundlage dieser Berechnungen wird nun auch in [Gertis 83] durch die dort enthaltene *"1. Definition: stationär"* bestätigt. Dort heißt es:

$$1/\Lambda = \frac{s}{\lambda} \qquad (6.13) \qquad \text{(m}^2\text{K/W)}$$

Dies ist die Formel (1) in der DIN 4108, Teil 5 (Aug. 1981), die ja wie bekannt ausschließlich den "stationären" Zustand beschreibt.

Um trotz dieser klaren Sachverhalte, wie auch in [Meier 02] dargelegt, den U-Wert, früher den k-Wert, "universell" einsetzen zu können, wird nun in [Gertis 83,

83a, 87, 02] für den Dämmwert 1/Λ (Wärmedurchlaßwiderstand) noch eine zusätzliche Definition angeboten. Das Bild 6.36 zeigt diese, wie von Gertis erwähnt, "scheinbar nicht bekannte" 2. *Definition: instationär*, auf die bei Bedarf stets hingewiesen wird. Diese "2. Definition instationär" soll nun den "Beweis" erbringen, daß der U-Wert auch für "instationäre" Verhältnisse gilt.

Es wurde statt des U-Wertes, wie früher üblich der k-Wert verwendet.

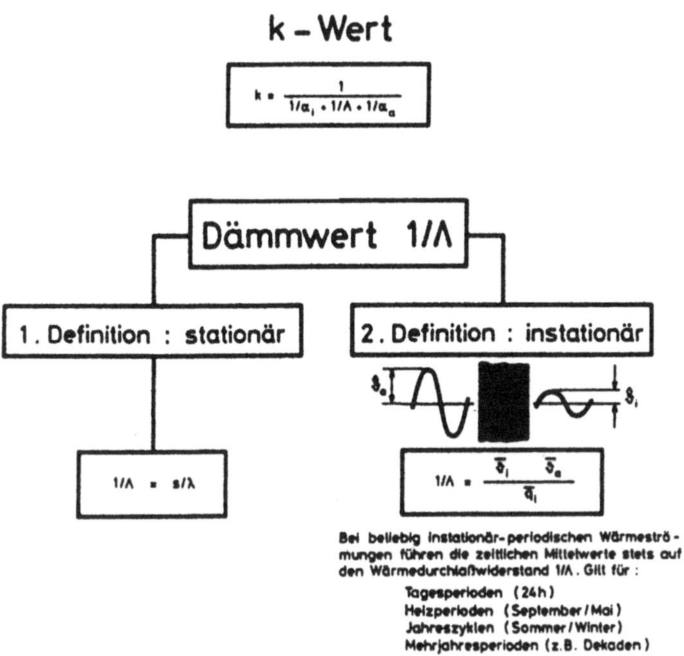


Bild 6.36 Zur Definition und Ableitung des U-Wertes (früher k-Wertes); Links: Stationäre Definition (allgemein bekannt), Rechts: Instationäre Definition, aus der Fourier-Gleichung abgeleitet.

*Bild 6.36 Die Abbildung 6.36 sowie die Unterschrift dazu sind reines Wunschdenken der etablierten Bauphysikszene. Warum ist dies so? Man will sich offensichtlich der Lächerlichkeit preisgeben, denn derartige Elaborate sind beschämend. [Meier 03b]*

Was ist nun zu diesem Bild 6.36 mit ihrer "2. Definition instationär" zu sagen:

1) Die zeichnerische Darstellung der äußeren und inneren Temperaturen mit jeweils dem *gleichen* mittleren Temperaturniveau führt automatisch zum "idealtypischen Energiesparhaus" – die Temperaturdifferenz und damit der Transmissionswärmeverlust wird null – vielleicht wäre solch eine Skizze die Grundlage für die geniale Lösung aller Energieprobleme. Warum wurde dieser Gedanke eigentlich nicht weiter verfolgt? Das wäre doch toll.

2) Im Zähler der "Formel" wird die Differenz der inneren und äußeren Temperaturmittelwerte dargestellt. Die Werte $\vartheta_i$ und $\vartheta_a$ müssen hier Oberflächentempera-

turen sein, da der Wärmedurchlaßwiderstand $1/\Lambda$ behandelt wird. Äußere Oberflächenemperaturen weichen jedoch stark von den Außenlufttemperaturen ab (siehe Bild 6.35). Hier bereits wird unsauber gedacht und gearbeitet. Die bei der praktischen Anwendung zur Verfügung stehenden Mittelwerte innen und der meteorologischen Daten außen (z. B. in der EnEV bei der Monatsbilanzierung oder Heizperiodenbilanzierung) beziehen sich auf *Luft*temperaturen. Insofern können *Luft*-Mittelwerte gemäß "2. Definition" überhaupt nicht verwendet werden. Um diese sehr wesentliche Unterscheidung zu umgehen, wird in der "Formel" dann auch generös nur $\vartheta_i$ und $\vartheta_a$ verwendet – also weder Oberflächen-, noch Lufttemperaturen, sondern nur "Temperaturen innen und außen".

3) Die "Formel" entpuppt sich als eine handfeste Tautologie.
Die Absurdität dieser "2. Definition instationär" ist leicht zu begründen, denn die simple Gleichung **$1/\Lambda = 1/\Lambda$** kann doch niemals den Beweis erbringen, daß der Wärmedurchlaßwiderstand $1/\Lambda$ nun auch für instationäre Verhältnisse im Bauteil gilt – und doch ist diese Gleichung der Ausgangspunkt der "2. Definition".

Zähler und Nenner der rechten Seite können mit beliebigen, jedoch gleichen Faktoren erweitert werden, ohne am Aussagewert irgend etwas zu ändern. Man wählte die Differenz der mittleren Innen- und Außentemperaturen und somit wird:

(6.14) $$\frac{1}{\Lambda} = \frac{1}{\Lambda} \cdot \frac{\left(\overline{\vartheta}_i \quad \overline{\vartheta}_a\right)}{\left(\overline{\vartheta}_i - \overline{\vartheta}_a\right)}$$ (m²K/W)

Gemäß stationärer Definition ist die mittlere Wärmestromdichte:

(6.15) $$\overline{q} = \Lambda\left(\overline{\vartheta}_i - \overline{\vartheta}_a\right)$$ (W/m²)

Damit aber ergibt sich, wenn Formel (6.15) in Formel (6.14) eingesetzt wird:

(6.16) $$\frac{1}{\Lambda} = \frac{\left(\overline{\vartheta}_i - \overline{\vartheta}_a\right)}{\overline{q}}$$ (m²K/W)

Dies nun ist die "2. Definition instationär", wie sie mit der Abbildung 6.36 der Fachwelt vorgestellt wird. Was allerdings hier *"aus der Fourier-Gleichung abgeleitet"* sein soll, bleibt das große Geheimnis des Verfassers. Alle Formeln gelten nur für den Beharrungszustand, für den stationären Zustand. Diese "2. Definition" ist somit eine kapitale semantische Täuschung und grenzt an Scharlatanerie und Betrug, sie ist ein übler Taschenspielertrick, eine zerplatzte Seifenblase.

Elementare Mathematik und die Logik entlarven diesen Schwindel auf recht einfache Art und Weise. Man jongliert mit stationären Definitionen und erklärt darauf dann die allgemeine instationäre Gültigkeit des U-Wertes. Mit Wissenschaft hat dies nun wirklich nichts zu tun, denn für instationäre Verhältnisse müssen auch die Werte $\rho$ und c berücksichtigt werden, das hat Gertis ja zweifelsfrei bekräftigt [Gertis 02]. Beide Werte jedoch fehlen hier.

4) Der Hinweis *"aus der Fourier-Gleichung abgeleitet"* zeigt diese Täuschungsabsicht sehr deutlich, denn es ist doch hier die Frage zu beantworten: "In welcher

Form wird abgeleitet?" Durch Nullsetzung der (instationären) Fourier-Gleichung erhält man die (stationäre) Laplace-Gleichung, die dann zu konstanten Wärmeströmen und zur Ignoranz der Solarenergie und der Speicherfähigkeit führt (siehe Abschnitt 6.5.1 "Stationäre Behandlung der Fourierschen Wärmeleitungsgleichung"). Genau dies sind ja die Voraussetzungen für die Gültigkeit des U-Wertes – nämlich der Beharrungszustand, wie dies ja auch in [Hauser 81] bestätigt wird. Eine Ableitung der Fourier-Gleichung in dieser Form führt somit zwangsläufig zum *stationären* U-Wert und ist damit kein Nachweis für eine "instationäre Definition".

5) Was wurde hier eigentlich "instationär" behandelt?
Es sind nur die Randbedingungen der unterschiedlichen Temperaturdifferenzen zwischen innen und außen. Ob diese nun einzeln oder als Mittelwerte verwendet werden, ist völlig gleichgültig – es kommt bei der Multiplikation immer das gleiche Ergebnis heraus. Die simplen algebraischen Gesetze lassen dies durchaus zu. Ein einfaches Rechenbeispiel soll dies belegen.

Beispielhaft wird ein Wärmedurchgangskoeffizient U von 0,8 W/m²K angenommen. Für die Lufttemperaturen innen und außen liegen folgende Daten vor, die sich jeweils auf eine frei zu wählende Zeiteinheit beziehen:

| | $\vartheta_{Li}$ °C | $\vartheta_{La}$ °C | $\Delta\vartheta_L$ K |
|---|---|---|---|
| 1 | 20 | -4 | 24 |
| 2 | 22 | +1 | 21 |
| 3 | 24 | -3 | 27 |
| 4 | 18 | +2 | 16 |
| Mittelwerte | 21 | -1 | 22 |

a) Einzelberechnung:

$q_1$ = 0,8 x 24 = 19,2 W/m²
$q_2$ = 0,8 x21 = 16,8 W/m²
$q_3$ = 0,8 x27 = 21,6 W/m²
$q_4$ = 0,8 x16 = 12,8 W/m²
$\Sigma$ = 70,4 W/m²

Die durchschnittliche Wärmestromdichte wird: $q_m$ = 70,4 : 4 = 17,6 W/m²

b) über mittlere Innen- und Außentemperaturen:
Die durchschnittliche Wärmestromdichte wird: $q_m$ = 0,8 [21 - (-1)] = 17,6 W/m²

c) über die mittlere Temperaturdifferenz:
Die durchschnittliche Wärmestromdichte wird: $q_m$ = 0,8 x 22 = 17,6 W/m²

Dies sind die Gesetze primitivster Algebra. Die Variationen der "Temperaturdifferenzen" führen immer wieder zu gleichen Ergebnissen. Ob es sich dabei um Stunden-, Tages-, Wochen-, Monats- oder Heizperiodenmitteldaten handelt, ist völlig egal. Der U-Wert jedoch bleibt stets unberührt, es werden Formeln für den Beharrungszustand herangezogen; ein instationäres Verhalten im Bauteil – und darauf kommt es ja an – wird damit jedoch nicht berücksichtigt.

Wenn in den verwendeten Rechenformeln entscheidende Werte wie die spezifische Wärmekapazität c, das Wärmespeichervermögen $q_s$, die Temperaturleitfähigkeit a oder der Wärmeeindringkoeffizient b fehlen, dann ist alles ausgemachter Humbug und für eine redliche Behandlung der Transmissionswärmeverluste eines instationär wirksamen Bauteils nicht brauchbar [Meier 02].

Insofern ist die Aussage in [Gertis 83]: *"Der Dämmwert (und damit der k-Wert) beschreibt die Transmissionswärmeverluste durch ebene Außenbauteile nicht nur im stationären Temperaturzustand, sondern auch bei beliebig periodisch-instationären Randbedingungen im Periodenmittel in zutreffender Weise, dabei kann es sich um eine Tagesperiode, eine Heizperiode oder einen ganzen Jahres- bzw. Mehrjahreszyklus handeln. Der U-Wert stellt somit auch eine instationäre Kenngröße dar, welche den stationären Sonderfall mit einschließt"*
eine ausgemachte Irreführung der Fachwelt und der Kunden.

Der erste Satz bezieht sich auf die stets angenommenen Temperaturzustände der Luft, stationär oder eben instationär mit den Mittelwerten (die für den Dämmwert – Wärmedurchlaßwiderstand – maßgebenden Oberflächentemperaturen werden dann über $1/\alpha_i$ und $1/\alpha_a$ den Lufttemperaturen zugeordnet). Dies aber ignoriert die für den Wärmestrom maßgebenden *tatsächlichen* äußeren Oberflächentemperaturen und damit die absorbierte Solarenergie. Außenlufttemperatur und äußere Oberflächentemperatur dürfen nicht mit $1/\alpha_a$ ($R_{se}$) funktionell verknüpft werden (siehe Bild 6.35). Dieser Satz ist insofern völlig belanglos und für die anstehende Klärung nicht brauchbar.

Die anschließende Schlußfolgerung im zweiten Satz ist jedoch absurd, denn stationäres und instationäres Verhalten *im Bauteil* sind zwei völlig unterschiedliche Sachverhalte, die nicht gleichgesetzt werden dürfen. Man betrachte nur in den Bilder 6.14 und 6.15 den Beharrungszustand (stationär) und die davon stark abweichenden Temperaturkurven (instationär), die sich aus den externen Solarenergieeinträgen ergeben. Sie sind keineswegs identisch. Man überträgt die "instationären" Verhältnisse der Randbedingungen (periodisch sich wiederholende Lufttemperaturen) unzulässigerweise auf die Bauteile. Eine derartige Aussage ist einfach falsch, ein kapitaler Trugschluß. Sie entstammt infolge eingefahrener *Vor*urteile mehr einem erzwungenen Wunschdenken als einer wissenschaftlichen Logik.

Diese beiden banalen Aussagen beziehen sich deshalb keineswegs auf das instationäre Verhalten der Außen*bauteile*, das damit überhaupt nicht berührt wird. Immerhin wird der Wärmestrom im Bauteil nicht durch "Lufttemperaturdifferenzen", sondern ausschließlich durch Temperaturgradienten bestimmt, die sich infolge der Solareinstrahlung wesentlich von der Annahme konstanter Wärmeströme im Bauteil unterscheiden (siehe Bilder 6.14 und 6.15).

Es zeigt sich immer wieder: Die gängigen Rechenregeln mit dem U-Wert sind auf Sand gebaut, weil dieser nur für den Beharrungszustand gilt. Stets versuchte und wird weiterhin die etablierte Bauphysikgemeinde versuchen nachzuweisen, daß der U-Wert eben auch allumfassend für instationäre Verhältnisse gilt und seine Berechtigung hat. Dieses Bemühen ist eindeutig zum Scheitern verurteilt.

Es muß klar und unmißverständlich gesagt werden: Alle Bemühungen, von welcher Seite auch immer, können niemals die Allgemeingültigkeit des U-Wertes begründen – dieser gilt eben nur für den Beharrungszustand, nur für stationäre Verhältnisse und die liegen in Realität nie vor.

*Anmerkung*:

Vielfach wird ja, wie z. B. in [Gertis 83] und [Gertis 83a], auch von anderen Leuten immer wieder vehement behauptet, daß der U-Wert auch für instationäre Verhältnisse gilt. Dieses Verhalten ist äußerst opportunistisch und wird von Leuten praktiziert, die sich damit in der Bauphysikszene vielleicht für größere Aufgaben empfehlen wollen; immerhin genießen sie schon das Wohlwollen der Dämmstoffindustrie. Hierzu seien nur zwei Dinge angemerkt:

1) Die mathematische Weiterbehandlung der *Laplace-Gleichung* (Formel 6.17) mit unterschiedlichen Methoden ist nicht zielführend, da sie bereits die Nullsetzung der allgemeinen Fourierschen Gleichung voraussetzt [Mathe 65]. Dies aber eliminiert ja bereits die Absorptionsenergie der Sonne. Bei Außenwänden geht es aber gerade um die Berücksichtigung der Solargewinne.

2) Die Gültigkeit des U-Wertes auch für instationäre Verhältnisse würde bedeuten, daß z. B. in den Bildern 6.14 und 6.15 die zwei Temperaturkurven 13°°Uhr und 15°°Uhr mit der Geraden des Beharrungszustandes zusammenfallen müßten. Dies aber ist nicht der Fall. Insofern kann man generell davon ausgehen, das ein "Nachweis", daß der U-Wert auch für instationäre Verhältnisse gilt, eben schlichtweg falsch sein muß. Im übrigen wird auf die Ableitung des U-Wertes im Abschnitt 6.5.1 "Stationäre Behandlung ..." verwiesen.

## *6.5 Dämmung*

Trotz der unumstößlichen instationären Realitäten der Sonne wird in den DIN-Vorschriften und der EnEV stationär, d. h. konkret eben falsch gerechnet. Es gilt offiziell nur die Dämmung, es gilt offiziell nur der U-Wert.

Was ist insofern über die Herkunft des U-Wertes zu sagen und wie ist die Gültigkeit des U-Wertes einzuschätzen? Wichtig für die Beurteilung der Anwendbarkeit eines U-Wertes wird hier auch die Fouriersche Wärmeleitungsgleichung.

### 6.5.1 Stationäre Fouriersche Wärmeleitungsgleichung

Den mathematischen Beweis für den Irrweg im Gebäudewärmeschutz liefert die Fouriersche Wärmeleitungsgleichung, die durch eindeutig definierte mathematische Operationen entsprechend vereinfacht zum allgegenwärtigen U-Wert führt. Die Interpretationen dieser mathematischen Operationen charakterisieren in eindeutiger Weise die Inhalte des U-Wertes und zeigen die Fragwürdigkeit einer "allgemeinen Anwendung" auf [Meier 00].

Für den *stationären* Fall (Beharrungszustand) geht die allgemeine Fouriersche Wärmeleitungsgleichung (6.1) durch Nullsetzung in die Laplace-Gleichung (Potentialgleichung) über [Anton 95], [Glück 82], [Klement 79], [Zeitler 85]:

$$\frac{\partial}{\partial x}\left(\lambda\frac{\partial\vartheta}{\partial x}\right)+\frac{\partial}{\partial y}\left(\lambda\frac{\partial\vartheta}{\partial y}\right)+\frac{\partial}{\partial z}\left(\lambda\frac{\partial\vartheta}{\partial z}\right)+E=0 \qquad (\text{W/m}^3) \tag{6.17}$$

Diese Verwandlung in den stationären Fall wird grafisch im Bild 6.37 mit der Skizze 4 verdeutlicht.

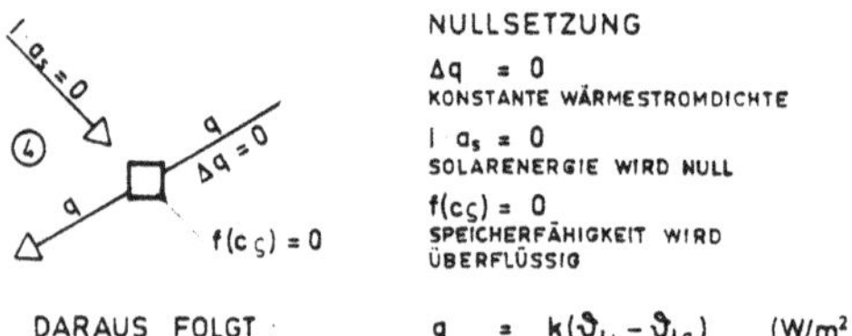


Bild 6.37: Aus der Fouriersche Wärmeleitungsgleichung abgeleitete stationäre Betrachtung

*Bild 6.37:*
*Der Beharrungszustand mit dem U-Wert bedeutet:*
*$\Delta q$ = 0 (konstante Wärmestromdichte);*
*Solarenergie = 0 (wird also ignoriert) und*
*Speicherfähigkeit = 0 (wird somit überflüssig).*

In [Anton 85] steht demzufolge auch folgende Aussage: *"Für Berechnungen gilt hier die Laplace´sche Differentialgleichung der stationären mehrdimensionalen Wärmeleitungsgleichung"*. Wenn es nun dort weiter heißt: *"Mit Hilfe eines Programms zur Lösung der dreidimensionalen Wärmeleitungsgleichung für den stationären Zustand nach der Finite-Differenzen-Methode soll herausgefunden werden, inwieweit ..."*, so bedeutet dies die Bearbeitung einer Gleichung, die ja bereits durch die Nullsetzung eben den stationären Fall als Voraussetzung in sich trägt, was ja auch gesagt wird. Die unterschiedlichsten mathematischen Behandlungen dieser Laplace-Gleichung sind also kein Beweis für die Gültigkeit auch für ein instationäres Verhalten des Bauteils. Um das instationäre Verhalten des Bauteils zu berücksichtigen, müssen das Raumgewicht, die Temperaturleitfähigkeit sowie das Wärmeeindringvermögen in irgend einer Form vorliegen.

Bei der Nullsetzung einer Summandengleichung wird jeder einzelne Summand zu Null. Wird nun wiederum nur ein eindimensionales Temperaturfeld in x-Richtung betrachtet, dann folgt daraus in Differenzen-Schreibweise analog der Formel (6.3) gemäß Skizze 4:

$$\Delta\left(\lambda\frac{\Delta\vartheta}{\Delta x}\right)+E\cdot\Delta x=0 \qquad (\text{W/m}^2) \tag{6.18}$$

*Erläuterung der Formel (6.18):*

1. Da die linke Seite der Fourierschen Wärmeleitungsgleichung (s. Formel 6.3), also die Speicherkomponente mit dem charakteristischen Speicherwert c, zu

Null wird, erscheint dieser Term nicht. Speicherfähigkeit wird somit eliminiert und damit ignoriert.

2. Die Differenz zweier Wärmestromdichten in der x-Richtung wird auch zu Null. Wenn jedoch die Differenz zu Null wird, dann muß der hineingehende Wärmestrom gleich dem hinausgehenden sein. Was innen hineingeht, muß außen auch wieder herausgehen, es liegt folglich überall die gleiche Wärmestromdichte vor. Dies ist das Charakteristikum des Beharrungszustandes, des stationären Zustandes, mit geradlinigen Temperaturverteilungen im gesamten Bauteil innerhalb einer Bauteilschicht.
3. Auch die sonstige Wärmequelle, wie z. B. die Solarstrahlung, wird zu Null. Die Sonne wird nicht berücksichtigt.

Durch Nullsetzung der Fourierschen Wärmeleitungsgleichung werden somit die Speicherfähigkeit der Außenbauteile negiert, die konstante Wärmestromdichte im Bauteil erzwungen und die Solarstrahlung unwirksam gemacht.

Dies wird in [Glück 82] bestätigt: *"Im weiteren beschränken sich die Betrachtungen auf eine stationäre Temperaturverteilung ohne Wärmequellen. Damit vereinfachen sich die linearen partiellen Differentialgleichungen zweiter Ordnung zu der sogenannten Laplaceschen Differentialgleichung"*. Zu den Randbedingungen heißt es: *"Die zeitlichen Anfangsbedingungen entfallen bei der stationären Betrachtung"* und weiter: *"Das Temperaturfeld ist stationär und eindimensional"*.

Diese rigorose Vorgehensweise führt dann bei der Ableitung des U-Wertes, wenn nun beispielhaft für eine monolithische Konstruktion die entsprechenden Abmessungen und Temperaturdifferenzen in Formel (6.18) eingesetzt werden, zu folgender Wärmestromdifferenz:

(6.19) $$\Delta\left[\frac{\lambda}{s}\cdot\left(\vartheta_{si}-\vartheta_{se}\right)\right]=0$$ (W/m²)

Wird der U-Wert verwendet, dann wird:

(6.19a) $$\Delta\left[U\cdot\left(\vartheta_{i}-\vartheta_{e}\right)\right]=0$$ (W/m²)

*Erläuterung der Formel (6.19a):*
Die eckige Klammer beschreibt die Wärmestromdichte q, wie sie in der DIN 4108 vorliegt. Die Differenz wird nun zu Null. Dies bedeutet: Die einem Volumenteilchen zugeführte Energie ist gleich der abgeführten Energie, die Wärmestromdichte q in W/m² ist somit im gesamten Bauteil konstant, die Temperaturlinie innerhalb einer Bauteilschicht ist eine Gerade, Speicherung und Entladung findet nicht statt.

Diese konstante Wärmestromdichte wird dann demzufolge:

(6.20) $$q=U\cdot\left(\vartheta_{i}-\vartheta_{e}\right)$$ (W/m²)

Erst diese stationäre Deutung der *konstanten* Wärmestromdichte q führt zu der in der DIN 4108 aufgeführten und nur für den Beharrungszustand geltenden Formel und zu der bedauerndswerten Vorstellung, was innen an Wärme hineingeht, muß außen auch wieder hinausgehen. Konkret wird dies im Bild 6.38 gezeigt, das in einfachster Form die konstante Wärmestromdichte einer Vollziegelwand zeigt.

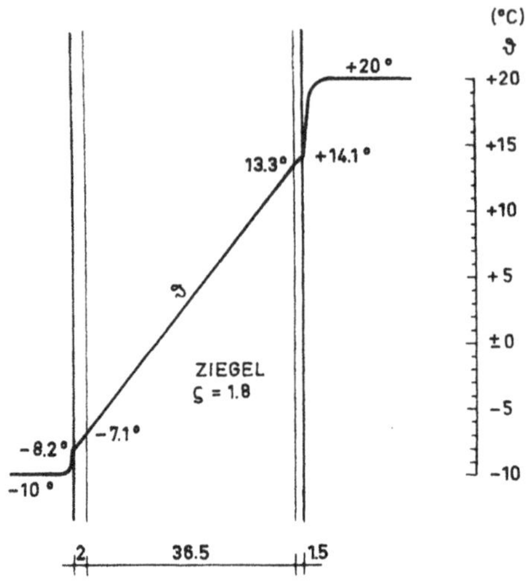


Bild 6.38: Monolithische Wand mit konstanter Wärmestromdichte

*Bild 6.38:*

*Die geradlinige Temperaturverteilung ist typisch für die konstante Wärmestromdichte. Diese Form ist derart in das Bewußtsein der "Bauleute" eingeprägt, daß es sogar zum Dogma erhoben werden konnte. Und doch ist alles falsch:*

*Es ergibt sich keine Gerade, sondern infolge der absorbierten Solarenergie eine Kettenlinie.*

*Der Temperaturabfall auf der Innenoberfläche gilt nur für eine Konvektionsheizung. Bei einer Strahlungsheizung erhöht sich die Temperatur gegenüber der Luft.*

Die konstante Wärmestromdichte im Bild 6.38 ist der große Trugschluß der Bauphysik und negiert völlig die Wärmespeichervorgänge in der Außenhülle.

Zusammenfassend kann festgestellt werden:
Von der ursprünglich aus fünf Komponenten bestehenden Fourierschen Wärmeleitungsgleichung (6.1) verbleibt durch Nullsetzung nur eine Komponente übrig. Dies ist dann der U-Wert, der das gesamte Bauwesen wärmetechnisch beherrscht und mit seiner Ausschließlichkeit förmlich stranguliert.

Diese Beschränkung des U-Wertes auf unrealistische Verhältnisse wird auch in [Hauser 81] bestätigt. Dort steht:
*"Folgendes ist vorauszuschicken: der k-Wert* (U-Wert) *eines Bauteils beschreibt dessen Wärmeverlust unter stationären, d. h. zeitlich unveränderlichen Randbedingungen. Die Wärmespeicherfähigkeit und somit die Masse des Bauteils geht nicht in den k-Wert ein. Außerdem beschreibt der k-Wert nur die Wärmeverluste infolge einer Temperaturdifferenz zwischen der Raum- und der Außenluft. Die auch während der Heizperiode auf Außenbauteile auftreffende Sonneneinstrahlung bleibt unberücksichtigt".*

Es ist recht bemerkenswert, daß Hauser, selbst ein Protagonist des U-Wert-Dogmas, etwas derartiges einmal festgestellt hat. Wenn Leute nur das, was sie einmal gesagt haben, nicht wieder vergessen würden, wäre im Disput um den Gebäudewärmeschutz und die Behaglichkeit schon vieles gewonnen.

Der U-Wert wird somit von offizieller Seite eben nicht zur Disposition gestellt. Dies aber ist gerade jetzt besonders verantwortungslos, weil mit der EnEV vor allem die speicherfähige Altbausubstanz durch U-Wert-Verbesserung "energetisch saniert" werden soll.

*Feststellung:*
Die DIN 4108 "Wärmeschutz und Energieeinsparung in Gebäuden" (früher "Wärmeschutz im Hochbau"), die DIN V 4108-6 "Berechnung des Jahresheizwärmebedarfes von Gebäuden", die DIN EN 832 "Wärmetechnisches Verhalten von Gebäuden; Berechnung des Heizenergiebedarfes", die frühere Wärmeschutzverordnung (WSchV 1995) und auch alle Energieeinsparverordnungen seit 2002 (EnEV 2002) rechnen alle stationär, alle gehen also vom Beharrungszustand aus, der jedoch nie vorliegen kann. Der Hinweis auf diesen Beharrungszustand war in der alten DIN 4108 noch vorhanden, in der neuen DIN 4108 fehlt er bezeichnenderweise – er wird verschwiegen, es wird rigoros gemogelt.

Mit diesen falschen und damit irreführenden "Vereinbarungen" interessierter Kreise wird in "Normen" der U-Wert per Dekret wieder hoffähig gemacht – eine solche Selbstherrlichkeit ist ein Skandal und hat mit Wissenschaft nichts mehr zu tun. Alle Berechnungen mit dem U-Wert entsprechen somit nicht der Wirklichkeit, sind Phantomrechnungen. Das Dilemma begann mit dem grundsätzlichen Fehler zu glauben, den U-Wert nun auch zur quantitativen Bestimmung von Energieverbräuchen verwenden zu können.

Bereits 1985 ist auf diese Diskrepanz hingewiesen worden: *"Zu erwähnen ist hier auch das teilweise zwiespältige Verhalten der Ziegelindustrie. Da Untersuchungsmessungen des Fraunhofer-Instituts oder von Wiechmann/Varsek ergaben, daß der U-Wert praktisch keine Aussage über den Heizenergieverbrauch umbauter Räume erlaubt, muß man sich fragen, wie lange noch die 32 marktbeherrschenden Poroton-Großhersteller den Kunststoff "Polystyrol" in den baubiologisch so wertvollen, gesunden Ton "hineinpusten" wollen, um daraus einen verfehlten Dämmstoff, das Monoprodukt "Poroton T" vorwiegend mit kavernenartigen Hohlräumen anstatt mit gut austrocknenden haarröhrchenförmigen Poren (Kapillaren) zu produzieren"* [Aggen 85].

## 6.5.2 Die U-Wert Funktion

Daß der U-Wert nur für den Beharrungszustand gilt, steht in jedem Bauphysik-Buch und sogar in der alten DIN 4108 [Cziesielski 85], [DIN 81], [Gösele 85], [Lutz 94], [Möhl 84], [Raiß 58], [Recknagel 88], [Reeker 94]. Wird nun trotzdem (fälschlicherweise) der stationäre Beharrungszustand zur Grundlage energetischer Überlegungen gemacht, so beschreibt die nur für den Beharrungszustand geltende Formel zur Berechnung des U-Wertes eine Hyperbel (Formel 6.10). Bild 6.39 zeigt diese bekannte Hyperbelform In Zahlen ausgedrückt bedeutet dieser Effizienzabfall des U-Wertes:

| | | Verbesserung um |
|---|---|---|
| 5 cm Dämmstoff | = 0,8 W/m²K | |
| 10 cm Dämmstoff | = 0,4 W/m²K | 50% |
| 20 cm Dämmstoff | = 0,2 W/m²K | 50% |
| 40 cm Dämmstoff | = 0,1 W/m²K | 50% |

Die Hyperbelfunktion besagt, daß auf eine Verdoppelung des Aufwandes die Halbierung des Effektes folgt; dies zeigt schon, daß man nicht beliebig irgendwelche Dämmstoffdicken für irgendwelche Konstruktionsteile wählen darf, obgleich bei diesen Schritten jeweils "50% U-Wert-Reduzierung" erreicht wird. Prozentangaben allein besagen deshalb überhaupt nichts, es müssen auch immer dazu die nominellen Zahlen genannt werden.

Mit steigender Dämmstoffdicke nimmt die Effizienz ab – proportional zum Quadrat des U-Wertes. Dies zeigt das Bild 6.39.

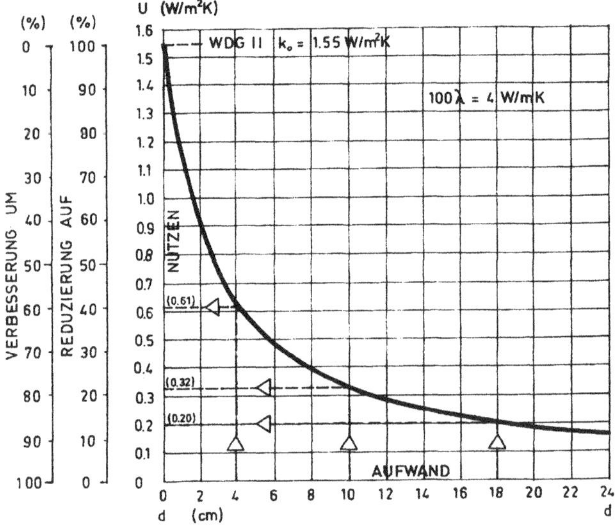


*Bild 6.39:*
*Das Typische einer Hyperbel ist, daß 4 bis 5 cm Dämmstoff rein rechnerisch eine große U-Wert- Reduzierung erbringt, dagegen Dämmungen ab 6 bis 8 cm nur noch sehr geringe zusätzliche Reduzierungen nach sich ziehen.*

Bild 6.39: Die U-Wert-Funktion ist eine Hyperbel

Die Hyperbelform hat Konsequenzen. Die Effizienz und damit die Sinnfälligkeit sind bei kleinen U-Werten nicht mehr gegeben. Große Dämmstoffpakete werden energetisch nutzlos eingebaut, aber den dankbaren Dämmstoffanbietern garantieren sie gewaltige Umsatzsteigerungen. Die Fragwürdigkeit kleiner U-Werte ist bereits vor fast 20 Jahren angesprochen worden [Meier, 85, 86, 86a, 86b]. Trotzdem wird weiter falsch gedacht und gehandelt.

Dies ist das Drama der Hyperbel. Die Natur weiß dies: Die Felldicke von Tieren selbst in den kältesten Regionen der Anden überschreitet kaum 6 bis 8 cm; auch der hochalpin taugliche Schlafsack für Bergsteiger besteht nur aus einer etwa 2 bis 4 cm dicken Daunenschicht. Bei erzwungener Nachhaltigkeit wird durchaus

effizienzgerecht vorgegangen, nur Wissenschaft und Administration sind taub, richten sich nicht danach und empfehlen zur Freude der Dämmstoffverkäufer Superdämmungen, die bis zu 40 cm und mehr reichen. Geschäfte überdecken die Vernunft, die Täuschung des Kunden ist vollkommen.
Werden Recycling-Probleme mit berücksichtigt, dann wird mit diesen Konstruktionen nur Sondermüll produziert. Das Entsorgen läßt dann das nächste große Geschäft erhoffen, natürlich wieder nur zum Schutze der Umwelt. Die Einbauer von heute empfehlen sich schon als Ausbauer von morgen – ist bereits geschehen. Der Umweltschutzgedanke wird hier vehement mißbraucht.

## 6.5.3 Effizienzgrenze des U-Wertes

Effizienz ist das Verhältnis von Nutzen (Ordinate) zu Aufwand (Abszisse). Es ist immer vorteilhaft, mit geringem Aufwand einen großen Nutzen zu erzielen. Nachteilig ist es jedoch, mit großem zusätzlichen Aufwand nur einen kleinen Nutzen zu erreichen (z. B. bei "Superdämmungen"). Dies zeigt das Bild 6.40.

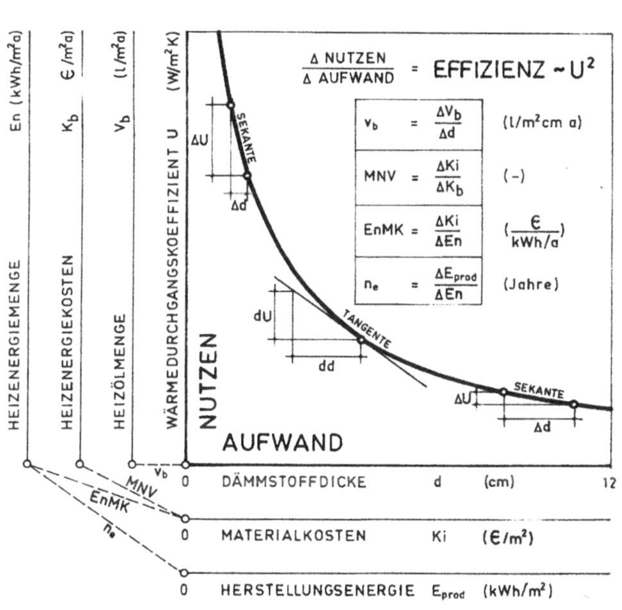


Bild 6.40: Effizienzkriterien

*Bild 6.40: Aufwand: Dämmstoffdicke d, Materialkosten Ki, Herstellungsenergie $E_{prod}$. Nutzen: Wärmedurchgangskoeffizient U, Heizölmenge $V_b$, Heizenergiekosten $K_b$, Heizenergiemenge En. Effizienzkriterien sind: die spezifische Brennstoffmenge $v_b$, das Mehrkostennutzenverhältnis MNV, die Energieminderungskosten EnMK und die energetische Amortisationszeit $n_e$ [Meier 83, 87, 96, 99e].*

Bei kleinen Dämmstoffdicken liegt noch eine hohe Effizienz vor, mit kleinem Aufwand wird ein großer Nutzen erzielt. Bei großen Dämmstoffdicken jedoch liegt nur eine geringe Effizienz vor, mit großem Aufwand wird nur ein sehr kleiner Nutzen erzielt; (Effizienzabfall: proportional zum Quadrat des U-Wertes).

Maßgebend für die Effizienz ist der Tangentenwinkel der Hyperbel, das Verhältnis von Nutzen zu Aufwand [Meier 92, 94a]. Wann werden nun gleiche Tangentenwinkel erreicht? Dies zeigt das Bild 6.41

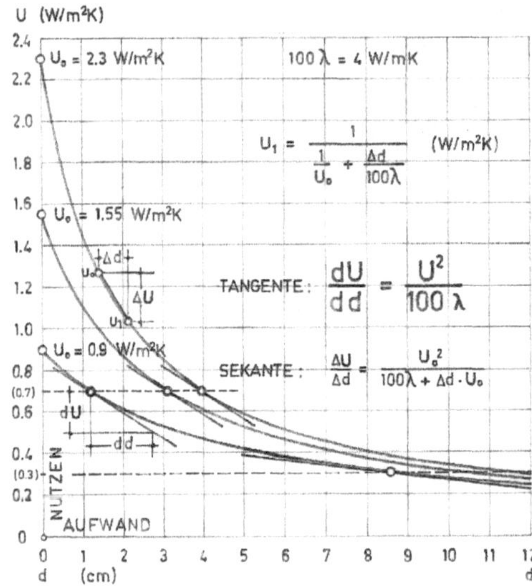


*Bild 6.41:*
*Die drei Kurven $U_0$ = 2,3 W/m²K, $U_0$ = 1,55 W/m²K und $U_0$ = 0,9 W/m²K haben alle drei bei z. B. U = 0,7 W/m²K den gleichen Tangentenwinkel dU : dd, d. h. die gleiche Effizienz.*
*Dies bedeutet:*
*Mit 1 cm Dämmstoff bei $U_0$ = 0,9 W/m²K, mit 3 cm Dämmstoff bei $U_0$ = 1,55 W/m²K und mit 4 cm Dämmstoff bei $U_0$ = 2,3 W/m²K wird jeweils das mit gleicher Effizienz versehene Ziel U = 0,7 W/m²K erreicht. Die Effizienzgrenze wird allein durch einen U-Wert charakterisiert.*

Bild 6.41: Der Effizienzabfall des U-Wertes

Die energetische Absurdität großer Dämmstoffdicken zeigt auch das Bild 6.42, das grafisch ergänzt wurde [Hauser 91].

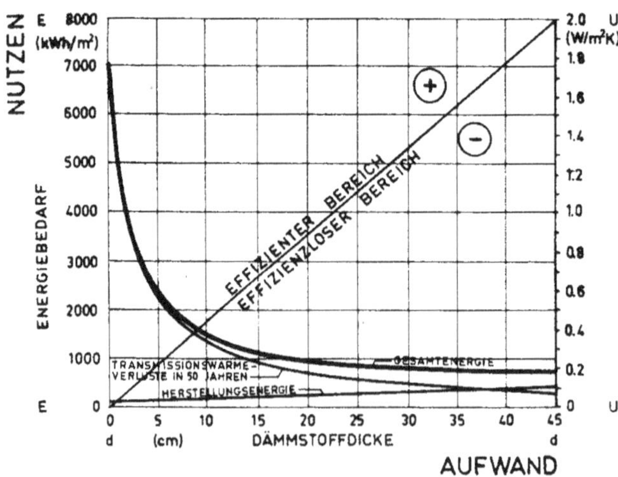


*Bild 6.42*
*Die Überlagerung von Transmissionswärmeverlust und Herstellungsenergie ergibt eine Hyperbel mit einem Minimum, hier bei 45 cm. Die letzten 35 cm Dämmstoff sind energetisch "für die Katz", deutlich erkennbar am fast waagerechten Kurvenverlauf*

Bild 6.42 Effizientes Bauen

Überzeugender kann keine Kurve sein: Viel Aufwand und kaum einen Nutzen bei Dämmstoffdicken ab etwa 6 bis 8 cm. Diese Nutzlosigkeit ist funktionell-mathematisch bedingt und kann selbst durch "Ideologie" und viel "Lamentiererei" nicht überwunden werden.

Wird zum Beispiel die Gültigkeit des U-Wertes nach DIN 4108 einmal angenommen (gültig nur für die Klimakammer), dann sind rechnerische U-Werte von 0,5 bis 0,6 W/m²K noch leicht und mit geringem Aufwand zu realisieren. Bei stetiger U-Wert-Verschärfung wird jedoch sehr schnell die Effizienzgrenze erreicht.

Die Effizienzgrenze eines U-Wertes gilt bei Vorschriften, Verordnungen und Normen, die stets Maximalwerte vorschreiben; diese müssen dann "an sich" wirtschaftlich, eben effizient sein. Effizientes Bauen manifestiert sich im Beachten sinnvoller Grenzen, die durch eine U-Wert-Verbesserung zu erreichen sich gerade noch lohnt.

Wo liegt nun diese Effizienzgrenze?

Nach dem Energieeinsparungsgesetz und auch nach der EnEV muß die Wirtschaftlichkeit gegeben sein. Beim U-Wert wird die Wirtschaftlichkeit gekennzeichnet durch die Neigung der Tangente an die Kurve. Am Anfang ist die Neigung sehr steil (gute Wirtschaftlichkeit); dann aber wird sie immer flacher, die Wirtschaftlichkeit nimmt kontinuierlich ab. Der Grenzwert bestimmt nun die Stelle, an der das Kriterium der Wirtschaftlichkeit, das akzeptierte und somit gewählte Mehrkostennutzenverhältnis (MNV) gerade noch erfüllt wird.

Danach aber geschieht folgendes: Bei weiterer Minderung des U-Wertes bzw. weiterer Verschärfung des Anforderungsniveaus wird durch die dann zu flache Neigung der Tangente die Wirtschaftlichkeit verlassen. Dies aber ist ein Verstoß gegen das Wirtschaftlichkeitsgebot im Energieeinsparungsgesetz bzw. in der EnEV § 25 "Befreiungen". Maßgebend ist somit das Mehrkostennutzenverhältnis.

Als Aufwand (Kosten) werden bei der Grenzwertbestimmung *nur* die Dämmstoffkosten angesetzt; der Wert ka in der Formel (4.13) entfällt. Die wirtschaftliche Effizienzgrenze für den U-Wert wird [Meier 92, 99e]:

(6.21) $$U_g = \sqrt{\frac{100\lambda \cdot ki}{MNV \cdot \varepsilon \cdot \tau \cdot a}}$$ (W/m²K)

$U_g$ = Wärmedurchgangskoeffizient als unterer Grenzwert (W/m²K)
100λ = hundertfacher Wert der Wärmeleitfähigkeit (W/mK)
ki = Kosten des Dämmstoffes (€/m²cm), (DM/m²cm)
MNV = Mehrkosten-Nutzen-Verhältnis (nach Tabelle 4.1)
ε = Energiekostenkoeffizient (ε = 2,9 €/m²a), (ε = 5,7 DM/m²a)
τ = Temperaturkoeffizient (Wand: 1,0; Geschoßdecke: 0,8; Keller: 0,6)
a = Regressionskoeffizient,
berücksichtigt u. a. die Solarabsorption (a<1)

Entscheidend ist, daß sich der Grenzwert für Dämmstoff neben finanzmathematischen Daten nur aus spezifischen Dämmstoffdaten ableiten läßt (100λ und ki).

Die Tabelle 6.16 verschafft einen Überblick über die Größenordnungen der Grenzwerte, die sich nach dem Wirtschaftlichkeitsgebot (MNV = 12), nach dem gerade noch tolerierbaren Grenzbereich der Wirtschaftlichkeit (MNV = 15) und nach dem Kriterium der Divergenz (MNV = 20) ergeben. Darüber hinaus werden die Grenzwerte nach Bauteilen untergliedert; inwieweit sie für die Wand ($\tau$ = 1), für die oberste Geschoßdecke ($\tau$ = 0,8) oder für den Keller ($\tau$ = 0,6) gelten. Dabei werden folgende Werte als konstant angenommen:

100λ = 4 W/mK ; ε = 2,9 (kl = 0,40 €/l Heizöl) und a = 1 (keine empirischen Korrekturen bezüglich der absorbierten Solarstrahlung; realistisch sind a-Werte < 1).

**Tabelle 6.16**: Der Dämmstoff-Grenzwert $U_g$ (W/m²K) für die Wand, für die oberste Geschoßdecke und den Keller bei unterschiedlichen wirtschaftlichen Wertungen (MNV) und unterschiedlichen Dämmstoffkosten ki (€/m²cm).

| | Wand | | | Oberste Geschoßd. | | | Keller | | |
|---|---|---|---|---|---|---|---|---|---|
| ki | MNV | | | MNV | | | MNV | | |
| €/m²cm | 12 | 15 | 20 | 12 | 15 | 20 | 12 | 15 | 20 |
| 0.90 | 0.32 | 0.29 | 0.25 | 0.36 | 0.32 | 0.28 | 0.42 | 0.37 | 0.32 |
| 1,00 | 0,34 | 0,30 | 0,26 | 0,38 | 0,34 | 0,29 | 0,44 | 0,39 | 0,34 |
| 1,10 | 0,36 | 0,32 | 0,28 | 0,40 | 0,36 | 0,31 | 0,46 | 0,41 | 0,36 |
| 1,20 | 0,37 | 0,33 | 0,29 | 0,42 | 0,37 | 0,32 | 0,48 | 0,43 | 0,37 |
| 1,25 | 0,38 | 0,34 | 0,29 | 0,42 | 0,38 | 0,33 | 0,49 | 0,44 | 0,38 |
| 1,30 | 0,39 | 0,35 | 0,29 | 0,43 | 0,39 | 0,33 | 0,50 | 0,45 | 0,39 |
| 1,40 | 0,40 | 0,36 | 0,31 | 0,45 | 0,40 | 0,35 | 0,52 | 0,46 | 0,40 |
| 1,50 | 0,42 | 0,37 | 0,32 | 0,46 | 0,42 | 0,36 | 0,54 | 0,48 | 0,42 |
| 1,75 | 0,45 | 0,40 | 0,35 | 0,50 | 0,45 | 0,39 | 0,58 | 0,52 | 0,45 |
| 2,00 | 0,48 | 0,43 | 0,37 | 0,54 | 0,48 | 0,42 | 0,62 | 0,55 | 0,48 |
| 2,25 | 0,51 | 0,45 | 0,39 | 0,57 | 0,51 | 0,44 | 0,66 | 0,59 | 0,51 |
| 2,50 | 0,54 | 0,48 | 0,42 | 0,60 | 0,54 | 0,46 | 0,69 | 0,62 | 0,54 |
| 2,75 | 0,56 | 0,50 | 0,44 | 0,63 | 0,56 | 0,49 | 0,73 | 0,65 | 0,56 |
| 3,00 | 0,59 | 0,53 | 0,45 | 0,66 | 0,59 | 0,51 | 0,76 | 0,68 | 0,59 |

Die Auswertung dieser Tabelle ist recht aufschlußreich.

Der kleinste U-Wert bei Beachtung der Wirtschaftlichkeit (MNV = 12) liegt für Dämmstoffkosten von 0,90 €/m²cm bei 0,32 W/m²K (Wand), bei 0,36 W/m²K (oberste Geschoßdecke) und bei 0,42 W/m²K (Keller). Mit steigenden Dämmstoffkosten erhöht sich auch der Grenzwert; dieser liegt für Dämmstoffkosten von 2,25 €/m²cm (z. B. Perimeterdämmung im Keller) bei einem U-Wert von 0,66 W/m²K. Ein U-Wert von 0,51 W/m²K führt hier zur Divergenz.

Die wirtschaftlich zu akzeptierenden U-Werte liegen insofern weitgehend *über* den heute infolge der Energieeinsparverordnung erzwungenen U-Werten (siehe EnEV Anhang 3, Tabelle 1 "Höchstwerte der Wärmedurchgangskoeffizienten bei erstmaligem Einbau, Ersatz und Erneuerung von Bauteilen"). Ein verschärftes Anforderungsniveau führt immer zur ruinösen Unwirtschaftlichkeit. Deshalb muß im Interesse der Auftraggeber und Bauherren generell von der Erfüllung des geforderten Anforderungsniveaus in der EnEV abgeraten werden.

Mit diesen Grenzwerten der Tabelle 6.11 ist folgende Aussage möglich:
Ein bestimmter Dämmstoff erfüllt beim U-Wert von xy W/m²K (Tabellenwert) gerade noch das Mehrkostenutzenverhältnis, das als Wirtschaftlichkeitskriterium gewählt wird. Darunter verliert er seine wirtschaftliche Existenzberechtigung. Die Effizienz ist dann nicht mehr gegeben, trotz gegenteiliger Behauptungen der Dämmstoff-Eleven.

Bei bisherigen Wirtschaftlichkeitsdarstellungen wird als Kostendurchschnitt oft ein ki von 2,50 DM/m²cm, also jetzt ca. 1,25 €/m²cm, genannt; der wirtschaftliche U-Wert liegt dann je nach angestrebtem Mehrkostennutzenverhältnis bei der Wand zwischen 0,34 und 0,38 W/m²K und bei der obersten Geschoßdecke zwischen 0,38 und 0,42 W/m²K. Im Keller mit deutlich höheren Dämmstoffkosten (ca. 2.50 €/m²cm) dürfen U-Werte etwa zwischen 0,62 und 0,69 W/m²K nicht unterschritten werden.

*Ergebnis:*
Wirtschaftlich zu verantwortende U-Werte liegen weit über den heute geforderten und "gebräuchlichen" U-Werten. Es wird also viel Dämmstoff mit zu geringer bzw. fehlender Effizienz eingebaut [Meier 00d]. Dies dokumentiert die überzogene und unverantwortliche, dem Kunden nicht mehr zumutbare "Dämmhysterie" und charakterisiert die kleinen U-Werte nur als fiktive Einsparwerte. Die Hyperbeltragik kommt voll zum Tragen, der Nutzen schrumpft asymptotisch zu Null, der Aufwand steigt ins Unermeßliche.

Solange die *Machbarkeit* von Konstruktionen und damit der Umsatz und das Geschäft die Szene bestimmen, solange wird die Effizienz auf der Strecke bleiben, Unwirtschaftlichkeit, Divergenz und damit das Absurde werden triumphieren.

Wenn Naturgesetze, Mathematik und die Logik
unbeachtet bleiben,
wird ein krimineller Pfad beschritten.

Machbarkeit ist der falsche Ansatz; Sinnfälligkeit und Effizienz sind gefragt.

Diese schon in Kapitel 4.2 nachgewiesene generelle Unwirtschaftlichkeit kleiner U-Werte wird damit voll bestätigt. Somit muß von den Ausnahmen (§ 24) und Befreiungen (§ 25) der Energieeinsparverordnung (EnEV) Gebrauch gemacht werden, da Unwirtschaftlichkeit die elementarste Form einer unbilligen Härte, die ja zur Befreiung führt, darstellt. Diese Möglichkeit sollte konsequent wahrgenommen werden [Meier 91c].

## 6.5.4 Energierelevanz des U-Wertes

Das Minimieren von U-Werten nimmt groteske Formen an, denn die quantitative Bedeutung des U-Wertes wird arg überschätzt. Das gegenseitige Ausmanövrieren mit U-Werten oder das Unterbieten um Minibeträge erzielt kaum energetische Vorteile, erzwingt jedoch gewaltige investive Mehrkosten (wie z. B. für die Dachfläche statt 0,3 W/m²K in der WSchVO 84 der in der WSchVO 1995 geforderte Wert von 0,22 W/m²K bzw. die in der EnEV 2016 geforderten Werte bei bestehenden Gebäuden am Flachdach mit 0,2 und am Steildach mit 0,24 W/m²K).

Um sich eine Vorstellung über die Energiemenge von 0,1 W/m²K machen zu können, muß folgendes erläutert werden:

Eine Verbesserung um 0,1 W/m²K erbringt:

- für *100 m²* Außenfläche das energetische Äquivalent einer 60 W Lampe,
- bei Kosten von 0,40 Euro/l Heizöl lediglich 0,29 Euro/m²a an jährlichen Heizkosteneinsparungen.

Eine Verbesserung um 0,1 W/m²K erfordert

- von 1,2 nach 1,1 W/m²K = 0,3 cm Dämmstoff
- von 0,5 nach 0,4 W/m²K = 2 cm Dämmstoff
- von 0,3 nach 0,2 W/m²K = 7 cm Dämmstoff
- von 0,2 nach 0,1 W/m²K = 20 cm Dämmstoff

Je kleiner der zu verbessernde U-Wert ist, desto mehr muß an Dämmstoff zusätzlich eingebaut werden, um den gleichen Nutzen von 0,29 Euro/m²a zu erzielen. Der Effizienzabfall kleiner U-Werte ist eben gewaltig:

Diese "Hyperbeltragik" zeigt auch das Bild 6.43.

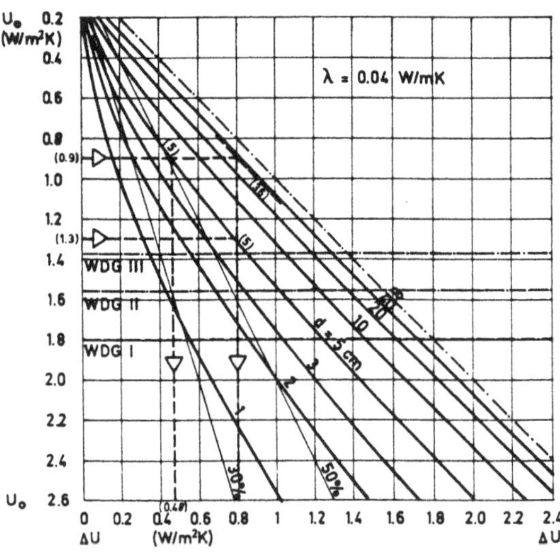


Bild 6.43 Energetischer Nutzen von Dämmstoff

*Bild 6.43*
*Ein $U_0$ von 1,3 W/m²K kann mit 5 cm Dämmstoff um 0,8 W/m²K reduziert werden. Für den gleichen Effekt benötigt ein $U_0$ von 0,9 W/m²K bereits 36 cm Dämmstoff. Ein $U_0$ von 0,9 W/m²K erzielt bei 5 cm Dämmstoff dann lediglich eine Reduzierung um 0,48 W/m²K.*

Das Bild 6.43 zeigt die Ausgangspositionen $U_0$, die (zusätzliche) Dämmung d und die dadurch erzielbaren U-Wert-Differenzen $\Delta U$. Die sich zwangsläufig daraus ergebenden Ergebnisse verdeutlichen die energetische Zwecklosigkeit von "Superdämmungen". Kleine U-Werte dienen also nur der Umsatzsteigerung, jedoch kaum mehr der immer ständig geforderten Energieeinsparung [Meier 00b]. Dämmstoffmassierung bedeutet letztendlich Betrug am Kunden. Die Effizienzlosigkeit drückt sich eben darin aus, daß bei "energetischen Verbesserungen" kleiner U-Werte kaum ein merkbarer Nutzen zu erzielen ist.

Diese Grafik liefert eine rationale Grundlage über die Leistungsfähigkeit von Dämmstoff im stationären Zustand. Dämmstoff ist keineswegs immer Dämmstoff, stets kommt es darauf an, wo und zu welchem Zweck Dämmstoff eingesetzt werden soll. Wenn dann noch die Kosteneinsparungen und die Temperaturstabilität (Lichtenfelser Experiment) mit in die Überlegungen einbezogen werden, dann bekommt der "Dämmwahn" schizophrene Züge.

### 6.5.5 Energierelevanz des Heizwärmebedarfs

Energiebedarfsdaten werden seit der Wärmeschutzverordnung 1995 auf den Quadratmeter Wohn/Nutzfläche bezogen. Bei der EnEV liegen die Anforderungen an den Jahres-Primärenergiebedarf unter anderem zwischen 88 und 152 kWh/m²a. Der Trend zum "Niedrigenergiehaus" oder sogar zum "Passivhaus" wird mit (allerdings falsch berechneten) niedrigen Energiebedarfswerten forciert.

Was erbringt eine Verbesserung um 10 kWh/m²a?

In Heizöl ausgedrückt bedeutet dies die Einsparung von 1 Liter Heizöl pro Quadratmeter und Jahr. Monetär sind dies dann z.Zt. etwa. 60 Cent. Bei einem Einfamilienhaus von ca. 120 m² kämen dann etwa 72 Euro pro Jahr an Heizkosteneinsparungen zusammen. Dies ist nicht viel.

Bei einem Mehrkostennutzenverhältnis von höchstens 15 (sehr gewagt) würde damit für die Mehrkosten das Investitionskostenlimit bei 15 x 72 = 1080 Euro liegen. Die Erfahrung zeigt, daß bei sogenannten "Niedrigenergie- bzw. Passivhäusern" für eine Reduzierung um 10 kWh/m²a diese Summe von insgesamt 1080 Euro bei weitem nicht ausreicht. Je mehr sich die energetischen Verbesserungen dem "U-Nullwert" nähern, desto höher sind die Aufwendungen; 10 000 Euro werden dann sehr schnell überschritten.

### 6.5.6 Volkswirtschaftliche Energierelevanz

Wenn Energieeinsparungen behandelt werden, dann ist als Vorspann in den Fachzeitschriften und Fachbüchern, u. a. auch in [ASEW 98], immer wieder davon die Rede, daß die Raumheizung ca. 30% der in der Bundesrepublik verbrauchten Gesamtenergie ausmache und dies sei doch schon ein derart großer Anteil, daß es sich lohne, hier tätig zu werden. Diese Aussage verdichtet sich dann zu der Annahme, eine Verschärfung der Wärmeschutzanforderungen würde doch recht bedeutsame Energiemengen einsparen helfen.

Diese Annahme ist schlichtweg falsch; sie wird nur suggestiv erzeugt, da konkrete Zahlen und Daten mißbräuchlich verwendet werden. Es wird mit Prozentzahlen operiert, die sich auf unterschiedliche Basiswerte beziehen. Bei einer ausschließlichen Prozent-Angabe ist immer Vorsicht geboten. 30 % kann sehr viel sein, 30 % kann jedoch auch fast zu Null schrumpfen (100% von Nichts ist Nichts).

Dem Vierten Immissionsschutzbericht der Bundesrepublik vom 28. 07. 1988 (also nur den alten Bundesländern zuzuordnen) können folgende Energieverbrauchsdaten entnommen werden, die im Bild 6.44 grafisch dargestellt sind:

Die fünf Endenergieverbrauchssektoren Haushalte, Kleinverbraucher, Industrie, Straßenverkehr und übriger Straßenverkehr benötigen ca. 7600 PJ (PJ ist die Abkürzung für Petajoule und bedeutet $10^{15}$ Joule). Diese Zahl wird nun aber als "Endenergieverbrauch" gehandelt.

Aus dem Umwandlungsbereich (Verstromung, Prozeßwärme) kommt die zur Verfügung gestellte Energie dazu. Dies macht zusammen dann ca. 11500 PJ (Primärenergieverbrauch).

Werden die Umwandlungsverluste von ca. 7200 PJ noch addiert, dann wird an Energie insgesamt ca. 18700 PJ verbraucht (Gesamtenergieverbrauch).

Die Raumheizung erfordert etwa 2000 PJ [Meier 94a].

Aus diesen Daten wird dann das oben schon skizzierte, prozentuale Argumentationsgestrüpp konstruiert, das überall zu lesen und zu hören ist:

"Die Raumheizung betrage ca. 30% des Energieverbrauchs der BRD".

Dies bedeutet Mißbrauch der Statistik, denn die Raumheizung mit 2000 PJ wird fälschlicherweise auf den "Endenergieverbrauch" von 7600 PJ bezogen. Dieser Endenergieverbrauch der fünf Endenergieverbrauchssektoren wird in unredlicher Weise somit zum allgemeinen Energieverbrauch deklariert. Wird jedoch der Gesamtenergieverbrauch von 18700 PJ zur Basis der Prozentrechnung gemacht, dann reduziert sich die Raumheizungsenergie auf rund 10%. Die überall verbreitete Aussage ist also schlichtweg falsch und bezweckt nur die Horrorvision eines gewaltigen Anteils der Raumheizung am Energieverbrauch. Schließlich sollen alle Gebäude reichlich mit Dämmstoff verpackt werden.

Diese falschen 30% für die Energie der Gebäudeheizung werden aber nun weiterhin mißbräuchlich genutzt. Es hieß, mit der Novellierung der Wärmeschutzverordnung 1984 würden ca. 30% an Energie eingespart werden können.

Dies würden bei einem Verbrauch von ca. 2000 PJ dann etwa 600 PJ oder ca. 167 Milliarden Kilowattstunden bedeuten. Die Nutz- bzw. Wohnfläche in den alten Bundesländern betrug ca. 2,3 Milliarden Quadratmeter, so daß damit eine notwendige Einsparung von 167 : 2,3 = 72,6 kWh/m² Wohn-Nutzfläche erforderlich werden würde – und zwar für *jeden* vorhandenen Quadratmeter, also für alle 2,3 Milliarden Quadratmeter zusammen.

Und nun wird der kapitale Denkfehler begangen. Man glaubt fälschlicherweise, daß die pro Quadratmeter Nutz- oder Wohnfläche ermittelten rund 73 kWh/m² durch die Reduzierung eines durchschnittlichen Anforderungsniveaus von 150 kWh/m² (Wärmeschutzverordnung 1984) auf ca. 75 kWh/m² (Wärmeschutzverordnung 1995) auch tatsächlich erreicht werden könnten.

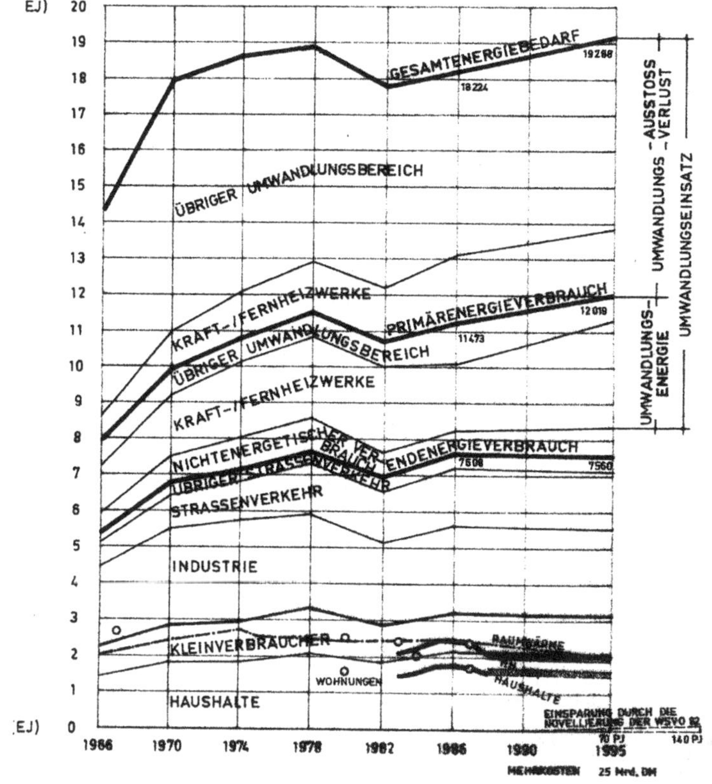


*Bild 6.44:*

*Die proklamierten 30% Einsparung führen nur zu einer jährlichen Energieeinsparmenge von lediglich 12,5 PJ. Dieses Ergebnis ist niederschmetternd, die Zahl 12,5 verschwindet gegenüber dem jährlichen Gesamtverbrauch im Nichts.*

Bild 6.44: Gesamtenergiebedarf in der BRD (alt) im Jahre

*Fehlanzeige:*

Es wird mit dieser Rechnung so getan, als ob diese Anforderungsveränderung von 150 auf 75 kWh/m² sofort und für alle Gebäude gleichzeitig umsetzbar wäre – dies aber ist reinste Utopie, man vergißt wieder einmal die Zeit, die man für diese "Umrüstung" benötigt. Wenn bei optimistischer Betrachtung ca. 2 % der Gebäudesubstanz "saniert" werden kann, und dies ist auch deklariert worden, obgleich auch dies Utopie ist, dann benötigt man 50 Jahre zur Verwirklichung dieses Traumziels. Jährlich – und auf die jährliche Bilanz kommt es ja immer an – könnten dann aber statt der insgesamt 2,3 Milliarden Quadratmeter Wohn- oder Nutzfläche nur 0,046 Mrd. m² umgerüstet werden. Dies führt dann bei einer Einsparung von 75 kWh/m² jedoch nur zu einer jährlichen Energieeinsparmenge von 3,45 Mrd. kWh bzw. 12,5 PJ.

Ein solches Ergebnis ist katastrophal. Die Zahl 12,5 ist auf dem Bild 6.44 kaum wahrnehmbar; es handelt sich, bezogen auf 2000 PJ, gerade einmal um 0,625%. Wird der Gesamtenergieverbrauch von 18700 PJ zur Basis genommen, dann werden es sogar nur 0,067%. Dies sind Minierfolge gegenüber der groß angelegten Werbekampagne von 30% Einsparung.

Dieses ernüchternde Ergebnis kam bei der Novellierung der Wärmeschutzverordnung 1984 heraus. Die Wärmeschutzverordnung 1995 erzielte also maximal nur diese kümmerlichen Energieeinsparungen – manipulierte Statistik zum Zwecke des Betruges, es ist ein Skandal. Die weitere Verschärfung des Anforderungsniveaus bei der EnEV führt demzufolge zu noch deprimierenderen Ergebnissen. Wer aber die "Hyperbeltragik" kennt, für den ist dieses Desaster sonnenklar.

Und was wurde überall erzählt. Um die "Klimakatastrophe" wirksam zu bekämpfen, bedarf es unbedingt dieser Verschärfung des Wärmeschutzniveaus; auch dies alles ist verbaler Humbug und dient nur der Volksverdummung (siehe Abschnitt 6.1.2 "Der erfundene Treibhauseffekt").

Besonders skandalträchtig war, daß bereits die Protagonisten einer Novellierung der Wärmeschutzverordnung 1984, die Professoren der etablierten Bauphysikszene, nachher davon redeten, nennenswerte Reduktionen der $CO_2$-Emissionen bis zum Jahre 2005 würden aus der neuen Wärmeschutzverordnung nicht resultieren. Deshalb müsse man den Altbau "energetisch" sanieren – und forcierten die Umsetzung der EnEV. So stolpern diese "Experten" von einem Dilemma ins nächste, denn beim Altbau kommt ja eben nur das gerade abgeleitete, enttäuschende Ergebnis zustande – außerdem stimmt beim Altbau die stationäre Berechnung mit dem U-Wert nicht; die wirklichen Reduzierungen sind demzufolge viel geringer. Dieser Sachverhalt mit dem betrügerischen Gebrauch von Datenmaterial dokumentiert eigentlich nur die wahren Motive in Wissenschaft und Administration. Die Desinformation des Kunden zum Zwecke der Umsatzsteigerung entsprechender Industriezweige.

## 6.5.7 Wärmebrücken

Durch die fast ungezügelte Verwendung von Dämmstoff infolge stationären Denkens lassen sich rein rechnerisch durchaus niedrige U-Werte erzielen, doch werden diese günstigen *Rechen*ergebnisse bei konkreten Messungen nicht bestätigt. Im Gegenteil, es zeigt sich, daß ein Wärmedämmverbundsystem keinerlei Energieeinsparungen mit sich bringt (siehe Bild 6.7). Vor allem der Verzicht auf kostenlose Sonnenenergie führt zu diesen makabren Ergebnissen. Diese energetische Nutzlosigkeit wird nun den Wärmebrücken angelastet. Die Unterschiede zwischen Rechnung und Verbrauch werden den Wärmebrücken angelastet. Nur bei stationärer Betrachtung (!) und demzufolge konstanter Wärmestromdichte mit den daraus resultierenden Temperaturverteilungen im Bauteil ergeben sich dann in der Tat erhöhte Wärmeabflüsse. Bei instationären Verhältnissen im Bauteil sind die nachfolgenden Aussagen jedoch nicht zutreffend.

### 6.5.7.1 Verdübelungen und Verankerungen

Verdübelungen bei Thermohautsystemen, Verankerungen von Vormauerschalen bei Kerndämmungen, Verkleidungen bei vorgehängten Fassaden sowie Latten oder Alukonstruktionen beeinflussen den Wärmedurchgang [Meier 91]. In all diesen Fällen wird die Dämmschicht durchstoßen bzw. unterbrochen, wodurch die "rechnerisch" ermittelte Dämmwirkung gemindert wird. Je dicker die Wärmedämmung, desto größer sind die Wärmebrückeneinflüsse. Dies zeigt Bild 6.45 recht anschaulich.

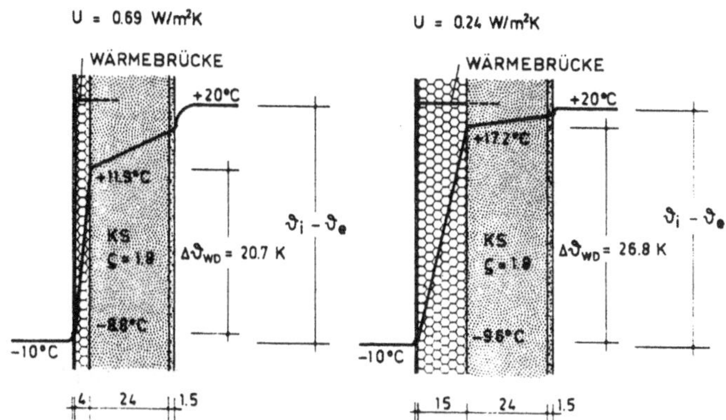


Bild 6.45: Stationärer Temperaturverlauf bei einer Wärmebrücke infolge Verdübelung

*Bild 6.45: Der Temperaturunterschied zwischen einer 4 cm Wärmedämmung (20,7 K) und einer 15 cm Wärmedämmung (26,8 K) ist recht beachtlich.*

Die "empfohlenen" Dämmstoffdicken der Niedrigenergie- und Passivhäuser von 15 und mehr Zentimeter leiden alle unter den überproportionalen Wärmebrückeneinflüssen. Schon allein aus diesem Grunde sind die nur rein rechnerisch ermittelten niedrigen U-Werte mehr fiktiver Natur als realitätsnah.

Konkret heißt das:
Die prozentuale Abweichung des "Wärmebrücken-U-Wertes" vom rechnerischen U-Wert ist fast proportional zur Dämmschichtdicke. Wenn die "Wärmebrücken" einer 6 cm Dämmung rein rechnerisch z. B. 20% Erhöhung des U-Wertes ausmachen, dann werden es bei einer 12 cm Dämmung ca. 40% Zuschlag werden [Meier 91]. Es ist deshalb falsch und gibt die tatsächlichen Wärmeströme keinesfalls richtig wieder, wenn bei einer bestimmten, mit Wärmebrücken versehenen Konstruktion nun unabhängig von der Dämmstoffdicke eine nominelle Konstanz der Abweichung angenommen wird, wie sie die EnEV mit 0,05 bzw. 0,1 W/m²K zuläßt.

Dieser Irrtum wird jedoch auch praktiziert, wenn unabhängig vom U-Wert prozentuale Abminderungen empfohlen werden (wie im Energiepaß von Hauser). Sowohl prozentuale als auch konstante Abminderungen, wie sie jetzt in der EnEV vorgenommen werden, beschreiben keinesfalls die tatsächlich vorliegenden Wärmebrückeneinflüsse. Insofern wird auch hier wiederum falsch gedacht und gerechnet.

## 6.5.7.2 Heterogene Dämmschale

Wärmebrücken in einem Gebäude sind nicht zu vermeiden; ein wärmebrückenfreies Haus aus Energieeinsparungsgründen zu fordern, ist eine Utopie. Die zusätzlichen Verluste durch Wärmebrückeneinflüsse sind bei den weit verbreiteten Wärmedämmverbundsysteme tendenziell jedoch besonders groß. Dies zeigt das Bild 6.46 deutlich.

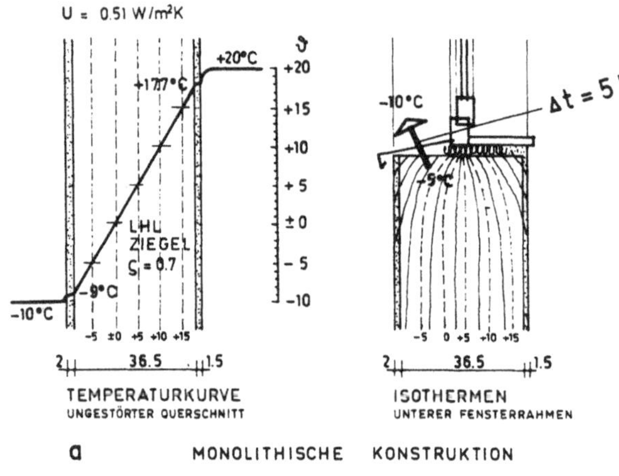


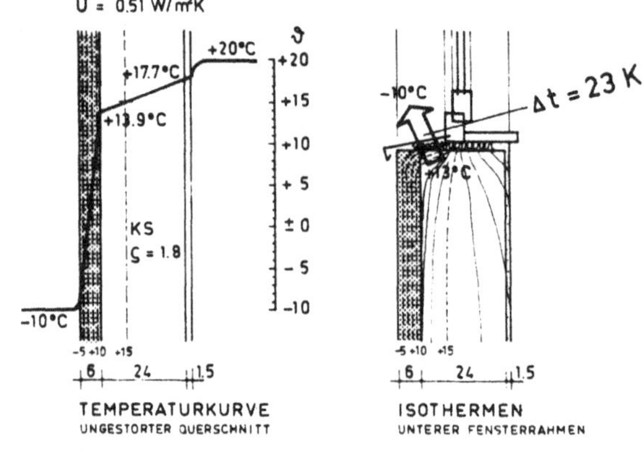


Bild 6.46: Stationäres Temperaturgefälle bei Wärmebrücken unterschiedlicher Konstruktionen

*Bild 6.46*
*Es werden die stationären Isothermen einer monolithischen und einer Schichtkonstruktion gezeigt. Bei der Fensterbank ergeben sich hier völlig unterschiedliche thermische Auswirkungen. Während die monolithische Konstruktion mit einer Temperaturdifferenz von ca. 5 K auskommt, schnellt diese bei einer Schichtkonstruktion auf ca. 23 K hoch. Der vermeintlich gute U-Wert wird dadurch sogar rechnerisch gewaltig entwertet. Schichtkonstruktionen müssen deshalb bei einer energetischen Wertung stark relativiert werden [Meier 92a].*

Die günstigste, mathematisch mit stationärer Berechnung gefundene Lösung bei Wärmedämmverbundsystemen wäre die homogene, überall gleich dicke Außendämmung, auch in der Leibung. Da diese Gleichheit jedoch aus konstruktiven Gründen nicht oder kaum realisierbar ist, treten überall diese negativen Wärmebrückeneffekte auf. Man denke nur an Dämmungen in den Leibungen, die meist recht spärlich ausfallen (wenn dort aus konstruktiven Gründen überhaupt gedämmt wird) und an die bauphysikalisch falsche Innendämmung, die bei den einbindenden Decken und Wänden ganz wegfallen muß.

So steht in [Gertis 83]: *"Man erkennt, daß beispielsweise bei 10 cm Dicke der innerseitigen Dämmschicht der wirkliche k-Wert* (jetzt U-Wert) *mit ca. 0,7 W/m²K etwa doppelt so hoch ist wie der rechnerisch in der üblichen Weise ermittelte Wert von ca. 0,35 W/m²K"*. Aber auch Hauser beschreibt den Wärmebrückeneffekt bei einer innen gedämmten Außenwand mit und ohne Berücksichtigung der Wärmebrücken wie folgt: *"... erreicht das Verhältnis bei einer praktisch üblichen Dämmstoffdicke von 6 cm den Wert von ca. 2,5"* [Hauser 89]. Im Klartext heißt dies: Gegenüber der stationären Rechnung muß mit dem zweieinhalbfachen Transmissionswärmeverlust gerechnet werden – eine gewaltige quantitative Korrektur. Insofern ist es nicht verwunderlich, daß immer wieder "Rechnung" und Verbrauch weit auseinanderklaffen und damit den Kunden fehlerhafte "Energiebedarfszahlen" vorgaukeln.

#### 6.5.7.3 Funktionelle Behandlung

Bei der Beurteilung von Wärmebrückeneffekten kann die funktionelle Behandlung weiterhelfen. In [IPB 83] steht: *"Wichtig ist jedoch die Feststellung, daß es bei höherer Wärmedämmung eines Gebäudes nicht mehr genügt, den realen Wärmeschutz nur mit dem k-Wert* (jetzt U-Wert) *zu beschreiben, denn Wärmebrücken können, wie Messungen gezeigt haben, heizenergetisch relativ große negative Effekte bewirken. Je kleiner der rechnerische k-Wert von Gebäudeaußenbauteilen ist, desto größer können die bisher erfaßten unterschiedlichen Auswirkungen der speziellen Konstruktions- und Randbedingungen werden und desto mehr kann der spezifische Transmissionswärmeverlust vom rechnerischen k-Wert abweichen*".

Das bedeutet:
Bei großen U-Werten – und dies sind die schweren monolithischen Konstruktionen – ergeben sich kleine absolute Abweichungen, bei kleinen U-Werten – dies sind die Schichtkonstruktionen – jedoch ergeben sich große absolute Abweichungen [Meier 92a]. Dies zeigt das Bild 6.47 sehr deutlich.

Diese funktionelle Grundstruktur einer "Wärmebrücke" wird in [IPB 83] voll bestätigt. An dieser funktionellen Binsenwahrheit kommt man nicht vorbei. Jedes Programm zur Errechnung des Heizenergiebedarfes muß sich daran messen lassen, inwieweit diese funktionelle Tendenz berücksichtigt wird, ansonsten werden die fehlerhaften Ergebnisse noch gesteigert. Gerade durch die "Niedrigenergiebauweise" werden die kleinen U-Werte jetzt zur Standardware. Der berechnete Heizenergiebedarf wird damit immer fiktiver. Hauser hat z. B. bei dem von ihm vorgeschlagenen Energiepaß den Wärmebrückeneffekt durch einen prozentualen Zuschlag berücksichtigt (Innendämmung = 1,3). Gerade dies aber ist methodisch absolut falsch, dem Bild 6.47 kann dies entnommen werden [Meier 91b].

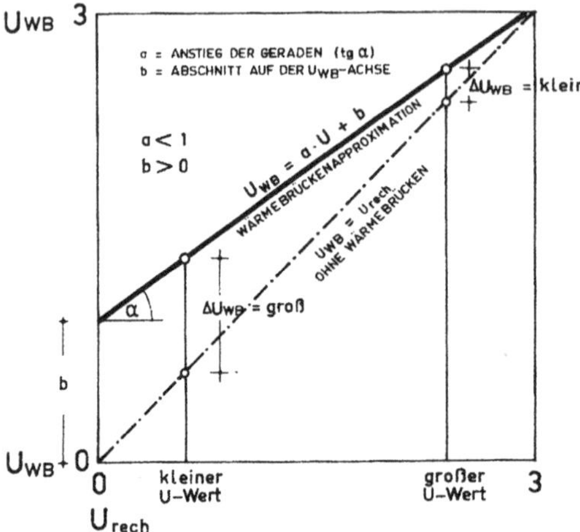


Bild 6.47: Funktionelle Beschreibung einer "Wärmebrücke"

*Bild 6.47:*
*Die Funktionsgerade einer Wärmebrücke liegt oberhalb der Diagonalen. Deutlich ist die kleine absolute Abweichung bei großen U-Werten und die große absolute Abweichung bei kleinen U-Werten zu erkennen. Das Verhältnis von absoluter Abweichung zur Basis des rechnerischen U-Wertes steigt demnach bei den kleinen U-Werten exponentiell an. Auch dies ist ein Hinweis, daß große Dämmstoffdicken mehr schaden als nutzen.*

## 6.6 Das Fenster

Die hier angeführten energetischen Verbesserungen gelten nur für eine Konvektionsheizung, da eine Strahlungsheizung andere physikalische Gesetze bedingt. Das Fenster wurde und wird stets als "Wärmeloch" angesehen. Die U-Werte für Gläser aus dem Labor sind nun einmal nicht gerade günstig, so daß man auf den ersten Blick in der Tat von Wärmelöchern sprechen kann. Werden jedoch realitätsnah ein temporärer Wärmeschutz und die Solargewinne berücksichtigt, so ergibt sich energetisch ein völlig anderes Bild [Meier 92b, 99h, 01f].

### 6.6.1 Temporärer Wärmeschutz

Fast jedes Fenster ist mit Rolladen oder anderen Einrichtungen versehen, die in der Nacht bzw. bei Dunkelheit für eine zusätzliche Energieeinsparung eingesetzt werden können. Durch diesen "Temporären Wärmeschutz" lassen sich die Energieverluste merkbar mindern. Dabei sind Art und Dauer des temporären Wärmeschutzes wichtig. Hohe Wärmedurchlaßwiderstände sowie eine ausreichende Berücksichtigung der angenommenen Nachtzeit begünstigen den Wärmeschutz

Eine Auswahl von Wärmedurchlaßwiderständen $R_{(tW)}$ (früher $1/\Lambda_{(tW)}$) für den temporären Wärmeschutz zeigt die Tabelle 6.17 aus [Frank 84].

Bei der methodischen Behandlung der energetischen Einflüsse muß hier vor allem die überproportionale Wichtung des nächtlichen Wärmeschutzes infolge größerer Temperaturdifferenzen zwischen innen und außen berücksichtigt werden [Meier, 87, 92b, 95, 99h]. Um den Einfluß des temporären Wärmeschutzes entsprechend richtig zu beschreiben, muß deshalb die in der VDI-Richtlinie 2067 angegebene mittlere Außentemperatur $t_z$ nach Bild 6.48 in eine mittlere Nachttemperatur $t_{Nm}$ und eine mittlere Tagtemperatur $t_{Tm}$ aufgesplittet werden.

**Tabelle 6.17**: Wärmedurchlaßwiderstände $R_{(tW)}$ des temporären Wärmeschutzes

| | | d | Material | $R_{(tW)}$ |
|---|---|---|---|---|
| | | mm | | m²K/W |
| 1 | Rolladen | 8 | Alu/PVC | 0,17 |
| 2 | Rolladen | 14 | Holz | 0,20 |
| 3 | Rolladen | 14 | PVC | 0,38 |
| 4 | Doppelrolladen | | PVC | 0,38 |
| 5 | Laden | 28 | Holz | 0,38 |
| 6 | gedämmter Laden | 50 | Holz/Dämmstoff | 0,62 |

Die Besonderheit einer größeren Temperaturdifferenz während der Nacht verdeutlicht das Bild 6.48.

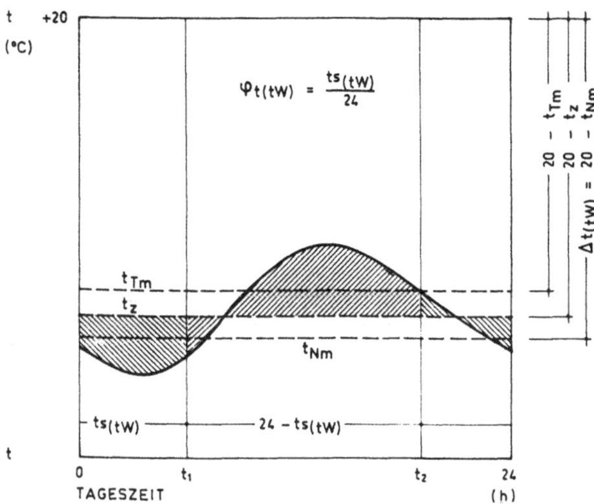


Bild 6.48: Tagestemperaturverlauf und mittlere Tages- und Nachttemperatur

*Bild 6.48: Der $U_W$ (früher $k_F$)-Wert wird während der Dauer des temporären Wärmeschutzes in der Nacht verbessert. Außerdem herrscht während dieser Zeit eine größere Temperaturdifferenz. Dies führt beim Fenster zu einer überproportionalen Verbesserung des Wärmeschutzes.*

Bei Berücksichtigung der überproportionalen nächtlichen Wichtung und der Dauer des nächtlichen Wärmeschutzes lautet die Formel für die Reduzierung $\Delta U_{W(tW)}$ infolge des meist wirksamen temporären Wärmeschutzes (t.W.):

(6.22) $$\Delta U_{W(tW)} = \frac{20 - t_{Nm}}{20 - t_z} \cdot \varphi_{t(tW)} \cdot \frac{U_W^{\,2} \cdot R_{(tW)}}{1 + U_W \cdot R_{(tW)}}$$ (W/m²K)

$\Delta U_{W(tW)}$ = Verbesserung des $U_W$-Wertes durch t. W. (W/m²K)
$t_{Nm}$ = Mittlere Nachttemperatur für die Dauer des t. W. (°C)
$t_z$ = mittlere Außentemperatur aller Heiztage (°C)
$\varphi_{(tW)}$ = Anteil des t. W. an 24 Stunden (-)

| | | |
|---|---|---|
| $U_W$ | = | Wärmedurchgangskoeffizient des Fensters ($k_F$) (W/m²K) |
| $R_{(tW)}$ | = | Wärmedurchlaßwiderstand des t. W. (m²K/W) |

Für unterschiedliche Einrichtungen des temporären Wärmeschutzes nach Tabelle 6.17 werden in der Tabelle 6.18 die U-Wert Reduzierungen aufgelistet.

Dabei finden folgende Werte Berücksichtigung:

$t_{Nm}$ = +1 °C; $t_z$ = +5 °C; $\varphi_{(tW)}$ = 10/24 = 0,417.

**Tabelle 6.18**: Reduzierung der $U_W$-Werte um $\Delta U_{W(tW)}$ in W/m²K durch temporären Wärmeschutz;

| | | $U_W$ | $R_{(tW)}$ oder $1/\Lambda_{(tW)}$.. (m²K/W) | | | |
|---|---|---|---|---|---|---|
| | | W/m²K | 0,17 | 0,20 | 0,38 | 0,62 |
| 1 | Einfachverglasung | 5,2 | 1,29 | 1,40 | 1,82 | 2,09 |
| 2 | Isolierverglasung 6-8 mm LZR | 2,9 | 0,51 | 0,56 | 0,80 | 0,98 |
| 3 | Verbundfenster 30-50 mm SA | 2,5 | 0,39 | 0,44 | 0,64 | 0,80 |
| 4 | Kastenfenster 80-100 mm SA | 2,5 | 0,39 | 0,44 | 0,64 | 0,80 |
| 5 | Wärmeschutzglas | 1,8 | 0,22 | 0,25 | 0,39 | 0,50 |
| 6 | Sonnen- Wärmeschutzglas | 1,4 | 0,14 | 0,16 | 0,26 | 0,34 |
| 7 | Wärmeschutzglas, Krypton | 1,3 | 0,12 | 0,14 | 0,23 | 0,31 |

*Erläuterung der Tabelle 6.18:*

Da die Energiegewinne bei großen U-Werten größer und bei kleinen U-Werten kleiner ausfallen, wird deutlich, daß die kleinen $U_W$-Werte, wie sie jetzt üblich werden, geschmälerte Energiegewinne nach sich ziehen. Die energetisch günstig erscheinenden $U_W$-Werte verlieren also beim temporären Wärmeschutz weitgehend ihren energetischen Vorteil.

Der temporäre Wärmeschutz wird in der "Bauphysik-Literatur" auch durch den "Deckelfaktor" beschrieben, unter anderem in [Hauser 91a]. Die dort vorzufindenden Formeln lauten in analoger Form zur Formel 6.21 dann zusammengefaßt:

(6.23) $$\Delta U_{W(tW)} = 0{,}375 \cdot \frac{U_W^{\ 2} \cdot 0{,}2}{1 + U_W \cdot 0{,}2}$$ (W/m²K)

Durch Vergleich der beiden Formeln 6.22 und 6.23 wird erkennbar:

1. Es wird ein sehr geringer temporärer Wärmeschutz von 0,2 m²K/W angenommen. Innovative Möglichkeiten einer konstruktiv machbaren und energetisch besseren Lösung werden dadurch verhindert (siehe Tabelle 6.17)
2. Der Wert $\varphi_{(tW)}$ wird mit 0,375 festgelegt. Dies bedeutet eine Dauer des temporären Wärmeschutzes von 9 Stunden. Dies dürfte zu wenig sein, da in den langen, kalten Nächten doch immerhin bis zu 14 Stunden angesetzt werden können.
3. Die überproportionale Wichtung der Nachttemperaturdifferenzen wird nicht beachtet, sie wird einfach negiert. Die mittlere Nachttemperatur $t_{Nm}$ wird der

mittleren Außentemperatur $t_z$ gleichgesetzt. Dies bedeutet im Klartext: Innerhalb der 24 Stunden wird von einer konstanten Außentemperatur ausgegangen. Dies jedoch ist eine unverantwortliche methodische Nachlässigkeit.

Diese drei Mängel führen zu einer viel zu geringen quantitativen Berücksichtigung des temporären Wärmeschutzes. Der Deckelfaktor nach Hauser beruht auf methodischen Fehlern, hervorgerufen durch Oberflächlichkeit und Laxheit.

*Hinweis*
Im Entwurf der Wärmeschutzverordnung 1995 war der temporäre Wärmeschutz als "Deckelfaktor" trotz der methodischen Fehler noch vorhanden, wurde aber aus nicht nachvollziehbaren Gründen gestrichen. Liegt es vielleicht an den methodischen Fehlern (in [Meier 92b] dargestellt) oder an den damit zu erzielenden U-Wert Minderungen des Fensters, die den Einsatz von "kleinen Labor-$U_W$-Werten", den sogenannten Wärmeschutzgläsern, insgesamt in Frage stellen würden? Waren hier Industrieinteressen vorrangig?

## 6.6.2 Solargewinn durch Fenster

Wenn in der Fachliteratur von Solargewinnen gesprochen wird, dann handelt es sich ausschließlich um die über die Fenster gewonnene Energie. Dies zeigt den verengten geistigen Horizont und blockiert damit das direkte Absorbieren von Solarstrahlung durch speicherfähige Außenwände. Die durch die Fenster eingestrahlte Solarenergie wird dann allerdings im Raum von den vorhandenen massiven Bauteilen absorbiert. Deshalb wird in der Literatur auch immer nur von den speicherfähigen "Innenbauteilen" gesprochen.

Bei der Solarnutzung ist der $U_W$-Wert des Fensters maßgebend. Die Reduzierung des Laborwertes $U_W$ erfolgt mit folgender Formel (6.24):

(6.24) $$\Delta U_{W(PS)} = g \cdot S_F$$ (W/m²K)

$\Delta U_{W(PS)}$ = Passiver Solargewinn des Fensters (W/m²K)
g = Gesamtenergiedurchlaßgrad (-)
$S_F$ = Solargewinnkoeffizient (W/m²K)

Für die in DIN 4108, Teil 4, Tabelle 3 aufgeführten sowie für die z. Zt. von der Glasindustrie angebotenen Gläser werden die passiven Solargewinne in der Tabelle 6.19 aufgelistet.

*Erläuterung der Tabelle 6.19:*
Die Solargewinne verhalten sich proportional zu den Gesamtenergiedurchlaßgraden g, diese jedoch korrelieren stark mit den $U_W$ -Werten (kleine $U_W$-Werte bedeuten kleine g-Werte). Kleinere $U_W$-Werte erzielen somit auch kleinere Solargewinne. Die energetisch günstig erscheinenden kleinen $U_W$-Werte (Laborversuche) verlieren bei Berücksichtigung der Solargewinne damit ebenfalls weitgehend ihren energetischen Vorteil.

**Tabelle 6.19**: Reduzierung der $U_W$-Werte um $\Delta U_{W(PS)}$ in W/m²K durch passiven Solargewinn

| | | g | S | O/W | N |
|---|---|---|---|---|---|
| | $S_F$-Werte | (-) | 2,4 | 1,65 | 0,95 |
| 1 | Einfachverglasung | 0,9 | 2,16 | 1,49 | 0,86 |
| 2 | Isolierverglasung 6-8 mm LZR | 0,8 | 1,92 | 1,32 | 0,76 |
| 3 | Verbundfenster 30-50 mm SA | 0,8 | 1,92 | 1,32 | 0,76 |
| 4 | Kastenfenster 80-100 mm SA | 0,8 | 1,92 | 1,32 | 0,76 |
| 5 | Wärmeschutzglas | 0,62 | 1,49 | 1,02 | 0,59 |
| 6 | Sonnen- Wärmeschutzglas | 0,34 | 0,82 | 0,56 | 0,32 |
| 7 | Wärmeschutzglas, Krypton | 0,58 | 1,39 | 0,95 | 0,55 |

Da auch der hohe finanzielle Aufwand der Wärme- und Sonnenschutzgläser mit in die Überlegungen einbezogen werden muß, wird die Bedeutsamkeit kleiner $U_W$-Werte, energetisch gesehen, deshalb stark relativiert. Die Beschichtungen und Edelgasfüllungen zur Verbesserung des $U_W$-Wertes sind zwiespältiger Natur, da viel Licht damit nicht mehr in den Innenraum dringt.
Bei den sehr kleinen g-Werten, den Gesamtenergiedurchlaßgraden, muß darauf aufmerksam gemacht werden, daß Werte vor allen unter 0,5 dazu führen, daß dahinter stehende Pflanzen unter mangelndem Licht leiden und eingehen. Der Mensch ist offensichtlich robusterer Natur, man mutet ihm durchaus Lichtmangel zu – außerdem gibt es da ja noch eine medizinische Versorgung, auf die man vertrauensvoll hoffen kann.

### 6.6.3 Effektive $U_W$-Werte

Um realistische U-Werte für Fenster zu bekommen, werden die Laborwerte $U_W$ um die Energiegewinne aus dem temporären Wärmeschutz und dem passiven Solargewinn reduziert. Damit erhält man die effektiven Fenster-U-Werte. Hierfür gilt die Formel (6.25).

(6.25) $$U_{Weff} = U_W - \Delta U_{W(tW)} - \Delta U_{W(PS)}$$ (W/m²K)

$U_{Weff}$ = effektiver U-Wert des Fensters (W/m²K)
$U_W$ = Laborwert des Fensters (W/m²K)
$\Delta U_{W(tW)}$ = Energiegewinn durch temporären Wärmeschutz (W/m²K)
$\Delta U_{W(PS)}$ = Passiver Solargewinn des Fensters (W/m²K)

Die einzelnen Energiegewinne werden den Tabellen 6.18 (temporärer Wärmeschutz) und 6.19 (passive Solarenergie) entnommen. Beispielhaft wird beim temporären Wärmeschutz ein Wärmedurchlaßwiderstand R(tW) von 0,38 m²K/W gewählt. Die Ergebnisse zeigt die Tabelle 6.20.

**Tabelle 6.20**: Erzielbare effektive U-Werte des Fensters

| | | $U_W$ (W/m²K) | S 2,4 | O/W 1,65 | N 0,95 |
|---|---|---|---|---|---|
| 1 | Einfachverglasung | 5,2 | 1,22 | 1,89 | 2,52 |
| 2 | Isolierverglasung 6-8 mm LZR | 2,9 | 0,18 | 0,78 | 1,34 |
| 3 | Verbundfenster 30-50 mm SA | 2,5 | -0,06 | 0,54 | 1,10 |
| 4 | Kastenfenster 80-100 mm SA | 2,5 | -0,06 | 0,54 | 1,10 |
| 5 | Wärmeschutzglas | 1,8 | -0,08 | 0,39 | 0,82 |
| 6 | Sonnen- Wärmeschutzglas | 1,4 | 0,33 | 0,58 | 0,82 |
| 7 | Wärmeschutzglas, Krypton | 1,3 | -0,32 | 0,12 | 0,52 |

*Erläuterung der Tabelle 6.20:*
Die günstigsten Ergebnisse erzielen Verbund- und Kastenfenster, die sich ja bereits seit Jahrzehnten bewährt haben. Die Wahl von Sonnenschutzgläsern sollte wohl überlegt werden, denn die geringen Gesamtenergiedurchlaßgrade schmälern einmal den Solargewinn und zum anderen haben sie infolge des geringen Lichtdurchlasses biogenetische Nachteile. Auch Wärmeschutzgläser versprechen mehr, als sie tatsächlich dem Namen nach vorgeben zu sein. Vorsicht also bei der Wahl der Fensterverglasung. Bei einer Strahlungsheizung erübrigen sich derartige Überlegungen.

## *6.7 Konsequenzen*

Richtig bauen heißt die Devise. Dieses Wollen wird durch eine widersprüchliche und zwielichtige Bauphysik behindert. Lobbyismus und starke Interessen umsatzträchtiger Industrien beeinflussen in unverantwortlicher Weise das gesunde Bauen und weisen für die Bauentwicklung falsche Pfade.

Niedrigenergie- und Passivhäuser werden in höchsten Tönen gelobt und wie sauer Bier angeboten. "Energie müsse eingespart werden" lautet der Slogan und die EnEV soll dieses "zukunftsweisende" Bauen administrativ durchsetzen. In unerträglichen Meinungskampagnen werden äußerst medienwirksam unter anderem folgende Schwerpunkte gesetzt:

- Außenhüllen müssen bestens wärmegedämmt sein,
- Fenster müssen erneuert werden,
- alle Fugen müssen abgedichtet sein,
- die Heizkessel müssen ausgewechselt werden.

Tradierte Bausubstanz soll mit diesen Parolen ausgetauscht und verändert werden. Ist das, was hier der Baubranche so wärmstens empfohlen wird, überhaupt alles notwendig und richtig? Nein, all dies ist ein energetischer Flop und ist überdies auch noch sehr schadensträchtig. Lohnt sich dieser technische Aufwand oder wird hier mit gezinkten Karten nur das große Geschäft angekurbelt? Vieles ist unnötig, belastet finanziell den Kunden. Die Kampagnen dienen ausschließlich der Auftragsvergabe an interessierte Firmen [Meier 01, 06a, 06c, 09a, 09b].

# 7 Feuchteschutz

Der Feuchteschutz ist eines der Hauptanliegen beim Gebäude, denn schnell ist ein Bauteil durchfeuchtet und dann ist der Verfall nicht mehr allzu weit. Beim Bau sind Feuchteschäden weit verbreitet. Darüber hinaus muß in feuchten und unbehaglichen Räumen verstärkt mit Gesundheitsgefahren und -schäden gerechnet werden, die im Interesse der Bewohner unbedingt zu vermeiden sind [Meier 89], [Moriske 01].

## 7.1 *Außen- und Innenluftfeuchte*

Einen Überblick über die Außenluftfeuchten nach DIN 4710 gibt das Bild 7.1:

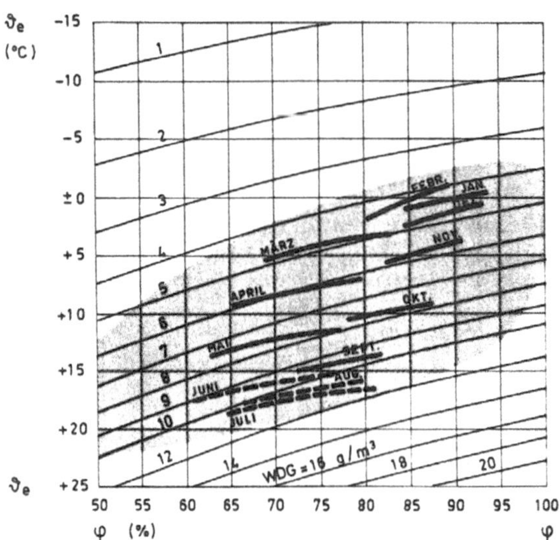


Bild 7.1: Durchschnittliche Klimawerte für die Monate Januar bis Dezember nach DIN 4710

*Bild 7.1:*
*Bei Außentemperaturen um den Nullpunkt (Dezember, Januar, Februar) liegen die relativen Feuchten etwa bei 80 bis 95 %; dies entspricht einer absoluten Feuchte von 4 bis 5 g/m³ Luft. Bei ca. +10 °C Außentemperatur (Oktober) liegen die durchschnittlichen relativen Feuchten zwischen 75 und 90%; dies wären dann jedoch absolute Feuchten von 7 bis 8 g/m³ Luft. Eine höhere absolute Feuchte kann also eine geringere relative Feuchte bedeuten.*

Ein absoluter Wasserdampfgehalt von 4 bis 5 g/m³ um den Nullpunkt herum entspricht durchaus einem angenehmen Klima und doch beträgt die relative Feuchte rund 95%. Man denke nur an einen Winterspaziergang bei Sonnenschein.

An einem Herbsttag bei z. B. +5 °C ist es frühmorgens nebelig (Waschküche); dies bedeutet 100% relative Feuchte mit einem absoluten Wasserdampfgehalt von rund 7 g/m³ Luft und doch ist es nicht drückend schwül, sondern eher angenehm frisch. Ein ähnlich angenehmes Klima empfindet man bei Schneefall, auch hier handelt es sich um eine hohe relative Feuchte.

Dagegen entspricht z. B. eine Gewitterschwüle mit Lufttemperaturen von +25 °C und einer relativen Feuchte von nur 60% einer absoluten Wasserdampfmenge von etwa 14 g/m³ Luft – dies wird als bleischwer empfunden, obgleich die relative Feuchte geringer ist.
Die unterschiedlichen Empfindungen resultieren aus den unterschiedlichen absoluten Wasserdampfmengen. Die Gewitterschwüle enthält etwa das Dreifache und der Nebeltag etwa das Doppelte gegenüber dem Wintertag. Trockene und feuchte Außenluft werden nicht nach der relativen Feuchte empfunden; der Gradmesser für Verträglichkeit ist die absolute Feuchte; je geringer diese ist, desto angenehmer wird die Luft zum Atmen sein [Eisenschink 90].

Ähnlich verhält es sich mit der Innenraumluft. Allerdings muß hier strikt zwischen einer Strahlungsheizung und einer Luftheizung unterschieden werden – siehe hierzu Bild 5.10 mit dem Zusammenspiel von Luft- und Oberflächentemperatur. Das Bild 7.2 mit der Abhängigkeit von Raumlufttemperatur und relativer Feuchte gilt deshalb nur für Luft- oder Konvektionsheizungen, da hier durch die Raumluftbewegungen und der damit verbundenen Staubaufwirbelung eine gewisse Feuchte zur Linderung des "Trockengefühls" im Rachen erforderlich wird.

In [Raiß 58] steht: *"Die Hygieniker sind sich darüber einig, daß man bei Klagen über zu trockene Raumluft den Staubgehalt derselben dafür verantwortlich machen muß".*

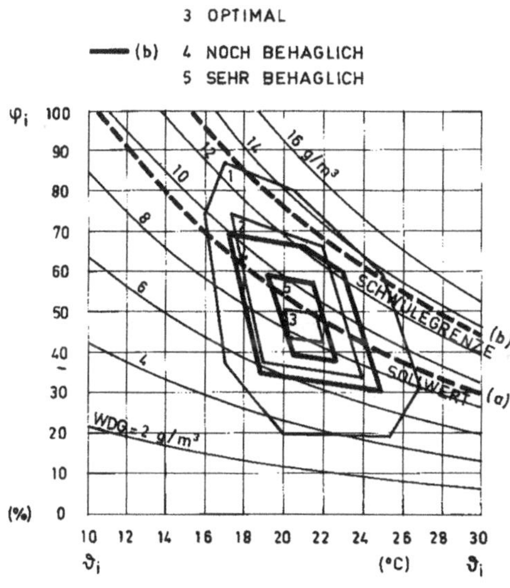


Bild 7.2: Behaglichkeitsdiagramm sowie relative und absolute Feuchte in g/m³

*Bild 7.2:*
*Der Sollwert nach [Recknagel 88] liegt etwa bei einer absoluten Feuchte von 9 g/m³ (a). Die Schwülegrenze (ca. 13 bis 14 g/m³) (b) und der Behaglichkeitsbereich 4 und 5 (fett umrandet) nach [Hebgen 73] (b) kennzeichnen anzustrebende Werte. Der etwas größer gefaßte Behaglichkeitsbereich 1 (dünn umrandet) nach [Beckert 86] (c) berührt bereits Innenklimate, die zu vermeiden wären. Immerhin überschreitet dieser "noch behagliche" Bereich bereits die Schwülegrenze. Optimal für eine Luftheizung wäre bei 20 bis 22 °C Raumlufttemperatur eine relative Feuchte von 40 bis 50% mit ca. 8 bis 9 g/m³ absoluter Feuchte, der (Behaglichkeitsbereich 3 nach [Beckert 86] (c).*

Die Behaglichkeitsbereiche sind nach [Beckert 86] (c):

1 noch behaglich 2 behaglich 3 optimal

Die Behaglichkeitsbereiche nach [Hebgen 73] (b) sind:

4 noch behaglich 5 sehr behaglich.

Die Klimatechnik bemißt den Feuchtegehalt allerdings nicht in Gramm pro Kubikmeter (Bild 7.2), sondern in Gramm pro Kilogramm trockene Luft (g/kg tr.L.). Dies zeigt das Bild 7.3:

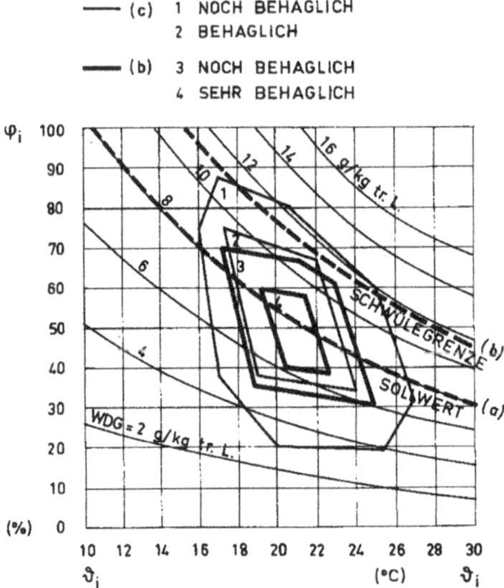


Bild 7.3: Behaglichkeitsdiagramm sowie relative und absolute Feuchtewerte in g/kg. tr. L.

*Bild 7.3:*
*Der Sollwert nach [Recknagel 88] liegt bei einer absoluten Feuchte von 8 g/kg tr.L. (a) Die Schwülegrenze (ca. 11 bis 24 g/kg tr.L.) (b) und der Behaglichkeitsbereich 4 und 5 nach [Hebgen 73] (b) fett umrandet kennzeichnen annehmbare Werte. Der etwas größer gefaßte Behaglichkeitsbereich 1 nach [Beckert 86] (c) dünn umrandet überschreitet bereits die Schwülegrenze und kennzeichnet damit Innenklimate, die zu vermeiden wären. Optimal für eine Luftheizung wäre bei 20 bis 22 °C Raumlufttemperatur eine relative Feuchte von 40 bis 50% mit einer absoluten Feuchte von ca. 7 g/kg tr.L..*

## 7.2 Feuchtesorption

Die Sorptionseigenschaften einer Außenkonstruktion sind als innere Pufferschicht und als Feuchtetransportmechanismus nach außen unverzichtbar. Sorptionsisothermen geben deshalb wichtige Aufschlüsse über das feuchtigkeitstechnische Verhalten poröser Baustoffe. Typische Sorptionsisothermen zeigt das Bild 7.4 [Klopfer 74]:

Grundsätzlich ist das Sorptionsverhalten der Innenoberflächen eines Raumes sowohl für die Feuchte- als auch für die sehr wichtige Thermostabilität maßgebend. Bei übermäßiger Feuchteproduktion (z. B. Kochen in der Küche, Duschen im Bad, viel Blumen und ein Aquarium im Wohnzimmer) nehmen sorptionsfähige Schichten (Kalkputz, Holzverkleidungen, Gipskartonverschalung) die Feuchtespitzen auf und puffern diese ab; es findet ein Ausgleich der relativen Feuchten zwischen Raumluft und Wandoberfläche statt. Ein zu dichter Anstrich hebt diese günstigen Sorptionseigenschaften allerdings wieder auf. Zur Entfeuchtung der Oberflächen muß dann jedoch wieder gelüftet werden. Kalte Außenluft, die im Raum erwärmt wird, ist recht trocken (20 bis 30% rel. Feuchte); diese saugt wie ein Schwamm aus den "feuchten" Innenoberflächen die Feuchte wieder heraus, eine normale Ausgleichsfeuchte pendelt sich wieder ein. Bei stärkerer Durchfeuchtung der Oberflächen muß allerdings dann mehrmals oder stetig gelüftet werden.

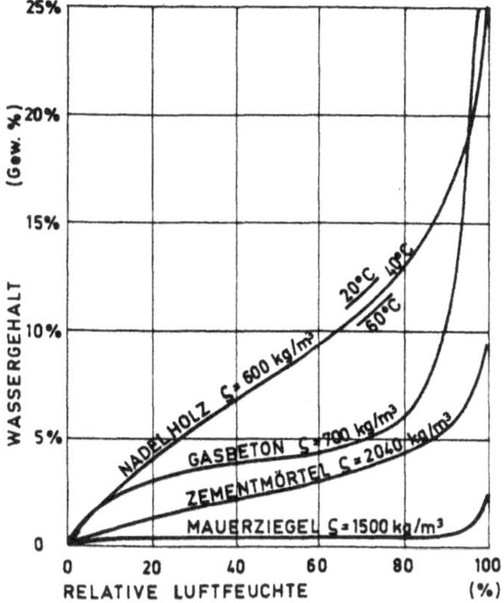


Bild 7.4: Sorptionsisothermen poröser Stoffe [Klopfer 74].

*Bild 7.4:*
*Deutlich ist der bis etwa 90% relative Feuchtigkeit gültige niedrige konstante Wassergehalt von ca. 0,5% beim Mauerziegel zu erkennen. Kein Baustoff hat bessere Sorptionseigenschaften als der massive Mauerziegel. Gasbeton und Zementmörtel dagegen reagieren bei steigender Luftfeuchte mit steigendem Wassergehalt. Der Unterschied liegt in der Fähigkeit des Ziegels, kapillare Feuchtigkeit problemlos nach außen transportieren zu können. Die Materialeigenschaft des Holzes, bei hohen Luftfeuchten viel Feuchtigkeit aufnehmen zu können, wird als Feuchtepuffer und Feuchteregulator im Innenraum genutzt.*

Ähnlich verhält sich eine speicherfähige Innenoberfläche auf thermische Spitzen. Erfolgt z. B. infolge Sonneneinstrahlung durch Fenster eine Überheizung des Raumes, dann puffern absorptionsfähige Speicheroberflächen die erhöhten Temperaturen der Raumluft ab, es findet ein Temperaturausgleich statt.

Fehlen sorptionsfähige Oberflächenmaterialien im Raum, dann muß mit hohem technischen Aufwand und viel Geld Ersatz für die nicht vorhandenen günstigen Materialeigenschaften massiver Baustoffe geschaffen werden: Überheizung muß mit Kühlung, eine hohe Raumluftfeuchte mit einer Klimaanlage begegnet werden – beides zwar technisch machbar, aber für den Normalfall nicht empfehlenswert. Anschaffung und Betrieb wären zu kostenaufwendig.

Dies gilt generell für die Anlagentechnik. Auch Lüftungsanlagen mit und ohne Wärmerückgewinnung müssen besonders aus hygienischen Gründen kritisch gesehen werden – die Verschmutzungsgefahr ist groß, Bakterien siedeln sich an.

Viel bedeutsamer werden gute Sorptioneigenschaften jedoch für den kapillaren Feuchtetransport nach außen, der immer gewährleistet sein soll.

In [Gabel 81] steht: *"Da die Außenwand aus porösen Stoffen mit einem kapillar aktiven System besteht, muß neben der Wasserdampfdiffusion vor allem der Wassertransport durch Kapillarität betrachtet werden, der immer wesentlich leistungsfähiger ist als der Transport durch Diffusion".* Diese feuchtetechnische Notwendigkeit ist bei Baufachleuten also schon seit langem bekannt, wird jedoch heutzutage ignoriert – zum Schaden der Kunden.

Diese bautechnischen Erfordernisse zeigt auch Bild 7.5 [Eichler 89]:

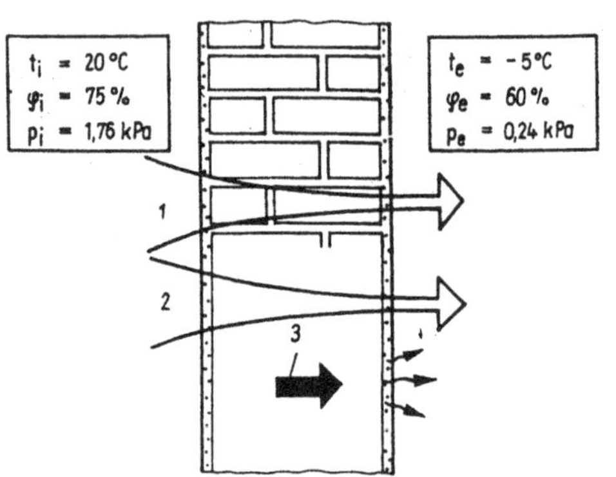


Bild 7.5: Ziegelwand und hohe Luftfeuchte im Innenraum [Eichler 89]

*Bild 7.5:*
*Bei einer Außenwand sollte Feuchte- und Wärmestrom immer gleichgerichtet sein, damit Feuchte nach außen entweichen und verdunsten kann. Die Sorptionsfähigkeit muß dabei für den gesamten Querschnitt gewährleistet sein, damit die Kapillarbewegung der Feuchtigkeit nicht gestört wird.*

1: Wasserdampfstrom
2: Wärmestrom
3: Kapillarbewegung flüssiger Feuchtigkeit

Die drei Bewegungsrichtungen sind gleichgerichtet; nur so wird richtig konstruiert.

Diffusionsdichtere Außenputze oder sorptionsdichte Folien und Außenschichten verhindern diesen natürlichen Weg nach außen; es muß dann zwangsläufig nach innen entfeuchtet werden! Bild 7.6 zeigt eine solche Konstruktion.

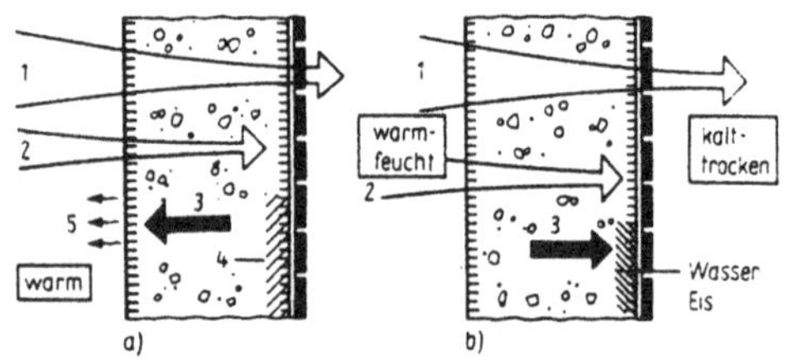


Bild 7.6: Leichtbetonwand mit Fassadenkeramik [Eichler 89]

*Bild 7.6:*
*Bei Schichtkonstruktionen ist die Sorptionsfähigkeit meist behindert oder überhaupt nicht gegeben. Fassadenkeramik kann bei trockenen Räumen geduldet werden, bei feuchten Räumen ergibt sich jedoch ein Baufehler. Es bildet sich Kondensat und im Winter Eis (Absprengungen)*

Die Zahlen bedeuten: 1: Wärmestrom 2: Wasserdampfstrom 3: Kapillarbewegung 4: Feuchtestaubereich 5: entlastende Verdunstung durch kapillare Wasserrückführung

Die drei Bewegungsrichtungen sind hier nicht gleichgerichtet; die kapillare Feuchtebewegung geht wieder zurück in den Innenraum. Dies führt zu einer verstärkten Feuchtebelastung des Innenraums. Wird innen aber eine Dampfbremse angeordnet, so wird selbst die stets zu vermeidende Entfeuchtung nach innen verhindert. Wegen der Sorptionsdichtheit ist dann auch die "Intelligente Dampfbremse" eine fehlerhafte Konstruktion, obleich sie in [Künzel 96] damit begründet wird, daß "die sommerliche Austrocknung von im Bauteil vorhandener Feuchte nicht behindert wird". Man denkt eben nur diffusiv. Allerdings wird in [Künzel 96] vehement das Gegenteil behauptet: "Sie erleichtere das Entfeuchten nach innen".

Die Problematik dichter Schichten zeigt auch [EMPA 94]. Der Feuchtegehalt in den einzelnen Schichten eines Wärmedämmverbundsystems liegt im Schnitt zwischen 0,4 und 0,8 Masseprozent, die Klebemörtelschicht für den Dämmstoff als "dichteste Schicht" bei 2,1 Masseprozent. Der Feuchtestau ist evident.

Insofern müssen eben auch besonders aus Sorptionsgründen die Nachteile eines Wärmedämmverbundsystems beachtet werden:

1. Bei der Bedeutung von "Solararchitektur" wird die Solarenergie von der speicherfähigen Wand abgekoppelt [Gertis 83b], zumindest aber wird die Absorption stark behindert.
2. Die vermeintlich hohen prognostizierten "Energieeinsparungen" werden deshalb überhaupt nicht erzielt. Es gibt genügend Untersuchungen, die dies belegen (u. a. [Fehrenberg 03]).
3. Diese energetische Nutzlosigkeit wird nun fälschlicherweise den "nachteiligen Wärmebrückeneffekten" zugeordnet. [IBP 83}. Sie nehmen bei einem WDV-System überproportional zu; die vermeintlichen energetischen Verbesserungen müssen deshalb stark relativiert werden.
4. Durch meist sorptionsdichte und diffusionsbehindernde äußere Schichten des WDV-Systems wird die Entfeuchtung der Konstruktion nach außen stark beeinträchtigt. Durchfeuchtung der Konstruktion ist die zwangsläufige Folge.
5. Die dann verstärkt nach innen orientierte "Entfeuchtung" läßt einen Innenraum feucht erscheinen, man öffnet beim Betreten schnell die Fenster. Dies führt an der Innenwand meist zur Schimmelpilzbildung. Die "Schimmelhäuser" sind viel diskutierte Sanierungsobjekte. Viele "neue" Wohnungen sind durch Schimmelpilze und somit Umweltgifte belastet.
6. Durch fehlende Speicherfähigkeit der äußeren Putzschicht unterkühlt nachts die Oberfläche infolge Abstrahlung derart stark, daß Kondensation der Nachtluft und damit Algenbildung meist nicht zu vermeiden sind. Diese Unterkühlung und die damit zusammenhängende Reifbildung ist bei Autodächern ja allseits bekannt.
7. Um die Algenbildung zu vermeiden, wurde von Prof. Venzmer in Wismar ein Forschungsvorhaben unter Beteiligung von vier renommierten Herstellern von WDV-Systemen bearbeitet, das den Einsatz von "umweltverträglichen" Algiziden prüfte. Bei der Verhütung von Algen und Schimmel gehören, gezwungen auch durch ein Landgerichtsurteil, mittlerweile Zusätze von Fungiziden und Algiziden zum Standardwissen der Handwerker. Giftmischerei wird damit zum "Stand der Technik" erhoben. Das Sick-Building Syndrom wird gehegt und gepflegt, es bleibt uns erhalten.

Diese für die Beurteilung wichtigen Punkte werden meist nicht erwähnt. Lediglich der energetische Aspekt wird behandelt, wobei hier der nie vorliegende Beharrungszustand, eben der unzutreffende U-Wert, zur Grundlage genommen wird. Grundsätzliche Denkfehler und Irrtümer beherrschen halt die Bauphysik-Szene.

Auch der Einfluß der Feuchte von außen muß beachtet werden. Die Bedeutung der kapillaren Feuchteaufnahme (Sorptionsfähigkeit) einer Konstruktion beim Schlagregenschutz wird in [Gösele 85] besonders hervorgehoben:

- *"Die kapillaren Eigenschaften des Wandmaterials machen sich vor allem in dem Verhalten unmittelbar nach der Beregnung und beim Wiederaustrocknen bemerkbar".*

Beregnung und Wiederaustrocknung – hierfür sind also vor allem die kapillaren Eigenschaften der Baustoffe maßgebend. Weiter steht in [Gösele 85]:

- *"Alle Maßnahmen mit dem Ziel, das Eindringen von Schlagregen in Wände zu verhindern, müssen so gewählt werden, daß die "Atmungsfähigkeit" der Wände nicht wesentlich behindert wird, d. h. die Wände müssen in der Lage sein, Feuchtigkeit hindurchwandern zu lassen und auf der Außenseite an die Luft abzugeben. Ist diese Eigenschaft – infolge dichten Außenputzes, eines porenverschließenden und wasserdampfdichten Anstriches auf der Wandaußenseite – nicht mehr vorhanden, so kann die Wand nur noch ungenügend austrocknen und die vom Hausinnern her eindringende Feuchte nur schwer wieder abgeben".*

Hiermit ist eigentlich schon alles gesagt. Es wird sogar von der Atmungsfähigkeit der Wand gesprochen. Die Problematik einer dampfbehindernden und sorptionsdichten äußeren Schicht wird deutlich herausgestellt. Nun werden aber heutzutage bei einer Außenkonstruktion gerade derartige Schichten verstärkt eingebaut, das Wärmedämmverbundsystem wird ja allerorten empfohlen. Dies aber führt dann automatisch zu Feuchteschäden.

## *7.3 Oberflächenkondensat*

Mit den "modernen" Bauweisen treten verstärkt Schimmelpilze durch Kondensatbildung auf der Innenoberfläche der Außenwände von Räumen und auch Durchfeuchtungen von Außenkonstruktionen infolge gestauter Nässe durch Sorptions- und Diffusionsstörungen auf. Was sind die Ursachen hierfür?

### 7.3.1 Kondensat als Naturgesetz

Schimmelpilzbildungen werden zur Plage. Mietstreitigkeiten und Ärger sind die Folgen. Um hier sachgerecht vorgehen zu können, müssen die naturgesetzlichen Zusammenhänge bekannt sein [Meier 87a, 87b]

Die Aufnahmefähigkeit von Wasserdampf hängt von der Temperatur der Luft ab. Warme Luft kann mehr aufnehmen als kalte Luft. Kondensat entsteht also immer nur dann, wenn Raumluft abgekühlt wird.

Die funktionellen Abhängigkeiten zwischen Temperatur (°C), rel. Feuchte (%) und Wasserdampfgehalt (g/m³) zeigt das Bild 7.7 aus [Meier 89, 89a, 89b]:

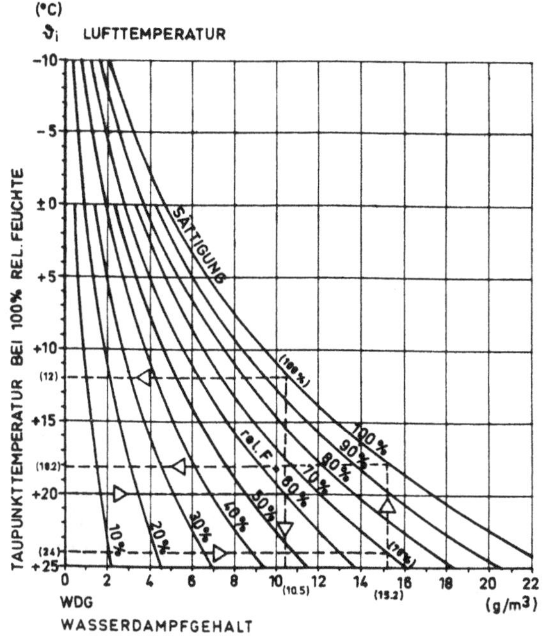


Bild 7.7: Luftfeuchtigkeit und Taupunkttemperatur

*Bild 7.7:*
*Eine 20 °C warme Luft mit 60% rel. Feuchte enthält 10,5 g/m³ Wasserdampf. Wird diese Luft auf 11,5 °C abgekühlt, entsteht eine rel. Feuchte von 100%, die Luft ist gesättigt. Bei weiterer Abkühlung würde der überschüssige Wasserdampf kondensieren.*
*Eine 24 °C warme Luft mit 70% rel. Feuchte enthält 15,2 g/m³ Wasserdampf. Wird diese Luft auf 18 °C abgekühlt, entsteht eine rel. Feuchte von 100%, die Luft ist gesättigt.*

*Erläuterung*
Hier schon wird erkennbar, daß normale Raumluft immerhin um rund 8 K abgekühlt werden muß, um Kondensat zu bilden. Dies widerlegt das Argument, bei Kondensatbildung sei vor allem eine mangelhafte Wärmedämmung mit zu geringen Oberflächentemperaturen die Ursache. Viel entscheidender ist die Raumluftfeuchte, denn eine Raumluft mit hoher relativer Feuchte kondensiert eher.

Kühle oder kalte Luft, selbst von 80%, enthält wenig Wasserdampf (3 bis 5 g/m³). Wird diese auf 20 °C erwärmt, dann wird daraus eine rel. Feuchte von rund 20 bis 30%. Diese Luft ist in der Lage, Flächen, die als Feuchtepuffer dienten, durch Feuchteausgleich wieder zu entfeuchten. Dies ist der Grund, weswegen zur Entfeuchtung durchfeuchteter Wände *im Winter* gelüftet werden muß – und nicht im Sommer. Im Sommer wird durch Kondensatbildung eher be- als entfeuchtet.

Wird der Wasserdampfgehalt statt in g/m³ nun in g/kg tr.L. angegeben, dann wird Bild 7.8 verwendet. Die parallel zum absoluten Wasserdampfgehalt angegebene Skala ist dabei recht aufschlußreich. Wie wird beim Atmen eine Feuchte subjektiv eingestuft? Hier muß gesagt werden: Je höher die absolute Feuchte der Luft ist, desto unangenehmer wird das Atmen empfunden, wobei die Skala von leicht und frisch über neutral, noch erträglich, schwül und schwer bis feuchtheiß und unerträglich reicht [Eisenschink 90]. Ein Badklima von 24 °C und 70% relativer Feuchte kann bei 13,1 g/kg tr.L. absoluter Feuchte als drückend und schwül, ein Wohnzimmerklima von 20 °C und 60% relativer Feuchte kann bei 8,8 g/kg tr.L. absoluter Feuchte als befriedigend bzw. noch erträglich empfunden werden. Eine Winterluft von -5 °C und 100% relativer Feuchte (Schneefall) wird bei unter 3 g/kg tr.L. absoluter Feuchte durchaus als leicht und frisch empfunden. Maßgebend ist also nicht die relative Feuchte, sondern stets die absolute Feuchte der Atemluft [Meier 89].

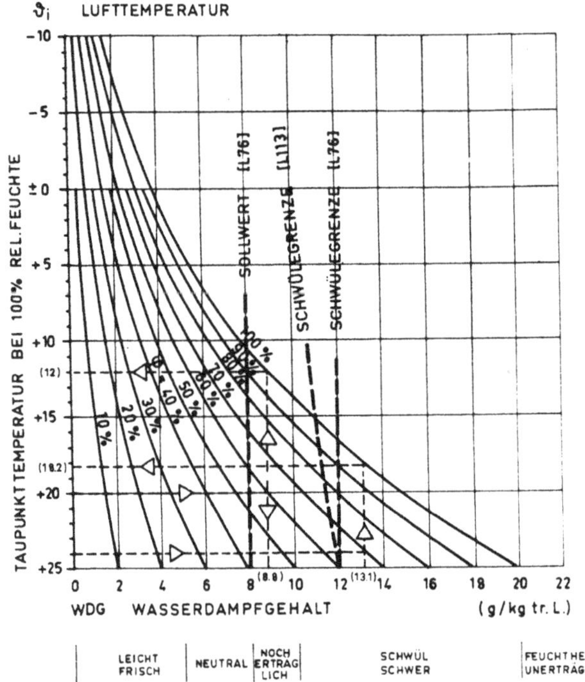


*Bild 7.8:*
*Eine 20 °C warme Luft mit 60% rel. Feuchte enthält 8,8 g/kg tr.L. Wasserdampf. Wird diese Luft auf 12 °C abgekühlt, entsteht eine rel. Feuchte von 100%, die Luft ist gesättigt. Bei weiterer Abkühlung würde der überschüssige Wasserdampf kondensieren.*
*Eine 24 °C warme Luft mit 70% rel. Feuchte enthält 13,1 g/kg tr.L. Wasserdampf. Wird diese Luft auf etwa 18 °C abgekühlt, entsteht eine rel. Feuchte von 100%, die Luft ist gesättigt.*

Bild 7.8: Luftfeuchtigkeit und Taupunkttemperatur

Bei der Beurteilung einer Kondensatgefahr darf die Sättigungstemperatur der Luft nicht unterschritten werden. Man spricht von der Taupunkttemperatur $\vartheta_s$. Diese wird in Tabelle 7.1 aufgelistet.

*Erläuterung der Tabelle 7.1:*
Bei 20 °C Raumlufttemperatur und 50% rel. Feuchte, einer üblichen und anzustrebenden Feuchte, darf die Oberflächentemperatur nicht unter 9,3 °C sinken, damit die Taupunkttemperatur nicht unterschritten wird. Die Raumluft kann also durchaus um etwa 10,7 K abgekühlt werden – ein gewaltiger Temperatursprung. Steigt die relative Feuchte jedoch auf 90%, dann liegt die Taupunkttemperatur bei 18,3 °C; die Wahrscheinlichkeit einer Kondensatbildung steigt gewaltig.

Hier wird es sehr deutlich: Kondensatgefahr besteht weniger bei niedrigen Oberflächentemperaturen, als vielmehr bei hohen relativen Feuchten der Innenraumluft. Als Ursache eine mangelhafte Dämmung auszumachen, ist eine sauber ausgeklügelte Mär.

**Tabelle 7.1**: Taupunkttemperatur $\vartheta_s$ in °C (bei einer rel. F. $\Phi_{si}$ = 100%)

| $\vartheta_i$ | Relative Feuchte $\varphi_i$ der Raumluft (%) | | | | | | | | | | | | | | |
|---|---|---|---|---|---|---|---|---|---|---|---|---|---|---|---|
| °C | 30 | 35 | 40 | 45 | 50 | 55 | 60 | 65 | 70 | 75 | 80 | 85 | 90 | 95 | 100 |
| 30° | 10,5 | 12,9 | 14,9 | 16,8 | 18,4 | 20,0 | 21,4 | 22,7 | 23,9 | 25,1 | 26,2 | 27,2 | 28,2 | 29,1 | 30,0 |
| 29° | 9,70 | 12,0 | 14,0 | 15,9 | 17,5 | 19,0 | 20,4 | 21,7 | 23,0 | 24,1 | 25,2 | 26,2 | 27,2 | 28,1 | 29,0 |
| 28° | 8,80 | 11,1 | 13,1 | 15,0 | 16,6 | 18,1 | 19,5 | 20,8 | 22,0 | 23,2 | 24,2 | 25,2 | 26,2 | 27,1 | 28,0 |
| 27° | 8,0 | 10,2 | 12,2 | 14,1 | 15,7 | 17,2 | 18,6 | 19,9 | 21,1 | 22,2 | 23,3 | 24,3 | 25,2 | 26,1 | 27,0 |
| 26° | 7,1 | 9,4 | 11,4 | 13,2 | 14,8 | 16,3 | 17,6 | 18,9 | 20,1 | 21,2 | 22,3 | 23,3 | 24,2 | 25,1 | 26,0 |
| 25° | 6,2 | 8,5 | 10,5 | 12,2 | 13,9 | 15,3 | 16,7 | 18,0 | 19,1 | 20,3 | 21,3 | 22,3 | 23,2 | 24,1 | 25,0 |
| 24° | 5,4 | 7,6 | 9,6 | 11,3 | 12,9 | 14,4 | 15,8 | 17,0 | 18,2 | 19,3 | 20,3 | 21,3 | 22,3 | 23,1 | 24,0 |
| 23° | 4,5 | 6,7 | 8,7 | 10,4 | 12,0 | 13,5 | 14,8 | 16,1 | 17,2 | 18,3 | 19,4 | 20,3 | 21,3 | 22,2 | 23,0 |
| 22° | 3,6 | 5,9 | 7,8 | 9,5 | 11,1 | 12,5 | 13,9 | 15,1 | 16,3 | 17,4 | 18,4 | 19,4 | 20,3 | 21,2 | 22,0 |
| 21° | 2,8 | 5,0 | 6,9 | 8,6 | 10,2 | 11,6 | 12,9 | 14,2 | 15,3 | 16,4 | 17,4 | 18,4 | 19,3 | 20,2 | 21,0 |
| 20° | 1,9 | 4,1 | 6,0 | 7,7 | **9,3** | 10,7 | 12,0 | 13,2 | 14,4 | 15,4 | 16,4 | 17,4 | 18,3 | 19,2 | 20,0 |
| 19° | 1,0 | 3,2 | 5,1 | 6,8 | 8,3 | 9,8 | 11,1 | 12,3 | 13,4 | 14,5 | 15,5 | 16,4 | 17,3 | 18,2 | 19,0 |
| 18° | 0,2 | 2,3 | 4,2 | 5,9 | 7,4 | 8,8 | 10,1 | 11,3 | 12,5 | 13,5 | 14,5 | 15,4 | 16,3 | 17,2 | 18,0 |
| 17° | -0,6 | 1,4 | 3,3 | 5,0 | 6,5 | 7,9 | 9,2 | 10,4 | 11,5 | 12,5 | 13,5 | 14,5 | 15,3 | 16,2 | 17,0 |
| 16° | -1,4 | 0,5 | 2,4 | 4,1 | 5,6 | 7,0 | 8,2 | 9,4 | 10,5 | 11,6 | 12,6 | 13,5 | 14,4 | 15,2 | 16,0 |
| 15° | -2,2 | -0,3 | 1,5 | 3,2 | 4,7 | 6,1 | 7,3 | 8,5 | 9,6 | 10,6 | 11,6 | 12,5 | 13,4 | 14,2 | 15,0 |
| 14° | -2,9 | -1,0 | 0,6 | 2,3 | 3,7 | 5,1 | 6,4 | 7,5 | 8,6 | 9,6 | 10,6 | 11,5 | 12,4 | 13,2 | 14,0 |
| 13° | -3,7 | -1,9 | -0,1 | 1,3 | 2,8 | 4,2 | 5,5 | 6,6 | 7,7 | 8,7 | 9,6 | 10,5 | 11,4 | 12,2 | 13,0 |
| 12° | -4-5 | -2,6 | -1,0 | 0,4 | 1,9 | 3,2 | 4,5 | 5,7 | 6,7 | 7,7 | 8,7 | 9,6 | 10,4 | 11,2 | 12,0 |
| 11° | -5,2 | -3,4 | -1,8 | -0,4 | 1,0 | 2,3 | 3,5 | 4,7 | 5,8 | 6,7 | 7,7 | 8,6 | 9,4 | 10,2 | 11,0 |
| 10° | -6,0 | -4,2 | -2,6 | -1,2 | 0,1 | 1,4 | 2,6 | 3,7 | 4,8 | 5,8 | 6,7 | 7,6 | 8,4 | 9,2 | 10,0 |

Trotzdem ist meist zu lesen, daß eine verbesserte Dämmung Schimmelpilz vermeidet – dies ist irreführend.

Die eindeutigste Vorkehrung gegen Schimmelpilz ist allerdings eine Strahlungsheizung, da hier eine Kondensatbildung unmöglich ist. Nur bei Luft- oder Konvektionsheizungen tritt Schimmel auf und hier verhält sich bei *stationärer Betrachtung*, darauf muß besonders aufmerksam gemacht werden, die Temperaturdifferenz zwischen Raumluft und Wandoberfläche zwar proportional zum U-Wert, dies ist dann auch der Grund für die dubiosen Empfehlungen der "Energieberater", die zu "schlechte" Dämmung zu verbessern, doch der Einfluß der relativen Feuchte ist bei der Schimmelpilzbildung viel schwerwiegender. Bild 7.9 zeigt, daß kleine U-Werte Kondensat und damit Schimmelpilz nicht vermeiden können [Meier 02a, 03d, 04e].

Es kann also gemäß Bild 7.9 bei normalem Innenraumklima eine recht hohe Temperaturdifferenz verkraftet werden, eine kleine Temperaturdifferenz, dies wurde ja als Allheilmittel gegen Schimmelpilz gefordert, nutzt dagegen nichts, wenn hohe relative Feuchten im Raum vorliegen – und diese Werte sind bei "Schimmelhäusern" ja durchaus realistisch und werden gemessen.

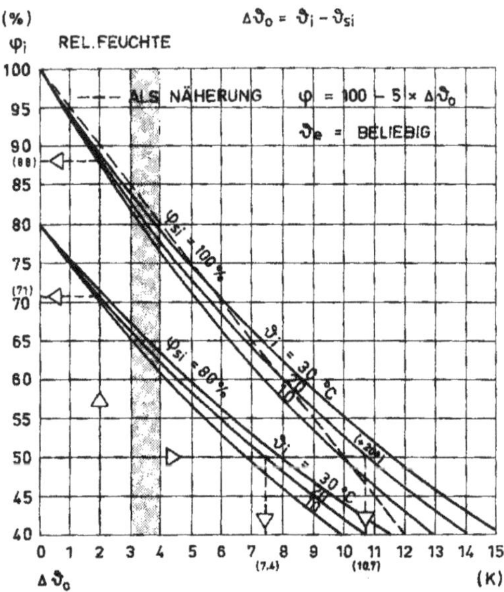


Bild 7.9: Die relative Feuchte und die Temperaturdifferenz zwischen Raumluft und Oberfläche

*Bild 7.9:*
*a) Taupunkttemperatur:*
*Eine relative Feuchte von 50% bei +20 °C Innentemperatur, wie sie die DIN 4108 für den "Tauwasserschutz" fordert, würde eine Temperaturdifferenz von 10,7 °C zulassen.*
*Andererseits kann eine Temperaturdifferenz von 2 K ("guter" U-Wert)) die Kondensatbildung nicht vermeiden, wenn die relative Feuchte auf rund 88% ansteigt.*
*b) Schimmelpilztemperatur:*
*Unter der Maßgabe, 80% relative Feuchte auf der Wandoberfläche nicht zu überschreiten, sind die entsprechenden Daten 7,4 K und knapp 71% relative Feuchte der Raumluft.*

Hohe relative Feuchten führen zwangsläufig zur Tauwasserbildung auf den Innenbauteilen. Wenn dann eine feuchte Oberflächenbauteilschicht (Putz) nicht wieder durch Lüften entfeuchtet wird, kommt es infolge des ständigen "feuchten Nährbodens" zur Pilz- und Sporenbildung. Deshalb muß bei einer Konvektionsheizung permanent gelüftet werden.

Der U-Wert hat für die Kondensatbildung kaum einen Einfluß, entscheidend und maßgebend ist stets die relative Feuchte. Dies wird meist übersehen. Bild 7.10 zeigt diese funktionalen Zusammenhänge im *stationären Zustand* sehr deutlich.

*Bild 7.10:*
Um Kondensat zu vermeiden, würde eine Innentemperatur von $\vartheta_i$ = 20 °C und eine Außentemperatur von $\vartheta_e$ = -10 °C bei einer relativen Feuchte von $\varphi_i$ = 60% einen U-Wert von etwa 2,0 W/m²K erfordern (bei einem $R_{si}$ ($1/\alpha_i$) Wert von 0,13 m²K/W). Ein Wert von 0,25 m²K/W würde einen U-Wert von 1,07 W/m²K bedingen. Bei 90% relativer Feuchte würde selbst ein U-Wert von 0,4 W/m²K die Kondensatbildung nicht vermeiden können.

Die DIN 4108 "Wärmeschutz im Hochbau" diente der hygienischen Forderung, Kondensat zu verhindern, um Schimmelpilz zu vermeiden.

Es zeigt sich, daß fast ausschließlich eine zu hohe relative Feuchte im Innenraum und damit ein mangelhafter Raumluftaustausch die Ursache für diese Feuchteschäden sind.

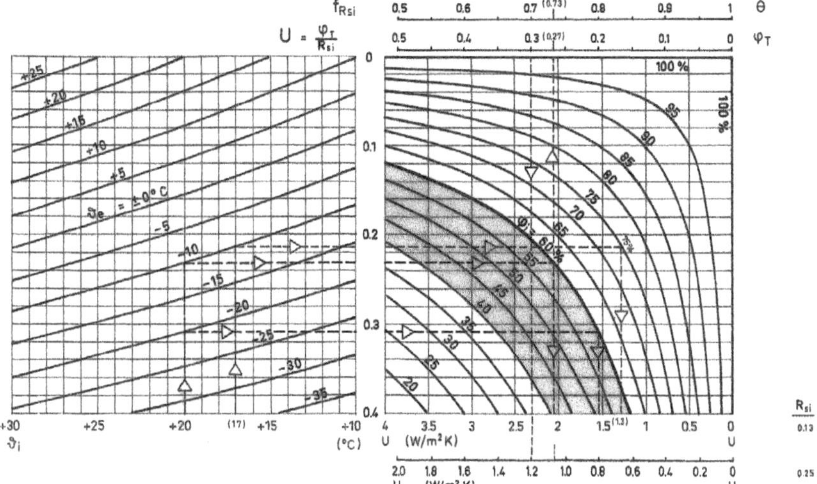

Bild 7.10: Relative Raumluftfeuchte und der U-Wert bei Einhaltung der Taupunkttemperatur

Dies wird auch in [Gertis 83c] bestätigt. Dort steht unter anderem:

*"Man erkennt, daß unter ungünstiger Voraussetzung stagnierender Luftbewegung in unmittelbarer Wandnähe bei Mindestwärmeschutz mit k = 1,4 W/m²K noch eine relative Raumluftfeuchte von ca. 60% zulässig ist, ohne daß Tauwasserbildung in den ebenen ungestörten Wandbereichen eintritt. Dieser Wert wird praktisch immer eingehalten, wenn der Mindestluftwechsel garantiert wird. Insofern ist der in DIN 4108 vorgeschriebene Mindestwärmeschutz von 1/Λ = 0,55 m²K/W bzw. k = 1,38 W/m²K richtig bemessen".*

Weiter heißt es dort: *"Bei Sicherstellung des Mindestluftwechsels kann deshalb im allgemeinen – auch wenn die Bauteile nur Mindestwärmeschutz gemäß DIN 4108 aufweisen – in Ecken keine Tauwasserbildung auftreten. Wenn somit insbesondere bei den heutzutage üblichen höheren Dämmwerten Feuchteschäden an Wärmebrücken auftreten, so ist dies im allgemeinen auf ungenügende Wohnungslüftung in Verbindung mit ungenügender Beheizung zurückzuführen".*

An anderer Stelle heißt es weiter: *"Die Feuchteschäden an den Innenoberflächen von Wärmebrücken sind eindeutig auf einen zu geringen Luftwechsel und/oder auf eine zu geringe Beheizung zurückzuführen".* Die heutigen hermetisch abgeschlossenen Fenster verhindern somit den notwendigen Luftaustausch und führen automatisch zu einer erhöhten Innenraumfeuchte.

Bezüglich des in der DIN 4108 geforderten Mindestwertes wird gesagt: *"Der Normungsausschuß hatte keinen Grund, das Mindestniveau unter dem Aspekt der Tauwasservermeidung anzuheben".*

Abschließend wird der Nutzer angesprochen: *"Wenn in der Praxis Tauwasser- und Pilzschäden zu beobachten sind, ist dies ein eindeutiges Indiz dafür, daß der erforderliche Mindestluftwechsel längerfristig nicht eingehalten bzw. die Beheizung längerfristig erheblich abgesenkt worden ist. Der Wohnungsnutzer muß eindringlich darüber aufgeklärt werden, daß er sich falsche Lüftungs- und Heizgepflogenheiten angeeignet hat und unnormal wohnt. Er muß wieder zur Normalität erzogen werden".*

Das Fazit dieser Aussagen ist:
Bei normaler Raumluftfeuchte sind auch bei U-Werten von 1,38 bzw. 1,40 W/m²K keine Feuchteschäden und damit auch keine Schimmelpilzbildungen zu erwarten.

An dieser Stelle muß nun aber die Frage gestellt werden, wer für einen ausreichenden Luftaustausch verantwortlich ist? Die Konstruktion oder der Nutzer. Früher waren es die undichten Fenster, die dafür sorgten, daß eine Grundlüftung gewährleistet war. Der Energiesparfanatismus jedoch sorgte dafür, daß dichte Fenster eingebaut wurden. Damit aber wurde erst die Voraussetzung geschaffen, daß verstärkt Schimmel auftreten kann. Es wird sogar in der Literatur dies bestätigt und festgestellt, daß nach ein bis zwei Jahren nach Einbau neuer Fenster der Schimmelbefall begonnen habe [Erhorn 90a].

### 7.3.2 Kondensat und Schimmelpilz

Feuchte im Haus wird zum bautechnischen Problemfall, Schimmelpilz- und Algenbildungen treten verstärkt auf. Die Zahl dieser Bauschadensfälle nimmt dramatisch zu. Atemwegserkrankungen und Allergien sind häufig die gesundheitlichen Folgen dieser Vorkommnisse [Keller 02]. Voraussetzung für diese Schimmelpilz- und Algenbildungen sind drei Dinge:

1. Eine Optimaltemperatur von etwa 25° bis 30 °C. Die ist immer gegeben.
2. Eine ausreichende Feuchte. Dies ist der entscheidende Part im Kampf gegen den Schimmel. Es werden heutzutage einfach zu viel "Feuchtbuden" gebaut, toleriert sogar von DIN.
3. Ein guter Nährboden (Zucker, Eiweiß, Lignin, auch Staub), ein saures Milieu mit pH-Werten zwischen 4,5 und 6,5 (neutral pH = 7).

Stark alkalische Materialien wie Kalkputz, Kalkmilch und Kalkanstriche wären damit die probaten Mittel, um Schimmelpilz zu vermeiden.

Hohe relative Feuchten führen zwangsläufig zur Schwitzwasserbildung an den Wandoberflächen. Wenn dann eine sorptionsfähige und feuchte Oberflächenbauteilschicht (Putz) nicht wieder durch wiederholtes und ständiges Lüften entfeuchtet wird, kommt es durch den stetigen "feuchten Nährboden" zur Pilz- und Sporenbildung. Diese entsteht bei einigen Schimmelpilzen nach einigen Wochen bereits bei einer relative Feuchte von 83% [Erhorn 90a].

Um dem Schimmelpilzwachstum zu begegnen, legt nun die DIN 4108 deshalb eine relative Feuchte an der Oberfläche von $\varphi_{si}$ = 80% fest, die nicht überschritten werden soll. Die Tabelle 7.2 gibt diese "Schimmelpilztemperatur" in Abhängigkeit von Raumlufttemperatur $\vartheta_i$ und relativer Feuchte an.

**Tabelle 7.2**: Schimmelpilztemperatur $\vartheta_{sch}$ in °C (bei einer rel. Feuchte an der Wandoberfläche von $\Phi_{si}$ = 80%)

| $\vartheta_i$ | Relative Feuchte $\varphi_i$ der Raumluft (%) | | | | | | | | | | | | | | |
|---|---|---|---|---|---|---|---|---|---|---|---|---|---|---|---|
| °C | 30 | 35 | 40 | 45 | 50 | 55 | 60 | 65 | 70 | 75 | 80 | 85 | 90 | 95 | 100 |
| 30° | 13,9 | 16,3 | 18,4 | 20,3 | 22,0 | 23,6 | 25,1 | 26,4 | 27,7 | 28,9 | | | | | |
| 29° | 13,0 | 15,4 | 17,5 | 19,4 | 21,1 | 22,7 | 24,1 | 25,5 | 26,7 | 27,9 | | | | | |
| 28° | 12,1 | 14,5 | 16,6 | 18,5 | 20,2 | 21,7 | 23,1 | 24,5 | 25,7 | 26,9 | | | | | |
| 27° | 11,3 | 13,6 | 15,7 | 17,5 | 19,2 | 20,8 | 22,2 | 23,5 | 24,7 | 25,9 | | | | | |
| 26° | 10,4 | 12,7 | 14,8 | 16,6 | 18,3 | 19,8 | 21,2 | 22,5 | 23,8 | 24,9 | | | | | |
| 25° | 9,5 | 11,8 | 13,8 | 15,7 | 17,3 | 18,8 | 20,3 | 21,6 | 22,8 | 23,9 | | | | | |
| 24° | 8,6 | 10,9 | 12,9 | 14,7 | 16,4 | 17,9 | 19,3 | 20,6 | 21,8 | 22,9 | | | | | |
| 23° | 7,7 | 10,0 | 12,0 | 13,8 | 15,4 | 16,9 | 18,3 | 19,6 | 20,8 | 21,9 | | | | | |
| 22° | 6,8 | 9,1 | 11,1 | 12,9 | 14,5 | 16,0 | 17,4 | 18,6 | 19,8 | 20,9 | 22,0 | 23,0 | 23,9 | 24,9 | 25,7 |
| 21° | 5,9 | 8,2 | 10,2 | 11,9 | 13,6 | 15,0 | 16,4 | 17,7 | 18,8 | 20,0 | 21,0 | 22,0 | 22,9 | 23,8 | 24,7 |
| 20° | 5,1 | 7,3 | 9,3 | 11,0 | **12,6** | 14,1 | 15,4 | 16,7 | 17,9 | 19,0 | 20,0 | 21,0 | 21,9 | 22,8 | 23,7 |
| 19° | 4,2 | 6,4 | 8,3 | 10,1 | 11,7 | 13,1 | 14,5 | 15,7 | 16,9 | 18,0 | 19,0 | 20,0 | 20,9 | 21,8 | 22,6 |
| 18° | 3,3 | 5,5 | 7,4 | 9,2 | 10,7 | 12,2 | 13,5 | 14,7 | 15,9 | 17,0 | 18,0 | 19,0 | 19,9 | 20,8 | 21,6 |
| 17° | 2,4 | 4,6 | 6,5 | 8,2 | 9,8 | 11,2 | 12,5 | 13,8 | 14,9 | 16,0 | 17,0 | 18,0 | 18,9 | 19,7 | 20,6 |
| 16° | 1,5 | 3,7 | 5,6 | 7,3 | 8,8 | 10,3 | 11,6 | 12,8 | 13,9 | 15,0 | 16,0 | 17,0 | 17,9 | 18,7 | 19,5 |
| 15° | 0,6 | 2,8 | 4,7 | 6,4 | 7,9 | 9,3 | 10,6 | 11,8 | 12,9 | 14,0 | 15,0 | 15,9 | 16,8 | 17,7 | 18,5 |
| 14° | -0,3 | 1,9 | 3,7 | 5,4 | 7,0 | 8,3 | 9,6 | 10,8 | 12,0 | 13,0 | 14,0 | 14,9 | 15,8 | 16,7 | 17,5 |
| 13° | -1,1 | 1,0 | 2,8 | 4,5 | 6,0 | 7,4 | 8,7 | 9,9 | 11,0 | 12,0 | | | | | |
| 12° | -2,0 | 0,1 | 1,9 | 3,6 | 5,1 | 6,4 | 7,7 | 8,9 | 10,0 | 11,0 | | | | | |
| 11° | -2,9 | -0,8 | 1,0 | 2,6 | 4,1 | 5,5 | 6,7 | 7,9 | 9,0 | 10,0 | | | | | |
| 10° | -3,8 | -1,7 | 0,1 | 1,7 | 3,2 | 4,5 | 5,8 | 6,9 | 8,0 | 9,0 | | | | | |

*Erläuterung der Tabelle 7.2:*

Bei 20 °C Raumlufttemperatur und 50% rel. Feuchte darf die Oberflächentemperatur nicht unter 12,6 °C sinken, damit eine 80%ige rel. Feuchte an der Oberfläche nicht überschritten wird. Die rel. Feuchten ab 80% gelten für Strahlungsheizungen, da hier die Raumluft an den Oberflächen nicht abgekühlt, sondern erwärmt wird. Insofern wird die höhere relative Raumluftfeuchte infolge höherer Oberflächentemperaturen dann auf 80% reduziert.

Auch unter der Prämisse, an der Oberfläche eine 80%ige relative Feuchte einhalten zu müssen, hat der U-Wert für die Schimmelpilzbildung kaum einen Einfluß, entscheidend und maßgebend ist stets die relative Feuchte. Bild 7.11 zeigt diese funktionalen Zusammenhänge im *stationären Zustand* sehr deutlich.

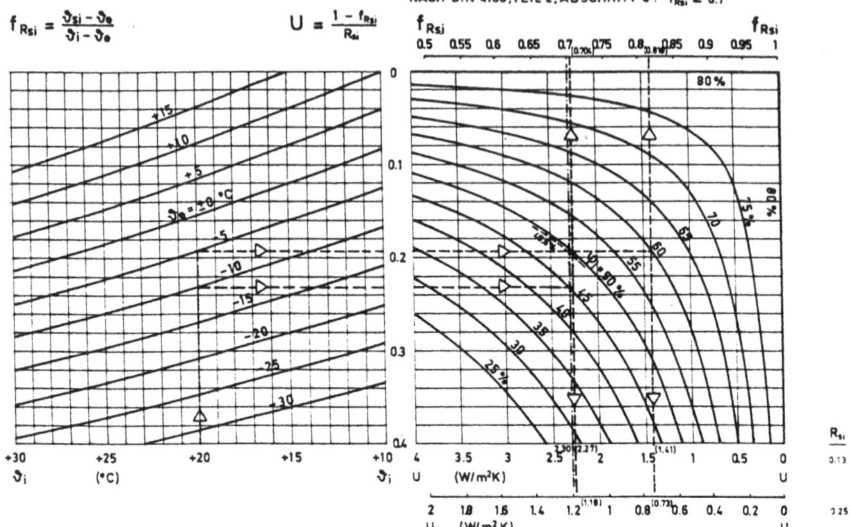


Bild 7.11: Relative Raumluftfeuchte und der U-Wert bei Einhaltung der 80%-Klausel an der Oberfläche (Schimmelpilztemperatur)

*Bild 7.11:*
Um eine 80%ige relative Luftfeuchte auf der Rauminnenoberfläche zu vermeiden, würde eine Innentemperatur von $\vartheta_i$ = 20 °C sowie eine Außentemperatur von $\vartheta_e$ = -5 °C (Vorgaben der DIN 4108) bei einer relativen Feuchte von $\varphi_i$ = 60% und einem $R_{si}$ ($1/\alpha_i$) Wert von 0,13 m²K/W einen U-Wert von etwa 1,41 W/m²K erfordern (Ein Wert von 0,25 m²K/W würde einen U-Wert von 0,73 W/m²K bedingen). Bei 75% relativer Feuchte würde dann selbst ein U-Wert von 0,16 W/m²K die 80% Hürde überspringen.

Die DIN-Vorgaben ($\vartheta_i$ = 20 °C und $\vartheta_e$ = -5 °C) würden bei Einhaltung eines Temperaturfaktors von $F_{Rsi} \geq 0{,}7$ automatisch eine relative Feuchte von 49,5% erforderlich machen (siehe hierzu "7.3.3 Der Irrtum des Temperaturfaktors). Gleichzeitig wird der U-Wert mit dieser 0,7 Prämisse 2,30 W/m²K (bei $R_{si}$ = 0,13 m²K/W) bzw. 1,20 W/m²K (bei $R_{si}$ = 0,25 m²K/W). Diese Ergebnisse aber sind absoluter Nonsens.

Als Ursache einer Schimmelpilzbildung auf den Innenoberflächen verbleibt tatsächlich nur die zu hohe relative Feuchte. Diese Werte zeigen, daß für die Schimmelpilzbildung nicht ein "zu schlechter" U-Wert (also eine mangelhafte Bausubstanz), sondern eine zu hohe relative Feuchte der Innenraumluft verantwortlich ist. Deshalb muß durch konstruktive Möglichkeiten dafür gesorgt werden, daß dieser Zustand nicht eintritt. Diese Aufgabe dem Nutzer zu übertragen, ist ein mieses Spiel. Auch hier wird der Kunde falsch oder zumindest unzureichend informiert (siehe StGB § 263 "Betrug").

Bei der heutigen Häufung von Feuchteschäden kann gefragt werden, warum diese denn nicht in früheren Jahren auftraten, wenn damals die "Wärmedämmung" gegenüber heute doch "viel schlechter" war?

Früher wurden für die Luftfeuchte folgende Regulative wirksam:

1. Das Einscheibenglas wirkte als automatisches Entfeuchtungsaggregat. Durch Rinnen wurde das Schwitzwasser abgeleitet. Die vorgeschriebenen Wärmeschutzgläser können diese Aufgabe nicht mehr erfüllen.
2. Die "Undichtheit" der Fensterkonstruktion sorgte für permanentes Lüften. Die jetzt verordneten "dichten" Fenster verhindern diesen notwendigen Effekt.
3. Die Strahlungsheizung (Kachelofen) wurde durch eine Konvektionsheizung (Zentralheizung) ersetzt. Damit wurden erst die Voraussetzungen für eine Schimmelpilzbildung geschaffen. Außerdem wurde beim Kachelofen früh beim Anheizen immer gut gelüftet.

Aus diesen Gründen kannte man früher Schimmelpilzbildungen in der heute derart massiv auftretenden Form nicht. Werden nun bei "Sanierungen" diese unverzichtbaren Regeleinrichtungen entfernt, so muß mit Feuchteschäden gerechnet werden.

### 7.3.3 Der Irrtum des Temperaturfaktors

Der grassierenden Seuche eines Schimmelpilzbefalls in Gebäuden soll nun durch eine neue Regelung im Teil 2 der DIN 4108 begegnet werden, die allerdings sachlich mit Schimmelpilz überhaupt nichts zu tun hat. Mit einem Verhältnis zweier Temperaturdifferenzen, einem Temperaturfaktor $f_{Rsi} \geq 0,7$ kann selbst ein Zauberer keinen Schimmelpilz vermeiden und doch steht in der DIN, daß damit Schimmelpilz verhindert wird. Dies ist wiederum ein typischer Fall eines gravierenden Irrtums [Meier 03c].

In der DIN 4108 wird "zur Vermeidung von Schimmelpilz" ein Temperaturfaktor $f_{Rsi} \geq 0,7$ vorgeschrieben. Dies ist absoluter Nonsens. Die Bilder 7.10 und 7.11 zeigen oben die Skala der $F_{Rsi}$ -Werte, die unmittelbar mit der unteren Skala der U-Werte korreliert – die relative Feuchte hat hierbei überhaupt keinen Einfluß.

In DIN 4108-2 (2001-03) steht:
"Um das Risiko der Schimmelpilzbildung durch konstruktive Maßnahmen zu verringern, sind die in 6.1.2 angegebenen Anforderungen einzuhalten. Eine gleichmäßige Beheizung und ausreichende Belüftung der Räume sowie eine weitgehend ungehinderte Luftzirkulation an den Außenwänden wird vorausgesetzt".
*Kommentar:* Das Risiko zur Schimmelpilzbildung nur zu *verringern,* ist zu wenig; Schimmelpilz muß *vermieden* werden. Außerdem: Zur "Verringerung" des Risikos werden gleichmäßige Beheizung, ausreichende Belüftung und ungehinderte Zirkulation vorausgesetzt! Wenn dies aber gewährleistet ist, dann tritt sowieso kein Schimmel auf, was soll also dann dieses ganze DIN -Theater?

In 6.1.2 steht nun: "Für alle von DIN 4108 Bbl. 2 abweichenden Konstruktionen muß der Temperaturfaktor an der ungünstigsten Stelle die Mindestanforderung

$f_{Rsi} \geq 0{,}7$ erfüllen, d. h. bei den unten angegebenen Randbedingungen ist eine raumseitige Oberflächentemperatur von $\vartheta_{si} \geq 12{,}6$ °C einzuhalten".

*Kommentar:* Das Beiblatt 2 enthält sehr fragwürdige und auch wundersame Empfehlungen (hierzu siehe Abschnitt 9.1.7 "Fragwürdiges Beiblatt 2").

Die Oberflächentemperatur von 12,6 °C muß eingehalten werden, wenn die Raumluft (20 °C, 50% rel. Feuchte) nur eine rel. Feuchte von 80% erreichen darf (siehe Tabelle 7.2). Nur diese Forderung ist entscheidend.

Der Temperaturfaktor $f_{Rsi} = 0{,}7$ führt bei den in DIN 4108, Teil 2 angegebenen Randbedingungen $\vartheta_i = 20$ °C und $\vartheta_e = -5$ °C zur Oberflächentemperatur $\vartheta_{si}$ von 12,5 °C (siehe Tabelle 7.3). Bei einem Temperaturfaktor von mindestens 0,7 kann bei unterschiedlichen Innen- und Außenlufttemperaturen die raumseitige Oberflächentemperatur $\vartheta_{si}$ der Tabelle 7.3 entnommen werden:

**Tabelle 7.3**: Oberflächentemperatur $\vartheta_{si}$ in °C (bei $f_{Rsi} = 0{,}7$)
Grenze der relativen Feuchte gemäß $\Phi_{si} = 80\%$

| $\vartheta_i$ °C | Außenlufttemperatur $\vartheta_e$ (°C) | | | 40% | | | | 45% | | |
|---|---|---|---|---|---|---|---|---|---|---|
| | -15° | -12° | -10° | -9° | -8° | -6° | -5° | -4° | -2° | ±0° |
| 30° | 16,5 | 17,4 | 18,0 | 18,3 | 18,6 | 19,2 | 19,5 | 19,8 | 20,4 | 21,0 |
| 29° | 15,8 | 16,7 | 17,3 | 17,6 | 17,9 | 18,5 | 18,8 | 19,1 | 19,7 | 20,3 |
| 28° | 15,1 | 16,0 | 16,6 | 16,9 | 17,2 | 17,8 | 18,1 | 18,4 | 19,0 | 19,6 |
| 27° | 14,4 | 15,3 | 15,9 | 16,2 | 16,5 | 17,1 | 17,4 | 17,7 | 18,3 | 18,9 |
| 26° | 13,7 | 14,6 | 15,2 | 15,5 | 15,8 | 16,4 | 16,7 | 17,0 | 17,6 | 18,2 |
| 25° | 13,0 | 13,9 | 14,5 | 14,8 | 15,1 | 15,7 | 16,0 | 16,3 | 16,9 | 17,5 |
| 24° | 12,3 | 13,2 | 13,8 | 14,1 | 14,4 | 15,0 | 15,3 | 15,6 | 16,2 | 16,8 |
| 23° | 11,6 | 12,5 | 13,1 | 13,4 | 13,7 | 14,3 | 14,6 | 14,9 | 15,5 | 16,1 |
| 22° | 10,9 | 11,8 | 12,4 | 12,7 | 13,0 | 13,6 | 13,9 | 14.2 | 14,8 | 15,4 |
| 21° | 10,2 | 11,1 | 11,7 | 12,0 | 12,3 | 12,9 | 13,2 | 13,5 | 14,1 | 14,7 |
| 20° | 9,5 | 10,4 | **11,0** | 11,3 | 11,6 | 12,2 | **12,5** | 12,8 | 13,4 | 14,0 |
| 19° | 8,8 | 9,7 | 10,3 | 10,6 | 10,9 | 11,5 | 11,8 | 12,1 | 12,7 | 13,3 |
| 18° | 8,1 | 9,0 | 9,6 | 9,9 | 10,2 | 10,8 | 11,1 | 11,4 | 12,0 | 12,6 |
| 17° | 7,4 | 8,3 | 8,9 | 9,2 | 9,5 | 10,1 | 10,4 | 10,7 | 11,3 | 11,9 |
| 16° | 6,7 | 7,6 | 8,2 | 8,5 | 8,8 | 9,4 | 9,7 | 10,0 | 10,6 | 11,2 |
| 15° | 6,0 | 6,9 | 7,5 | 7,8 | 8,1 | 8,7 | 9,0 | 9,3 | 9,9 | 10,5 |
| 14° | 5,3 | 6,2 | 6,8 | 7,1 | 7,4 | 8,0 | 8,3 | 8,6 | 9,2 | 9,8 |
| 13° | 4,6 | 5,5 | 6,1 | 6,4 | 6,7 | 7,3 | 7,6 | 7,9 | 8,5 | 9,1 |
| 12° | 3,9 | 4,8 | 5,4 | 5,7 | 6,0 | 6,6 | 6,9 | 7,2 | 7,8 | 8,4 |
| 11° | 3,2 | 4,1 | 4,7 | 5,0 | 5,3 | 5,9 | 6,2 | 6,5 | 7,1 | 7,7 |
| 10° | 2,5 | 3,4 | 4,0 | 4,3 | 4,6 | 5,2 | 5,5 | 5,8 | 6,4 | 7,0 |

50% 55% 60% 65%

Die "Fast-Identität" (12,5 und 12,6 °C) wird nur deshalb erreicht, weil eine unrealistische Außentemperatur von -5 °C angenommen wird. Bei normalen winterlichen Außentemperaturen kälter als - 5 °C *verringert* sich gemäß Temperaturfaktor 0,7 die "zulässige" Oberflächentemperatur, bei kälteren Außentemperaturen wird also eine geringere Oberflächentemperatur zugestanden. – eine solche funktionelle Abhängigkeit aber ist bei der Schimmelpilzproblematik absurd. Bei diesen gedanklichen Abfolgen wird überhaupt nicht nach der relativen Feuchte gefragt. Was haben sich die "Schöpfer" dieses Unsinns nur dabei gedacht? Es wäre interessant zu erfahren, welche Leute den Ausschuß im DIN repräsentieren.

Die sich einstellende Grenze der relativen Feuchte für die Innenraumluft, die gemäß Tabelle 7.2 immerhin 80% an der Innenraumoberfläche nicht übersteigen darf, ist in der Tabelle 7.3 als Treppe besonders markiert. Die genauen Werte zeigt die Tabelle 7.4:

**Tabelle 7.4:** Relative Feuchte der Innenraumluft $\varphi_i$ in % (bei $f_{Rsi}$ = 0,7)
Grenze der relativen Feuchte gemäß $\Phi_{si}$ = 80%

| $\vartheta_i$ °C | Außenlufttemperatur $\vartheta_e$ (°C) | | | | | | | | | |
|---|---|---|---|---|---|---|---|---|---|---|
| | | | | 40% | | | | 45% | | |
| | -15° | -12° | -10° | -9° | -8° | -6° | -5° | -4° | -2° | ±0° |
| 30° | 35,4 | 37,5 | 38,9 | 39,7 | 40,4 | 42,0 | 42,8 | 43,6 | 45,2 | 46,9 |
| 29° | 35,9 | 38,0 | 39,5 | 40,2 | 41,0 | 42,6 | 43,4 | 44,2 | 45,9 | 47,6 |
| 28° | 36,4 | 38,5 | 40,0 | 40,8 | 41,6 | 43,2 | 44,0 | 44,8 | 46,5 | 48,3 |
| 27° | 36,9 | 39,1 | 40,6 | 41,4 | 42,2 | 43,8 | 44,6 | 45,5 | 47,2 | 49,0 |
| 26° | 37,4 | 39,6 | 41,2 | 42,0 | 42,8 | 44,4 | 45,3 | 46,2 | 47,9 | 49,8 |
| 25° | 37,9 | 40,2 | 41,7 | 42,6 | 43,4 | 45,1 | 46,0 | 46,9 | 48,7 | 50,5 |
| 24° | 38,4 | 40,7 | 42,4 | 43,2 | 44,0 | 45,8 | 46,7 | 47,6 | 49,4 | 51,3 |
| 23° | 38,9 | 41,3 | 43,0 | 43,8 | 44,7 | 46,5 | 47,4 | 48,3 | 50,2 | 52,2 |
| 22° | 39,5 | 41,9 | 43,6 | 44,5 | 45,4 | 47,2 | 48,1 | 49,0 | 51,0 | 53,0 |
| 21° | 40,1 | 42,6 | 44,3 | 45,2 | 46,1 | 47,9 | 48,9 | 49,8 | 51,8 | 53,8 |
| 20° | 40,7 | 43,2 | **45,0** | 45,9 | 46,8 | 48,7 | **49,6** | 50,6 | 52,6 | 54,7 |
| 19° | 41,3 | 43,9 | 45,7 | 46,6 | 47,5 | 49,4 | 50,4 | 51,4 | 53,5 | 55,6 |
| 18° | 41,9 | 44,5 | 46,4 | 47,3 | 48,3 | 50,2 | 51,3 | 52,3 | 54,4 | 56,6 |
| 17° | 42,5 | 45,2 | 47,1 | 48,1 | 49,1 | 51,1 | 52,1 | 53,2 | 55,3 | 57,6 |
| 16° | 43,2 | 46,0 | 47,9 | 48,9 | 49,9 | 51,9 | 53,0 | 54,1 | 56,3 | 58,6 |
| 15° | 43,9 | 46,7 | 48,7 | 49,7 | 50,7 | 52,8 | 53,9 | 55,0 | 57,2 | 59,6 |
| 14° | 44,6 | 47,5 | 49,5 | 50,5 | 51,6 | 53,7 | 54,8 | 55,9 | 58,3 | 60,7 |
| 13° | 45,3 | 48,3 | 50,3 | 51,4 | 52,4 | 54,6 | 55,8 | 56,9 | 59,3 | 61,8 |
| 12° | 46,1 | 49,1 | 51,2 | 52,3 | 53,4 | 55,6 | 56,8 | 57,9 | 60,4 | 62,9 |
| 11° | 46,8 | 49,9 | 52,1 | 53,2 | 54,3 | 56,6 | 57,8 | 59,0 | 61,5 | 64,1 |
| 10° | 47,6 | 50,8 | 53,0 | 54,1 | 55,5 | 57,6 | 58,8 | 60,1 | 62,6 | 65,3 |

Die Randbedingungen im Tauwasser-Nachweis nach DIN 4108, Teil 3 ($\vartheta_i$ = 20 °C und $\vartheta_e$ = - 10 °C) würden bei Beachtung des einzuhaltenden Temperaturfaktors von 0,7 eine relative Feuchte der Innenraumluft von 45% erforderlich machen (Oberflächentemperatur dann nach Tabelle 7.3 automatisch 11 °C).

Unter Berücksichtigung einer einzuhaltenden relativen Feuchte $\Phi_{si}$ = 80% an der Innenoberfläche und einem Temperaturfaktor $f_{Rsi}$ = 0,7 werden die funktionellen Zusammenhänge von Innentemperatur $\vartheta_i$, der Außentemperatur $\vartheta_e$, der relativen Raumluftfeuchte $\varphi_i$ und der Oberflächentemperatur $\vartheta_{si}$ im Bild 7.12 grafisch dargestellt.

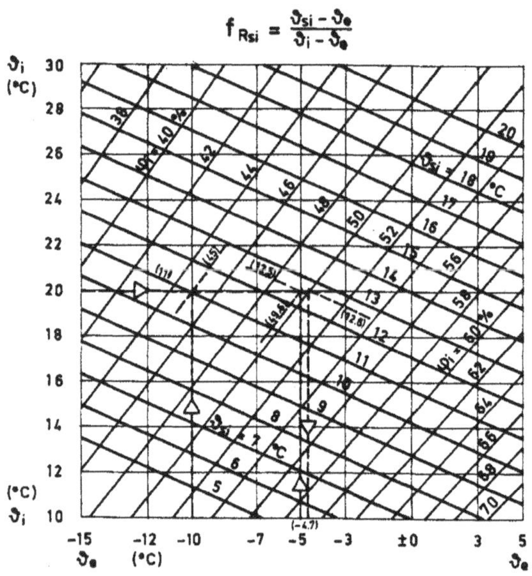


Bild 7.12: Der Nonsens des Temperaturfaktors

*Bild 7.12:*
*Eine Innenraumtemperatur $\vartheta_i$ von 20 °C führt:*
*a) bei einer Außentemperatur $\vartheta_e$ von - 5 °C zu einer Oberflächentemperatur $\vartheta_{si}$ von 12,5 °C und einer damit verbundenen relativen Feuchte $\varphi_i$ von 49,6%.*
*b) bei einer relativen Feuchte $\varphi_i$ von 50% zu einer Oberflächentemperatur $\vartheta_{si}$ von 12,6 °C und einer damit automatisch verbundenen Außentemperatur $\vartheta_e$ von - 4,7 °C.*
*c) bei einer Außentemperatur $\vartheta_e$ von - 10 °C zu einer Oberflächentemperatur $\vartheta_{si}$ von 11 °C und einer damit verbundenen relativen Feuchte $\varphi_i$ von 45%.*

Mit der Forderung eines Temperaturfaktors $f_{Rsi} \geq 0,7$ werden derart geringe relative Feuchten der Innenraumluft erzwungen, die

1. seit jeher sowieso zu keiner Schimmelpilzbildung führten, jedoch
2. bei den stets zu dichten Fenstern generell überschritten werden.

Doch gerade wegen der in den Räumen vorliegenden *hohen* relativen Feuchten kommt es zu Feuchte- und Schimmelschäden. Diese in Tabelle 7.4 gezeigte Grenze der relativen Feuchte zeigt den Unsinn einer solchen in DIN festgelegten Regel. Insofern *kann* der Temperaturfaktor $f_{Rsi}$ den Schimmelpilz nicht verhindern, denn die tatsächlich auftretenden relativen Feuchten machen alles zunichte.

Beim Temperaturfaktor fehlt die erforderliche Angabe der relativen Innenraumluftfeuchte. Die Formel für den Temperaturfaktor lautet:

$$f_{Rsi} = \frac{\vartheta_{si} - \vartheta_e}{\vartheta_i - \vartheta_e} \qquad (-) \tag{7.4}$$

$f_{Rsi}$ = Temperaturfaktor (-)

$\vartheta_{si}$ = raumseitige Oberflächentemperatur (°C)

$\vartheta_e$ = Außenlufttemperatur (°C)

$\vartheta_i$ = Innenlufttemperatur (°C)

Mit der Einführung des Temperaturfaktors wird fälschlicherweise proklamiert (sicher war dies Absicht), nur die Dämmung könne über den inneren Wärmeübergangswiderstand $R_{si}$ = 0,25 m²K/W "das Risiko zum Schimmelpilz" verringern.

Welch ein Trugschluß.

Nun stellt sich im Nachgang zu den Bildern 7.10 und 7.11 natürlich die Frage, welche U-Werte diese Oberflächentemperatur gewährleisten (bei aller Skepsis zum U-Wert)? Über den Temperaturfaktor $f_{Rsi}$ von 0,7 kann hierfür auch nach DIN 4108, Teil 3, der U-Wert rechnerisch bestimmt werden. Die nur ausschließlich für den stationären Zustand zutreffende Formel lautet:

$$U \leq \frac{1 - f_{Rsi}}{R_{si}} \qquad (W/m^2K) \tag{7.5}$$

Unter Berücksichtigung der vorgegebenen Randbedingung eines einzuhaltenden Temperaturfaktors von $f_{Rsi}$ = 0,7 zur "Vermeidung von Schimmelpilz" wird dann:

$$U \leq \frac{0{,}30}{R_{si}} \qquad (W/m^2K) \tag{7.6}$$

Welche Größe muß nun für den $R_{si}$-Wert (bisher $1/\alpha_i$-Wert) eingesetzt werden? Stets wurde der Wert 0,13 m²K/W verwendet. Auch andere, gültige Regelwerke enthalten diesen Wert, so unter anderem die VDI-Richtlinie 6030 "Auslegung von freien Raumheizflächen", die DIN EN ISO 6946 "Wärmedurchlaßwiderstand und Wärmedurchgangskoeffizient" (wichtig), die DIN 4108-3 "Wärmeschutz und Energieeinsparung in Gebäuden". Dieser Wert von 0,13 m²K/W würde damit einen U-Wert von 2,30 W/m²K erforderlich machen (siehe Bild 7.11); dies entspricht auch der Erfahrung in der Vergangenheit. Die DIN 4108 von 1981 legt die Maximalwerte für U mit ca. 1,30 bis 1,60 W/m²K fest.

Nun paßt jedoch ein U-Wert von 2,30 W/m²K überhaupt nicht in das überall proklamierte Dämmstoff-Einbau-Konzept, wonach als Grund für die Schimmelpilzbildung eben fälschlicherweise eine "zu schlechte Dämmung" als Ursache angesehen wird. Also wird der innere Wärmeübergangswiderstand geändert. Insofern steht nun in der neuen DIN 4108 als Randbedingung der gegenüber dem $1/\alpha_i$-Wert von 0,13 m²K/W fast doppelte Wert: $R_{si}$ = 0,25 m²K/W. Mit diesem Wert ergibt sich dann ein notwendiger (?) U-Wert von 1,2 W/m²K.

Mit dem geforderten Temperaturfaktor 0,7 zur "Vermeidung von Schimmelpilz" würde gemäß DIN 4108, Teil 3 damit stets ein U-Wert von 1,2 W/m²K ausreichend sein – unabhängig von der relativen Feuchte. Diese funktionelle Abfolge, die sich aus dem Temperaturfaktor 0,7 ergibt, ist insofern im höchsten Grade irreführend, eine solche Aussage ist selbstredend nonsens. Der Temperaturfaktor als "Schimmelpilzverhinderer" ist ein kapitaler Irrtum – Verworrenheit stand Pate.

*Fazit:*
Die Forderung eines minimalen Temperaturfaktors ist ein virtuelles Konstrukt, die festgelegten Randbedingungen sind manipulativ zustande gekommen. Hier wird ein grandioser Irrtum in die Welt gesetzt. Die mechanistische, auf stationärer Basis beruhende Berechnung einer Oberflächentemperatur mit Hilfe des Temperaturfaktors bedeutet eine Verdummung der Fachwelt, denn eine *Vermeidung* von Schimmel – und dies muß doch das Ziel sein – wird damit nicht erreicht.

Dies ist ein weiteres Beispiel unausgegorener und willkürlicher Formulierung von DIN-Normen und zeigt, wie richtig die einleitenden Vorbemerkungen sind; sie bewahrheiten sich in erschreckender Deutlichkeit. Mit unzulänglichen Rechenmethoden und Manipulationen an den Randbedingungen können oft schon die von der Dämmstoffindustrie gewünschten Ergebnisse erzielt werden – nämlich eine mit pseudowissenschaftlichen Mitteln erzwungene Dämmstoffverpackung der alten Bausubstanz. Dies ist das erklärte Ziel der Dämmstoff produzierenden, verarbeitenden und verkaufenden Industrie, ein verantwortungsloses Spiel mit dem Kunden.

## *7.4 Kondensat in der Konstruktion*

Feuchtetransportvorgänge *in* einer Konstruktion bestehen aus dem Transport von Wasser in flüssiger Form, der Feuchtesorption, und dem Transport von Wasser in Dampfform, der Dampfdiffusion. Der Feuchteschutz in der DIN 4108 behandelt allerdings nur die Dampfdiffusion, ignoriert also die Sorption, den viel wichtigeren kapillaren Feuchtetransport. Insofern kann mit diesem "Nachweis des Tauwasserschutzes" keineswegs umfassend auf das Feuchteverhalten einer Außenkonstruktion geschlossen werden.

Kondensat *in* der Konstruktion, also der diffusive Feuchteausfall, entsteht immer nur dann, wenn der durch den gewählten Schichtenaufbau entstehende Wasserdampfteildruck (Partialdruck), der sich vom hohen zum niedrigen Dampfdruck abbaut und der sich nach dem Schichtenaufbau richtet, größer wird als der Sättigungsdruck, der sich nach der Temperatur im Bauteil richtet. Ist der Wasserdampfteildruck größer als der Wasserdampfsättigungsdruck, kommt es zum Kondensat.

### 7.4.1 Fehlerhafte Temperaturbestimmung

Für die Bestimmung des Wasserdampfsättigungsdruckes ist die im Bauteil vorliegende Temperatur maßgebend. Die Temperaturverteilung jedoch wird nach DIN 4108 für den Beharrungszustand, der von *konstanten* Wärmestromdichten ausgeht, berechnet. Bei speicherfähigem Material wäre aber eine stationäre Behandlung falsch, da die Temperaturverteilung eine gänzlich andere ist (siehe Kapitel

6.2 "Speicherung"). Beim rechnerischen Tauwassernachweis nach DIN 4108 handelt es sich also bei speicherfähigen Wänden um exzellente Phantomrechnungen.

Zunächst wird ja die konstante Wärmestromdichte q nach der in der DIN 4108 vorliegenden Formel berechnet:

(7.7) $$q = U \cdot (\vartheta_i - \vartheta_e)$$ (W/m²)

Dann werden unter der Annahme, diese berechnete Wärmestromdichte liege im gesamten Bauteil vor (stationärer Zustand, der ja erst "nach langer Zeit" eintritt [Gertis 02]), die einzelnen Temperaturdifferenzen proportional zum Wärmedurchlaßwiderstand R (m²K/W) berechnet:

(7.8) $$\Delta\vartheta = q \cdot R$$ (K)

wobei nun ist: (7.9) $$R = \frac{d}{\lambda}$$ (m²K/W)

Eine konstante Wärmestromdichte (Beharrungszustand) liegt in Realität aber nicht vor, die Bilder 6.9 bis 6.15 widerlegen eindeutig diese in der Bauphysik üblicherweise und allgemein vorliegende Annahme. Insofern handelt es sich bei Temperaturberechnungen um reine Phantasieergebnisse.

### 7.4.2 Die Gültigkeit der µ-Werte

Die Wasserdampf-Diffusionswiderstandszahl µ ist ein wichtiges Bestimmungsmerkmal für die Wasserdampfstromdichte i einer Konstruktion. Diese ist proportional der Partialdruckdifferenz Δp und umgekehrt proportional zur Wasserdampfdiffusions-Widerstandszahl µ und Dicke s:

(7.10) $$i \approx \frac{\Delta p}{\mu \cdot s}$$ (kg/m² h)

dabei ist das Produkt aus µ und s die äquivalente Luftschichtdicke $s_d$:

(7.11) $$s_d = \mu \cdot s$$ (m)

Diese funktionellen Zusammenhänge sind wesentlicher Bestandteil der Diffusionsberechnungen, wobei der Wert für µ gemäß den Tabellen in DIN 4108 als konstant angenommen wird. Immerhin beschreibt die DIN 52 615 "Bestimmung der Wasserdampfdurchlässigkeit von Bau- und Dämmstoffen" den Zweck der DIN damit, daß das in der Norm festgelegte Prüfverfahren dazu diene, die Wasserdampfdurchlässigkeit im *stationären* Zustand zu bestimmen. Auch in der DIN 4108, Teil 5 –1981 steht: "Der Wasserdampfdiffusionsstrom mit der Dichte i im *Beharrungszustand* wird nach folgender Gleichung berechnet". Wie sieht es nun mit dieser Konstanz und dem stationären Beharrungszustand in Realität aus?

In [Klopfer 74] steht: *"Obwohl man in der einschlägigen Fachliteratur zahlreiche Angaben über die Größe von Diffusionswiderstandszahlen findet, sind doch nur relativ wenige Ergebnisse für wirklichkeitsnahe Berechnungen brauchbar".* Der Grund liegt darin, daß die μ-Werte sehr stark von der relativen Feuchte der umgebenden Luft abhängen. In [Klopfer 74] findet sich das Bild 7.13, das den funktionellen Zusammenhang bei einer Zementmörtelprobe zeigt. Im Text heißt es dazu: *"Der Wassergehalt und die Diffusionswiderstandszahl der Mörtelprobe wurden im stationären Zustand gemessen, der sich nach der schrittweisen Erhöhung der relativen Luftfeuchte des warmen Klimas jeweils im Laufe von mehren Tagen einstellte".*

Im Klartext heißt dies: Die so wichtigen μ-Werte (und ebenso auch der Wassergehalt) pendeln sich erst nach mehreren Tagen ein; erst dann ist der "stationäre" Zustand erreicht – ähnlich wie bei der Wärmeleitfähigkeit λ (siehe Bild 6.28).

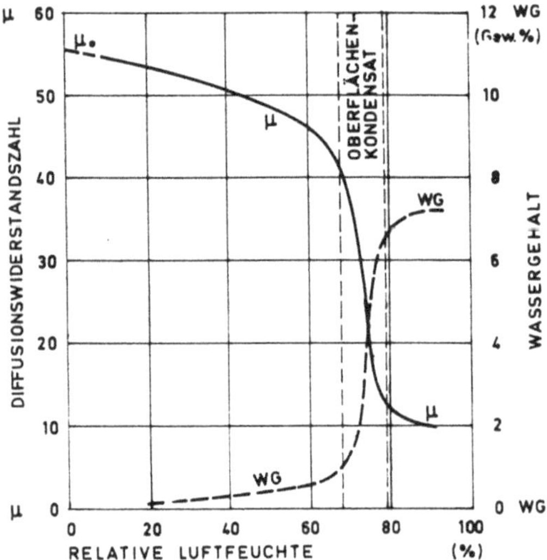


Bild 7.13: Diffusionswiderstandszahl und Wassergehalt einer 5 cm dicken Zementmörtelprobe bei verschiedenen Luftfeuchten

*Bild 7.13:*
*Tauwasserbildung erfolgte bereits lange bevor eine relative Luftfeuchte von 100% erreicht wurde. Mit der Tauwasserbildung ist ein starkes Abfallen der Diffusionswiderstandszahl μ und ein starkes Zunehmen des Wassergehaltes WG der Mörtelprobe verbunden. Nahezu reine Wasserdampfdiffusion erfolgt nur bei kleinen relativen Feuchten (bei $\mu_o$). Der Steilabfall zwischen 70 und 80% ist eine Folge kapillaren Wassertransports, der sich stets bei porösen Stoffen einstellt.*

Im Text heißt es dann [Klopfer 74]: *"Es wäre verfehlt, die Diffusionswiderstandszahl gedanklich nur mit der Wasserdampfdiffusion zu verbinden".* Feuchtetransportvorgänge sind also "zusammenhängend" zu sehen und zu behandeln. Diffusiver Feuchtetransport ist bei hohen relativen Feuchten also immer auch mit kapillarerem Wassertransport verbunden. Dafür aber sind eingebaute Folien (Luft- und Dampfsperren) ein Hindernis, sie gehören deshalb nicht in die Konstruktion.

Bei Polymeren lassen sich ähnliche Zusammenhänge erkennen, das Bild 7.14 ist ebenfalls [Klopfer 74] entnommen.

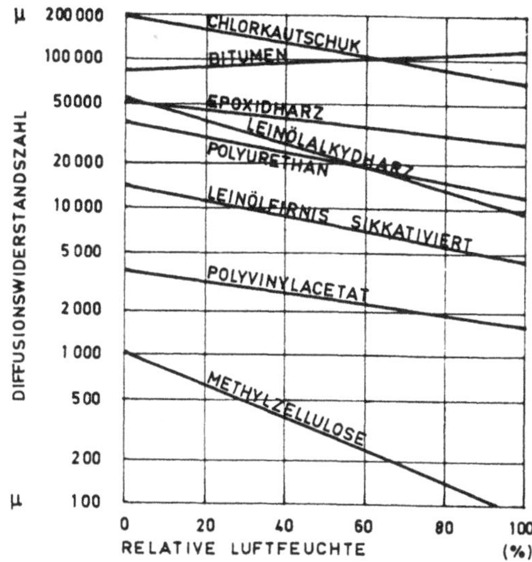


*Bild 7.14:*
*Unter den beiden Luftfeuchtigkeitsgefällen 100% nach 50% sowie 50% nach 0% wurden die Messungen durchgeführt. Damit ergaben sich zwei Mittelwerte, die im gewählten logarithmischen Maßstab geradlinig verbunden wurden – bei porenfreien, organischen Polymeren kann dies angenommen werden.*
*Trendmäßig zeichnet sich auch hier bei höheren relativen Feuchten eine Reduzierung der Diffusionswiderstandszahl μ ab.*

Bild 7.14: Diffusionswiderstandszahlen unpigmentierter Polymerbeschichtungen bei verschiedenen Luftfeuchten

Diese Variabilität der μ-Werte gegenüber den relativen Feuchten ist auch die gedankliche Grundlage für die "Intelligente" Dampfbremse [Künzel 96]. Eine spezielle Polyamidfolie mit einer Dicke von 50 μm (0,05 mm oder 0,00005 m) wird als neuartige Dampfbremse der Fachöffentlichkeit vorgestellt.

In [Künzel 96] heißt es:
*"Der raumseitigen Dampfsperre oder besser Dampfbremse kommt eine besondere Bedeutung zu. Sie muß dampfdicht genug sein, um den winterlichen Tauwassereintrag möglichst gering zu halten; gleichzeitig soll sie ausreichend diffusionsoffen sein, um die sommerliche Austrocknung von im Bauteil vorhandener Feuchte (Regenfeuchte, Einbaufeuchte oder durch Fehlstellen eingedrungener Raumluftfeuchte) nicht zu behindern. Am besten könnte eine Dampfbremse, die im Winter dampfdicht und im Sommer dampfoffen ist, diese Aufgabe erfüllen".*

Diese Aussage charakterisiert das Unvermögen "moderner" Bauphysik.

1. Man geht also stets von einem winterlichen Tauwassereintrag aus, der möglichst gering gehalten werden soll. Eine tauwasser*freie* Konstruktion ist in den Köpfen dieser "fortschrittlichen Bauphysiker" offensichtlich nicht mehr existent. Feuchtkonstruktionen werden somit zum Standard – dies ist dann der vielbesungene "Stand der Technik" (DIN-Normen).
2. Die sommerliche Austrocknung erfolgt weitgehend nach innen, denn diese soll durch die innen liegende Dampfbremse nicht behindert werden. Der natürliche Weg eines Feuchteaustrages nach außen scheint ebenfalls in den

Köpfen "fortschrittlicher" Bauphysiker nicht zu existieren. Die Feuchte marschiert wieder nach innen.

Zur Verschleierung dieses bautechnischen Unfugs wird dann die "feuchteadaptive Lösung" mittels "intelligenter Dampfbremsfolie Difunorm Vario" realisiert. Die Bauphysik scheint nur in der Lage zu sein, großen bautechnischen Humbug in die Welt zu setzen.

Dieses Prinzip eigenartiger bautechnischer Vorstellungen wird dann sogar auf das Holzfachwerk und die "Sparrenvolldämmung" übertragen.

In [Künzel 96] heißt es ebenfalls:
*"Andererseits sollte die vorwiegend in den Sommermonaten durch die Fugen zwischen Holzständern und Ausfachung eindringende Regenfeuchte auch zur Raumseite hin austrocknen können. Eine ähnliche Problemstellung tritt bei der nachträglichen Sparrenvolldämmung von Steildächern zur Nutzbarmachung weiteren Wohnraumes im Altbaubereich auf".*

Ja ist man denn von allen guten Geistern verlassen; jetzt soll sogar auch die beim Fachwerk von außen eindringende Feuchtigkeit sowie anfallende Kondensatfeuchte bei der Sparrenvolldämmung nach *innen* abtrocknen!! Aber genau die umgekehrte Richtung ist maßgebend: Feuchte muß von innen nach außen transportiert werden und außen abtrocknen können!

Auch hier ist zu beanstanden: Eine gute Konstruktion läßt erst gar kein Tauwasser zu – früher war dies einmal Regel der Technik, jetzt aber werden Feuchtkonstruktionen gebaut – und die Probleme häufen sich. Weiter: Stimmt denn das mit dem Winter dampfdicht, Sommer dampfoffen?

Die Polyamidfolie mit ihren unterschiedlichen $s_d$-Werten zeigt Bild 7.15:

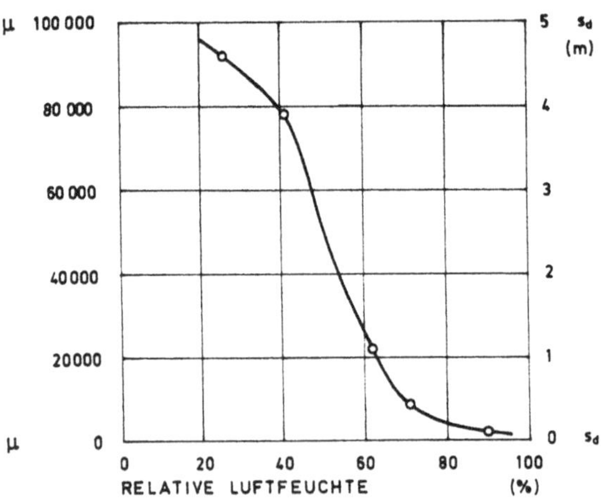


Bild 7.15: Die "Intelligente" Dampfbremse

*Bild 7.15: Bei 40 bis 50% relativer Feuchte kann ein sd-Wert von etwa 2,5 bis 4 m abgelesen werden; bei 70% relativer Feuchte dann ein Wert von etwa 0,5 m. Diese "Unterschiede" ergeben keine große Entlastung in der Entfeuchtung, zumal nur die Dampfdiffusion, nicht aber die Sorption betrachtet wird. Außerdem: herrscht nicht im Winter auch eine relative Feuchte von 70 bis 80%?*

Infolge der weitverbreiteten Schimmelpilzbildung, deren Ursache eine zu hohe relative Feuchte im Winter ist (bis zu 90% relative Feuchte im Innenraum), kann davon ausgegangen werden, daß die beabsichtigten Effekte der "intelligenten" Dampfbremse überhaupt nicht wirksam werden. Man ließ sich irrtümlicherweise von der DIN 4108 leiten. Dort wird im Winter eine relative Feuchte von 50%, im Sommer von 70% angenommen. Die Realitäten sehen infolge der Schimmelpilze allerdings anders aus. Aber trotz dieser Ungereimtheiten verkauft man Lizenzen für diesen bauphysikalischen Nonsens einer "intelligenten Dampfbremse".

Die Wasserdampfdiffusionswiderstände μ sind feuchteabhängig, die DIN enthält dagegen konstante Werte. Aber selbst diese werden manipulativ behandelt. In [Klopfer 74] werden unter anderem die in Tabelle 7.5 aufgeführten μ-Werte aufgelistet, die sich von den Werten in der DIN stark unterscheiden:

**Tabelle 7.5**: Diffusionswiderstandszahlen offenporiger Körper

| | Klopfer | DIN 4108 |
|---|---|---|
| Kalkmörtel (1:3 RT) | 9 | 15/35 |
| Kalkzementmörtel | 20 | 15/35 |
| Zementmörtel | 30 | 15/35 |

Deutlich ist erkennbar: Die stofflichen Unterschiede der μ-Werte einzelner Mörtelsorten zwischen 9 und 30 werden in der DIN 4108 ignoriert – sie werden egalisiert. Hier war wohl der Wunsch der Zementindustrie Befehl. Aber gerade der Kalkmörtel muß wegen seiner besseren Elastizität, Dampfdurchlässigkeit und Kapillarität bevorzugt verwendet werden – die Praxis liefert hierfür genügend Beispiele. Für die DIN 4108 dagegen ist alles "bauphysikalisch gleichwertig" (siehe hierzu auch Kapitel 7.2 "Feuchtesorption").

Auch bei der Bestimmung der Wasserdampfdiffusionswiderstände wird manipulativ vorgegangen. In der DIN 52 615 "Bestimmung der Wasserdampfdurchlässigkeit von Bau- und Dämmstoffen" wird mit unterschiedlichen Randbedingungen geprüft: unter anderem mit einer Temperatur von 23 °C, wobei die relative Luftfeuchte trockene Seite/feuchte Seite 0%/50% (also Kurzform 23-0/50) oder 50%/100% (Kurzform 23-50/100) betragen kann. In einer Anmerkung heißt es hierzu: *"In der Regel wird bei der Randbedingung 23-0/50 geprüft (auch Trockenbereichsverfahren genannt), sofern nicht durch Festlegung oder Vereinbarung in den entsprechenden Normen oder Vorschriften andere Versuchsbedingungen erforderlich sind (z. B. Kunstharzputze nach DIN 18 558 werden bei der Randbedingung 23-50/100 geprüft (auch Feuchtbereichsverfahren genannt)*

Kommentar: Mit dieser "Vereinbarung" werden "für dichte Stoffe" niedrigere μ-Werte ermittelt, da feuchte Proben, wie ja oben dargestellt, dampfdurchlässiger sind. Die großen Nachteile von Kunstharzen werden auf diese unseriöse Art in unzulässiger Weise meßtechnisch gemildert – DIN entpuppt sich wieder einmal als Erfüllungsgehilfe der Industrie.

Zusammenfassend kann festgestellt werden:
Die μ-Werte werden im Beharrungszustand, im "stationären Zustand" gemessen, wobei das Einpendeln in den stationären Zustand Tage dauern kann [Klopfer 74]. Insofern sind Berechnungen mit einem konstanten μ-Wert fehlerhaft und ungenau. Die Analogie zum λ-Wert ist unverkennbar.

### 7.4.3 Das Glaser-Verfahren

In [Klopfer 74] steht: *"Der Temperatur- und Wasserdampfdruckverlauf in einer vielschichtigen Wand kann für langfristige stationäre Verhältnisse nach dem Verfahren von Glaser berechnet werden"* und weiter: *"Im stationären Zustand ist die Wasserdampfstromdichte in allen Schichten gleich groß".* Hier wird also bereits 1974 bestätigt, daß die ganze Rechnerei nur für den langfristigen stationären Fall gilt und von konstanten Wasserdampfstromdichten ausgegangen wird. Aus dieser Konstanz der Wasserdampfstromdichten wird dann der partielle Wasserdampfdruckabfall im Bauteil berechnet und zwar umgekehrt proportional zu den $s_d$-Werten (siehe Formeln 7.10 und 7.11). Nach dem gleichen Schema wird ja auch der Temperaturabfall im Bauteil berechnet – anhand einer konstant angenommenen Wärmestromdichte.

Da sowohl die Konstanz der Wärmestromdichte (siehe Kapitel 6.2 "Speicherung") als auch die Konstanz der Wasserdampfstromdichte nur für den stationären Fall zutrifft (der ja nicht vorliegt), handelt es sich beim Glaser-Verfahren ebenfalls um fiktive Berechnungen. Insofern ist auch der "Tauwassernachweis" nach DIN 4108 bei Massiv- (falsche Temperaturkurve) und Schichtkonstruktionen (falsche μ-Werte) eine Phantomrechnung. Trotz dieser Einschränkung soll das Glaser-Verfahren kurz erläutert werden.

Um den diffusiven Feuchteausfall zu verhindern, wird für eine tauwasserfreie Konstruktion das richtige Zusammenspiel von Dampfdruck- und Temperaturkurve wichtig. Dabei darf der Wasserdampfteildruck, der sich vom hohen zum niedrigen Dampfdruck abbaut und sich nach dem Schichtenaufbau richtet, an keiner Stelle den gemäß der Temperatur möglichen Wasserdampfsättigungsdruck übersteigen. Ist der Wasserdampfteildruck größer als der Wasserdampfsättigungsdruck, kommt es zur Kondensatbildung.

In den Bildern 7.2 und 7.7 wurde der Wasserdampfgehalt wegen der besseren Vorstellung in g/m³ angegeben. In der Klimatechnik jedoch wird die Dimension g/kg tr. L. gewählt, also Gramm pro Kilogramm trockene Luft (Bilder 7.3 und 7.8). Die Sättigungsgrenze kann nun als Sättigungsmenge in g/kg tr. L., aber auch als Sättigungsdruck in Pa angegeben werden. Beide Angaben verhalten sich dabei proportional zueinander (siehe Tabelle 7.6).

**Tabelle 7.6**: Sättigungsgrenzen von Wasserdampf

| $\vartheta_L$ | -15° | -10° | -5° | ±0° | +5° | +10° | +15° | +20° | +25° | |
|---|---|---|---|---|---|---|---|---|---|---|
| WDG | 1,4 | 2,2 | 3,3 | 4,8 | 6,8 | 9,4 | 12,8 | 17,3 | 23,1 | g/m³ |
| WDG | 1,0 | 1,6 | 2,5 | 3,8 | 5,4 | 7,7 | 10,7 | 14,7 | 19,8 | g/kg tr.L. |
| $p_s$ | 165 | 260 | 401 | 611 | 872 | 1228 | 1706 | 2340 | 3169 | Pa |

Für das Verständnis einer Kondensatbildung in der Konstruktion wird deshalb folgende Überlegung wichtig:

Die Richtung wird durch das Wasserdampfdruckgefälle bestimmt. Die "Wasserdampfdichtheit" der einzelnen Schichten einer Außenkonstruktion muß in Richtung des Wasserdampfstromes abnehmen, die großen Sprünge der Wasserdampfdruckgefälle müssen deshalb auf der warmen Seite liegen.

Die konstruktive Aufgabe besteht nun darin, dafür zu sorgen, daß an keiner Stelle des Bauteils der Wasserdampfteildruck größer wird als der Wasserdampfsättigungsdruck. Die beiden Bilder 7.16 und 7.17 zeigen dies grafisch.

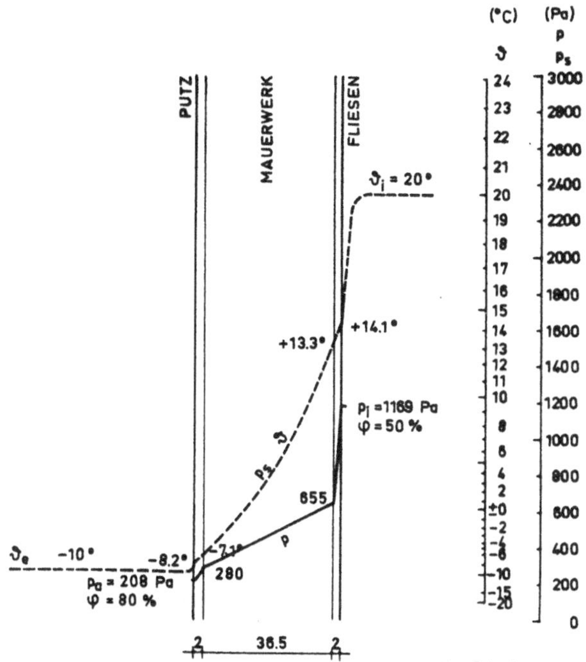


*Bild 7.16:*
*Die Dampfbremse innen besteht aus einer innen liegenden Fliesenschicht mit einem hohen Dampfwiderstand. Dadurch fällt der Wasserdampfteildruck innen recht schnell und erreicht damit an keiner Stelle die Wasserdampfsättigungsdruckkurve. Diese Konstruktion bleibt tauwasserfrei.*

Bild 7.16: Temperatur und Wasserdampfdruck; Dampfbremse innen

Hierbei ist verfahrensmäßig folgendes anzumerken:

1. Durch koordinierte Wahl der beiden Skalen ist die Wasserdampfsättigungsdruckkurve und die Temperaturkurve gemäß Tabelle 7.6 identisch.
2. Der Abbau der Wasserdampfteildruckkurve von 1169 Pa (20 °C, 50% rel. Feuchte) auf 208 Pa (-10 °C, 80% rel. Feuchte) geschieht proportional der äquivalenten Luftschichtdicke $s_d$ (m).

Wie sehen nun die Verhältnisse bei einer äußeren Dampfbremse aus?

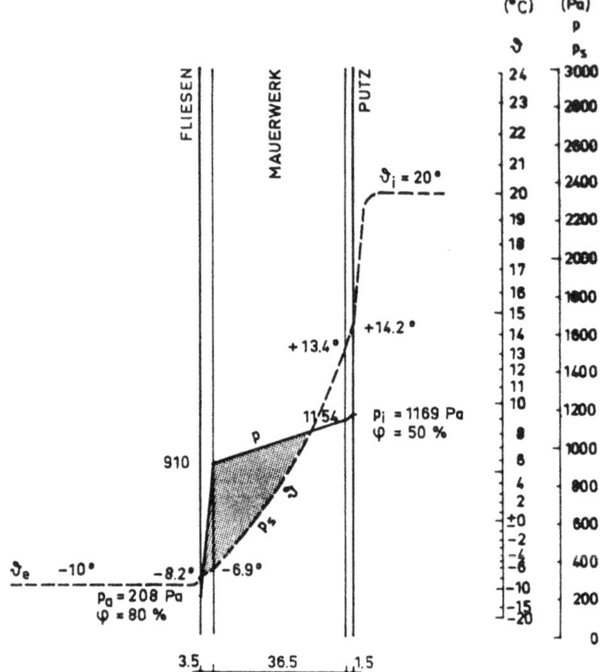


*Bild 7.17:*
*Die Dampfbremse außen besteht aus einer außen liegenden Keramikschicht mit einem hohen Dampfwiderstand. Dadurch fällt der Wasserdampfteildruck erst außen bei den niedrigen Temperaturen recht steil ab und überschneidet damit außen die Wasserdampfsättigungsdruckkurve. Diese Konstruktion führt gemäß Glaser (und DIN) dann zu einem Tauwasserausfall.*

Bild 7.17: Temperatur und Wasserdampfdruck; Dampfbremse außen

## 7.4.4 Fehlerhafte Empfehlungen

Bei der Behandlung von Schichtkonstruktionen bezüglich der Tauwasserfreiheit ist auf einen weitverbreiteten Irrtum hinzuweisen: Nicht die äquivalente Luftschichtdicke $s_d$ (m) muß von innen nach außen abnehmen und der Wärmedurchlaßwiderstand $s/\lambda$ zunehmen, wie in [Pohl 93] dargelegt, sondern sowohl die Wasserdampf-Diffusonswiderstandszahl $\mu$ als auch die Wärmeleitfähigkeit $\lambda$ müssen von innen nach außen abnehmen, um Kondensat zu vermeiden. Die Richtigkeit dieses Konstruktionsprinzips zeigen die beiden Bilder 7.18 und 7.19 sehr deutlich. Für zwei Ziegelarten (Raumgewicht 1200 und 1600 kg/m³) in richtiger Schichtenfolge und unterschiedlicher Dicke werden die Ergebnisse gezeigt. Die Baustoffdaten sind der [TGL] entnommen, weil hier im Gegensatz zur DIN 4108 differenzierte Werte angegeben werden.

Die Fragwürdigkeit von "Berechnungen" nach DIN 4108 wird allein schon deshalb offenkundig, weil für Vollziegel und Hochlochziegel aller Raumdichten von 1200 bis 2000 kg/m³ einheitliche Wasserdampfdiffusionswiderstandszahlen von 5 (innen liegend) und 10 (außen liegend) angegeben werden. Dies potenziert weiterhin die Unbrauchbarkeit "rechnerischer Ergebnisse" nach DIN.

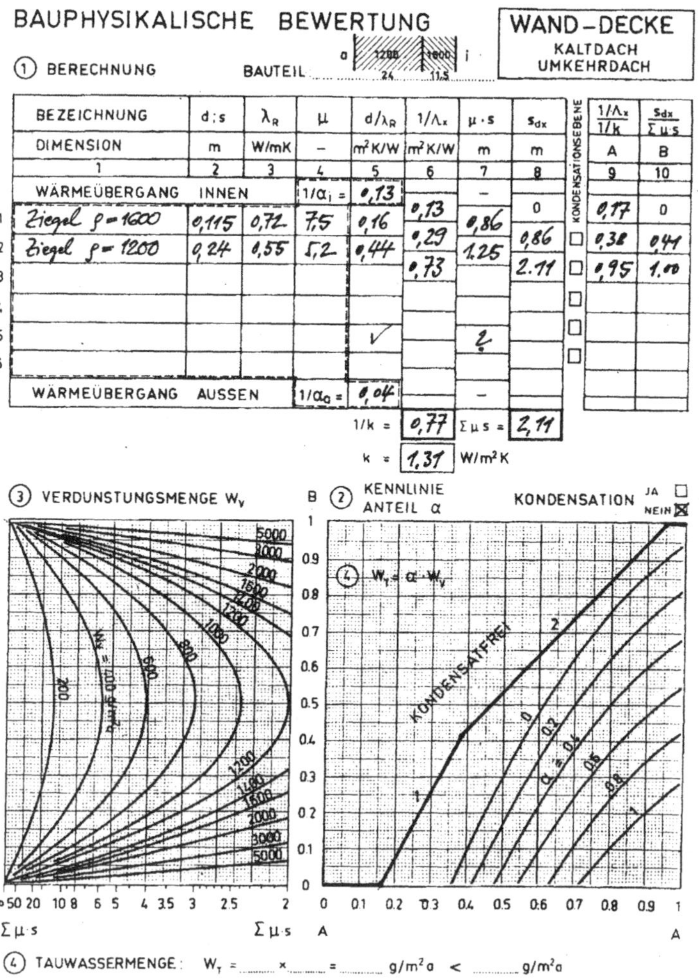

BAUPHYSIKALISCHE BEWERTUNG

WAND-DECKE
KALTDACH
UMKEHRDACH

(1) BERECHNUNG — BAUTEIL: a | 1200 (24) | 1600 (11,5) | i

| | BEZEICHNUNG | d;s | $\lambda_R$ | $\mu$ | $d/\lambda_R$ | $1/\Lambda_x$ | $\mu \cdot s$ | $s_{dx}$ | KONDENSATIONSEBENE | $\frac{1/\Lambda_x}{1/k}$ | $\frac{s_{dx}}{\Sigma \mu \cdot s}$ |
|---|---|---|---|---|---|---|---|---|---|---|---|
| | DIMENSION | m | W/mK | – | m²K/W | m²K/W | m | m | | A | B |
| | 1 | 2 | 3 | 4 | 5 | 6 | 7 | 8 | | 9 | 10 |
| | WÄRMEÜBERGANG INNEN | | | $1/\alpha_i$ = | 0,13 | 0,13 | – | 0 | | 0,17 | 0 |
| 1 | Ziegel ρ = 1600 | 0,115 | 0,72 | 7,5 | 0,16 | 0,29 | 0,86 | 0,86 | ☐ | 0,38 | 0,41 |
| 2 | Ziegel ρ = 1200 | 0,24 | 0,55 | 5,2 | 0,44 | 0,73 | 1,25 | 2,11 | ☐ | 0,95 | 1,00 |
| 3 | | | | | | | | | ☐ | | |
| 4 | | | | | | | | | ☐ | | |
| 5 | | | | | ✓ | | Σ | | ☐ | | |
| 6 | | | | | | | | | | | |
| | WÄRMEÜBERGANG AUSSEN | | | $1/\alpha_a$ = | 0,04 | | – | | | | |

1/k = 0,77   Σ μ s = 2,11

k = 1,31 W/m²K



Bild 7.18: Kondensatfreie Konstruktion einer Zweischichten-Ziegelwand

*Bild 7.18:*
*Dies ist eine kondensatfreie Konstruktion, obgleich die sd-Werte entgegen der "allgemeinen Empfehlung" zunehmen (Spalte 7) und nicht abnehmen. Dagegen stimmt die Abnahme der $\mu$ -Werte; nach außen hin wird die Schicht dampfoffener (Spalte 4). Ebenfalls nimmt die Wärmeleitfähigkeit $\lambda$ nach außen ab (Spalte 3), der Wärmedurchlaßwiderstand nimmt zu (Spalte 5).*

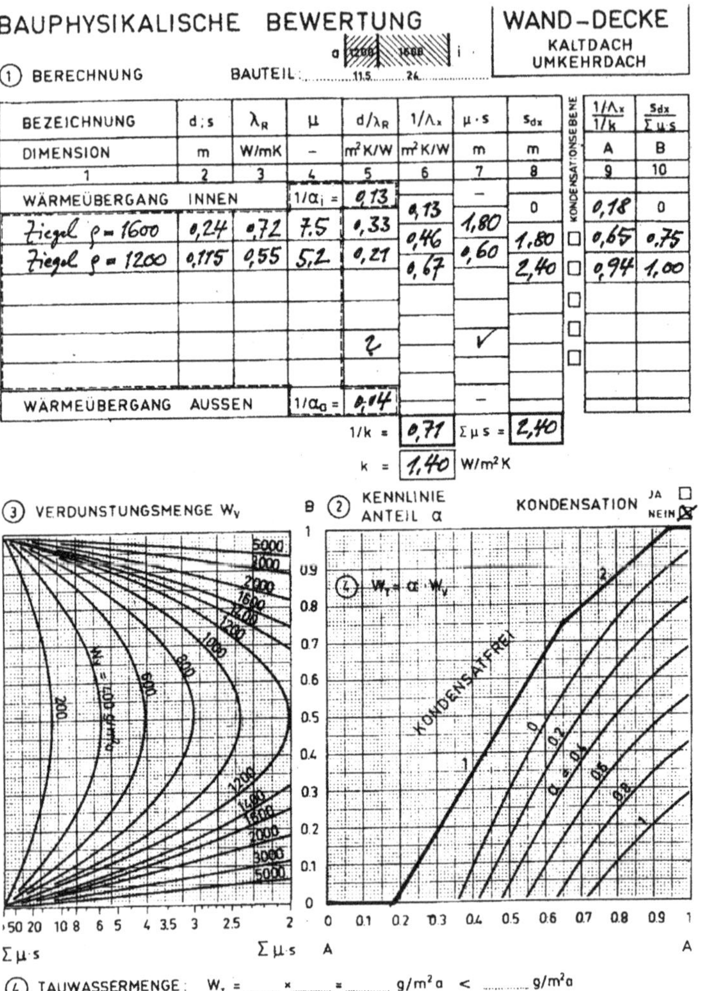

BAUPHYSIKALISCHE BEWERTUNG — WAND-DECKE / KALTDACH / UMKEHRDACH

① BERECHNUNG — BAUTEIL: a 1200 | 1600 i; 11,5 | 24

| BEZEICHNUNG | d; s | $\lambda_R$ | $\mu$ | $d/\lambda_R$ | $1/\Lambda_x$ | $\mu \cdot s$ | $s_{dx}$ | KONDENSATIONSEBENE | $\frac{1/\Lambda_x}{1/k}$ | $\frac{s_{dx}}{\Sigma \mu s}$ |
|---|---|---|---|---|---|---|---|---|---|---|
| DIMENSION | m | W/mK | – | m²K/W | m²K/W | m | m | | A | B |
| 1 | 2 | 3 | 4 | 5 | 6 | 7 | 8 | | 9 | 10 |
| WÄRMEÜBERGANG INNEN | | | | $1/\alpha_i$ = 0,13 | 0,13 | – | 0 | | 0,18 | 0 |
| Ziegel ρ = 1600 | 0,24 | 0,72 | 7,5 | 0,33 | 0,46 | 1,80 | 1,80 | □ | 0,65 | 0,75 |
| Ziegel ρ = 1200 | 0,115 | 0,55 | 5,2 | 0,21 | 0,67 | 0,60 | 2,40 | □ | 0,94 | 1,00 |
| | | | | | | | | □ | | |
| | | | | | | | | □ | | |
| | | | | Σ | | ✓ | | □ | | |
| | | | | | | | | | | |
| WÄRMEÜBERGANG AUSSEN | | | | $1/\alpha_a$ = 0,04 | | – | | | | |

1/k = 0,71   Σ μ s = 2,40

k = 1,40 W/m²K



④ TAUWASSERMENGE: $W_T$ = ........ × ........ = ........ g/m²a < ........ g/m²a

Bild 7.19: Kondensatfreie Konstruktion einer Zweischichten-Ziegelwand

*Bild 7.19:*
*Dies ist ebenfalls eine kondensatfreie Konstruktion, obgleich die Wärmedurchlaßwiderstände entgegen der "allgemeinen Empfehlung" abnehmen (Spalte 5). Dagegen stimmt die Abnahme der $\lambda$-Werte (Spalte 3), nach außen hin wird die Schicht wärmedämmender. Ebenfalls nehmen die $\mu$ -Werte nach außen hin ab (Spalte 4). Die sd-Werte nehmen ab.*

Diese "grafisch-rechnerische" Methode ist in [Meier 89, 89a, 89b] veröffentlicht worden und offenbart die irregulären und verschwommenen Vorstellungen der offiziellen Bauphysik beim Feuchteschutz.

Diese Widersprüche treten auch im entgegengesetzten Sinne auf. Die Umkehrung der zwei Ziegelschichten ergeben in beiden Fällen Kondensatausfall in der Konstruktion, obwohl in dem einen Fall die sd-Werte gemäß der "allgemeinen Empfehlung" abnehmen und im anderen Fall die Wärmedurchlaßwiderstände zunehmen. Wie man sieht, die "allgemeine Empfehlung" in [Pohl 93] ist irreführend und falsch.

## 7.4.5 Das richtige Konstruieren

Eine bauphysikalisch richtige Schichtenfolge ist eine Konstruktion, bei der die einzelnen µ-Werte in Diffusionsrichtung abnehmen (nicht die $s_d$-Werte, wie stets behauptet wird, das wäre falsch). Maßgebend sind also Baustoffwerte (µ und λ), nicht aber Konstruktionswerte ($s_d$ und s/λ). Bei sehr unterschiedlichen µ-Werten kann für den Winter durchaus eine richtige Schichtenfolge bestimmt werden, die dann aber leider nicht mehr im Sommer stimmt, da sich hier die Diffusionsrichtung umdreht. Eine für das ganze Jahr gültige Schichtenfolge wäre durchgängig die Wahl etwa gleicher µ-Werte.

Hier einige µ-Werte aus [DIN 81], [Eichler 89], [Klopfer 74], [Sto] und [TGL]:

**Tabelle 7.7**: Diffusionswiderstandszahlen µ

| | Quelle | µ-Werte |
|---|---|---|
| Vollziegel (1800 kg/m³) | TGL | 9,5 |
| **Vollziegel** | Eichler | **10** |
| Kalksandstein (1400 kg/m³) | TGL | 17 |
| Bimsbeton (1200 kg/m³) | TGL | 11,5 |
| Gasbeton (600 kg/m³) | TGL | ca. 6 |
| Gipsbauplatten (1000 kg/m³) | TGL | 6 |
| Kalkmörtel (1:3 RT) | Klopfer | 9 |
| **Kalkputz** | Eichler/TGL | **12** |
| Kalkzementmörtel | Klopfer | 20 |
| Kalkzementputz | Eichler/TGL | 18-21 |
| Zementmörtel | Klopfer | 30 |
| Zementputz | Eichler/TGL | 43 |
| Kunstharzputz | DIN | 50-200 |
| Sto-Mineralschaumplatten | Sto | 3 - 6 |
| StoLevellCell Unterputz | Sto | 23 - 34 |
| Stolit Oberputz | Sto | 133 - 233 |
| Stolit MP Oberputz | Sto | 40 - 60 |
| StoSilco Oberputz | Sto | 33 - 133 |

Der Vollziegel mit Kalkputz entspricht dieser bauphysikalischen Notwendigkeit. Demgegenüber ist das Wärmedämmverbundsystem bauphysikalisch abzulehnen, da die μ-Werte nach außen hin beängstigend zunehmen: Sto-Mineralschaumplatte μ = 3/6; Unterputz μ = 23 bis 34; Oberputz μ bis zu 233. Tauwasser ist deshalb unvermeidlich, eine kapillare Entfeuchtung der Wand nach außen aber kann nicht erfolgen; demzufolge kann nur nach innen entfeuchtet werden. Eine diffusive Entfeuchtung ist quantitativ äußerst gering und kann in einer Feuchtebilanz durchaus vernachlässigt werden. DIN 4108 und EN ISO 13788 aber behandeln nur die Diffusion, der kapillare Feuchtetransport wird totgeschwiegen..

## 7.5 Luftdichtheit

Die Luftdichtheit wird seit jeher gefordert, um Kondensat in der Konstruktion infolge Abkühlung der nach außen strömenden warmen Innenraumluft sowie Zugerscheinungen zu vermeiden. Lüftung wird jedoch notwendig, um auch hohe relative Feuchten zu vermeiden, denn diese führen nicht nur zu Feuchteschäden an den Innenraumoberflächen, sondern verbrauchen auch noch zusätzlich Energie. Dies zeigt sehr deutlich das Molliersche Diagramm.

Das Molliersche Diagramm, das in jedem Heizungslehrbuch enthalten ist, zeigt die naturgesetzlichen Zusammenhänge zwischen der Temperatur (°C), der rel. Feuchte (%), dem Wasserdampfgehalt (g/kg tr.L.), dem Wasserdampfdruck (Pa) und dem Wärmeinhalt (Wh/kg tr. L.).

Besonders wichtig wird der Umstand, daß feuchte Luft als wesentliche Voraussetzung für Kondensatschäden zusätzlich noch besonders viel Energie enthält. Die Enthalpie (Wärmeinhalt) feuchter Luft ist größer als die trockener Luft. Dies kann dem Mollierschen Diagramm entnommen werden.

*Bild 7.20:*
*Eine Raumluft mit 20 °C und 50% rel. Feuchte enthält 10,8 Wh/kg tr. L. Wird nun diese Luft ausgetauscht (5 °C und 80% rel. Feuchte mit einem Wärmeinhalt von 4,4 Wh/kg tr. L.), so muß für die frische Außenluft eine zusätzliche Energie von (10,8 - 4,4) = 6,4 Wh/kg tr. L. aufgebracht werden.*

*Wird dagegen nicht gelüftet und die rel. Feuchte der 20 °C warmen Raumluft steigt dadurch auf z. B. 90% an (Wärmeinhalt 14,9 Wh/kg tr. L.), so wird dafür eine Energie von (14,9 - 10,8) = 4,1 Wh/kg tr. L. erforderlich. Dies sind immerhin 64% der für frische, kalte Außenluft notwendigen Energie.*

Wird also sehr feuchte Luft hinausgelüftet, dann wird damit auch sehr viel mehr Energie verbraucht als vorher; dies geschieht z. B. bei der Stoßlüftung. Damit aber ein Ansteigen der Feuchte vermieden wird, muß permanent, muß stetig gelüftet werden – das frühere "undichte Fenster" war damit energetisch die einzige kostengünstig richtige Lösung.

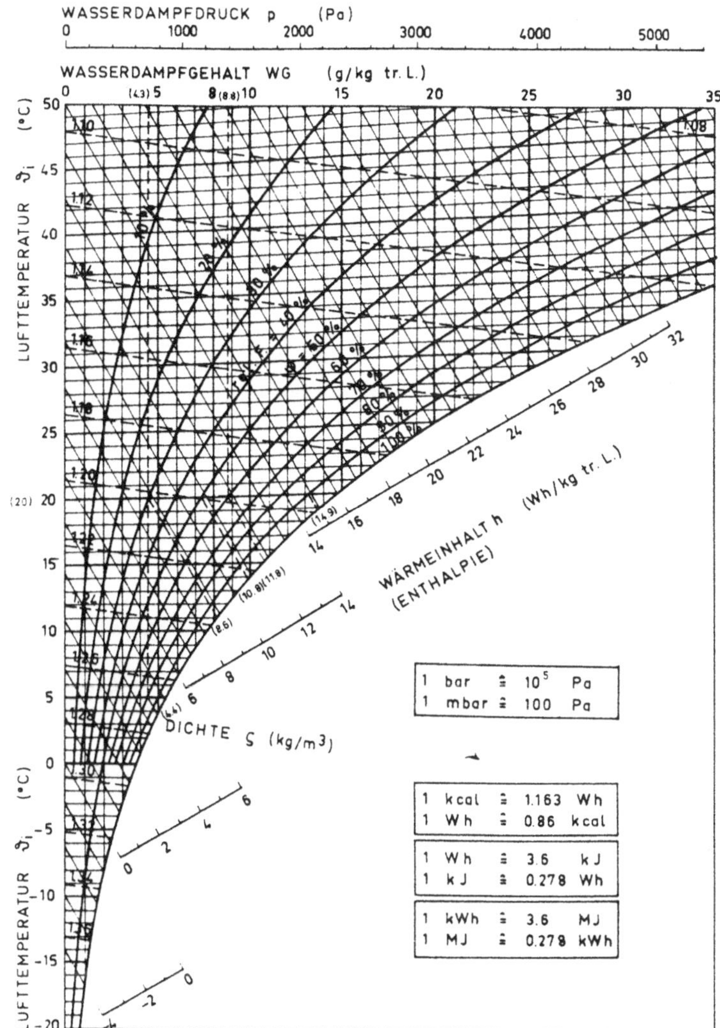


Bild 7.20: Molliersche Diagramm

*Fazit:*

Nicht lüften spart keine Energie, sondern verbraucht sie. Nichtlüften bedeutet also Energieverschwendung. Es muß auch *rechtzeitig*, besser noch *permanent* gelüftet werden, bevor hohe rel. Feuchten erreicht werden, die viel Energie benötigen. Mechanische Lüftungsanlagen mit ihren hohen Investitions- und Betriebskosten sind jedoch für den Kunden, den Verbraucher keine empfehlenswerte Alternative – sie sind zu teuer und hygienisch äußerst anfällig. Die Anbieter solcher Anlagen sind allerdings anderer Meinung – sie wollen verkaufen und Wartungsverträge abschließen, um langfristig Einnahmen zu sichern.

Welche energetischen Auswirkungen würde eine Luftundichtheit nach sich ziehen? Die *absoluten* Lüftungswärmeverluste sind gering? Der in der EnEV 2002 geforderte 0,6 fache Luftwechsel bedeutet einen 14,4 fachen Luftwechsel pro Tag-Nacht Periode, der in der EnEV 2016 geforderte 0,5-fache Luftwechsel einen 12-fachen und der 0,7 fache Luftwechsel einen 16,8 fachen. Bei diesen Größenordnungen würde eine Luftundichtheit kaum zu merken sein. Eine Luftdichtheit aus *energetischen* Gründen zu fordern, ist deshalb absurd und bedeutet Täuschung des Kunden; der Verbraucher wird übertölpelt. Diese hohen Luftwechsel aber sind im Wohnungsbau überhaupt nicht erforderlich. Real wird viel weniger gelüftet; dreimal lüften entspricht einem 0,125 fachen Luftwechsel pro Tag-Nacht Periode und auch dieser reicht aus, um Feuchteschäden zu vermeiden. Diese treten nur dann auf, wenn zu wenig oder garnicht gelüftet wird [Meier 06, 08a].

Insofern ist es befremdend, wenn in der E DIN 4108-2 bezüglich der Luftdichtheit im Abschnitt 4.2.3 "Hinweise zur Luftdichtheit von Außenbauteilen und zum Mindestluftwechsel" gesagt wird:

- *"Auf ausreichenden Luftwechsel ist aus Gründen der Hygiene, der Begrenzung der Raumluftfeuchte sowie gegebenenfalls der Zuführung von Verbrennungsluft ... zu achten. Dies ist in der Regel der Fall, wenn während der Heizperiode ein ... durchschnittlicher Luftwechsel von 0,5 $h^{-1}$ durch Planung sichergestellt wird".*

Dieser 0,5 fache Luftwechsel pro Stunde ist im Wohnungsbau völlig überzogen. Ein 12 facher Luftaustausch der gesamten Raumluft pro Tag/Nacht ist nicht erforderlich, um die in der Begründung angegebenen Raumklimaverhältnisse zu gewährleisten. Dies ist wiederum ein Hinweis, wie in der DIN Industriezweige bevorzugt behandelt werden – hier wäre es dann die Lüftungsindustrie.

Eine *prozentuale* Bilanz des Lüftungswärmebedarfs allerdings führt zu einem gewaltig erscheinenden Posten. Auch dies ist ein Beispiel suggestiver Manipulation, um Lüftungsanlagen planen und verkaufen zu können.

Die Luftdichtheit der den Innenraum umgebenden Bauteile (Wand, Decke) ist nur wegen eventuell auftretender Feuchteschäden wichtig. Bei Massivbauten ist die Luftdichtheit gewährleistet (verputzte Außenwand und Massivdecke). Bei Skelettbauten jedoch läßt sich eine vollkommene Luftdichtheit konstruktiv-technisch nur sehr schwer herstellen. Deshalb war es bei der Leichtbauweise immer Regel der Technik, *belüftete* Konstruktionen zu wählen, damit eventuelles Kondensat ab- und weggelüftet werden konnte. Die hinterlüftete Wand bzw. die belüftete Dachkonstruktionen gehörten deshalb zu den Standardkonstruktionen.

Mit der "Abschaffung" der belüfteten Konstruktion durch bautechnisch fehlgeleitete Bauphysiker ergibt sich bei Leicht- und Skelettkonstruktionen nun das große Übel, daß infolge der konstruktiv nicht immer zu vermeidenden Luftundichtheit Feuchteschäden durch Luftströmung entstehen. Dies macht die unbelüftete Leicht- und Skelettkonstruktion insgesamt äußerst fragwürdig.

Anstatt nun bei solchen "windigen" Konstruktionen zur belüfteten Konstruktion zurückzukehren, wird in alter Manier (ein Fehler wird durch einen zweiten Fehler zu beheben versucht) die "Luftdichtheitsprüfung" geboren. Zur Begründung werden jedoch nicht die zu erwartenden Feuchteschäden, sondern die damit zusammenhängenden Energieverluste genannt. Da die durch Luftundichtheit entstehenden Energieverluste jedoch vernachlässigbar klein sind, geschieht hier Verschleierung der tatsächlichen Gründe durch Informationsselektion und damit Täuschung der Kunden.

Welche Größenordnungen treten auf?

Die Wärmeschutzverordnung 95 berücksichtigt einen 0,8fachen Luftwechsel, dies entspricht einem stündlichen Luftvolumenstrom von 2 $m^3/m^2$ Wohnfläche. Diese Größenordnung von 2 $m^3$ lassen eine eventuelle Luftundichtheit energetisch wirklich kümmerlich erscheinen. Eine Luftundichtheit, die z. B. einen Luftvolumenstrom von 15 $m^3/h$ nach sich zieht [Pohl 95], entspricht demnach genau dem vorgesehenen Luftvolumenstrom für 7,5 $m^2$ Wohnfläche; energetisch gesehen ist dies also überhaupt keine Katastrophe. Wenn keine Feuchteschäden entstünden, würde damit sogar eine Grundlüftung gewährleistet werden, wie dies früher bei den undichten Fenstern geschehen ist.

Insofern bedeutet z. B. der Slogan "Luftdichtheit senkt den Energieverlust", mit dem Büros für die "Blower-Door-Messung" werben, eine bewußte (oder aus Unwissenheit unbewußte) Irreführung des Kunden. Allerdings eröffnet sich hier auch ein vielversprechender Markt, der bei Beachtung der "allgemein anerkannten Regeln der Technik" erst gar nicht entstehen würde.

Dieser Markt wird nun auch noch vom Verordnungsgeber unterstützt. In der Energieeinsparverordnung [EnEV 02] wurde die Forderung erhoben:

- bei freier Lüftung/Fensterlüftung eine Luftwechselrate von n = 0,70/h,
- bei freier Lüftung/Fensterlüftung und "Blower-Door-Messung" aber eine Luftwechselrate von n = 0,60/h.

Das "dichte" Haus (Blower-Door-Prüfung) wird mit einer geringeren Luftwechselrate bedacht als das mit sog. "Leckagen" versehene Haus. Umgekehrt wäre es logisch, denn es muß aus hygienischen Gründen ein erforderlicher Luftwechsel gewährleistet werden. Wie dieser sich, bei Beachtung der allgemein anerkannten Regeln der Bautechnik (nicht der DIN-Vorschriften), zusammensetzt, ist doch erst der zweite Schritt. So aber wird diese unsinnige "Blower-Door Kampagne" durch den Verordnungsgeber administrativ gefördert und durch rechnerische "Vergünstigungen" förmlich erzwungen.

## *7.6 Konsequenzen*

Auch Luftfeuchte und Tauwasserschutz entpuppen sich als ein Thema mit Reizcharakter. Feuchteschäden werden in verstärktem Maße festgestellt und nehmen zu. Neben den infolge der Kompliziertheit der Konstruktionen nicht zu unterschätzenden Ausführungsmängeln müssen bei den immer weiter um sich greifenden

Bau- und Feuchteschäden wohl auch ungenügende bauphysikalische Kenntnisse der unmittelbar Beteiligten in den "Expertengremien" angenommen werden.

Aber auch die einseitig auf Dämmung ausgerichteten Energieeinsparungsbemühungen führen zu einer weiteren Zuspitzung. Dabei spielen Heiz- und Lüftungsgewohnheiten eine große Rolle. Besonders bei Altbauten sind Schäden festzustellen, da hier die allgemein verordnete und mißverstandene fehlerhafte Bauphysik besonders unangenehme Folgen hinterläßt.

Werden auftretende Feuchteschäden durch eine Sanierung behoben, so genügt es nicht, nur die Symptome zu bekämpfen und die unbrauchbar gewordenen Konstruktionen zu entfernen und zu ersetzen bzw. auszutauschen, vielmehr müssen die Ursachen der Schäden erkannt und beseitigt werden. Ein Sanierungskonzept kann nur dann zufriedenstellend abgewickelt werden, wenn eine Wiederholung der Bauschäden vermieden wird. Dies ist die unabdingbare Voraussetzung, um in Zukunft besser und richtiger planen und handeln zu können. Ansonsten sind Gesundheitsgefahren permanent vorhanden.

Heinz-Jörn Moriske schreibt in [Moriske 01]: *"Nachdenklich wird der Hygieniker, der sich mit Fragen der Raumluftqualität und mit zahlreichen Anfragen besorgter Bürgerinnen und Bürger zu chemischen Innenraumluftverunreinigungen, Schimmelpilzbelastungen in Gebäuden, gesundem Wohnen etc. beschäftigt, ob nicht die Aspekte der Raumlufthygiene stärker als bisher in die Konzeption, Planung, Errichtung und Nutzung von Gebäuden einfließen sollten. Für mikrobielle Verunreinigungen zum Beispiel häufen sich im Umweltbundesamt Anfragen zu Problemen in energetisch dichten Gebäuden. Nicht immer kann dabei dem Bewohner selbst die Verantwortung übertragen werden, indem das Problem ausschließlich durch unsachgemäßes Lüften verursacht wäre".*

Gute Konstruktionen unterliegen fest vorgegebenen bauphysikalischen Gesetzen. Wer diese mißachtet, wird immer Schwierigkeiten mit den gewählten Konstruktionslösungen haben. Schadensfreie Konstruktionen erfordern viel Kenntnis, Wissen und Erfahrung. Die "etablierte Wissenschaft" jedoch scheint dieser Aufgabe nicht gewachsen zu sein – zu sehr hat die Industrie das Sagen. Fehlerhafte DIN-Vorschriften sind der Beweis für diese Aussage.

# 8 Schallschutz

Durch die als vorrangig gesehene, jedoch einseitige Energie-Diskussion und den damit zusammenhängenden Vorschlägen zur "energetischen Weiterentwickung" von Gebäudekonstruktionen wird der Schallschutz vernachlässigt. Bei der ständigen Vergrößerung des Außenlärmpegels wird eine schallschutztechnisch gute Außenkonstruktion immer zwingender, denn Gesundheitsschäden sind zu vermeiden; ein guter Schallschutz muß deshalb beachtet werden [Beckert 86].

## 8.1 Schallempfinden

Die schallschutztechnische Bewertung von Konstruktionen in Dezibel (dB) muß übertragen werden in einen Maßstab, der dem menschlichen Ohr entspricht; dies aber ist die Lautstärke in phon. Der subjektive Schalleindruck ist vom physikalischen Schalldruck recht verschieden. Nur bei 1000 Hz deckt sich die Lautstärkeskala (phon) mit der Schalldruckpegelskala (dB); bei allen anderen Frequenzen weichen beide Skalen erheblich voneinander ab. Dies zeigt Bild 8.1:

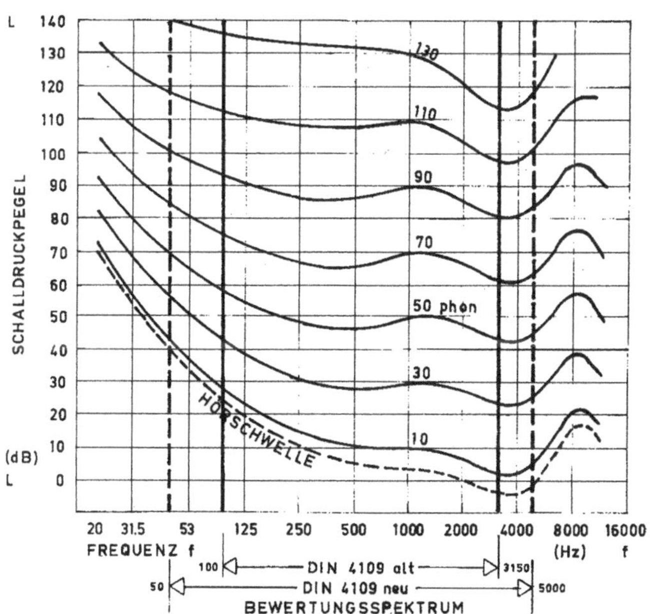


*Bild 8.1: Auffallend ist der starke Abfall einer "Lärmempfindung" unter ca. 250 Hz. Hier sind zur Erzeugung eines gleichen Höreindruckes (in phon) wesentlich höhere Schalldruckpegel (in dB) als bei höheren Frequenzen nötig. Unter 100 Hz und über 4000 Hz erfolgt ein noch größerer Abfall der subjektiven Lärmempfindung.*

Bild 8.1: Kurven gleicher Lautstärkepegel

Diese Unterschiedlichkeit drückt sich auch in den Anforderungen an den Luftschallschutz gemäß DIN 4109 aus.

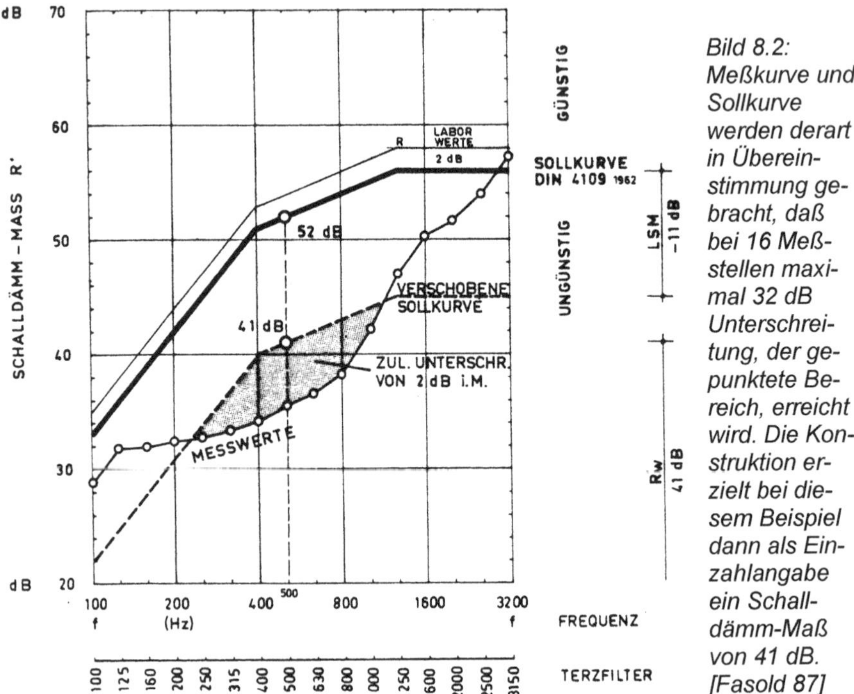


*Bild 8.2: Meßkurve und Sollkurve werden derart in Übereinstimmung gebracht, daß bei 16 Meßstellen maximal 32 dB Unterschreitung, der gepunktete Bereich, erreicht wird. Die Konstruktion erzielt bei diesem Beispiel dann als Einzahlangabe ein Schalldämm-Maß von 41 dB. [Fasold 87]*

Bild 8.2: Anforderungen an den Luftschallschutz

Es kann durchaus vorkommen, daß zwei verschiedene Konstruktionen trotz gleicher "Einzahlangabe" vom Bewohner schallmäßig unterschiedlich wahrgenommen werden [Dorff 87], [Meier 99b, 01c]. Dies zeigt das Bild 8.3.

Diese Besonderheit einer "DIN-Bewertung" führt somit zu der zwingenden Maßgabe, im Interesse der Bewohner einen Schalleinbruch im bewerteten Frequenzbereich zwischen 100 und 3200 Hz unbedingt zu vermeiden [Meier 99h]. Um subjektive Verschlechterungen des Schallschutz-Maßes zu verhindern, sollten deshalb Konstruktionen gewählt werden, die im Bewertungsbereich keine oder kaum Resonanzeinbrüche haben.

Dazu heißt es in [Mechel 86]:
"Das Konstruktionsziel ist also, Einbrüche zu vermeiden und wenn dies nicht möglich ist, dann

- sie entweder möglichst flach zu halten.
- oder möglichst unterhalb 100 Hz zu verschieben,
- oder sie möglichst über 3150 Hz zu verschieben.

Besonders nachteilig sind Einbrüche im Frequenzbereich zwischen ca. 300 Hz und ca. 1000 Hz".

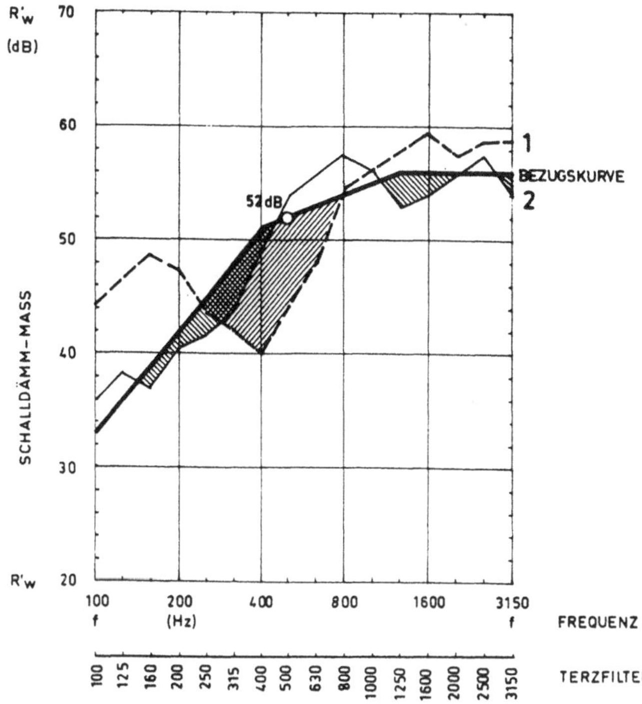


*Bild 8.3: Beim schalltechnischen Vergleich zweier Konstruktionen mit gleicher Einzahlangabe ist zu beachten: Wenn eine Konstruktion von der Sollkurve über das ganze Spektrum des Bewertungsbereiches gleichmäßig mit etwa 2 dB abweicht, die andere Konstruktion jedoch an Resonanzeinbrüchen von 10 oder mehr dB leidet, dann ist die letztere Konstruktion schallmäßig wesentlich schlechter einzustufen.*

Bild 8.3: Resonanzeinbruch und Einzahlangabe

Diese Resonanzeinbrüche können nun auf zweierlei Art auftreten: die Resonanz einer Baustoffschale als monolithische Konstruktion oder auch als eine einzelne Glasscheibe (Grenzfrequenz) und die Resonanz einer aus mehreren Schichten zusammengesetzten Konstruktion (Eigenfrequenz oder Resonanzfrequenz).

## 8.2 Grenzfrequenz

Bei der Grenzfrequenz $f_g$ erleidet die Schalldämmung einer monolithischen Baustoffschale infolge Übereinstimmung der auftreffenden Luftschallwellen mit den Biegewellen der Scheibe einen Einbruch (Koinzidenz-Frequenz infolge des Spuranpassungseffektes).

Für verschiedene Baustoffe ergeben sich Grenzfrequenzen $f_g$, [Beckert 86], die in Bild 8.4 grafisch dargestellt sind.

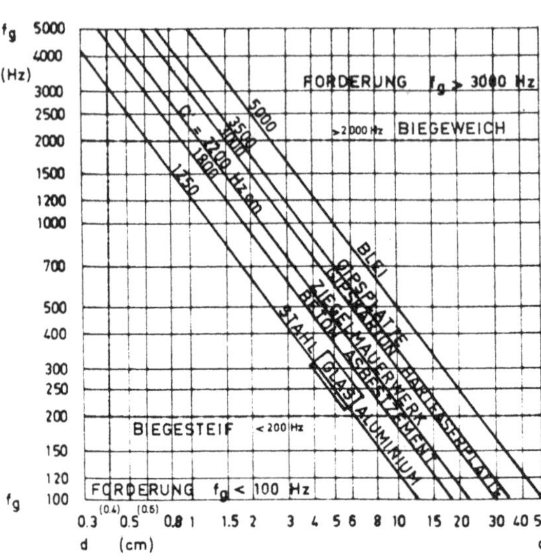


*Bild 8.4:*
*Aus schalltechnischen Gründen sind Grenzfrequenzen über 3000 Hz oder unter 100 Hz anzustreben.*
*Dies wird erreicht durch folgende Abmessungen:*
*Gipsplatte: ≤ 12 mm,*
*Gipskarton: ≤ 10 mm*
*Glas: ≤ 4 mm*
*oder*
*Ziegelmauerwerk:*
*≥ 24 cm,*
*Beton: ≥ 18 cm*

Bild 8.4: Grenzfrequenz fg

Platten und Glasscheiben müssen sehr biegeweich und damit sehr dünn sein, um unangenehme Grenzfrequenzen zu vermeiden. Massive Baustoffe dagegen benötigen größere Abmessungen, um sehr biegesteif zu werden.

Gerade für Glasscheiben hat dies Auswirkungen. Die Grenzfrequenz einer 4 mm dicken Glasscheibe liegt bei etwa 3125 Hz, dünnere, biegeweichere Glasscheiben liegen darüber, dickere, biegesteifere Glasscheiben jedoch darunter. Gläser mit 6 oder 8 mm Dicke haben Grenzfrequenzen von 2085 und 1560 Hz und liegen damit im zu bewertenden Frequenzbereich zwischen 100 und 3150 Hz. Bei einer Glasdicke von über 4 mm macht sich für den Bewertungsbereich 100 bis 3150 Hz die Koinzidenz schalltechnisch ungünstig bemerkbar. Dünne, biegeweiche Gläser begünstigen den Schallschutz, sie sind leichter und damit kostengünstiger. Sie sollten verstärkt verwendet werden.

## *8.3 Eigenfrequenz*

Die Eigenfrequenz $f_o$ (oder auch Resonanzfrequenz $f_r$) ist der andere wesentliche Einfluß auf das Schalldämm-Maß. Grafisch wird diese Eigenfrequenz $f_o$ im Bild 8.5 dargestellt.

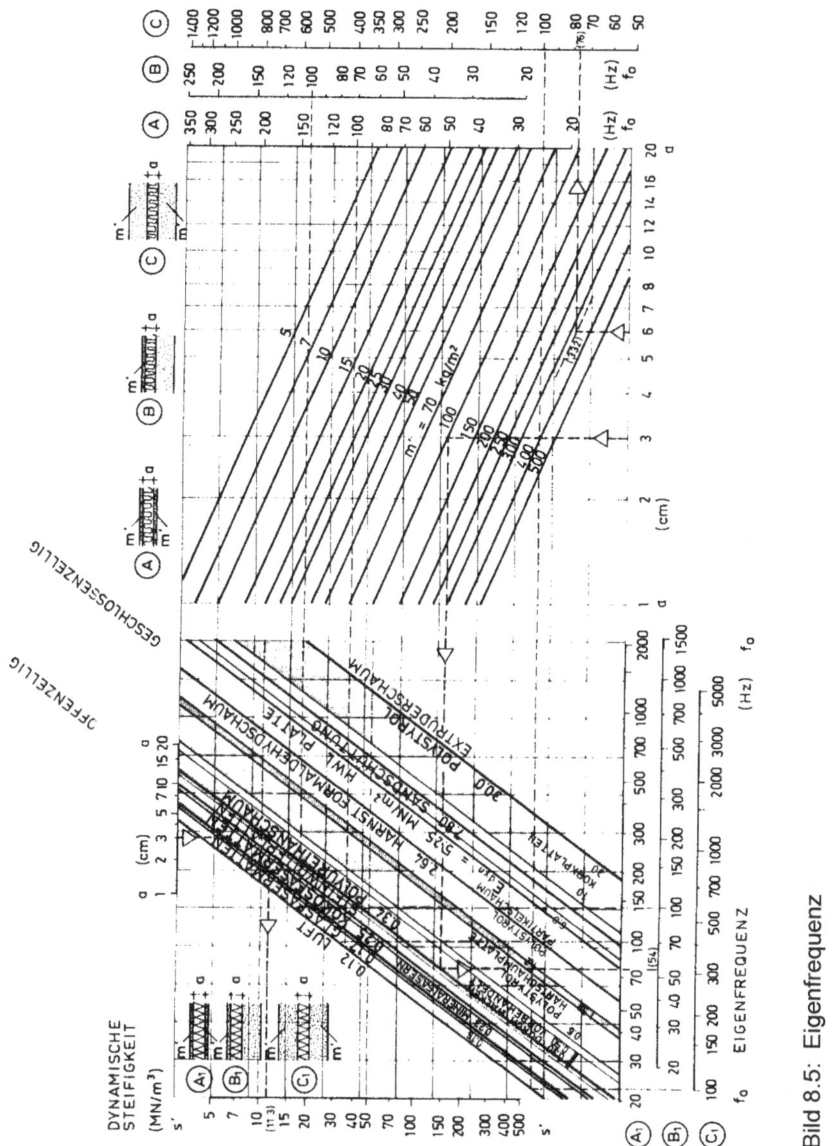


Bild 8.5: Eigenfrequenz

Hier handelt es sich um ein Masse-Feder-Masse System, wobei es Ziel der Konstruktion sein muß, als Feder das Luftpolster zwischen den schalenartigen äußeren Baustoffen, der Masse, möglichst weich zu halten. Dies geschieht durch größere Abstände.

Dabei werden für die "Masse" drei Systeme unterschieden:

1. Die Masse besteht aus zwei biegeweichen Schalen (A).
2. Die Masse besteht aus einer biegeweichen und einer biegesteifen Schale (B).
3. Die Masse besteht aus zwei biegesteifen Schalen (C).

Handelt es sich bei der Feder um steifere Baustoffe, so muß die dynamische Steifigkeit beachtet werden. Matten haben eine geringe dynamische Steifigkeit, Platten aus Polystyrol und PU-Schaum dagegen eine höhere dynamische Steifigkeit; auch Kork gehört dazu.

*Bild 8.5:*
*Dem Bild können die Eigenfrequenzen sowohl bei einer biegeweichen Feder (A, B, C auf der rechten Seite), als auch bei einer biegesteifen Feder (rechte und linke Seite $A_1$, $B_1$, $C_1$) entnommen werden.*

*Beispiel rechte Seite: Ein 6 cm Abstand ergibt bei einer Masse von jeweils 332 kg/m² (2 x 17,5 cm Vollziegelmauerwerk mit Putz) eine Eigenfrequenz von 76 Hz (C) – eine günstige Konstruktion für z. B eine Haustrennwand.*

*Beispiel linke Seite: Ein 3 cm Abstand einer Masse von 100 kg/m² (z. B. 5 cm Estrich) auf einer biegesteifen Rohdecke ergibt bei einer weichen Lagerung mit Steinwollplatten eine Eigenfrequenz von 54 Hz ($B_1$) – ebenfalls eine günstige Konstruktion.*

*Die leichten Beplankungen einer Wand mit z. B. 12 mm Gipskartonplatten müssen schalltechnisch besonders aufmerksam verfolgt werden, da hier die Eigenfrequenz sehr schnell in den zu bewerteten Beurteilungsbereich hineinfällt.*

*Die funktionelle Verbindung zwischen biegeweicher (rechte Seite) und biegesteifer Feder (linke Seite) kann vollzogen werden, wenn als "biegesteife Feder" ein geringer dynamischer Elastizitätsmodul gewählt wird (Luft 0,12 oder Fasermatten 0,17). Die Eigenfrequenzgrenzen (A); (B); (C) von 100 Hz auf der rechten Seite sind dann identisch mit den Eigenfrequenzgrenzen ($A_1$), ($B_1$), ($C_1$) auf der linken Seite, wenn Luft als weiche Feder angenommen wird.*

Bei Fensterkonstruktionen spielt die Eigenfrequenz eine entscheidende Rolle. Scheibe-Luftzwischenraum-Scheibe bilden ein Masse-Feder-Masse System, das auf den Schallschutz einen wesentlichen Einfluß hat. Ziel der Konstruktion muß es sein, als Feder das Luftpolster zwischen den Scheiben möglichst weich zu halten; dies geschieht vor allem durch größere Abstände der Scheiben.
Auch die einzelnen Glasdicken der zwei Scheiben sind bei der Bestimmung der Eigenfrequenz zu beachten. Dabei wird die mittlere Glasdicke $d_m$ :

$$d_m = \frac{2}{\frac{1}{d_1} + \frac{1}{d_2}} \qquad (8.1) \qquad \text{(mm)}$$

Diese Funktion ist im Bild 8.6 grafisch dargestellt:

Die mittlere Glasdicke $d_m$ und der Scheibenabstand $d_L$ bestimmen nach [Froelich 88] die daraus resultierende Resonanzfrequenz $f_r$ (oder Eigenfrequenz). Das Bild 8.7 zeigt die Formel (8.2) grafisch.

Die Resonanzfrequenz $f_r$ wird:

$$f_r = 1200 \cdot \sqrt{\frac{1}{d_L} \cdot \frac{2}{d_m}} \quad \text{(Hz)} \tag{8.2}$$

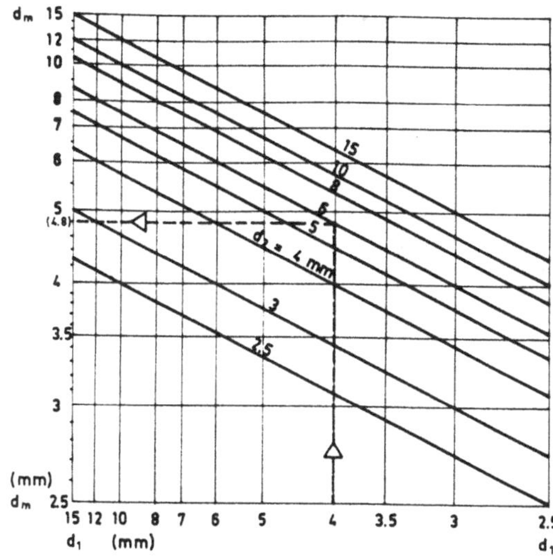


Bild 8.6 Mittlere Scheibendicke

*Bild 8.6:*
*Zwei Glasscheiben mit den Glasdicken $d_1$ = 4 mm und $d_2$ = 6 mm ergeben eine mittlere Dicke $d_m$ von 4,8 mm. Diese mittlere Dicke muß dann bei der Berechnung der Resonanzfrequenz $f_r$ in Formel (8.2) eingesetzt werden.*

*Keinesfalls handelt es sich hier um das arithmetische Mittel, das ja bei 5 mm liegen würde.*

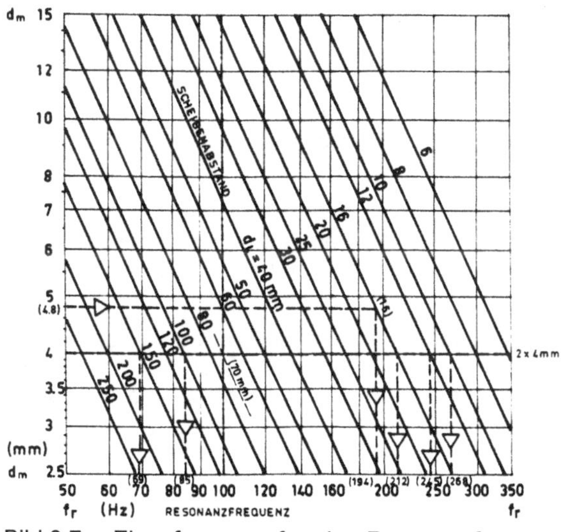


Bild 8.7 Eigenfrequenz $f_o$ oder Resonanzfrequenz $f_r$ zweier Glasscheiben

*Bild 8.7*
*Scheiben von 2 x 4 mm mit einem Scheibenabstand von 10, 12 oder 16 mm, wie sie heute angeboten werden, ergeben Resonanzfrequenzen, die in den schalltechnischen Bewertungsbereich fallen. Besser sind Scheibenabstände von z. B. 10 oder 15 cm. Hier liegen die Resonanzfrequenzen bei ca. 85 bzw. 69 Hz.*

$f_r$ = Resonanzfrequenz (Eigenfrequenz $f_o$) (Hz)

$d_L$ = Scheibenabstand zweier Glasscheiben (SZR) (mm)

$d_m$ = mittlere Glasdicke (mm)

$d_1$ = Glasdicke der Scheibe 1 (mm)

$d_2$ = Glasdicke der Scheibe 2 (mm)

Schalleinbrüche unter 100 Hz (Kastenfenster) werden vom menschlichen Ohr kaum wahrgenommen und liegen deshalb auch außerhalb des in DIN festgelegten schalltechnischen Bewertungsbereiches. Isolierglasscheiben, Wärmeschutz- und Sonnenschutzgläser dagegen sind infolge der Resonanzeinbrüche schalltechnisch schlechte Lösungen. Durch dickere Gläser läßt sich die Resonanzfrequenz zwar etwas günstiger gestalten, doch die Dicke und damit Schwere der Gläser wiegt den geringen schalltechnischen Vorteil nicht auf. Diese Konstruktionen sind sehr teuer.

## 8.4 Schalldämm-Maße

Das Schalldämm-Maß wird durch die Schalleinbrüche stark vermindert. Die allgemein übliche "Einzahlangabe" einer Konstruktion berücksichtigt allerdings solche Schalleinbrüche nur in unzureichendem Maße, so daß der subjektive Eindruck einer Schallempfindung nicht richtig wiedergegeben wird (siehe Bild 8.3).

### 8.4.1 Wände

Welche naturgesetzlichen Zusammenhänge sind zu berücksichtigen, um die Außenhülle schallschutzmäßig vorteilhaft konstruieren zu können? Das Urgesetz eines guten Schallschutzes heißt Masse. Bei den Leichtkonstruktionen ist diese erforderliche Masse jedoch nicht vorhanden, so daß hier das Schallschluckvermögen mehrschaliger Konstruktionen herangezogen werden muß. Dabei sind dann besonders die Resonanzeigenschaften zu beachten. Geschieht dies nicht, führen fehlerhafte Entscheidungen durch notwendig werdende Korrekturen zu unnötig hohen Kosten.

Am besten eignet sich für den Schallschutz die Schwere einer Konstruktion. Dies zeigt die Tabelle 8.1, die das Bewertete Schalldämm-Maß von massiven einschaligen, biegesteifen Wänden und Decken auflistet (ein Auszug aus der DIN 4109 (1989), Beiblatt 1, Tabelle 1).

Immerhin werden für Wohnungstrennwände 53 dB (55 dB), Treppenraumwände 52 dB (55 dB), Außenwände neben vorhandenen Durchfahrten 55 dB, für Haustrennwände bei Einfamiliendoppelhäusern und Reihenhäusern 57 dB (67 dB) und bei Wänden von Hotelzimmern, Krankenzimmern, aber auch für Schulzimmer 47 dB (52 dB) gefordert. Die aufgeführten Klammerwerte bedeuten einen erhöhten Schallschutz nach Beiblatt 2 der DIN 4109.
Schalldämmwerte bekommen eine erhöhte Bedeutung, da mit den steigenden Lärmbelästigungen auch die Krankheitssymptome zunehmen.

**Tabelle 8.1**

Bewertertetes Schalldämm-Maß in Abhängigkeit von der flächenbezogenen Masse in kg/m²

| Flächenbezogene Masse m' | Bewertetes Schalldämm-Maß |
|---|---|
| kg/m² | dB |
| 135 | 40 |
| 150 | 41 |
| 160 | 42 |
| 175 | 43 |
| 190 | 44 |
| 210 | 45 |
| 230 | 46 |
| 250 | 47 |
| 270 | 48 |
| 295 | 49 |
| 320 | 50 |
| 350 | 51 |
| 380 | 52 |
| 410 | 53 |
| 450 | 54 |
| 490 | 55 |
| 530 | 56 |

In diesem Feld subjektiver Beurteilungen des Schallschutzes wird es schwierig, nun die "richtigen" Grenzwerte zu definieren

Dabei ist festzustellen, daß die Anforderung vor 60 Jahren z. B. an Wohnungstrennwände von 54 dB heute auf den Wert 53 dB gesunken ist. Damals wurden 450 kg/m² gefordert.

Richtwerte scheinen sich offensichtlich nicht im Interesse der Kunden nach den "technischen Möglichkeiten" zu richten, vielmehr werden hier mehr die Interessen der Industrie berücksichtigt, die in den DIN-Ausschüssen ja dominant vertreten sind. Der Kunde, der Verbraucher hat leider keine Lobbyistenstreitmacht, die sich für ihn einsetzen könnte. So werden dann DIN-Normen wirtschaftsgerecht und industriekonform formuliert und abgesegnet.

## 8.4.2 Fenster

Die Nichtbeachtung der beiden schalltechnischen Gesetze der Grenzfrequenz und der Eigenfrequenz führt bei den heute von der Industrie angebotenen normalen Fenstern zu einer mangelhaften Schalldämmung. Die Schalldämm-Maße Rw (dB) liegen bei nur 30 bis 32 dB, eine Folge der Resonanzeinbrüche.

Die großen Schallschutzunterschiede von verschiedenen Fensterkonstruktionen zeigt das Bild 8.8 das die Einfach-Fenster von 12, 16 und 24 mm, die Verbund-Fenster mit 30, 50 und 70 mm sowie die Kasten-Fenster mit 80, 125 und 150 mm Scheibenabstand in ihrem schalltechnischen Verhalten verdeutlicht [Gösele 86].

Zwar können Nachteile des Schalldämm-Maßes durch Schwere der Scheiben in gewissem Grade ausgeglichen werden, doch damit fällt die Resonanz in den Bewertungsbereich und verschlechtert den subjektiv wahrnehmbaren Schallschutz; außerdem limitieren Gewichtsbegrenzungen diese Möglichkeit. Schalltechnisch bleibt das Kastenfenster die günstigste Konstruktion.

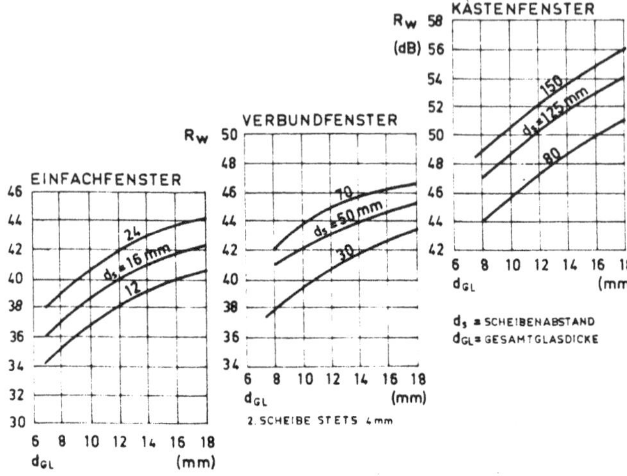


Bild 8.8 Schalldamm-Maße verschiedener Fensterkonstruktionen

*Bild 8.8*
*Wenn diese Schalldämm-Maße auch ca. 3 dB über den in Tabellen der Glasindustrie angegebenen Werten liegen, so wird doch der Unterschied sichtbar: Mit steigendem Scheibenabstand wird die Schalldämmung günstiger.*

Wie entscheidend für den Schallschutz der Scheibenabstand ist, kommt auch im Bild 8.9 deutlich zum Ausdruck.

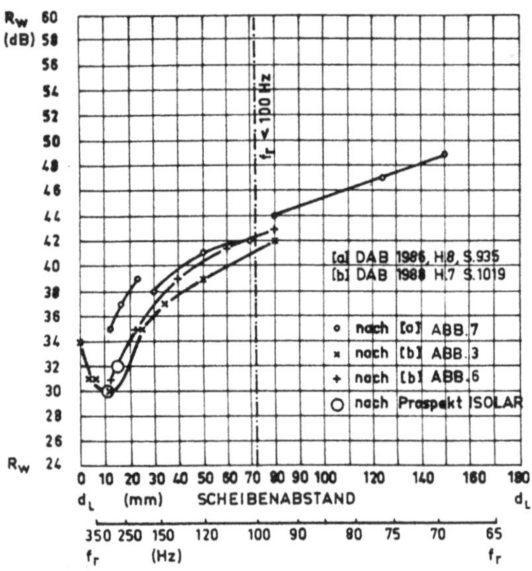


Bild 8.9 Bewertetes Schalldämm-Maß zweier 4 mm Scheiben bei unterschiedlichen Scheibenabständen $d_L$

*Bild 8.9*
*Deutlich ist der verbesserte Schallschutz zu erkennen, der aus der Vergrößerung der Scheibenabstände resultiert. Durch die parallele Skala der Resonanzfrequenz einer 2 x 4 mm Scheibe wird auch der physikalische Grund sichtbar. Der große Abfall der Schalldämmung bei geringen Scheibenabständen kommt durch Resonanzfrequenzen zustande, die noch in den Bewertungsbereich fallen.*
*Die untere Skala zeigt dies deutlich.*

Das altbewährte Kastenfenster mit den großen Scheibenabständen hat gegenüber den Isolierglasscheiben nicht nur energetische, sondern vor allem schalltechnische Vorteile. Was ein Kastenfenster schalltechnisch leistet, muß heute ein "Schallschutzfenster" übernehmen, das derart teuer ist, daß die öffentliche Hand hierfür sogar Zuschüsse gewährt. [Meier 95, 99b, 99h].
Diese Erkenntnisse sind seit langem bekannt, nur kümmert sich keiner darum, da Industrie und Wirtschaft den Ton angeben – und hier geht es nicht um Qualität für den Kunden, sondern um Geschäfte mit dem Kunden.

Auch diese Fehlentwicklungen im Fensterbau werden in [Fasold 87] verdeutlicht, dort ist zu lesen: *"Dazu im Widerspruch stehen die geringen Scheibenabstände von etwa 10 bis 35 mm, die bei modernen, materialsparenden Fensterbauarten (Thermo- und Verbundfenster) üblich sind".*

Mißbrauch von DIN
Die früher oft verwendeten Kastenfenster sind wegen der vorhandenen, jedoch kaum wahrnehmbaren Resonanzeinflüsse unter 100 Hz schalltechnisch besser als die heute von der Industrie angebotenen Einrahmenfenster mit Resonanzen, die in die schalltechnische Bewertung fallen. Dieser Nachteil könnte zu Gunsten der Industrieprodukte gelöst werden, wenn die Resonanzeinbrüche beim Kastenfenster ebenfalls in die Schall-Bewertung mit einbezogen werden würden.
Was wird nun gemacht? Die Norm wird geändert. Und so wird verkündet:
"Durch die Vereinheitlichung der Prüfnormen im Rahmen der Harmonisierung der europäischen Normen wird der gemessene Frequenzbereich auf das Spektrum von 50 bis 5000 Hz erweitert".

Was ist die Folge:
Die bessere Schalldämmung eines Kastenfensters, das aus langjähriger Erfahrung ja in dieser Form entstanden ist, wird verfahrensmäßig-administrativ nur durch Änderungen von Prüfbedingungen der schlechten Schalldämmung handelsüblicher Industrieprodukte angeglichen. Weil nun beide Produkte schlecht bewertet werden, kann das schlechte Produkt der Industrie gegenüber dem guten Produkt als gleichwertig bezeichnet werden. Eine derartige Vorschriften-Fortschreibung dient somit mehr den Marktinteressen der Wirtschaft als den berechtigten Wünschen der Kunden. Dies sind skandalöse Entwicklungen und ein weiteres Beispiel für die Industrieabhängigkeit von DIN [Meier 99b, 99h].

All dies wird dann als "technischer Fortschritt" bezeichnet. Trotz dieser Norm-Manipulation muß gesagt werden: Es lohnt sich, dem Kunden zuliebe alte Kastenfenster zu erhalten und neue zu konstruieren, er wird es danken [Fischer 91].

### 8.4.3 Haustrennwände

An den Schallschutz von Haustrennwänden werden hohe Anforderungen gestellt. Dies wird durch eine Doppelschaligkeit mit einem Abstand von mindestens 3 cm erreicht. Je größer jedoch der Abstand ist, desto besser wird auch der Schallschutz. Allerdings werden nach Bild 8.5 bei den flächenbezogenen Massen von etwa 166 kg/m² für die 2 x 11,5 cm Wand mit Putz sowie von etwa 174 kg/m² für die 2 x 17,5 cm Wand mit Putz erst bei einem Abstand der beiden Wände von ca. 7 cm der Resonanzeinbruch im Bewertungsbereich vermieden.

In Tabelle 8.2 werden Schalldämm-Maße in dB angegeben, wobei der Abstand der beiden Einzelschalen in Zentimetersprüngen gewählt ist [Gösele 94].

**Tabelle 8.2** Bewertetes Schalldämm-Maß in Abhängigkeit von der flächenbezogenen Masse in kg/m²

| Abstand | 1 cm | 2 cm | 3 cm | 4 cm | 5 cm |
|---|---|---|---|---|---|
| Hlz 1,2: 2 x 11.5cm | 57,5 dB | 63 dB | 67 dB | 69 dB | 71 dB |
| Hlz 0,8: 2 x 17,5 cm | 58,5 dB | 64,5 dB | 68 dB | 70,5 dB | 72,5 dB |

Durch Masse und Zweischaligkeit werden recht gute Ergebnisse erzielt. Das Schalldämm-Maß läßt sich auch bei der Haustrennwand durch einen vergrößerten Abstand der beiden Schalen, durch eine weiche Feder, wesentlich verbessern.

## 8.4.4 Resultierende Schalldämmung

Bei dem heutigen Ansteigen des Außenlärmpegels muß auf ausreichenden Schallschutz der Außenwand besonderer Wert gelegt werden. Da bei der schalltechnischen Bewertung einer Außenfront eine vorhandene "Schwachstelle" besonders markant den Gesamtschallschutz repräsentiert, wird hier ein homogener Schallschutz aller Außenflächen unausweichlich.

Je nach äußerem Lärmpegelbereich wird für die Außenkonstruktion eines Gebäudes ein bestimmtes Schalldämm-Maß gefordert, das sich als resultierendes Gesamtschalldämm-Maß aus den beiden Einzelschalldämm-Maßen der Wand und des Fensters zusammensetzt.

Dem Bild 8.10 können die resultierenden Schalldämm-Maße aus Fenster und Wand entnommen werden:

Es soll beispielhaft ein Gesamtschalldämm-Maß von z. B. 38 dB erzielt werden. Wie groß können die Fensterflächenanteile $\varphi_F$ sein, wenn die Einzelschalldämm-Maße von Fenster und Außenwand vorgegeben sind?

Beispiele:

1) Fenster: 32 dB ($Rw_{res} - Rw_F = 6$ dB)
Außenwand: 44 dB ($Rw_w - Rw_{res} = 6$ dB)
Ergebnis: Der Fensteranteil kann bis zu $\varphi_F = 0{,}2$ betragen.

2) Fenster: 35 dB ($Rw_{res} - Rw_F = 3$ dB)
Außenwand: 50 dB ($Rw_w - Rw_{res} = 12$ dB)
Ergebnis: Der Fensteranteil kann bis zu $\varphi_F = 0{,}48$ betragen.

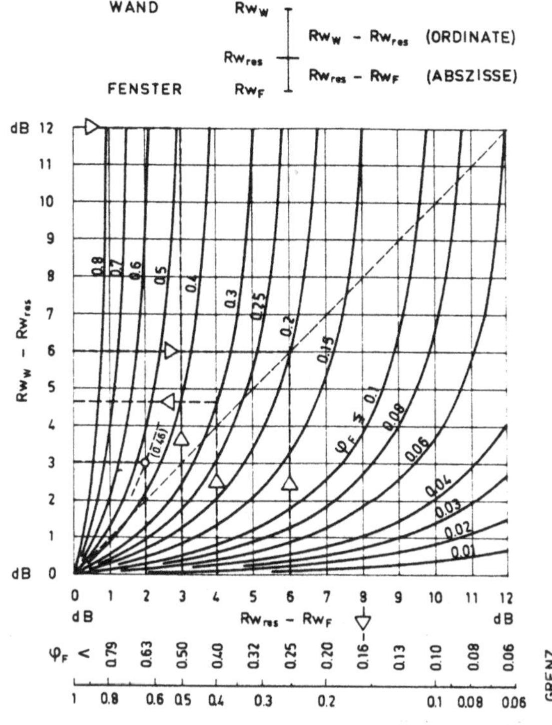


Bild 8.10: Resultierende Schalldämmung als Ausgangsposition

*Bild 8.10: Eine allzu große Differenz zwischen dem niedrigen Schalldämm-Maß des Fensters und dem geforderten resultierenden Schalldämm-Maß ist unbedingt zu vermeiden, da sonst der gesamte Schallschutz der Außenfront darunter leidet. Eine gute Schalldämmung der Wand (z. B. 53 dB) erfordert auch einen guten Schallschutz des Fensters (z. B. 40 dB). Wegen des Schlüsselloch-Effektes lohnt es sich nicht, bei schlechtem Fenster-Schallschutz einen guten Wand-Schallschutz zu wählen.*

Bei vorgegebenem Fensterflächenanteil $\varphi_F$ und bekanntem Schalldämm-Maß der Wand (oder des Fensters) kann dann auch das erforderliche Schalldämm-Maß des Fensters (oder der Wand) abgelesen werden.

Die Rw-Wert-Differenz zum Fenster (Abszisse) bewirkt einen Grenzwert für $\varphi_F$; wird dieser überschritten, so kann auch eine noch so gute Wand den schalltechnischen Nachteil des Fensters nicht ausgleichen.

Beispiel:

3) Ein Fenster mit 30 dB ($Rw_{res}$ - $Rw_F$ = 8 dB) führt zum Grenzwert bis $\varphi_F$ = 0,16. Der Wert 8 dB auf der Abszisse schneidet nicht die $\varphi_F$ = 0,16 Kurve; diese Lösung würde also nicht zum Ziel führen. Der Fensteranteil müßte mindestens unter 15% liegen.

Ist der Schallschutz des Fensters schlecht (z. B. ein normales Isolierglas mit 32 dB), dann kann auch der Schallschutz der Wand schlecht sein (z. B. eine "energiesparende" Leichtwand mit 35 dB), denn maßgebend für den Gesamtschallschutz ist immer das schlechtere Schalldämm-Maß. Dies wäre dann das schalltechnische Konstruktionsprinzip des Leichtbaus bei der Niedrigenergiebauweise. Der Schallschutz ist miserabel.

## *8.5 Konsequenzen*

Die Trends der Bautechnik unter der Ägide der Energieeinsparung entwickeln sich sehr zum Nachteil der Bewohner. Gerade der Schallschutz wird durch die Überbetonung der "Energie" und der damit parallel laufenden irreführenden Proklamierung der "Leichtbauweise" arg vernachlässigt. Eine fundamentale Forderung, die von den Planenden und Entwerfenden erfüllt werden muß, ist der Ruheschutz im Wohnbereich. Durch Lärm werden die schöpferischen Kräfte lahmgelegt, zumindest aber stark beeinträchtigt. Das im GG Artikel 2 verankerte Recht auf freie Entfaltung der Persönlichkeit wird damit mißachtet. Der in einer "Spaßgesellschaft" meist vorliegende Lärm in Diskotheken, Großveranstaltungen und den Medien ist ein Mittel, das geistige Potential der Bevölkerung niedrig zu halten. Das sinkende Bildungsniveau, dokumentiert in der Pisa-Studie, ist ein Indiz dafür. Es fehlt die Ruhe zur Besinnung – und Orientierung.

Durch zu hohe Lärmbelästigungen entstehen Gesundheitsgefahren. Es ist festgestellt worden, daß durch Lärmeinwirkung der Genesungsprozeß von stationär untergebrachten Kranken verlangsamt wird. Säuglinge, die einc genügend lange tägliche Schlafzeit benötigen, sind besonders lärmempfindlich. Auch ältere Menschen leiden sehr unter Lärmeinwirkungen. Die Hörgeschädigten nehmen dramatisch zu. Dies alles sind die Folgen verstärkten Lärms.

Jeder braucht Ruhe, dies wird sogar durch höchstrichterliche Rechtsprechung gestützt. Der Bundesgerichtshof hat sogar festgestellt, daß eine Grenze der zumutbaren Lärmbelästigung nicht ohne weiteres durch einen technisch festgelegten Richtwert gegeben ist, dieser diene nur zur Orientierung. Die Zumutbarkeitsschwelle einer Geräuschbelästigung sei durch den Richter eigenverantwortlich festzustellen.

Schalleinwirkungen sowie Lärm- und Geräuschbelästigungen sind subjektiv zu wertende Beeinträchtigungen, die sehr ernst genommen werden müssen. Die gesundheitliche Bedeutung des Schallschutzes wird damit deutlich unter Beweis gestellt. Deshalb muß beim Bauen immer dafür gesorgt werden, daß höchstmöglicher Schallschutz verwirklicht wird. Die Leichtbauweise wirkt hier leider kontraproduktiv.

# 9 Fragwürdige DIN-Vorschriften

Naturgesetzliche Zusammenhänge und logische Schlußfolgerungen sind die Basis technischen Handelns. Wird diese Plattform verlassen, geht vieles in der Technik daneben, Fehler und Schäden sind programmiert. Diesem Fehlverhalten nun auch noch ein rechtmäßigen Anstrich zu geben, werden fragwürdige Aktivitäten oft in Gesetzen, Verordnungen und Vorschriften festgeschrieben. Sie bekommen damit einen offiziellen Charakter – und suggerieren damit Richtigkeit. Mit irreführenden Vorschriften aber betritt man strafwürdiges Terrain.

Wegen der vielen technischen Fehler in den DIN-Normen durch übertriebene Kooperation mit der Wirtschaft und großen lobbyistischen Einfluß der Industrie müssen DIN-Vorschriften mit großer Zurückhaltung und Vorsicht angewendet werden. Verlaß ist nur auf die allgemein anerkannten Regeln der Bautechnik, die sich auf Erfahrung stützen und deshalb die Industrie-Bindung ablehnen.

DIN-Normen sollten wegen der Fragwürdigkeit ihrer Entstehung einen möglichst geringen Stellenwert bekommen, da hier teilweise bereits mafiose Strukturen auszumachen sind [Meier 99g], [Probst 99]. Nur allein deshalb werden nachweisbar auch zu viele methodische und inhaltliche Fehler in den DIN-Vorschriften fest verankert. Dies jedoch dann als allgemein anerkannte Regel der Technik zu bezeichnen, käme einem bautechnischen Skandal gleich.

Einzig und allein die allgemein anerkannten Regeln der Technik sind verbindlich, die sich von den DIN-Normen (Stand der Technik) und damit von den Vorstellungen der Industrie deutlich abheben.

Dies wird auch höchstrichterlich vom Bundesgerichtshof bestätigt.

BGH, Urteil vom 14.05.1998
**Luftschallschutz: Wann liegt ein Mangel vor?**
BGB § 633 (Mangelbeseitigung). [IBR 1998, Privates Baurecht, S. 376].

Der BGH wendet sich gegen die DIN-Gläubigkeit vieler Baubeteiligten. Es kommt in erster Linie nicht auf die Einhaltung der DIN-Normen an; wichtig ist:

(1) Welches Schalldämm-Maß haben die Parteien vereinbart?

(2) Aus der bloßen Beachtung der DIN-Normen folgt noch nicht, daß damit auch die anerkannten Regeln der Technik genügt ist.
Gibt es keine Vereinbarung, so kommt es auf die anerkannten Regeln der Technik an.

*Fazit:* Bei der juristischen Bewertung gelten die anerkannten Regeln der Technik. DIN-Normen spielen für die Beurteilung keine Rolle.

BGH, Urteil vom 14.05 1998
**Welche Bedeutung haben DIN-Normen?**
BGB § 633 (Mangelbeseitigung). [IBR 1998, Privates Baurecht, S. 377].

Die DIN-Normen sind keine Rechtsnormen, sondern private technische Regelungen mit Empfehlungscharakter. Sie können die anerkannten Regeln der Technik wiedergeben oder hinter diesen zurückbleiben. Nach BGH kommt es auf die Einhaltung der anerkannten Regeln der Technik an. Diese dürfen keineswegs mit den DIN-Normen identisch gesetzt werden. Die Mangelfreiheit kann nicht ohne weiteres einer DIN-Norm entnommen werden. Maßgebend ist nicht, welche DIN-Norm gilt, sondern ob die Bauausführung zur Zeit der Abnahme den anerkannten Regeln der Technik entspricht.

*Fazit:* Selbst bei Einhaltung der gültigen Norm besteht ein Mangel, wenn die anerkannten Regeln der Technik nicht eingehalten werden. Vorsicht also bei der Anwendung von DIN-Normen.

Bei Kenntnis dieser juristischen Würdigung (die DIN-Normen haben nur Empfehlungscharakter) ist es anmaßend, wenn nun auf dem Verordnungswege versucht wird, Normen zu anerkannten Regeln der Technik zu erklären, wie es in der EnEV im § 23 "Regeln der Technik" beabsichtigt ist [EnEV 07]. Rechtliche und fachliche Widersprüche und damit technische Absurditäten wären dann nicht mehr zu vermeiden.

Quintessenz:
Es werden Regelungen in den DIN-Normen vorgeschlagen, die teilweise von unzutreffenden Voraussetzungen ausgehen und gegen Naturgesetze verstoßen. DIN fühlt sich mehr dem Marktgesetz einer Produkteinführung mit parallel beabsichtigter Gewinnmaximierung verpflichtet als dem Handwerker, dem Ingenieur und dem Kunden. Was dem Verbraucher hier zugemutet wird, entspricht keinem vernünftigen Handeln mehr. Die Anwendung von DIN-Vorschriften enthält Gefahren, da sich die Fehler häufen. Es ist deshalb oft ratsam, vertraglich die Gültigkeit bestimmter DIN-Normen auszuschließen.

Man stelle sich vor: Was passiert, wenn ein Vertragspartner auf die Einhaltung einer vertraglich vereinbarten, jedoch falschen DIN-Norm besteht? Ein Richter wird im Streitfall auf "Vertragstreue" bestehen und damit das Falsche legitimieren. Ein bautechnisches Chaos wäre die Folge.

## 9.1 DIN 4108

Mit dieser Norm wurde bisher der "Wärmeschutz im Hochbau" geregelt. Aufgabe war es, durch Anforderungen an den Mindestwärmeschutz Kondensat in den Räumen zu vermeiden – es handelte sich also um eine Hygiene-Norm. Bei der technischen Fortschreibung wird diese nun aber zu einer Norm für "Wärmeschutz und Energie-Einsparung in Gebäuden" umgemünzt. Mit dieser Zielsetzung jedoch verlagert sich die Aufgabenstellung derart massiv, daß viele der früheren so wichtigen Inhalte verloren gehen. Der Hinweis auf den Beharrungszustand zum Beispiel fehlt, die Aufgabe der Speicherung wird negiert, die qualitativen Konstruktionshinweise werden durch fragwürdige quantitative Rechenverfahren abgelöst. Damit deformiert sie sich zu einer Phantom-Norm, es wird so ziemlich alles falsch behandelt (siehe Kapitel 6 "Wärmeschutz" sowie Kapitel 7 "Feuchteschutz").

### 9.1.1 Manipulation der Norm

Bereits die DIN 4108 vom August 1981 enthält bei der Beurteilung von Kondensat in der Außenkonstruktion industriekonforme Manipulationen.

Früher war eine trockene Konstruktion Regel der Technik. Die DIN 4108 paßte sich dem an und sagte in der Fassung von 1960 im Abschnitt 4.12 zum Tauwasser (Kondenswasser) noch folgendes: "Bei geschichteten Außenbauteilen (Wänden und Decken) *kann unsachgemäße* Anordnung der Schichten zur Bildung von Tauwasser führen, das die Wärmedämmung ungünstig beeinflußt".

*Man bedenke*: Früher wurde Tauwasser in Bauteilen noch als eine "unsachgemäße Konstruktion" angesehen, das die Wärmedämmung ungünstig beeinflußt.

Heute bietet die Industrie Chemieprodukte an, die bei Schichtkonstruktionen wegen fehlender Sorptionsfähigkeit und gefährlich hoher Diffusionsdichtheit automatisch zu Tauwasserbildungen führen. Um aber nun den Wünschen der Industrie zu entsprechen, mußten "neue Erkenntnisse" her, mußte die DIN "technisch weiterentwickelt" werden. Die Auffassung von der Notwendigkeit einer absolut trockenen Konstruktion wurde korrigiert und umgedeutet in eine relative Trockenheit in Form einer jährlichen Bilanz. Jetzt darf im Winter Tauwasser auftreten, wenn dieses im Sommer nur wieder ausdiffundiert! Laßt doch die Konstruktion im Winter feucht werden, Hauptsache ist, daß die Jahresbilanz stimmt.

Welch ein technischer Fortschritt, wenn man bedenkt, daß trockene Konstruktionen *im Winter* und nicht im Sommer wichtig werden. Geistige Irrwege beim Bauen sind zur allgemeinen Gepflogenheit geworden und werden sofort in DIN-Normen festgeschrieben. Bei der Fortschreibung der DIN 4108 ist diese Sichtweise allerdings auch nicht geändert worden.

Tauwasser im Bauteil ist gemäß DIN 4108 also "Stand der Technik" (der DIN), nicht jedoch "Regel der Technik", denn feuchte Konstruktionen dürfen nun wirklich nicht zum Standard "fortschrittlichen" Bauens werden. Bewohner haben ein Anrecht auf trockene Wohnungen ("Körperverletzung" §223 (1) BGB – Wer einen anderen an der Gesundheit beschädigt, ...).

Was ist daraus abzuleiten? Neuformulierungen und Fortschreibungen von DIN-Normen dienen meist den Vermarktungsinteressen der Wirtschaft und nicht den berechtigten Bedürfnissen der Bewohner; hier geht es ja immerhin um trockene Konstruktionen im Winter. Die Interessen des Verbrauchers sind zweitrangig.

### 9.1.2 Fehlerhafte Vorstellungen beim Tauwasserschutz

Auch bei den Informationen über die Ursachen von Schimmelpilz wird der Kunde falsch und unzureichend aufgeklärt. Es wurde ja – allseits bekannt – die (falsche) These ausgegeben, daß bei Schimmelpilz die Dämmung unzureichend sei und damit die Bausubstanz Mängel aufweise. Im Abschnitt 7.3.2 "Kondensat und Schimmelpilz" wird nachgewiesen, daß keineswegs der U-Wert, also die "Dämmung", dafür verantwortlich gemacht werden kann. Auch dies ist ein weiteres Indiz, wie gravierende Fehler in der Bautechnik in den DIN-Vorschriften zementiert werden.

Die DIN 4108-3 enthält im Abschnitt 4 verworrene Vorstellungen über den Tauwasserschutz. Bei Kenntnis der Kapitel 7.2 "Feuchtesorption", 7.3 "Oberflächenkondensat" und 7.4 "Kondensat in der Konstruktion" werden in der DIN 4108 irreführende Aussagen gemacht.

Im Abschnitt 4.3 "Bauteile, für die kein rechnerischer Tauwasser-Nachweis erforderlich ist" wird am Anfang gesagt:

- Für die in 4.3.2 und 4.3.3 aufgeführten Bauteile mit Mindest-Wärmeschutz nach DIN 4108-2 ist kein rechnerischer Nachweis des Tauwasserausfalls infolge Wasserdampfdiffusion nach den in Anhang A genannten Klimabedingungen erforderlich, da der Feuchtetransport wesentlich durch Kapillaritätseffekte beeinflußt und nur zum Teil durch Diffusionsvorgänge bestimmt wird".

*Kommentar:*
1.) Zunächst ist es eine Mär zu glauben, Tauwasser im Inneren von Bauteilen von der "Dämmung" abhängig machen zu wollen. Der Dämmstandard (Mindest-Wärmeschutz) hat nun wirklich nichts mit Tauwasser zu tun. Maßgebend ist einzig und allein das Zusammenspiel von Wasserdampfteildruckabfall, der ausschließlich von der Schichtenfolge abhängt, und dem Temperaturabfall, der dann den Wasserdampfsättigungsdruck bestimmt. Ein "Mindestwärmeschutz" garantiert wirklich keine Tauwasserfreiheit.

2.) Nun wird überraschenderweise eingestanden, daß der Feuchtetransport wesentlich durch Kapillaritätseffekte beeinflußt wird und Diffusionsvorgänge nur zum Teil beteiligt sind. Gerade dies aber hat Konsequenzen für viele "Dämmkonstruktionen", die zwar "gute" U-Werte liefern, jedoch keine Tauwasserfreiheit.

Unter 4.3.2 "Außenwände" werden dann folgende Konstruktionen genannt:

Ein- und zweischaliges Wände (auch mit Kerndämmung) ..., jeweils mit Innenputz und (u. a.):

- als Außenschicht ein zugelassenes Wärmedämmverbundsystem,
- bei Innendämmung R $\leq$ 1,0 m²K/W und bis einschließlich der Wärmedämmschicht ein sd $\geq$ 1,0 m (bei nichtsaugfähigen Baustoffen und Holz) bzw. ein sd $\geq$ 0,5 m (bei saugfähigen Baustoffen),
- Wände in Holzbauart mit Wetterschutz (vorgehängte Außenwandbekleidung, genormtes Wärmedämmverbundsystem, Mauerwerk-Vorsatzschale) jeweils mit innenseitiger diffusionshemmender Schicht mit einem sd $\geq$ 2 m,
- Holzfachwerkwände mit Luftdichtheitsschicht in den Konstruktionen: Wärmedämmende Ausfachung, Innendämmung (R $\leq$ 1,0 m²K/W und ein sd $\geq$ 0,5 m und Außendämmung (mit außen ein sd < 2 m).

*Kommentar:*
Jede Schichtkonstruktion birgt Risiken bezüglich des kapillaren Feuchtetransportes. Darunter fällt eine Kerndämmung und vor allem ein Wärmedämmverbundsystem. Es ist ein Widerspruch, einmal auf die Kapillarität hinzuweisen und dann aber Konstruktionen zu nennen, die dies gerade nicht garantieren.

Der Freibrief für Wärmedämmverbundsysteme wirkt sich infolge gestörter Feuchtebewegungen verheerend aus.

Ein R von 1,0 m²K/W bedeuten ca. 4 cm Dämmstoff; dies wird als Innendämmung bereits problematisch, zumal die Nennung von sd-Werten sich ausschließlich wieder auf die Dampfdiffusion bezieht, die ja "keinen großen Einfluß hat". Außerdem sagen absolute sd-Werte nichts über die Richtigkeit aus – es kommt, wenn überhaupt, auf den relativen Anteil an. Ein sd von 1 m kann ausreichen, wenn insgesamt 1,5 m vorliegen; ein sd von 1 m aber ist unzureichend, wenn der Gesamt-sd-Wert z. B. 30 m beträgt. Im übrigen ist nicht der sd-Wert sondern der µ-Wert maßgebend.

Bei Holzkonstruktionen ist die Verwendung von Folien sehr gefährlich, da damit das Holz von einer notwendigen Luftumspülung zwecks Entfeuchtung hermetisch abgeschlossen wird. Holzdielen, beidseitig in Folien verpackt, verfaulen – praktiziert bereits bei einem "fortschrittlichen" Dach (Dampfbremse unterhalb und ein Gründach oberhalb des Holzes – man nennt so etwas dann euphemistisch "ökologisches Bauen").

Holz, Innendämmung, Luftdichtheitsschicht und Dampfbremse, all diese Konstruktionskomponenten sind äußerst bauschadensträchtig – darüber sollte man sich im Klaren sein.

Unter 4.3.3 "Dächer" werden bei den nichtbelüfteten Dächern (4.3.3.2) genannt:

- Dächer mit belüfteter Dachdeckung bei Einhaltung von bestimmten inneren und äußeren sd-Werten (Tabelle 1),
- Dächer mit unbelüfteter Dachdeckung: innen sd $\geq$ 100 m,
- Dächer mit unbelüfteter Dachabddichtung: innen sd $\geq$ 100 m (Wärmedurchlaßwiderstand bis zu diffusionshemmenden Schicht höchstens 20 %),
- Dächer aus Porenbeton ohne diffusionshemmende Schicht an der Unterseite und ohne zusätzliche Wärmedämmung,

*Kommentar:*
Eine "belüftete Dachdeckung" hat keinen Einfluß auf die infolge der Schichtenfolge entstehende Durchfeuchtung; die empfohlenen inneren und äußeren sd-Werte (Tabelle 1) verhindern kein Tauwasser.

Wiederum wird mit sd-Werten hantiert, obgleich die Dampfdiffusion, wie anfangs in der DIN erwähnt, nur am Feuchtetransport gering beteiligt ist. Die Kapillarität ist viel wichtiger und die wird durch sd-Werte (Dampfbremsen, Luftdichtheitsschichten, Kunstharzputze) stark beeinträchtigt, meist sogar total verhindert.

Die "Brutaltherapie" einer Dampfbremse von 100 m ist nur dann (theoretisch) zielführend, wenn die dauerhafte Funktionstüchtigkeit gewährleistet werden kann. Dies aber ist nicht der Fall.

Eine nichtbelüftete Dachabdichtung, die normalerweise sehr diffusionshemmend und sorptionsdicht ist, auf Porenbeton ohne innere Dampfbremse aufzubringen, ist eine sehr feuchtegefährdete Konstruktion und in dieser Form strikt abzulehnen. Eine Dampfdruckausgleichsschicht, die hier notwendig wird, wäre aber eine "belüftete" Konstruktion.

Fazit: Die aufgeführten Konstruktionen, für die kein rechnerischer Tauwasser-Nachweis erforderlich wird, sind bezüglich des Tauwassers teilweise höchst problematisch. Hier wird Informationsschwindel betrieben.

## 9.1.3 Fragwürdige Dampfdiffusionsberechnungen

Der rechnerische Tauwasser-Nachweis geht von der Prämisse einer Feuchtebilanzierung aus. Die Tauwassermenge im Winter wird der Verdunstungsmenge im Sommer gegenübergestellt. Berechnet wird dabei jeweils die Wassermasse $m_W$ in kg/m² bzw. g/m². Infolge der Baustoffdaten wird jedoch lediglich die Diffusionsstromdichte g in kg/m²h bzw. g/m²h ermittelt. Es fehlt also noch die Zeit, in der diese Diffusionsstromdichte wirksam wird – sowohl im Winter als auch im Sommer.

Die DIN legt nun fest: Dauer der Tauperiode = 1440 h, das sind 60 Tage,
Dauer der Verdunstungsperiode = 2160 h (90 Tage).

Man geht also davon aus, daß die berechneten konstanten Diffusionsstromdichten im Winter zwei Monate, im Sommer dann drei Monate vorliegen. Auch dies sind Festlegungen, die zum "Rechnen" zwar notwendig, jedoch in Realität höchst willkürlich sind. Mit solchen "Vereinbarungen" werden überall fragwürdige Randbedingungen geschaffen, nur um alles berechenbar zu machen. Aber damit verliert man den Realitätsbezug.

In diesem Zusammenhang muß auch auf eine fragwürdige Regelung in der DIN 4108 hingewiesen werden. In Abschnitt 7.4.5 "Das richtige Konstruieren" wird verdeutlicht, daß es zu keiner Kondensatbildung innerhalb der Konstruktion kommt, wenn die μ-Werte sowie die λ-Werte in Diffusionsrichtung jeweils abnehmen. Die Bilder 7.18 und 7.19 zeigen kondensatfreie Konstruktionen – die μ- und λ-Werte sind richtig geschichtet.

Mit dieser Feststellung wird jedoch ein Kuriosum der DIN offenkundig. Die Wasserdampf-Diffusionswiderstandszahlen μ von Baustoffen werden einmal in Gruppen zusammengefaßt und dann mit einer Spreizung "von bis" versehen. Diese oberflächliche Behandlung von wärme- und feuchteschutztechnischen Kennwerten führt zu fehlerhaften Ergebnissen. Dies ist ein bautechnischer Nachteil gegenüber den TGL, den "Technischen Güter- und Lieferbedingungen" [TGL], die in der ehemaligen DDR gültig waren und dort Gesetzeskraft erlangten. Dort werden die entsprechenden Daten detailliert aufgeführt [Meier 90a].

Bei einer Dampfdiffusionsberechnung muß nun bei der Handhabung nach DIN jeweils die nach Tabelle 9.1 ungünstigeren μ-Werte eingesetzt werden. Das heißt im Klartext: Innen, auf der warmen Seite, gelten die μ-Werte von 15 bzw. 5, außen dagegen, auf der kalten Seite, die μ-Werte von 35 bzw. 10. Gravierend wirkt sich dies beim Mauerwerk mit der breiten Spanne der Raumgewichte von 1200 bis 2000 kg/m³ und bei den Hohlblocksteinen mit den Raumgewichten von 500 bis 1400 kg/m³ aus. Stets gelten die gleichen μ-Werte. Dies führt automatisch zu sehr unzuverlässigen und fehlerhaften Rechen-Ergebnissen.

Die Folge ist: "Gemäß DIN", also nach dem "Stand der Technik", kann nun Tauwasser in der Konstruktion rechnerisch nachgewiesen werden, obgleich überhaupt kein Tauwasser vorliegt. Dies wird gemäß dem Beispiel des Bildes 7.19 an einer mit Kalkzementputz versehenen 36,5 cm Wand aus Hohlblocksteinen in Bild 9.1 dargelegt. In Realität ist diese Konstruktion jedoch tauwasserfrei; dies zeigt das Bild 9.2.

Die entsprechenden Daten in der DIN 4108, Teil 4, sind nachfolgend aufgeführt:

**Tabelle 9.1**: Baustoffwerte nach DIN 4108 (λ- und μ-Werte)

| | | ρ (kg/m³) | λ (W/mK) | μ |
|---|---|---|---|---|
| 1.1 | Kalkmörtel, Kalkzementm. | 1800 | 0,87 | 15/35 |
| 4.1.3 | Vollziegel, Lochziegel, hochfeste Ziegel | 1200 | 0,50 | |
| | | 1400 | 0,58 | |
| | | 1600 | 0,68 | 5/10 |
| | | 1800 | 0,81 | |
| | | 2000 | 0,96 | |
| 4.5.2.1 | Hohlblocksteine aus Leichtbeton, 3-K-Stein | 500 | 0,29 | |
| | | 600 | 0,32 | |
| | | 700 | 0,35 | |
| | | 800 | 0,39 | 5/10 |
| | | 900 | 0,44 | |
| | | 1000 | 0,49 | |
| | | 1200 | 0,60 | |
| | | 1400 | 0,73 | |

Das Beispiel des Hohlblockmauerwerks im Bild 9.1 stammt aus einem Angebot für das Anbringen eines Wärmedämmverbundsystems, wobei vom Anbieter zunächst als "Nachteil" das Tauwasser in der bestehenden Wand "nachgewiesen" wird (siehe Bild 9.1), um dann mit dem Wärmedämmverbundsystem (WDVS) gemäß Glaser die Tauwasserfreiheit zu dokumentieren. Fehlerhafte Berechnungen sollen eine Auftragserteilung forcieren – ein makabres Spiel mit dem Kunden.

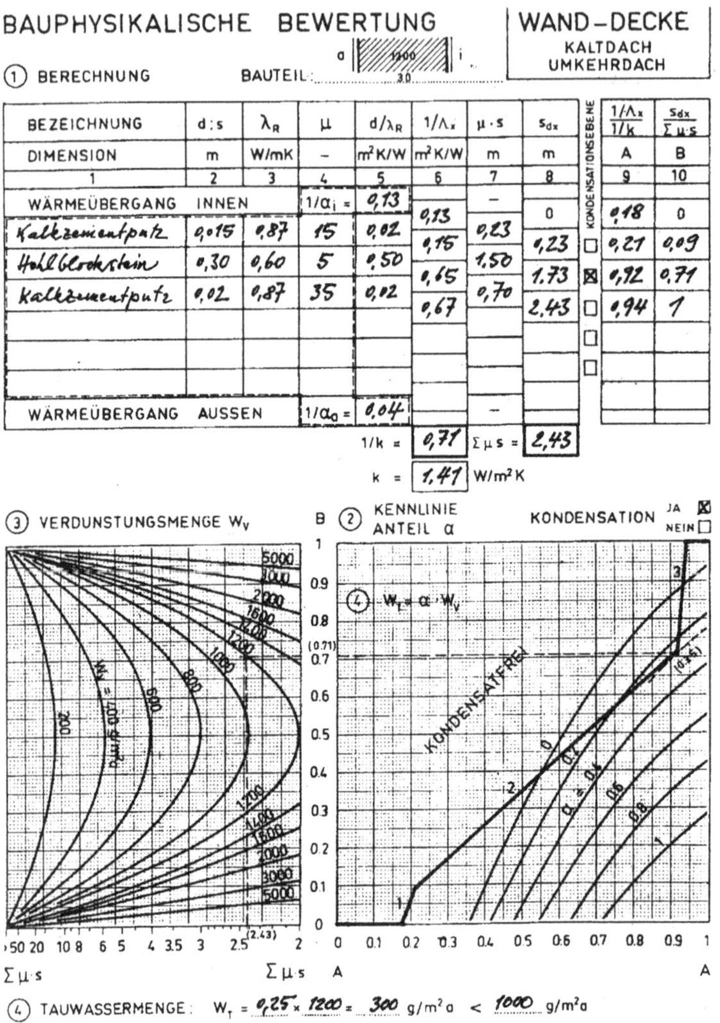


| BEZEICHNUNG | d;s | $\lambda_R$ | μ | $d/\lambda_R$ | $1/\Lambda_x$ | μ·s | $s_{dx}$ | KONDENSATIONSEBENE | $\frac{1/\Lambda_x}{1/k}$ | $\frac{s_{dx}}{\Sigma \mu \cdot s}$ |
|---|---|---|---|---|---|---|---|---|---|---|
| DIMENSION | m | W/mK | – | m²K/W | m²K/W | m | m | | A | B |
| 1 | 2 | 3 | 4 | 5 | 6 | 7 | 8 | | 9 | 10 |
| WÄRMEÜBERGANG INNEN | | | $1/\alpha_i$ = | 0,13 | 0,13 | – | 0 | | 0,18 | 0 |
| Kalkzementputz | 0,015 | 0,87 | 15 | 0,02 | 0,15 | 0,23 | 0,23 | ☐ | 0,21 | 0,09 |
| Hohlblockstein | 0,30 | 0,60 | 5 | 0,50 | 0,65 | 1,50 | 1,73 | ☒ | 0,92 | 0,71 |
| Kalkzementputz | 0,02 | 0,87 | 35 | 0,02 | 0,67 | 0,70 | 2,43 | ☐ | 0,94 | 1 |
| WÄRMEÜBERGANG AUSSEN | | | $1/\alpha_a$ = | 0,04 | | – | | | | |

Bild 9.1: Fehlerhafter Nachweis von Kondensat nach DIN in einem normalen Hohlblockmauerwerk

*Bild 9.1:*
*Dies ist eine kondensatfreie normale Außenwand aus Hohlblocksteinen, die zwar tauwasserfrei ist, jedoch nach DIN infolge der willkürlich einzusetzenden unterschiedlichen μ-Werte für Innen- und Außenputz rechnerisch nach Glaser einen Tauwasserausfall aufweist. Dieser fällt mit etwa 300 g/m²a sogar recht hoch aus.*

Werden realistische Werte verwendet (z. B. nach [TGL] oder [Eichler 89]), dann kann Tauwasserfreiheit nachgewiesen werden. Dies zeigt Bild 9.2 deutlich.

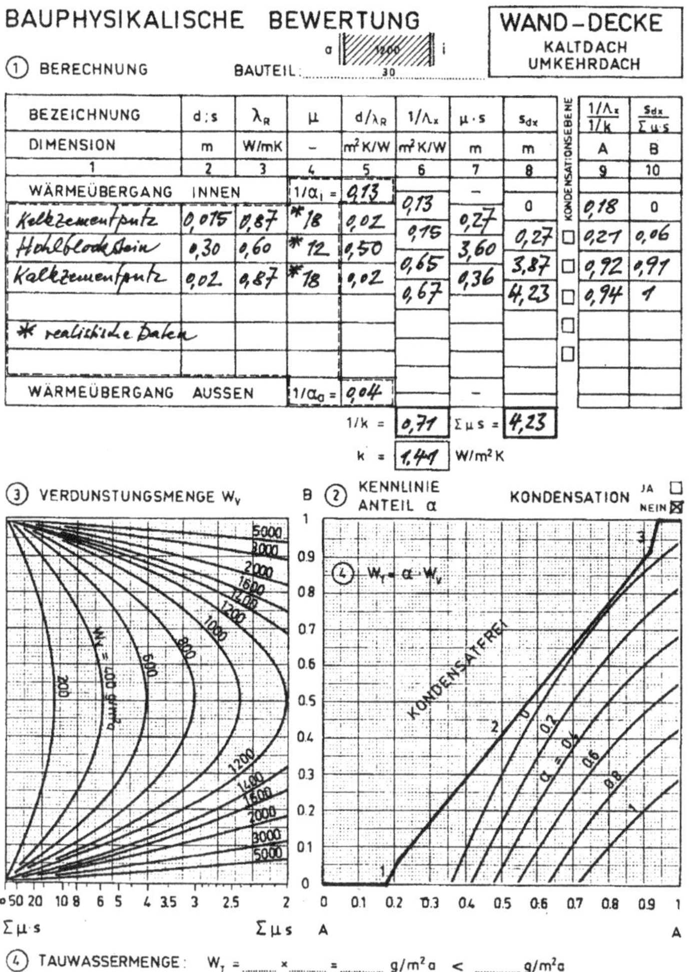

BAUPHYSIKALISCHE BEWERTUNG

WAND-DECKE
KALTDACH
UMKEHRDACH

① BERECHNUNG BAUTEIL: 30

| BEZEICHNUNG | d;s | $\lambda_R$ | μ | $d/\lambda_R$ | $1/\Lambda_x$ | μ·s | $s_{dx}$ | KONDENSATIONSEBENE | $\frac{1/\Lambda_x}{1/k}$ | $\frac{s_{dx}}{\Sigma \mu s}$ |
|---|---|---|---|---|---|---|---|---|---|---|
| DIMENSION | m | W/mK | – | m²K/W | m²K/W | m | m | | A | B |
| 1 | 2 | 3 | 4 | 5 | 6 | 7 | 8 | | 9 | 10 |
| WÄRMEÜBERGANG INNEN | | | $1/\alpha_i$ = | 0,13 | 0,13 | – | 0 | | 0,18 | 0 |
| Kalkzementputz | 0,015 | 0,87 | *18 | 0,02 | 0,15 | 0,27 | 0,27 | □ | 0,21 | 0,06 |
| Hohlblockstein | 0,30 | 0,60 | *12 | 0,50 | 0,65 | 3,60 | 3,87 | □ | 0,92 | 0,91 |
| Kalkzementputz | 0,02 | 0,87 | *18 | 0,02 | 0,67 | 0,36 | 4,23 | □ | 0,94 | 1 |
| * realistische Daten | | | | | | | | □ | | |
| | | | | | | | | □ | | |
| WÄRMEÜBERGANG AUSSEN | | | $1/\alpha_a$ = | 0,04 | | – | | | | |

1/k = 0,71 Σμs = 4,23

k = 1,41 W/m²K



Bild 9.2: Richtiger Nachweis eines normalen Hohlblockmauerwerk analog Bild 9.1 – durch richtige Daten (μ-Werte) nun ohne Tauwasseranfall

*Bild 9.2:*
*Dies ist die Konstruktion des Bildes 9.1, die zwar tauwasserfrei ist, jedoch nach DIN infolge der unterschiedlichen und zwar gegensätzlichen μ-Werte für das innere- und äußere Mauerwerk rechnerisch nach Glaser einen Tauwasserausfall aufweist ($\alpha$ > 0, siehe Bild 9.1). Bei richtigen Daten wird gemäß Glaser jedoch die Tauwasserfreiheit nachgewiesen.*

Die Absurdität dieser "DIN-Regelung" zeigt sich auch in Bild 9.3, das trotz richtiger Schichtenwahl (dampfdichteres Mauerwerk innen, dampfoffeneres Mauerwerk außen) gemäß Tauwassernachweis nach DIN ein Kondensat ausweist.

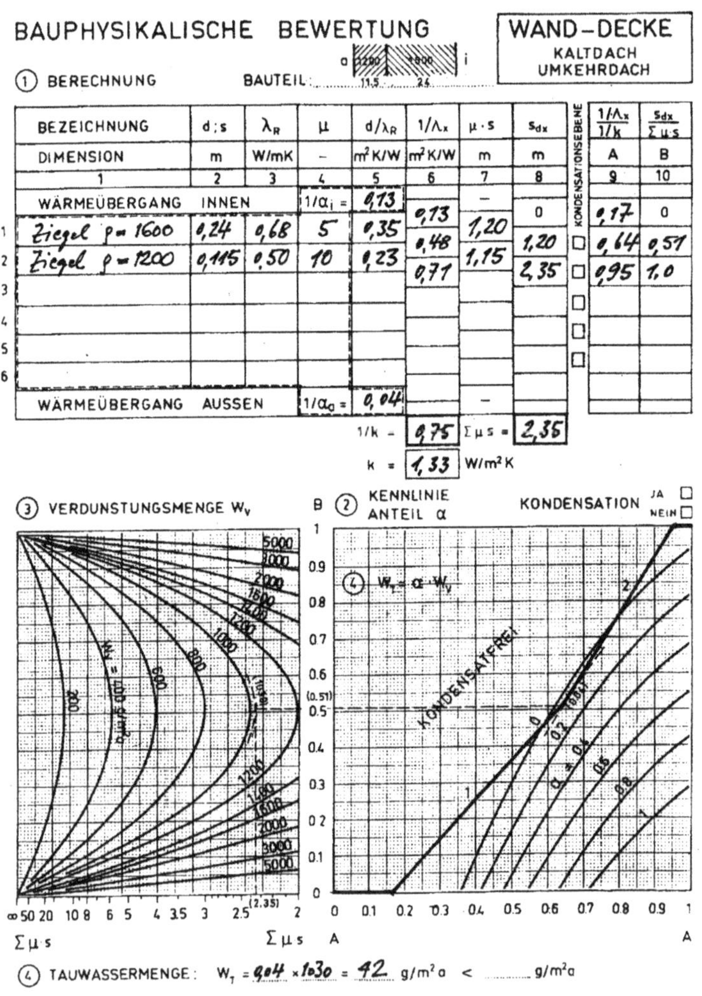


Bild 9.3: Ein konstruktiv richtiger Schichtenaufbau liefert "nach DIN" trotzdem Tauwasser

*Bild 9.3:*
*Willkürlich einzusetzenden μ-Werte nach DIN führen zu diesem absurden Ergebnis. Eine bauphysikalisch richtige Konstruktion wird "verleumdet".*

### 9.1.4 Methodischer Fehler in der DIN

Die DIN 4108 enthält bei den Diffusionsberechnungen für unbelüftete Dächer einen methodischen Fehler. Im Abschnitt "Berechnung der Verdunstung" (alt: Teil 5, Abschnitt 11.2.3, neu: Teil 3, Anhang A.9.2.3.1) steht analog:

*"Tauwasserausfall während der Verdunstungsperiode wird nicht berücksichtigt".*

Diese vereinbarte Festlegung hat fatale Folgen [Meier 89, 89a, 89b, 89d]. Der falscheste bauphysikalische Schichtenaufbau mit Kondensatmengen, die selbst jahresbilanzmäßig nicht mehr ausdiffundieren und damit die Dauerdurchfeuchtung garantieren, bekommt bei Anwendung der so formulierten DIN das "Norm-Zertifikat": *"Die Tauwasserbildung ist im Sinne dieser Norm unschädlich."*

*Man bedenke*: Selbst unter der fragwürdigen Prämisse einer ausgeglichenen Jahresfeuchtebilanz (feuchte Konstruktion im Winter, trockene dann wieder im Sommer) wird eine mit methodischen Fehlern durchsetzte, falsche Berechnung durchgeführt. Falsch nur deshalb, weil das auch im Sommer anfallende Tauwasser "per Dekret" (bzw. Vereinbarung im DIN-Ausschuß) nun rechnerisch nicht berücksichtigt wird. Selbst bei Akzeptanz einer jährlichen Tauwasserbilanzierung werden fehlerhafte Konstruktionen somit nicht mehr erkannt. Damit führt diese "Norm" automatisch zu fehlerhaften Konstruktionen – viele Feuchteschäden in Dächern beweisen es.

Viel schlimmer aber ist: Falsche Konstruktionen werden durch DIN legitimiert; dem Kunden wird Richtigkeit vorgegaukelt, obwohl Feuchteschäden eintreten werden. Kondensatschäden bei unbelüfteten Dächern sind damit "normmäßig abgesichert". Fehlerhafte Konstruktionen werden bei Beanstandungen von Bauphysikern rechnerisch dann "gemäß DIN" für unschädlich erklärt – ein bautechnischer Skandal. Eine derartige Normenbehandlung trägt kriminelle Züge.

Wie kommt so etwas zustande?

Die Formeln zur Berechnung der Diffusionsstromdichte in der DIN 4108 lauten:

a) für die Diffusionsstromdichte $g_e$ von der Tauwasserebene zur Außenoberfläche:

$$g_e = \frac{p_{sw} - p_e}{Z_e} \quad (kg/m^2h) \qquad (9.1)$$

b) für die Diffusionsstromdichte $g_i$ von der Tauwasserebene zur Innenoberfläche:

$$g_i = \frac{p_{sw} - p_i}{Z_i} \quad (kg/m^2h) \qquad (9.2)$$

Der Fehler liegt in der Formel (9.2): Wegen der Nichtberücksichtigung eines erneuten Tauwasserausfalls wird auch hier wie in Formel (9.1) $p_{SW}$ eingesetzt. Die Formel (9.2) muß stattdessen heißen:

$$g_i = \frac{p_{sw1} - p_i}{Z_i} \quad (kg/m^2h) \qquad (9.3)$$

Die im Beispiel "Flachdach", Anhang B 3. 3 der DIN 4108, Teil 3, für $p_{SW}$ verwendete Zahl 2340 Pa muß bei Formel (9.2) in $p_{SW1}$ = 1451 Pa gemäß Formel (9.3) geändert werden.

| | | |
|---|---|---|
| $g_e$ | = | Wasserdampf-Diffusionsstromdichte TWE nach außen (kg/m²h) |
| $p_{SW}$ | = | Wasserdampfsättigungsdruck in der Tauwasserebene (TWE) (Pa) |
| $p_e$ | = | Wasserdampfdruck außen (Pa) |
| $Z_e$ | = | Wasserdampf-Diffusionsdurchlaßwiderstand TWE nach außen (m²hPa/kg) |
| $g_i$ | = | Wasserdampf-Diffusionsstromdichte TWE nach innen (kg/m²h) |
| $p_{SW1}$ | = | Wasserdampfsättigungsdruck in der erneuten TWE (Verdunstung) (Pa) |
| $p_i$ | = | Wasserdampfdruck innen (Pa) |
| $Z_i$ | = | Wasserdampf-Diffusionsdurchlaßwiderstand TEW nach innen (m²hPa/kg) |
| $m_{WT}$ | = | Tauwassermasse (kg/m²) |
| $m_{WV}$ | = | Verdunstungsmasse (kg/m²) |

Dieser methodische Fehler führt beim Rechenbeispiel in der DIN gegenüber dem richtigen Ergebnis sogar zu einer entgegengesetzten Aussage:

In der "Norm" wird mit Formel (9.2) ein falsches Ergebnis berechnet:
$m_{WT}$ = 0,023 kg/m²; $m_{WV}$ = 0,056 kg/m²; $\Rightarrow$ $m_{WT} < m_{WV}$

Richtig dagegen wird gemäß Formel (9.3) berechnet:
$m_{WT}$ = 0,023 kg/m²; $m_{WV}$ = 0,0216 kg/m²; $\Rightarrow$ $m_{WT} > m_{WV}$

Dieser kapitale Fehler in der Berechnung der Tauwassermengen kann in den Bildern 9.4 und 9.5 nachvollzogen werden.

Schon das "DIN gemäße" Bild 9.4 liefert den Beweis einer völligen Konfusion bei der Behandlung eines Daches mit Dachabdichtung. Die $\alpha$-Werte, also das Verhältnis von Tauwassermenge zur Verdunstungsmenge, enden für die bauphysikalisch falscheste Konstruktion (die gesamte Wärmedämmung innen auf der warmen Seite, die gesamte Wasserdampfdichtheit außen auf der kalten Seite) beim $\alpha$-Wert von 0,45. Dies bedeutet im Klartext: Bei einer superfalschen Dachkonstruktion erreicht die Tauwassermenge im Winter maximal 45% der Verdunstungsmenge im Sommer. Dies aber ist absurd.

Anmerkung:
Bei der Entwicklung der hier vorgestellten rechnerisch-grafischen Methode wurde zunächst die fehlerhafte Formel der DIN übernommen mit dem Ergebnis der widersinnigen Grenze der $\alpha$-Werte bei 0,45 (Bild 9.4). Erst mit dieser Erkenntnis wurde dann nach dem Fehler gesucht und in der falschen Formel (9.2) gefunden [Meier 89]. Es entstand das Bild 9.5.

Hinweis:
Flachdacheinstürze bei verleimten Dachbindern infolge Feuchteanfalls, bei dem die Leimfugen ihre Haltbarkeit einbüßen, können durchaus mit dieser fehlerhaften Behandlung des "Tauwasserschutzes" in Verbindung gebracht werden.

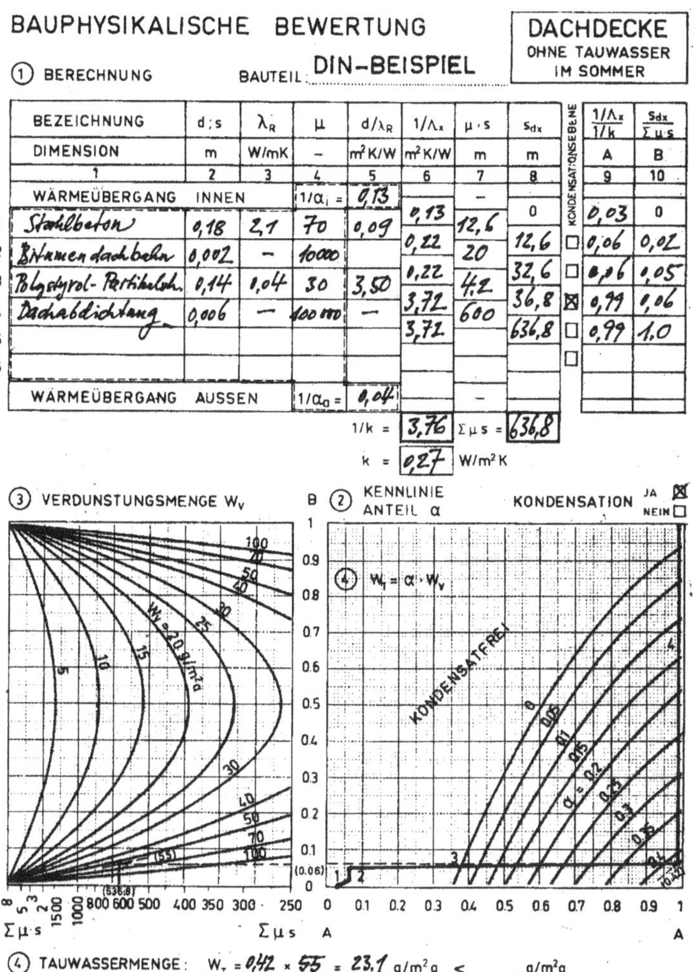

BAUPHYSIKALISCHE BEWERTUNG

DACHDECKE OHNE TAUWASSER IM SOMMER

① BERECHNUNG BAUTEIL: DIN-BEISPIEL

| | BEZEICHNUNG | d ; s | $\lambda_R$ | $\mu$ | $d/\lambda_R$ | $1/\Lambda_x$ | $\mu \cdot s$ | $s_{dx}$ | KONDENSATIONSEBENE | $\frac{1/\Lambda_x}{1/k}$ | $\frac{s_{dx}}{\Sigma \mu s}$ |
|---|---|---|---|---|---|---|---|---|---|---|---|
| | DIMENSION | m | W/mK | – | m²K/W | m²K/W | m | m | | A | B |
| | 1 | 2 | 3 | 4 | 5 | 6 | 7 | 8 | | 9 | 10 |
| | WÄRMEÜBERGANG INNEN | | | $1/\alpha_i$ = | 0,13 | 0,13 | – | 0 | | 0,03 | 0 |
| 1 | Stahlbeton | 0,18 | 2,1 | 70 | 0,09 | 0,22 | 12,6 | 12,6 | ☐ | 0,06 | 0,02 |
| 2 | Bitumendachbahn | 0,002 | – | 10000 | | 0,22 | 20 | 32,6 | ☐ | 0,06 | 0,05 |
| 3 | Polystyrol-Partikelsch. | 0,14 | 0,04 | 30 | 3,50 | 3,72 | 4,2 | 36,8 | ☒ | 0,99 | 0,06 |
| 4 | Dachabdichtung | 0,006 | – | 100000 | – | 3,72 | 600 | 636,8 | ☐ | 0,99 | 1,0 |
| 5 | | | | | | | | | ☐ | | |
| 6 | | | | | | | | | | | |
| | WÄRMEÜBERGANG AUSSEN | | | $1/\alpha_a$ = | 0,04 | | – | | | | |

1/k = 3,76 $\Sigma \mu s$ = 636,8

k = 0,27 W/m²K



④ TAUWASSERMENGE: $W_T$ = 0,42 × 55 = 23,1 g/m²a < ........ g/m²a

Bild 9.4: Flachdachabdichtung und fehlerhafter Nachweis von Kondensat im Dach (ohne erneutem Tauwasserausfall)

*Bild 9.4:*

*Die Grafik liefert die Werte $\alpha$ = 0,42 (Verhältnis von Tauwassermenge zur Verdunstungsmenge) sowie eine Verdunstungsmenge $W_V$ von ca. 55 g/m²a (Rechnung in der DIN liefert 56 g/m²a). Damit wird die Tauwassermenge $W_T$ dann 23,1 g/m²a (Rechnung in der DIN liefert 23 g/m²a).*

Die Ergebnisse in der DIN 4108 sind identisch – also damit völlig falsch.

Aus diesem Grunde muß der Sachverhalt völlig anders beurteilt werden. Das Bild 9.5 zeigt den sachgemäßen und richtigen Nachweis nach Glaser – bei aller Zurückhaltung und Fragwürdigkeit im Einsatz der μ-Werte (siehe Abschnitt 7.4.2 "Die Gültigkeit der μ-Werte") und der Annahme einer stationären Temperaturverteilung (siehe Abschnitt 7.4.1 "Fehlerhafte Temperaturbestimmung"). Im Bild 9.5 ergibt sich dann auch wieder ein unzulässiger Bereich ($\alpha$ > 1). Die im Kopf des Formblattes berechneten A- und B-Werte (Abszisse und Ordinate der rechten Grafik) sind mit der Berechnung im Bild 9.4 identisch. Damit erhält man auch eine identische Kennlinie, die die gewählte Konstruktion bauphysikalisch charakterisiert. Nur die Graphen der $\alpha$-Werte sind völlig anders.

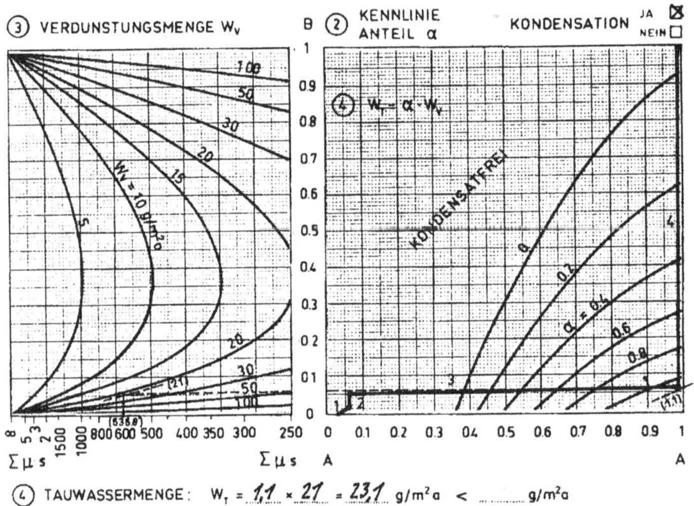


Bild 9.5: Flachdachabdichtung und richtiger Nachweis von Kondensat im Dach (mit erneutem Tauwasserausfall)

*Bild 9.5:*

*Die Grafik liefert einen $\alpha$-Wert von 1,1; damit wird schon deutlich, daß die Tauwassermenge im Winter größer ist als die Verdunstungsmenge im Sommer. Somit ist dies, auch im Sinne der in der DIN praktizierten "Jahresbilanz", eine unzulässige Konstruktion. Die Verdunstungsmenge $W_V$ kann mit ca. 21 g/m²a abgelesen werden. Damit wird die Tauwassermenge $W_T$ dann 21 x 1,1 = 23,1 g/m²a (die Rechnung in der DIN liefert 23 g/m²a).*

Die Verdunstungsmenge wird in "DIN" infolge der Nichtberücksichtigung eines erneuten Tauwasserausfalles im Sommer zu hoch berechnet. Dieses in Anhang B.3 der E DIN 4108-3 (07-99) berechnete Ergebnis mit der blamablen Aussage: *"Die Tauwasserbildung ist im Sinne dieser Norm unschädlich"* kann deshalb nur als Posse bewertet werden.

Dies ist die verhängnisvolle Folge einer methodisch falschen, jedoch leider normgemäßen Vereinbarung, den erneuten Tauwasserausfall während der Verdunstung nicht zu berücksichtigten. Ein technischer Skandal. Viele Flachdachschäden werden deshalb falsch diagnostiziert. Die Krönung ist jedoch: Eine derart fehlerhafte "Norm" wird dann auch noch *öffentlich rechtlich* eingeführt!

Kriminell wird dies alles, weil der Ausschuß bereits im November 1988 von diesem methodischen Fehler in der DIN 4108 unterrichtet wurde [Meier 89d]. Eine zweimalige Einladung zum NABau-Koordinierungsausschuß zur Klärung dieses Fehlers bewirkte nichts. Bei der Neuformulierung der DIN 4108 wurde dieser methodischen Fehler übernommen und auch hier ergab die Einladung zur Einspruchssitzung keine Änderung der Norm. Im Gegenteil: In Kenntnis dieser fehlerhaften Sachverhalte wurde vorgeschlagen, diese in einer späteren Überarbeitung zu berücksichtigen. Dies ist verantwortungslos und verabscheuungswürdig; immerhin wurde dieser bautechnische Unfug öffentlich rechtlich eingeführt.

All dies geschieht durch Mißbrauch der Richtlinienkompetenz zusammengerufener "Experten", die allesamt die Fehlerhaftigkeit dieses Sachverhaltes nicht erkannt haben – und womöglich auch nicht erkennen wollen. Diese Willfährigkeit gegenüber der Industrie dominiert in unerträglicher Weise, die fachliche Blamage ist vollkommen – und wird systematisch verschleiert.

### 9.1.5 Eigenartiger Schlagregenschutz

Wie versucht DIN, das bautechnische Dilemma des Regenschutzes in Verbindung mit dem kapillaren Feuchtetransport zu lösen, ohne nun die chemiedurchtränkte und damit sorptionsdichte Außenhaut zu verbannen?

In [Gösele 85] steht:

- *"Zur Kennzeichnung von Baustoffoberflächen (z. B. Außenputz, Beschichtungen, Mauersteine) im Hinblick auf ihr Verhalten bei Beregnung ist der Wasseraufnahmekoeffizient w bestimmend."*

Dies geht ohne Zweifel in Ordnung.

Nun wird in [Gösele 85] aber auch gesagt:

- *"Für die Wasserabgabe während Trocknungsperioden ist bei wasserhemmenden und wasserabweisenden Oberflächenschichten deren diffusionsäquivalente Luftschichtdicke sd maßgebend. Beide Größen bestimmen zusammen das Verhalten einer Schicht im Hinblick auf den Regenschutz".*

Bei wasserhemmenden und wasserabweisenden Schichten – diese werden in der Mehrzahl eingebaut – wird nun für die Wasserabgabe plötzlich der sd-Wert ins Spiel gebracht. Dies ist ein kapitaler bautechnischer Widerspruch:

1. Für das Eindringen des Wassers von außen ist die kapillare Wasseraufnahme in Form des Wasseraufnahmekoeffizienten w ($kg/m^2h^{0,5}$) zuständig.
2. Für die Wasserabgabe nach außen ist nun jedoch die wasserdampfäquivalente Luftschichtdicke sd maßgebend. Die Entfeuchtung soll also durch Dampfdiffusion erfolgen.

Diese "Festlegung" aber ist willkürlich und entbehrt jeder Sachgrundlage. Verworrener und widersprüchlicher kann keine "Regel" sein.

Wenn die Feuchteaufnahme und -abgabe einer Außenschicht kapillar erfolgt, dann ist ausschließlich w maßgebend. Wird "viel" aufgenommen, wird auch "viel" durch Verdunstung wieder abgegeben. Wenn jedoch infolge wasserabweisender und demzufolge sorptionsdichter Außenschichten ein Feuchtetransport nur diffusiv erfolgen kann, dann gilt dies sowohl für die Feuchteaufnahme als auch für die Feuchteabgabe. Generell muß die Feuchtigkeitsabgabe gegenüber der Feuchtigkeitsaufnahme größer sein.

Diese willkürliche Vermischung ist nur deshalb vonnöten, weil die üblichen sorptionsdichten Außenschichten einer "fortschrittlichen" Wand, z. B. eines Wärmedämmverbundsystems, eine "Entfeuchtung" durch Kapillartransport nicht zulassen; man muß dann eben auf die Diffusion ausweichen. Wasserabweisender Schlagregenschutz beschränkt sich damit auf eine "wasserdichte" Außenhaut (Gummihaut/Lotuseffekt) – dies aber bedeutet die feuchteschutztechnische Katastrophe, weil damit der diffusive und kapillare Feuchtetransport von innen nach außen stark beeinträchtigt und empfindlich gestört wird.

Für das Feuchteverhalten einer Wand ist nicht nur der Schlagregenschutz von außen, sondern vor allem der Feuchtetransport von innen nach außen entscheidend und dieser Feuchtetransport erfolgt hauptsächlich kapillar. Dies aber wird beim Schlagregenschutz "nach DIN" schlichtweg negiert, der notwendige Kapillartransport wird bei der feuchtetechnischen Beurteilung in der DIN unterschlagen – man kennt nur den Feuchtetransport mittels Dampfdiffusion.

Dies aber ist nicht zu akzeptieren, denn der diffusive Feuchtetransport ist quantitativ unerheblich. Hier werden völlig falsche Vorstellungen über das Feuchteverhalten einer Wand verbreitet. Diffusion ist kaum in der Lage, Feuchtigkeit in ausreichender Menge nach außen zu transportieren. Die Verworrenheit nimmt kein Ende.

Trotzdem steht nun in DIN 4108, Teil 3, Kapitel 5.1:

- *"Der Regenschutz einer Wand kann durch konstruktive Maßnahmen (z. B. Außenwandbekleidung, Vormauerschale) oder durch Putze bzw. Beschichtungen erzielt werden. Die Regenschutzwirkung von Putzen und Beschichtungen wird durch deren Wasseraufnahmekoeffizienten w, der diffusionsäquivalenten Luftschichtdicke* $s_d$ *und dem Produkt aus beiden Größen (w x* $s_d$*) bestimmt."*

Für den Regenschutz von Putzen und Beschichtungen gelten nach DIN 4108, Teil 3, Abschnitt 5, folgende Anforderungen (w = kapillare Wasseraufnahme):

*wasserhemmend:* $0{,}5 < w < 2{,}0\ kg/m^2h^{0,5}$

*wasserabweisend:* $w \leq 0{,}5\ kg/m^2h^{0,5}$ $s_d \leq 2{,}0\ m$ $w \times s_d \leq 0{,}2\ kg/m\ h^{0,5}$

Diese "DIN-Festlegungen" haben eigenartige Konsequenzen. Die bauphysikalisch wegen der Tauwasserbildung sehr bedenklichen dichten Außenschichten besonders von Wärmedämmverbundsystemen werden nun zu hervorragenden schlagregensicheren Konstruktionen umfunktioniert. Man denke nur an den für diese Zwecke häufig propagierten "Lotuseffekt". Aber wie sehen die Beurteilungen normaler Putze im Hinblick auf die "Schlagregensicherheit nach DIN" aus? Die Tabelle 9.2 gibt hier Auskunft:

Diese Ergebnisse sind bezeichnend. Ein normaler Kalk-Putz, der schon seit Jahrhunderten verwendet wird und der sich als Schlagregenschutz bewährt hat, erfüllt die DIN-Norm für einen wasserabweisenden Putz nicht, dagegen werden die sorptionsdichten und diffusionshemmenden Schichten des Wärmedämmverbundsystems als "DIN-gemäß" klassifiziert. Schlagregenschutz wird ausschließlich als "Gummihaut" gesehen, die aus bauphysikalischen Gründen auf alle Fälle doch hinterlüftet sein muß. Da dies nicht der Fall ist, sind katastrophalen Folgen für das Feuchteverhalten der Gesamtwand zu erwarten – dies aber wird von den "Experten" völlig ignoriert.

**Tabelle 9.2:** Anforderungen an die Schlagregensicherheit äußerer Schichten.

| Material | s (mm) | $\mu$ (-) | w (kg/m²h$^{0,5}$) | $s_d$ (m) | $w \cdot s_d$ (kg/m h$^{0,5}$) | Anford. erfüllt |
|---|---|---|---|---|---|---|
| Kalkputz | 25 | 12 | 7 | 0,3 | 2,1 | nein |
| Kalkzementputz | 25 | 21 | 2 - 4 | 0,45 | 0,9 - 1,8 | nein |
| Zementputz | 25 | 43 | 2 - 3 | 1,07 | 2,1 - 3,2 | nein |
| Stolit Oberputz | 3,0 | 133-233 | 0,03 - 0,07 | 0,4 - 0,7 | 0,012 - 0,05 | ja |
| Stolit MP | 5,0 | 40 - 60 | 0,10 - 0,25 | 0,2 - 0,3 | 0,02 - 0,075 | ja |
| StoSilco | 3,0 | 33 - 133 | 0,03 - 0,06 | 0,1 - 0,4 | 0,003 - 0,024 | ja |

Die praktische Erfahrung wird damit auf den Kopf gestellt, das Richtige wird zum Falschen, das Falsche wird zum Richtigen erklärt, die Wahrheit wird verdreht. Derartige Tendenzen sind jedoch nichts Neues. *"Weh denen, die Böses gut und Gutes böse heißen, die aus Finsternis Licht und aus Licht Finsternis machen, die aus sauer süß und aus süß sauer machen"* (Jesaja 5,20).

Fazit: Normale Putze erfüllen die DIN-Forderung nicht – aber Kunstharzputze schneiden hervorragend ab. In dieser Form versucht die Industrie, mit Hilfe ihrer DIN-Quislinge fragwürdige Produkte unters Volk zu bringen. Stets hat zu gelten: Wasserdampfbehindernde und sorptionsdichte äußere Schichten sind die Sargnägel einer bauphysikalisch richtigen Außenkonstruktion. Derartige Schichten sind zu vermeiden.

Weiter wird nach DIN 4108, Teil 3, Abschnitt 3 definiert:

*wassersaugende Schicht:* $w \geq 2{,}0$ *kg/m²h*$^{0,5}$
*wasserhemmende Schicht:* $0{,}5 < w < 2{,}0$ *kg/m²h*$^{0,5}$
*wasserabweisende Schicht:* $w \leq 0{,}5$ *kg/m²h*$^{0,5}$

*diffusionsoffene Schicht:* $s_d \leq 0{,}5$ *m*
*diffusionshemmende Schicht:* $0{,}5\ m < s_d < 1500\ m$
*diffusionsdichte Schicht:* $s_d \geq 1500$ *m*

Auch mit diesen "Einteilungen" von diffusionsoffen, diffusionshemmend und diffusionsdicht wird dem Konsumenten Sand in die Augen gestreut (siehe Abschnitt 7.4.4 "Fehlerhafte Empfehlungen"). In den Prospekten und Werbeunterlagen der einschlägigen Industrien wird von "diffusionsoffenen" Produkten gesprochen und damit den Lesern etwas vorgegaukelt, was in dieser Form überhaupt nicht stimmt. Dieser Begriff kann nur im Zusammenhang mit der gesamten Konstruktion gesehen und beurteilt werden. "Diffusionsoffen" ist ein Werbeslogan exzellenter Natur und soll immer "Gutes" vortäuschen und damit zum Kauf animieren.

### 9.1.6 Wärmespeicherfähigkeit falsch eingeschätzt

Die Wärmespeicherfähigkeit scheint ein Tabuthema zu sein. Bei der energetischen Abwägung steht dem "leichten Gebäude" mit geringer Wärmespeicherfähigkeit das "schwere Gebäude" mit hoher Wärmespeicherfähigkeit gegenüber. Die offizielle Literatur versucht, hier große Unterschiede zu bestreiten [Hauser 97]. Die immer mehr üblich gewordenen, jedoch fragwürdigen "leichten Bauweisen" sollen damit marktfähig geredet werden. Diese versuchte Gleichmacherei von leichter und schwerer Bauweise findet ihren Ausdruck auch in der DIN 4108, Teil 6 mit der Behandlung der wirksamen Speicherfähigkeit. Das hier für vereinfachte Rechnungen angenommene Verhältnis der wirksamen Wärmespeicherfähigkeit von "leichter" (15 Wh/m³K $\cdot V_e$) zu "schwerer" Konstruktion (50 Wh/m³K $\cdot V_e$) von immerhin 1 : 3,3 (der Entwurf 1995 hatte 60 Wh/m³K, der Entwurf von 1999 40 Wh/m³K vorgesehen) geht an der Wirklichkeit vorbei. Dieses Verhältnis von 3 : 10 ist völlig indiskutabel, benachteiligt die Massivkonstruktion und ist deshalb nicht zu akzeptieren [IBP 96a].

Nun kann gemäß DIN 4108, Teil 6, Abschnitt 5.5.1 für die "wirksame Wärmespeicherfähigkeit" folgende analoge Formel angegeben werden:

$$C_{wirk} = c \cdot \rho \cdot V_e \qquad \text{(Wh/K)} \tag{9.4}$$

Zur Beurteilung der wirksamen Speicherfähigkeit kann nun bei gleichgroßen Gebäuden in der Formel (9.4) das Bruttovolumen $V_e$ eliminiert werden, so daß lediglich das Produkt aus c und ρ verbleibt. Dieses Produkt liefert dann die vorgeschlagenen 15 (leichte Konstruktion) bzw. 50 (schwere Konstruktion) Wh/m³K. Bezogen auf das Gebäudevolumen wird somit:

$$C'_{wirk} = c \cdot \rho \qquad \text{(Wh/m}^3\text{K)} \tag{9.5}$$

$C_{wirk}$ = wirksame Wärmespeicherfähigkeit (Wh/K)
c = spezifische Wärmekapazität (Wh/kg K)
ρ = Raumgewicht des Baustoffes (kg/m³)
$V_e$ = Bruttovolumen des Gebäudes (m³)
$C'_{wirk}$ = wirksame Wärmespeicherfähigkeit (15 bzw. 50 Wh/m³K)

Gegenüber Leichtkonstruktionen mit wirksamen Speicherkapazitäten gemäß Formel (9.5) von etwa 15 bis 30 Wh/m³ K haben schwere Wände wirksame Wärmespeicherkapazitäten von etwa 200 bis 500 Wh/m³K, keineswegs jedoch nur die in der DIN 4108, Teil 6, angegebenen 50 Wh/m³K.

*Fazit:*
Realistisch sind Verhältniszahlen der wirksamen Wärmespeicherfähigkeit von Leicht- zu Schwerkonstruktionen von ca. 1:13 bis 1:33. Offenbar will man mit dieser genormten Fehlinformation eines Verhältnisses von 1:3,3 der Fachwelt weismachen, daß es zwischen leichten und schweren Konstruktionen keine großen bauphysikalischen Unterschiede gibt. Auch dies ist ein Indiz für den Versuch einer opportunen Bauphysik, massive, speicherfähige Baustoffe aus dem Katalog gängiger Baumaterialien zu streichen.

### 9.1.7 Fragwürdiges Beiblatt 2

Es mutet schon eigenartig an, wenn in einer DIN-Norm Informationen zu Konstruktionszeichnungen enthalten sind. Das Beiblatt 2 nennt sich *"Wärmebrücken – Planungs- und Ausführungsbeispiele"*. Hier bereits beginnt der Irrtum. Von den fragwürdigen Energiebedarfsberechnungen abweichende Energieverbrauchsergebnisse werden hauptsächlich den Wärmebrücken angelastet. Mit dem Hinweis im Teil 2, Punkt 6 "Anforderungen bei Wärmebrücken" auf die von Bbl. 2 "abweichenden Konstruktionen" soll der Eindruck erweckt werden, als ob "Wärmebrücken" für Energieverschwendung und Schimmelpilzbildung maßgebend verantwortlich sind. Dem ist aber nicht so. Diese Fehleinschätzung wird nur von sogenannten "Bauphysik-Experten" so gesehen, denen die Speicherung von Solarenergie durch Außenwände nicht bekannt ist oder die dies bewußt ignorieren. Natürlich gibt es für das Konstruieren den Begriff der Wärmebrücken, doch in DIN 4108-2, Abschnitt 5.5 (Aug. 1981) steht, daß eine Außenecke nicht als Wärmebrücke anzusehen sei. Heute dagegen wird hier von Wärmebrücken gesprochen.

Schuld an diesen fehlerhaften Deutungen sind Fehlinterpretationen der Thermografie, die zu dieser Hektik und Aufgeregtheit führen (siehe Abschnitt 5.6 "Thermografie"). Im Vorwort des Beiblattes 2 steht sogar, daß aus energetischer Sicht Wärmebrücken zu beachten sind, da ihr Anteil am Transmissionswärmeverlust eines Gebäudes erheblich sein kann. Dies soll Bild 10.19 verdeutlichen. Doch liegt es nicht an den "Wärmebrücken", sondern am stationären Rechnen, das zu fehlerhaften Ergebnissen führt. Die auftretenden Diskrepanzen werden generös den Wärmebrücken zugeordnet und so glaubt man tatsächlich, mit stationären Berechnungen die Wirkung von "sogenannten Wärmebrücken" erkennen zu können – man verläßt sich wieder einmal auf (fehlerhafte) Simulationsmodelle.

Die angeführten Konstruktionszeichnungen im Anhang B des Beiblattes 2 berücksichtigen keineswegs die Möglichkeit von Solarenergiespeicherung, sondern sind einseitig ausgerichtet auf das stationäre Denken, Rechnen und Handeln, eben auf den Beharrungszustand beim Bauen – auf die Dämmung. Dies ist fehlerhaft und wird der Wirklichkeit nicht gerecht.

Mauerwerk wird insofern völlig willkürlich in drei Kategorien aufgeteilt:
1) Wärmeleitfähigkeit $\lambda_R < 0{,}21$ W/mK, 2) Wärmeleitfähigkeit $0{,}21 \leq \lambda_R \leq 1{,}0$ W/mK und 3) Wärmeleitfähigkeit $\lambda_R > 1{,}0$ W/mK. Diese Unterteilung ausschließlich nach "Dämmgesichtspunkten" ist zu beanstanden, da hierbei die Speicherkomponenten $\rho$ und c ignoriert werden. Immerhin tritt die Gültigkeit der $\lambda_R$-Werte

bei den ständigen Temperaturveränderungen erst nach sehr langer Zeit ein, wenn im Bauteil der Beharrungszustand erreicht ist; dies trifft etwa nach drei bis fünf Tagen zu – theoretisch sogar erst nach unendlich langer Zeit [Gertis 02] (siehe auch Abschnitt 6.3.1 "Lichtenfelser Experiment"). Der 24stündige Tages-Rhythmus verhindert also die Verwendung der $\lambda_R$-Werte. Insofern gelten die Konstruktionsvorschläge nur für ein abstraktes und unrealistisches Bauen – für die Praxis jedenfalls sind sie nicht brauchbar.

Aus diesen Gründen ist folgendes zu beanstanden:

1. Eine monolithische Wand wird nur anerkannt, wenn die Wärmeleitfähigkeit $\lambda_R$ < 0,21 W/mK beträgt. Damit werden funktionsfähige speicherfähige Außenwände ausgegrenzt – dies aber ist unverantwortlich und bedeutet eine Wettbewerbsverzerrung erster Güte. Eine derartige Festlegung ist der deutliche Beweis, daß für die Dämm-Eleven nur die Dämmung gilt, von Speicherung wollen sie nichts wissen. Gesundes und bauschadenfreies Bauen wird damit nicht praktiziert.

2. Wenn speicherfähiges Material eingesetzt wird mit Wärmeleitfähigkeiten $\lambda_R$ zwischen 0,21 und 1,0 W/mK, dann wird dies nur in Verbindung mit einem Wärmedämmverbundsystem akzeptiert, obgleich ein WDVS aus feuchteschutztechnischen Gründen, nämlich der Gefahr einer Durchfeuchtung durch inneres Kondensat, abzulehnen ist.

3. Mauerwerk mit einer Wärmeleitfähigkeit $\lambda_R$ > 1,0 wird als Wandmaterial überhaupt nicht aufgeführt. Lediglich als Vormauerschicht in Verbindung mit einer Kerndämmung wäre dieses Material einsatzfähig. Auch dies ist eine konstruktive Vorgabe, die nicht zu akzeptieren ist. Die feuchteschutztechnischen Probleme einer Kerndämmung machen diese Form einer "Wärmedämmung" sehr fragwürdig. Immerhin muß z. B. Perlite, das in den Zwischenraum geschüttet wird, hydrophobiert, also feuchtegeschützt sein – man rechnet also durchaus mit Feuchteanfall durch Kondensat.

Einige Konstruktionen sind in der vorgeschriebenen Form unverständlich und verstoßen gegen die Regeln der Technik. Hier wären die Vorschläge B 12, B 13, B 14 sowie B 28 und B 32 anzuführen, die eigenartigerweise zur Aufnahme der Vormauerschale Holzbalken vorsehen. Stein auf Holz, das ist ein völlig neuartiges Konstruktionsprinzip. Darüber hinaus wird dieses Holz bei der vorgeschlagenen Kerndämmung infolge anfallenden Kondensats verfaulen; dies aber wird dann von außen nicht erkennbar – schleichender Verfall der Bausubstanz.

Die vorgeschriebenen Dämmstärken müssen zum Teil als unwirtschaftlich eingestuft werden. Die Kellerwand eines beheizten Kellers mit einer Perimeterdämmung darf aus wirtschaftlichen Gründen einen U-Wert von etwa 0,65 W/m²K nicht unterschreiten. In der Mehrzahl der Fälle dürfte dies bei der Wahl der "Kellerdämmung" gemäß Bbl. 2 jedoch zutreffen. Die Dachdämmungen sind ebenfalls überzogen, denn hier liegt der wirtschaftliche Grenzwert etwa bei einem U-Wert von 0,35 W/m²K. Die angegebenen Dämmungen von 14 bzw. 16 cm ergeben jedoch U-Werte, die weit darunter liegen (siehe Abschnitt 6.5.3 "Effizienzgrenze des U-Wertes). Hier wird also äußerst effizienzlos Dämmstoff eingebaut. Demgegenüber wird aber stets vom *effizienten* Bauen gesprochen – eine Heuchelei.

Gerade bei der Würdigung von konstruktiv bedingten Wärmebrücken bedeuten die im Beiblatt 2 enthaltenen Bilder B 19, B 23 und B 27 Negativbeispiele, hier werden geradezu klassische Wärmebrücken gezeigt. Die in Bild B 19 unter dem Fensterblech gezeichnete Dämmschicht ist kaum einbaubar; sie ist aber auch wirkungslos, weil das Verteilungsgesetz von Dämmstoff am Gebäude hier enge Grenzen setzt. Eine energetisch optimale Außenhaut, allerdings bei stationärer Berechnung, wird durch einen "homogenen Dämmstandard" erreicht, bei gleicher energetischer Belastung unabhängig von der Größe der Fläche (siehe Abschnitt 10.1.3 "Dämmstoff-Verteilungsproblem"). Insofern sind die 3 cm Dämmstoff in den Bildern B 20, B 24 und B 31 bei 10 cm Normaldämmung nur als Alibi-Dämmstoff anzusehen. Beide Dämmstoffdicken müssen sich angleichen, wobei tendenziell immer die geringen Dämmstoffdicken zu wählen sind.

Die immer wieder ins Spiel gebrachten Horrorvisionen von gefährlichen Wärmebrücken führen zu konstruktiven Überlegungen, die baupraktisch kaum durchführbar und deshalb unsinnig sind. Die in Bild B 39 gezeigte Dämmschicht wird nicht nur, wie bisher üblich, vor der Stahlbetondecke vorgesehen, sondern darüber hinaus noch auf den unteren und oberen Mauerziegel (oder Mauerstein) ausgedehnt. Dies ist ein typisches Beispiel von fragwürdigen Konstruktionsdetails, die am akademischen Schreibtisch entstanden sind.

Die im Beiblatt 2 aufgeführten Leichtbauweisen sind darüber hinaus für ein wohnbehagliches Raumklima höchst fragwürdig. Was mit diesen "Empfehlungen" der Kundschaft zugemutet wird, ist aus bautechnischer Sicht unverantwortlich. Hier wird auf Abschnitt 6.3.3 "Temperaturstabile Konstruktionen" verwiesen.

## 9.2 DIN EN 832

Die DIN EN 832 umfaßt 71 Seiten und heißt "Wärmetechnisches Verhalten von Gebäuden, Berechnung des Heizenergiebedarfs – Wohngebäude".

Gegen die DIN EN 832 ist Einspruch erhoben worden, doch wie alle "demokratischen" Entscheidungsprozesse bei DIN sind nicht Sachkompetenz, sondern die Interessenlage der Industrie gewürdigt worden [Meier 94]. Die Fragwürdigkeit beginnt schon bei der Unterscheidung von Heizenergie*bedarf* (Ergebnis einer *Berechnung*) und Heizenergie*verbrauch* (*gemessenes* praktisches Ergebnis). Der Verbrauch aber weicht wesentlich vom berechneten Bedarf ab. Dies wird auch eindrucksvoll in [NN 05] unter Beweis gestellt, worin für einen Massivbau festgestellt wird, daß der rechnerisch ermittelte Heizenergiebedarf doppelt so hoch ist wie der tatsächliche Verbrauchswert. (siehe auch die Abschnitte 6.2.1 "Empirische Erfahrungen" sowie 10.3.5 "Energieausweis – Täuschung des Kunden").

## 9.2.1 Fehler, Fehler und nochmals Fehler

Maßgebender Bestandteil der DIN EN 832 ist die Annahme eines stationären Zustandes. Damit wird für den Transmissionswärmeverlust der U-Wert zur zentralen Leitgröße. Es wird also der Beharrungszustand vorausgesetzt. Der aber liegt in Realität nie vor, denn die Strahlung der Sonne und die Speicherfähigkeit der Außenwand sind markante Bestandteile realistischer Überlegungen. Beide Einflüsse bleiben jedoch beim U-Wert unberücksichtigt, sie werden mit Null angesetzt (siehe Abschnitt 6.2.2 "Instationäre Behandlung"). Da der Energiebedarf in der DIN EN 832 ausschließlich mit dem U-Wert berechnet wird, handelt es sich somit um fehlerhafte Berechnungen (7).

Dieser grundsätzliche Denkfehler wird nun in der DIN EN 832 durch einen Wildwuchs von unüberschaubaren und nicht nachvollziehbaren "Formeln" verdeckt, wodurch versucht wird, approximativ in die Nähe annehmbarer Ergebnisse zu kommen. Aber all diese Hilfsrechenkonstruktionen vermögen nicht den kapitalen Irrtum aus der Welt zu räumen, daß der U-Wert eben nicht stimmt.

Dieser Irrtum wird in der DIN EN 832 fest verankert – als ob man Fehler durch "Dekret" beseitigen kann. Im Anhang D.5 "Solare Wärmegewinne von opaken Teilen der Gebäudehülle" steht unter D.5.1 Allgemeines:

*"Die jährlichen solaren Nettowärmegewinne von opaken Teilen der Gebäudehülle ohne transparente Dämmschicht machen einen kleinen Teil der gesamten Wärmegewinne aus und werden teilweise durch Strahlungswärmeverluste des Gebäudes an den unbedeckten Himmel kompensiert. Sie können daher vernachlässigt werden".*

Auch wenn es in einer DIN steht, diese Aussage ist falsch. Sie resultiert aus einer allgemeinen Ignoranz gegenüber instationären Zuständen einer Außenwand.

## 9.2.2 Fehlerhafte Nettowärmegewinne durch Strahlung

Die Theorie der Strahlung scheint in der etablierten Bauphysikszene völlig unbekannt zu sein. Dies wurde schon im Kapitel 5 "Humane Heiztechnik" zum Ausdruck gebracht. Diese Verworrenheit zeigt sich nun auch in den DIN-Normen. Nach DIN EN 832, Anhang D 5.3, heißt die Formel (D.11) für die Nettowärmegewinne durch Strahlung:

(9.6) $$Q_s = U \cdot A \cdot R_e \left(\alpha \cdot I_{si} - F_f \cdot h_r \cdot \Delta\vartheta_{er} \cdot t\right)$$ (J)

Dafür kann auch geschrieben werden:

(9.7) $$\phi_s = U \cdot A \cdot R_e \left(\alpha \cdot I_s - F_f \cdot h_r \cdot \Delta\vartheta_{er}\right)$$ (W)

oder: (9.8) $$\phi'_s = U \cdot R_e \cdot \left(\alpha \cdot I_s - F_f \cdot h_r \cdot \Delta\vartheta_{er}\right)$$ (W/m²)

$Q_S$ = Nettowärmegewinn durch Strahlung (J)

$\Phi_S$ = Nettowärmegewinn durch Strahlung (W) oder (Wh/h)

$\Phi'_S$ = Nettowärmegewinn durch Strahlung (W/m²);

| | | |
|---|---|---|
| $U$ | = | Wärmedurchgangskoeffizient des Bauteils (W/m²K) |
| $R_e$ | = | äußerer Wärmedurchlaßwiderstand des Bauteils (m²K/W) |
| $\alpha$ | = | Absorptionskoeffizient (-) |
| $I_{si}$ | = | Globalstrahlung (J/m²) |
| $I_s$ | = | Globalstrahlung (W/m²) |
| $F_f$ | = | Formfaktor zwischen Bauteil und Himmel (Dächer 1, senkrechte Wände 0,5) |
| $h_r$ | = | äußerer Abstrahlungskoeffizient (W/m²K) |
| $\Delta\vartheta_{er}$ | = | Differenz zwischen Temperatur der Umgebungsluft $\vartheta_e$ und scheinbarer Temperatur des Himmels $\vartheta_{Hi}$ (K) |
| $t$ | = | Dauer des Berechnungszeitraumes (s) |

Der ( ) Ausdruck in den Formeln (9.6), (9.7) und (9.8) enthält die Differenz von Strahlungsgewinn und Strahlungsverlust, der nun als Nettowärmegewinn bezeichnet wird.

Die Temperaturdifferenz $\Delta\vartheta_{er}$ beim Strahlungsverlust ist per Definition:

(9.9) $$\Delta\vartheta_{er} = \vartheta_e - \vartheta_{Hi} \qquad \text{(K)}$$

Nun heißt es in der DIN EN 832, Anhang D:
*"Der Unterschied $\Delta\vartheta_{er}$ zwischen der Temperatur der Umgebungsluft und der Himmelstemperatur wird in Übergangszonen mit 10 K angenommen (Nordeuropa 9 K, Mittelmeergebiet 11 K)".* Diese Differenztemperaturen werden ebenfalls in der DIN V 4108, Teil 6 angegeben.

Die Analyse der Formeln (9.6) bis (9.8) zeigt nun schwerwiegende Irrtümer:

- Zunächst wird wiederum ein immer wiederkehrender, gravierender Fehler gemacht. Es ist physikalisch unmöglich, daß eine elektromagnetische Strahlung Luft erwärmen kann. Luft ist für Strahlung diatherm. Insofern kann es auch keinen äußeren Wärmedurchlaßwiderstand $R_e$ oder Wärmeübergangskoeffizienten Strahlung $h_r$ geben, wie er in der DIN EN ISO 6946, Anhang A aufgeführt ist. Diese Werte sind demzufolge reine Phantasieprodukte. Dies gilt auch für die Temperaturdifferenz $\Delta\vartheta_{er}$ zwischen Außenluft und Himmelstemperatur. Die Umgebungsluft $\vartheta_e$ kann nicht strahlen – dies wäre ein physikalisches Phänomen, es strahlt die Oberfläche. Die Gleichsetzung von Außenluft- und Oberflächentemperatur jedoch ist falsch – die Temperaturunterschiede sind gewaltig (siehe Bild 6.35). – Luft hat bei der Strahlung keine Existenzberechtigung.
- Darüber hinaus wird die Energie aus der Differenz von Strahlungsgewinn und Strahlungsverlust in der ( ) Klammer über $R_e$ ausschließlich an die Außenluft abgegeben. Damit aber wird so getan, als ob es durch Solarstrahlung keine Erwärmung der Wand gäbe (wie beim Modell "Stationär mit Absorption" im Abschnitt 6.2.4.2 "Speicherwirkung und der U-Wert"). Dies ist falsch, denn zweifelsfrei wird die Außenkonstruktion durch absorbierte Sonnenstrahlen erwärmt; das weiß eigentlich jeder vernunftbegabte Bürger.

Damit aber stimmt bereits die Grundstruktur der Formel nicht, sie sind deshalb nicht brauchbar. Weiterhin muß auf folgende Ungereimtheiten aufmerksam gemacht werden:

1. Es wird die Globalstrahlung gewählt (senkrecht zum Dach)!
   Richtig wäre bei senkrecht stehenden Bauteilen die Strahlung senkrecht zur Wand. Hier ergeben sich energetische Unterschiede (siehe Bild 6.3).

2. Die Abstrahlung der senkrechten Wandoberfläche wird durch den Formfaktor $F_f$ halbiert ($F_f$ = 0,5). Diese Willkür bedeutet generelle geistige Verwirrung, denn jede temperierte Fläche strahlt "ohne Formfaktor" immer nach dem Strahlungsgesetz nach Stefan und Boltzmann.

   *Manipulation*: Die falschen und absurden Berechnungen mit den zu *geringen* Strahlungsgewinnen durch das falsche Modell "Stationär mit Absorption" und den *fragwürdigen* Strahlungsverlusten führen im Endeffekt dann auch zu "Nettowärme*verlusten*"!, wie sie in [IBP 96] bereits dokumentiert, aber einfach nonsens sind, denn die Sonne erbringt immer Gewinne (siehe Abschnitt 6.4.5 "Absurde Forschungsergebnisse"). Um "Nettowärmeverluste" zu vermeiden, werden nun die Strahlungsverluste willkürlich halbiert. Vernünftiger wäre es, die Strahlungsgewinne zu erhöhen, aber Strahlungsgewinne sind in der etablierten Bauphysikszene ein Tabuthema und werden konsequent bagatellisiert, rigoros niedergerechnet und klein gehalten.

Den Formeln (9.6) bis (9.8) liegt chaotisches Denken zugrunde, es handelt sich um eine einzige geistige Konfusion. Was kommt in etwa rechnerisch heraus? Bei Wahl gängiger Daten wird nach Formel 9.8):

$$\phi'_s = 1{,}2 \cdot 0{,}04 \cdot \left(0{,}6 \cdot 50{,}7 - 0{,}5 \cdot 0{,}93 \cdot 5 \cdot 10\right) = 0{,}34 \qquad \text{(W/m}^2\text{)}$$

Werden Zwischenwerte mit angegeben, so wird:

$$\phi'_s = 0{,}048 \cdot \left(30{,}42 - 23{,}25\right) = 0{,}34 \qquad \text{(W/m}^2\text{)}$$

Feststellung: Maßgebend für das Ergebnis ist der ( ) Ausdruck. Ohne den "Formfaktor" 0,5 würde dieser Wert negativ werden, die Solarenergie für die Energiebilanz somit sogar schädigend wirken – dies wäre wahrhaftig ein schizophrenes Ergebnis.

Falsche Vorstellungen über die Wirkungsweise der Strahlung führen zu falschen Formeln für die "Nettowärmegewinne durch Strahlung". Es wird versucht, mit rechnerischen Tricks durch "Abstrahlung und Gegenstrahlung" den Einfluß der Sonne zu bagatellisieren. Es werden sogar zu diesem Zweck absurde Ergebnisse produziert. Dies ist unseriös. Die *immer* vorliegende positive Bilanz der Solarstrahlung wird sogar vom IBP Stuttgart in [IBP 85] nachgewiesen (siehe Bild 6.15); allerdings nur indirekt und versteckt, denn eine wesentliche *positive* Bilanz würde ja die bisher vertretene "Lehrmeinung der Experten" unterminieren. Diese "Leermeinung" dreht sich allerdings um 180°, wenn die transparente Wärmedämmung propagiert wird.

Eine Falschbehandlung der Strahlung erfolgt auch noch an einer anderen Stelle der DIN EN 832. Durch die unzulässige Verzahnung der Strahlung mit der Konvektion, ebenfalls im Anhang D.5; pflanzt sich der Irrtum also konsequent fort (siehe hierzu Kapitel 5.1 "Strahlungsphysik").

Es wird ein äußerer Abstrahlungskoeffizient $h_r$ angegeben, bei dem vom arithmetischen Mittel $\vartheta_{ss}$ von Oberflächentemperatur der Wand und Temperatur des Himmels ausgegangen wird. Statt richtigerweise die Gegenstrahlung der Erdoberfläche und der Nachbargebäude zu berücksichtigen, wird hier nun eine imaginäre Himmelstemperatur ins Spiel gebracht, die überhaupt nicht strahlen kann. Wesentliche positive Strahlungseinflüsse fallen also unter den Tisch. Realistisch gesehen muß im Endeffekt bei der gesamten Strahlungsbilanz immer ein *positiver* Wert herauskommen, wobei die überhaupt nicht angesprochene eingespeicherte Energie einer massiven Wand bei der Energiebilanz den Hauptanteil trägt.

Diese eingespeicherte Energie wird bei der Berechnung der "Nettogewinne durch Strahlung" völlig ignoriert. Eine spezifische Wärmekapazität c und das Raumgewicht $\rho$ sucht man vergebens – die Formel ist schlichtweg falsch.

Der Abstrahlungskoeffizient $h_r$ hat die Dimension W/m²K, so daß letztendlich, wenn methodisch richtig vorgegangen wird, mit der Differenz von Oberflächen- und Himmeltemperatur multipliziert werden müßte. Doch hier erfolgt wiederum ein wissenschaftlicher Fauxpas. Die Abstrahlung wird aus der Differenz von *Außenluft* und Himmelstemperatur berechnet ($\Delta\vartheta_{er}$). Luft und Himmel können aber nicht strahlen. Außerdem: Da Außenlufttemperatur und Oberflächentemperatur der Wand völlig unterschiedliche Werte annehmen (siehe Bild 6.35), ist diese Vorgehensweise methodisch ebenfalls falsch. Absorbierte Solarenergie in der Außenwand ist bei den "Experten" der Bauphysik eben ein Tabu.

Mit der Einführung der Außenlufttemperatur bewegt man sich wieder in Richtung U-Wert, der ja die Differenz von Innen- und Außenlufttemperatur zum Inhalt hat. Damit landet man dann wieder bei der stationären Betrachtungsweise. Sie resultiert aus dem konsequenten Sträuben, nun endlich anzuerkennen, daß die Wand durch die absorbierte Solarstrahlung aufgeheizt wird und damit ein enormes Energiepolster bildet – bei der transparenten Wärmedämmung wird die Absorption interessanterweise doch auch akzeptiert.

Nur das konsequente Ignorieren von eingespeicherter Solarenergie führt zu einem solchen physikalischen Durcheinander. Der große Irrtum liegt im Verquicken konvektiver Wärmeabgabe mit der Wärmeabgabe durch Strahlung unter Beibehaltung stationärer Vorstellungen in der Bauphysik. All diese Ungereimtheiten methodisch auf einen Nenner bringen zu wollen, ist physikalisch ein Unding.

### 9.2.3 Absurde Temperaturfestlegungen

Bei der Behandlung des äußeren Abstrahlungskoeffizienten wird in der DIN EN 832, Anhang D, die folgende Formel angegeben:

$$h_r = 4 \cdot \varepsilon \cdot \sigma(\vartheta_{ss} + 273)^3 \qquad (9.10) \qquad \text{(W/m²K)}$$

$h_r$ = äußerer Abstrahlungskoeffizient (W/m²K)

$\varepsilon$ = Emissionsgrad der Oberfläche

$\sigma$ = Stefan-Boltzmann-Konstante (5,67 x $10^{-8}$ W/m²K$^4$)

$\vartheta_{ss}$ = arithmetisches Mittel aus Oberflächentemperatur $\vartheta_{se}$ und Himmelstemperatur $\vartheta_{Hi}$ (°C)

Für $\vartheta_{ss}$ kann also geschrieben werden:

$$(9.11) \qquad \vartheta_{ss} = \frac{\vartheta_{se} + \vartheta_{Hi}}{2} \qquad (°C)$$

Formel (9.10) geht wiederum von dem Irrtum aus, daß es einen Abstrahlungskoeffizienten in W/m²K gibt. Dies ist physikalisch unmöglich. Eine Strahlung benötigt lediglich eine absolute Temperatur, hier eine Temperaturdifferenz (W/m²*K*) ansetzen zu wollen, ist absurd.

Nun heißt es in der DIN EN 832:
*"In der ersten Näherung kann $h_r$* (Formel 9.10) *mit 5ε angenommen werden, was einer Durchschnittstemperatur $\vartheta_{ss}$ von 10 °C entspricht".*
Dasselbe steht auch in der DIN V 4108, Teil 6.

Hier ist anzumerken: Nach Formel (9.10) ergibt sich eine Durchschnittstemperatur $\vartheta_{ss}$ von 7,4 °C. Sogar simple Rechenfehler werden der Fachwelt präsentiert. Die Verfasser der DIN EN 832 gehen recht eigenartig mit der Genauigkeit um.

Die erfundene Himmelstemperatur $\vartheta_{Hi}$ (°C), die bei der Strahlung nur wegen der absurden Differenzbildung stets benötigt wird, kann nun aus den Gleichungen (9.9) und (9.11) eliminiert werden und es wird:

$$(9.12) \qquad \vartheta_e + \vartheta_{se} = 2 \cdot \vartheta_{ss} + \Delta\vartheta_{er} \qquad (°C)$$

Wenn für $\vartheta_{ss}$ = 10 °C (7,4 K) und für $\Delta\vartheta_{er}$ = 10 K eingesetzt wird, dann folgt:

$$(9.12a) \qquad \vartheta_e + \vartheta_{se} = 30(bzw.24{,}8) \qquad (°C)$$

Diese Randbedingung ist glattweg absoluter Nonsens! Die Addition von Außenlufttemperatur und Außenoberflächentemperatur ergibt danach stets einen *konstanten* Wert. Dies zeigt Bild 9.6 recht deutlich.

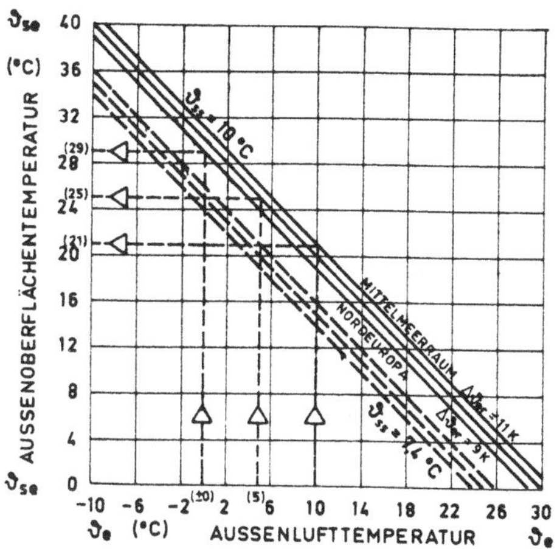


Bild 9.6: Absurde Temperaturfestlegungen

*Bild 9.6*
*Eine durchschnittliche Außenlufttemperatur von z. B. +5 °C führt zu einer durchschnittlichen Außenoberflächentemperatur von +25 °C (bzw. +19,8 °C). Eine wärmere Außenluft als +5 °C bedingt eine kältere Oberflächentemperatur als +25 °C (bzw. +19,8 °C). Eine kältere Außenluft als +5 °C bedingt eine wärmere Oberflächentemperatur als +25 °C (bzw. +19,8 °C).Dieser funktionelle Zusammenhang bedeutet die komplette Absurdität!*

Aber was wird nicht alles so an Unfug präsentiert – es ist zum Verzweifeln, was den Fachleuten von der "etablierten Bauphysik" offeriert wird – Laien und Hörige aber glauben dies alles. Glaube jedoch ersetzt leider kein Wissen. Hier wird nicht nur Unwissen, sondern auch Unfähigkeit dokumentiert.

Die angegebenen durchschnittlichen Temperaturen ($\vartheta_{ss}$) und Temperaturdifferenzen ($\Delta\vartheta_{er}$) sind willkürlich festgesetzte Phantomwerte und entbehren jeglicher sachlichen Grundlage.

### 9.2.4 Fehlerhafte mitwirkende Speicherdicke

Die DIN EN 832 Anhang H besagt:
*"Die wirksame Wärmespeicherfähigkeit C eines beheizten Raumvolumens ist die Änderung der in den Bauteilen des Gebäudes gespeicherten Wärme, wenn die Innentemperatur als eine Sinusfunktion der Zeit mit ±1 K in einer bestimmten Zeitperiode variiert wird".*

Kommentar:
Die Innentemperatur variiert *nicht* in Form einer Sinusfunktion, dies trifft, wenn überhaupt, nur für die Außentemperatur zu. Die Innentemperatur folgt eher einer Rechteckfunktion.

Und weiter heißt es im Anhang H:
*"Die Summe der mitwirkenden Wärmespeicherfähigkeit darf für einen Zeitraum von 24 Stunden die größte Dicke von 10 cm nicht übersteigen".*

Kommentar:
Die angegebenen 10 cm sind viel zu gering. Dies zeigt allein schon jede veröffentlichte Temperaturverteilung in einer speicherfähigen Wand. Die Bilder 6.14 und 6.15 bestätigen eindrucksvoll, daß es bedeutend mehr als 10 cm sind.

Wie kommt diese Falschinformation zustande?

- In der DIN EN 832 wird eine Zeitperiode von 24 Stunden mit einer Temperaturdifferenz von 2 K angenommen. Dies jedoch wären Aufheiz- *und* Entladungsphase. Es darf jedoch nur die Aufheizphase mit einer Temperaturdifferenz von 1 K in Ansatz gebracht werden. Mit dieser doppelten Temperaturdifferenz von 2 K aber wird das Ergebnis für die mitwirkende Speicherdicke d halbiert.
- Dann wird in der DIN EN 832 mit einer sinusförmigen Änderung der Oberflächentemperatur weitergerechnet. Während einer halben Zeitdauer strömt Wärme in das Material ein und während der folgenden halben Zeitdauer wieder heraus.

Wenn die Temperaturschwankung einer halben Zeitdauer 1 K beträgt, dann wird die gespeicherte Energie nach DIN EN 832:

(9.13) $$E_S = 2 \cdot \sqrt{\lambda \cdot \rho \cdot c} \cdot \sqrt{\frac{T}{2 \cdot \pi}}$$ (Wh/m²K)

Für T = 24 Std. folgt dann daraus:

(9.13a) $$E_S = 3{,}909 \cdot \sqrt{\lambda \cdot \rho \cdot c}$$ (Wh/m²K)

Andererseits wird, so wird in der DIN EN 832 weiter abgeleitet, die Energie, die zur Temperaturveränderung von 2 K (falscher Ansatz, richtig wäre hier 1 K) für eine Scheibe der Dicke d notwendig ist:

(9.14) $$E_S' = 2 \cdot \rho \cdot c \cdot d$$ (Wh/m²K)

| | | |
|---|---|---|
| $E_S$ | = | anfallende Energiemenge (Wh/m²K) |
| $E'_S$ | = | im Material eingespeicherte Energiemenge (Wh/m²K) |
| $\lambda$ | = | Wärmeleitfähigkeit (W/mK) |
| $\rho$ | = | Dichte des Materials (kg/m³) |
| c | = | spezifische Wärmekapazität (Wh/kgK) |
| T | = | Zeitdauer (h) [24 Std. = 2π = 360°; 12 Std. = π = 180°] |
| d | = | mitwirkende Speicherdicke (m) |

*Kommentar:*
Es wird bei der Formel (9.14) eine gleichmäßige Verteilung der Temperaturerhöhung innerhalb der mitwirkenden Materialdicke, also eine Rechteckform, angenommen. Diese Annahme ist unrealistisch und führt zur Fehleinschätzung von Speicherung. Dreiecks- oder Parabelverteilung sind hier zutreffend und müssen berücksichtigt werden. Das Bild 6.11 zeigt dies deutlich. Damit aber wird das Ergebnis für die mitwirkende Speicherdicke d wiederum verfälscht.

Nun wird in der DIN EN 832 $E_S = E'_S$ gesetzt [Formel (9.13) = Formel (9.14)] und dann nach d aufgelöst:

(9.15) $$d = \sqrt{\frac{\lambda}{\rho \cdot c}} \cdot \sqrt{\frac{T}{2 \cdot \pi}}$$ (m)

Für T = 24 Std. folgt dann daraus:

(9.15a) $$d = 1{,}95 \cdot \sqrt{\frac{\lambda}{\rho \cdot c}}$$ (m)

Dabei ist die Temperaturleitfähigkeit a:

(6.11) $$a = \frac{\lambda}{\rho \cdot c}$$ (m²/h)

Bei der weiteren Bearbeitung in der DIN EN 832 wird für die Temperaturleitfähigkeit a der konstante Wert a = 18 x $10^{-4}$ m²/h (bzw. 18 cm²/h) verwendet. Diese Vereinfachung ist nicht hinnehmbar, immerhin variieren diese Werte je nach Baustoff recht gewaltig (siehe Tabelle 9.3).

*Kommentar:*
Die Annahme einer konstanten Temperaturleitfähigkeit für alle Konstruktionen bedeutet eine skandalöse Vereinfachung und benachteiligt bewährte speicherfähige Baustoffe.

Unterschiedliche Speicherwerte führen jedoch auch zu unterschiedlichen Wärmeflußzeiten. Diese interne thermische Trägheit wird in der DIN EN 832 durch die "Zeitkonstante τ" erwähnt. Die realitätsnahe Berücksichtigung dieses Einflusses jedoch fehlt in der Formel, die in (9.15) wiedergegeben ist.

Die DIN EN 832 errechnet somit bei einem konstanten Wert a von 18 x $10^{-4}$ m²/h, einer Zeitdauer T = 24 Stunden, einer Sinusfunktion einschließlich der Temperaturdifferenz von 2 K sowie der Ignoranz einer thermischen Trägheit eine mitwirkende Materialdicke d gemäß Formel (9.15a) von 8,3 cm. Dieses Ergebnis ist schlichtweg falsch.

Die hier angeführten Fehler und Irrtümer müssen vermieden werden. Bei einer "Rechteckfunktion" der Innenlufttemperatur (statt Sinusfunktion) sowie einer Verteilung der Bauteiltemperaturen in Rechtecks-, Dreiecks- bzw. Parabelform mit der dafür maßgebenden Wärmeflußzeit (Zeitkonstante τ) wird die mitwirkende Materialdicke d wie folgt berechnet [Meier 95]:

(9.16) $$d = f_d \cdot \sqrt{\frac{\lambda}{\rho \cdot c}}$$ (m)

Es gelten für: Rechteckverteilung: $f_d$ = 3,46; Dreieckverteilung: $f_d$ = 5,88; Parabelverteilung: $f_d$ = 7,63. Diese Faktoren weichen wesentlich vom Faktor 1,95 der Formel (9.15a) gemäß DIN EN 832 ab.

**Tabelle 9.3:** Temperaturleitfähigkeit a (cm²/h), eingespeicherte Energie $E_S$ (Wh/m²K) nach Formel (9.13a) und mitwirkende Materialdicken d (cm) für Rechteck- Dreieck- und Parabelverteilung der Temperatur im Querschnitt

| | W/mK | kg/m³ | Wh/kg K | cm²/h | Wh/m²K | mitwirkende Speicherdicke (cm) | | |
|---|---|---|---|---|---|---|---|---|
| | $\lambda$ | $\rho$ | c | a | $E_S$ | Rechteck | Dreieck | Parabel |
| 1 | 2 | 3 | 4 | 5 | 6 | 7 | 8 | 9 |
| DIN EN 832 | - | - | - | 18 | | 8,3 | - | - |
| Mineralfaser | 0,04 | 50 | 0,28 | 28,6 | 2,9 | 18,5 | 31,4 | 40,8 |
| Kokosfaser | 0,04 | 50 | 0,36 | 22,2 | 3,3 | 16,3 | 27,7 | 36,0 |
| Polystyrol | 0,04 | 30 | 0,42 | 31,7 | 3,6 | 15,1 | 25,6 | 33,3 |
| Holz | 0,13 | 600 | 0,58 | 3,7 | 26,6 | 6,7 | 11,3 | 14,7 |
| Ziegel | 0,16 | 700 | 0,28 | 8,1 | 21,9 | 9,8 | 16,7 | 21,7 |
| Ziegel | 0,27 | 800 | 0,28 | 12,1 | 30,4 | 12,0 | 20,5 | 26,5 |
| Ziegel | 0,50 | 1200 | 0,28 | 14,9 | 50,7 | 13,4 | 22,7 | 29,5 |
| Ziegel | 0,58 | 1400 | 0,28 | 14,8 | 59,0 | 13,4 | 22,7 | 29,5 |
| Ziegel | 0,81 | 1800 | 0,28 | 16,1 | 79,0 | 13,9 | 23,6 | 30,6 |

Die Tabelle 9.3 zeigt gegenüber dem angenommenen konstanten Wert von a = 18 cm²/h große Unterschiede in den Temperaturleitfähigkeiten a (Spalte 5) sowie gewaltige Unterschiede in den mitwirkenden Speicherdicken d (Spalte 7 bis 9) gemäß Formel (9.16), die die Zeitkonstante $\tau$, eine Rechteckfunktion der Innenraumtemperaturen (statt Sinusfunktion) und die ungleichen Verteilungen der Bauteiltemperaturen (Rechteck, Dreieck und Parabel) berücksichtigen. Außerdem sind die Unterschiede der eingespeicherten Energie $E_S$ gemäß Formel (9.13a) zu erkennen (Spalte 6). Gerade die eingespeicherten Energiemengen $E_S$ zeigen, wie bei der Raumklimabewertung ausgleichende Speichermaterialien einen entscheidenden Einfluß haben und sich günstig auswirken.

Maßgebend und richtungsweisend für die Beurteilung einer Außenkonstruktion sind die mitwirkenden Materialdicken d in der Spalte 9 (Parabelverteilung), sie entsprechen durchaus den empirischen Erfahrungswerten. Allerdings weichen sie wesentlich von den in der DIN EN 832 errechneten 8,3 cm ab, auch wenn sie dann auf 10 cm aufgerundet werden.

## 9.2.5 Absurdes Berechnungsbeispiel

In der Begründung zur EnEV heißt es: "*Durch Verweis auf die EN 832 ist nunmehr die Möglichkeit gegeben, auf die Darstellung von Nachweisregeln in der Verordnung weitgehend zu verzichten*". Die DIN EN 832 wird damit zum zentralen Mittelpunkt der EnEV. In Kenntnis der vielen Mißstände der DIN EN 832 muß nun auch die Aussagekraft der EnEV gesehen werden; bei den Berechnungen kann dann natürlich auch nichts Vernünftiges herauskommen [Meier 03b].

Dies wird in der DIN EN 832 sogar selbstkritisch bestätigt. Das vorgeschriebene Nachweisverfahren wird im Anhang L der DIN EN 832 an einem Beispiel erläutert. Die Tabelle L9 listet die jährlichen Heizwärmebedarfswerte eines ca. 90 m² großen Hauses auf und enthält das Ergebnis für die Heizperiode:

30 000 MJ ± 13 000 MJ

oder in kWh: 8333 kWh ± 3611 kWh

Mit einer solchen Abweichung werden alle ernst zu nehmenden Berechnungen in den Ingenieurwissenschaften verhöhnt. Eine Abweichung von ± 43,3% ist ein Skandal. Immerhin liegen mögliche Ergebnisse dann zwischen

4722 kWh und 11944 kWh

bzw. zwischen 52,8 kWh/m²a und 133,5 kWh/m²a

und das ist immerhin das 2,53 fache (oder 253 %). Eine derartige Streuung entbehrt jeder soliden wissenschaftlichen Arbeit. Ein solches Ergebnis kann nicht ernst genommen werden und beweist die Unzuverlässigkeit der verwendeten Rechenmethoden in der DIN EN 832.

Die Kritik an der EnEV ist deshalb berechtigt. Mit dieser "normmäßig zulässigen" Streuung werden die methodischen und inhaltlichen Fehler der DIN-EN-Norm inkognito sogar eingestanden und vorausschauend legalisiert. Keiner der Anwender kann sich später beklagen, wenn ein berechneter Heizenergiebedarf eklatant vom Verbrauch abweicht. Immerhin gewähren ± 43,3% Streuung einen ausreichenden Spielraum. Bei soviel Ungenauigkeit muß allerdings die gesamte DIN-EN 832 aus dem Verkehr gezogen werden. Ingenieurwissenschaften dürfen sich nicht mit Dilettantismus, Scharlatanerie und Sophisterei beschäftigen.

## *9.3 DIN EN ISO 6946*

Die DIN EN ISO 6946 umfaßt 44 Seiten und heißt: "Wärmedurchlasswiderstand und Wärmedurchgangskoeffizient – Berechnungsverfahren"
Diese "Berechnungsverfahren" müssen sehr kritisch gesehen werden:

1. Die Berechnungen gelten nur für den Beharrungszustand, also für stationäre Verhältnisse. Früher wurde in den Normen noch auf diese Einschränkung hingewiesen, heute dagegen entfällt dieser Hinweis. Die falsche U-Wert-Berechnung soll dogmatisch durchgesetzt werden. Zur Verschleierung dieses grundsätzlichen Fehlers wird dann übereifrig allerhand Nebensächliches in pseudowissenschaftlicher Manier behandelt. Alles unnützes Zeug.

2. Ein völliges Durcheinander wird bei der Berechnung des Wärmedurchgangswiderstandes eines Bauteiles aus homogenen und inhomogenen Schichten präsentiert. Es werden "Abschnitte", "Schichten" und "Bereiche" definiert, obere und untere Grenzwerte berechnet. Der endgültige Wärmedurchgangswiderstand wird dann durch das arithmetische Mittel gefunden. Ein für akademisch/bürokratische Schreibtischtäter typisches Ergebnis geistig-deformativer Arbeit – völlig losgelöst von den Anforderungen, Notwendigkeiten und Möglichkeiten der Praxis.

3. Ein solches recht verwirrendes und kompliziertes Vorgehen im Rechenablauf wird dann noch pseudowissenschaftlich kaschiert, indem zusätzlich eine "Fehlerabschätzung" angeboten wird. Bei der Darstellung des relativen Fehlers wird die prozentuale Fehlerabweichung flugs noch manipulativ halbiert. Der absolute Fehler der Differenz (Zähler) muß auf den "wahren" Wert und nicht, wie hier vorgestellt, auf den doppelten Wert bezogen werden.

4. Bei der Behandlung der Strahlung werden dann im Anhang A mit der Fußnote[4)] Falschaussagen gemacht:

   *"Bei Außenoberflächen ist es üblich, die Außenlufttemperatur zu verwenden, die auf der Annahme eines trüben Himmels beruht, so dass Außenluft- und Strahlungstemperatur tatsächlich gleich sind. Dies vernachlässigt auch jeglichen Einfluß kurzwelliger Sonnenstrahlung auf Außenflächen".*

   Im Klartext heißt dies die konsequente Ignoranz gegenüber der kostenlos zur Verfügung gestellten und durch massive Außenwände absorbierbaren Solarenergie. Außerdem sind Außenluft- und Oberflächentemperatur nicht identisch (siehe Bild 6.35). In der Fußnote [4)] zeigt sich die verworrene Behandlung der Strahlung.

5. Bei der Berechnung des Wärmeübergangswiderstandes wird es absurd. Der konvektive Wärmeübergang (kinetische Wärmelehre) und die Strahlung (elektromagnetische Vorgänge wie Licht, Röntgenstrahlen und elektrischer Strom) werden einfach physikalisch einheitlich behandelt. Dies ist wissenschaftlich nicht haltbar, hat sich jedoch trotzdem als "allgemeine Regel" herauskristallisiert – leider. Einen Wärmeübergangskoeffizienten $h_r$ durch Strahlung in der Dimension W/m²*K* gibt es bei elektromagnetischen Wellen nicht, dies anzunehmen wäre ein physikalisches Phänomen (siehe Abschnitt 5.3.4 "Wärmeübergangskoeffizient Strahlung"). Strahlung verhält sich unabhängig von Temperaturdifferenzen. Dieser allgemein verbreitete Trugschluß unter Bauphysikern kann auch nachgelesen werden: *"Der Wärmeübergang setzt sich nämlich aus einem konvektiven Anteil ($\alpha_K$) und einem im langwelligen Spektralbereich liegenden, strahlungsbedingten Anteil ($\alpha_S$) zusammen"* [Gertis 82]. Physikalisch-naturwissenschaftlich ist dies natürlich nonsens.

   Die diesbezügliche Formel in der DIN EN ISO 6946, Anhang A lautet:

   (9.17) $$R_S = \frac{1}{h_c + h_r}$$ (m²K/W)

   | | | |
   |---|---|---|
   | $R_S$ | = | Wärmeübergangswiderstand des grauen Körpers (m²K/W) |
   | $h_c$ | = | Wärmeübergangskoeffizient durch Konvektion (W/m²K) |
   | $h_r$ | = | Wärmeübergangskoeffizient durch Strahlung (W/m²K) |

   Diese Formel (9.17) ist absurd. Diese Fehlerhaftigkeit wird noch gesteigert, indem dort in der Fußnote [4)] vermerkt wird: *"Dies ist eine näherungsweise Behandlung des Wärmeüberganges".* Im Anhang A wird diese Näherung mit Werten für den schwarzen Strahler zwischen 4,10 W/m²K und 6,30 W/m²K quantifiziert. Die DIN EN 832 gestattet im Anhang D.5 in erster Näherung einen Wert von $h_r = 5 \cdot \varepsilon$ (W/m²K). Dies aber sind viel zu niedrige Werte, die tatsächlich zu registrierenden Strahlungswerte sind demgegenüber viel größer (siehe Abschnitt 5.3.4, Bild 5.8).

Warum ist dies so?
Selbst bei einer Halbraumstrahlung (Tabelle 5.2) ergibt sich eine relativ große Strahlungsleistung in W/m². Wenn diese auf die relativ kleine Temperaturdifferenz zwischen Oberfläche und Luft bezogen wird (nur als virtueller Vergleichswert in W/m²K brauchbar – nie in Realität anwendbar), so ergibt sich ein Strahlungsübergangskoeffizient $h_r$, der schon sehr groß ausfallen kann – im Grenzfall bis Unendlich. Es ergeben sich durchschnittliche Größenordnungen von 40 bis 100 W/m²K (statt 4,10 bis 6,30 W/m²K); dies zeigt die große Bedeutung von Strahlung.

Das Fazit ist:
Die Strahlung wird mit diesen Näherungswerten für den Strahlungsübergangskoeffizienten $h_r$ maßlos unterbewertet und fehlerhaft behandelt.

6. Die Formel für den Wärmeübergangskoeffizienten Strahlung $h_r$ wird darüber hinaus noch in recht fragwürdiger Weise angewendet. Sie dokumentiert die Hilflosigkeit der Bauphysiker, Strahlung rechnerisch richtig zu behandeln.

   Die Formel in der DIN EN ISO 6946 lautet:

   (9.18) $$h_r = 4 \cdot \varepsilon \cdot \sigma \cdot T_m^{\ 3}$$ (W/m²K)

$h_r$ = Wärmeübergangskoeffizient durch Strahlung (W/m²K)

$\varepsilon$ = Emissionsgrad der Oberfläche

$\sigma$ = Stefan-Boltzmann-Konstante (5,67 x $10^{-8}$ W/m²K$^4$)

$T_m$ = mittlere thermodynamische Temperatur der Oberfläche und der Umgebung (K)

Die Formel (9.18), die ja aus der Strahlungsaustauschformel (5.9) entwickelt wurde, läßt nun vom Strahlungsaustausch nichts mehr spüren.

- Der Ausdruck $4 \cdot T_m^3$ läßt die zwei im Strahlungsausgleich stehenden strahlenden Oberflächentemperaturen $T_1$ und $T_2$ restlos verschwinden. Der klare Sachverhalt eines Strahlungsaustausches wird damit beseitigt. Bei gleichen Temperaturen $T_1$ und $T_2$ wird der Strahlungsausgleich nämlich zu Null, mit dem Mittelwert $T_m$ aber wird ein Ergebnis "errechnet", das keineswegs Null ist. Es wird also der vorliegende Sachverhalt völlig verquert dargestellt.
- Es erscheint nur *ein* Emissionsgrad, nämlich $\varepsilon$. Wo bleibt das $\varepsilon$ des anderen Strahlers? Damit wird das fatale Dilemma umgangen, daß auch mit "Luft als Strahler" gearbeitet wird, wobei es für Luft gar keinen "Emissionsgrad $\varepsilon$" gibt. Keine Tabelle enthält für Luft dafür einen Wert. Es ist einfach paradox, bei der Strahlung auch mit Raumlufttemperaturen, Außenlufttemperaturen oder auch Himmelstemperaturen zu operieren.

7. Diese methodischen Fehler im Anhang A werden dann im Anhang B auf die Wärmedurchlaßwiderstände von unbelüfteten Lufträumen übertragen. Die Einbeziehung des Strahlungsaustauschgrades E zur Bestimmung des "Wärmeübergangskoeffizienten durch Strahlung" zeigt ebenfalls das fehlerhafte

Denken bei der Strahlung. Die angegebene Formel für E gilt nur für eine *einmalige* Reflektion der Strahlung. Die elektromagnetische Strahlung wird jedoch mit Lichtgeschwindigkeit reflektiert und absorbiert und so wird sich ein Zustand einstellen, der dem Schwarzen Strahler gleichkommt mit Emissionsgraden von $\varepsilon = 1$ und Angleichung der unterschiedlichen Temperaturen beider Strahler. Somit führt dies ebenfalls zu fragwürdigen Ergebnissen.

8. Anhang C behandelt die U-Werte von im Querschnitt trapezförmigen Dämmungen (ebenes Flachdach und Neigung durch Dämmung), eine Fragestellung, die nur für die gewaltige Massen produzierende und einbauende Dämmstoffindustrie von Interesse und Nutzen sein kann. Da die Grenzdicke einer Dämmschicht aus Effizienzgründen jedoch weit unter den mit solchen Konstruktionen erzielbaren Dämmstoffdicken liegt, bedeutet dies die Normung eines energetischen und baukonstruktiven Unfugs, der kaum mehr zu überbieten ist. Alle U-Werte unter ca. 0,35 $W/m^2K$ dienen wegen zu geringer Effizienz nicht der stets propagierten Energieeinsparung, sondern ausschließlich dem Dämmstoffeinbau, der Umsatzsteigerung in der Dämmstoffindustrie. Die These, Normen dienen ausschließlich den Industrieinteressen, wird damit wiederum einmal eindrucksvoll bestätigt.

Auf Berechnungen von Wärmedurchlaßwiderständen und Wärmedurchgangskoeffizienten unter Mißachtung der Absorption solarer Strahlungsenergie und mit fehlerhaften Ansätzen zur Berücksichtigung der Wärme- oder Temperaturstrahlung kann getrost verzichtet werden. Die DIN EN ISO 6946 ist ebenfalls ein typischer Fall einer fehlerhaften Norm. Bei der Berechnung der in der EnEV notwendigen U-Werte wird aber nun wiederum auch auf diese DIN EN ISO 6946 verwiesen.

## *9.4 Konsequenzen*

Euronorm, ISO und demzufolge auch DIN sind Institutionen, die maßgebend die Interessen der Wirtschaft vertreten, insofern sind Normen nicht kundenfreundlich, sondern wirtschaftsfreundlich. Normen sind unverbindlich und werden erst durch Willenserklärung bei Vertragsabschluß zum Vertragsbestandteil. DIN-Normen sind keine allgemein anerkannten Regeln der Technik. Ausdrücklich wird in den DIN-Unterlagen darauf hingewiesen, daß man trotz Anwendung der Normen die eigene Verantwortung für sein Handeln trägt und für seine konstruktiven Lösungen haftet. Es gibt also auch durchaus andere technische Lösungen, die sogar besser sein können und meist sogar besser sind.

Die Durchsicht von Normen bekräftigt den Eindruck, daß bei der Abfassung neuer und fortgeschriebener Normen viele Denkfehler zum Vorteil der Industrie eingearbeitet und eine Menge Papier bis zum quantitativen Kollaps produziert werden, so daß die Unübersichtlichkeit und die Verwirrung Triumphe feiert. Oft werden einfache Sachverhalte sehr kompliziert, unverständlich und wortreich beschrieben. Es verstärkt sich der Verdacht, daß dies Absicht ist. Bei DIN scheinen die Betriebswirte (Gewinnmaximierung durch Verkauf der Normen) und nicht Baufachleute das Sagen zu haben. Die Produktion von zum Teil unredlichen Normen läuft auf vollen Touren.

Der Lobbyismus bestimmt, was jeder zu denken und zu sagen hat. Der Einfluß bei der Normung, besonders der der Styropor-Vertreiber, ist unverkennbar. Die U-Wert- Minimierung scheint für die einschlägige Dämm-Wirtschaft das einzige bautechnische Problem zu sein und dieser Prämisse hat sich dann jeder unterzuordnen. Die U-Wert-Berechnung wird immer komplizierter, dabei gilt dieser ja doch nur für den Beharrungszustand, also für leichte Styropor-Konstruktionen. Massive, speicherfähige Konstruktionen reagieren dagegen instationär. Insofern stimmt bei Massivbauten auch das ganze Rechnen mit dem U-Wert nicht. Diese Fehlerhaftigkeit soll offensichtlich durch sehr aufwendige und komplizierte Rechenmethoden, die nur noch der Computer mit Hilfe "käuflicher" Programme bewältigen kann, verdeckt werden nach dem Motto: "Was kompliziert ist, muß auch richtig sein". Kompliziertheit wird mit Genauigkeit verwechselt. So ist es zu erklären, daß die Dämmstoff-Lobby zur Wahrung ihrer Interessen Politik, Administration und Verbände beeinflußt und nicht davor zurückschreckt, sogar über die "Klimakatastrophe" Gewissens-Druck auszuüben (siehe Abschnitt 10.3.1 "Die Mär von der Klimakatastrophe").

Auch die beteiligte "Wissenschaft" (es können im Grunde nur Meinungsmacher medienwirksam tätig werden – andere werden geschnitten) verbürokratisiert nur das Bauen. Eine Normungsschwemme verkommt zum Normungsschrott. Manipulative Tendenzen beim Forschen sind deutlich zu erkennen. Es wird zu viel gemauschelt. Man vermißt klare Denkschemen. Wohin steuern bloß die Ingenieurwissenschaften?

# 10 Verordnungen über den Wärmeschutz

Der Ölschock von 1974 entfachte eine Aktivität mit dem Ziel, nun auf allen Gebieten Energie einsparen zu müssen. Es galt der Herausforderung zu trotzen und alles Erdenkliche zu unternehmen, um diesem Ziel näher zu kommen.

Die Bundesregierung verabschiedete daraufhin das Energieeinsparungsgesetz (EnEG vom 22. 7. 1976), das dann zum Erlaß von Rechtsverordnungen führte:

- Heizungsanlagenverordnung (HeizAnlV) vom 24. 3. 1977,
- Wärmeschutzverordnung (WSchVO) vom 11. 8. 1977,
- Heizungsbetriebsverordnung (HeizBetrV) vom 22. 9. 1978.

Jedes genehmigungspflichtige Bauwerk ist erst genehmigungsfähig, wenn unter anderem auch der Wärmeschutznachweis geführt wird. Seitdem sind etliche Jahre vergangen und die Verordnungen sind zwischenzeitlich vom anfangs akzeptierten nun zum geduldeten Bestandteil der Bauvorlagen geworden.

In letzter Zeit werden verstärkt Stimmen der Kritik laut. So einsichtig das Energiesparen auch sein möge, die dazu erforderlichen Schritte, die Wege zu einem sinnvollen und effektiven Wärmeschutz, werden doch recht unterschiedlich gesehen. Die Wärmeschutzverordnungen müssen als verbal formuliertes Ergebnis dieser Energiesparbemühungen massiv in Frage gestellt werden.

Woran mag das liegen?
Bei den umfangreichen Beratungen sind die unterschiedlichsten Fachleute beteiligt gewesen. Das Karussell dreht sich und am Ende kommt ein Sammelwerk heraus, das zwar durch Berücksichtigung unterschiedlichster Interessen Vielfältiges enthält, dafür aber weniger Klarlegendes aussagt.

Diese administrativ verordneten Regelwerke, die den U-Wert fälschlicherweise zum Idol erhoben haben, werden dann noch zum technischen Know-how eines fortschrittlichen Wärmeschutzes erklärt, das anzuwenden man dankbar als selbstverständliche Pflicht anzusehen habe [Meier 87].

## *10.1 Methodischer Aufbau*

Der methodische Aufbau der Wärmeschutzverordnungen ist äußerst mangelhaft. Kaum zutreffende Randbedingungen und fehlerhafte Schlußfolgerungen bestimmen den verordneten Wärmeschutz. Konstruktiv mögliche Machbarkeit präjudiziert das Verfahren, fehlende Nachhaltigkeit, konstruktive Fehler und Bauschäden sind die Folgen. Die Ursachen hierfür sind Denkfehler, die in den Wärmeschutzverordnungen zum Tragen kommen. Auch bei der EnEV ist daran festgehalten worden – man pflegt beharrlich die Irrtümer. Was ist zu beanstanden?

## 10.1.1 Fehlende Wärmedämmgebiete

Die Bauweise eines Gebäudes hängt ausschließlich vom vorliegenden Klima ab. Aus diesem Grunde erfolgte in der DIN 4108 früherer Zeiten eine differenzierte wärmetechnische Behandlung der Gebäude, indem in Deutschland drei Wärmedämmgebiete den Standard des Wärmeschutzes bestimmten. Dies macht deutlich, daß recht unterschiedliche Klimabeanspruchungen vorliegen.

Das Bild 10.1 zeigt sehr deutlich die Unterschiede.

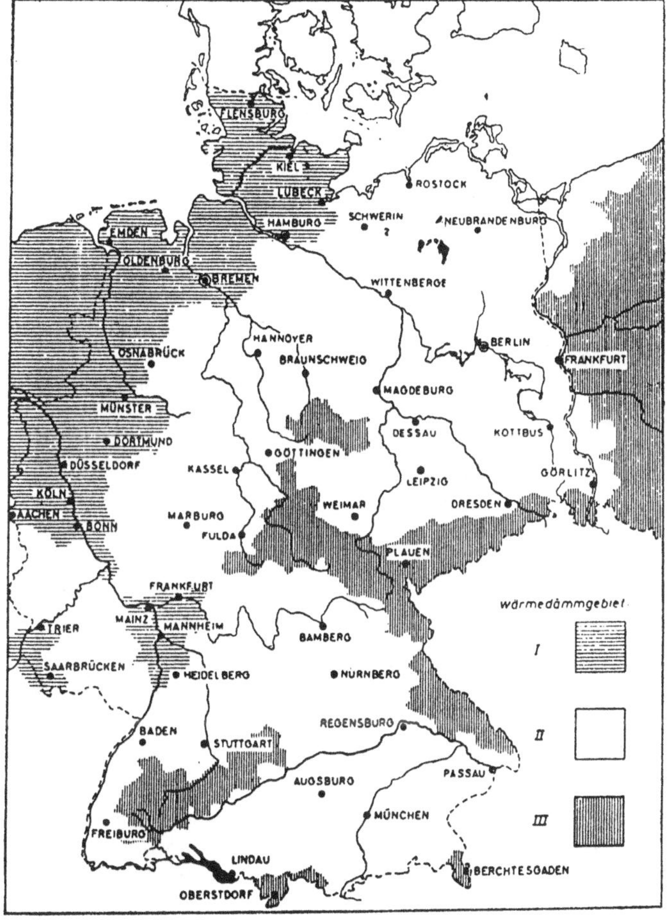


*Bild 10.1: Im Großraum Frankfurt, in der Rheinebene oder an der Nordseeküste (Wärmedämmgebiet I) herrschen völlig andere klimatische Bedingungen als auf der Schwäbischen Alb, in den Mittelgebirgen oder in der Alpenregion (Wärmedämmgebiet III).*

Bild 10.1: Wärmedämmgebiete in Deutschland

Interessant ist in diesem Zusammenhang, daß das kalte Alpengebiet (Wärmedämmgebiet III) in seiner Ausdehnung recht spärlich ausfällt. Die Erklärung ist einfach. Im Gegensatz zum Bayerischen Wald und den Mittelgebirgen wird infolge der Höhe über NN hier eine größere Solarstrahlung wirksam, so daß kalte Lufttemperaturen durch höhere Strahlungsintensitäten ausgeglichen werden. Die Solarstrahlung war früher durchaus Bestandteil einer gesamtenergetischen Beurteilung. Diese sachlich begründbare, regional verschiedenartige Behandlung des Wärmeschutzes von Gebäuden wurde bei der Fortschreibung der DIN beseitigt und heute wird im gesamten Bundesgebiet durch eine einheitliche Verordnung überall gleich gedämmt. Dies entspricht in den einzelnen Regionen nun keinesfalls den spezifischen klimatischen Besonderheiten, die ja dadurch zwangsläufig auch zu eigenständigen Bauweisen führten. Damit war eine baukulturelle Vielfalt gewährleistet, die nun verloren geht.

Die "Gleichmacherei" im Wärmeschutz bietet damit den System- und Fertighausherstellern mit ihren Standardtypen die Gewähr, ihre Industrieprodukte bundesweit vermarkten zu können. Bei einer "europäischen Harmonisierung" erweitert sich dann der Markt auf Europa. Wenn es um die industrialisierte Produktion von Häusern geht, spielen Kundeninteressen nur eine untergeordnete Rolle. Das Haus wird zur Ware, man will eben alles überall verkaufen – Baukultur ist passé, aber dafür wird viel darüber debattiert.

### 10.1.2 Das Absurde beim A/V-Verhältnis

Das Verhältnis der umhüllenden Fläche A zum Volumen V eines Gebäudes, das A/V-Verhältnis – in der EnEV dann das $A/V_e$-Verhältnis – wird beim Wärmeschutz als bedeutsam angesehen, weil dies eine Aussage über den Heizenergieverlust der Außenhülle zum geschaffenen Volumen ermöglicht. Man sagt:

*"Ein großes A/V Verhältnis beschreibe differenzierte und gestalterisch aufgelockerte Baukörper und verbrauche viel Energie, ein kleines A/V Verhältnis dagegen beschreibe einen kompakten, energiesparenden Baukörper und verbrauche wenig Energie".*

Der unterschiedliche Verbrauch wird dann in der Verordnung durch unterschiedliche, vom A/V-Verhältnis abhängige Anforderungen an den Wärmeschutz mechanistisch ausgeglichen.

Der Verbrauch von viel oder wenig Energie wird also bestimmten geometrischen Formen der Baukörper zugeordnet – kompakt energetisch gut, differenziert energetisch schlecht. Dies jedoch ist falsch und einer der vielen Denkfehler, die sich unauslöschlich eingeprägt haben, die aber auch dauerhaft gehegt und gepflegt werden.

Wird bei der Klärung der funktionellen Zusammenhänge von einem *konstanten* Volumen unterschiedlicher Gebäude ausgegangen, dann stimmt diese These. Dieses nur für einen bestimmten Fall zutreffende und empirisch gewonnene Ergebnis wird nun in unzulässiger Weise verallgemeinert und gilt in allen Wärmeschutzverordnungen und natürlich auch in der Energieeinsparverordnung als genereller Maßstab für den Wärmeschutz. Da im Bauwesen jedoch nicht überall konstante Volumen verlangt und gebaut werden, stimmt dieser Denkansatz nicht.

Richtigerweise muß deshalb festgestellt werden, daß der entscheidende Einfluß für den spezifischen Energieverbrauch nicht das A/V-Verhältnis, sondern das gebaute Volumen und über den durch die Verordnungen festgelegten Faktor 0,32 dann auch die Nutzfläche ist. Ein Kubus als extrem günstige Form energiesparenden Bauens kann völlig unterschiedliche A/V Verhältnisse aufweisen. Dies zeigt das Bild 10.2:

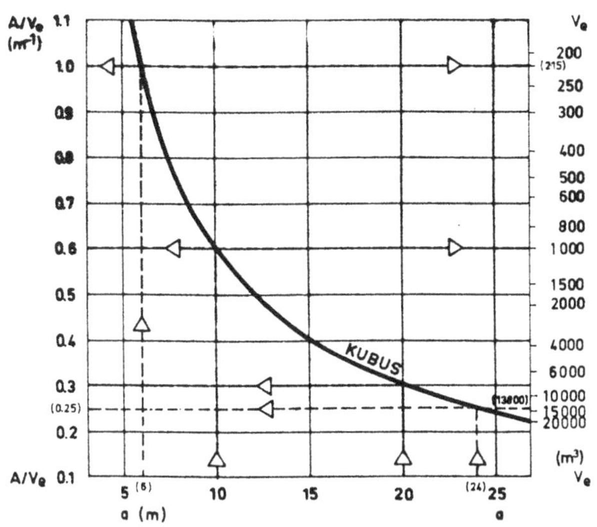


Bild 10.2: A/V-Verhältnis und Volumen von einem Gebäudekubus

*Bild 10.2:*
*Die A/V-Werte reichen von 0,25 (Kantenlänge 24 m) mit einem Volumen von rund 13800 m³ bis 1,0 (Kantenlänge 6 m) mit einem Volumen von rund 215 m³. Die Werte umfassen also die ganze Bandbreite der unterschiedlichen Anforderungen, die sich gemäß aller Wärmeschutzverordnungen (und der EnEV) nach dem A/V Verhältnis richten.*

Die energetisch günstigsten Baukörper müssen entsprechend dem Gebäudevolumen völlig unterschiedliche Wärmeschutzanforderungen an die Außenhülle erfüllen [Meier 89]. Dies ist widersinnig und verstößt gegen den Gleichheitsgrundsatz Artikel 3 des Grundgesetzes.

Demgegenüber können jedoch völlig unterschiedliche Bauformen gleiche A/V Verhältnisse haben. Dies zeigt Bild 10.3 sehr deutlich.

*Bild 10.3:*
*Ein A/V Verhältnis von z. B. 0,6 liegt bei unendlich vielen Abmessungen vor, diese reichen von 10 x 10 x 10 m als Kubus über 10 x 5,71 x 40 m bis hin zu sogar 10 x 5 x ∞ m. Ein Kubus von 20 x 20 x 20 m hat ein A/V von 0,3. Ein Kubus von 5,45 x 5,45 x 5,45 m hat ein A/V-Verhältnis von 1,1 und ein Baukörper von 16 x 21 x ∞ m ein A/V von 0,22; die manipulativ produzierten Vorstellungen vom A/V-Verhältnis bei Gebäuden werden völlig auf den Kopf gestellt.*

Ebenfalls ein A/V-Verhältnis von 0,6 erzielen auch die Quaderformen 7,5 x 10 x 15 m oder 6 x 10 x 30 m oder 6 x 8 x 120 m. Obgleich die Gebäudeformen energetisch völlig unterschiedlich zu bewerten sind, müssen sie alle die gleiche Anforderung an den Wärmeschutz erfüllen. Auch dies ist absurd.

Das A/V-Verhältnis kann völlig beliebig gewählt werden. Ein A/V Verhältnis von 0,4 z. B. liegt beim Kubus vor bei Abmessungen von 15 x 15 x 15 m und bei den Quaderformen bei Abmessungen von 10 x 15 x 30 m oder 10 x 12 x 60 m bis hin zu 10 x 10 x ∞ m oder 7,5 x 15 x ∞ m. Obgleich auch hier die Bauformen energetisch völlig unterschiedlich zu bewerten sind, müssen sie alle die gleiche Anforderung an den Wärmeschutz erfüllen. Die methodische Absurdität nimmt kein Ende.

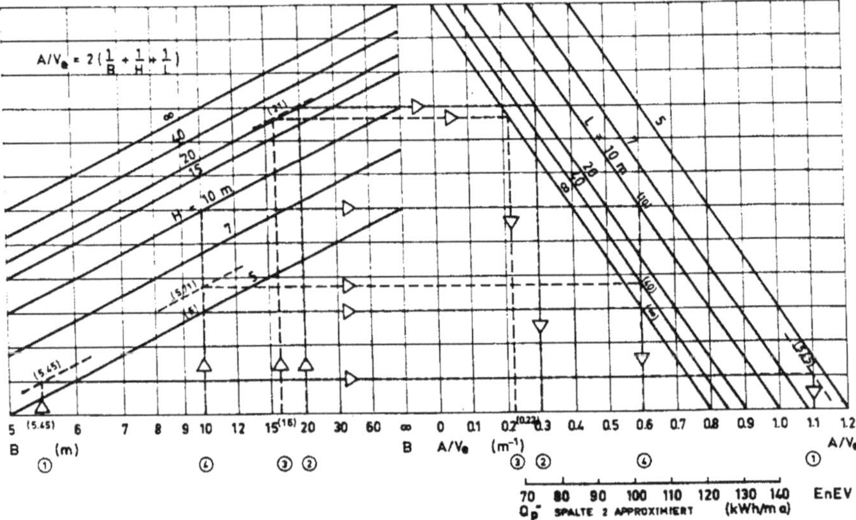


Bild 10.3: A/V Verhältnis von quaderförmigen Gebäudeformen

Die zwangsläufige Folge ist, daß bei den Wärmeschutzverordnungen – und natürlich auch bei der EnEV – ein großes sachlich / methodisches Durcheinander dominiert. Daraus resultiert Willkür im Anforderungsniveau. Dies wird besonders kraß bei Superdämmungen, die schon bei notwendigen kleinsten U-Wert- Veränderungen mit großen Dämmstoffdicken-Verschiebungen reagieren [Meier 95].

Wie sehen nun die oben erwähnten unendlich langen Baukörper aus? Das Bild 10.4 zeigt die Abmessungen 10 x 5 x ∞ m mit einem A/V-Verhältnis von 0,6.

Bild 10.4: Unendlich langer Baukörper mit einem A/V-Verhältnis von 0.6

*Bild 10.4:*
*Das Bild verdeutlicht die "flächendeckende" Ausbreitung dieser Gebäudeform hin bis zum Unendlichen. Wenn man bedenkt, daß auch ein Kubus von 10 x 10 x 10m das gleiche A/V Verhältnis aufweist, also die gleichen Anforderungen an den Wärmeschutz erfüllen muß, kann man ermessen, wie willkürlich bei der Anwendung der Wärmeschutzverordnungen – und auch der EnEV – das definierte Anforderungsniveau gehandhabt wird.*

Durch die Bindung des Anforderungsniveaus an das A/V Verhältnis sind ein großes sachliches Durcheinander und damit parallel laufend bedenkenlose Willkür im Ergebnis die zwangsläufigen Folgen. Die Basis der wärmetechnischen Anforderungen, das A/V-Verhältnis, beruht auf einen Irrtum.

### 10.1.3 Das Dämmstoff-Verteilungsproblem

Bei früheren Wärmeschutzverordnungen wurde das "A/V-Verfahren" angewendet. Als Anforderungsniveau galt dabei ein einzuhaltender mittlerer U-Wert, damals dann der km-Wert. Wie der Dämmstoff am Gebäude verteilt wurde, das konnte jeder Planer selbst entscheiden. So wurde dieses Verfahren sogar überaus gelobt, weil es die Freizügigkeit des Planenden nicht behinderte.

Ist diese Freizügigkeit sachlich tatsächlich gegeben? Ein einfaches Beispiel soll diese Problematik demonstrieren.

Das Bild 10.5 zeigt: Die homogene Dämmung von 6 cm ergibt einen U-Wert von 0,6 W/m²K. Wird bei der einen Fläche die Dämmung um 2 cm reduziert (d = 4 cm), so muß bei der anderen Fläche die Dämmung um 5 cm aufgestockt werden (d = 11 cm), um als mittleren U-Wert wiederum 0,6 W/m²K zu erhalten. Das bedeutet im Schnitt 25% mehr Dämmstoffeinbau.

Fazit:
Inhomogene Dämmungen sind uneffektiv.

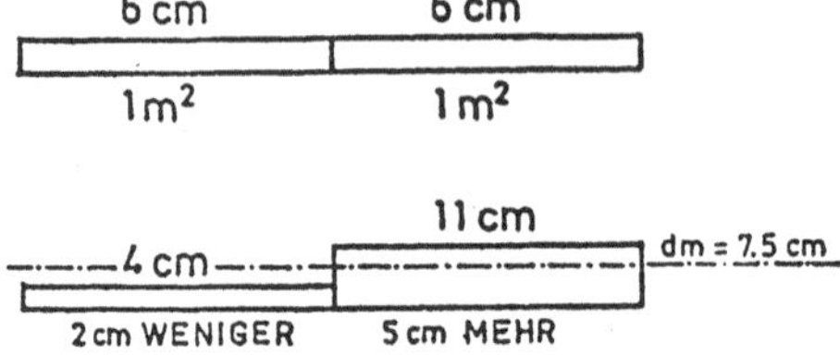


Bild 10.5: Uneffektiver Dämmstoffeinbau

*Bild 10.5:*
*Das Bild verdeutlicht:*
*Die durchschnittlichen 6 cm Dämmstoff müssen bei inhomogener Dämmung auf eine durchschnittliche Dämmstoffdicke von 7,5 cm angehoben werden.*

Nun muß in einem Gebäude von unterschiedlichen Flächen, von unterschiedlichen energetischen Beanspruchungen, von unterschiedlichen Dämmstoffkosten und von unterschiedlichen Wärmeleitfähigkeiten des Dämmstoffes ausgegangen werden. Aber auch hier muß festgestellt werden daß eine "freizügige" Handhabung der U-Werte zu uneffektiven Gesamtlösungen führt, wenn nicht das "Verteilungsgesetz" beachtet wird [Meier 85, 86a, 87].

Werden dabei die Gesamtkosten einer anberaumten Dämmstoffkonzeption als Beurteilungskriterium gewählt, dann lautet, wenn das Verhältnis zweier Wärmedurchgangskoeffizienten U mit κ bezeichnet wird, die Verteilungsformel:

(10.1) $$\kappa_{opt} = \sqrt{\frac{\Delta t_2}{\Delta t_1}} \cdot \sqrt{\frac{ki_1 \cdot 100\lambda_1}{ki_2 \cdot 100\lambda_2}}$$ dabei ist: $$\kappa = \frac{U_1}{U_2}$$

Mit dieser Formel wird folgender Sachverhalt deutlich:

Das Verhältnis $\kappa_{opt}$ der beiden Wärmedurchgangskoeffizienten ist abhängig von:
- den unterschiedlichen Kosten der Dämmung (ki),
- den unterschiedlichen Wärmeleitfähigkeiten der Dämmung (λ),
- den unterschiedlichen Temperaturdifferenzen der Bauteile (Δt).

Das Verhältnis $\kappa_{opt}$ ist **nicht** abhängig von:
- den unterschiedlichen Gesamtkostenniveaus,
- den unterschiedlichen Flächenanteilen der Bauteile,
- den unterschiedlichen Grundkonstruktionen.

Es ist also völlig egal, wie hoch der Kosteneinsatz ist, wie groß die einzelnen Bauteilflächen sind und welcher "Dämmstandard" in Form des $U_0$-Wertes (Ausgangskonstruktion) vorliegt, immer ist das Verhältnis zweier Wärmedurchgangskoeffizienten maßgebend.

Ein optimiertes Verhältnis κ von z. B. 0,5 kann U-Werte von 0,4 und 0,8 W/m²K, von 0,6 und 1,2 W/m²K, aber auch von 0,8 und 1,6 W/m²K bedeuten. Welcher Ausgangswert U muß nun genommen werden – 0,4 oder 0,6 oder 0,8 W/m²K?

Hier hilft dann die Formel (6.21) für den Grenzwert $U_g$ weiter.

$$U_g = \sqrt{\frac{100\lambda \cdot ki}{MNV \cdot \varepsilon \cdot \tau \cdot a}} \quad (6.21) \quad (W/m^2K)$$

Damit wird dann für eine Fläche des Gebäudes der wirtschaftlich zu vertretende U-Wert berechnet, der dann als Basis für die weiteren Verteilungsüberlegungen dienen kann (siehe Abschnitt 6.5.3 "Effizienzgrenze des U-Wertes").

Wird nun in dieser Formel (6.21) a = 1 gesetzt und diese Formel für zwei Flächen 1 und 2 verwendet, so kommt ein mathematischer Ausdruck zustande, der identisch mit der Verteilungsformel (10.1) ist. Damit aber wird unter stationären Bedingungen eine Dämmkonzeption erzielt, die als "modifiziertes Bauteilverfahren" bezeichnet werden kann [Meier 86b, 87].

Fazit:
Eine solche Konzeption, die bei einem Gebäude die günstigste Verteilung der U-Werte unter Beachtung der Wirtschaftlichkeit garantiert, wäre bei stationären Verhältnissen für einen sachgerechten Wärmeschutznachweis der richtige Weg.

Der methodische Fehler in den einzelnen Wärmeschutzverordnungen besteht in der Präzisierung eines "Anforderungsniveaus". Dies führt dann zu einer *Überbestimmung* des Systems, denn Anforderungsniveau (U-Wert) und Wirtschaftlichkeit ($MNV_{zul}$) sind funktionell eng verknüpft. Man darf sie nicht willkürlich variieren.

Quintessenz:
Mit den in den Wärmeschutzverordnungen geforderten und einzuhaltenden U-Werten war man bei stationären Verhältnissen, wenn nicht uneffektiv geplant werden soll, an klare und eindeutige mathematische Bindungen gefesselt. All diese grundlegenden Zusammenhänge wurden jedoch in der allgemeinen Dämmhysterie nicht beachtet, der Dilettantismus triumphierte. Man baute und baut weiter immer unwirtschaftlicher; die schrankenlose Willkür steht Pate.

## 10.1.4 Mißachtung der Wirtschaftlichkeit

Frühere Wärmeschutzverordnungen erlaubten auch die Anwendung des "Bauteilverfahrens", dabei wurden für die einzelnen Bauteile bestimmte U-Werte vorgeschrieben.

Dies aber kann nur unter Beachtung des Wirtschaftlichkeitsgebotes geschehen. Hierfür ist dann bei stationären Bedingungen der Grenzwert $U_g$ (Formel 6.19) maßgebend [Meier 86, 87]. Es zeigt sich wieder einmal, daß dieser Grenzwert eine zentrale Rolle im Gebäudedämmkonzept spielt. Das "Gesetz der Grenzwertdämmung" als Bestimmungsformel für die U-Werte einzelner Bauteile ($U_g$) ist identisch mit dem "Verteilungsgesetz" als Bestimmungsformel für die Verteilung der U-Werte nach dem A/V-Verfahren früherer Wärmeschutzverordnungen.

Die stationär denkenden U-Wert-Fanatiker haben all diese mathematischen Zusammenhänge unbeachtet gelassen, sie wollen maximalen Dämmstoffeinbau durch minimale U-Werte durchsetzen und vergessen dabei die berechtigten Belange der Nutzer. Zum Nachweis eines wirtschaftlichen Wärmeschutzes bedarf es nicht der Erfüllung einer verordneten Norm, sondern dem Festlegen einer fachgerechten Lösung, die viel komplexer ist.

Voraussetzung für all diese mathematisch fundierten Überlegungen ist allerdings, daß die einzelnen Konstruktionen Dämmstoffschichten enthalten und der U-Wert für die Beschreibung der Transmissionswärmeverluste auch zutreffend ist. Es muß somit der Beharrungszustand vorliegen, also beim Gebäude weitgehend speicherloses Material Verwendung finden. Es muß also eine leichte Bauweise gewählt werden, einschließlich der damit verbundenen bautechnischen großen Nachteile. Für massive und speicherfähige Materialien gelten diese mathematisch abgeleiteten Gesetzmäßigkeiten jedoch nicht, hier sind dann andere Überlegungen maßgebend.

## *10.2 Wärmeschutzverordnung 1995*

Die methodische Grundlage der Wärmeschutzverordnung 95 basierte auf erweiterten neuen Wärmeschutzüberlegungen. Es wurde ständig darauf hingewiesen, daß es sich bei der Wärmeschutzverordnung 1995 methodisch um ein neues Verfahren handle, da sich die Anforderung jetzt auf den Quadratmeter Nutzfläche bzw. auf den Kubikmeter beziehe. Dabei berücksichtige das "Energiebilanzverfahren" Transmissionswärmeverluste, Lüftungswärmeverluste, interne Gewinne und Solargewinne (aber nur die über die Fenster!). Damit unterscheide es sich wesentlich von der Methodik früherer Wärmeschutzverordnungen, die ja durch den zulässigen km-Wert doch nur eine Anforderung an die Hüllfläche gestellt hätten [WSchVO 95].

### 10.2.1 Die "neue" Methodik – Fehlanzeige

Die Analyse der Wärmeschutzverordnung 1995 zeigt allerdings sehr deutlich, daß es sich um ein Verfahren handelt, das wiederum einzig und allein den U-Wert, beim Fenster infolge der Solargewinne immerhin den effektiven U-Wert, zum Mittelpunkt des Gebäudewärmeschutzes macht. Der Aufbau unterscheidet sich methodisch *nicht* vom Aufbau früherer Verordnungen, trotz gegenteiliger Behauptungen. Der Lüftungswärmebedarf (im Normalfall 51,4 kWh/m²a) und die internen Wärmegewinne (25 kWh/m²a) waren konstante Werte. Insofern reduzierte sich das "Energiebilanzverfahren" damit zu einem km-Verfahren (Solargewinne der Fenster konnten über $k_{Feq}$ -Werte berücksichtigt werden). Zur Erfüllung der Anforderungen mußten nur entsprechend kleine U-Werte (damals k-Werte) gewählt werden [Meier 94b]. Dies folgte zwangsläufig, denn wenn sowohl die internen Gewinne als auch die Lüftungswärmeverluste *konstante* Größen ausmachen, die dann jeweils vom Jahres-Heizenergiebedarf pro Kubikmeter oder Quadratmeter abgezogen bzw. zugeschlagen werden, dann bleibt alles beim alten. Als variable Größe bleibt in der Tat dann nur noch der Transmissionswärmeverlust, der ja dann (fälschlicherweise) lediglich durch den U-Wert bestimmt wird [Meier 93, 93a].

Das Bild 10.6 verdeutlicht die gleichartige Methodik bisheriger Wärmeschutzverordnungen. Es werden die analogen km-Werte gezeigt, die alle der gleichen mathematischen Gesetzmäßigkeit unterliegen – den Formeln a bis f. Methodisch hat sich also nichts geändert. Lediglich im Ergebnis wird dieses Anforderungsniveau ständig verschärft

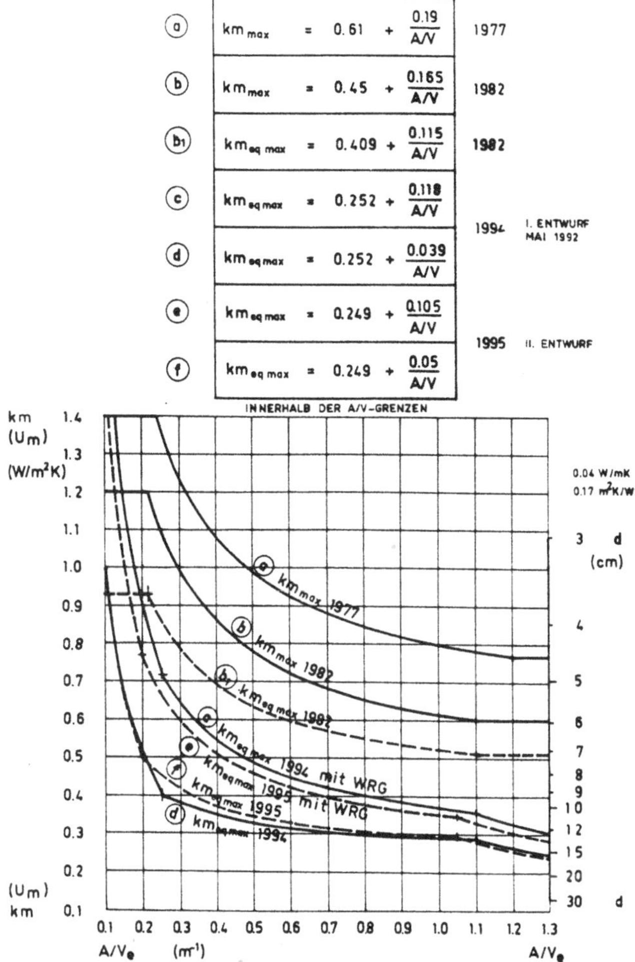


*Bild 10.6: Innerhalb der jeweils definierten A/V-Bereiche werden die Anforderungen des Wärmeschutzes immer gleichartig behandelt. Es handelt sich stets um die gleiche mathematische Funktion: ein konstanter Wert – und ein vom A/V-Verhältnis abhängiger Wert. An der Methode hat sich somit nichts geändert. Die bei der WSchVO 95 fatale Fehleinschätzung außerhalb des definierten A/V-Bereiches ist deutlich erkennbar: Die Verschärfung bei hohen und die Vernachlässigung bei kleinen A/V-Werten.*

Bild 10.6: Gleichartige Wärmeschutzanforderungen an die Außenhülle bei allen Wärmeschutzverordnungen

Die Anforderungen der Wärmeschutzverordnungen von 1977 und 1984 wurden außerhalb eines definierten A/V-Bereiches konstant gehalten, die Linie wurde waagerecht abgeschnitten – dies war methodisch richtig, denn eine bautechnisch bedingte Grenze eines mittleren U-Wertes (km-Wertes) wurde damit eingehalten.

Die methodische Umstellung der Anforderungen in der WSchVO 1995 vom km-Wert auf Quadratmeter Nutzfläche bedingt andere Rechenmechanismen, die nun zu fatalen Fehleinschätzungen führten.

## 10.2.2 Erfüllung der Anforderungen

Die methodische Fehlerhaftigkeit der Wärmeschutzverordnung 1995 führt zu kritischen Folgerungen bei der energetischen Bewertung.

Das Bild 10.7 zeigt für den Normalfall die funktionell / mathematischen Zusammenhänge. Welche Anforderungen mußten nach der Wärmeschutzverordnung 1995 erfüllt werden?

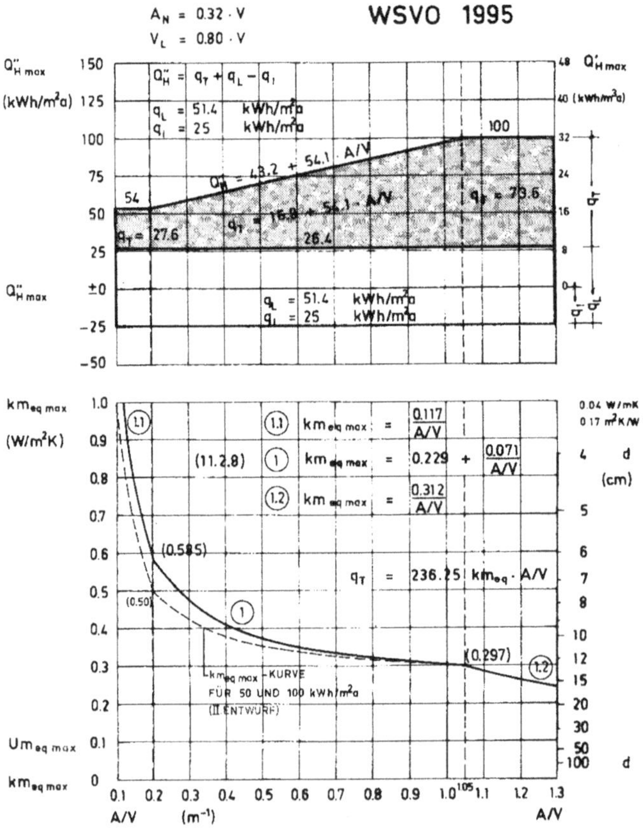


*Bild 10.7: Die konstanten Werte für die internen Gewinne (25 kWh/m²a) und den Lüftungswärmebedarf (51,4 kWh/m²a) führten automatisch zu den verbleibenden zulässigen "Transmissionswärmeverlusten," so daß sich in Abhängigkeit vom A/V Verhältnis mittlere km-Werte ergaben, die zwischen 0,585 (A/V = 0,2) und 0,297 W/m²K (A/V = 1,05) lagen.*

Bild 10.7: Wärmeschutzanforderungen des Normalfalles

Die Wahl normierter Einheitsdaten und die listenreiche Methodik ließen das Energiebilanzverfahren wieder wie früher zu einem üblichen km-Verfahren, diesmal $km_{eq}$-Verfahren, mutieren [Meier 93, 94a, 95].

In bewährter Manier wurde die Anforderung von 54 bzw. 100 kWh/m²a jenseits der definierten A/V-Verhältnisse von 0,2 und 1,05 wiederum konstant gehalten und waagerecht abgeschnitten.

Diese analoge Behandlung führt zu absurden Ergebnissen: Ein A/V-Verhältnis von >1,05 verschärft weiter die Wärmeschutzanforderungen an die Außenhülle in unverantwortlicher Weise – von konstanten Anforderungen an die Außenhülle wie vorher kann keine Rede mehr sein. Ein A/V-Verhältnis von <0,2 dagegen läßt eine völlige Vernachlässigung des Wärmeschutzes zu. Die Wärmeschutzanforderungen an die Außenhülle verringern sich.

Dies ist auch im Bild 10.8 zu erkennen. Die Anforderungen $Q_H''$ (kWh/m²a – linke Skala) und $Q_H'$ (kWh/m³a – rechte Skala) an das Gebäude sind in Abhängigkeit vom A/V Verhältnis als gestrichelte Linie dick markiert (von 54 bis 100 kWh/m²a bzw. von 17,3 bis 32 kWh/m³a). In diesem Koordinatenfeld können die entsprechenden $km_{eq}$-Werte abgelesen werden.

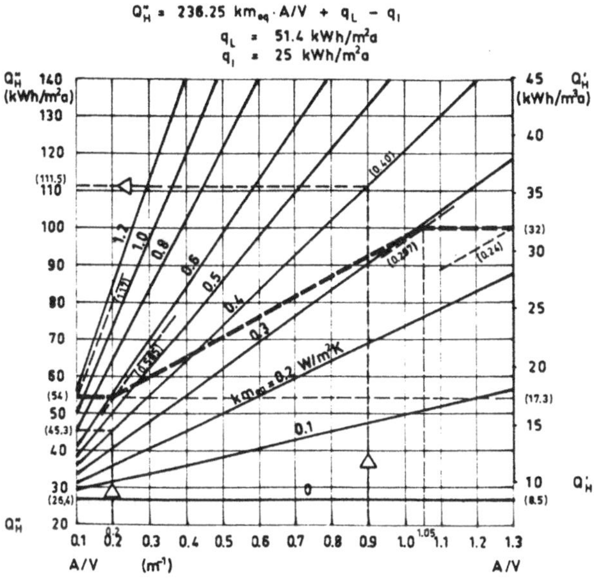


*Bild 10.8:*
*Die Eckpunkte A/V = 0,2 und A/V = 1,05 erfordern $km_{eq}$-Werte von 0,585 W/m²K und 0,297 W/m²K.*
*Bei A/V-Werten < 0,2 werden die erforderlichen $km_{eq}$-Werte größer (A/V = 0,1 ⇒ $km_{eq}$ = 1,17 W/m²K)*
*Bei A/V-Werten > 1,05 werden die erforderlichen $km_{eq}$-Werte kleiner (A/V = 1,3 ⇒ $km_{eq}$ = 0,241 W/m²K).*

Bild 10.8: A/V Verhältnis und der $km_{eq}$-Wert (Normalfall)

Ein annehmbarer und zu akzeptierender $km_{eq}$ -Wert von 0,40 W/m²K würde bei einem A/V-Verhältnis von 0,9 einen Heizwärmebedarf von 111,5 kWh/m²a nach sich ziehen; bei einem A/V Verhältnis von 0,2 dagegen käme ein Heizwärmebedarf von 45,3 kWh/m²a heraus. Diese großen Unterschiede ergeben sich trotz gleicher energetischer Ausstattung der Außenhülle nur infolge der absurden "Nachweis-Methodik" über das A/V-Verhältnis.

Die Umstellung der Wärmeschutzanforderungen auf die Nutzfläche kann deshalb als verfehlt angesehen werden. Die inhaltlichen Konsequenzen infolge der methodischen Umstellung sind von den Schöpfern und Machern der "neuen Methodik" nicht erkannt worden.

Da das Anforderungsniveau an den Gebäudewärmeschutz in Form eines unzutreffenden mittleren U-Wertes (ein U-Wert gilt nur für den Beharrungszustand) nun auch noch vom unbrauchbaren A/V Verhältnis abhängt (siehe Abschnitt 10.1.2 "Das Absurde beim A/V Verhältnis"), kann ermessen werden, was eigentlich im Gebäudewärmeschutz im Rahmen der Wärmeschutzverordnungen so für ein methodisches Durcheinander herrscht.

Es handelt sich mehr um Phantomrechnungen, die nur ein einziges Ziel verfolgen: Die unsinnige Dämmstoff-Maximierung beim Bauen zu perfektionieren. Wissenschaftliche Naivität und Dilettantismus standen bei der Formulierung der WSchVO 1995 Pate [Meier 93].

Methodisch hatte sich gegenüber der WSchVO 1982 also nichts geändert. Um einen geforderten mittleren U-Wert ($km_{eq}$) mit dem km-Nachweis zu erfüllen, mußten U-Werte für die einzelnen Außenbauteile gewählt werden. Für die $U_W$ -Werte ($k_F$ -Werte) konnten infolge der einstrahlenden Sonnenenergie reduzierte Werte eingesetzt werden. Maßgebend waren also nach wie vor wieder die U-Werte. Bei speicherfähigen Außenwänden jedoch führen diese zu falschen Ergebnissen, da die Gültigkeit der U-Werte nicht gegeben ist; U-Werte sind kein Maß für den Heizenergieverbrauch [Meier 95, 97, 99, 99c, 99d, 99f, 00].

Übrigens: Bei der EnEV ist es nicht anders, Basis der Berechnungen ist der Beharrungszustand, methodisch hat sich also nichts geändert, man beharrte wiederum auf den einmal gemachten Irrtümern und Fehlern – sie wurden, da die Anlagentechnik mit einbezogen wurde, nur verfeinert [Meier 00b, 00e, 00f, 03b].

## *10.3 Die Energieeinsparverordnung*

Das gesamte Bauen steht unverständlicherweise unter dem Diktat einer notwendigen Energieeinsparung. Begründet wird dies mit der steigenden Erwärmung der Erde, die eine Folge der durch den Menschen verursachten $CO_2$-Emissionen sei. Um die "Klimakatastrophe" zu vermeiden und ein "Überleben zu sichern", müsse der Gebäudewärmeschutz drastisch verschärft werden, damit der klimaschädliche $CO_2$-Ausstoß gemindert werde. Daß durch "Verschärfung des Anforderungsniveaus" kaum die $CO_2$-Emissionen reduziert werden können, ist im Abschnitt 6.5.5 "Volkswirtschaftliche Energierelevanz" bereits nachgewiesen worden. Es wird also, damit all dies geglaubt wird, wieder einmal ein Horrortrip inszeniert.

Bei der Erwärmung der Erde wird der *anthropogene* Einfluß von offizieller Seite als gegeben angenommen. Deshalb wird von der Bundesregierung die EnEV, die der Umsetzung der Richtlinie 93/76/EWG des Rates vom 13. September 1993 zur Begrenzung der Kohlendioxidemissionen dienen soll, auf den Weg gebracht. Das Energieeinsparungsgesetz vom 22. Juli 1976 gibt der Bundesregierung das Recht, die EnEV administrativ zu verordnen. Aber richtig muß sie sein.

Die Energieeinsparverordnung vom 16. 11. 2001 trat am 01. 02. 2002 in Kraft [EnEV 02]. Kritische Stimmen wurden rigoros verworfen, unter anderem [Meier 01a], [Probst 99a]. Sogar eine Petition an den Bundestag wurde verfaßt [AGH]. Zu viele grundsätzliche Ablehnungsgründe können aufgezählt werden [Meier 03b, 00f], doch alle Hinweise auf die Unzulänglichkeiten der EnEV verliefen im Sande. Es wird darauf nicht reagiert, allein dies schon zeigt die Brüchigkeit des ganzen Gebildes. Es gibt doch nur zwei Möglichkeiten: Entweder die Kritiker haben Unrecht, dann kann widerlegt werden oder sie haben recht – dann wird gemauert und diffamiert. Das Letztere geschieht.

Die Energieeinsparverordnung soll nun dafür sorgen, noch mehr Energie einzusparen. In der Begründung zur EnEV heißt es: *"... bildet die Energieeinsparverordnung auch ein wesentliches Element des Klimaschutzprogramms der Bundesregierung".* Deshalb werden nun administrativ Niedrigenergie- und Passivhäuser zum Standard "zukünftigen Bauens" erhoben.

## 10.3.1 Die Mär von der Klimakatastrophe

Durch $CO_2$-Minderung soll also das Klima geschützt werden. Ist diese Absichtserklärung nicht eine Fata Morgana? Welches Klima soll eigentlich geschützt werden und geht denn das überhaupt? [Thüne 02].

Da sachliche Begründungen für die "Verschärfung der Anforderungen" fehlen, muß nun ein Horrorszenario dafür sorgen, daß alles wohlfeil geschluckt wird. Es wurde die anthropogen verursachte Erderwärmung, die Klimakatastrophe erfunden. So wird erzählt: "Durch menschlichen Einfluß schmelzen die Polkappen, werden weite Landstriche überschwemmt, stehe der Kollaps der Erde kurz bevor, wenn nicht sofort und sogleich Energie gespart wird und die $CO_2$-Emissionen gemindert werden". Dies alles wird in den Medien verkündet und in den Talk-Shows kolportiert. Hier scheint sich wieder zu bewahrheiten: Der Glaube ersetzt das Wissen. Die Meinungsmanipulation hat Hochkonjunktur.

Karl Steinbuch sagt dazu: *"In unserer Zeit kommt erstaunlicherweise wieder die archaische Methode auf: die Behauptung, man sehe die Zukunft voraus und wisse, welches Verhalten für sie notwendig ist. Wenn man dieses oder jenes nicht tue – so beschwören uns manche Futurologen – träten katastrophale Folgen ein. Um dieses jedoch abzuwenden, müsse man einfach das tun, was sie vorgeben, es ginge ja um das Überleben schlechthin"* [Steinbuch 79].

Es ist erstaunlich, wie genau Karl Steinbuch bereits 1979 all die Facetten beschrieben hat, die uns heute vorgegaukelt werden. Man könnte glauben, daß die Interpreten der Klimakatastrophe sich diese Worte zu eigen gemacht haben und streng nach diesem Schema vorgehen. Dies aber würde bedeuten, daß sie zu anderem nicht fähig wären und sich daran orientieren.

An dieser Stelle seien zwei Aussagen zitiert.

Hubert Markl, Präsident der Max Planck Gesellschaft, auf der EXPO in Hannover:

*"Lügen und Betrug seien integrale Bestandteile des Forschens".*

Gerhard Gerlich, Institut für Mathematische Physik der TU Braunschweig:

*"Der Treibhauseffekt ist ein Betrug mit Worten".*

In der Tat, eine globale Erwärmung der Erde infolge erhöhter $CO_2$-Emissionen durch anthropogenen Einfluß gibt es nicht, es handelt sich um ein Märchen.

Folgende Sachverhalte widerlegen die Horror-Meldung einer bevorstehenden Klimakatastrophe [Meier 01e]:

1. Prof. Heinz Zöttl von der Universität Freiburg, Institut für Bodenkunde und Waldernährungslehre, sagt: *"Man muss sich klarmachen, dass 96,7% der globalen $CO_2$-Produktion aus natürlichen Quellen stammen; das heißt also: der Mensch verursacht insgesamt etwa 3,3% des $CO_2$-Ausstoßes.*

2. Die Abstrahlung der Erdoberfläche in den Weltraum wird nur durch wellenlängenabhängige Absorption klimawirksamer Spurengase gemindert. Seit 1814 ist dies durch Fraunhofer bekannt. Die Absorptionslinien des $CO_2$ liegen bei den Wellenlängen 2,8 µm (hier wird die Solarstrahlung absorbiert) sowie bei 4,5 µm und 14,5 µm (siehe Bild 10.9). Nur bei diesen beiden letzten Wellenlängen wird die terrestrische Abstrahlung absorbiert – nur dort und nur zu etwa 65% (Quelle: Günzler/Heise, IR-Spektroskopie, Weinheim 1996 aus [Thüne 97]). Da die Wärmeabstrahlung der Erdoberfläche jedoch die Bandbreite von etwa 3 bis über 50 µm umfaßt, wird die Abstrahlung durch erhöhte $CO_2$ Anteile, die sowieso nur 0,03% der Atmosphäre ausmachen, kaum gestört, ein Einfluß ist kaum vorhanden.
Insofern kann auch ein anthropogen beeinflußter Anteil der $CO_2$-Emissionen die Erderwärmung kaum beeinflussen. Alles resultiert aus einer Vorstellung, die mehr individuellen Interessen als wissenschaftlichen Erkenntnissen entspringt.

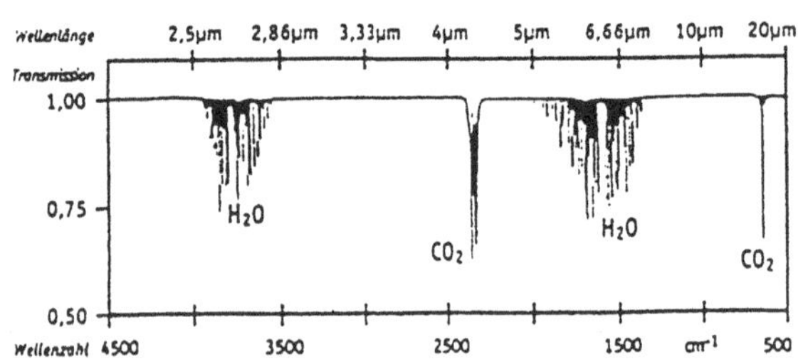


Bild 10.9: Absorptionslinien von Gasen ($H_2O$; $CO_2$)

3. In den letzten hundert Jahren fand tatsächlich eine Erwärmung statt. Doch die durchschnittlichen Temperaturen auf der Erde bewegen sich langfristig in stetigen Wellenbewegungen. Dieses Auf und Ab wird verschwiegen, wird unterschlagen, entsprechende Meßdaten werden manipuliert.

In [Berner 00] steht: *"Und ähnlich der Achterbahnfahrt des Klimas während der Weichsel-Kaltzeit bewegen wir uns auf eine neue Eiszeit, zu und zwar unabhängig davon, ob die Menschheit heute die Konzentration des Kohlendioxyds in der Atmosphäre durch die Verbrennung von Erdöl, Erdgas und Kohle erhöht oder durch Einsparungen beim Energieverbrauch mindert".*

a) Die Entwicklung der Jahresmitteltemperaturen von 1781 bis 1990 auf der Station Hohenpeißenberg zeigt das Bild 10.10:
1790: +6,6 °C; 1880: +5,5 °C; 1990: +6,4 °C
(Quelle: Energiewirtschaftliche Tagesfragen 1993, H. 8).

Deutlich ist zu erkennen: Vor etwa 200 Jahren war es in Bayern sogar etwas wärmer als heute.

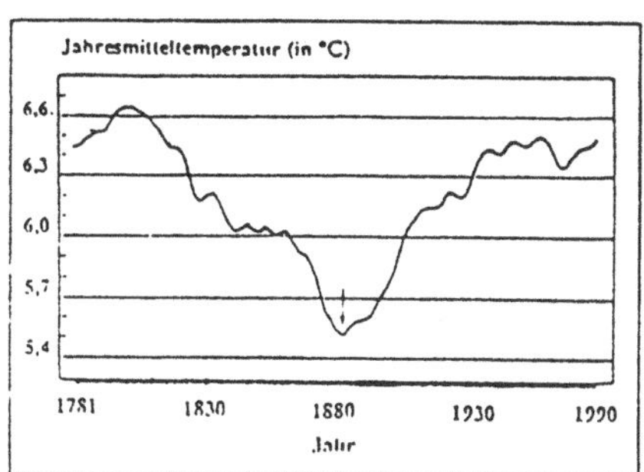


Bild 10.10: Temperaturenmessungen Hohenpeißenberg

b) Die mittleren Lufttemperaturen in Österreich von 1778 bis 1991 waren (s. Bild 10.11):

1795: +0,5 °C; 1885: -0,8 °C; 1990: +0,4 °C

(Quelle: nach Sommaruga-Wögrath et al. 1997 aus [Bornholdt 99]).

Auch hier ist festzustellen: Um 1880 kam eine "kleine Eiszeit" mit dem Tiefstpunkt um 1890. Die Wellenbewegung wird durch diese Daten bestätigt.

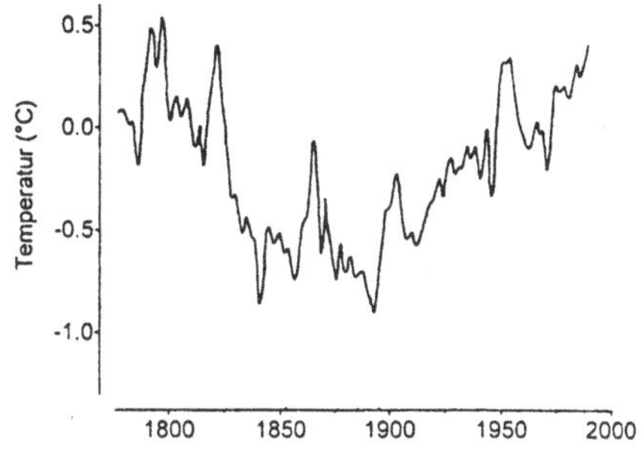


Bild 10.11: Temperaturenmessungen in Österreich

Diese Wellenbewegung wird manipulativ interpretiert, indem nur die Daten ab ca. 1880 betrachtet werden.

c) In: [Tipler 94] auf S. 578 wird mit den Daten ab 1900 und der Aussage: "Seit Beginn des Jahrhunderts ist die weltweit gemittelte Lufttemperatur um 0,5 °C gestiegen", Statistik manipuliert. Das Bild 10.12 zeigt eindrucksvoll, wie skandalös hier vorgegangen wird.

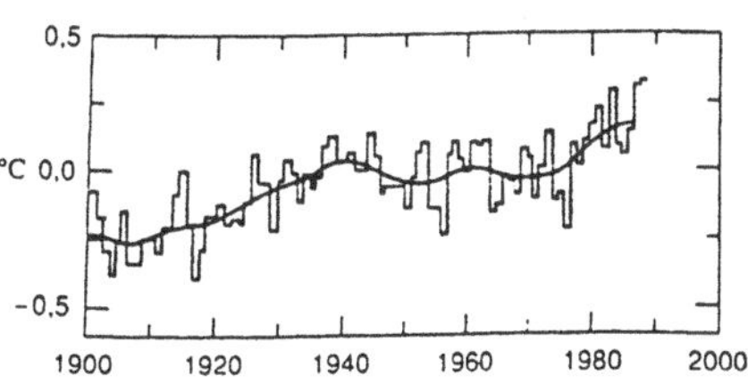


Bild 10.12: Manipulierte Temperaturentwicklung

d) Aus Karl, T. R.; Baker, B. C.: Global Warming Update 1996 aus [Bornholdt. 99] stammen die Daten ab 1885 und die Aussage:
"In den letzten 110 Jahren hat sich die Temperatur um 0,7 °C erhöht".
Diese selektierten Daten führen zu irreführenden Aussagen. Deshalb ist dies im höchsten Maße unseriös – sie dienen einzig und allein der Täuschung (Bild 10.13).

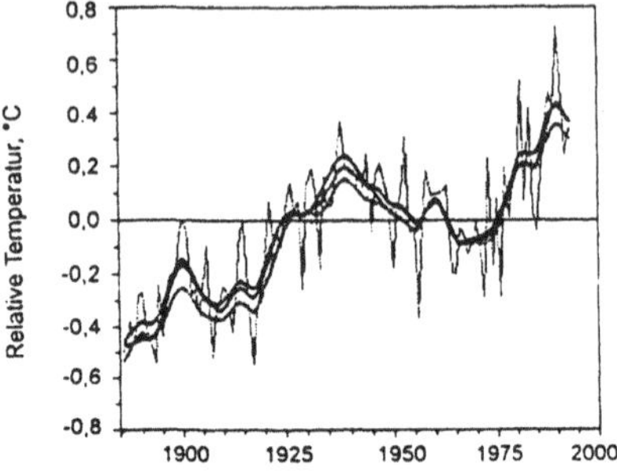


Bild 10.13: Manipulierte Temperaturentwicklung

Mit derartigen Datenselektionen kann dann natürlich ein stetiges Ansteigen der Temperatur "statistisch" nachgewiesen werden.

4. Die Wellenbewegungen der Temperaturschwankungen sind auch in der Vergangenheit stetig aufgetreten [Böttiger 95].

a) In den letzten 800 000 Jahren gab es auf der Erde ein ständiges Auf und Ab der Temperaturen mit Schwankungen zwischen 10 und 16 °C, abgeleitet aus Eisbohrungen. Die Schwankungen reichen weit zurück und somit fehlt der anthropogene Einfluß (Bild 10.14).

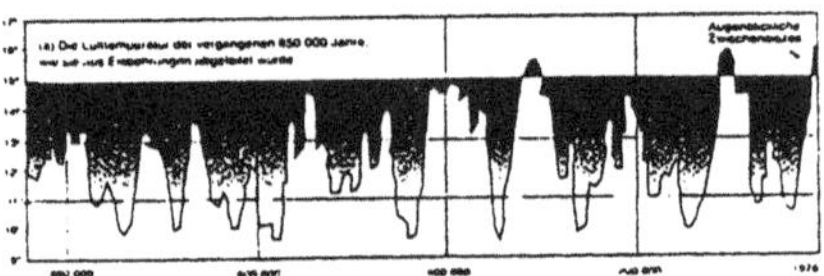

Bild 10.14: Temperaturmessungen der letzten 800 000 Jahre

b) In den letzten 10 000 Jahren gab es mindestens drei Kälte- und vier Wärmeperioden im Abstand von etwa 2500 Jahren mit Temperaturschwankungen zwischen 14 und 16 °C. Diese periodischen Schwankungen sind unverkennbar, wobei Warmzeiten größere Zeiträume umfassen als Kaltzeiten. Die Erde muß sich wohl mehr auf längere Warm- als auf längere Kaltzeiten einstellen (Bild 10.15).

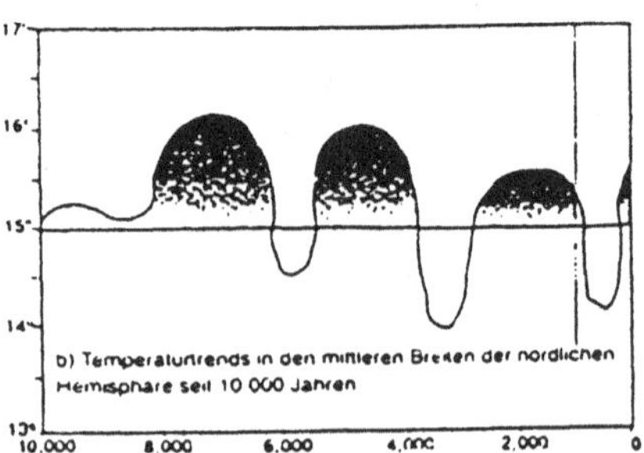


Bild 10.15: Temperaturmessungen der letzten 10 000 Jahre

c) Weitere kleine Eiszeiten gab es vor etwa 350 und 600 Jahren, wobei es dann zwischendurch immer wieder zu Erwärmungen kam. Die Temperaturschwankungen lagen zwischen 14 und 15,5 °C. Grönland heißt "Grünland" und wurde um 1000 entdeckt und besiedelt; nach 1400 fehlen schriftliche Zeugnisse – es war inzwischen sehr kalt geworden; die Siedler verließen das Land (Bild 10.16).

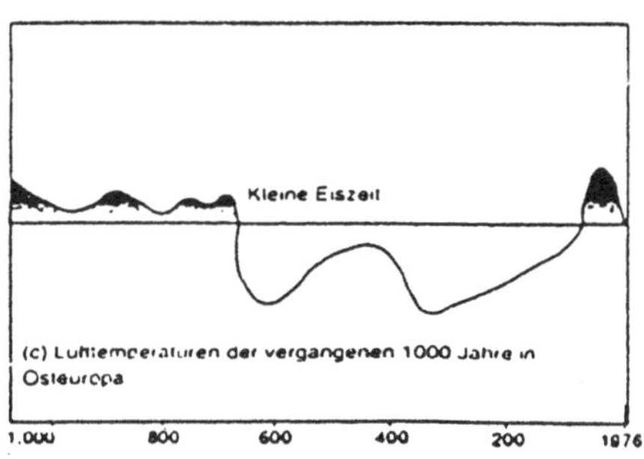


Bild 10.16: Temperaturmessungen der letzten 1000 Jahre

5. Die letzte große Eiszeit ist wohl das überzeugendste Argument, daß das mit dem anthropogenen Einfluß auf die Temperaturen nicht stimmen kann.

Diese Eiszeit vor etwa 1,5 bis 2 Millionen Jahren hatte eine größte Ausdehnung des Inlandeises in Europa etwa bis zum 50. Breitengrad, der Linie Prag – Frankfurt – Südengland – Irland (Bild 10.17). Diese Eiszeitperiode untergliedert sich in sechs Kaltzeiten und dazwischen *natürlichen* Warmzeiten [Meyers 78]. Das Eis ist weitgehend geschmolzen – ohne Mencheneinfluß.

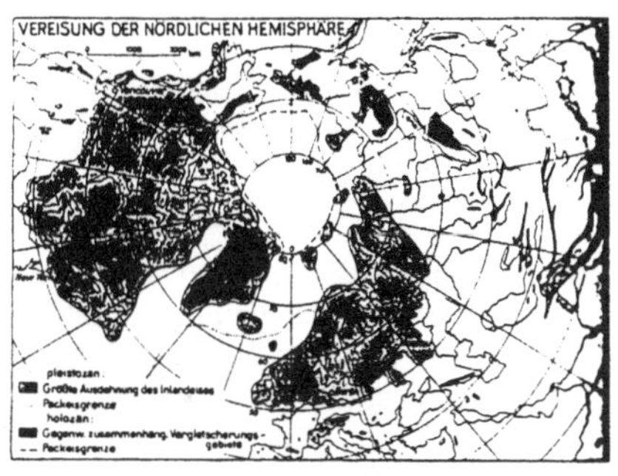


Bild 10.17: Letzte große Eiszeit im Pleistozän

6. Die Ursache dieser globalen Temperaturschwankungen ist schlicht und einfach die Sonne. Nicht die ständig betonte $CO_2$-Konzentration in der Erdatmosphäre, sondern die Sonne ist Motor der Temperaturveränderungen. Dies ist viel einleuchtender.

In [Berner 00] steht: *"Die Sonne hat über geologische Zeiten entscheidend zur Klimaentwicklung der Erde beigetragen. Von der Sonne enthält unser Planet beständig eine Zufuhr von Energie".* Und weiter: *"Andererseits gehören die letzten vier Sonnenfleckenzyklen zu den aktivsten seit Beginn der direkten Sonnenbeobachtung vor 350 Jahren. Das Ende der kleinen Eiszeit – in Europa Mitte bis Ende des vorigen Jahrhunderts – entspricht dem Wiederanstieg der solaren Aktivität. Dabei weisen die Temperaturänderungen einen engen Bezug insbesondere zu der Länge des Sonnenfleckenzyklus auf, eine Beziehung, die sich bis ins 16. Jahrhundert zurück verfolgen läßt".*

Es ergibt sich eine erstaunliche Übereinstimmung zwischen den Sonnenaktivitäten, die sich an Hand der Sonnenfleckenzyklen feststellen lassen, und den Veränderungen der mittleren Temperaturen (Quelle: Lassen, K.; Fries-Christensen, E: Science, Vol. 254, 1991, S. 698 aus [Böttiger 95]). Es ist doch abwegig zu glauben, der Mensch könne durch sein Verhalten einen Einfluß auf die Sonnenfleckenaktivitäten haben (Bild 10.18).

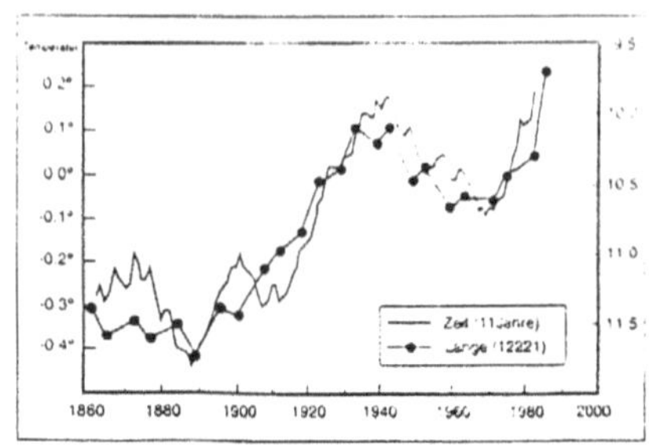


Bild 10.18 Sonnenaktivitäten als Ursache der Temperaturveränderungen

7. Das IPCC (Intergovernmental Panel on Climate Chance) versuchte durch Modellrechnungen, den Sonneneinfluß und den Treibhauseffekt bei der Erwärmung der Erde zu quantifizieren. Die beste Übereinstimmung ergab sich, wenn der Sonneneinfluß zu 100% und der Treibhauseffekt zu 0% angenommen wurden. Aus diesen Ergebnissen wurden jedoch keine Schlußfolgerungen gezogen (Quelle: Calder, N: Die launische Sonne widerlegt Klimatheorien. Dr. Böttiger Verlags-GmbH, Postfach 1611 65006 Wiesbaden).

8. Prof. Lennart Bengtsson et al vom Klimazentrum Hamburg erwähnten im Journal of Geophysical Research 104, S. 3865 vom Februar 1999 in dem Artikel "Why ist the global warming proceeding much slower than expected?", daß offensichtlich die Erwärmung der Erde weit geringer ausfällt und langsamer vor sich geht, als bisher infolge bisher nicht geklärter Modellfehler *berechnet* wurde.

9. Prof. Gerlich (Institut für Mathematische Physik der TU Braunschweig) sagt: *"Wenn man wie bei den Klimamodellrechnungen den Computer mit genäherten Differentialgleichungen (Differenzengleichungen) und extrem ungenauen und unvollständigen Anfangswerten füttert, können als Ergebnisse nur Werte herauskommen, die wegen der vielen Näherungen mit der Länge der Rechenzeit immer falscher bzw. zufälliger werden"* und weiter wird von ihm festgestellt: *"Auf diese Weise könne man auch die anthropogene Eiszeit als nächste Klimakatastrophe ankündigen"* [Gerlich 97].

10. Die globale Erwärmung wird immer durch "Simulationsrechnungen" festgestellt. Dies aber ist kein Beweis. *"Es spricht sehr viel dafür, dass die berechneten Temperaturerhöhungen bei den Computersimulationen numerische Rechenfehler sind, die sich weiter der Null nähern werden"* [Gerlich 95]. Über die Horrorvision von Treibhauseffekten heißt es: *"Deshalb überlasse ich diesen Unsinn, daß der Schwanz oder besser die Schwanzhaare mit dem Hund wackeln, lieber den Umweltklimatologen"* [Gerlich 96].

11. Auch in [Berner 00] steht: *"Hervorzuheben ist dabei, dass nicht das oft zitierte Kohlendioxid bestimmender Faktor des Klimageschehens ist. Vielmehr treibt die Sonne wie ein Motor die klimawirksamen Prozesse in der Atmosphäre, den Ozeanen und in der Biosphäre an. Zahlreiche Belege aus der Natur sprechen für eine wahre Achterbahnfahrt des Klimas durch die Erdgeschichte".*

Trotzdem versucht man immer wieder mit Tricks und Kniffen zu beweisen, daß die Erdtemperaturschwankungen vom Menschen verursacht werden. Statt nur von erdgeschichtlich bedingten Temperaturschwankungen wird hier höchst medienwirksam von einer "Klimakatastrophe" gesprochen. Welch ein Täuschungsmanöver, die Irreführung der Menschen wird hier bewußt vorangetrieben.

Bemerkenswert ist dabei aber folgende Tatsache: Die eingeleiteten und verordneten Energieeinsparmaßnahmen zur "Bekämpfung der Klimakatastrophe", jetzt die der EnEV, sind überhaupt nicht in der Lage, zusätzliche $CO_2$-Minderungen zu erzielen, da kaum zusätzliche Energie eingespart wird. Es wurde sogar gesagt: *"Die Ergebnisse sind ernüchternd. Das wirklich ernst zu nehmende Thema Umweltschutz sollte nicht derartig einseitig mißverstanden und mißbraucht werden"* [Meier 90b]. Sowohl die Begründung, als auch die Lösung, alles ist nur ein ausgemachtes doloses Handeln, alles rechnerische Scharlatanerie.

## 10.3.2 Gesetzwidriges Verhalten

Das Energieeinsparungsgesetz, die Ermächtigungsgrundlage zum Erlaß der Verordnungen für den Wärmeschutz, fordert im § 5 "Gemeinsame Voraussetzungen für Rechtsverordnungen" die Wirtschaftlichkeit; auch die EnEV schreibt im § 25 dies vor. Insofern sind unwirtschaftliche Energiesparmaßnahmen gesetzwidrig.

Die technische Umsetzung der Anforderungen der EnEV erfordert einen Kostenaufwand, der durch die damit zu erzielenden zusätzlichen Einsparungen wirtschaftlich nicht gedeckt werden kann. Es gibt *kein* Beispiel, bei dem die Wirtschaftlichkeit nachgewiesen werden konnte. Eine Verordnung, deren verschärfte Anforderungen grundsätzlich zu unwirtschaftlichen Energiesparmaßnahmen führen, ist deshalb null und nichtig. Dies geschah bereits bei der WSchVO 1995 [Meier 95a].

Auch die Wohnungswirtschaft leidet unter dem Diktat der überzogenen Anforderungen, die Wohnungsbaugesellschaften werden durch die verordneten "Energieeinspar-Maßnahmen" in ein finanzielles Fiasko gestürzt. Die Umlegung der investiven "Modernisierungskosten" auf den Mieter wird außerdem für sozialen Zündstoff sorgen. Die Differenz der Heizkostenrechnungen kann die Differenz zur steigenden Miete nicht kompensieren. Energieeinsparungsmaßnahmen erweisen sich stets als unwirtschaftlich.

Die Bundesregierung und die beteiligten Ministerien verstoßen somit eklatant gegen das Wirtschaftlichkeitsgebot im Energieeinsparungsgesetz – sie handeln gesetzwidrig. Dies ist schon bemerkenswert, denn vom Bürger wird allemal Gesetzestreue erwartet. Die notwendige Vorbildfunktion im Handeln sowie das soziale und moralische Gewissen soll in diesem Zusammenhang erst gar nicht Gegenstand der Erörterung sein.

Die der Bundesregierung vorliegenden Gutachten zur Wirtschaftlichkeit, die zur Begründung der verschärften Anforderungen herangezogen wurden, sind offenbar die üblichen manipulativen Elaborate, wie z. B. die von Hauser [Hauser 95a]. (siehe Kapitel 4.3 "Manipulative Aktivitäten"). Meist ist auch ein grundsätzlicher Irrtum die Grundlage des falschen Wirtschaftlichkeitsnachweises: es wird das "Kostenminimum" mit der Wirtschaftlichkeit verwechselt (siehe Kapitel 4.4 "Minimum oder Effizienz").

### 10.3.3 Unzumutbare Rechenmethoden

In der Begründung zur EnEV heißt es: *"Die Energieeinsparverordnung soll nicht mit umfänglichen technischen Regelungen befrachtet werden".* Es wird statt dessen auf umfangreiche Normen verwiesen. Diese sind:
DIN EN ISO 717-1, DIN EN ISO 6946, DIN EN ISO 10077, DIN EN ISO 13789, DIN EN 410, DIN EN 832, DIN EN 12207, DIN EN 13829, DIN 4108-2, DIN 4108-Bbl.2, DIN V 4108-6, DIN V 4701-10 und VDI 3807.
Wird die ebenfalls zu beachtende DIN 4108-3 mit hinzugezählt, dann ergeben sich allein für diesen schmalen bauphysikalischen Sektor weit über 750 Seiten DIN-Normen und VDI-Vorschriften, die einander keineswegs kompatibel sind.

Diese Informationsfülle ist für ein ordnungsgemäßes Planen und Entwerfen unzumutbar. Werden die inhaltlichen und methodischen Fehler noch mit einbezogen, dann mutiert diese Informationsschwemme zum Informationsmüll. Dieser Müll wird dann in "Programme" gegossen, so daß Unfug nicht mehr erkannt wird. Nicht Unmengen unbrauchbarer Vorschriften, sondern ingenieursmäßiges Denken und Handeln müssen die Leitlinien des Bauens sein. Die Anwendung der EnEV verbietet sich somit von selbst [Meier 03b].

### 10.3.4 Mißbrauch technisch-wissenschaftlicher Verfahren

Es heißt in der Begründung zur EnEV: *"Durch Verweis auf die EN 832 ist nunmehr die Möglichkeit gegeben, auf die Darstellung von Nachweisregeln in der Verordnung weitgehend zu verzichten".* Die DIN EN 832 wird beim Nachweis somit zur zentralen Rechenregel der EnEV, ergänzt noch durch die Vornorm DIN V 4108-6. Man hat sich also durch einen Wust von Normen zu wühlen.

Das vorgeschriebene Nachweisverfahren fußt jedoch auf falschen Annahmen:

1. Die Verwendung des U-Wertes gilt nur für den stationären Zustand (DIN V 4108-6). Dieser "Beharrungszustand" liegt in Realität nie vor. Solarstrahlung und Speicherfähigkeit führen immer zu instationären Zuständen (siehe Kapitel 6.2 "Speicherung").
2. Die Heiztechnik beschränkt sich weitgehend auf die Konvektionsheizung. Diese jedoch ist aus energetischen, physiologischen und gesundheitlichen

Gründen abzulehnen. Die wesentlich bessere Strahlungsheizung wird dagegen benachteiligt (siehe Kapitel 5.5 "Strahlungs- oder Konvektionsheizung").

3. Selbst bei Akzeptanz des U-Wertes, also des Beharrungszustandes, hört bei Dämmungen über 6 bis 8 cm die Effizienz auf (siehe Kapitel 6.5 "Dämmung"). Wesentliche zusätzliche energetische Verbesserungen, die dann zu (allerdings völlig unnötigen – siehe Abschnitt 10.3.1: "Die Mär von der Klimakatastrophe") $CO_2$-Minderungen führen würden, treten nicht mehr ein. Damit wird gegen die Richtlinie 93/76 EWG des Rates vom 13. September 1993 zur Begrenzung der Kohlendioxidemissionen durch eine *effizientere* Energienutzung verstoßen. Auch hier wird Sand in die Augen gestreut.

Diese fragwürdigen Grundlagen führen dann auch zu fragwürdigen Ergebnissen. Die unsolide Rechnerei wird im Anhang L der DIN EN 832 sogar bestätigt.

Das Ergebnis einer Beispielrechnung nach DIN EN 832 wird mit einer Streuung von ± 43,3% belegt, das sagt alles. Das Rechengerüst ist derart brüchig, daß mit solchen angekündigten Resultaten die Protagonisten sich selber ad absurdum führen (siehe Kapitel 9.2 "DIN EN 832").

### 10.3.5 Energieausweis – Täuschung des Kunden

In der Begründung zur EnEV heißt es: *"Ziel sei die Erhöhung der Transparenz für Bauherren und Nutzer durch aussagekräftige Energieausweise"*.

Die Energie- und Wärmebedarfsausweise (§ 13), die auf sehr fragwürdigen Rechenmethoden der DIN EN 832 beruhen, können bei einer Streuung der Ergebnisse von ±43,3% nicht ernst genommen werden. Bei derartig haarsträubenden Ergebnissen kann dann ja wohl nicht mehr von *aussagekräftigen* Resultaten gesprochen werden. Hier regiert mehr der Wunsch als die Realität, der Schein übertüncht das Sein. Damit aber werden die in der EnEV §13 geforderten "Ausweise über Energie- und Wärmebedarf, Energieverbrauchskennwerte" recht unglaubwürdig, sie werden überflüssig und hinfällig. Der Kunde wird mit derart ungenauen Rechnungen nur arg getäuscht.

Mittlerweile hat sich dies sogar herumgesprochen, es wird sogar von offizieller Seite bestätigt. Im Rahmen eines bundesweiten Feldversuches, bei dem EU-Richtlinien zur Berechnung der Energiebilanz von öffentlichen Gebäuden getestet werden, wurde das Nürnberger Rathaus untersucht. Hintergrund des Projektes, an dem sich deutschlandweit 40 Gebäude beteiligen, ist die *Energieeffizienzverordnung*, die demnächst EU-weit in Kraft tritt. Das eingeschaltete Ingenieurbüro kommt unter anderem zu folgender Aussage [NN 05]: *"Überraschendes offenbart die Bedarfsanalyse. Nach der neuen EU-Norm liegt der Heizenergiebedarf mit 252 Kilowattstunden pro Quadratmeter und Jahr rein rechnerisch doppelt so hoch wie der tatsächliche bisherige Verbrauchswert. Das zeigt die derzeitigen Schwächen der neuen Rechenmethodik"*. Was hier also an Bedarf "gerechnet" wird, ist der reinste Unfug – aber so etwas soll nun EU-weit eingeführt werden – es ist ein Skandal, denn alle "Berechnungen" werden als *Bedarf* klassifiziert. Hierbei nun von "Schwächen der Rechenmethodik" zu sprechen, ist geschmeichelt; es handelt sich um grundsätzliche und bewußt einkalkulierte Fehler und Irrtümer.

In einer Verwaltungsvorschrift zu § 13 der EnEV heißt es außerdem, daß die Energiebedarfsausweise folgenden Hinweis erhalten müssen:

*"Die angegebenen Werte des Jahres-Primärenergiebedarfs und des Endenergiebedarfs sind vornehmlich für die überschlägig vergleichende Beurteilung von Gebäuden und Gebäudeentwürfen vorgesehen. Sie erlauben nur bedingt Rückschlüsse auf den tatsächlichen Energieverbrauch, weil der Berechnung dieser Werte auch normierte Randbedingungen etwa hinsichtlich des Klimas, der Heizdauer, der Innentemperaturen, des Luftwechsels, der solaren und internen Wärmegewinne und des Warmwasserbedarfs zugrunde liegen".*

Wie man sieht, hier wird derart viel "angenommen", daß es zu einem realistischen Energiebedarf nie kommen kann – der bundesweite Test beweist es. Insofern ist der Hinweis, die Ausweise seien den Käufern, Mietern und sonstigen Nutzungsberechtigten auf Anforderung zur Einsichtnahme vorzulegen, eine einzigartige Augenwischerei und technische Heuchelei. Der Aussagewert dieser "Ausweise" ist gleich Null.

Die Juristen jedenfalls finden hier ein reichhaltiges Betätigungsfeld vor, wenn der Kunde, wenn der Verbraucher, wie ihm ja immer erzählt wird, die dort angegebenen "Bedarfswerte" einmal einfordern oder juristisch einklagen sollte. Immerhin muß vom Verordnungsgeber dann die Frage klar beantwortet werden, ob ein Rechtsanspruch auf die in den Energieausweisen falsch berechneten "Bedarfswerte" besteht. Aber diesem Verlangen wird mit dem Hinweis zu § 13 der EnEV bereits der Boden entzogen. Dies ist wiederum ein Indiz dafür, daß man genau weiß, wie es um die Richtigkeit der "Rechnerei" bestellt ist. Es handelt sich um ein Gestrüpp verworrener, fehlerhafter und falscher Rechenanweisungen.

Die Schöpfer dieser "Phantomrechnungen" haben sich jedoch ebenfalls abgesichert. Sie verweisen auf die in der DIN angegebenen, also normmäßig festgelegten Streuungen von ±43,3%; schließlich sei ja auch die Norm europaweit anerkannt, akzeptiert und eingeführt, anerkannt von vielen "Experten". So einfach ist das, wenn Scharlatanerie ihr Unwesen treibt.

### 10.3.6 Auswirkungen der EnEV

Im Vollzug der EnEV, wie auch bei den bisherigen Wärmeschutzverordnungen, werden für die Außenhülle ausschließlich Dämm-Maßnahmen vorgesehen, die sich hauptsächlich in Wärmedämmverbundsystemen und Leichtkonstruktionen aus Dämmstoff niederschlagen. Die Nachteile sind gewaltig, sie dürfen nicht bagatellisiert werden [AGH], [Meier 00c, 03d], (siehe auch Kapitel 7.2 "Feuchtesorption").

*Gesundheitlicher Aspekt*
Seit Jahren werden unsere Wohnhäuser mit "Verpackungs-Material" eingepackt. Die geforderte Dichtheit führt zu einem hermetischen Verschluß. Schimmel und Algenbildung nehmen immer mehr zu. Die Folgen sind:

Übersättigung mit Schimmel, Vernichtung des Wohnklimas,
schwere Allergien, asthmatische Erkrankungen.

*Energierelevanter Aspekt*
Die Verpackung mit Dämmstoff reduziert kaum den Energieverbrauch. Auch der Einbau neuer Fenster führt zu keiner wesentlichen Energieeinsparung. Dies sind nachvollziehbare Fakten. Man meint deshalb, nun noch mehr dämmen zu müssen, um endlich etwas zu erreichen. Dies ist eine Fehlspekulation – die Hyperbeltragik sorgt dafür.

*Bauphysikalischer Aspekt*
Das seit Jahrhunderten wohnbiologisch vorbildliche Massiv-Haus mit einer Wohnqualität, die "Niedrigenergiehäuser" nie erreichen können, darf nicht abgeschafft werden. Das sind wir dem Verbraucher schuldig. Die neue Bauweise mit hermetisch abgedichteten Konstruktionen, nach EnEV konzipiert, führt zu Bau- und Feuchteschäden. Außen durch den sorptionsdichten und diffusionsbehindernden Schichtenaufbau (u. a. bei Wärmedämmverbundsystemen), innen durch die mit Kunststoffdispersion gestrichene Rauhfasertapete und die dichten Fenster. Die Folgen sind:

Schimmel verursachende hohe Feuchte im Innenraum,
Feuchteansammlung in der Außenwand – die Dämmung wird beeinträchtigt.

*Lüftungsrelevanter Aspekt*
In einem dichten Raum, der allein schon durch das Bewohnen eine hohe Feuchte aufweist, wird es niemals gesundes Leben geben. Alles wird feucht und schimmelig. Die eingebauten Wohngifte erhöhen die Krankheitshäufigkeit. Die empfohlene Lüftungsanlage ist keine Lösung – aus hygienischen Gründen und aus Gründen von nicht amortisierbaren Kosten. Das undichte Fenster, bereits von der Industrie wieder angeboten (undichte Dichtungen, Lüftungsöffnungen), war die richtige Lösung.

*Umweltrelevanter Aspekt*
Bei den Dämmkonstruktionen, unter anderem den WDV-Systemen, kommt zu 90% EPS zum Einsatz; es enthält hochbrennbares Styrol. Im Brandfall werden hochgiftige Gase freigesetzt. Brandkatastrophen mit Todesfällen sind bereits eingetreten. Dämmkonstruktionen und WDV-Systeme lassen sich auch schwer recyceln, es wird Sondermüll eingebaut.

Bautechnisch geht alles den Bach hinunter. Es gibt keinen einzigen Grund, die EnEV – und das heißt immerhin *Energieeinspar*verordnung – aus bautechnischen und auch energetischen Gründen ernst zu nehmen. Schon die WSchVO 1995 ist dahingehend abzulehnen. Es werden damit nur Milliarden-Geschäfte relevanter Industrien gesichert. Bemerkenswert ist dabei Folgendes: Die eingeleiteten und verordneten Energieeinsparmaßnahmen zur "Bekämpfung der Klimakatastrophe" sind überhaupt nicht in der Lage, gegenüber der WSchVO 1984 merkbare zusätzliche $CO_2$-Minderungen zu erzielen, da kaum zusätzliche Energie eingespart wird [Meier 90b]. Sowohl die Begründung, als auch die Lösung bedeuten doloses Handeln, rechnerische Scharlatanerie. Durch die Einführung der EnEV ist nur die Industrie der Gewinner, der Kunde, der Verbraucher jedoch der große Verlierer. Es ist alles nur ein ausgemachter Bluff.

### 10.3.7 Erfüllung von Industriewünschen

Eine sinnvolle Handhabung der EnEV ist nicht möglich. Inhaltliche Unvernunft und methodische Widersprüche, gepaart mit einer Unmenge von Normen führen zu einer Unübersichtlichkeit, die nur mit dem nächsten anzukurbelnden Geschäft überwunden werden kann, dem Verkauf von Programmen – der Computer merkt ja nicht den Unsinn, den er rechnet und der gläubige Anwender erst recht nichts.

Neben dem unmäßigen Dämmen kommt nun noch eine Heizungsanlagenverkaufsflut auf den Verbraucher zu.

Insofern ist es schon erwähnenswert, daß zur Vornorm DIN V 4701 Teil 10 "Energetische Bewertung heiz- und raumlufttechnischer Anlagen – Heizen, Warmwasser, Lüften" in Verbindung mit der EnEV vom Vorsitzenden des Normenausschusses NHRS im DIN und Geschäftsführer der Firma Viessmann unter anderem folgende Aussagen gemacht wurden [Burger 00]:

1. Der Normenumfang von 143 Seiten sei eine großartige Leistung.
2. Die Fachöffentlichkeit könne zur Vornorm Stellung nehmen.
3. Der anlagentechnische Teil müsse mit der Bauphysik abgestimmt werden.
4. Es gäbe eine gleichberechtigte Äquivalenz zwischen Anlagentechnik und Bauphysik. Schlechte Anlagentechnik erfordere eine gute Dämmung und gute Anlagentechnik lasse eine geringere Dämmung zu. Papierwände seien jedoch nicht zulässig.
5. Die Algorithmen der DIN 4701 Teil 10 und die der DIN 4108 Teil 6 würden in Mastermodule, also Rechenprogramme, gefaßt werden, damit keine unterschiedlichen Ergebnisse erzielt werden. Die Bauphysik übernehme Prof. Hauser, die Anlagentechnik Prof. Strauß.
6. Die Mastermodule seien reine Software.
7. Der Architekt müsse im Wesentlichen die wirtschaftlichen Komponenten berücksichtigen.
8. Folgendes Vergleichsbeispiel für ein 200 m² Wohnhaus wird angeführt: Ein $Q_h$ von 80 kWh/m²a erfordere 105 000 DM, ein $Q_h$ von 50 kWh/m²a erfordere 125 000 DM.
9. Die Wirtschaftlichkeit sei nicht Aufgabe der Norm gewesen.

Zu diesen neun Punkten muß aus der Sicht des Kunden, des Verbrauchers und des verantwortungsvollen Planers folgendes gesagt werden:

1. Die Normenfülle ist nicht mehr praktikabel, es handelt sich weitgehend um Normungsschrott, fußend auf Denkfehlern und falschen Voraussetzungen.
2. Die Erfahrung lehrt, daß das grundsätzlich Falsche nicht geändert wird. Anhörungen dienen nur der Alibifunktion, Demokratie wird vorgetäuscht.
3. Wenn die Bauphysik falsch ist, kann eine Erweiterung auf die Anlagentechnik nicht richtig sein. Das methodische Durcheinander nimmt zu.
4. Sowohl die "gute Dämmung", als auch die "gute Anlagentechnik" sind für den Kunden unwirtschaftlich, sie sind zu teuer. Beide "Komponenten" sind verbraucherunfreundlich und deshalb abzulehnen.

5. Die DIN 4108 Teil 6 rechnet stationär und ist demzufolge gerade für Altbauten falsch. Falsche Berechnungen jedoch werden durch Rechenprogramme nicht richtig. Programme vertuschen nur die Fehler.
6. Bei der unübersichtlichen Fülle der Normungsinhalte wird die Softwareherstellung förmlich zwingend. Das Geschäft "Programmverkauf" blüht, der Überblick geht verloren, der Fachmann wird entmündigt – er wird zum Vollzugsorgan degradiert.
7. Wenn der Architekt die wirtschaftliche Komponente berücksichtigt, dann muß er die ganze EnEV mit allen Anhängseln im Interesse seiner Kunden konsequent ablehnen und ignorieren. Die Aussage, der Architekt müsse die Wirtschaftlichkeit beachten, ist deshalb im höchsten Grade heuchlerisch – nur die Industrie verdient dabei.
8. Bei Mehrkosten von 20 000 DM bzw. 100 DM/m² werden rein rechnerisch 30 kWh/m²a eingespart. Dies sind 3 Liter Heizöl oder nach damaligen Preisen etwa 2,25 DM/m²a Heizkosteneinsparung. Das Mehrkostennutzenverhältnis wird damit 44,4; dies bedeutet aber das wirtschaftliche Fiasko – es bedeutet Divergenz. Damit wird die Wichtigkeit des Punktes 7 unterstrichen. Auch die EnEV ist aus Gründen fehlender Wirtschaftlichkeit null und nichtig. Dies wird durch Punkt 9 sogar bestätigt.
9. Dieses Eingeständnis zeigt, wie rigoros dem Kunden von der Industrie das Geld aus der Tasche gezogen wird. Dies zeigt sogar Punkt 8. Wirtschaftlich ist dies alles einzig und allein nur für die Wirtschaft – die wollen eben nur verkaufen und Kasse machen.

Immer wieder zeigt es sich: Die berechtigten Wünsche der Verbraucher treten in den Hintergrund, die Interessen der Wirtschaft haben Vorrang, der Kunde muß zahlen. Aber auch beim Bauen hat der Kunde ein Recht auf Verbraucherschutz, nicht nur bei der Ernährung.

## 10.3.8 Weitere inhaltliche und methodische Kritik

Wegen fehlerhafter Ansätze und Schlußfolgerungen sowie bürokratischer und technokratischer Grundstruktur der bauphysikalischen Formeln und Berechnungsvorschriften waren die bisherigen Wärmeschutzverordnungen eine einzige Konfusion voller Widersprüche und Ungereimtheiten. Diese Fehler wurden in der EnEV 2002 und den folgenden Novellierungen nicht bereinigt, sondern lediglich verfeinert, so daß weiterhin nur ein diffuses, schwammiges Gebilde herauskommt [Meier 00b, 03b]. Maßgebend für die Erfüllung der Anforderungen bleiben nach wie vor allein die U-Werte, nun aber zusätzlich unterstützt durch die Wahl der Heiztechnik. So spielen sich unwirtschaftlicher Dämmstoffeinbau und eine teils sehr unwirtschaftliche Heiztechnik gegenseitig die Bälle zu – zum gegenseitigen Vorteil der einschlägigen Industrien, zum Nachteil der Verbraucher.

Einige Punkte müssen deshalb ebenfalls angesprochen werden:

1. Im Rahmen dazugewonnener Solarenergie werden erneuerbare Energien nur als Umweltwärme, Erdwärme und Biomasse erwähnt (EnEV § 2). Gewonnene Solarenergie durch "Massiv-Absorber", also allein durch speicherfähige Wände, kommt in der EnEV jedoch nirgends vor. Warum eigentlich

nicht, wenn massive Bauteile in Verbindung mit einer transparenten Wärmedämmung doch auch speichern können? Hier wird bewußt die speicherfähige Massivwand als bewährte konstruktive Möglichkeit ausgeschlossen.

2. Obwohl die bisher geforderte Dichtheit der Fenster zu großen Feuchteschäden führt, wird weiterhin das "dichte Fenster" zur Bedingung gemacht § 6). Lieber weicht man zu einem "undicht gemachten" dichten Fenster aus (perforierte Dichtung, Lüftungsschlitze im Rahmen), als nun grundsätzlich davon Abstand zu nehmen. Das bedeutet Schizophrenie im Konstruieren.
3. Das "Austauschprogramm" für Kessel orientiert sich nicht nach technischer Beschaffenheit und Notwendigkeit, sondern nach Einbaudatum (§ 10). Dabei scheinen "Niedertemperatur- und Brennwertkessel" bevorzugt zu werden, obgleich die energetischen Vorteile umstritten sind und Kostenvorteile meist ausbleiben. Hier läuft ein riesiges Mammutgeschäft der Kesselverkäufer an.
4. Es wird von der "Aufrechterhaltung der energetischen Qualität" gesprochen (§ 11). Solange darunter nur die "Superdämmerei" verstanden wird, ist diese Grundtendenz der EnEV falsch und darf nicht akzeptiert werden. Die Bauwirtschaft ist nicht dazu da, der Dämmindustrie die Umsatzsteigerungen zu sichern. Immerhin sind in der EnEV Sätze wie "vollständig mit Dämmstoff ausfüllen" oder "höchstmögliche Dämmstoffdicke" zu lesen.
5. Entlarvend war der Hinweis in dem Entwurf der EnEV vom 29. 11. 2000, § 10, Absatz (4), daß Lüftungsanlagen jährlich zu warten sind. Dieser Satz fehlt jetzt. Man wollte offensichtlich potentielle Kunden nicht erschrecken. Da jedoch bei einer Lüftungsanlage die Hygiene nicht gewährleistet ist, wird diese Forderung später kommen. Die Anlagenbauer warten schon auf das große Geschäft, durch langfristige Wartungsverträge die Gewinne zu sichern. Es gibt jedoch dazu auch Alternativlösungen, die hygienisch wesentlich besser sind und nichts kosten – früher wurden sie gebaut, die nicht ganz dichten Fenster, aber daran sind die Schöpfer der EnEV weniger interessiert.
6. Die in der EnEV vorgeschriebene "raumweise Regelung der Raumlufttemperatur" zeigt die äußerst beschränkte heiztechnische Sichtweise (§ 14). Die Behaglichkeitskriterien eines Raumes setzen sich unter anderem aus der Luft- *und* der Wandtemperatur zusammen. Die Sicherstellung nur der Raumlufttemperatur reicht also nicht aus. Auch die mit einer Raumlufterwärmung verbundene Beschränkung ausschließlich auf Konvektionsheizungen ist nicht hinnehmbar. Auf die besondere Bedeutung einer Strahlungsheizung, auf die in der EnEV gar nicht oder fehlerhaft eingegangen wird, muß ausdrücklich hingewiesen werden (siehe Teil 5 "Humane Heiztechnik").
7. Wenn gemäß Entscheidung von Ministerien zu den Regeln der Technik nun auch Normen, technische Vorschriften oder sonstige Bestimmungen dazugehören (§ 23), dann werden hier höchstrichterliche Entscheidungen grob mißachtet. Woher nimmt die Administration die "Gabe", hierüber befinden zu wollen. Der bürokratische Dilettantismus bei der Abfassung bisheriger Verordnungen läßt eher auf eine permanente Wirtschaftsabhängigkeit und Industriehörigkeit schließen, die ja als Voraussetzung dafür eine vorliegende oder bewußt gespielte Inkompetenz erfordert.

Die "Regeln der Technik" müssen richtig sein und dürfen sich deshalb *nicht* nach den "DIN-Vorstellungen der Wirtschaft" richten (siehe die Kapitel 3.4 "Allgemein anerkannte Regeln der Technik" und 3.5 "DIN-Vorschriften"). Keinesfalls beschränken sie sich, wie es in der EnEV heißt, auf die "Einhaltung des geforderten Schutzniveaus in Bezug auf Energieeinsparung und Wärmeschutz". Einmal besteht ein Gebäude nicht nur aus dem Wärmeschutz, der immerhin Dämmung *und* Speicherung enthält, sondern auch aus dem Feuchte-, Schall- und Brandschutz und dem Standsicherheitsnachweis – das scheint man vor lauter blindem Energieaktionismus schlicht zu vergessen.

8. Bei den Ausnahmen (§ 24) ist zu bemängeln, daß sich auch hier die Administration vorbehält zu bestimmen, was unter "Erreichen der Ziele mit anderen Maßnahmen" zu verstehen ist. Da für den Verordnungsgeber als Wärmeschutz nur das "Dämmen" existiert, können bewährte, jedoch nichtgenehme Alternativen wie z. B. die Solarenergie absorbierende Massivwand mit diesem Passus ausgegrenzt werden.

9. Bemerkenswert sind die Ordnungswidrigkeiten (§ 27). Im Energieeinsparungsgesetz vom 22. Juli 1976, § 8 "Ordnungswidrigkeiten" werden Anforderungen an den Wärmeschutz ausgenommen. Insofern werden in der EnEV auch nur vorsätzliche oder fahrlässige Verstöße gegen die §§ 13 (Heizkessel) oder 14 (Verteilungseinrichtungen und Warmwasseranlagen) mit Geldbußen belegt.

   Was ist nun der Grund, weswegen der Wärmeschutz beim Bußgeld ausgenommen bleibt? Dazu heißt es in der Begründung zur EnEV: *"Anforderungen an den Wärmeschutz der Gebäude hat der Gesetzgeber allerdings bewußt nicht in diese Regelung einbezogen, weil die Sanktionsmöglichkeiten nach dem Baugenehmigungsverfahren als ausreichend erachtet werden"*. Das Skandalöse dabei ist, daß auf der Grundlage von falschen Berechnungen nun die über das Baugenehmigungsverfahren möglichen "Sanktionen" für ausreichend erachtet werden, um den Dämmunfug administrativ durchzusetzen. Es handelt sich um ein ausgeklügeltes mafioses System.

   Was passiert eigentlich, wenn jemand sich weigert, unlogische und absurde Paragraphen der EnEV zu erfüllen? Handelt er ordnungswidrig oder seinem Auftraggeber gegenüber verantwortungsvoll? Diese Frage müßte konkret beantwortet werden, immerhin hat der Planende eine Beratungspflicht seimem Auftraggeber gegenüber wahrzunehmen. Ist das der Grund, weswegen auch die Planenden unwissend gehalten werden und systematisch verdummt werden? – auch über die Fachorgane!

10. Die ausschließliche energetische Behandlung der Fenster durch U-Werte (Anhang 1, Tabelle 2) berücksichtigt nicht die Fähigkeit des Glases, für Wärmestrahlung undurchlässig zu sein. Die Ignoranz will partout nicht aufhören. Wo bleibt da die Universabilität eines "Energiespar-Referendums"?

11. Warum bei der Berechnung des Jahres-Heizenergiebedarfs eines Gebäudes die Wärmeabgabe der Rohrleitungen im Haus als Verluste und nicht als zusätzliche Gewinne bilanziert werden (DIN EN 832, Abschnitt 9), ist ein typisches Beispiel für die ungenügende sachliche Abstimmung der beteiligten

"Experten". Oberflächlichkeit und sachfremdes Scheuklappendenken im einzelnen und insgesamt kennzeichnen diese Denkweisen.

So reiht sich in der EnEV ein Fehler an den anderen. Es handelt sich dabei um ein bürokratisch administratives Machwerk ohne den erforderlichen Bezug zur bautechnischen Realität. Zu viele Fehler sind zu beanstanden. Dies scheinen auch die Verfasser dieses Konglomerats zu wissen, sonst hätten sie sich nicht in der DIN EN 832 mit möglichen rechnerischen Abweichungen von ±43,3% abgesichert. Der einzige Realitätsbezug bei der EnEV besteht nur in der Fähigkeit, großartige Geschäfte für bevorzugte Industriezweige auf den Weg zu bringen. Dieses Ziel wird jedoch konsequent verfolgt. Dies überrascht nicht, denn ein solcher pragmatische Zug wird allerorts bereits im Rahmen der vielgepriesenen Globalisierung wirksam [Chossudovsky 02].

### 10.3.9 Der Widersinn normierter Randbedingungen

Ein Crew von Maschinenbauern und Physikern hat es sich offensichtlich zur Aufgabe gemacht, beim Bauen alles rechenbar machen zu wollen – allerdings mit recht fragwürdigem Erfolg. Bei Fragen der Standsicherheit (Statik) ist dies verständlich, jedoch bei der "Berechnung" eines Energiebedarfs (im Gegensatz zum Messen eines Energieverbrauchs) landet man im Dickicht selbst produzierter Unzulänglichkeiten.

Zum Berechnen werden einmal die Funktionszusammenhänge von klar definierten Begriffen, eben die Formeln, zum anderen aber das quantitative Ausfüllen dieser Begriffe, die Daten, benötigt. Bei fehlerhaften Formeln allerdings werden dann natürlich auch die Ergebnisse immer unglaubwürdiger. Nun glaubt man, dies durch Einbeziehen weiterer Einflüsse beheben zu können. Mit der Ausuferung der unterschiedlichsten Einflüsse jedoch werden nun auch vielerlei Daten erforderlich – und die Fehlerhaftigkeit wird immer größer – und hier wird dann die Flucht zu Gauß angetreten (siehe (7) "Gauß als Nothelfer").

Anmerkung: Falsche Simulationsmodelle mit zur Realität konträren Ergebnissen versucht man durch Berücksichtigung einer Vielzahl von Einflüssen zu retten. Dadurch aber verheddert man sich immer mehr im Wildwuchs und Gestrüpp unzulänglicher Algorithmen. Wenn nicht die Ursache falscher Simulationsmodelle beseitigt wird, ist dies alles ein Herumstochern im Nebel.

Die EnEV hat nun eine Anzahl von Daten genormt.

1. Das Verhältnis der Gebäudenutzfläche $A_N$ zum beheizten Gebäudevolumen $V_e$ ist mit 0,32 immer konstant: $A_N = 0{,}32 \cdot V_e$

   Diese Festlegung entspricht nicht den Realitäten variationsreicher Entwurfslösungen, damit werden Bemühungen rationeller Planungen nicht honoriert. Außerdem liegt dieser Wert von 0,32 *über* den realistischen Werten, die mit etwa 0,26 bis 0,30 zu Buche schlagen. Damit aber wird meist mit einer zu großen Nutzfläche gerechnet, die dann den "Energiebedarf" pro Quadratmeter eben zu gering angibt – manipulierte Rechnung.

2. Der Warmwasserzuschlag bei Wohngebäuden wird ebenfalls konstant angenommen: $Q_W = 12{,}5$ kWh/m²a

   Diese Konstanz enthält derart viel Imponderabilien, daß hier von einer willkürlichen Festlegung gesprochen werden kann. Für eine 80 m² Wohnung kann mit dieser Energiemenge pro Tag etwa 52 Liter Wasser um 40 K erwärmt werden. Auch entspricht dies, wie es in der DIN V 4701-10 heißt, dem täglichen Warmwasserbedarf von 23 Litern pro Person bei 50 °C Wassertemperatur. Es ist klar, daß dies nun wirklich nicht für alle Wohnungen zutrifft. Die DIN V 4108-6, Tabelle 2, geht bei einem 2 Personenhaushalt (35 m²/Person) von einer jährlichen Energiemenge von rund 6,9 kWh/m²a aus. Die quantitativen Diskrepanzen sind doch schon recht gewaltig, die Willkür in den Ergebnissen ist programmiert.

3. Das Verhältnis des Luftvolumens V zum beheizten Gebäudevolumen $V_e$ ist bei Gebäuden bis zu 3 Geschossen mit 0,76 und in den übrigen Fällen mit 0,80 fest fixiert.

$$V = 0{,}76 \cdot V_e \quad (\text{m}^3)$$

$$V = 0{,}80 \cdot V_e \quad (\text{m}^3)$$

   Konkret heißt dies, daß im ersten Fall die Konstruktion 24% des Gebäudevolumens, im zweiten Fall 20% des Gebäudevolumens ausmacht. Auch dies bedeutet eine unzulässige Normierung, die der Praxis nicht gerecht wird.

4. Die Abweichungen vom errechneten Energiebedarf zum gemessenen Verbrauch wird nun den Wärmebrücken angelastet. Für einzelne Konstruktionsarten zeigt dies exemplarisch das Bild 10.19 aus [IPB 83].

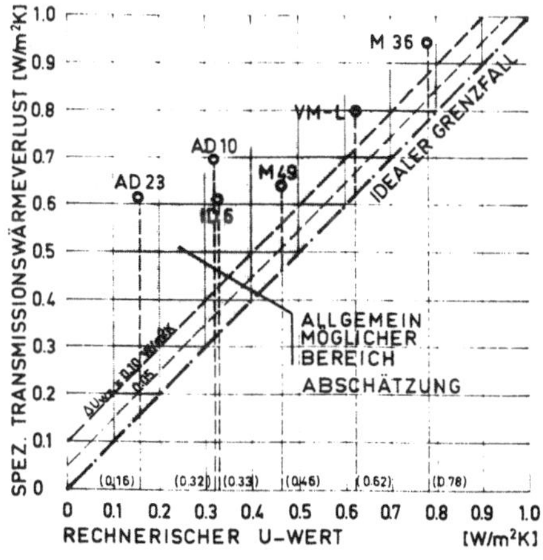


Bild 10.19: "Vermeintliche" Wärmebrückeneffekte im Wandbereich

*Bild 10.19:*
*Deutlich ist erkennbar, daß die absoluten Abweichungen bei großen U-Werten (Massiv-Konstruktionen) klein, jedoch bei kleinen U-Werten (Dämmschichtkonstruktionen) recht groß sind. Die Berücksichtigung der Wärmebrücken durch konstante Werte ist falsch. Die prozentualen Verschlechterungen verhalten sich dann sogar exponential [Meier 92a].*

Die Berücksichtigung der vermeintlichen Wärmebrücken erfolgt, indem für die gesamte wärmeübertragende Umfassungsfläche der berechnete U-Wert um den Betrag $\Delta U_{WB} = 0{,}10$ W/m²K erhöht wird.

Bei Anwendung von Planungsbeispielen nach DIN 4108 Bbl.2 1998-08 wird der Erhöhungsbetrag halbiert: $\Delta U_{WB} = 0{,}05$ W/m²K.

(Über DIN 4108, Bbl. 2 siehe Abschnitt 9.1.7 "Fragwürdiges Beiblatt 2").

Es ist nach Bild 10.19 methodisch demzufolge falsch, in der EnEV *konstante* Erhöhungen (0,05 bzw. 0,1 W/m²K) zu berücksichtigen. Dabei sind die vorgesehenen Werte einmal für kleine U-Werte und damit für Dämmschichtkonstruktionen völlig unzureichend, zum anderen aber eine exzellente Benachteilung der monolithischen Konstruktionen. Die für Außendämmungen zutreffenden Abweichungen müssen wesentlich höher angesetzt werden.

5. Bei der Berechnung des Heizwärmebedarfs $Q_h$ entspricht der Gradtagfaktor 66 klimatischen Randbedingungen, die in der DIN V 4108-6 einer Heizgrenztemperatur von 10 °C sowie für einen mittleren Standort einer Dauer der Heizperiode von 185 Tagen und einer Gradtagzahl von 2900 Kd entspricht. Dabei wird noch zusätzlich ein Teilbeheizungsfaktor von 0,95 berücksichtigt. Hierzu sind mehrere Kritikpunkte vorzubringen:

   a) Eine Heizgrenztemperatur von 10 °C bedeutet, daß ab einer Außenlufttemperatur von 10 °C das Gebäude nicht mehr beheizt werden muß. Dies ist arg wenig, immerhin besteht je nach üblicher Raumlufttemperatur noch eine Temperaturdifferenz zwischen innen und außen von etwa 10 K. Dies verkraftet ein Massivbau spielend, ein Dämmstoffhaus ohne große Speicherkapazität jedoch dürfte hier zu Problemen führen – ein Unterversorgung ist die zwangsläufige Folge.

   b) Eine Heizperiode von 185 Tagen ist sehr gering. Den geringsten Wert hat Freiburg (169,3), gefolgt von Mannheim (179,1) und Geisenheim (184,9). Alle anderen in der DIN angeführten Orte liegen darüber. Der größte Wert wird bei Oberstdorf (238,5) registriert, gefolgt von Freudenstadt (237,7) und Hof (234,7). Die Mehrzahl der Städte liegt somit *über* dem Wert von 185 Tagen, so daß für weite Teile der BRD diese in der EnEV festgelegte Zahl zu niedrig angesetzt ist.

   c) Die Gradtagzahl von 2900 Kd liegt am unteren Ende der Skala. Den geringsten Wert hat Freiburg (2560), Der Raum Mannheim, Frankfurt/M sowie Essen, Köln und Münster liegen ebenfalls noch darunter. Der größte Wert wird bei Oberstdorf (4109) registriert, gefolgt von Hof (4021). Die Mehrzahl der Städte liegt damit ebenfalls über dem Wert von 2900, so daß für die meisten Regionen zu geringe Heizwärmebedarfswerte berechnet werden.

   d) Eine Gradtagzahl von 2900 Kd bezieht sich auf eine Raumlufttemperatur von 19 °C. Bei höheren Innenraumlufttemperaturen ergeben sich auch höhere Gradtagzahlen. Damit aber wird mehr Heizwärme benötigt. Bei geringeren Raumlufttemperaturen, wie sie bei einer Strahlungsheizung anzusetzen sind, wird jedoch im Vergleich zu viel Heizwärme "berechnet". Die Normierung auf eine Innenraumlufttemperatur von 19 °C birgt also Gefahren, der Unterschied pro Grad beträgt etwa 6 % an Heizenergie.

Eine Heizgrenztemperatur von 12 °C, die für die vielen Leichtbauweisen eher zutreffend wäre, liefert mittlere jährliche Heiztage von 220 Tagen, das wären 19 % höhere Energieverlustwerte, sowie eine Gradtagzahl von 3300 Kd, dies wären dann knapp 14 % mehr. Zusammenfassend kann gesagt werden: Nur allein durch Wahl klimatisch günstigerer Werte und damit der Zahl 66 wird gegenüber der WSchV von 1995 mit dem Wert 84 x 0,9 = 75,6 bereits eine "rechnerische Einsparung" von knapp 13 % erzielt. Das propagierte Einsparziel von 30% wird damit nur durch Wahl anderer Daten zu etwa 42 % erfüllt – ist das nicht ein toller Einfall.

6. Die Temperatur-Korrekturfaktoren $F_{xi}$ berücksichtigen bei Bauteilen eine vorliegende reduzierte Temperaturdifferenz gegenüber der "Standarddifferenz" $\Delta\vartheta_L$ von 15,7 K. (gemäß den Annahmen in der EnEV: GTZ 2900 : Heiztage 185 = 15,7 K). Der stationär berechnete spezifische Wärmeverlust pro Quadratmeter ist dann U-Wert multipliziert mit dem Temperatur-Korrekturfaktor.

   Bei den Korrekturfaktoren $F_{xi}$ wird das belüftete Dach, die einzig richtige Konstruktion zur Vermeidung von Feuchteschäden, mit einem $F_{xi}$ von 0,8 gemäß WSchVO von 1995 nicht mehr erwähnt (Anhang 1, Tabelle 3). Dies ist eine nicht hinzunehmende Verbannung aus feuchteschutztechnischen Gründen bautechnisch notwendiger Konstruktionen. Ideologie in der Bautechnik in Form einer bauschadensträchtigen "Vollsparrendämmung" ist wirklich fehl am Platz. Aber auch bei der Zusammenstellung der anderen Korrekturfaktoren ist Kritik angebracht:

   Diese Korrekturfaktoren $F_{xi}$ werden im Anhang 1 der EnEV, Tabelle 3, aber auch in der DIN 4108, Teil 6, Tabelle 3 (2000-11) aufgelistet. Es ergeben sich unterschiedliche Werte; die in der Tabelle 10.1 zusammengestellt sind.

   Der in der Tabelle vorkommende Wert B‘ ist: B‘ = $A_G$ / (0,5 P), wobei P der Umfang der Bodengrundfläche ist.

   *Kommentar:* Bei der Wärmeschutzverordnung von 1995 war für die Kelleraußenflächen (Boden, Wand und Decke) generell noch der Wert 0,5 anzusetzen. Bei dem jetzt in der EnEV verallgemeinerten Wert von 0,6 wird also rein rechnerisch der Energieverbrauch um 20 % erhöht.

   Beim unteren Gebäudeabschluß wird mit der Energie sehr großzügig umgegangen. Statt des in der EnEV, Anhang 1, Tabelle 3 vorgeschriebenen Wertes von 0,6 sind die entsprechenden Werte in der DIN 4108-06 wesentlich kleiner und umfassen den Bereich von 0,1 bis 0,55. Selbst die Vorgängertabelle von 1995 enthielt Werte zwischen 0,2 und 0,5. Diese kleineren Werte ergeben dann geringere Wärmeverluste mit Abweichungen bis zu 600% zum anzusetzenden Wert von 0,6. Mit diesem Wert werden die "Transmissionswärmeverluste" zu hoch berechnet.

| **Tabelle 10.1:** Temperatur-Korrekturfaktor | | Temperatur-Korrekturfaktor $F_x$ | | |
|---|---|---|---|---|
| Wärmestrom nach außen über Bauteil | | EnEV | DIN 4108-6 | |
| 1 Außenwand, Fenster | | 1 | 1 | |
| 2 Dach als Systemgrenze | | 1 | 1 | |
| 3 Oberste Geschoßdecke (Dach nicht ausgebaut) | | 0,8 | 0,8 | |
| 4 Abseitenwand (Drempel) | | 0,8 | 0,8 | |
| 5 Wände und Decken zu unbeheizten Räumen | | 0,5 | 0,5 | |
| 6 Wände und Decken zu niedrig beheizten Räumen | | - | 0,35 | |
| Wände und Fenster zu unbeheiztem Glasvorbau | | | | |
| 7 Einfachverglasung | | - | 0,8 | |
| 8 Zweischeibenverglasung | | - | 0,7 | |
| 9 Wärmeschutzverglasung | | - | 0,5 | |
| Unterer Gebäudeabschluß | | | | |
| 10 Kellerdecke und -wände zu unbeheiztem Keller | | 0,6 | - | |
| Kellerdecke zum unbeheizten Keller | | | | |
| 11 mit Perimeterdämmung | B' < 5 | - | 0,55 | |
| 12 | B' = 5 - 10 | - | 0,5 | |
| 13 | B' > 10 | - | 0,45 | |
| 14 ohne Perimeterdämmung | B' < 5 | - | 0,7 | |
| 15 | B' = 5 - 10 | - | 0,65 | |
| 16 | B' > 10 | - | 0,55 | |
| 17 Fußboden auf Erdreich | | 0,6 | - | |
| 18 beheizter Keller gegen Erdreich | | 0,6 | - | |
| Flächen des beheizten Kellers | | | R ≤ 1 | R > 1 |
| 19 Fußboden | B' < 5 | - | 0,3 | 0,45 |
| 20 | B' = 5 - 10 | - | 0,25 | 0,4 |
| 21 | B' >> 10 | - | 0,2 | 0,35 |
| 22 Wand | | - | 0,4 | 0,6 |
| Niedrig beheizte Räume[1]: Bodenplatte | | | | |
| 23 | B' < 5 | - | 0,2 | 0,55 |
| 24 | B' = 5 - 10 | - | 0,15 | 0,5 |
| 25 | B' > 10 | - | 0,1 | 0,35 |

[1] Räume mit Innentemperaturen zwischen 12 °C und 19 °C

*Anmerkung zur Tabelle 10.1:* Die Temperatur-Korrekturfaktor der erdberührenden Kellerflächen nach DIN 4108-6 (Zeilen 19 bis 25) hängen vom Wärmedurchlaßwiderstand R (m²K/W) der Konstruktion ab. Bei einem kleinen Wärmedurchlaßwiderstand (R < 1) geht viel Wärme verloren (großer Wärmedurchgangskoeffizient U) und damit erwärmt sich das Erdreich stärker als bei einem großen Widerstand (R > 1), bei dem wenig Wärme verloren geht (kleiner Wärmedurchgangskoeffizient U). Aus diesem Grunde fallen die entsprechenden Temperatur-Korrekturfaktoren unterschiedlich aus: R < 1 bedeutet eine hohe Erdreichtemperatur bzw. einen kleinen Temperatur-Korrekturfaktor; dagegen bedeutet R > 1 eine niedrige Erdreichtemperatur bzw. einen hohen Temperatur-Korrekturfaktor. Insofern werden größere U-Werte mit kleineren Temperatur-Korrekturfaktoren bedacht, so daß bei erdberührten Kellerflächen die Bedeutung der U-Werte zurückgeht. Dies aber wird beim "Normwert 0,6 nach EnEV" völlig ignoriert. Die Fragwürdigkeit der Berechnungen nimmt kein Ende.

7. Die Größenordnung der Lüftungswärmeverluste orientiert sich am Tatbestand, ob eine "Dichtheitsprüfung" durchgeführt wird oder nicht. Die Berechnung des spezifischen Lüftungsverlustes ohne Dichtheitsprüfung (Luftwechselrate LWR 0,7) erfolgt mit der Formel: $H_V = 0{,}19 \cdot V_e$ (W/K),

   mit Dichtheitsprüfung (LWR von 0,6) mit: $H_V = 0{,}163 \cdot V_e$ (W/K).

   Zunächst ist zu beanstanden, daß hier angenommene "vorliegende" Lüftungsverluste quantifiziert werden (ein dichtes Haus erfordert weniger als ein undichtes Haus). Dies aber verdreht Ursache und Wirkung. Gelüftet werden muß aus hygienischen Gründen und dann muß die "erforderliche" Lüftungsrate berücksichtigt werden – und die ist, wenn überhaupt normiert, immer konstant. Bei einem "dichten Haus" muß dann eben mehr fenstergelüftet werden, bei einem "undichten Haus" weniger, um die notwendige Lüftungsrate zu erzielen. Maßgebend ist dabei jedoch immer, daß durch den Luftaustausch keine Bauwerks- und Feuchteschäden durch Undichtheiten in der konstruktiven Außenhülle entstehen. Mit dieser widersprüchlichen Festlegung wird beim Wärmeschutz-Nachweis im Zweifelsfalle die "Dichtheitsprüfung" erzwungen, da damit rechnerisch ein geringerer Lüftungsverlust verbunden ist. Unterschiedliche Lüftungsraten mit unterschiedlichen Lüftungsverlusten jedoch sind in diesem Zusammenhang unsinnig.

   Bei einem Massivbau mit Innenputz ist das Gebäude immer als luftdicht anzusehen – auch ohne Luftdichtheitsprüfung. Diese wird nur bei Skelettkonstruktionen, bei denen die Luftdichtheit konstruktiv kaum dauerhaft herzustellen ist, erforderlich – also bei "Niedrigenergiehäusern", eben bei den "modernen Bauweisen". Es stellt sich die Frage: "Gilt bei einem dichten Massivhaus nun der Wert 0,163 (Gebäude ist dicht) oder der Wert 0,19 (keine Dichtheitsprüfung, weil unnötig). Auch hier wird von den Verfassern der EnEV nur "die neue Bauweise", die Leichtbauweise gesehen und berücksichtigt. Das Überlegen und einen Sachverhalt zu durchdenken, ist offensichtlich in der etablierten Bauphysikszene tabu.

   Eine Luftwechselrate von 0,7 bedeutet einen 16,8 fachen Luftaustausch innerhalb einer Tag/Nacht-Periode, eine Luftwechselrate von 0,6 einen 14,4 fachen Luftaustausch. Interessant ist, daß in der Begründung zur EnEV gesagt wird, daß die Luftwechselrate von 0,7 *"den durchschnittlichen Lüftungswärmebedarf in Deutschland beschreibt"*. Dies dürfte ein Schmarren sein – man bedenke nur: Wenn die Raumluft durchschnittlich 16,8 mal innerhalb von 24 Stunden ausgetauscht wird, gäbe es keinen Schimmel!

Diese Werte sind somit maßlos übertrieben, denn ein dreimaliger vollkommener Luftaustausch morgens, mittags und abends reicht vollends aus, um bei normaler Nutzung ausreichende Luftqualität zu gewährleisten und Schimmelpilz zu vermeiden – und dies wäre dann ein 0,125 facher Luftwechsel pro Stunde. Warum werden nun diese hohen Luftwechselraten angenommen? Dies wird nur propagiert, um Lüftungsanlagen – vor allem mit Wärmerückgewinnung – ins Gespräch bringen zu können und damit den Weg zu bereiten, verkauft zu werden; unwirtschaftlich sind sie ohnehin [Meier 06].

Auch werden mit diesen hohen Lüftungsraten die lüftungstechnischen Vorteile einer Strahlungsheizung nicht berücksichtigt. Eine Strahlungsheizung läßt die Luft in Ruhe, sie ist somit nicht staubbelastet. Insofern dürfte rechnerisch ein 0,2 bis 0,3facher Luftwechsel völlig ausreichend sein, um eine hygienisch einwandfreie Raumluftqualität zu garantieren. Außerdem wird Luft durch Strahlung nicht erwärmt, so daß von einer niedrigeren Raumlufttemperatur ausgegangen werden kann. Bei der Planung einer Strahlungsheizung können deshalb wesentlich geringere Lüftungsraten angesetzt werden.

Basiswert für den Lüftungswärmebedarf ist der Lüftungsfaktor $f_L$ = 0,19 in der Formel $H_V$ = 0,19 x $V_e$ (W/K) der EnEV *ohne* Dichtheitsprüfung (Luftwechselrate 0.7) und der Lüftungsfaktor $f_L$ = 0,163 in der Formel $H_V$ = 0,163 x $V_e$. (W/K) *mit* Dichtigheitsprüfung (Luftwechselrate 0,6). Man unterscheidet zwar unterschiedliche "Beheizte Luftvolumen V" (Gebäude bis zu 3 Vollgeschossen mit V = 0,76 x $V_e$ sowie Übrige Fälle mit V = 0,80 x $V_e$), doch ist in den Werten 0,163 und 0,19 automatisch der Wert 0,8 (übrige Fälle) eingearbeitet. Das bedeutet: Gebäude bis zu 3 Vollgeschossen werden benachteiligt, da ihnen der geringere Wert 0,76 vorenthalten wird. Auch wird gemäß der Defi

**Tabelle 10.2:** Lüftungsfaktor $f_L$ in W/m³K für unterschiedliche Plaungsalternativen (Reduzierung von Lufttemperatur des Innenraumes und geringere Luftwechselrate)

| | | $f_L$ (W/m³K) | | | | | | | | | |
|---|---|---|---|---|---|---|---|---|---|---|---|
| | | bis zu 3 Vollgeschossen | | | | | die übrigen Fälle | | | | |
| | | EnEV | | Strahlungsheizung | | | EnEV | | Strahlungsheizung | | |
| $\vartheta_i$ | $\Delta t_L$ | 16,8 | 14,4 | 7,2 | 4,8 | 3,6 | 16,8 | 14,4 | 7,2 | 4,8 | 3,6 |
| °C | K | 0,7 | 0,6 | 0,3 | 0,2 | 0,15 | 0,7 | 0,6 | 0,3 | 0,2 | 0,15 |
| 23 | -4 | 0,227 | 0,195 | 0,097 | 0,065 | 0,049 | 0,239 | 0,205 | 0,102 | 0,068 | 0,051 |
| 22 | -3 | 0,215 | 0,185 | 0,092 | 0,062 | 0,046 | 0,224 | 0,194 | 0,097 | 0,065 | 0,049 |
| 21 | -2 | 0,204 | 0,175 | 0,087 | 0,058 | 0,044 | 0,215 | 0,184 | 0,092 | 0,061 | 0,046 |
| 20 | -1 | 0,192 | 0,165 | 0,082 | 0,055 | 0,041 | 0,203 | 0,174 | 0,087 | 0,058 | 0,043 |
| 19 | 0 | 0,181 | 0,155 | 0,078 | 0,052 | 0,039 | **0,19** | **0,163** | 0,082 | 0,054 | 0,041 |
| 18 | 1 | 0,169 | 0,145 | 0,073 | 0,048 | 0,036 | 0,178 | 0,153 | 0,076 | 0,051 | 0,038 |
| 17 | 2 | 0,158 | 0,135 | 0,068 | 0,045 | 0,034 | 0,166 | 0,142 | 0,071 | 0,047 | 0,036 |
| 16 | 3 | 0,146 | 0,125 | 0,063 | 0,042 | 0,031 | 0,154 | 0,132 | 0,066 | 0,044 | 0,033 |
| 15 | 4 | 0,135 | 0,116 | 0,058 | 0,039 | 0,029 | 0,142 | 0,122 | 0,061 | 0,041 | 0,030 |

nition der Gradtagzahl von einer Innenraumlufttemperatur von 19 °C (DIN V 4108-06) ausgegangen. Bei einer Konvektionsheizung dürfte dies in Realität kaum zutreffen, so daß hier ebenfalls korrigiert werden muß. Die Tabelle 10.2 liefert die entsprechenden Lüftungsfaktoren für alternative Planungsgrundlagen. Die oberste Zeile gibt den Luftaustausch für 24 Stunden an.

Die Tabelle zeigt, wie unterschiedlich der Lüftungsbedarf einzuschätzen ist. Die "vorgeschriebenen", fett ausgedruckten Lüftungsfaktoren sind willkürlich gewählt und dienen mehr der Markteinführung von Lüftungsanlagen, denn nach DIN V 4701-10 beträgt der Norm-Anlagenluftwechsel für mechanische Lüftungsanlagen entgegen den hier angenommenen 0,7 und 0,6 fachen Luftwechseln nur 0,4 fach – und das sind immerhin nur 57% bzw. 67% des verordneten Lüftungswärmebedarfs. So wird die maschinentechnische Ausrüstung eines Wohngebäudes inkognito lanciert und forciert.

8. Die solare Einstrahlung wird durch die Formel:

$$Q_S = \Sigma I_S \cdot \Sigma 0{,}567 \cdot g \cdot A$$

(kWh/a) berechnet. Dabei werden im Gegensatz zu den solaren Einstrahlungen in der WSchVO 1995 reduzierte Werte verwendet. Infolge der unterschiedlichen Faktoren 0,46 (WSchV 95) und 0,567 wurde im Süden: statt 333 kWh/m²a nun 270 kWh/m²a,
im Osten/Westen: statt 191 kWh/m²a nun 155 kWh/m²a,
und im Norden: statt 123 kWh/m²a nun 100 kWh/m²a,
als Referenzklima festgeschrieben. Es wird deutlich: Der Einfluß der Sonne wird systematisch reduziert, hier rund um 19%. Damit aber wird die kostenlose Solarenergie quantitativ niedergerechnet und benachteiligt. Ansonsten wird davon ausgegangen, daß bei dem Vereinfachten Verfahren die Sonne überall in der Bundesrepublik gleichmäßig scheint – eine Utopie.

Interessant sind in diesem Zusammenhang die in der DIN V 4108-6 angeführten Tabellen über das Referenzklima Deutschland sowie über die durchschnittlichen monatlichen Strahlungsintensitäten für die 15 Referenzregionen. Diese Tabellen zeigen recht unterschiedliche Strahlungsintensitäten, sie sind für die Monate Oktober, Dezember, Januar und März in der Tabelle 10.3 zusammengefaßt.

Es handelt sich dabei um das Referenzklima Deutschland sowie um folgende Regionen 1 bis 15:

| | | | | | |
|---|---|---|---|---|---|
| 0 | Referenzklima Deutschland | | 8 | Referenzort | Geisenheim |
| 1 | Referenzort | Norderney | 9 | Referenzort | Chemnitz |
| 2 | Referenzort | Hamburg | 10 | Referenzort | Hof |
| 3 | Referenzort | Arkona | 11 | Referenzort | Würzburg |
| 4 | Referenzort | Potsdam | 12 | Referenzort | Mannheim |
| 5 | Referenzort | Braunschweig | 13 | Referenzort | Freiburg |
| 6 | Referenzort | Harzgerode | 14 | Referenzort | Weihenstephan |
| 7 | Referenzort | Essen | 15 | Referenzort | Garmisch-P. |

**Tabelle 10.3**: Mittlere Strahlungsintensitäten in W/m² für das Referenzklima Deutschland sowie für 15 Referenz-Regionen für eine senkrechte Wand (Neigung 90°)

| | Oktober | | | | Dezember | | | | Januar | | | | März | | | |
|---|---|---|---|---|---|---|---|---|---|---|---|---|---|---|---|---|
| | S | O | W | N | S | O | W | N | S | O | W | N | S | O | W | N |
| 1 | 2 | 3 | 4 | 5 | 6 | 7 | 8 | 9 | 10 | 11 | 12 | 13 | 14 | 15 | 16 | 17 |
| 0 | 81 | 51 | 51 | 33 | 33 | 15 | 15 | 10 | 56 | 25 | 25 | 14 | 80 | 53 | 53 | 34 |
| 1 | 86 | 46 | 45 | 27 | 27 | 11 | 11 | 8 | 44 | 20 | 18 | 12 | 102 | 63 | 67 | 39 |
| 2 | 81 | 44 | 43 | 25 | 27 | 10 | 11 | 7 | 40 | 17 | 17 | 11 | 85 | 56 | 56 | 35 |
| 3 | 87 | 44 | 45 | 25 | 28 | 10 | 10 | 7 | 29 | 12 | 13 | 9 | 98 | 64 | 66 | 37 |
| 4 | 90 | 49 | 48 | 28 | 30 | 12 | 12 | 8 | 41 | 18 | 18 | 12 | 95 | 63 | 62 | 37 |
| 5 | 87 | 47 | 49 | 28 | 30 | 12 | 12 | 9 | 46 | 20 | 22 | 14 | 93 | 61 | 63 | 40 |
| 6 | 85 | 49 | 44 | 30 | 32 | 14 | 13 | 10 | 50 | 22 | 22 | 15 | 96 | 67 | 61 | 40 |
| 7 | 85 | 49 | 45 | 28 | 26 | 12 | 12 | 9 | 42 | 18 | 19 | 12 | 83 | 57 | 57 | 37 |
| 8 | 80 | 44 | 46 | 30 | 31 | 13 | 14 | 10 | 41 | 19 | 20 | 14 | 99 | 62 | 67 | 41 |
| 9 | 105 | 53 | 52 | 30 | 49 | 16 | 17 | 11 | 69 | 25 | 27 | 15 | 108 | 73 | 75 | 40 |
| 10 | 116 | 59 | 57 | 25 | 48 | 17 | 16 | 10 | 72 | 28 | 29 | 15 | 113 | 80 | 78 | 41 |
| 11 | 92 | 49 | 55 | 31 | 36 | 15 | 15 | 11 | 47 | 22 | 23 | 16 | 102 | 67 | 73 | 44 |
| 12 | 88 | 48 | 50 | 30 | 34 | 14 | 14 | 11 | 44 | 20 | 22 | 15 | 95 | 63 | 67 | 40 |
| 13 | 103 | 56 | 57 | 31 | 52 | 22 | 22 | 13 | 55 | 24 | 25 | 16 | 106 | 70 | 70 | 43 |
| 14 | 107 | 56 | 60 | 32 | 46 | 20 | 21 | 14 | 58 | 25 | 29 | 19 | 111 | 76 | 79 | 46 |
| 15 | 133 | 70 | 68 | 33 | 89 | 33 | 33 | 16 | 105 | 39 | 40 | 19 | 129 | 87 | 86 | 47 |

Der Tabelle 10.3 ist zu entnehmen:

Die Streuungen der Strahlungsintensitäten zwischen den 15 Regionen und zu den Referenzwerten Deutschland (Zeile 0) sind beachtlich. Die Maximalwerte liegen in den Alpen in der Region 15 (Garmisch-Partenkirchen), die Minimalwerte hauptsächlich in der Region 2 (Hamburg) und Region 3 (Arkona), also im Norden. Wichtig sind die Abweichungen untereinander, die besonders in den Wintermonaten sehr hoch sind (immerhin bis zu 260%), die aber auch in den Übergangsmonaten mit 32 bis 66 % recht deutlich zu Buche schlagen. Den absoluten Abweichungen vom "Referenzwert" muß besondere Beachtung geschenkt werden, denn die Oktobereinstrahlungen in den Regionen sind im Süden größer als der angegebene Referenzwert; dagegen im Norden kleiner (Zeile 0). Die Märzeinstrahlungen fallen generell aus dem Rahmen, denn alle Werte in den Regionen sind größer als die "Referenzwerte Deutschland". Dies zeigt die Oberflächlichkeit in der Aufstellung eines "Referenzklimas" gegenüber den regionalen "Strahlungstabellen". Widersprüche sind unverkennbar. Dies zeigt aber auch, daß Strahlung bewußt diskriminiert wird.

Wesentlich ist jedoch folgender Umstand: Die Solarstrahlung an sich wird rechnerisch völlig fehlerhaft behandelt (siehe Abschnitt 9.2.2 "Fehlerhafte Nettogewinne durch Strahlung"). Hier wird bei der Berücksichtigung der eingespeicherten Solarenergie durch massive Wände dem Kunden ein X für ein U vorgemacht.

9. Die internen Gewinne $Q_i$ werden, bezogen auf den Quadratmeter Gebäudenutzfläche als Konstantwert angegeben: $q_i = 22$ (kWh/m²a)
Auch diese Konstanz ist willkürlich. Bei den unterschiedlichsten Nutzungen von Gebäuden käme solch eine Größenordnung wohl selten zum Tragen – es wäre der reine Zufall.

10. Die Anlagenaufwandszahlen $e_p$ sind der DIN V 4701-10 zu entnehmen. Sie können berechnet werden, was jedoch recht kompliziert ist. Maßgebend sind hierfür einmal die Wahl der Anlagentechnik und darüber hinaus der spezifische Jahres-Heizwärmebedarf $q_h$ in kWh/m²a sowie die beheizte Nutzfläche $A_N$ in m². Die Anlagenaufwandszahlen können auch Tabellen und Diagrammen entnommen werden. Für einen Niedertemperaturkessel mit gebäudezentraler Trinkwassererwärmung (C.5.1 Anlage 1 der DIN V 4701-10) werden in der Tabelle 10.4 die Anlagenaufwandszahlen aufgelistet.

**Tabelle 10.4**: Anlagenaufwandszahl $e_p$ (primärenergiebezogen) nach Anlage 1: Niedertemperaturkessel mit zentraler Trinkwassererwärmung

| $q_h$ | beheizte Nutzfläche in m² | | | | | | | | | | |
|---|---|---|---|---|---|---|---|---|---|---|---|
| kWh/m²a | 100 | 150 | 200 | 300 | 500 | 750 | 1000 | 1500 | 2500 | 5000 | 10 T. |
| 40 | 2,29 | 2,01 | 1,87 | 1,73 | 1,61 | 1,55 | 1,51 | 1,48 | 1,45 | 1,43 | 1,41 |
| 50 | 2,13 | 1,89 | 1,77 | 1,65 | 1,55 | 1,49 | 1,47 | 1,44 | 1,41 | 1,39 | 1,37 |
| 60 | 2,01 | 1,80 | 1,70 | 1,59 | 1,50 | 1,46 | 1,43 | 1,41 | 1,38 | 1,36 | 1,35 |
| 70 | 1,92 | 1,74 | 1,65 | 1,55 | 1,47 | 1,43 | 1,40 | 1,38 | 1,36 | 1,34 | 1,33 |
| 80 | 1,85 | 1,69 | 1,60 | 1,52 | 1,44 | 1,40 | 1,38 | 1,36 | 1,34 | 1,33 | 1,31 |
| 90 | 1,79 | 1,64 | 1,57 | 1,49 | 1,42 | 1,39 | 1,37 | 1,35 | 1,33 | 1,31 | 1,30 |

Folgende Abhängigkeiten sind festzustellen:
Je größer das Gebäude ist, desto energiewirtschaftlicher kann die Anlage arbeiten – die Anlagenaufwandszahlen werden kleiner. Das bedeutet, daß Einfamilienhäuser durch die Anlagentechnik relativ viel Energie verbrauchen und dadurch benachteiligt werden. Das Ziel muß deshalb sein, einfachste Anlagentechnik zu verwenden. Viel entscheidender ist jedoch die Tatsache, daß auch bei höherem Jahres-Heizwärmebedarf $q_h$ der spezifische Energieaufwand ebenfalls kleiner wird. Die Anlagentechnik hat also mit der Lieferung von wenig Energie seine Schwierigkeiten und kann dies nur durch erhöhten Energieaufwand bewerkstelligen. Wenn keine kontinuierliche Wärmelieferung gewährleistet ist, dann verbraucht diese Form von Wärmeproduktion viel Energie. Die "Vorteile" eines geringen Jahres Heizwärmebedarfs (nur durch unwirtschaftlichen Dämmaufwand erreicht und auch noch fehlerhaft berechnet) werden also durch die Nachteile einer unwirtschaftlichen Bereitstellung der geringen Energiemengen fast wieder wettgemacht. Die nominellen Unterschiede von alternativen Jahres-Heizwärmebedarfswerten infolge unterschiedlicher Dämmungen (U-Werte) werden also durch die Anla-

gentechnik geglättet. Diese Abhängigkeiten sind natürlich auch bei Ansatz geringerer Luftwechselraten festzustellen.

Ein Beispiel soll dies verdeutlichen: Ein Gebäude mit einer Nutzfläche von 200 m² würde gemäß DIN V 4701-10 bei einem Jahres-Heizwärmebedarf von 80 kWh/m²a einen spezifischen Jahresprimärenergiebedarf von (80 + 12,5) x 1,60 = 148 kWh/m²a benötigen (Warmwasserzuschlag 12,5 kWh/a – siehe Punkt 2.). Bei einer Halbierung des Jahres-Heizwärmebedarfs, also 40 kWh/m²a, würde die Rechnung so aussehen: (40 + 12,5) x 1,87 = 98,2 kWh/m²a. Dies aber wären statt der "50% Einsparung" beim spezifischen Jahres-Heizwärmebedarf (von 80 auf 40 kWh/m²a) beim spezifischen Jahresprimärenergiebedarf nur eine "Einsparung von knapp 34 % (von 148 auf 98,2 kWh/m²a).

*Fazit*: Das "Minimieren" des Jahres-Heizwärmebedarf ist überhaupt nicht zwingend, da durch die Anlagenaufwandszahl, aber auch durch die Konstanz des Warmwassers manche "Energieeinsparungsanstrengung" rein rechnerisch wieder zunichte gemacht wird.

Bei derart vielen festgelegten Werten, die keineswegs überall und stets zutreffen, braucht man sich dann auch nicht zu wundern, daß als Energiebedarf ausgesprochene Phantomwerte berechnet werden (die EnEV geht in einem berechneten Beispiel sogar von einer Streuung von ±43,3 % aus).

## 10.3.10 Das Anforderungsniveau

Die Anforderungen an zu errichtende Gebäude mit normalen Innentemperaturen werden im Anhang 1, Tabelle 1, der EnEV genannt. Diese Werte werden in der Tabelle 10.5 gezeigt.

Die Spalten 3a und 5a sind dem Entwurf vom 29. 11. 2000 entnommen und zeigen, wie mit den Zahlen recht leichtfertig herumjongliert wurde. Wissenschaftlich fundiertes Arbeiten ist das keineswegs; es handelt sich hier um "Probiererei".

Für Zwischenwerte gelten dabei folgende Gleichungen ($0{,}2 < A/V_e < 1{,}05$):

Spalte 2: $Q_p'' = 50{,}94 + 75{,}29 \times A/V_e + 2600/(100 + A_N)$ kWh/m²a
Spalte 3: $Q_p'' = 72{,}94 + 75{,}29 \times A/V_e$ kWh/m²a
Spalte 4: $Q_p' = 9{,}9 + 24{,}1 \times A/V_e$ kWh/m²a
Spalte 5: $H_T' = 0{,}3 + 0{,}15/(A/V_e)$ W/m²K
Spalte 6: $H_T' = 0{,}35 + 0{,}24/(A/V_e)$ W/m²K

Es wirkt wie Hohn, daß bei einer Streuung der Rechenergebnisse von ±43,3% gemäß DIN EN 832 die Anforderungen an den "Jahres-Primärenergiebedarf" dann mit zwei Stellen hinter dem Komma angegeben werden. Die maximale Abweichung gegenüber *einer* Stelle hinter dem Komma wäre damit 0,05 kWh/m²a oder in Geld ausgerückt ca. 0,3 cent/m²a (60 cent/l Heizöl). Bei einer Gebäudenutzfläche von 100 m² wären dies dann 30 cent pro Jahr bzw. 2,5 cent pro Monat. Man kann bei der Formulierung einer Verordnung auch völlig den Überblick verlieren – oder will man damit nur eine nicht vorhandene Genauigkeit vortäuschen?

**Tabelle 10.5**: Höchstwerte des auf die Gebäudenutzfläche und des auf das beheizte Gebäudevolumen bezogenen Jahres-Primärenergiebedarfs und des spezifischen, auf die wärmeübertragenden Umfassungsfläche bezogenen Transmissionswärmverlusts in Abhängigkeit vom Verhältnis $A/V_e$

| $A/V_e$ | Jahres-Primärenergiebedarf<br>Qp" (kWh/m²a)<br>Wohngebäude mit | | | Qp'<br>kWh/m³a<br>andere Geb. | $H_T$'<br>(W/m²K)<br>Nichtwohngeb<br>≤ 30% Fensterant.<br>Wohngebäude | | NWG<br>> 30% |
|---|---|---|---|---|---|---|---|
| | zentraler<br>WW-Bereitung. | dezentraler<br>WW-Bereitung | | | | | |
| 1 | 2 | 3 | 3a | 4 | 5 | 5a | 6 |
| ≤0,2 | 66,00 + 2600/(100+$A_N$) | 88,00 | 80,00 | 14,72 | 1,05 | 1,05 | 1,55 |
| 0,3 | 73,53 + 2600/(100+$A_N$) | 95,53 | 87,53 | 17,13 | 0,80 | 0,83 | 1,15 |
| 0,4 | 81,06 + 2600/(100+$A_N$) | 103,06 | 95,06 | 19,54 | 0,68 | 0,73 | 0,95 |
| 0,5 | 88,58 + 2600/(100+$A_N$) | 110,58 | 102,58 | 21,95 | 0,60 | 0,66 | 0,83 |
| 0,6 | 96,11 + 2600/(100+$A_N$) | 118,11 | 110,11 | 24,36 | 0,55 | 0,62 | 0,75 |
| 0.7 | 103,64 + 2600/(100+$A_N$) | 125,64 | 117,64 | 26,77 | 0,51 | 0,59 | 0,69 |
| 0.8 | 111,17 + 2600/(100+$A_N$) | 133,17 | 125,17 | 29,18 | 0,49 | 0,56 | 0,65 |
| 0,9 | 118,70 + 2600/(100+$A_N$) | 140,70 | 132,70 | 31,59 | 0,47 | 0,54 | 0,62 |
| 1 | 126,23 + 2600/(100+$A_N$) | 148,23 | 140,23 | 34,00 | 0,45 | 0,53 | 0,59 |
| ≥1,05 | 130,00 + 2600/(100+$A_N$) | 152,00 | 144,00 | 35,21 | 0,44 | 0,52 | 0,58 |

Die in der WSchV 95 vorliegenden eklatanten Denkfehler bei der Umstellung der Wärmeschutzanforderungen von der Außenhülle (mit km-Werten in W/m²K) zur Wohnnutzfläche (mit $Q_h$-Werten in kWh/m²a) wurden auch hier übernommen.

Dies wird im Bild 10.20 gezeigt.

Die Konstanz "außerhalb der definierten $A/V_e$-Verhältnisse" von 54 bzw. 100 kWh/m²a bei der WSchVO 1995 wurde bei der EnEV mit 88 bzw. 152 kWh/m²K, Tabelle 1, Spalte 3, beibehalten. Diese Konstanz ist falsch, da bei der Umrechnung eines km-Wertes zum $Q_p$"-Wert sich dieser zwar proportional zum km-Wert, aber gleichzeitig eben auch proportional zum $A/V_e$-Verhältnis verhält. Dies ist von den "Experten" übersehen worden und führt zu diesem fatalen Irrtum [Meier 93].

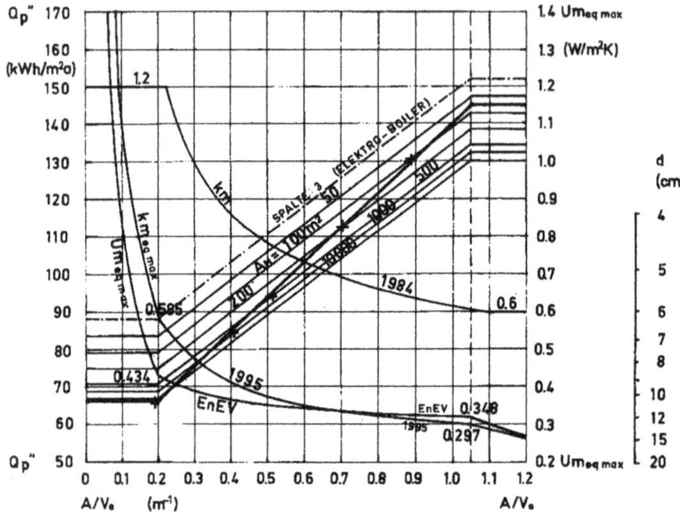


*Bild 10.20: Es ergeben sich die bekannten Anforderungsbilder, nun aber gemäß der Spalte 2 nach Nutzflächen gegliedert.*

Bild 10.20 Anforderungsniveau der EnEV, Jahres-Primärenergiebedarf nach Anhang 1, Tab.1, Spalten 2 und 3

Jede Nutzfläche bekommt eine eigene Anforderung. Methodisch ist zu beanstanden, daß die Abhängigkeit des Anforderungsniveaus von der Nutzfläche automatisch die $A/V_e$-Verhältnisse nach unten begrenzt.

Insofern ergibt sich als Anforderungsniveau für einen Kubus approximativ die dick durchgezogene Linie. Oberhalb dieser Linie *können* sich keine Entwurfslösungen ergeben, sie sind nicht möglich. Insofern ist die vorgeschlagene Methodik völlig undurchdacht, kompliziert und unsinnig.

Infolge der übernommenen Konstanz *verschlechtert* sich bei $A/V_e$-Verhältnissen unter 0,2 die $km_{eq\ max}$-Anforderung an die Außenhülle; der Wärmeschutz kann vergessen werden. Bei $A/V_e$-Verhältnissen über 1,05 *verschärft* sich jedoch die Anforderung an den $km_{eq\ max}$-Wert. Diese methodischen Ungereimtheiten offenbaren die Einfalt der EnEV-Formulierer.

Für einen "Normalfall" ergibt sich unter Beachtung einer Kubus-Approximation die $Um_{eq\ max}$-Wert Kurve, die zwischen 0,434 und 0,348 W/m$^2$K zu liegen kommt. Damit wird inkognito ein fast überall gleicher $Um_{eq\ max}$-Wert erreicht; die Superdämmung ist somit für alle $km_{eq\ max}$-Werte, also für alle Gebäude weitgehend gesichert. Aber diese verordnete "Überdämmung" führt automatisch zu unwirtschaftlichen Konstruktionen (siehe "Das Wirtschaftlichkeitsgebot" im § 24 "Befreiungen" ab der EnEV 2009).

Zum Vergleich ist die $km_{eq\ max}$-Wert Kurve der WSchV 1995 mit den Werten zwischen 0,585 und 0,297 W/m$^2$K eingezeichnet. Es wird erkennbar, daß in der EnEV der Wert bei $A/V_e$ = 0,2 verschärft und der Wert bei $A/V_e$ = 1,05 nachgelassen wurde, sie haben sich angeglichen. Außerdem wird die km-Kurve der WSchV von 1984 mit km-Werten zwischen 1,2 und 0,6 W/m²K gezeigt.

Die bisherigen methodischen Diskrepanzen in den Wärmeschutzverordnungen werden übernommen, dabei werden aber durch die Einbeziehung der Nutzfläche die Anforderungen an die Außenhülle für alle $A/V_e$-Werte auf Superdämmungsniveau gebracht. Die Unwirtschaftlichkeit (Dämmung und/oder Heiztechnik) ist durch diese "verschärften" Anforderungen der EnEV programmiert. Der Kunde ist allemal der Dumme. Der einzige vernünftige Paragraph ist deshalb der § 25 "Befreiungen". Früher war dies der "Härtefall-Paragraph", aber Härtefälle darf es ja nicht geben. *"Es kann von den Anforderungen der EnEV befreit werden, wenn ..ein unangemessener Aufwand ... zu einer besonderen Härte führt. Diese liegt vor, wenn die erforderlichen Aufwendungen ... nicht erwirtschaftet werden können".* Na bitte, das ist ein Wort, an das man sich halten muß (siehe Kapitel 4.2 "Wirtschaftlichkeitsnachweis").

Dieses methodische Durcheinander hätte überwunden werden können, wenn, wie in [Meier 87] vorgeschlagen, ein modifiziertes Bauteilverfahren eingesetzt werden würde, das dann auch generell das Wirtschaftlichkeitsgebot im § 25 EnEV mit einbezieht. Aber dieser Weg wurde von der etablierten Bauphysikszene nicht eingeschlagen, Mittelmäßigkeit verbindet sich eben üblicherweise mit Arroganz und so wird ein solcher Hinweis überhaupt nicht zur Kenntnis genommen. Es kann deshalb davon ausgegangen werden, daß an diesen methodischen Ungereimtheiten auch in Zukunft unbeirrt festgehalten wird.

## *10.4 Wärmeschutznachweis*

Stets wird bei "Energiesparmaßnahmen" nach dem Wärmeschutznachweis gefragt. Inwieweit können alternative Überlegungen und andere als in der EnEV vorgesehene Maßnahmen hierbei berücksichtigt werden? Die Bau- und Feuchteschäden, die bei der Verwirklichung von Niedrigenergie- und Passivhäusern im Sinne der EnEV fast zum Standard gehören, machen es erforderlich, daß andere konstruktive Lösungen hier Eingang finden.

### 10.4.1 Die rechtlichen Voraussetzungen

Die Verantwortung gegenüber dem Kunden und die Treue zur Energieeinsparverordnung führen automatisch zu den §§ 24 "Ausnahmen" und 25 "Befreiungen" in der EnEV.

§ 24 Ausnahmen

§ 24 (1):

"Soweit bei *Baudenkmälern* oder sonstiger besonders erhaltenswerter Bausubstanz die Erfüllung der Anforderungen dieser Verordnung die Substanz oder das Erscheinungsbild beeinträchtigen und andere Maßnahmen zu einem unverhältnismäßig hohen Aufwand führen würden, lassen die nach Landesrecht zuständigen Behörden auf Antrag Ausnahmen zu".

§ 24 (2)
"Soweit die Ziele dieser Verordnung durch *andere* als in dieser Verordnung vorgesehene Maßnahmen im gleichen Umfang erreicht werden, lassen die nach Landesrecht zuständigen Behörden auf Antrag Ausnahmen zu. In einer Allgemeinen Verwaltungsvorschrift kann die Bundesregierung mit Zustimmung des Bundesrates bestimmen, unter welchen Bedingungen die Voraussetzungen nach Satz 1 als erfüllt gelten".

§ 25: Befreiungen
"Die nach Landesrecht zuständigen Stellen können auf Antrag von den Anforderungen dieser Verordnung befreien, soweit die Anforderungen im Einzelfall wegen besonderer Umstände durch einen unangemessenen Aufwand oder in sonstiger Weise zu einer *unbilligen Härte* führen. Eine unbillige Härte liegt insbesondere vor, wenn die erforderlichen Aufwendungen innerhalb der üblichen Nutzungsdauer, bei Anforderungen an bestehende Gebäude innerhalb angemessener Frist durch die eintretenden Einsparungen nicht erwirtschaftet werden können".

Besonders der § 25 der EnEV verbietet unwirtschaftliche Konstruktionen. Insofern kann dieser Paragraph stets in Anspruch genommen werden.

Nun gibt es in Bayern eine ZVEnEV (Zuständigkeits- und Durchführungsverordnung EnEV), die zum § 16 der EnEV 2002 (jetzt § 24) im "§ 8 Ausnahmen" im Absatz (2) folgendes aussagt:
*"Das Vorliegen der Voraussetzungen für eine Ausnahme nach § 16 Abs. 2 EnEV muss von einem Sachverständigen im Sinn des § 2 Abs. 1 bescheinigt werden".*

Zum § 17 der EnEV 2002 (jetzt § 25) wird im "§ 9 Befreiungen", Absatz (1) folgendes ausgesagt:
*"Das Vorliegen der Voraussetzungen für eine Befreiung wegen besonderer Umstände, die durch unangemessenen Aufwand zu einer unbilligen Härte führen, muss von einem Sachverständigen im Sinn des § 2 Abs. 1 bescheinigt werden".*

Der "§ 2 Sachverständige" der ZVEnEV lautet:

(1) Sachverständige im Sinn dieser Verordnung sind:

1. Architekten und im Bauwesen tätige Ingenieure nach Art. 4 Abs. 2 Bayerisches Ingenieurkammergesetz Bau (BayIKaBauG) mit mindestens drei Jahren zusammenhängender Berufserfahrung in der Erstellung oder Prüfung von Nachweisen des baulichen und energiesparenden Wärmeschutzes (Bilanzverfahren) oder
2. im Bauwesen tätige Ingenieure nach Art. 4 Abs. 2 (BayIKaBauG) mit mindestens drei Jahren zusammenhängender Berufserfahrung in der energetischen Planung oder Bewertung von Anlagen für Heizung, Warmwasser und Lüftung,

die in einer von der Bayerischen Architektenkammer oder von der Bayerischen Ingenieurkammer geführten Liste eingetragen sind.

(2) Sachverständige dürfen nicht tätig werden, wenn sie oder ihre Mitarbeiter bereits, insbesondere als Entwurfsverfasser, Nachweisersteller, Vorgutachter, Bauleiter oder Unternehmer, mit dem Gegenstand der Bescheinigung befaßt waren oder wenn ein sonstiger Befangenheitsgrund vorliegt.

Zunächst ist festzustellen, daß in Bayern das Vorliegen der Voraussetzungen für eine Ausnahme oder Befreiung lediglich *bescheinigt* werden muß. Ein Nachweis ist also nicht erforderlich. Die Beurteilung hierfür liegt allein im Ermessen und in der Fachkompetenz des in einer Liste der Kammern eingetragenen Sachverständigen.

Die Übernahme einer solchen Regelung in den anderen Bundesländern ist überfällig.

Zum Procedere wäre nun zu sagen:

§ 24 (1):
Ein Baudenkmal bietet keine Schwierigkeiten, dies kann (und muß) vom Denkmalschutzamt bescheinigt werden. Viel interessanter ist der Ausdruck *sonstige erhaltenswerte Bausubstanz*; hier kann doch davon ausgegangen werden, daß bei einer Altbau-Sanierung dies immer zutrifft, sonst würde man ja nicht sanieren. Auch die Unwirtschaftlichkeit der Maßnahme wird hier eine Ausnahme bedingen.

§ 24 (2)
Wenn die Ziele der EnEV durch andere Maßnahmen im gleichen Umfang erreicht werden, dann werden ebenfalls Ausnahmen zugelassen. Der Nachweis kann nach den Kriterien des Abschnitts 10.4.2 "Ein alternativer Wärmeschutznachweis" erfolgen.

§ 25
Da wegen der Unwirtschaftlichkeit einer "Energiesparmaßnahme" grundsätzlich der § 25 EnEV zur Anwendung kommen kann, wird hier auf die Kapitel 4.2 "Wirtschaftlichkeitsnachweis", 4.6 "Sanierung und die Wirtschaftlichkeit" und Abschnitt 6.5.3 "Effizienzgrenze des U-Wertes" verwiesen. Dies wäre der einfachste Weg, sich von der EnEV zu distanzieren. Es kann dann ohne Bedenken vom Sachverständigen *bescheinigt* werden, daß die Voraussetzungen vorliegen.

Wenn es darum geht, "Gutachten" und "Stellungnahmen" von Energieberatern, Energiezentren oder Energiebörsen ad absurdum zu führen, dann werden in den angegebenen Kapiteln genügend Ansatzpunkte zu finden sein.

- Wenn bei einer "energetischen Ertüchtigung" eines Altbaues ein Wärmedämmverbundsystem im Gespräch ist, dann gilt hier speziell das Kapitel 4.6 "Sanierung und die Wirtschaftlichkeit". Die Feuchteproblematik sollte demgegenüber aber Vorrang haben (Kapitel 7.2 "Feuchtesorption").
- Sollte bereits ein Wärmeschutznachweis mit "erforderlichen" U-Werten vorliegen, dann gilt hier speziell der Abschnitt 6.5.3 "Effizienzgrenze des U-Wertes". Immerhin kann damit dann die Unwirtschaftlichkeit der "vorgeschlagenen" U-Werte problemlos nachgewiesen werden.

### 10.4.2 Ein alternativer Wärmeschutznachweis

Sollte der Wunsch bestehen nachzuweisen, daß durch alternative Konstruktionen und Lösungen nun das Ziel der EnEV im gleichen Umfang erreicht wird (EnEV § 24(2) "Ausnahmen"), dann bietet sich ein Wärmeschutznachweis an, der sich im Aufbau an die Verfahrenschritte der EnEV hält, jedoch durch entsprechend *zutreffende* Daten dann energetisch ebenso "erfolgreich" ist.

Infolge der Strahlungsheizung wird statt einer Raumlufttemperatur von 19 °C (Grundlage der EnEV) sich eine Raumlufttemperatur von mindestens 18 °C oder niedriger einstellen. (niedrig beheizte Räume). Gegenüber der "Standarddifferenz" zwischen innen und außen von 15,7 K (2900 : 185 = 15,7 K) wird damit die Temperaturdifferenz 14,7 K, so daß hier ein Reduktionsfaktor von 14,7 : 15,7 = 0,936 zum Tragen kommt. Die Transmissionswärmeverluste werden damit generell reduziert.

Bei einem Einfamilienhaus kommen folgende Entwurfs-Überlegungen in Betracht und werden im Rechenbeispiel verwendet:

1. Die U-Werte des Gebäudes:

   a) Die U-Werte der Außenwände:
   Für die Berechnung der Transmissionswärmeverluste eines massiven, speicherfähigen Mauerwerks werden die effektiven U-Werte der Außenwand nach Tabelle 6.7 eingesetzt. Für ein 36,5 cm Massivmauerwerk $\rho$ = 1200 kg/m³ und $\lambda$ = 0,50 W/mK mit einem U-Wert von 1,06 W/m²K (mit Putz) sind die $U_{eff}$-Werte:

   | | | |
   |---|---|---|
   | | Süden: | 0,25 W/m²K |
   | | Osten/Westen: | 0,50 W/m²K |
   | | Norden: | 0,74 W/m²K |

   Der R-Wert der 36,5 cm Mauer beträgt 0,73 m²K/W, also ist R < 1.

   b) Der U-Wert der Fenster:
   Ein Kastenfenster oder Verbundfenster (20 bis 100 mm Scheibenabstand) wird nach DIN 4108 mit einem U-Wert von 2,5 W/m²K ausgewiesen.

   Die Berücksichtigung eines temporären Wärmeschutzes (Rolladen mit einem R-Wert von 0,38 m²K/W (Tabelle 6.17) führt gemäß Tabelle 6.18 zu einer U-Wert-Reduzierung von 0,64 W/m²K, so daß dann der U-Wert auf 1,86 W/m²K reduziert wird.

   c) Die U-Werte des Daches:
   Für die Berechnung der Transmissionswärmeverluste eines speicherfähigen Daches mit 30° Dachneigung werden für die Konstruktion 4c die folgenden effektiven U-Wert nach Tabelle 6.12 eingesetzt.

   | | |
   |---|---|
   | Süden: | 0,17 W/m²K |
   | Osten/Westen: | 0,25 W/m²K |
   | Norden: | 0,56 W/m²K |

   d) Der U-Wert der Kellerwand:
   Hier wird ein 36,5 cm Mauerwerk $\rho$ = 1200 kg/m³ und $\lambda$ = 0,50 W/mK mit einem U-Wert von 1,06 W/m²K (mit Putz) vorgesehen, nach Tabelle 10.1, Zeile 12 wird $F_{xi}$ = 0,5.

   e) Der U-Wert der Kellerfußbodens:
   Bei 10 cm Unterbeton, 2 cm Dämmung und Estrich beträgt der U-Wert ca. 1,27 W/m²K, der R-Wert dann ca. 0,79 also R < 1. B' ist $A_G$/0.5 x P und wird

156,4/ 0,5 x 50,2 = 6,23, also zwischen 5 und 10. (P = Umfang der Bodengrundfläche). Nach Tabelle 10.1, Zeile 24 wird $F_{xi}$ = 0,15.

2. Lüftungswärmeverluste
   Infolge einer Strahlungsheizung wird bei einer Raumluftinnentemperatur von 18 °C und einer Luftwechselrate von 0,3 (ein 7,2 facher Luftwechsel innerhalb von 24 Stunden) nach Tabelle 10.2 ein Lüftungsfaktor $f_L$ von 0,073 einzusetzen sein; ein 0,2 facher Luftwechsel würde sogar auch noch genügen.

3. Anlagenaufwandszahl $e_p$
   Für eine Nutzfläche von $A_N$ = 345,6 m² und einem spezifischen Jahres-Heizwärmebedarf von Qh' von 42,3 kWh/m²a (siehe Tabelle 10.6) wird bei einem Niedertemperaturkessel mit gebäudezentraler Trinkwassererwärmung nach Tabelle 10.4 die Anlagenaufwandszahl $e_p$ = 1,68.

Da es zum Wärmeschutznachweis nach EnEV zuhauf Programme gibt, kann sich hier der alternative Wärmeschutznachweis auf die Darstellung der Unterschiede beschränken. Hierzu dient ein Formblatt, das sich am Vereinfachten Verfahren, EnEV, Anhang 1, Tabelle 2 orientiert. Maßgebend sind vor allem die eingesetzten effektiven U-Werte beim Mauerwerk und beim Dach sowie die infolge der Strahlungsheizung reduzierten Luftwechsel.

Die geometrischen Daten des Gebäudes orientieren sich an einem Berechnungsbeispiel des Ziegelverbandes [Ziegel 95].

Das Ergebnis ist äußerst aufschlußreich.
Werden realistische Daten verwendet, so kann ein energiesparendes Haus im Sinne der Energieeinsparverordnung durchaus konventionell errichtet werden. Massive Ziegelwände mit einem Raumgewicht von 1200 kg/m³, ein speicherfähiges Dach mit Holzbohlen, normale Doppelrahmenfenster und eine Strahlungsheizung, die eine gängige Lüftungspraxis zuläßt, führen zu adäquaten Energiebedarfszahlen, wie sie die EnEV vorschreibt.

Dämmstoffverpackungen sind energetisch deshalb nicht notwendig, sowohl bei der Wand als auch beim Dach. Mehr noch: Fehlerhafte Berechnungen suggerieren eine Energieeinsparung, die gar nicht vorliegt. Auch werden infolge der Leichtschichtkonstruktionen Feuchteschäden auftreten, die die Bausubstanz arg belasten. Ein ungesundes Raumklima mit Schimmel wird die Folge sein.

Speicherfähige Materialien dagegen erreichen ohne Feuchteschäden gesunde Raumverhältnisse mit energetischen Ergebnissen, die mit der EnEV zwar angestrebt werden, aber mit "neuen Bauweisen" nicht erreicht werden.

Die Tabelle 10.6 liefert den alternativen Nachweis, daß ein Gebäude ohne Dämmstoff durchaus wenig Energie benötigt. Es sind nur realitätsnahe Daten zu verwenden und nicht, wie in der EnEV, willkürlich festgesetzte, um ein adäquates Ergebnis zu erzielen. Die Tabelle 10.6a ist ein Leerformular, das Verwendung finden kann.

**Tabelle 10.6**: Wärmeschutznachweis nach EnEV – Vereinfachtes Verfahren

| | | | | | | |
|---|---|---|---|---|---|---|
| 1 | Bauwerksvolumen: | | | | | Ve = *1080* m³ |
| 2 | Wärmeübertragende Umfassungsfläche | | | | | A = *621,8* m² |
| 3 | Verhältnis: | A/Ve = *621,8 / 1080* = | | | | A/Ve = *0,58* |
| 4 | Gebäudenutzfläche: $A_N$ = 0,32 x Ve; | 0,32 x *1080* = | | | | $A_N$ = *345,6* m² |

| | | | A (m²) | U W/m²K | Fx (-) | AxUxFx W/K |
|---|---|---|---|---|---|---|
| 5 | Außenwand | S | *20,2* | *0,25* | 1 | *5,1* |
| 6 | | O/W | *61,1* | *0,50* | 1 | *30,5* |
| 7 | | N | *27,2* | *0,74* | 1 | *20,1* |
| 8 | Fenster | | *61,3* | *1,86* | 1 | *114,0* |
| 9 | Dach | S | *35,4* | *0,17* | *1* | *6,0* |
| 10 | | O/W | *94,3* | *0,25* | *1* | *23,6* |
| 11 | | N | *35,4* | *0,56* | *1* | *19,8* |
| 12 | Kellerwand | | *130,5* | *1,06* | *0,5* | *69,2* |
| 13 | Kellerfußboden | | *156,4* | *1,27* | *0,15* | *29,8* |
| 14 | | A = | *621,8* | | | *318,1* W/K |

15 Wärmebrückenzuschlag: 0,05 x A = 0,05 x *621,8* = *31,1* W/K

16 spezifischer Transmissionswärmeverlust: $H_{T0}$ = *349,2* W/K

reduzierter spezifischer Transmissionswärmeverlust (18 °C):

17 $H_T$ = Reduktionsfaktor x $H_{T0}$ ; $H_T$ = *0,936* x *349,2* = $H_T$ = *326,9* W/K

$H_T$, bezogen auf Umfassungsfläche A:

18 $H_T$'= $H_T$ / A; $H_T$' = *326,9 / 621,8* = $H_T$' = *0,53* W/m²K

19 $H_T'_{zul}$ = 0,3 + 0,15/ A/Ve; $H_T'_{zul}$ = 0,3 + 0,15 / *0,58* = *0,56* W/m²K > $H_T$'

Spezifischer Lüftungswärmeverlust:

20 $H_V$ = Lüftungsfaktor x Ve; $H_V$ = *0,073* x *1080* = $H_V$ = *78,8* W/K

| | | | A | ∑ Is | g | A x ∑ Is x g x 0,567 |
|---|---|---|---|---|---|---|
| 21 | Solare Gewinne: | S | *25,9* | 270 | *0,8* | *3172* kWh/a |
| 22 | | O/W | *22,5* | 155 | *0,8* | *1582* kWh/a |
| 23 | | N | *12,9* | 100 | *0,8* | *585* kWh/a |
| 24 | | | | | Qs = | *5339* kWh/a |
| 25 | Interne Gewinne: | Qi = 22 x $A_N$ ; 22 x *345,6* = | | | Qi = | *7603* kWh/a |

Jahresheizwärmebedarf: Qh = 66($H_T$ + $H_V$) - 0,95(Qs + Qi) kWh/a

26 Qh = 66x(*329,9* + *78,8*) - 0,95x(*5339* + *7603*) = Qh = *14481,3* kWh/a

spezifischer Jahresheizwärmebedarf: Qh' = Qh / $A_N$

27 Qh' = *14481,3 / 345,6* = Qh'= *41,9* kWh/m²a

Jahres-Primärenergiebedarf: Qp = (Qh' + 12,5) x $A_N$ x ep kWh/a

28 Qp = (*41,9* + 12,5) x *345,6* x *1,68* = Qp = *31585* kWh/a

Spezifischer Jahres-Primärenergiebedarf: Qp" = Qp / $A_N$ kWh/m²a

29 Qp" = *31585 / 345,6* = Qp"vorh = *91,4* kWh/m²a

Zulässiger spezifischer Jahres-Primärenergiebedarf:

Qp" = 50,94 + 75,29 x A / Ve + 2600 / (100 + $A_N$)

30 Qp" = 50,94 + 75,29 x *0,58* + 2600 / *445,6* = Qp" zul = *100,4* kWh/m²a

31 Ergebnis: Qp" vorh < Qp" zul Konstruktion entspricht der EnEV-Vorgabe

**Tabelle 10.6a**: Wärmeschutznachweis nach EnEV – Vereinfachtes Verfahren

| Nr. | | | |
|---|---|---|---|
| 1 | Bauwerksvolumen: | | Ve = .............. m³ |
| 2 | Wärmeübertragende Umfassungsfläche | | A = ................ m² |
| 3 | Verhältnis: | A/Ve = ........ / ........... = | A/Ve = .......... |
| 4 | Gebäudenutzfläche: $A_N$ = 0,32 x Ve; | 0,32 x .......... = | $A_N$ = .............. m² |

| Nr. | | | A (m²) | U W/m²K | Fx (-) | AxUxFx W/K |
|---|---|---|---|---|---|---|
| 5 | Außenwand | S | ........... | ......... | 1 | ............. |
| 6 | | O/W | ........... | ......... | 1 | ............. |
| 7 | | N | ........... | ......... | 1 | ............. |
| 8 | Fenster | | ........... | ......... | 1 | ............. |
| 9 | Dach | S | ........... | ......... | ....... | ............. |
| 10 | | O/W | ........... | ......... | ....... | ............. |
| 11 | | N | ........... | .......... | ....... | ............. |
| 12 | Kellerwand | | ........... | .......... | ....... | ............. |
| 13 | Kellerfußboden | | ........... | ......... | ....... | ............. |
| 14 | | A = | ........... | | | ........... W/K |

15 Wärmebrückenzuschlag: 0,05 x A = 0,05 x ............ = ........... W/K

16 spezifischer Transmissionswärmeverlust: $H_{T0}$ = ........... W/K

reduzierter spezifischer Transmissionswärmeverlust (.....°C):

17 $H_T$ = Reduktionsfaktor x $H_{T0}$ ; $H_T$ = ........ x .......... = $H_T$ = ........... W/K

$H_T$, bezogen auf Umfassungsfläche A:

18 $H_T'$ = $H_T$ / A; $H_T'$ = .......... / ............. = $H_T'$ = ........... W/m²K

19 $H_T'_{zul}$ = 0,3 + 0,15/ A/Ve; $H_T'_{zul}$ = 0,3 + 0,15 / ........ = ......... W/m²K > $H_T'$

spezifischer Lüftungswärmeverlust:

20 $H_V$ = Lüftungsfaktor x Ve; $H_V$ = ........ x ........... = $H_V$ = 78,8 W/K

| Nr. | | | A | ∑ Is | g | A x ∑ Is x g x 0,567 | |
|---|---|---|---|---|---|---|---|
| 21 | Solare Gewinne: | S | ........ | 270 | ....... | ............. | kWh/a |
| 22 | | O/W | ......... | 155 | ....... | ............. | kWh/a |
| 23 | | N | ......... | 100 | ....... | ............. | kWh/a |
| 24 | | | | | Qs = | ............. | kWh/a |
| 25 | Interne Gewinne: | Qi = 22 x $A_N$ ; 22 x ......... = | | | Qi = | ............. | kWh/a |

Jahresheizwärmebedarf: Qh = 66($H_T$ + $H_V$) - 0,95(Qs + Qi) kWh/a

26 Qh = 66x(......... + .......) - 0,95x(........ + ..........) = Qh = ............... kWh/a

spezifischer Jahresheizwärmebedarf: Qh' = Qh / $A_N$

27 Qh' = .............. / ........... = Qh'= .......... kWh/m²a

Jahres-Primärenergiebedarf: Qp = (Qh' + 12,5) x $A_N$ x ep kWh/a

28 Qp = (......... + 12,5) x ........ . x ......... = Qp = ............... kWh/a

spezifischer Jahres-Primärenergiebedarf: Qp" = Qp / $A_N$ kWh/m²a

29 Qp" = ............. / .......... = Qp"vorh = ......... kWh/m²a

zulässiger spezifischer Jahres-Primärenergiebedarf:-

Qp" = 50,94 + 75,29 x A / Ve + 2600 / (100 + $A_N$)

30 Qp" = 50,94 + 75,29 x ...... + 2600 / .......... = Qp" zul = .......... kWh/m²a

31 Ergebnis: Qp" vorh < Qp" zul Konstruktion entspricht der EnEV-Vorgabe

## *10.5 Konsequenzen*

Die Energieeinsparverordnung und auch die bisherigen Wärmeschutzverordnungen sind inhaltliche und methodische Mißgeburten. Solange die Anforderungen an den Wärmeschutz noch gering waren (WSchVO 1977), konnten die eingearbeiteten Mißstände noch hingenommen werden. Je weiter jedoch die Anforderungen immer wieder verschärft wurden – und werden, desto katastrophaler wirken sich die methodischen Fehler aus. Diese sollen dann durch inhaltliche Ungereimtheiten ausgemerzt werden. Die aus diesem geistige Chaos resultierenden baulichen "Energieeinsparlösungen" sind deshalb Arroganz und Willkür in Reinkultur [Meier 02b, 02c].

Insofern ist es äußerst bedenklich, wenn dann in [Knublauch 99] zu lesen ist:

*"Die Senkung des Bedarfes an Heizenergie beim Betrieb von Gebäuden gilt in besonderem Maße als Beitrag zur Sicherung der Zukunft. Der Umfang zu erzielender Energieeinsparungen gegenüber einem verabredeten oder technisch gewachsenen Ausgangsniveaus ist eine politische Frage. Vereinfachungen des Rechenverfahrens gegenüber der "Wirklichkeit" gehören ebenfalls in den politischen Raum. Die Fragen der Energieeinsparung gehören nicht zu den "allgemein anerkannten Regeln der Technik", die sich auch ohne Zwang einführen; sie haben Verordnungscharakter. Auf dem Verordnungsweg wird sogar die äußere Form und der Umfang der benötigten Nachweise, der "Wärmebedarfsausweis" nach § 12 WärmeschutzV festgelegt".*

Dieser Text ist ausgesprochen demokratiefeindlich und absolutistisch, da hier Tendenzen obrigkeitsstaatlichen Denkens in Verbindung mit selbstherrlicher Administration und lobbyistischer Politik zum Ausdruck kommen. Zu glauben, bei fehlender Sachargumentation wäre der Verordnungscharakter die beste Hilfe, etwas gegen den sich bildenden Widerstand durchsetzen zu können, ist ein Trugschluß. Vergangenheit und Gegenwart allerdings lehren, daß Logik und Vernunft nicht zu den bevorzugten Kriterien politischen Handelns gehören.

Es muß ernsthaft die Frage gestellt werden: "Geht alles noch mit rechten Dingen zu"? Die baulichen Entwicklungen mit den unverkennbar falschen Tendenzen lassen darauf schließen, daß gar nicht mehr richtig gebaut werden soll, denn Gewinnmaximierung und Billigbau stehen im Vordergrund [Meier 03a, 03c, 03d].

Die angeführten Fakten, die die Fehler und Absurditäten der EnEV offenlegen, müssen beachtet werden, soll das Staatswesen durch solche unverständlichen und deshalb wohl auch zwangsläufig administrativen Aktivitäten nicht weiterhin in Mißkredit geraten und zusätzlichen Schaden erleiden. Die Vergangenheit zeigt genügend Beispiele unverantwortlichen Handelns. Allerdings ist, das lehrt die Erfahrung, kaum damit zu rechnen, daß sich hier Grundlegendes verändert.

In diesem Zusammenhang muß festgestellt werden:

- Werden die Unzulänglichkeiten der "Energieeinsparkampagnen" in Veröffentlichungen und Büchern offengelegt, wird mit "Zwangsmaßnahmen" gedroht. Davon sind sowohl die Autoren, als auch die Redakteure betroffen.

- Werden Ministerien auf die Widersprüche und Gefahren aufmerksam gemacht, so werden diese Warnungen bagatellisiert und ignoriert – sie interessieren sich nicht dafür.
- Werden klare Fragen an die Administration gestellt, so werden diese schwammig oder gar nicht beantwortet.
- Auf Fragen im Zusammenhang mit der Gesundheit der Bürger wird selten oder überhaupt nicht geantwortet. Die Verdrängung von unangenehm empfundenen Fragen scheint Schule zu machen – siehe die BSE-Krise und die um sich greifenden Fleischskandale.
- Auch die etablierten "Wissenschaftler", die die Bundesregierung richtig beraten sollten, tun dies nicht – ihre industrieabhängigen Pfründe würden damit gefährdet werden. Die Interessen der Industrie haben Vorrang vor den Interessen der Verbraucher. Auch beim Gebäudewärmeschutz muß endlich der Verbraucherschutz eingefordert werden.
- Wird im Sinne eines kundenfreundlichen Bauens Aufklärungsarbeit geleistet, dann reagiert die betroffene Industrie mangels Argumenten mit Allgemeinplätzen verbunden mit Beleidigungen, Verleumdungen und Diffamierungen.

Deshalb wird hier noch einmal bekräftigt:
- Es geht nicht an, daß in dieser bisherigen Form weitergearbeitet wird.
- Es geht nicht an, daß billige Leichtbauten die Bautechnik bestimmen.
- Es geht nicht an, daß die Gebäude mit Sondermüll eingepackt werden.
- Es geht nicht an, daß unsere alten Häuser zerstört werden.
- Es geht nicht an, daß die Gesundheit der Bürger gefährdet wird.
- Es geht nicht an, daß unsere schon kranken Kinder noch kränker werden.

In Verantwortung gegenüber dem Bürger muß diese EnEV abgelehnt werden.

Bei der Versorgung der Bevölkerung mit Lebensmitteln (das Wort heißt *Lebens*mittel) wurden bereits die großen Nachteile einer "Ernährungsindustrie" offenkundig [Angres 01], [Grimm 03] – man wurde, heißt es stets, von der Entwicklung völlig überrascht – und alle Seiten gelobten Besserung – die Industrie, die Wissenschaft, die Administration und die Politik.

Bei der Versorgung der Bevölkerung mit Wohnraum (das Wort heißt *Wohn*raum – man denke an *wohnlich*) wurden bereits die großen Nachteile einer industrieabhängigen "Bauentwicklung" offenkundig – will man wiederum von der Entwicklung überrascht werden und dann wiederum Besserung geloben – die Industrie, die Wissenschaft, die Administration und die Politik?
Erkenntnis, Wissen und Wahrheit lassen sich letzten Endes nicht verschleiern.

Irgendwann reißt der Geduldsfaden. Schon einmal führte der unüberhörbare Ruf

*"Wir sind das Volk"*

zu einem konsequenten Umschwung. Abraham Lincoln sagte dazu einmal:

*"Man kann einige Leute die ganze Zeit,*
*und alle einige Zeit zum Narren machen,*
*nicht aber alle die ganze Zeit".*

In der Demokratie rühmen wir uns der Freiheit. Dazu sagte Abraham Lincoln:

*"Lernt das Volk die Wahrheit kennen, so wird es frei".*

# 11 Zukunftsträchtiges Bauen

Wie kann der Weg aus der bautechnischen Krise gefunden werden? Es muß erkannt werden, daß Energieeinsparung keineswegs gleichbedeutend ist mit Dämmstoffeinbau und schon gar nicht durch Einhaltung von DIN-Vorschriften erreicht werden kann. Ein Gebäude muß den vielfältigen Witterungseinflüssen gewachsen sein – dazu gehört das ständige Hin und Her von Schall, Temperatur und Feuchte. Alle hierfür empfohlenen energetischen und feuchtetechnischen Rechenmethoden aber gehen vom Beharrungszustand aus, rechnen also stationär. Insofern müssen "stationäre" Gedanken, eben Beharrungszustand im Denken, grundsätzlich überwunden werden.

## *11.1 Konzeption richtigen Bauens*

Die als "zukünftige Bauweise" empfohlenen Konstruktionen haben sich nicht bewährt. Mit "Niedrigenergie- Passiv- und Nullenergiehäusern" gehen Konstruktionen einher, die verstärkt zu Bau- und Feuchteschäden führen. Leichtbau ist zwar billig herzustellen und schnell aufgestellt, aber leider trotzdem teuer und nicht dauerhaft. Die Leichtigkeit der Konstruktion ist sogar derart groß, daß "Fertighäuser" auf Lastkraftwagen transportiert werden; auch sind von Leichtbauten bereits die "Flugeigenschaften" (bei Hurrikans) und die Schwimmfähigkeit (bei Überschwemmungen) nachgewiesen worden.

Soll das Gebäude nicht zur wegwerfbaren Konsumware degradiert werden, dann bedarf es wieder einer traditionsbewußten Baukultur, über die gerade jetzt besonders viel geredet und diskutiert wird. Die Erfahrung lehrt allerdings, daß meist über das, was nicht vorhanden ist, viel geplaudert wird – und es werden damit dann ganze Seiten von Zeitschriften und Bücher gefüllt. Dabei ist "Richtiges Bauen" recht einfach – das in der Vergangenheit erworbene Erfahrungswissen und ein der Bautradition verpflichtendes Handeln geben hier wichtige Hinweise.

### 11.1.1 Massivbau

Eine Bauweise, die sich seit Jahrtausenden bewährt hat, kann nicht falsch sein. Das "Lichtenfelser Experiment" zeigt, daß Speichermassen vorgesehen werden müssen, um ein wohnbehagliches Haus zu erhalten. Insofern muß der Massivbau wieder zum Standard des Bauens werden, denn ein massives Gebäude hat entscheidende Vorteile:

1. Massivhäuser haben eine lange Lebensdauer, Investitionen sind deshalb auf Dauer angelegt. Mit einem Massivhaus erwirbt man keine "Konsumwegwerfware", sondern ein stabiles, wertbeständiges Gut. Nicht Holzbuden, sondern Massivhäuser bestimmten und begründeten in der Vergangenheit die Baukultur. Dies wird sich in der Gegenwart fortsetzen.

2. Die Konstruktionen der Massivhäuser müssen aus einem Guß sein. Auftrapierte Schichten sind feuchtemäßig sehr nachteilig, da die stets notwendigen Diffusions- und Sorptionsvorgänge sehr beeinträchtigt bzw. verhindert werden. Damit verbietet sich automatisch ein Wärmedämmverbundsystem.
3. Bei hohen Temperaturschwankungen, die ja ständig auftreten, werden diese durch Massivschichten abgepuffert. Das gilt sowohl für innen als auch für außen. Innen regelt die Speicherung durch Temperaturausgleich ein angenehmes gleichbleibendes Klima. Wird es zu kalt, dann gibt das Mauerwerk Wärme ab, wird es zu warm, dann wird Wärme eingespeichert.
4. Außen jedoch kann der Massivbau die kostenlose Sonnenwärme vereinnahmen und beeinflußt dadurch die Heizwärmebilanz positiv. Es ist ein Skandal, daß diese Möglichkeiten einer Energieeinsparung rechnerisch nicht berücksichtigt werden.
5. Ähnliches gilt für die Regulierung der Feuchte. Bei großen Feuchteschwankungen können sorptionsfähige Baustoffe, also Holz und Ziegel, die extremen Feuchten ausgleichen, da Feuchte aufgenommen bzw. abgegeben werden kann.
6. Ein Massivbau gewährleistet auch einen ausreichenden Schallschutz, denn hier bestimmt die Schwere der Konstruktion die Schalldämmung.
7. Auch der Brandschutz ist bei einem massiven Gebäude wesentlich besser als bei einem Leichtbau bzw. Wärmedämmverbundsystem. Styropor fackelt sehr leicht ab.

Ein Massivbau ist deshalb dem Leichtbau immer überlegen. Lediglich eine übertriebene Werbung läßt den Leichtbau lukrativ erscheinen, doch spätestens nach dem Einzug wird dann "Werbung" durch Erfahrung ersetzt – und hier gibt es dann große Überraschungen; der Massivbau dagegen kann punkten.

### 11.1.2 Belüftetes Dach

Grundsätzlich darf von der Grundidee eines belüfteten Daches nicht abgewichen werden. Selbst bei einer Massivkonstruktion (Stahlbetondecke), die ja das Urbild einer "unbelüfteten" Konstruktion darstellt, wurde früher darauf geachtet, daß unterhalb der Dampfsperre und unterhalb der Dachdichtungsbahn jeweils "belüftete" Schichten angeordnet wurden, die Kontakt zur Außenluft hatten (punktweise verklebte grob besandete Pappe, Röhrchenschichten usw.).

Ein belüftetes Dach wird aus folgenden Gründen notwendig:

1. Bei einer Leicht- oder Skelettkonstruktion ist die belüftete Konstruktion ein unbedingtes Muß, da es sonst zwangsläufig zu Durchfeuchtungen kommt. Immerhin wird Tauwasser im Winter nach DIN-Vorstellungen als zulässig betrachtet, obwohl gerade im Winter trockene Konstruktionen wichtig sind. Diese absurde Tauwasserbilanz wird dann auch noch fehlerhaft berechnet.
2. Um bei aufliegenden Schneeschichten gefrierendes Schmelzwasser, das dann zur Eisschichtbildung führt und damit ebenfalls die Auflast unvorhersehbar erhöht (Einsturzgefahr), zu vermeiden, bedarf es unbedingt der Un-

terlüftung. Bei einem "Warmdach" – also unbelüftet – ist dies leider traurige Wirklichkeit geworden (siehe die Dacheinstürze in Bad Reichenhall und Kattowitz mit vielen Toten).

3. Auch ist bei der Konzeption einer Dachkonstruktion mehr auf die Speicherfähigkeit und weniger auf die Dämmfähigkeit der einzelnen Konstruktionsteile zu achten, um die Temperaturstabilität des Innenraumes zu gewährleisten..

Da Dachausbauten mittlerweile gang und gäbe sind, muß deshalb strikt und stets eine belüftete Dachkonstruktion mit ausreichender Speicherfähigkeit gewählt werden, damit böse Überraschungen vermieden werden.

### 11.1.3 Kasten- und Verbundfenster

Kastenfenster, aber auch Verbundfenster (Doppelrahmenfenster) haben gegenüber den jetzt angebotenen Einrahmenfensterkonstruktionen mit Verbundgläsern ebenfalls Vorteile:

1. Ein Fenster mit einem größeren Scheibenabstand hat infolge des größeren Luftzwischenraumes einen geringeren Energieverlust.
2. Vor allem aber bedeutet der größere Scheibenabstand einen besseren Schallschutz, auf den nicht verzichtet werden darf. Immerhin wird der Schallschutz einer Außenkonstruktion aus dem Schallschutz der einzelnen Komponenten Wand und Fenster gebildet, wobei unbedingt darauf zu achten ist, daß die beiden Schalldämm-Maße in etwa gleich groß sind. Ansonsten gibt es infolge der schlechten Fenster "Schallöcher", die sehr unangenehm laut wirken.
3. Wenn der Schallschutz der Wand gut ist, dann muß eben auch der des Fensters gut sein – und das bedeutet unisono einen großen Scheibenabstand, also ein Kasten- oder Verbund- bzw. Doppelrahmenfenster.

Ein schallschutztechnisch günstiges Haus benötigt deshalb vor allem schallschutzgünstige Fenster. Natürlich gibt es Schallschutzfenster, doch diese sind infolge der dicken Scheiben recht schwer und teuer. Die langfristig bewährte Form ist und bleibt das Kastenfenster bzw. das Verbundfenster.

### 11.1.4 Strahlungsheizung

Als Heizsystem kommt nur eine Strahlungsheizung in Frage, denn diese hat gegenüber einer Konvektionsheizung gewichtige Vorteile:

1. Eine Strahlungsheizung bedingt aus physikalischen Gründen eine niedrigere Raumlufttemperatur (Luft ist diathem) und läßt wegen der ruhenden Luft einen geringeren Luftwechsel zu. Dies erspart beim aus hygienischen Gründen notwendigen Luftaustausch gewaltig Energie.
2. Eine Strahlungsheizung gewährleistet ein angenehmes und gesundes Raumklima: Warme Wände und kühle Raumluft – dies bedeutet ein echtes "Sonnenklima", bei dem man sich ausgesprochen wohlfühlt. Dies hat physiologische Gründe.

3. Außerdem wird Schimmel verhindert, denn die kühlere Raumluft kann an den wärmeren Wänden nicht kondensieren.
4. Eine Wärmestrahlung durchdringt kein normales Fensterglas. Insofern können normale Glasscheiben eingebaut werden. Dadurch werden Investitionskosten gespart.

Bei der Wahl der Heizung führt deshalb an der Strahlungsheizung kein Weg vorbei. Es wäre unvernünftig, auf diese überaus wohltuende Heizungsart zu verzichten.

## 11.2 Konsequenzen

Das bewährte, solide Massivhaus mit einem belüfteten Dach, mit Kasten- oder Verbundfenster, versehen mit einer Strahlungsheizung, ist und bleibt das Haus mit Zukunft. Alle anderen Optionen, und werden sie noch so wohlfeil angeboten, dienen nicht dem Menschen, sowohl gesundheitlich als auch finanziell, sondern sichern nur die Geschäfte einer gewinnmaximierenden Industrie, die sich nicht scheut, Produkte zu liefern, die sich immer mehr von einem soliden Qualitätsstandard entfernen.

Bei diesen Überlegungen kommt man automatisch zurück auf die in [Ratzinger 05] enthaltenen Aussagen, daß die heutige Zeit von drei Mythen beherrscht wird:

Fortschritt – Wissenschaft – Freiheit

Alle drei durchaus lobenswerten Begriffe werden in unverantwortlicher Weise in Misskredit gebracht und mißbraucht:

- Alle Veränderungen werden als *Fortschritt* bezeichnet. Vom Wortstamm her bedeutet dies ein Fortschreiten, ein fort schreiten. Die Frage muß beantwortet werden. "Von woher schreitet man fort und wohin gedenkt man zu schreiten". "Wovon entfernt man sich und was wird angestrebt?" Das Woher ist einfach zu klären: *Tradition, Erfahrung, Wissen*. Das Wohin allerdings ist äußerst dubios und in neoliberaler Weise ersetzt durch *Geschäft, Nutzen, Erfolg*. Diese pragmatische Wende geht zu Lasten vieler und zum Vorteil weniger Menschen. Die "Sozialverträglichkeit" ist nicht mehr gegeben. Mittel- und langfristig gesehen handelt es sich bei den "fortschrittlichen Bauweisen" um konkreten Rückschritt. Darüber sollte man sich immer im Klaren sein.
- Dieses Gebaren wird von der *Wissenschaft* "pseudowissenschaftlich" begleitet, unterstützt und forciert. Hinweise hierfür gibt dieses Buch zur Genüge, die Bauphysik ist dabei an Perfidie kaum zu überbieten (1).
- Derartige Aktivitäten werden durch eine proklamierte *Freiheit* gerechtfertigt, die alles zu erlauben scheint. [Ratzinger 05] sagt dazu:
  *"Freiheit wird häufig egoistisch und oberflächlich verstanden"* und an anderer Stelle: *"Freiheit bedarf eines Inhalts. Neben der Idee der Freiheit treten zwei andere Begriffe: das Recht und das Gute. Das Problem wird deutlicher, wenn wir den Begriff des Guten durch den Begriff der Wahrheit verdeutlichen"*.

Man kann das Blatt drehen und wenden wie man will; das zentrale Ziel aller Bemühungen und die Grundlage aller Überlegungen ist immer die Wahrheit.

# 12 Schlußbemerkung

Das Bauen betritt Irrwege, die Bauphysik befindet sich in einer Sackgasse. Mit der These der "Pluralität der Meinungen" nistet sich überall Lug und Trug ein. Die Baconsche Aufforderung zur Verwirklichung "nützlicher" Wissenschaft wird konsequent im lobbyistischen Sinne umgesetzt – DIN mischt kräftig mit. Die einen sind naiv und unwissend genug, daß sie das, was sie vertreten, selbst glauben, die anderen sind raffiniert und trickreich genug, um bei diesem Treiben zur Genüge abzuschöpfen und dabei treuherzig den Biedermann zu mimen. Die Wissenden und Sachkompetenten jedoch werden eliminiert – sie stören nur. Die Benachteiligten aber sind immer die Bauherren und Investoren – sie müssen zahlen.

Wenn Erkenntnisse der Vergangenheit vergessen und stattdessen dubiose Richtlinien und Vorschriften – national und europaweit – offeriert werden, dann führt dies zu einem produzierten bautechnischen Chaos. Das Märchen *"Des Kaisers neue Kleider"* wird zur traurigen Wirklichkeit. Es wird mehr falsch als richtig gemacht; die Bauten sind die Leidtragenden, die tagtägliche Praxis beweist es.

Es ist schon recht makaber, was hier abläuft. Die reale Welt des Seins wird ersetzt durch die virtuelle Welt des Scheins. Wissenschaft baut eine pseudowissenschaftliche Märchenwelt auf, die gläubig akzeptiert werden soll. Eloquente Rhetorik vernebelt die Wirklichkeit. Das (manipulierte) Geschäft steht im Vordergrund. Die Tyrannei der Meinungsbildung nimmt immer schlimmere Formen an. Nicht das Wissen, sondern ideologische Bekenntnisse sind gefragt. Es werden Glaubenssätze verbreitet – analog der mittelalterlichen Scholastik. Geistig und moralisch sind wir, so scheint es, bereits wieder im Mittelalter angelangt – in der Zeit *vor* der Aufklärung. Mit Wissenschaft hat dies alles nichts zu tun [Meier 04 d].

Bauen bedeutet immerhin Tradition, Bauen bedeutet Baukultur, Bauen erfordert auch Charakter. Diese Basis droht, bedeutungslos zu werden. Das heutige praktizierte Bauen vollzieht oft einen konstruktiven Schlingerkurs, weil Lobbyismus und monetärer Markterfolg einen zu starken Einfluß erhalten. Daraus resultierende Fehlentwicklungen mit manchmal zweifelhaften Motiven beherrschen die Szene, bewußte oder unbewußte Denkfehler und Fehlschlüsse sind die Ursachen [Meier 03e]. Manches, gar zu vieles der hereinstürzenden Informationsflut in Fachzeitschriften, Normen und Verordnungen erweist sich als falsch, es handelt sich weitgehend um Phantastereien und Wunschgebilde wie in [Ehm 85].

Man sollte sich die Aufforderung von Karl Steinbuch [Steinbuch 85] zu eigen machen: *"Habe Mut, dich deines Verstandes ohne fremde Leitung zu bedienen".*

Die Aufgabe besteht darin, die Spreu vom Weizen zu trennen. Darum gilt es besonders, bewährte Kenntnisse und gesichertes Wissen aus tradierten Erfahrungen wieder präsent und nutzbar zu machen; sie sind verstärkt einzusetzen.

Gehört der Inhalt dieses Buches erst einmal zum festen Repertoire der Industrie-, Wissenschafts- und Politikergemeinde, dann ergeben sich daraus weitreichende Konsequenzen, die schleunigst eingeleitet werden müssen:

- Normen und Richtlinien sind zu überarbeiten, damit nicht Unsinniges Bestandteil der verordneten "offiziellen" Empfehlungen wird. Den Kunden wird es nicht überzeugen, plötzlich mit Unnützem und Falschem konfrontiert zu werden. Bauschäden sind meist auf fehlerhafte Normen zurückzuführen.
- Die vorliegenden und benutzten Simulationsmodelle sind zu überprüfen, inwieweit grundlegende Naturgesetze berücksichtigt sind. Es macht wenig Sinn, sich der Realität zu verschließen. Mit unzulänglichen Modellen Ergebnisse zu präsentieren, grenzt an Betrug.
- Besonders die Wirtschaftlichkeit von Energieeinsparungsmaßnahmen interessiert den Kunden. Die in den Verordnungen formulierten Anforderungen sind unwirtschaftlich. Auf diesem Gebiet triumphiert die Lüge und Verdummung [Wertheimer 01].
- Auch rechtliche Folgerungen sind zu berücksichtigen. Besteht ein Rechtsanspruch auf die berechneten (falschen) Energiebedarfswerte? Aus der technischen Misere ergibt sich damit auch ein kaum entwirrbares rechtliches Durcheinander.
- Ganz besonders sind die Gesundheitsgefahren zu beachten, die durch das "neue Bauen" wie eine Lawine auf uns zukommen. Von der chemischen Behandlung der Materialien und Werkstoffe für innen und außen bis zu den naturwidrigen "Kunststoffkonstruktionen" am und im Gebäude belasten in verstärktem Maße krankmachende Umweltgifte die Bewohner.

Was also bleibt von der ganzen Bauentwicklung mit ihrer übertriebenen Rechnerei, von der "hochgelobten" Bauphysik, vom Bauen insgesamt übrig? Recht wenig [Meier 00g, 07, 08]. Um sich realistischen Verhältnissen wieder zu nähern, wird ein umfangreiches Umdenken erforderlich. Dies aber ist nicht zu erwarten. *"Das starre Festhalten an "fixen Ideen" ist eine der offensichtlichsten Formen "gelehrter Dummheit", die sich jedoch noch steigern läßt, indem man nicht nur unerschütterlich an die Unfehlbarkeit der eigenen Hypothesen glaubt, sondern sie auch noch als unfehlbare Behauptungen formuliert. Die gravierendste Form von Dummheit besteht in der Weigerung, einen möglichen Widerspruch in Betracht zu ziehen"* [Wertheimer 01].

Grundlagenarbeit ist gefragt, sie wird aber nicht geleistet – leider, denn die "tonangebenden" Industrien sind daran nicht interessiert. Sie erwarten vielmehr im Rahmen der Drittmittelforschung von der "Wissenschaft" die Bestätigung ihrer auf Gewinnmaximierung abgestimmten Aktivitäten. Wissenschaft degradiert sich zum Erfüllungsgehilfen der Wirtschaft.

Deshalb müssen endlich von integren und seriösen Forschungseinrichtungen die richtigen Weichen für die Zukunft gestellt werden. Der Widerstand gegen das unseriöse Bauen wächst, die kritischen Stimmen mehren sich. Viele Aktivitäten sind erkennbar, die hier aufklärend wirken, unter anderem auch [AGH]. Aber auch Informationsveranstaltungen und Seminare werden dazu beitragen, wieder die richtigen Pfade zu finden [Meier 04, 04a]. Ganzheitliches Bauen muß im Vordergrund stehen, ein Bauen, das dem Bewohner dient – gesundheitlich und finanziell; der Kunde, der Verbraucher hat ein Recht darauf [Eisenschink 04].

Um hier die notwendigen Richtungsänderungen zu bewirken, dürfen allerdings nicht die Initiatoren und Aktionisten dieser bautechnischen Misere gehört werden; die werden in altbewährter Manier weiterhin unbeirrt daran festzuhalten versuchen, all das Fragwürdige und Falsche zu verbreiten (8).

Wer einen Sumpf trockenlegen will, darf nicht die Frösche fragen.

Es bewahrheitet sich immer wieder: Die Wahrheitsfindung, nicht jedoch die Meinungsbildung, muß vorangetrieben werden. Ohne diesen Grundsatz wird alles im Chaos enden [Markl 88].

In diesem Zusammenhang erhellen einige Zitate die Situation [Steinbuch 79]:

*Wo Begriffe und Strukturen verflüssigt werden, versinkt man im Sumpf.*

*Wir nähern uns ... der Situation, in der die Massenmedien zur Dressur der Massen mißbraucht werden.*

*Uns werden ständig Fortschritte eingeredet, die sich in der Wirklichkeit als schwerwiegende Rückschritte erweisen.*

*Und sollte mal einer wagen, diesen Skandal der gegenwärtigen Informationsproduktion, dieses Mißverhältnis von Macht und Moral zur Sprache zu bringen, dann zeigen sie ihm, was eine Harke ist.*

*So bilden sich Clans gegenseitiger Zustimmung, Bestätigung, Hochlobung und Prämierung – und gemeinsames Abblocken gegenüber Kritikern dieses Privilegs.*

*Aber mancher Sprachgebrauch der letzten Jahre ist nur als Mittel gewollter babylonischer Sprachverwirrung zu verstehen – wobei diese Verwirrung häufig zur Tarnung sehr bewußter Zwecke dient.*

*Man übersieht aber leicht die viel schlimmere Entfremdung des Menschen von "seiner" Meinung, die tatsächlich nicht mehr seine Meinung ist, sondern von anderen professionell produziert wird.*

*Die Pluralität der Meinungen in den Massenmedien schafft Rechtfertigung für fast alle Verrücktheiten unserer Zeit und vernachlässigt das "Normale", auf dessen Existenz unser Zusammenleben beruht.*

Das Buch gibt Anregungen und Hinweise, wie zukünftig beim Bauen zu verfahren ist, um Fehler im Interesse der Kunden zu vermeiden. Die Interessen der Wirtschaft sind in diesem Falle wirklich zweitrangig.

Weitere Informationen und Texte zum Bauen sind bei folgenden Internet-Adressen zu bekommen. Sie bieten eine anregende Lektüre.

| | |
|---|---|
| Claus Meier: | http://ClausMeier.tripod.com |
| Claus Meier: | http://download.dimagb.de |
| Konrad Fischer: | http://www.konrad-fischer-info.de |
| Konrad Fischer: | http://www.konrad-fischer-info.de/7waefe.htm |
| Alfred Eisenschink: | http://www.sancal.de |
| Wilfried Heck: | http://wilfriedheck.tripod.com |

# 13 Anhang

## 13.1 Anmerkungen

Die Wahrheiten,
die wir am wenigsten gern hören,
sind diejenigen,
die wir am nötigsten kennen sollten.
Chinesisches Sprichwort

### Vorbemerkung

Entzieht man sich der Mühe einer Wahrheitsfindung und geht den bequemen Weg, dann bedeutet ein vermehrter Abstand vom objektiven Wissen ein stark gesteigertes Unwissen. Die Unfähigkeit vieler, gewonnene, erlernte, gar erfahrene Erkenntnisse sinnvoll und praxisnah umzusetzen oder umsetzen zu wollen, ist unverkennbar. Eine allgemeine Wissenszunahme im ganzen führt bedauerlicherweise zu einer speziellen Wissensabnahme des einzelnen. Die Einfalt dominiert.

Wird der Slogan: "Was ich nicht weiß, macht mich nicht heiß" zur Handlungsmaxime, dann zahlt sich Unwissen sogar segensreich aus. Im strafrechtlichen Sinne ist man dann sogar immun – man spricht dann von der Präventivwirkung des Unwissens. Der bisweilen komplette Rückzug aus dem Bereich gesicherten Wissens wird dabei mit individueller Flexibilität des Denkens und sogenannter Freiheit des Handelns begründet und gerechtfertigt. Diese Flucht aus dem Wissen wird verständlich, wenn Wissen ein völlig anderes Verhalten erzwingen würde als das des täglich geübten und praktizierten. Eine Abkehr vom Zurechtgelegten, gewohnt Gewöhnlichen, das sich ja bereits so glänzend bewährt habe, wird meist aus Prinzip abgelehnt [Altendorf 88].

Es scheint eine Art psychischer Schutzmechanismus vorzuliegen, dem sich der einzelne nur allzu gern unterwirft: Wissen wird durch Meinung, wenn nicht sogar durch Glauben ersetzt. Gefährlich ist die Tendenz, bei den durch Glaube und Meinung produzierten Halbwahrheiten nun davon auszugehen, man habe damit die letzten Erkenntnisse entdeckt. Es gibt, nach Bruno Fritsch, Individuen, die subjektiv davon überzeugt sind, über ein Wissen höherer Ordnung zu verfügen, das sie befähigt zu wissen, was Wissen wissen darf und ob Wissen überhaupt wissen soll bzw. von wo an Wissen aufhören muß zu wissen.

Die Folge dieser pragmatischen Vorgehensweise ist die Wiedereinführung der Zensur, die permanent ausgeübt wird und der sich auch die Wissenschaft bedient.

Damit wird Meinung wieder dominant, man glaubt an die Richtigkeit der Meinung anderer und somit an die Richtigkeit der eigenen Meinung. Meinung aber ist eben kein Wissen und im Gegensatz zum Wissen wandelbar, interpretationsfähig, produzierbar, manipulierbar und durch die Medien vielseitig verbreitbar, ganz abgesehen vom Glauben. Was wird heute, auch in der so technisierten Welt, nicht alles geglaubt. Die manipulierte Information wird zur allgemeinen Standardware [Steinbuch 85]. Hier muß an Immanuel Kant erinnert werden, der das Wissen zur Grundlage vernünftigen Handelns macht. Gerade heute sollte dies die ständige Richtschnur sein.

Trotzdem scheint ein Rückzug aus dem Überangebot von Wissen für manche überlebensnotwendig zu sein. Entscheidend für diese Lebenskünstler ist nicht, was objektiv und global richtig wäre, sondern was sie subjektiv für richtig halten – im eigenen Interesse und zum eigenen Vorteil; damit wird dann auch der eigene Seelenfrieden gerettet [Vilar 90]. Dieser Trend zur Unwissenheit führt jedoch automatisch zur organisierten Verantwortungslosigkeit. Dieses Netz von Kumpanei, Seilschaften und Vertuschung, von Korruption, Lüge und Betrug ist nur schwer zu entwirren [Rose 97], [Scheuch 92], [Schöndorf 98], [Richter 89].

Alle Nachteile, die sich aus einem solchen Verhalten, entgegen aller auf gesichertem Erfahrungswissen beruhenden Vernunft, ergeben, wiegen gering im Vergleich zu der Katastrophe eines beschleunigten Zerfalls menschlicher Sozialisation und Kultur, die mit dem geistigen und wissenschaftlichen Zerfall des Denkens und Handelns einhergeht [Berman 02]. Dekadente Entwicklungen sind deutlich erkennbar; Verdummung wird als Strategie eingesetzt. In [Wertheimer 01] ist zu lesen: *"Volksverdummung auf hohem ökonomischen und technologischen Niveau ist angesagt"* und weiter: *"Die Strategien der Verdummung werden immer effizienter"*. Was wir deshalb brauchen, ist die Neuauflage einer allumfassenden, durchgreifenden Aufklärung, denn auf eine Wiedergeburt mittelalterlicher Scholastik mit ihrer verheerenden Dogmatik kann getrost verzichtet werden. *"Die intellektuelle Kraft, Ehrlichkeit, Klarheit, Courage und selbstlose Wahrheitsliebe der begabtesten Denker des achtzehnten Jahrhunderts sind bis heute ohne Parallele"* [Postman 99].

Im Zuge globaler Zielsetzungen wird das Streben nach Erkenntnis stetig durch das Streben nach materiellem Gewinn ersetzt. Dabei bleibt die Wahrheit auf der Strecke; Scharlatanerie und Betrügereien sind üblich, sie scheinen sogar zu faszinieren. Winkeladvokaten beherrschen die Szenerie, Narzißmus und Selbstverherrlichung sind weit verbreitet, Drittklassigkeit gibt den Ton an. Daraus resultierende Arroganz, Überheblichkeit und Selbstüberschätzung sind an der Tagesordnung; Brutalität, Intrigen und Rücksichtslosigkeit sind die zwingenden Folgen.

Jeder, der bei den komplexen Bereichen *Bauen und Wohnen* sein Wissen aus offiziellen Informationsquellen schöpft und dann darauf zu beharren gedenkt, sei gewarnt. Das Täter-Opfer-Syndrom mit all seinen schillernden Facetten wird sich in seiner ganzen Vielschichtigkeit eines Tages offenbaren. Bei der Suche nach den Schuldigen will es dann keiner gewesen sein; jeder versucht, in die Rolle des Opfers zu schlüpfen – allein dies ist gesichertes Erfahrungswissen.

## *(1) Über den Zustand der Wissenschaft*

Bereits 1986, also schon vor zwanzig Jahren, wurde über Wissenschaft sehr kritisch geurteilt. Auf dem 5. Bildungspolitischen Forum des BFW (Bund Freiheit der Wissenschaft e. V.) hielt Prof. Wild einen Vortrag über das Thema:

"Die Auswirkungen des grün-alternativen Wissenschaftsverständnisses auf die Forschung" [Wild 86].

Er kommt dabei zu folgenden Aussagen:

*"Die Wissenschaft hat in den Augen der Öffentlichkeit ihre Glaubwürdigkeit eingebüßt. Der Mann auf der Straße ist heute davon überzeugt, daß man bei jedem Problem für jede Auffassung einen Wissenschaftler gewinnen kann, der sich die gewünschte Auffassung zu eigen macht und sie mit Verve und im Brustton der Überzeugung vertritt".*

*"Noch schlimmer als dieser Prestigeverlust der Wissenschaft aber ist die allgemeine Unsicherheit, die sich ausgebreitet hat. Der Laie – und auch fast alle Politiker sind in diesem Sinne Laien – weiß, wenn zwei Experten entgegengesetzte Meinungen vertreten, im allgemeinen nicht, wem er glauben soll. Er wird sich oft für die Ansicht entscheiden, die rhetorisch überzeugender vorgetragen wird, oder die seinen Überzeugungen näher steht; noch häufiger wird er eine anstehende Entscheidung hinausschieben mit dem Argument, die Wissenschaft sei sich in der betreffenden Angelegenheit noch nicht entscheidungsreif".*

*"In Wirklichkeit aber ist in vielen Fällen die Sachlage völlig klar und durch unzweideutige Fakten belegbar; der Dissens kommt nur dadurch zustande, daß der sogenannte "Experte" der einen Partei von der Sache nichts versteht oder – vor sich selbst legitimiert durch sein Engagement für ein vermeintlich höheres Ziel – bewußt die Wahrheit verschleiert".*

*"Ich meine, daß diese Situation unerträglich geworden ist und daß die Wissenschaftler in ihrem ureigensten Interesse handeln, wenn sie von der Konfrontationsstrategie abrücken. Wo der Wissenschaftler als Wissenschaftler gefordert ist, muß er sich an das Ethos der Wissenschaft binden und alle anderen Rücksichten und Bindungen demgegenüber zurückstellen. Wenn ein Wissenschaftler befürchtet, daß eine Sachaussage politische Wirkungen haben kann, die er nicht wünscht oder die er sogar für verderblich oder moralisch inakzeptabel hält, dann kann er die Aussage verweigern, aber er darf objektiv unstreitige Sachverhalte nicht verfälschen oder manipulieren. Denn das Ethos der Wissenschaft fordert, daß das Bekenntnis zur Wahrheit allen, aber auch wirklich allen anderen Rücksichten überzuordnen ist".*

Weiter sagt Wild:

*"Bei aller historisch oder sonstwie bedingten Einkleidung muß in den Naturgesetzen ein unbestreitbarer Wahrheitskern enthalten sein. Die Verpflichtung auf das Bekenntnis zur Wahrheit und auf das Bemühen um Unvoreingenommenheit ist deshalb sinnvoll und gerechtfertigt. Wir erreichen zwar die volle Objektivität niemals, aber wir können uns um sie bemühen und wir können ihr nahekommen".*

*"Ich meine, daß wir Wissenschaftler uns auf diese ethische Grundlage unseres Handelns wieder stärker besinnen müssen. Man fordert heute mit Recht eine Ethik der Technik, die uns die Grenzen aufzeigt, die dem Machbaren zu ziehen sind. Wir werden aber schwerlich eine Ethik verantwortlichen Handelns entwickeln können, wenn wir uns nicht auf die Wahrheit verpflichten und wenn wir der Forderung wissenschaftlicher Redlichkeit zuwiderhandeln. Der Zweck hat noch nie die Mittel geheiligt und das Mittel der Manipulation der Wahrheit am allerwenigsten. Bemühen wir uns also um Sachlichkeit, Aufrichtigkeit, Redlichkeit und prüfen wir uns selbstkritisch, ob unsere Aussagen wirklich durch Fakten fundiert sind und nicht aus Vorurteilen entspringen. Wenn wir so handeln, dann wird es zwar noch immer richtige und falsche Aussagen geben, aber die Beeinträchtigung der Glaubwürdigkeit durch eine willentliche Verschleierung, Verstümmelung oder gar Verfälschung der Wahrheit, dieses Problems, das heute die Atmosphäre vergiftet und das Ansehen der Wissenschaft zu ruinieren droht, wird seine Brisanz einbüßen und hoffentlich sogar gänzlich verschwinden".*

*"Die Macht der Naturwissenschaften beruht auf ihrer Wahrheit".*

Zusammenfassend heißt es dort:

*"Die etablierte Wissenschaft gilt nicht länger als eine Institution, die objektiv gültige Erkenntnis zu Tage fördert, sondern als ein Instrument zur Durchsetzung von Interessen der herrschenden Klasse, sie ist in den Streit der Parteien hineingezogen worden."*

Heute sind diese kritisierten Zustände der Wissenschaft traurige Wirklichkeit geworden. Es herrscht allgemeines Chaos im Denken und Handeln – in der Bauphysik deutlich nachweisbar.

Wie sehr immer wieder auf fragwürdige Umtriebe im Wissenschaftsbereich hingewiesen werden muß, zeigt folgender Brief vom 22. März 2005 [Meier 05]:

"Sehr geehrter Herr Minister Dr. Goppel,
der Anlaß für diesen Brief ist eine an mir ergangene Einladung zur Antrittsvorlesung "Bauphysik – Grundlage für Energieeffizienz und Behaglichkeit" des Univ.-Prof. Dr.-Ing. Gerd Hauser, Ordinarius für Bauphysik der TUM am 28. April 2005. Als Insider der Materie verpflichtet dies zu einem Kommentar.

Die Bundesregierung hat das Jahr 2005 zum "Einsteinjahr" ausgerufen. Einstein gilt als genialer Wissenschaftler, Einstein ist hochaktuell. Um Sie nun auf die Frage "Wissenschaft – Quo vadis?" einzustimmen, hier einige Zitate von ihm (aus: Ze'ev Rosenkranz: Albert Einstein privat und ganz persönlich. Verlag Neue Zürcher Zeitung, 2004):
*"Forschung war für ihn das Streben nach Erkenntnis der Wahrheit ... und er war zutiefst überzeugt vom unveräußerlichen Recht des Wissenschaftlers auf unabhängiges Denken, Forschen und Handeln"* (S. 100).
*"Die Universität ist eine Stätte, an der sich die Universalität des menschlichen Geistes offenbart. Die Forschung und die Wissenschaft kennt als Ziel nur die Wahrheit"* (S. 166).

In der Wissenschaft geht es also ausschließlich um Erkenntnisse – nicht Bekenntnisse – und um Wahrheiten. Was aber ist nun wahr und was ist unwahr?

Jeder nimmt doch stets für sich das Recht in Anspruch, nur der Wahrheit zu dienen. Hier kann Di Trocchio, F.: Der große Schwindel, Betrug und Fälschung in der Wissenschaft. Campus Verlag Frankfurt/Main New York 1992 weiterhelfen, dort heißt es (S. 192):
*"Karl Popper widerlegte die Überzeugung, es sei immer möglich, den Beweis zu erbringen, daß etwas wahr oder falsch ist. Popper zeigte, daß immer nur der Beweis dafür möglich ist, daß etwas falsch ist, während es sich nie letztgültig beweisen läßt, daß etwas wahr ist. Dies bedeutet, daß alle wissenschaftlichen Theorien, die wir für wahr halten, nicht deshalb als wahr betrachtet werden können, weil ihre Wahrheit wirklich bewiesen worden ist, sondern nur, weil es den Wissenschaftlern, die sie formuliert haben, gelungen ist, ihren Kollegen und uns glaubhaft zu machen, daß sie wahr seien. Normalerweise schließt das die Verwendung mehr oder weniger schwerwiegender Fälschungen und Tricks mit ein, die jedoch nicht als solche erkannt werden, oder wenn, dann erst nach langer Zeit".*

Was heißt das im Klartext? Manipulationen, Fälschungen, Tricks und Fehlinterpretationen liegen mit hoher Wahrscheinlichkeit im Bereich des Möglichen. Und die Erkenntnis: Jede Aussage ist wahr, bis sie widerlegt wird. Das aber heißt im Umkehrschluß: Wird eine Aussage widerlegt, dann ist sie falsch. Falschaussagen können somit eindeutig identifiziert werden.

Die besonders von Gertis und Hauser neu formulierte "etablierte Bauphysik" liefert hierfür infolge fehlerhafte Aussagen ein breites Betätigungs- und Anwendungsfeld. Dabei agiert "Bauphysik" in einem für die Bautechnik verheerenden argumentativen Teufelskreis. Fragwürdige, widerlegbare und falsche Aussagen werden zunächst in Vorschriften und Verordnungen festgeschrieben und verankert. Ist dies erfolgt, werden diese Vorschriften und Verordnungen dann stets als "Beweis für die Richtigkeit" herangezogen und ellenlang zitiert. Eine Wissenschaft aber, die sich auf diese Art und Weise selbst bestätigt, ist eine Pseudowissenschaft – es handelt sich um einen wissenschaftstheoretischen Skandal.

Typisch hierfür sind die zwei beiliegenden leonardo Artikel: Das Contra von mir stützt sich auf naturwissenschaftliche Fakten, Logik und Mathematik, das Pro von Prof. Hauser dagegen ausschließlich auf DIN-Vorschriften und Verordnungen; diese aber sind z. T. widersprüchlich und falsch. (Anmerkung: Es handelt sich um die Veröffentlichungen "Pro EnEV 2000" und "Contra EnEV 2000" in leonardo-online 3/2000) [Meier 00e].

Seit über 20 Jahren weise ich auf fehlerhafte, jedoch leider auch offizielle Bauphysik-Aussagen hin, aber die Mißstände nehmen nicht ab – im Gegenteil, sie nehmen weiter zu. Lobbyisten und Netzwerke mit z. T. mafiosen Strukturen haben in unserer Gesellschaft offensichtlich einen größeren Einfluß als integres wissenschaftliches Denken und Nachdenken; das Schlimmste aber ist: die Mehrheit jubelt und applaudiert mit heller Begeisterung.

Schon Gotthold Ephraim Lessing sagte zu diesem Problem:
*"Wer die Wahrheit sucht, darf nicht die Stimmen zählen".*

Auch in einem Brief Einsteins an E. Muste vom 23. Januar 1950 wird dieses Dilemma deutlich (S. 107 des og Buches):

*"Ich ... habe mich nicht gescheut, meine Überzeugung bei jeder sich darbietenden Gelegenheit offen auszusprechen, wie ich es für meine Pflicht halte. Aber die einzelne Stimme verschwindet in dem Gebrüll der Menge – es ist immer so gewesen."*

So ist es auch heute noch. Daß die Fragwürdigkeit offizieller Bauphysik trotz großer Anstrengungen interessierter Kreise nun doch langsam allgemein einsichtig wird, hat mir sogar Ihr Kabinettskollege Dr. Beckstein bestätigt. Der Autor Schulze-Darup erarbeitete zwei von der Obersten Baubehörde herausgegebene Arbeitsblätter (Umweltverträgliches Bauen und gesundes Wohnen – Neubau/ Altbau), die weitgehend auf der Grundlage "veröffentlichter Bauphysik" fußen. Auf die Fehlerhaftigkeit dieser Arbeitsblätter wies ich mit Schreiben vom 13. 07. 03 hin.

Im Antwortschreiben vom 19. 01. 2004 schreibt Dr. Beckstein unter anderem:

*"Die von Ihnen angesprochenen Broschüren geben nicht die fachliche Ansicht der Obersten Baubehörde wieder, sondern repräsentieren in vielen Teilen allein die Meinung des Autors".*

Es handelt sich also lediglich um die *Meinung* des Autors, die mit diesen beiden Arbeitsblättern verbreitet wird. Schon allein dies ist zu beanstanden. Hier offenbart sich eine allgemein vorliegende, jedoch folgenschwere Begriffsverwirrung. Man spricht zwar stets von der Wissensgesellschaft (Wissen ist nach Kant die Grundlage des Handelns, deshalb darf allein nur das Wissen gelten), meist aber kommen nur Meinungen, leider auch falsche, zum Tragen.

Hierzu sagt Bertrand Russell:
*"Selbst wenn alle Fachleute einer Meinung sind, können sie sehr wohl im Irrtum sein".*

Meinungen, selbst die aller Fachleute, aber sind nicht maßgebend, sie sind manipulierbar; man spricht ja auch von der "veröffentlichten Meinung". Was sich also heute allgemein manifestiert, ist produzierte Meinung, die dann sogar zum Meinungsterror anschwellen kann. Die dadurch hervorgerufene Informationsschwemme mutiert sogar zum Informationsmüll, meist zum Informationschaos – nichts ist mehr durchschaubar. Wahrheit aber kann es sich leisten, mit wenigen Worten sich verständlich zu machen; auch dies ist ein Indiz für Wahrheit. Semantisches Wirrwarr und verworrene Erläuterungen dagegen deuten auf Unwahrheit und Täuschung mittels bewußter Verschleierung der Tatsachen hin. Bildung wird gefordert, keine Verbildung!

Prof. Dr. Wolfgang Wild sagte auf dem 5. Bildungspolitischen Forum des BFW (Bund Freiheit der Wissenschaft e. V.) bereits vor fast zwanzig Jahren unter anderem (veröffentlicht in : Freiheit der Wissenschaft Nr. 3, März 1986):
*"Wir werden aber schwerlich eine Ethik verantwortlichen Handelns entwickeln können, wenn wir uns nicht auf die Wahrheit verpflichten und wenn wir der Forderung wissenschaftlicher Redlichkeit zuwiderhandeln. Der Zweck hat noch nie die Mittel geheiligt und das Mittel der Manipulation der Wahrheit am allerwenigsten. Bemühen wir uns also um Sachlichkeit, Aufrichtigkeit, Redlichkeit und prüfen wir uns selbstkritisch, ob unsere Aussagen wirklich durch Fakten fundiert sind und nicht aus Vorurteilen entspringen. Wenn wir so handeln, dann wird es zwar noch*

*immer richtige und falsche Aussagen geben, aber die Beeinträchtigung der Glaubwürdigkeit durch eine willentliche Verschleierung, Verstümmelung oder gar Verfälschung der Wahrheit, dieses Problems, das heute die Atmosphäre vergiftet und das Ansehen der Wissenschaft zu ruinieren droht, wird seine Brisanz einbüßen und hoffentlich sogar gänzlich verschwinden".*

Diese Worte sollte sich jeder Wissenschaftler zu eigen machen. Leider sagte er aber auch:
*"Die etablierte Wissenschaft gilt nicht länger als eine Institution, die objektiv gültige Erkenntnis zu Tage fördert, sondern als ein Instrument zur Durchsetzung von Interessen der herrschenden Klasse, sie ist in den Streit der Parteien hineingezogen worden."*
Dieser Aussage ist nichts hinzuzufügen, sie charakterisiert mit kurzen, knappen Worten die heutige Situation im Wissenschaftsbetrieb; als herrschende Klasse entpuppt sich die Industrie.

Aber ebenso ernsthaft muß ein weiteres Thema angesprochen werden: Der produzierte Nonsens in der Wissenschaft. Di Trocchio sagt in seinem Buch "Der große Schwindel ..." (S. 212):
*"Die wissenschaftliche Erforschung des Chaos könnte sich, kurz gesagt, in eine chaotische Wissenschaft verwandeln, in der es von falschen und bedeutungslosen Entdeckungen nur so wimmelt".*

Wie kommt es dazu? Was sind die Ursachen? Hierzu heißt es bei Di Trocchio:
*"Sehr wohl kann und muß verhindert werden, daß die Wissenschaft in die Hände kleiner und gewöhnlicher Betrüger fällt".*

Dies ist keineswegs abwegig. Karl Steinbuch sagt in "Maßlos informiert. Die Enteignung unseres Denkens", Goldmann Sachbuch 11 248, 11/79 (S.16):
*"Es ergibt sich zwangsläufig aus dem gegenwärtigen Umgang mit der Information, der – ähnlich dem Umgang der Alchimisten mit ihren Elixieren – mit Verstand und Verantwortung wenig, mit Unverstand, Täuschung und Betrug aber viel zu tun hat. Wir werden zugleich informiert, verwirrt und betrogen, wir sehen kaum mehr die Wirklichkeit, fast nur noch Kulissen und Spiegelbilder".*

Die virtuelle Welt ist bereits Wirklichkeit geworden. Deshalb sei der § 263 StGB "Betrug" zitiert:
*(1) Wer in der Absicht, sich oder einem Dritten einen rechtswidrigen Vermögensvorteil zu verschaffen, das Vermögen eines anderen dadurch beschädigt, daß er durch Vorspiegelung falscher oder durch Entstellung oder Unterdrückung wahrer Tatsachen einen Irrtum erregt oder unterhält, wird mit Freiheitsstrafe bis zu fünf Jahren oder mit Geldstrafe bestraft.*
*(2) Der Versuch ist strafbar.*

Diesen Paragraphen sollte sich jeder merken, der mit fehlerhaften Behauptungen und einseitig formulierten Werbesprüchen, die dann als Wissen verkauft werden, hantiert.

Nicht nur Täuschung und Betrug haben Einzug im Wissenschaftsbetrieb gehalten, nein auch die Umkehrung der Bedeutung von Begriffen ist zu beanstanden. Das Thema der Antrittsvorlesung: "Bauphysik – Grundlage für Energieeffizienz und Behaglichkeit" bietet hier einen guten Ansatzpunkt. Das "verordnete" Bauen ist weder energieeffizient (das vorgeschriebene Anforderungsniveau ist unwirtschaftlich), noch behaglich (infolge der "neuen Bauweise" treten überall Feuchteschäden, Schimmel- und Algenbildung auf, die zu Gesundheitsschäden führen). Mit dieser Überschrift werden nur Wunschträume artikuliert, die mit der Wirklichkeit nichts gemein haben. Dem Kunden wird ein X für ein U vorgemacht, er wird betrogen – allerdings auf akademisch recht banalem und niedrigem Niveau.

In der Tat, vieles wird gegensätzlich bewertet, fast alles auf den Kopf gestellt. *"Weh denen, die Böses gut und Gutes böse heißen, die aus Finsternis Licht und aus Licht Finsternis machen, die aus sauer süß und aus süß sauer machen".* Jesaja 5,20.

Bauphysik mutiert zu einer Pseudowissenschaft mit widersprüchlichen und absurden Aussagen. Wenn unser Nachwuchs in der Ausbildung dadurch fehlorientiert wird, dann ist dies für die Bautechnik eine schlimme Sache. Politik trägt hier eine hohe Verantwortung. Ich erhoffe mir deshalb eine grundsätzliche Äußerung zum beiliegenden Buch "Richtig bauen". Dort werden die allgegenwärtigen Thesen der "offiziellen" Bauphysik im Sinne Poppers Punkt für Punkt widerlegt; sie operiert mit unwahren Thesen. Bedrückend ist, daß diese Scheinwissenschaft nun auch an der TUM gelehrt und verbreitet wird. Wie soll sich unser Nachwuchs nur diesem verhängnisvollen, pseudowissenschaftlichen Meinungsterror entziehen? Es genügt wohl offensichtlich nicht mehr, daß nur die praktizierende Fachwelt auf dem Gebiet der Bauphysik systematisch verdummt wird, nein, auch die kommenden "Fachleute" müssen im gleichen Sinne verbogen werden.

Mit freundlichen Grüßen

Auf der Seite 4 des Briefes erfolgten dann noch einige Anmerkungen.

1. (Hier erfolgten Hinweise auf Seiten, auf denen Prof. Hauser genannt wird).
2. Bücherverdammnis ist allgemein üblich. Kopernikus veröffentlichte sein Hauptwerk "DE REVOLUTIONIBUS ORBIUM CAELESTIUM" aus Angst vor der Inquisition erst in seinem Todesjahr 1543. Er wollte nicht auf dem Scheiterhaufen enden. Die Kirche setzte das Werk 1616 auf den Index librorum prohibitorum und entfernte es erst im Jahre 1757.
3. Drei meiner fünf Bücher kamen auf einen imaginären Index und wurden vom Markt genommen:
   - Wärmeschutzverordnung und sinnvoller Gebäudewärmeschutz. Bauverlag GmbH Wiesbaden und Berlin, 1987, 164 Seiten (seit Jan.1994).
   - Feuchteschäden vermeiden. Bauverlag GmbH Wiesbaden und Berlin, 1989, 221 Seiten (seit Jan.1997).
   - Wärmeschutzplanung für Architekten und Ingenieure, Rudolf Müller Verlag, Köln 1995, 2 Bände mit insgesamt ca. 1800 Seiten (seit Mai 1998).

   Die wesentlichen Aussagen dieser drei Bücher sind auch in "Richtig bauen" enthalten.
4. Heutzutage werden kritische Autoren zwar nicht wie im Mittelalter als Ketzer verbrannt, jedoch vehement im Chor als solche verunglimpft und diskriminiert

(dieser Tatbestand einer Benachteiligung wird bezeichnenderweise im Antidiskriminierungsgesetz nicht berücksichtigt).

Karl Steinbuch sagt in "Maßlos informiert" hierzu:
*So bilden sich Clans gegenseitiger Zustimmung, Bestätigung, Hochlobung und Prämierung – und gemeinsames Abblocken gegenüber Kritikern dieses Privilegs. (S.37).*

Und Di Trocchio sagt in "Der große Schwindel" (S. 83):
*"..., kam es zu einer Art Diktatur der Mittelmäßigen: Wissenschaftler mit mäßigen Fähigkeiten besetzten die Gremien für die Zuweisung und Verteilung der Forschungsgelder."*

*"Dieser Mißstand wurde noch vergrößert durch die Tolerierung von Intrigen und Kungeleien, mit denen die eigenen Gruppeninteressen geschützt werden sollen".*

*"..., daß die enorme Ausdehnung der Wissenschaft zur Vorherrschaft mittelmäßiger Wissenschaftler über ihre hochgradig kreativen Kollegen führte".*

Von Di Trocchio stammen auch die Sätze (in "Newtons Koffer, Geniale Außenseiter, die die Wissenschaft blamierten". Campus Verlag Frankfurt/Main New York, 1998, Seiten 13 und 15):
*"Wissenschaftliche Institutionen sind dagegen oft stumpfsinnig konformistisch: Sie sind nicht nur nicht in der Lage, anders zu denken, sondern weisen diejenigen, die es versuchen, auch noch zurück und grenzen sie aus".*

*"Die Anmaßung, im alleinigen Besitz der Wahrheit zu sein, hat das wissenschaftliche Establishment dazu verleitet, auch das Monopol der Wissenschaftsfinanzierung und der Veröffentlichungsmöglichkeiten zu fordern".*

*"Der bemerkenswerte Aspekt bleibt, wie sehr die unkritische und wenig demokratische Haltung der Wissenschaftsgemeinde gegenüber Dissidenten der Haltung ähnelt, die Theologen früher gegen Ketzer einnahmen. Daher werden die ausgeschlossenen und marginalisierten Wissenschaftler auch nicht zu Unrecht als "Häretiker" bezeichnet, denn sie werden von einer Mehrheit, die sich im Besitz des Wahrheitsmonopols wähnt, verurteilt".*

*"Dabei bilden Wissenschaftler (häufig unsichtbare) Tribunale, die ebenso, wenn nicht sogar grausamer als die Inquisition sind. Es bleibt nur der Schluß, daß heute die Intoleranz der Religion durch die Intoleranz der Wissenschaft ersetzt worden ist".*

Über den Zustand heutiger Wissenschaft, hier speziell der Bauphysik, sollte man sich wirklich ernsthaft Gedanken machen, die Zeit ist reif dafür.

Im Herbst 1954 bat der Chefredakteur der Zeitschrift "Der Reporter" Einstein um eine Stellungnahme zu einer Artikelserie über die aktuelle Situation im Wissenschafts- und Bildungssektor. Einstein antwortete am 13. Oktober 1954 (im o.g. Buch S. 128)

*"Wäre ich noch einmal ein junger Mensch und stünde ich erneut vor der Entscheidung über den besten Weg, meinen Lebensunterhalt zu verdienen, so würde ich nicht ein Wissenschaftler, Gelehrter oder Pädagoge, sondern eher ein*

*Klempner oder Hausierer werden wollen in der Hoffnung, mir damit jenes bescheidene Maß an Unabhängigkeit zu sichern, das unter den heutigen Verhältnissen noch erreichbar ist."*

Unter den heutigen Verhältnissen könnte Einstein noch nicht einmal Klempner werden.

Das Antwortschreiben vom 12.04.2005 ist typisch für die heutige Zeit.

Wissenschaftliche Erkenntnisse zur Bauphysik

Sehr geehrter Herr Prof. Dr. Meier,
im Auftrag von Herrn Staatsminister Dr. Goppel danke ich Ihnen für die Zusendung Ihres Buches "Richtig bauen". Gleichzeitig bringen Sie zum Ausdruck, daß Sie die an der Technischen Universität München gelehrten Inhalte im Fach Bauphysik für eine Irrlehre halten und fordern die Politik zur Abhilfe auf.

Akademische Angelegenheiten unterliegen jedoch der Hochschulautonomie und können von uns nur unter rechtlichen Gesichtspunkten überprüft werden. Herr Professor Dr. Hauser wurde im Rahmen eines ordnungsgemäßen Verfahrens unter Berücksichtigung seiner wissenschaftlichen Ausrichtung auf den Lehrstuhl für Bauphysik berufen. Seine wissenschaftliche Qualifikation wurde zweifelsfrei nachgewiesen.

Die Freiheit von Forschung und Lehre gebietet es überdies, daß das Staatsministerium für Wissenschaft, Forschung und Kunst keine Bewertung wissenschaftlicher Lehrmeinungen vornimmt. Es obliegt den Nutzern wissenschaftlicher Erkenntnisse, diese für sich auszuwerten. Dabei sind es gerade die unterschiedlichen Auffassungen, die Wissenschaft lebendig und spannend machen und die Forschung weiter entwickeln. Ihrer Bitte nach einer fachlichen Äußerung zur Ihrer Veröffentlichung können wir deshalb nicht nachkommen. Die von Ihnen als strittig bezeichneten Inhalte müssen auch weiterhin im Rahmen der wissenschaftlichen Auseinandersetzung gewertet werden.

Mit freundlichen Grüßen
Dr. Kirste
Ministerialrätin

Mein Erwiderungsschreiben vom 29. 04. 2005 hierzu lautete:

Sehr geehrter Herr Staatsminister Dr. Goppel,
die Antwort auf meinen Brief vom 22. 03. 2005, die Sie der Ministerialrätin Dr. Kirste übertragen haben, ist enttäuschend. Derart viele Allgemeinplätze zur Abwehr kritischer Äußerungen sind blamabel. Auf meine Argumente, auf die beiden mitgeschickten kurzen leonardo Artikel, kurz, auf den Inhalt meines Briefes wird nicht eingegangen; dabei sollte mein Brief hellhörig machen für fragwürdige Aktivitäten im Hochschulbereich. Stattdessen wird auf die Hochschulautonomie gepocht und geglaubt, damit auch die Verantwortung dorthin delegieren zu können – ein circulus vitiosus, der verheerende Auswirkungen für das Allgemeinwohl hat.

Die nach GG Art. 5 (3) zugesicherte "Freiheit von Forschung und Lehre" bedeutet doch nicht, daß auch Fehlerhaftes und Falsches, das der Täuschung der Fachwelt und der Bevölkerung dient, gelehrt werden darf. Immerhin muß unmißverständlich festgestellt werden, daß z. B. gesundheitliche Schäden, verursacht durch Schimmel und Algen, gerade jetzt die Spalten der Fachliteratur füllen. Als Ursache hierfür gilt infolge fehlerhafter Bauphysik eine fehlerhafte Bautechnik, nicht aber "fehlerhaftes Verhalten" der Nutzer. Auch hier wird versucht, die Verantwortung der Wirtschaft und der Wissenschaft auf den kleinen Mann abzuwälzen und zu verlagern.

Auch Richter sind unabhängig, wenn aber Unregelmäßigkeiten auftreten, dann muß der Justizminister einschreiten. In dem von mir geschilderten Fall werden nachweisbar entgegen den Interessen der Allgemeinheit von Prof. Hauser die Gewinnmaximierungsinteressen der Wirtschaft vertreten, wobei vom Grundsatz her hier nichts einzuwenden wäre, wenn die von ihm vertretenen "Bauphysikthesen" der Wahrheit entsprechen würden – sie dokumentieren jedoch genau das Gegenteil. Verschleierung, Verstümmelung oder gar Verfälschung der Wahrheit sind in der Bauphysik an der Tagesordnung. Dabei werden Straftatbestände des Betrugs (§ 263 StGB) und der Täuschung offenkundig. Dies kann nachgelesen werden in dem Ihnen zugeschickten Buch "Richtig bauen". Insofern geht es nicht um die Bewertung einer Lehrmeinung, wie Sie schreiben lassen, sondern um die Feststellung, daß es sich um fehlerhafte und falsche Lehrmeinungen (besser Leermeinungen) handelt. Dieses "falsch oder richtig" nun damit zu bagatellisieren, daß es gerade die "unterschiedlichen Auffassungen" sind, die Wissenschaft lebendig und spannend machen und die Forschung weiter entwickeln, ist wohl der Höhepunkt allgemeiner Ignoranz. Auch der Hinweis, das Auswerten wissenschaftlicher Erkenntnisse obliege den Nutzern, geht am Thema vorbei, denn nur die Wirtschaft ist alleiniger Nutznießer der von der Wissenschaft zur Verfügung gestellten "Pseudoerkenntnisse". Der Bauherr, der Hausbauer jedoch wird durch diese Pseudoerkenntnisse geschädigt. Das Bedrückende ist, daß diese bautechnischen Fragwürdigkeiten nun auch noch an der TU München gelehrt werden.

Wenn Sie feststellen lassen, daß die wissenschaftliche Qualifikation von Prof. Hauser "zweifelsfrei nachgewiesen wurde", dann stellt sich natürlich die Frage, welche Art von Qualifikation an der TUM, die als Elite-Universität ausgebaut werden soll, zukünftig gilt. Diese Frage müßte unbedingt geklärt und beantwortet werden.

In der Sonderveröffentlichung "Metropolregion Nürnberg" als Beilage von Tageszeitungen vom 29 April 2005 steht die Überschrift

"Wissenschaft zum Wohle der Wirtschaft".

Das Wohl der Allgemeinheit wird dabei wohl nicht beachtet; ist dies zweitrangig? Im Grundgesetz Art. 14 wird dieses Grundrecht jedoch eingefordert.

Die Suche nach Wahrheit wird deshalb immer dringlicher, auch Benedikt XVI. verpflichtet sich der Wahrheit (sein großer Zuspruch entspringt seiner Glaubwürdigkeit – ein Hoffnungsschimmer in der heutigen Zeit). Besonders die Wissenschaft hat die Aufgabe, sich der Erkenntnis und der Wahrheit zu verschreiben. Diese Aufgabe wird auf dem von mir geschilderten Sektor nachweisbar nicht wahrgenommen. Wenn es bei der Wissenschaft um das "Wohl der Wirtschaft" geht, dann bleiben die hehren Ziele, der Allgemeinheit zu dienen, automatisch auf der Strecke. Hier wird weniger das Klonen, die Atom-, Medizin- oder die Nanotechnik angesprochen, sondern schlicht und einfach die Aufrichtigkeit, Glaubwürdigkeit, Wahrhaftigkeit und Integrität der Handelnden im Wissenschaftsbetrieb. Diese wertorientierten Notwendigkeiten aber sucht man heute zu oft vergebens; es genügt nicht, dies zu behaupten und für sich in Anspruch zu nehmen, sondern man muß es vorleben und danach handeln.

Mein Brief sollte darauf aufmerksam machen, daß es im Zusammenspiel von Wissenschaft und Wirtschaft, hier speziell in der Bauphysik, zu dubiosen und fragwürdigen Allianzen kommt, die zwar stets der "Wirtschaft dienen", jedoch der Allgemeinheit schaden – nachweisbar. Der Kunde, der Bauherr, der Häuslebauer, ist dabei derjenige, der die Zeche bezahlen muß. Er ist der Verlierer in diesem makabren Spiel (allerdings nicht der öffentliche Bauherr, der verbaut ja wertvolle Steuergelder).

Wenn dann in dem Antwortbrief abschließend erwähnt wird, die strittig bezeichneten Inhalte müßten auch weiterhin im Rahmen der wissenschaftlichen Auseinandersetzung gewertet werden, dann ist dazu nur zu sagen, daß eben diese wissenschaftliche Auseinandersetzung nicht stattfindet, weil die "Kontrahenten" schlechte Karten haben und deshalb einer Disputation konsequent aus dem Wege gehen – sie befinden sich argumentativ auf der Verliererstraße, allerdings kommerziell leider auf dem neoliberalen Gewinnerpfad.

Sie als Wissenschaftsminister tragen die Verantwortung für ordnungsgemäßes Handeln in Ihrem Bereich (was heißt eigentlich ordnungsgemäß?). Wenn Sie dem nicht die gebührende Beachtung schenken, dann machen Sie sich mitschuldig. Man kann doch wohl (noch?) nicht davon ausgehen, daß die Symbiose von Politik und Wirtschaft bereits perfekt im Sinne der Wirtschaft vollzogen ist. Der Staat, die Demokratie (Volksherrschaft) würde sehr darunter leiden, vielleicht sogar abgeschafft werden, wenn nicht bei den Handlungsaktivitäten, wie augenblicklich verstärkt gefordert, ethische Gedankengänge mit einfließen. Immer, wenn es wieder einmal "moralisch drunter und drüber" geht, melden sich die Stimmen zu Wort, die eine "Wertediskussion" fordern. Ändern wird sich nach bisheriger Erfahrung allerdings nicht viel, die Politikerverdrossenheit ist nicht aus der Luft gegriffen. Ein kleiner Baustein hierzu trägt auch der Brief von Frau Dr. Kirste bei. Allerdings sollte man das Prinzip Hoffnung auf Besserung nicht aufgeben.

Mit freundlichen Grüßen

Dieser mein letzter Brief ist nicht beantwortet worden. Jeder kann sich zu diesem Briefwechsel selbst seinen Reim machen. Zum Komplex "Wissenschaft" kann deshalb zusammenfassend gesagt werden:

Bei der Kenntnisnahme präsentierter Ergebnisse "angewandter Forschung" ist deshalb stets Vorsicht geboten. Auftraggeber und Bearbeiter müssen bekannt sein, um die Aussagen entsprechend einordnen und bewerten zu können! Wenn gewisse manipulative Neigungen und alchimistisches Gehabe wahrzunehmen sind, dann können "wissenschaftliche" Ergebnisse wirklich nicht mehr ernst genommen werden.

Es zeigt sich, daß das Wort von Jean-Jacques Rousseau *"Es ist nicht nötig, den Charakter der Leute zu kennen, sondern nur ihre Interessen, um ungefähr zu erraten, was sie zu jeder Sache sagen werden"* Allgemeingültigkeitswert hat – offensichtlich auch in der Wissenschaft.

Unwillkürlich wird man auch an [Di Trocchio 95] erinnert; dort heißt es unter anderem: *"Heutige Wissenschaftler kämpfen nicht mehr um Ideen, sondern nur noch um lukrative Posten und die Finanzierung ihres nächsten Forschungsprojektes"*. Es wird in [Di Trocchio 95] auch die ernste Frage aufgeworfen, *"wie verhindert werden kann, daß Wissenschaft im System der Big Science immer stärker zur Beute mittelmäßiger und betrügerischer Wissenschaftler wird"*.

Aktuelle Beispiele, die dies eindrucksvoll bestätigen, sind zuhauf vorhanden.

## *(2) Mißbrauch des Grundgesetzes*

Um bei der Drittklassigkeit zu bleiben. Wenn ein Hochschullehrer in Selbstüberschätzung seiner wissenschaftlichen Fähigkeiten in einem Lehrbuch Falsches veröffentlicht und bei erfolgter Kritik dann zur Rechtfertigung dieser publizierten Fehler in Ermangelung stichhaltiger Argumente sich unter anderem auch auf das GG Art. 5 [Meinungsfreiheit], Absatz (3) beruft: *"Kunst und Wissenschaft, Forschung und Lehre sind frei"*, dann wird aus Gründen eklatanter Rechthaberei sogar das Grundgesetz mißbräuchlich herangezogen. Auch eine politische Äußerung eines Wissenschaftlers, die auf allgemeine Ablehnung und Empörung stieß, wurde im Nachhinein verteidigt und gerechtfertigt mit der "Freiheit der Lehre" gemäß GG § 5(3). In beiden Fällen wurde eine skandalöse Sache als ein in Anspruch zu nehmendes Grundrecht dargestellt, eine Interpretation, die aufs Äußerste verurteilt werden muß – aber wer spricht hier ein Urteil?

Freiheit bedeutet doch nicht, daß Wissenschaft, Forschung und Lehre tun und lassen können, was sie wollen nach dem Motto, die Hauptsache sei die Nützlichkeit, für wen auch immer. Hubert Markl sagt dazu [Markl 89]: *"Die Freiheitsgarantie des Art. 5 Absatz 3 GG ist die Anerkennung der Tatsache, daß es ein unveräußerliches Recht des Menschen ist, nach Erkenntnis zu streben"*. Erkenntnis ist jedoch das Gegenteil von bornierter Rechthaberei.

Wissenschaft ist der Wahrheit verpflichtet und muß gerade deshalb auch von ethischer Verantwortung getragen sein. Hier wird das Grundrecht auf Meinungsfreiheit in mißverstandenem Sinne zur Rechtfertigung falscher Aussagen herangezogen. Sophistische Begründungen und Beweisführungen für den monetär umzusetzenden Unfug dieser Zeit kennen offensichtlich keine Grenzen.

## *(3) Führungsposition und die Ethik*

Wenn ein Funktions- oder Amtsträger bei einem wissenschaftlichen Disput über die Anwendbarkeit technischer Regeln in Ermangelung sachlicher Argumente zu Beleidigungen, zur Lüge und Verleumdung übergeht und dies mit seinen funktionsbedingten Informationsmöglichkeiten auch noch verbreitet, dann verstößt dies gegen die allgemeinen Gepflogenheiten einer Wissenschaftsethik und ist sittenwidrig. Damit werden sogar Straftatbestände erfüllt. In einem solchen Falle wird das Ansehen der Institutionen durch Amtsanmaßung gröblichst geschädigt.

Ähnlich verhält es sich bei den gesetzgebenden Institutionen. Wenn Exekutive und Legislative in Verbindung mit einer abhängigen Judikative einvernehmlich zum viel bejubelten Konsens mit der Wirtschaft gelangen und damit die "Allmacht des Staates" demonstriert, dann muß ein solches Vorgehen Zweifel und Mißtrauen hervorrufen. Wo bleibt hier die dreigeteilte Macht in einer Demokratie? Eine viel beschworene "Einigkeit" bei solchen bedenklichen Aktivitäten "des Staates" fördert ohne Zweifel die Politikerverdrossenheit, die ja nie die Ursache, sondern immer nur eine Folge der ständig zu registrierenden "Unsauberkeiten" und "Ungereimtheiten" ist [von Arnim 93].

## *(4) Exzellente Begriffsverwirrungen*

Wie nebulös in Sachen Gebäudewärmeschutz gedacht und formuliert wird, zeigte auch im DIN-Ausschuß die Diskussion bei der "Einspruchsberatung" zur DIN 4108, Teil 2, am 23. November 1999 in Berlin:

Prof. Werner sprach bei der Behandlung von Feuchteproblemen von der "dimensionslosen Temperatur", einem Ausdruck, der vielfach in der "Fachliteratur" zu finden ist (unter anderem in [Gertis 85], [Hauser 83, 86, 87, 91] und [Möhl 84]). Dieser Begriff ist absurd, denn eine Temperatur ohne Dimension ist ein Unding, so etwas gibt es überhaupt nicht. Es verdeutlicht die semantischen Verwerfungen im wissenschaftlichen Denken – [Steinbuch 79] sagt dazu:
*"Wo Begriffe und Strukturen verflüssigt werden, versinkt man im Sumpf".*
Ob Flapsigkeit, Oberflächlichkeit, mangelnde Klarheit oder sogar Unvermögen die Ursache hierfür sind, mögen die Schöpfer dieses Unfugs selber klären.

Wie ausgeprägt das stationäre Denken in der Bauphysikszene dominiert, belegt ebenfalls ein Diskussionsbeitrag von Prof. Werner in obiger Sitzung. Auf den Hinweis, man müsse instationär denken und bei der Klärung des effektiven k-Wertes (jetzt U-Wertes) die Solarstrahlung mit einbeziehen, erläuterte er die allseits bekannte Formel 6.10 für das Modell "Stationär mit Absorption", das in vielen Veröffentlichungen und Forschungsarbeiten herumgeistert (unter anderem in [Gierga 97], [IPB 85, 96], [Kupke 87], [Möhl 84] und [Werner 86]). Dann wird behauptet, in dieser Formel sei ja doch die absorbierte Solarstrahlung enthalten und damit würde Solarstrahlung berücksichtigt.

Die Frage lautet nur:
"Wie und in welcher Größenordnung wird sie berücksichtigt"?

Dieses Modell "Stationär mit Absorption" negiert die Wärmeleitung in das Innere der Außenwand, denn die absorbierte Solarstrahlung wird ausschließlich der Erhöhung der Außenlufttemperatur zugeordnet. Die absorbierte Solarstrahlung wird also sofort und zu 100% an die Außenluft wieder abgegeben. Diese Vorstellung ist absurd, denn die Solarenergie wird durch Absorption in Wärme umgewandelt und diese verteilt sich durch Wärmeleitung auch nach innen. Eine derartige "stationäre" Behandlung ist unrealistisch und dokumentiert wiederum eindrucksvoll, wie falsch das stationäre Denken im Gebäudewärmeschutz ist.

Aber allein schon die Bezeichnung "Stationär mit Absorption" ist ein Widerspruch in sich. Wenn absorbiert wird, handelt es sich immer um instationäre Vorgänge; auf den Bildern 6.10 bis 6.15 ist dies deutlich zu erkennen. Hier dann von stationär zu sprechen, ist wiederum eine semantische Entgleisung. Da Baumaterialien alle speichern können, zwar sehr unterschiedlich, muß in der Realität generell von instationären Zuständen ausgegangen werden. Ein Beharrungszustand liegt deshalb nie vor; der beim U-Wert allerdings die Voraussetzung für seine Existenzberechtigung ist. Aber mit solchen wahrheitswidrigen Bezeichnungen "Stationär mit Absorption" wird nur Wissenschaftlichkeit vorgetäuscht.

## *(5) Nonsens-Definitionen*

Das Thema der direkten Absorption durch massive Außenwände wird auch recht konfus angegangen. Wenn Definitionen und Begriffe dabei willkürlich und euphorisch verwendet werden, dann kann dies sehr schnell einen Forschungssalat ganz kurioser Art ergeben – hier sei an Karl Steinbuch erinnert: *"Wo Begriffe und Strukturen verflüssigt werden, versinkt man im Sumpf"*. [Steinbuch 79]

In [IPB 85] wird ein Absorptionseffekt definiert, der die Absorption von Außenwandkonstruktionen infolge der Strahlungsintensität der Sonne quantifizieren soll. Dieser Absorptionseffekt ist eine Verhältniszahl, bei der die vorliegende Strahlungsintensität auf diese Strahlungsintensität selbst bezogen wurde. Damit hebt sich dieser Wert auf, er wird immer 1. Dies hat zur Folge, daß der Absorptionseffekt völlig unabhängig von jeglicher Strahlungsintensität wird – das ist Nonsens.

Der definierte Absorptionseffekt a in [IPB 85] ist ein Definitionsflop und hat mit der Sonnneneinstrahlung überhaupt nichts mehr zu tun! – und darauf wird nun die doktrinäre These aufgebaut: *"Die Nutzung der Solarenergie hat ... nicht mit nichttransparenten Bauteilen zu erfolgen"* [Gertis 89]. Diese Schlußfolgerung ist äußerst fatal; denn einfachste begriffliche Definitionen werden fehlgedeutet; mit dem "Erfinden" von irrationalen Verhältniszahlen wird Wissenschaftlichkeit vorgetäuscht und Absurdes produziert. Es ist sogar anzunehmen, daß beim Absorptionseffekt a gar nicht bemerkt wurde, was da mit den Computerprogrammen alles so zusammengerechnet wurde.

In [Meier 90] ist darüber berichtet worden, dort hieß es deshalb: *"Ob im heißen Afrika oder in kalter Polarnacht, überall ist der "Absorptionseffekt a" gleich groß. Dies jedoch ist eine Absurdität, soll er doch die unterschiedlichen Wärmestromminderungen infolge unterschiedlicher Strahlungsintensitäten beschreiben"*.

Der bedauerliche Nebeneffekt ist, daß mit solchen "Forschungsergebnissen" die Wissenschaft an Ansehen und an Glaubwürdigkeit verliert. Es geht ja hier nicht um "wissenschaftliche Lehrmeinungen", sondern schlichtweg um Manipulationen, die, aus welchen Gründen auch immer, hier Eingang gefunden haben. Es ist erstaunlich, welche Wege doch beschritten werden, um vorgefaßte Meinungen sich bestätigen zu lassen. So ganz nebenbei wird damit aber auch ein ganzer Wirtschaftszweig geschädigt und ein anderer unberechtigterweise bevorteilt. Das

Tangieren wirtschafts- und wissenschaftskriminellen Handelns ist nicht zu leugnen.

Die Fachwelt wird schon mit recht absonderlichen Dingen konfrontiert. Wenn dann zur Rechtfertigung von oft auftretenden Fehlentscheidungen in der Bauphysik immer wieder auf die "mit diesen Aufgaben theoretisch und experimentell befaßten Bauphysiker, auf die kompetente Fachwelt, insbesondere auf die hier wissenschaftlich befaßten Bauphysiker und Thermodynamiker" hingewiesen wird, dann kann ermessen werden, welcher herostratische Unfug von dieser illustren Runde zusammengebraut und zusammengeschrieben wird. Logisches Denken ist und bleibt bei diesen "Experten" Mangelware – statt dessen stehen Sophisterei und Rabulistik offensichtlich in hohem Ansehen.

## *(6) Konsensmißbrauch*

Bei der Diskussion um die Wärmeschutzverordnung 1995 konnten die unterschiedlichen Auffassungen über die Methodik und den Inhalt nicht ausgeräumt werden, so daß der Verordnungsgeber abschließend den nun endlich notwendigen *Konsens* einforderte. Unter dieser Sprachregelung wird Einigkeit zwischen den Vertragparteien über den Vertragstext verstanden. Damit aber verglich er das Zustandekommen der Wärmeschutzverordnung mit einem "Vertrag zwischen Vertragsparteien".

Von Vertragsparteien kann jedoch keine Rede sein. Das administrative Inkraftsetzen der Wärmeschutzverordnung widerspricht dem Geist einvernehmlichen Handelns. Es bedeutet Heuchelei, wenn bei einem autoritär verordneten Text von Konsens gesprochen wird. Im übrigen sei angemerkt, daß es Sachverhalte gibt, die aufgrund eindeutiger und nachweisbarer Fakten einen Konsens nicht zulassen. Irrtümer dürfen nicht Bestandteil eines Konsenses sein. Die energetische Nutzlosigkeit von "Superdämmungen", die zum "Bestandteil fortschrittlichen Bauens" erklärt werden, ist evident. Auch die falsche Verwendung des U-Wertes und die fehlerhafte Behandlung einer Strahlungsheizung kann nicht im Rahmen eines Konsenses ausgeräumt werden. Hier gibt es nur richtig oder falsch. Wenn trotzdem ein solcher Weg eingeschlagen wird, dann handelt es sich keineswegs um einen Konsens, sondern um ein Diktat; das ist Meinungsterror.

Desgleichen kann nicht von einem Konsens gesprochen werden, wenn die EnEV kurzerhand, trotz klarer, nachvollziehbarer Gegenargumente, von der Bundesregierung verabschiedet wird. Dies zeigt sehr deutlich, daß alle "demokratischen" Verfahrensschritte nur eine Alibi-Funktion zu erfüllen haben. Was soll das Einbeziehen von Verbänden und Institutionen, wenn deren Stellungnahmen nur gewürdigt werden, wenn sie ausnahmslos zustimmen – abgesehen von redaktionellen Änderungen, die ablehnenden Stimmen aber erst gar nicht abgewartet werden? Claqueure gibt es immer, aber auf die kann getrost verzichtet werden; wichtig sind die ernstgemeinten und begründeten Hinweise auf die Fehlerhaftigkeit des Ganzen [Meier 03b]. Wenn dem nicht entsprochen wird, leben wir nur in einer *Scheindemokratie*, die manipulativ regiert wird [Steinbuch 85]. Realistisch muß sogar von einer Oligarchie, wenn nicht sogar von einer Plutokratie ausgegangen werden, denn was alles mit Geld bewegbar wird, steht in den Tageszeitungen. Diese Entwicklung bedeutet das Ende vernunftsgesteuerten Denkens und Handelns.

## *(7) Gauß als Nothelfer*

Bei den großen methodischen Fehlern der bauphysikalischen Grundlagen wird nun ein neues Element eingeführt: Das Fehlerfortpflanzungsgesetz von Gauß. Dies geschieht in [IPB 96], aber auch in der DIN EN 832, Anhang K. Um die auftretenden Diskrepanzen zwischen Theorie und Praxis zu erklären, hat man die "einzusetzenden Daten" entdeckt, die nun bei gewissen Streuungen ein genaues Ergebnis verhindern würden. In der DIN EN 832 heißt es *"Die Genauigkeit des Verfahrens, d. h. der Grad der Übereinstimmung von Berechnungsergebnissen mit dem tatsächlichen Energieverbrauch der Gebäude, hängt wesentlich von der Qualität der Ausgangsdaten ab"*. Welch ein Ablenkungsmanöver; falsche Berechnungen werden nun auf ungenaue Daten zurückgeführt.

Das Gaußsche Fehlerfortpflanzungsgesetz wird in der empirischen Wissenschaft immer dann eingesetzt, wenn es sich um Meßungenauigkeiten handelt, die sich bei Weiterverwendung dieser Daten fortpflanzen.

Selbstverständlich kann das Gaußsche Fehlerfortpflanzungsgesetz nicht helfen, wenn es sich um methodische Fehler handelt, die sich in Denkfehlern und Wissenslücken manifestieren. Es ist makaber, bei den auftretenden Widersprüchen sich auf Gauß berufen zu wollen. Es wird in der Tat keine Möglichkeit ausgelassen, um den rechnerischen Unfug "wissenschaftlich" zu retten.

Statt des Gaußschen Fehlerfortpflanzungsgesetzes wird hier ein "Fehlerfortpflanzungsgesetz" ganz besonderer Art wirksam. Dieses "Gesetz" läßt nämlich Irrtümer und fehlerhafte Aussagen mit einem für unsere "Informationsgesellschaft" typisch hohen Wirkungsgrad fortpflanzen. Dank der vorliegenden Medienlandschaft und Informationspraktiken verbreiten sich solche offiziell produzierten Fehler und Irrtümer im Schneeballsystem in Windeseile lawinenartig. Mit derartigen "Fehlerfortpflanzungsgesetzen" wird allerdings langsam und unaufhaltsam der Niedergang seriöser Wissenschaft eingeläutet.

## *(8) Verzweifelte Reaktionen*

Die Erkenntnis nach Karl Raimund Popper, nicht das Richtige könne bewiesen, sondern nur das Falsche widerlegt werden, führt deshalb – und zwar zu allen Zeiten – zu psychologisch zwar verständlichen, doch der Sache nicht dienenden Reaktionen:

- Wird eine These widerlegt, erfolgt sofort eine gemeinschaftlich organisierte Diffamierungskampagne, die auch vor Beleidigungen nicht zurückschreckt. Sogar Treffen werden erfunden, die den Kritiker widerlegt haben sollen – alles reine Ammenmärchen. Zu viele sind eben mit dem Irrtum verstrickt.

- Eilfertig werden Argumente zusammengetragen, die mit dem Gegenstand der Kritik wenig gemein haben. Man weicht auf Nebenkriegsschauplätze aus, um mit viel Getöse abzulenken.
- Allgemeine, unverbindliche und nichtssagende Erklärungen und Erläuterungen deuten auf Argumentationsschwächen und Begründungsschwierigkeiten hin. Es wird oft argumentativ ausgewichen, um den Sachverhalt mehr zu vernebeln und zu verschleiern als zu klären.
- Es wird nur "deklariert", "entschieden zurückgewiesen" und "widersprochen", nicht aber im wissenschaftlichen Sinne *widerlegt*. Dieses Lamentieren aber ist Zeichen der argumentativen Schwäche, man steht auf tönernen Füßen.
- Man beruft sich auf "allgemein anerkannte" Gesetze, Normen und Verordnungen, die die "Richtigkeit" beweisen sollen. Diese "Ersatzbeweise" kommen jedoch meist erst durch Initiativen dieser Thesenverkünder zustande, sind also gezielte Machwerke, um all die technischen Fragwürdigkeiten zu zementieren. Falsches wird jedoch nicht richtig, wenn es in Gesetzen, Normen und Verordnungen verankert wird.
- Auch muß die Interessenlage der "falschen Propheten" beachtet und berücksichtigt werden, die sich nicht immer mit den Interessen der Kunden, die die ganze Wahrheit erfahren wollen, decken muß. Meist spielen monetäre Vorteile eine Rolle; auch Prestigeverlust und Blamage sind Triebfedern permanenter Aufgeregtheit und wilden Gestikulierens.
- Äußerst fatal wirkt der Versuch, Heerscharen von "Experten" als Kronzeugen zu benennen. Eine Mehrheitsmeinung beweist jedoch noch lange nicht die Richtigkeit, sondern entweder nur die Einfalt oder die Käuflichkeit der "Experten". Gleichgeschaltete Meinungen bilden heute doch den Grundstock allgemeiner Verdummung. Hier gilt der Satz von Bertrand Russell: *"Selbst wenn alle Fachleute einer Meinung sind, können sie sehr wohl im Irrtum sein"*. Auch kann Wertheimer zitiert werden: *"Tatsächlich wird es inmitten eines postmodernen Pluralismus immer schwieriger, bahnbrechende Einsichten von Dummheiten zu unterscheiden"* [Wertheimer 01].

Die Zweifelhaftigkeit so mancher bauphysikalischer Aussagen hat zur Folge, daß bei einer Klarstellung der Sachzusammenhänge die Kritisierten unwirsch reagieren. An der Art der Reaktionen kann ohne weiteres der Grad der Richtigkeit einer Kritik abgelesen werden.

Im Endeffekt gibt es doch nur zwei Möglichkeiten:

Ist die Kritik unberechtigt, dann kann widerlegt werden – ein eindeutiger Sachverhalt. Ist die Kritik berechtigt, dann kann nicht widerlegt werden – es wird nur gestengewaltig widersprochen und das ganze Arsenal unsachlicher Argumente ausgeschöpft. Dies reicht von einer abfälligen Bemerkung über die Diskriminierung und Verleumdung bis zur Wegnahme von Fachbüchern vom Markt.

Hier sei informativ folgendes anzumerken: Deduktiv abgeleitete, auf abgesichertem Wissen beruhende Fachbücher werden nur deshalb vom Markt genommen, um unbequemen, nicht ins Konzept passenden Aussagen die Verbreitung zu verweigern. Es handelt sich speziell beim Gebäudewärmeschutz dabei unter anderem auch um folgende Publikationen:

1. Wärmeschutzverordnung und sinnvoller Gebäudewärmeschutz. Bauverlag GmbH Wiesbaden und Berlin, 1987, 164 Seiten (seit Jan.1994 vom Markt genommen) [Meier 87].
2. Feuchteschäden vermeiden. Bauverlag GmbH Wiesbaden und Berlin, 1989, 221 Seiten (seit Jan.1997 vom Markt genommen) [Meier 89]
3. Wärmeschutzplanung für Architekten und Ingenieure. Rudolf Müller Verlag, Köln 1995, 2 Bände mit insgesamt ca. 1800 Seiten (seit Mai 1998 vom Markt genommen) [Meier 95].

Bereits in diesen Büchern wurden Sachverhalte publiziert, die auch hier Gegenstand der Erörterungen sind.

Was in der Wissenschaftsszene geschieht und wie dort gedacht und gehandelt wird, charakterisiert recht deutlich ein Artikel, der bereits Ende der achtziger Jahre geschrieben wurde; hier ein paar Auszüge [Altendorf 88]:

*"Überall, wo Forschung finanziell gestützt wird, wo infolgedessen und zwangsläufig Institutionen entstehen, zeigt sich rasch die typische, ja unvermeidliche Verkrustung gerade dort, wo Aufgeschlossenheit im Sinne der Arbeit logisch wäre. Man hat, so glaubt man wohl, das eigene Feld völlig abgesteckt. Und was da nun an wirklich ungewöhnlichen, deshalb "abseitigen" und ungewohnten Ideen von außen herangetragen wird, liegt weit jenseits der gewohnten Kost und verfällt, dazu fast ausschließlich ohne ernsthafte Prüfung mit geradezu grotesker Regelmäßigkeit der Ablehnung.*
*Wo sich der Erfinder zur Wehr setzt, erlebt er die nicht weniger typische Gegenreaktion in grotesker Arroganz und tief verletzenden Spott, deren stilistische Gleichartigkeit interessante psychologische Schlüsse gestattet.*
*Denn gleichzeitig fühlt man sich elementar bedroht. Man selbst bekommt ja sein Geld in der Erwartung auf Ideen dieser Qualität, die man eigentlich selbst zu produzieren hätte, eben weil man dafür bezahlt wird. Ein Amt macht überdies extrem "zuständig", wo gar noch Rang oder Titel damit verknüpft sind, verführen diese manchmal zu überheblicher Selbstüberschätzung. Während es Außenseitern an amtlich privilegierter Zuständigkeit nur zu offensichtlich mangelt, verfügt man selbst über Kompetenzen, vor denen die praktische Funktionalität in den Hintergrund rückt. Eine Einmischung in solche Kompetenz ist infolgedessen vor allem auch ungehörig und wird darüber hinaus als Gefährdung der eigenen, vielleicht mühsam errungenen Position empfunden."*

Zur Lage der Betroffenen heißt es dann weiter:

*"Nach mühevoller, meist entsagender Arbeit stoßen sie nicht nur auf das mentalitätsbedingte Unverständnis jener, auf die sie "alle Hoffnung setzen". Sie werden fast immer geschmäht, lächerlich gemacht, ja beschimpft, vor allem: ihrer Würde beraubt. Bleiben sie dennoch hartnäckig, und das bleiben erstaunlich viele, zweifelt man endlich und ernstlich ihren gesunden Verstand an, hält sie für nicht ganz normal.*
*Die Beispiele hierfür sind erschreckend. Damit verbunden ist die deprimierende Erkenntnis, daß sich Experten, von deren Kulanz man vielleicht eine hohe Meinung hegte, sich entschieden weigern, von angebotenen Unterlagen überhaupt*

*nur Kenntnis zu nehmen (das kennen wir doch, das wird uns jeden Tag dreimal angeboten) oder – wo man ihnen solche ungebeten zuschickt – sie unbeachtet läßt: Antwort und Rücksendung bleiben aus.*
*Zur bösen Farce wird das alles, wenn sich eine solche Koryphäe "herabläßt", den Erfinder zu empfangen, in der Absicht, ihm seine Ideen auszureden – und dieser stellt bei solcher Gelegenheit verblüfft fest, daß die Koryphäe tatsächlich nichts von dem zur Kenntnis genommen hat, was er ihr als Unterlagen übermittelte! Man will um jeden Preis, auch um den, sich nun selbst lächerlich zu machen, bei der gewohnten Hausmannskost bleiben".*

Über mögliche Motive solcher Verhaltensweisen heißt es dann:

*"Dabei gibt es neben dieser Animosität gegen das neue noch die Furcht vor der Konkurrenz, die Panik, daß diese neue Erfindung Investitionen zunichte macht, weil das Bessere stets der Feind des Guten ist".*

Eine solche Analyse korreliert natürlich besonders stark mit der Drittklassigkeit von etablierten Forschern, die sich in einem solchen Falle wohl nicht anders zu behaupten wissen. Damit aber wird auch die Frage aufgeworfen, wie sich drittklassige Forscher in der offiziellen Wissenschaftsszene bewegen, wie sie agieren und sich artikulieren.

Di Trocchio sagt dazu [Di Trocchio 95]:

*"..., daß die enorme Ausdehnung der Wissenschaft zur Vorherrschaft mittelmäßiger Wissenschaftler über ihre hochgradig kreativen Kollegen führte".*

*"..., kam es zu einer Art Diktatur der Mittelmäßigen: Wissenschaftler mit mäßigen Fähigkeiten besetzten die Gremien für die Zuweisung und Verteilung der Forschungsgelder, die sie nach eher kurzsichtigen Kriterien verwalteten. Dieser Mißstand wurde noch vergrößert durch die Tolerierung von Intrigen und Kungeleien, mit denen die eigenen Gruppeninteressen geschützt werden sollten".*

Bei "wissenschaftlichen" Aussagen muß stets die Plausibilität, die Richtigkeit geprüft werden, denn die offizielle Wissenschaft beharrt penetrant auf vorgefaßte Meinungen, sie stellt sich gegenüber neuen Gedanken taub.

Auch dazu hat Di Trocchio etwas zu sagen [Di Trocchio 98]:

*"Wissenschaftliche Institutionen sind dagegen oft stumpfsinnig konformistisch: Sie sind nicht nur nicht in der Lage, anders zu denken, sondern weisen diejenigen, die es versuchen, auch noch zurück und grenzen sie aus".*

*"Die Anmaßung, im alleinigen Besitz der Wahrheit zu sein, hat das wissenschaftliche Establishment dazu verleitet, auch das Monopol der Wissenschaftsfinanzierung und der Veröffentlichungsmöglichkeiten zu fordern".*

Insofern ist es bedauerlicherweise vorherrschende Realität, wenn bei [Di Trocchio 95] zu lesen steht:

*"Heutige Wissenschaftler kämpfen nicht mehr um Ideen, sondern nur noch um lukrative Posten und die Finanzierung ihres nächsten Forschungsprojektes".* Es wird dort auch die ernste Frage aufgeworfen, *"wie verhindert werden kann, daß*

*Wissenschaft im System der Big Science immer stärker zur Beute mittelmäßiger und betrügerischer Wissenschaftler wird".*

Diese Vorherrschaft drittklassiger Wissenschaftler führt dann natürlich im Wissenschaftsbereich zu vielen negativen Erscheinungen:

1. Durch den Zwang, "Wissenschaft produzieren zu müssen", unterliegt man automatisch der Versuchung, diese dann auch durch betrügerische Manipulationen zu erzielen. Beispiele sind durch die Presse gegangen.
2. Infolge wissensmäßiger Lücken und daraus resultierender mängelbehafteter Lehrmeinungen (prägnanter wäre hier von Leermeinungen zu sprechen), an denen wegen des Prestigeverlustes starr und eigensinnig festgehalten wird, entstehen Forschungsvorhaben, die nur durch Banalitäten und Absurditäten auffallen. Es wird Nonsens produziert.

Beides ist verwerflich und tangiert das Strafgesetzbuch. Wird danach gefragt, welcher Typ von Wissenschaftler, der sich zunehmend durchzusetzen scheint, dieses System des "Big Science" in Verbindung mit "Big Business" verkörpert, so stößt man auf folgende Charakteristik [Di Trocchio 95]:

*"Er präsentiert sich als typischer Vertreter einer neuen Generation von gefühllosen, zynischen, amoralischen jungen Wissenschaftlern, in deren Wirkungskreis offenkundig die Rücksichtslosigkeit und die technische Raffinesse der Geschäfts- und Industriewelt Einzug gehalten haben".*

Damit parallel gehen natürlich die Uneigennützigkeit und der Mangel einer Verpflichtung gegenüber der Aufgabe von Wissenschaft, Kenntnisse und Erkenntnisse zu erweitern, verlustig. Der neue und "fortschrittliche" Slogan lautet: "Wissenschaft muß vermarktet werden", wobei im Vordergrund nicht die wissenschaftlich fundierte Erkenntnis steht, die vermarktet werden kann, sondern eine beabsichtigte und vorangetriebene Vermarktung eines Produktes, für dessen Begründung die (Pseudo) Wissenschaft zu sorgen hat (Drittmittelforschung).

Mit von der Partie ist auch die Administration, die wohlfeile Ziele der Politik dabei mit den gleichen Methoden umzusetzen versucht und in dem Geflecht von Lobbyismus und zwielichtiger Überzeugungsarbeit mit vernetzt ist. Die Institutionen spielen mit.

Dazu wird in dem zitierten Buch ausgeführt [Di Trocchio 95]:

*"So kommt es nicht nur zu verschiedenen Mißbräuchen, bei denen der wissenschaftliche Betrug an erster Stelle steht, sondern auch zu dem viel beunruhigenderen Phänomen des Stillschweigens, ja der bedingungslosen Verteidigung der Schuldigen durch die Institutionen, die eigentlich die Pflicht hätten, das System zu überwachen und sein korrektes Funktionieren zu gewährleisten".*

Dieses Buch schildert Verhältnisse der amerikanischen Forschung. Ein Erfahrungssatz besagt, daß amerikanische Entwicklungen auch in Europa Fuß fassen, so daß beim "hiesigen Forschen" durchaus auch die Gesichtspunkte Betrug und Fälschung einzukalkulieren und zu beachten sind. Genauere Analysen bestätigen diesen Trend.

Immerhin hat Hubert Markl festgestellt: *"Lügen und Betrug seien integrale Bestandteile des Forschens"* [Markl 00]. Das Vertuschen und Bagatellisieren in der wissenschaftlichen Auseinandersetzung deutet darauf hin, daß der Bogen der "Straftäter" weiter gespannt werden muß, als man gemeinhin annimmt.

Der § 263 des Strafgesetzbuches "Betrug" könnte hier Anhaltspunkte und Argumentationshilfe leisten:

*(1) Wer in der Absicht, sich oder einem Dritten einen rechtswidrigen Vermögensvorteil zu verschaffen, das Vermögen eines anderen dadurch beschädigt, dass er durch Vorspiegelung falscher oder durch Entstellung oder Unterdrückung wahrer Tatsachen einen Irrtum erregt oder unterhält, wird mit Freiheitsstrafe bis zu fünf Jahren oder mit Geldstrafe bestraft.*

Vielleicht muß diese kritikwürdige "Entwicklung" auch mehr unter den Aspekten der ständig vorgebrachten "Globalisierung" und der daraus resultierenden "volkswirtschaftlichen Trends" gesehen werden. *Shareholder value* wird zu einer merkantilen Mystik hochstilisiert. Überschriften wie: "Gesellschaft aus grenzenlosen Egoisten" und "Der Staat als Beute", aber auch Titel wie "Braucht die Wirtschaft keine Menschen mehr?" oder "Der betörende Glanz der Dummheit" kennzeichnen die derzeitige Situation. Ob beschwörende Aussagen weiterhelfen, muß abgewartet werden. Dies sollte Ansporn genug sein, um immer wieder auf die Negativseiten in der Gesellschaft hinzuweisen. Wenn z. B. Hubert Markl in ernster Sorge die Wissenschaft zur Rede stellt und über die Verantwortung der Forschung berichtet, dann muß in diesem Sinne weitergearbeitet werden. So schreibt er [Markl 89]:

*"Es verwundert nicht, daß uns Wissenschaft in so ganz konträren Zusammenhängen gegenübertritt, edelsten Absichten ebenso wie menschenverachtenden Untaten zu Diensten"* und weiter: *"Die Förderung der Wissenschaft erfolgt aus einen völlig anderem Grunde, als die leider seit Francis Bacon nur allzu naheliegende, aber fatal in die Irre führende Folgerung, es gelte vor allem, nützliche Wissenschaft zu fördern".* Es ist in diesem Zusammenhang nicht uninteressant zu erwähnen, daß Francis Bacon in seinen späteren Jahren all seiner Ämter enthoben wurde – wegen Bestechlichkeit.

Die "heutige" Wissenschaft geht genau diesen von Bacon vorgezeichneten Weg einer "nützlichen" Wissenschaft. Durch eine Hochschulreform soll die "Kooperation" von Wissenschaft und Wirtschaft vorangetrieben werden, die Politik ist von dieser Metamorphose völlig fasziniert – und forciert damit die Korruption.

## *(9) Demokratische Bücherverbrennung*

Bücherverbrennungen erfolgen immer nur dann, wenn die inhaltlichen Aussagen nicht in das politische Konzept passen. Bücher kommen halt auf den Index. Das bekannteste Buch, das hier zu nennen wäre, ist das Lebenswerk des Nikolaus Kopernikus (1473 – 1543)

"DE REVOLUTIONIBUS ORBIUM CAELESTIUM",

in dem er aufgrund seiner Beobachtungen und Berechnungen die Bewegung unseres Planetensystems um die in der Mitte ruhende Sonne behauptete. Er widersprach damit dem bis dahin geltenden geozentrischen Weltbild des Ptolemäus, welches auch, biblischen Vorstellungen folgend (Josua 10. 12-13; Psalm 19. 5-7 und 78. 69; Jesaja 38. 8), die Kirche lehrte. Aus Angst vor der Inquisition entschloß sich Kopernikus erst in seinem Todesjahr 1543, das Werk in Nürnberg zu veröffentlichen.

Hier sei auf folgendes hingewiesen: Auch der Umlauf der Planeten um die Erde als Mittelpunkt (Ptolemäisches System) konnte schon damals mit Simulationsmodellen beschrieben werden, denn durch Variation von Epizykeln wurde schon eine gute Übereinstimmung erzielt. Ungereimtheiten des Modells, also Abweichungen von den Beobachtungen, glaubte man durch weitere Verfeinerungen des Modells dann ausräumen zu können. Wie man sieht, die Kreativität menschlicher Phantasie kann auch zu "Simulationsmodellen" führen, die einfach falsch sind. Heutzutage wird genauso vorgegangen.

Welche Aussagen können heute angeführt werden, die den Mißmut und den Unwillen der "Mächtigen" und "Auserwählten" hervorrufen. Es werden Zitate aus drei Veröffentlichungen aufgelistet, deren Wahrheitsgehalt unzweifelhaft ist, doch deren inhaltliche Aussagen dem "Zeitgeist" der globalisierten Gewinnmaximierungen zuwiderläuft und viele "Experten" sehr dumm aussehen lassen.

1. Wärmeschutzverordnung und sinnvoller Gebäudewärmeschutz. Bauverlag GmbH Wiesbaden und Berlin 1987, 164 Seiten (seit Jan.1994 vom Markt genommen) [Meier 87].

*"Übermäßige Dämmstoffdicken sind nicht so ergiebig, wie gemeinhin angenommen wird"* (S. 17).

*"Immer mehr Dämmstoff erbringt immer weniger Nutzen. Daß hierbei eine Effektivitätsschwelle zu beachten ist, sollte deshalb einleuchtend sein"* (S. 25)

*"Die Optimalpunkte einer jeden Kurve, mathematisch eindeutig bestimmbar und oft als "optimale Wärmedämmung" bezeichnet, spielen bei der Beurteilung der Wirtschaftlichkeit keine Rolle"* (S. 29).
Es handelte sich hierbei um Kurven, die optimierte Mehrkostennutzenverhältnisse zeigten, die jedoch alle unwirtschaftlich waren.

*"Es wird deutlich, daß die Wirtschaftlichkeit einer Dämmaßnahme weitgehend von der Wahl der Daten abhängt. Dabei bewirken folgende Tendenzen eine günstigere Wirtschaftlichkeit:*
- *kleine Fixkostenanteile (ka)*
- *geringe Dämmstoffkosten*
- *eine wärmetechnisch schlechte Ausgangsposition (hohe $k_o$-Werte)*

*Vor dem Mißbrauch der Datenwahl wird gewarnt. Es hat sich z. B. als durchaus normal eingebürgert,*
- *die Fixkostenanteile ka durch Annahme "ja sowieso notwendiger Investitionen" rigoros zu mindern,*
- *auf die günstige Marktlage mit den recht günstigen Preisen ki für bestimmte Dämmaterialien immer wieder hinzuweisen,*
- *bei der Demonstration des Wirtschaftlichkeitsnachweises eine überaus schlechte Ausgangsposition ($k_o$) zu wählen. Oft wird sogar von der nackten*

*Grundkonstruktion ausgegangen, die ja schon allein wegen der DIN 4108 überhaupt nicht zulässig ist."* (S. 30).

*"Kostenvergleiche sagen also nichts über die Wirtschaftlichkeit aus"* (S. 37).

Es ging hierbei um die Interpretation des Kostenminimums (siehe Kapitel 4.4 "Minimum oder Effizienz".

2. Feuchteschäden vermeiden. Bauverlag GmbH Wiesbaden und Berlin 1989, 221 Seiten (seit Jan.1997 vom Markt genommen) [Meier 89].

*"Dies führt zu der voreiligen Schlußfolgerung, daß durch Verbesserung des k-Wertes Schwitzwasserbildung vermieden werden kann. In dieser Ausschließlichkeit stimmt diese Aussage jedoch nicht"* (S. 37).

*"Bei normaler Luftfeuchte besteht keine Gefahr der Kondensatbildung"* (S. 58)

*"Auch bei den jetzt üblichen Dämmstoffdicken kann deshalb bei erhöhter rel. Feuchte der Raumluft durchaus Kondensat entstehen"* (S. 63)

*"Das Hinauslüften von feuchter Luft ist energieverschwendend, von normaler Luft energiesparend"* (S. 70)

*"Bei der heutigen Häufung von Feuchteschäden kann nun gefragt werden, warum diese denn nicht früher auftraten, obgleich die Wärmedämmung gegenüber heute doch viel schlechter war?* (S. 74).

*"Es kann somit der Schluß gezogen werden, daß ein unbelüftetes Dach kaum als "nicht zulässig" nachgewiesen werden kann. Der Nachweis des Tauwasserschutzes* ***ohne*** *Berücksichtigung eines erneuten Tauwasserausfalles im Sommer kann damit zu irreführenden Ergebnissen führen, da bauphysikalisch fehlerhafte Warmdachkonstruktionen durch den Tauwasserschutznachweis nach DIN nicht erkannt werden"* (S. 97).

*"Die Erhöhung der Dämmschicht führt zu einer "unzulässigen" Konstruktion. Eine Vergrößerung der Dämmschicht hat also eine größere Gefährdung der Dachkonstruktion durch Tauwasser zur Folge"* (S. 101).

*"Die "Zulässigkeit" einer Konstruktion nach DIN 4108 garantiert noch nicht eine schadensfreie Konstruktion. Dafür können andere klimatische Randbedingungen oder der gem. DIN 4108 fehlerhafte Tauwasserschutznachweis beim unbelüfteten Dach verantwortlich sein"* (S.188).

*"Die Tauwasserverhältnisse* ***verschlechtern*** *sich bei dickerer Wärmedämmung. Bei einem unbelüfteten Dach mit vergrößerter Wärmedämmung folgt daraus:*

- *Die Tauwassermenge wird größer ($W_T$).*
- *Die Verdunstungsmenge im Sommer wird kleiner ($W_V$).*
- *Die Regenerationsmöglichkeiten der Konstruktion werden damit schlechter.*

*Diese Aussagen mögen verwundern, doch sie sind unwiderlegbar"* (S. 190).

*"Vor allem muß der Dämmungsmaximierung Einhalt geboten werden"* (S. 193).

3. Wärmeschutzplanung für Architekten und Ingenieure. Rudolf Müller Verlag, Köln 1995, 2 Bände mit insgesamt ca. 1800 Seiten (seit Mai 1998 spektakulär und vertragswidrig vom Markt genommen) [Meier 95].

*"Das 'Kostenminimum' und das 'optimale Mehrkostennutzenverhältnis' sind keine Verfahren, die a priori die Wirtschaftlichkeit einer Maßnahme nachweisen"* [S. 5.7(10)].

*"Wenn Solararchitektur ernst genommen und auch passive Solarenergienutzung in die Überlegungen mit einbezogen werden, dann können mit massiven, speicherfähigen Materialien für Außenwände Ergebnisse erzielt werden, die genügend Spielraum für die Erfüllung des Auftrags einer entschiedenen Energieeinsparung bieten.*
*Die "High-Tech"-Variante ist damit nicht die einzige Möglichkeit, Solarenergie zu nutzen; im Gegenteil, Kostenüberlegungen sprechen* ***für*** *die "passive Solarenergienutzung" durch massive Baustoffe und* **gegen** Lösungen, *über "Apparate" und "Elektronik" dieses Ziel zu erreichen"* [S. 6.5(103)].

*"Das A/V-Verhältnis hat also bei der Bestimmung einer Wärmedämmanforderung keinen Anspruch auf Beteiligung"* [S. 11.4(7)].

*"Das über 10 dB bessere Schalldämm-Maß eines Kastenfensters gegenüber dem Einrahmenfenster bedeutet eine Behaglichkeits- und Wohnkomfortverbesserung"* [S. 12.5(4)].

*"Die langjährig angewendeten und damit auch fälschlicherweise als "bewährt" bezeichneten Formelansätze für die Berechnung der "Strahlungsaustauschzahlen" erweisen sich für die Beurteilung der wahren Strahlungsverhältnisse als fehlerhaft; sie verstoßen eklatant gegen die elementaren Gesetzmäßigkeiten der Strahlungsphysik"* [S. 13.1(117)].

Diese Zitate verdeutlichen die Gründe, weswegen diese drei Bücher vom Markt genommen wurden. Die etablierte Bauphysikszene empfindet eine eindeutig begründbare Sachlichkeit offensichtlich als Eklat – und besorgt das Verschwinden.

Es wird von der offiziellen Bauphysik alles auf den Kopf gestellt: Wahre Aussagen werden als Irrtümer, aber die eigenen Irrtümer als wahr bezeichnet. Hierzu sagt [Wertheimer 01]: *"Allmählich setzt sich die Furcht vor einer sprachlichen Situation durch, in der richtig und falsch, gut und böse, schön und häßlich nicht mehr zu unterscheiden sind"* und weiter wird gesagt: *"Die Katastrophe ist möglicherweise schon da, weil gerade die Intellektuellen immer seltener in der Lage sind, das richtige vom falschen Wort zu unterscheiden".*

## *(10) Konzertierte Verdammnis*

Was macht ein Disputant, wenn er argumentativ am Ende ist? Er verharrt bei seinen Trugschlüssen, verteidigt sie vehement und läßt meist keine Gelegenheit aus, Kontrahenten zu diffamieren und zu verleumden aus Angst, sich zu blamieren. Er beharrt starrköpfig auf seinen fehlerhaften Positionen!

In diesem Zusammenhang gibt es eine Menge Beispiele, die dies belegen können; eine Auswahl wird vorgestellt:

1. Auf die Veröffentlichung "Der Nonsens einer Superdämmung" [Meier 91c] können unter anderem folgende Reaktionen genannt werden:

a) Prof. Ehm, BMBau, in Wohnung + Gesundheit 3/92 – Nr. 62, S. 54: *"Der beigefügte Aufsatz von Herrn Dr. Meier enthält eine vom Verfasser wiederholt geäußerte Auffassung, die in der Fachwelt nicht unwidersprochen blieb".*

Kommentar: Es ging um die Unwirtschaftlichkeit von Superdämmungen. Infolge der Hyperbeltragik *muß* diese unwirtschaftlich sein. Dem zu *widersprechen* reicht nicht aus (widerlegt muß werden) und läßt auf eine gewisse Einfalt schließen. In der Erwiderung darauf hieß es dann abschließend: *"Die Novellierung der WSchVO ist so unnötig wie ein Kropf – der Investor blutet (bei Demonstrativvorhaben der Steuerzahler) und der Dämmstoffverkäufer reibt sich die Hände".*

b) Das Ing.-Büro ebök, Tübingen, schrieb in Wohnung+Gesundheit 6/92 – Nr. 63, S. 54 unter anderem: *"Der Abdruck der o. g. Pressemitteilung wird von uns als katastrophaler Mißgriff und als Schlag ins Gesicht für alle ernsthaft mit rationellem Energieeinsatz befaßten Mitgliedsinstitute betrachtet. Der dort zitierte Claus Meier ist bekannt als oppositionell eingestellt gegen gute Wärmdämmung, wobei seine Beweggründe unverständlich bleiben"* und weiter: *"Solange Leute wie Claus Meier es nicht nötig haben, ihre Meinungen gut zu begründen und dennoch abgedruckt werden, solange ist die Arbeit für effizienteren Energieeinsatz und damit Arbeit für den Klimaschutz wahrlich ein Kampf gegen Windmühlenflügel. Verschärfend kommt hinzu, daß Claus Meier von einem anderen AGÖF-Mitglied zitiert worden ist, dem Institut für Baubiologie in Neubeuern. Damit ist zum wiederholten Mal eine öffentliche Äußerung dieses Instituts gefallen, die unter den oben dargelegten Maximen nicht toleriert werden kann. Mit äußerst unfreundlichen Grüßen Ursula Rath".*

Kommentar: Auf dieses emotional geladene Pamphlet wurde unter anderem geantwortet: *"Diese Wissens-Gläubigkeit ist faszinierend und tragisch zugleich. Der ganze Brief enthält im Grunde genommen den Unmut und die Verzweifelung eines idealistisch eingestellten Menschen, der es einfach nicht wahrhaben möchte, von interessierten Kreisen und ihren Helfershelfern, wissentlich oder unwissentlich, getäuscht und mißbraucht zu werden".*

2. Auf die Veröffentlichung "Verstärkter Gebäudewärmeschutz – Der Flop mit der Superdämmung" [Meier 91a] schrieb Prof Gertis, TU Stuttgart, in Berlin Brandenburgische Bauwirtschaft 1992, H. 4, S. 136: *"Herr Dr. Meier lenkt in dem Beitrag – wie auch in anderen Elaboraten – vom Bau ab, indem er die $CO_2$-Gesamtemissionen und die Größenordnungen der Energieeinsparungen im Gesamtzusammenhang anspricht. Derartige Ablenkungsmanöver helfen uns – unabhängig davon, daß die Zahlen nicht zutreffen – nicht weiter. Herr Dr. Meiers Ausführungen sind aus den erläuterten Gründen unzutreffend. Etwas Unrichtiges wird nicht dadurch richtiger, daß es möglichst oft wiederholt wird.*

   Kommentar: Bei diesem Artikel ging es um die Nutzlosigkeit von Superdämmungen, die sich aus der Hyperbel ableitet – und dies ist Mathematik. Davon aber will Prof. Gertis offensichtlich nichts hören und verdrängt diesen unwiderlegbaren Sachverhalt aus seinem Maschinenbauer-Wissen.

3. Auf die Veröffentlichung "Novellierte Wärmeschutzverordnung" [Meier 93] wurde von Prof. Hauser in Berlin-Brandenburgische Bauwirtschaft 1993, H. 10, S. 213 unter anderem geschrieben: *"In o.g. Beitrag wird auf Seite 38 folgendes ausgeführt: "Es zeigt wenig Sensibilität für Wärmeströme, wenn z. B. bei einer 15 cm Thermohautkonstruktion eine 2 cm Dämmung in Laibungen vorgesehen wird [10]". Unter [10] wird dabei auf eine Arbeit von mir "Wärmebrückenprobleme bei Gebäuden mit hoher Wärmedämmung" verwiesen. In dieser Arbeit* [Hauser 89] *ist die genannte Ausführung nicht enthalten. Ich bitte deshalb, den Autor zu veranlassen, ein Erratum durchzuführen".*

   Kommentar: Hauser scheint vergessen zu haben, daß in [10] (oder [Hauser 89]) der Einfluß der Wärmebrückenwirkung mit unterschiedlichen Dämmstoffdicken, jedoch bei konstanter 2 cm Laibungdicke behandelt wird. Es grenzt schon an Albernheit, bei dieser Sachlage den obigen Text zu schreiben.

4. Auf die Veröffentlichung "Individuelle Vernunft oder kollektive Verwirrung" [Meier 93a] wurde in Berlin-Brandenburgische Bauwirtschaft 1993, H. 17, S. 382 in Leserbriefen unter anderem wie folgt reagiert:

   a) Herr Aßmann, Präsident des Verbandes Beratender Ingenieure VBI schrieb: *"Es ist schlimm, wenn ein Prof. Dr.-Ing. habil. zum zivilen Ungehorsam aufruft bezüglich einer Novellierung der Wärmeschutzverordnung",* und weiter: *"Aber diese Novellierung erfolgt ausschließlich unter dem internationalen Zwang, $CO_2$-Emissionen zu mindern und Energie zu sparen. Herr Meier kritisiert ausschließlich unter der rein wirtschaftlichen Betrachtung und der Frage nach der Dauer der Amortisationszeit. Da hätte man doch mehr Überblick und Verantwortungsbewußtsein erwarten dürfen"* und *"Herr Meier hat schon früher Thesen vertreten, die immer wieder von qualifizierten Autoren zurückgewiesen werden mußten unter dem Motto Eine falsche Aussage wird nicht richtiger dadurch, daß man sie in unterschiedlichen Veröffentlichungen stets wiederholt".*

   b) Prof. Ehm, BMBau, schrieb: *"Den fachlichen Äußerungen von Dr. Meier wurde in der Vergangenheit von kompetenter Seite wiederholt und eindeutig widersprochen.*

   Kommentar: Entscheidend bei diesen Leserbriefen ist, daß keine meiner Aussagen widerlegt wird, nur eine allgemeine Entrüstung der Leserbriefschreiber ist zu spüren.

5. Auf die Veröffentlichung "Ökologisch-ökonomische Aspekte der Energieeinsparung" [Meier 94a] schrieb Eicke-Hennig, Institut Wohnen und Umwelt Darmstadt, in einem Beitrag, den er als Herausarbeitung eines klaren Maßstabes zur Bearbeitung der Wirtschaftlichkeit für dringend notwendig hält, unter anderem (das bauzentrum 4/95, S. 150): *"Werden Wirtschaftlichkeitsberechnungen für Energieeinsparinvestitionen durchgeführt, so wird überwiegend ein für Gebäude völlig ungeeigneter Maßstab herangezogen: die Amortisationszeit".*

Kommentar: Eine solche Aussage ist völlig absurd, denn einzig und allein die Amortisationszeit interessiert; immerhin werden ja auch in [Werner 82] gerade die Amortisationszeiten verglichen. Hier formuliert offensichtlich jeder seine eigene "Theorie" zur Wirtschaftlichkeit, um seine Vorstellungen irgendwie an den Mann zu bringen und durchzusetzen – und dabei weiß dann die rechte Hand nicht, was die linke tut. Infolge der Hyperbeltragik der U-Wert-Funktion werden die vorgeschriebenen Anforderungsniveaus alle automatisch unwirtschaftlich. Bei der Amortisationszeit wird dies offenkundig, kann deshalb nicht verschleiert werden. Um diesem Dilemma zu entkommen, wird nun auf die Bestimmung der Kosten der eingesparten kWh Heizenergie ausgewichen. Diese Kosten liegen dann jedoch üblicherweise weit über den marktüblichen Kosten je Kilowattstunde. Aber ein solches Ergebnis kann dann in sophistischer Weise entsprechend interpretiert werden, z. B. aus Klimaschutzgründen müßten wir dieses Opfer bringen. Um nun diesem wirtschaftlichen Unfug ein pseudowissenschaftliches Mäntelchen umzuhängen, wird auf das Kostenminimum ausgewichen und behauptet, dies sei die wirtschaftlichste Lösung. Dies aber ist ein kapitaler Trugschluß und verdummt die Bauschaffenden.

Auf meine umfassende Entgegnung von einer Druckseite (das bauzentrum 5/95, S. 114) auf den Eicke-Hennig Leserbrief (4/95, S. 150), die mit der Feststellung begann: *"Keine meiner Aussagen ist widerlegt"*, fühlte sich der Geschäftsführer der Gütegemeinschaft für Hartschaum-Schalungselemente, Herr Bruer (Fa. isorast) veranlaßt, mit Schreiben vom 08. August 1995 unter anderem folgendes kundzutun: *"Herr Professor Meier führt seinen Kommentar – wie auch in seinen vielen anderen Schriften und Vorträgen – detailliert aus, daß eine Außenwandkonstruktion mit einem k-Wert von besser als 0,49 W/m²K unwirtschaftlich sei. Letztlich begründet er diese These mit der "Hyperbel-Tragik", die besagt, daß mit zunehmender Dämmschichtdicke der Grenznutzen der Energieeinsparung abnimmt. Ich wollte es eigentlich nicht glauben, daß es noch Lehrstuhlinhaber gibt, die solche Thesen vertreten".*

Mein Antwortschreiben vom 17. 08. 95 enthielt unter anderem ein paar grundsätzliche Bemerkungen:

*1) Ich spreche mit Absicht von "Wissensstand" und nicht von "Meinungsstand", denn nur unumstößliches, allumfassendes Wissen kann Grundlage von Erörterungen sein.*

*2) Um dieses Wissen bemüht sich die Wissenschaft, die dieses Wissen durch wahre Aussagen zu bereichern versucht.*

*3) Über den Begriff "wahr" bzw. "Wahrheit" steht in einer Enzyklopädie folgende Erläuterung: "Mit dem Beginn der Neuzeit etabliert sich zunehmend ein Verständnis von Wahrheit auf der Grundlage der Mathematik und der mathematisch formulierten Gesetze der Natur".*

*4) Das "Gesetz der Energieeinsparung" steht in der DIN 4108; diese beschreibt die k-Wert-Funktion als Hyperbel.*

*5) Meine "Thesen", wie Sie meine Aussagen bezeichnen, sind eindeutige, mathematisch fundierte logische Schlußfolgerungen, die allein aus dieser mathematischen Funktion einer Hyperbel abgeleitet, also deduktiv entstanden und damit unwiderlegbar sind.*

*6) Wahr ist nach Karl Raimund Popper jede (empirische) Aussage, solange sie nicht widerlegt ist.*

*7) Somit würde der Sache der Energieeinsparung sicher besser gedient werden können, wenn Sie meine Aussagen widerlegen würden; statt dessen ist Ihrem Brief mehr das Erstaunen und der Unmut herauszulesen, und Glaube statt Mathematik führt auch nicht weiter.*

*8) Bei einem Disput muß der Sachverhalt umfassend erläutert und beschrieben werden; ausgewählte und einseitige Argumente, gesiebt und selektiert, gehören zur Strategie der Werbung.*

Dieser mein Brief blieb unbeantwortet.

6. Auf die Veröffentlichung "Die Wärmeschutzverordnung 1995" [Meier 94b] schrieb Schettler-Köhler (BMBau) in Berlin-Brandenburgische Bauwirtschaft 1994, H. 23, S. 490 unter anderem: *"Dr. Meier stellt in seinem Aufsatz die These auf, die Wärmeschutzverordnung diene einzig und allein dem Zweck, daß möglichst viel Dämmstoff in Deutschland verbaut wird, und er versucht, diese Behauptung durch eine Liste von einzelnen Regelungen aus der neuen Verordnung zu belegen, deren Sinn er offenkundig nicht verstanden hat oder nicht zur Kenntnis nehmen will. Angesichts dieser Ignoranz muß den Behauptungen im Interesse der Leserschaft widersprochen werden"* und als Resümee heißt es: *"Wenn Dr. Meier sich selbst zu den Menschen rechnet, die – wie er es ausdrückt – ernsthaft an das Energieproblem herangehen, dann sollte er sich einmal – ebenso ernsthaft – mit bauphysikalischen Grundlagen und mit den Hintergründen der Regelungen der Wärmeschutzverordnung befassen, bevor er auf falschen Interpretationen Beweisketten für seine wirklich nicht energiebewußten Thesen aufbaut"*.

   Kommentar: Es ist immerhin recht bemerkenswert, daß gerade die unwissenden und mehr obrigkeitshörigen Administratoren den Wissenden Inkompetenz in Fragen der bauphysikalischen Grundlagen vorwerfen. Bei dieser Methodik kann zur Rechtfertigung fehlerhafter Vorstellungen dann nur ein überall zu vernehmendes dummdreistes Geschwätz herauskommen.

7. Auf die Veröffentlichung "Gut gespeichert ist auch gedämmt" [Meier 99d] schrieb Prof. Werner; FHS München, in deutsche bauzeitung 1999, H, 8, S. 30: *"Wieder einmal beglückt uns Herr C. Meier zum Thema Wärmedämmung. Als Verfasser eines von ihm in seinem Artikel erwähnten Aufsatzes und als Obmann des Arbeitskreises "Heizenergiebedarf DIN EN 832", der DIN 4108, muss ich natürlich den Äußerungen des Architekten Meier deutlich widersprechen"*.

   Kommentar: Funktionsträger von DIN-Ausschüssen zu sein, ist kein fachlicher Qualifikationsnachweis, sondern eher die Bestätigung, industriekonforme, hier also umsatzsteigernde Randbedingungen für die Dämmstoffindustrie zu formulieren – zum Schaden der Kundschaft. Die Bauschadenshäufigkeit "fortschrittlicher Bautechnik" nach DIN ist kaum mehr zu übersehen.

8. Auf die Veröffentlichung "Entwickelt der Wärmeschutz sich zum Phantom" [Meier 99c] hat sich gleich die ganze Hautevolee der offiziellen Bauphysik in Leserbriefen zu Wort gemeldet (Deutsches Ingenieurblatt Juli/August 1999, S. 50):

   a) Prof. Ehm, BMBau, schrieb: *"Die wesentlichen Aussagen im Aufsatz von C. Meier werden als wissenschaftlich nicht haltbar zurückgewiesen"* (er beruft sich dabei auf [Hauser 84]). Und weiter: *"C. Meier hat die diese Sachverhalte* (gemeint sind instationäre Verhältnisse der Außenwand und das Strahlungsverhalten) *heute umfänglich regelnde europäische Norm DIN EN 832 – Wärmetechnisches Verhalten von Gebäuden; Berechnung des Heizenergiebedarfes – offenbar noch nicht zur Kenntnis genommen"*. Und weiter schrieb er: *"Auch sind die Ausführungen Meiers zur Luftdichtheit der Gebäudehülle zurückzuweisen"* und *"Die Aussagen von C. Meier zur Wirtschaftlichkeit der Wärmeschutzverordnung 95 sind falsch"*.

   b) Prof. Hauser, GHS Kassel, schrieb: *"Den in der Meier'schen Publikation gemachten Aussagen ist in folgenden Punkten zu widersprechen"* und es wird unter anderem geschrieben: *"Die Ausführung "In der Bauphysik wird stationär gerechnet und gedacht" kann nur damit erklärt werden, dass dessen Verfasser stationär denkt"*.

   c) Dr. Feist, Passivhausinstitut, schrieb: *"In bewährt polemischer Art stellt Herr Meier hier wiederholt Tatsachen auf den Kopf"*. Es folgt dann die ganze Litanei fehlerhafter und falscher Aussagen, die ja zur Genüge in den Medien verbreitet werden.

   d) Prof. Werner, FHS München, schrieb: *"Wieder einmal beglückt uns Herr C. Meier zum Thema Wärmeschutz. Als Verfasser eines Artikels zum Thema Strahlungsabsorption, dessen Thema Herr C. Meier aufgreift und als Obmann des Arbeitskreises "Heizenergiebedarf DIN EN 832" der DIN 4108, muss ich natürlich den Äußerungen des Architekten Meier deutlich widersprechen"*. Und weiter: *"Die Methodik nach EN 832 ist international anerkannt und man wundert sich in internationalen Fachkreisen, dass in Deutschland ein derartiger Unsinn, wie er im Artikel von Herrn C. Meier steht, in regelmäßigen Abständen in manchen Fachzeitschriften veröffentlicht wird"*.

   Kommentar: Zusammenfassend sei hierzu gesagt, daß das Widersprechen nicht weiterhilft und die in den Leserbriefen vorgebrachten "Gegenargumente" leicht zu widerlegen sind. Die offizielle Bauphysik entwickelt sich immer mehr zu einer Pseudowissenschaft – eben weil nur dort der Unsinn produziert wird. Auch "internationale Kreise" ändern daran nichts, dies besagt ja doch nur, daß dieser bauphysikalische Unfug weit verbreitet wird. Immerhin ist Prof. Gertis Vorsitzender der Konferenz europäischer Hochschullehrer.

9. Besonders arg wird mit Klaus Aggen umgegangen. Bereits seit Anfang der achtziger Jahre weist er in einer Vielzahl von Veröffentlichungen auf die Irrtümer und Fehlentwicklungen in der Bautechnik hin. Die Dominanz der Dämmstoffindustrie bestimmt jedoch seit dieser Zeit das Bauen – die Ernte wird heute in Form vom Bau- und Gesundheitsschäden bereits eingefahren –

und so ist es nicht verwunderlich, daß sich eine ganze Armada dämmstoff-loyaler Eleven berufen fühlte, gegen ihn anzutreten. Auf einen Artikel [Aggen 85], der sehr überzeugend die bautechnischen Mängel anprangerte und der aus heutiger Sicht die Ursachen der jetzt vorliegenden Bau-Misere sehr vorausschauend dokumentierte (sehr lesenswert), wird nun in DAB 12/85, S. 1617 bis 1627 unter anderem wie folgt reagiert:

a) Dipl.-Ing. Dinkel schrieb unter anderem: *"Aber ich möchte der Behauptung widersprechen, dass die sogenannte Globalstrahlung auf die Außenmauern eines Wohngebäudes einen Beitrag zur Energieeinsparung leistet".*

b) Dipl.-Phys. Feist wiederholte all die Argumente, die immer für sein Passivhaus herhalten müssen und die vorn in den einzelnen Kapiteln ja widerlegt wurden.

c) Prof. Gertis schrieb unter anderem: *"In dem Artikel, der sich stellenweise einer unsachlichen und polemischen Ausdrucksweise bedient, wird eine Reihe von bauphysikalischen Sachverhalten in unrichtiger und unnötiger Weise wiedergegeben, weil die Aggenschen Einlassungen in dem von ihm kritisierten Artikel* [Gertis 83] *bereits ausführlich erörtert worden sind; er hätte den schon zweieinhalb Jahre zurückliegenden Artikel nur aufmerksamer und mit mehr Sachkenntnis lesen müssen".*

Kommentar: Nur steht in [Gertis 83] der folgende Satz, der einfach nicht stimmt: *"Der k-Wert stellt somit auch eine instationäre Kenngröße dar, welche den stationären Sonderfall mit einschließt".* Genau dies ist der logische Trugschluß.

Weiter heißt es dann: *"Daß die Wärmespeicherfähigkeit der (internen) Baumassen Vor- und Nachteile haben, scheint Herrn Aggen, obwohl in vielen Fachpublikationen dargelegt, nicht geläufig zu sein".*

Kommentar: Es geht doch nicht um die internen Massen, sondern um die massive, von der Sonne beschienenen und energieabsorbierenden Außenwand, die stets mit der Begründung ausgeklammert wird, diese nehme nur einen geringen Prozentsatz der Gesamtmasse ein.

Abschließend schrieb Prof. Gertis: *"Die Bauphysik ist eine Faktenwissenschaft und keine Aneinanderreihung von bloßen Meinungen oder von affirmativen Behauptungen".*

Kommentar: Wenn sich Prof. Gertis nur selbst danach richten würde, wäre viel Unheil in der Bautechnik vermieden worden.

d) Dr. Grochal von der Stotmeister GmbH schrieb unter anderem: *"Es haben die Baubiologen so an sich, Behauptungen aufzustellen und irgendwo hergeholte Werte falsch zu interpretieren. Der "Globalstrahlungsexperte", Herr Aggen, macht diesbezüglich keine Ausnahme".* Zum Schluß hieß es: *"Was uns – nach seiner Meinung – noch fehlt, ist eine baubiologische Wärmelehre. Will Herr Aggen vielleicht neue physikalische Gesetze entdecken? Da kann man wirklich nur sagen – das fehlt gerade noch"*

e) Prof Hauser hat sich auch zu Wort gemeldet; unter anderem schrieb er: *"Demgegenüber wird die Fraunhofer-Gesellschaft mit der Empfehlung für Aggen "Weniger schreiben und mehr nachdenken wäre ein heilsames Rezept" von dem Autor selbst zitiert, so dass man sich des Eindrucks nicht erwehren kann, dass hier ein Architekt, der sich Baubiologe nennt, mit seinen Unkenntnissen auf bauphysikalischem Gebiet kokettiert. Wegen der Bedeutung des Forums, welches Aggen für seine Meinungsäußerungen unverständlicherweise gewährt wurde, und der latenten Gefahr der Verunsicherung von Bauschaffenden wird im folgenden erneut auf die wesentlichen Behauptungen eingegangen".* Die anschließende Aufzählung enthält die üblichen Inhalte, die sich hauptsächlich mit den Solargewinnen über Fenster befassen;

Kommentar: Um Solargewinne über Fenster geht es hier überhaupt nicht, sondern um die Solargewinne massiver Außenwände. Ansonsten sind die vorgebrachten Aussagen vorn in den einzelnen Kapiteln widerlegt worden. Die "offiziell verbreitete Bauphysik" ist mehr eine Pseudowissenschaft zum Wohle einschlägiger Wirtschaftszweige.

f) Der Bundesverband Kalksandstein-Industrie schrieb: *"Mit großem Interesse lesen wir regelmäßig das Deutsche Architektenblatt. Insbesondere durch das sonst hohe Niveau der Beiträge hat diese Zeitschrift bei uns einen hohen Stellenwert. Mit einiger Sorge haben wird daher im Heft 10/1985 den Ausatz "Das dämmstofffreie massive Haus" von Dipl.-Ing Klaus Aggen gelesen. Ohne näher auf die technischen Aussagen von Herrn Aggen einzugehen, haben wir den Eindruck, dass dieser Aufsatz wegen seiner Polemik gegen anerkannte Fachleute und oberflächlichen Argumentation nicht in das Deutsche Architektenblatt gehört. Schläge "unter die Gürtellinie" gehören nach unserer Meinung nicht in Ihre bekannte Fachzeitschrift".*

g) Herr Roschild vom Gesamtverband Dämmstoffindustrie (GDI) schrieb unter anderem: *"Die Veröffentlichungen des Herrn Aggen im DAB 10/1995 können nicht unwidersprochen bleiben. Es wundert mich, dass Sie als renommiertes Fachblatt die "sendungsbewußten Heilslehren" des Herrn Aggen abdrucken, die jeder wissenschaftlichen und praxisbezogenen Grundlage entbehren. Es entsteht der Verdacht, dass Sie Herrn Aggen als Seitenfüller benutzen".*

h) Herr Schmidt-Eisenlohr schrieb*: "Die Bauphysik ist doch keine Religion! Naturgesetze, wer immer sie geschrieben hat, erwiesen sich bisher als eindeutig, erklärbar und ohne Widerspruch. Erst die subjektive Deutung der Aggen-Gleichnisse bringen die Schäfchen vom rechten Weg. Die Kunst des Weglassens findet ihren Höhepunkt in diesem makabren Literaturverzeichnis. Wer erlaubt es eigentlich, dem anerkannten Architektenblatt, den deutschen Bauleuten und dem gesunden Menschenverstand durch gedrucktes Wort solche Scham anzutun?*

Kommentar: Hier wäre wirklich ernsthaft zu klären, wer den deutschen Bauleuten diese Scham antut.

i) Fritz Stotmeister von der Stotmeister GmbH schrieb unter anderem: *"Es ist eigentlich schade um Zeit und Papier, auf einen derartigen Artikel, der voll von Widersprüchen, billigen Wortverdrehungen, Unwissenheit, falschen und unbewiesenen Behauptungen usw. usw. ist, erwidern zu müssen".*

Kommentar: Der Leserbrief enthält dann auch nur die allbekannten, der Dämmstoff verarbeitenden Industrie genehmen Argumente Feistscher Art, die alle sehr leicht zu widerlegen sind.

j) Herr Zietz von der MOD Ingenieurgesellschaft mbH schrieb unter anderem: *"Mit seinen ständig wiederkehrenden, gleichen Argumenten hat der Klaus Aggen einen Zustand erreicht, der wohl schon dem Kampf gegen Windmühlenflügel gleicht. Es ist zuzubilligen, dass Herr Aggen im Grundprinzip durchaus recht hat, denn wer wollte schon bestreiten, dass kostenlose Energie aus der Umwelt allemal besser ist als jede passive oder aktive Energieeinsparungsmaßnahme, dabei gar nicht die Vorteile für unsere Umwelt betrachtet. Nur über das Wie läuft Herr Aggen hoffnungslos in die Irre. Tibetanische Bergbauern und Bodenheizungen beim Weinbau taugen nun wirklich als Beispiele für die Richtigkeit seiner Argumentation nicht viel. Ein schlagender Beweis für seine Thesen wäre durch den Kollegen Aggen dann zu erbringen, wenn er in den kommenden langen, kalten Wintertagen statt im Pelzmantel in der Badehose spazierengehen würde"* und weiter: *"Im übrigen behauptet auch Herr Gertis nicht, man solle überhaupt kein Speichervermögen vorsehen (sommerlicher Wärmeschutz), aber Übertreibungen in Richtung Granithöhlencharakter sind schon unseren Uraltvordern nicht gut bekommen – die hatten alle Rheuma".*

Zusammenfassend kann gesagt werden: All die Leserbriefschreiber sind weniger über die Aussagen von Klaus Aggen entsetzt, sondern mehr über die Tatsache, daß das, was sie bisher gelesen, geglaubt, weiter verbreitet und auch vollzogen haben, nun alles nicht stimmen soll – abgesehen von den Möglichkeiten, dabei noch gut zu verdienen. Dagegen wird nun Sturm gelaufen.

Aber auch persönliche Briefwechsel werfen ein Licht auf die Methoden und Aktivitäten der von der Kritik Betroffenen. Nur um die einmal gefaßten Meinungen und Vorurteile, die recht lukrativ zu sein scheinen, zu bekräftigen und durchzusetzen, sind Texte verfaßt worden, die ein trauriges Bild über die offizielle Bauphysikszene abgeben.

10. Ein Fachbuchverlag, der eine "Technische Mathematik für Bauberufe" herausgibt, antwortet auf eine kritische Stellungnahme von Klaus Aggen bezüglich der U-Wert-Berechnung am 03. 07. 1987 unter anderem: *"Der Autor und wir haben uns eingehend mit Ihren Ausführungen beschäftigt – und insbesondere der Autor (der im Gegensatz zu uns ja Fachmann ist) hat sich überaus positiv und in gleichem Sinne uns gegenüber geäußert. Wenn er im Buch jedoch nicht in der gleichen Konsequenz handeln konnte, so deshalb, weil er sich bei einem Schulbuch eben an die "staatlich verordneten Vor-*

*schriften" halten muß. Als Privat- bzw. Fachmann vertritt er mitunter durchaus andere als die im Buch "verordneten" Ansichten.*

Kommentar: Analogieschlüsse führen zu der Erkenntnis, daß die Fehlunterrichtung unseres Nachwuchses systematisch durch "Anordnungen staatlicher Stellen" vorangetrieben wird – und das seit Jahrzehnten in allen Bereichen der Bildung. Die Pisa-Studie ist ein Indiz für diese bildungspolitischen Fehlentwicklungen – nicht Wissen wird vermittelt, sondern Meinungen verbreitet.

11. In einem Brief von Prof. Gertis an den Gerling Konzern vom 25. Januar 1996 bezüglich eines Gerling-Forums im Bauhaus Dessau steht unter anderem: *"Dem Programm entnehme ich, dass Herr Paul Bossert, Dietikon Schweiz, dort einen Vortrag hält. Mich irritiert dies etwas, weil die mangelnde Qualifikation und die bauphysikalischen "Irrlehren" von Herrn Bossert seit Jahrzehnten in der Fachöffentlichkeit bekannt sind".*

    Kommentar: Dies ist ein beliebtes Argumentationsspielchen: Die eigenen Fehler werden dem Kontrahenten zugeordnet und ihm dann diese mit aller Schärfe vehement vorgeworfen. Mittlerweile ist ja bekannt, daß die allgemein verbreiteten Irrlehren in der Bauphysik meist aus dem Hause Gertis stammen.

12. In einem Brief der JUWÖ Poroton Werke vom 26. 06. 2001 an Paul Bossert steht unter anderem: *"Leider muss ich Ihnen mitteilen, dass man Ihrer Argumentation, vor allem auch der empirischen Beweisführung, nicht folgen will, weil uns auch der zu erwartende Imageverlust für die Branche nicht kalkulierbar erscheint".*

    Kommentar: Wie soll bei einer derartigen Grundeinstellung noch ein sachliches Gespräch geführt werden können – nicht die Fakten, die Beweise, sondern der Imageverlust bestimmen die Szenerie.

13. Die gleichen Beweggründe veranlaßt das Institut für Baubiologie+Ökologie Neubeuern, am 08. 01. 2001 unter anderem folgendes zu schreiben: *"Sehr geehrter Herr Prof. Meier, nochmals vielen Dank für Ihre Stellungnahme. Sowohl meine als auch Ihre Stellungnahme müßte natürlich erheblich ausführlicher sein, um wirklich Greifbares zur Verfügung zu haben. Ich bitte Sie um Verständnis, dass wir Ihre Stellungnahme so nicht veröffentlichen können, weil diese neben anderen Gründen mich in eine falsche Schublade schieben und meinen Ruf als IBN-Mitarbeiter schädigen würde".*

    Kommentar: Wenn ein Ruf geschädigt wird, dann dadurch, daß man auf bisherige Irrtümer und Fehlvorstellungen beharrt, jedoch nicht, wenn man bereit ist, diese zu korrigieren.

14. Anläßlich einer Vortragsveranstaltung mit Zeitungsinterview schrieben die Doktoren Royar und Kasper von der Firma Saint-Gobain Isover G+H AG in einem Brief vom 22. 03. 2001 an einen Baustoffhändler unter anderem:

    *"Herr Prof. Meier vertritt seit mehr als 25 Jahren die These von der angeblichen Überdämmung der Gebäude, die darüber hinaus noch unwirtschaftlich sei. Diese These ist seit langem wissenschaftlich widerlegt, und zwar sowohl theoretisch als auch durch eine Vielzahl von praktischen Untersuchungen"*

und weiter: *"Die Übereinstimmung zwischen der durch die Wärmdämmung erreichbaren Energieeinsparung und der in der Praxis erzielten Verbrauchsminderung ist hervorragend und verweist Herrn Prof. Dr. Meiers Behauptung in das Land der Märchen und Fabeln". Dennoch wird Herr Prof. Dr. Meier, obwohl die gesamte europäische Wissenschaft die Wirksamkeit der Wärmedämmaßnahmen unterstützt, nicht müde werden, Wärmedämmaßnahmen als Teufelswerk der Dämmstoffindustrie zu bezeichnen, und er wird, wie bei allen falschen Propheten, auch Anhänger für seine Vorstellungen finden, insbesondere dann, wenn diese Anhänger wirtschaftlichen Nutzen aus Prof. Dr. Meiers Thesen zu gewinnen hoffen"* und *"Genauso wenig wissenschaftlich belegbar ist die Behauptung, dass die massive Außenwand einen wesentlichen Einfluß auf die gesamte Speicherfähigkeit des Gebäudes hat und damit zur Energieeinsparung beiträgt".* Abschließend heißt es dann: *"Zusammenfassend läßt sich feststellen, dass beide Referenten* (Prof. Fehrenberg wird mit eingeschlossen) *sicherlich die Sensationslust ihrer Zuhörer befriedigen bzw. verborgene Ängste wecken konnten. Der Wahrheitsgehalt ihrer Aussagen ist äußerst gering und entspricht in etwa dem, was ein Spökenkieker aus seiner Kristallkugel liest. Die wissenschaftliche Fachwelt hat es seit Jahren aufgegeben, mit Herrn Prof. Dr. Meier zu diskutieren".*

Kommentar: Dies ist ein eindrucksvolles und unmißverständliche Dokument einer argumentativen Hilflosigkeit, die kaum mehr zu überbieten ist. Allein eine solche Form mit derart absurden Inhalten läßt klar erkennen, wer hier argumentativ am Hungertuche nagt. Mit Wissenschaft hat dies ja nichts mehr zu tun.

15. Aus Anlaß eines Vortrages auf dem zweiten Schimmelpilz-Forum am 16. Febr. 2002 in Würzburg, veranstaltet vom Verband der Bausachverständigen Norddeutschlands (VBN) schrieb Prof. Cziesielski in seiner Eigenschaft als Bundesfachbereichsleiter Bau des Bundesverbandes öffentlich bestellter und vereidigter sowie qualifizierter Sachverständiger e. V. (BVS) am 25. 02. 02 an die Fachbereichsleiter Bau der einzelnen Landesverbände:

*"Wie kommt es, dass der Veranstalter Herrn Professor Meyer* (Anmerkung: noch nicht einmal meinen Namen schrieb er richtig, obwohl wir uns persönlich kannten) *eine Plattform bietet, um seine in der Fachwelt als falsch nachgewiesene Meinung zu verbreiten? Professor Meyers Behauptungen sind hinlänglich bekannt; sie wurden mehrfach in der Literatur widerlegt"!* und weiter: *"...; es war vielmehr eine Veranstaltung, auf der Fehlinformationen zum Nachteil der Teilnehmer verbreitet wurden (dies gilt nur für den Vortrag Professor Meyers)".* Abschließend konkretisiert Prof. Cziesielski seine Vorstellungen von Wissensvermittlung: *"Der BVS muss Weiterbildungsveranstaltungen anbieten, um mögliche Defizite bei den Sachverständigen zu dieser Thematik auszuräumen. – Für eine Abstimmung sämtlicher Landesverbände mit dem BVS wäre ich verbunden. – Ich stehe zur Verfügung"*!

Kommentar: Es werden wieder die üblichen Floskeln vorgebracht. Nichts wird widerlegt, es wird nur lauthals widersprochen, nur von Meinungen und Behauptungen ist die Rede. Die kritischen Stimmen, die auf Grund sachgerechten Wissens in der Lage sind, viele Widersprüche aufzudecken und das propagierte Bauphysikgebilde ad absurdum zu führen, müssen organisatorisch wegrationalisiert werden. Die Krakenarme einer mafiosen Bauphysik versuchen wieder einmal, sich mit unseriösen Mitteln durchzusetzen.

16. Nach dem Erscheinen eines RG-Bau-Merkblattes [Meier 83] schrieb Prof. Gertis am 28. Mai 1984 an die "Rationalisierungs-Gemeinschaft Bauwesen im RKW Eschborn: *"Das o.g. Merkblatt, das von Herrn Dr. Meier bearbeitet worden ist, lehnt sich methodisch und formelmäßig sehr stark an die beiliegende Publikation von Werner-Gertis an* ([Werner 79]). *Trotzdem wird die Publikation im Merkblatt nicht zitiert, obwohl sie zeitlich allen zitierten Meier'schen Arbeiten vorausgeht. Ich muß dies als schlechten wissenschaftlichen Stil werten, der fast schon an ein Plagiat grenzt, und erwarte, daß die Zitierung ergänzt wird".*

    Auf mein Antwortschreiben vom 12. 06. 1984, in dem der Vorwurf des Plagiats widerlegt wurde, schrieb Prof. Gertis mir am 17. Juni 1984 unter anderem: *"Sehr geehrter Herr Dr. Meier, vorab: ich möchte mich bei Ihnen entschuldigen! Maßgeblich hierfür ist die Tatsache, daß Ihre Publikation ... zeitlich vor der Publikation "Werner, Gertis" lag. Dies war mir nicht bewußt. Sonst hätte ich Ihre Arbeit selbstverständlich in der Publikation "Werner, Gertis" und in der zeitlich vorausgehenden Arbeit ... zitiert."*

    Kommentar: So etwas wurmt und so ist es nicht verwunderlich, daß sich danach derartige erzwungene Freundlichkeiten nicht wiederholten.

17. Ein Briefwechsel über das "Münchener Energiesparhaus" dokumentiert die Alexie gewisser Experten. Was hier an Wortverdreherei, Unterstellungen und Anschuldigungen zu Tage tritt, ist schon recht bemerkenswert. In einer Leserbrief-Auseinandersetzung mit Dr. Werner im DAB 1989 schaltete sich Prof. Gertis ein und schrieb mir am 12. Juli 1989 unter anderem: *"Mit Befremden habe ich Ihre Zuschrift und Replik zum Artikel von Herrn Dr. Werner verfolgt. Herr Dr. Werner ist in seiner Erwiderung, wie ich glaube, in sehr sachlicher Weise auf Ihre Zuschrift eingegangen. Es handelte sich bei Herrn Dr. Werners Artikel um praktische Messungen über mehrere Heizperioden hinweg. Wenn Sie diese widerlegen wollen, müssen Sie ebenfalls durch Messungen Beweis führen. Das haben Sie nicht getan; um mathematische Beweise geht es hier nicht primär, Sie müßten, wenn Sie eine andere Auffassung vertreten, vielmehr nachweisen, daß die Messungen falsch seien. Die Messung am Münchener Haus haben aber zweifelsfrei – wie jedem vernünftigen Diskutanten auch einleuchtet – bestätigt, daß durch baulichen Wärmeschutz erheblich Energie gespart werden kann. Ihrem Schlußsatz in Ihrer Replik 'traurig, daß in der Wissenschaft ein solcher Stil Eingang gefunden hat', muß ich beipflichten. Den Vorgang werte ich als Indiz dafür, daß mit Ihnen keine sachliche Diskussion mehr führbar ist. Den fachlichen Kontakt zu Ihnen möchte ich deshalb hiermit abbrechen. Herrn Dr. Werner werde ich raten, dies ebenfalls zu tun. Mit verbindlichem Gruß".*

    In meinem Antwortbrief vom 20. 07. 1989 hieß es unter anderem:

    *Herr Dr. Werner erwähnt in seiner Richtigstellung Dinge, die ich gar nicht geschrieben habe: "Der Briefschreiber behauptet, daß der Ausgangspunkt der*

*Forschungsarbeit ein ungedämmtes Haus ist, das nach seiner Vorstellung angeblich nicht typisch für eine große Zahl deutscher Einfamilienhäuser ist". Wo finden Sie bei mir den Passus: "ein ungedämmtes Haus sei nicht typisch für eine große Zahl deutscher Einfamilienhäuser"?*

*Aber auch Sinnverdrehungen kommen darin vor: Ich schrieb: "Besonders eklatant wird es, wenn diese Superdämmungen nur in Teilbereichen von Gebäuden vorgesehen werden, dann schrumpfen die Verbesserungen zu Größenordnungen, die unter 1% liegen". Dr. Werner dagegen schrieb: "... und nicht – wie es der Schreiber tut – Behauptungen aufgestellt, daß z. B. Verbesserungen durch Superdämmungen unter 1% liegen, da sie nur in Teilbereichen sinnvoll seien". Wo habe ich gesagt: "Superdämmungen seien nur in Teilbereichen sinnvoll"?*

*Übrigens: Dies ist keine Behauptung von mir, sondern kann nachgelesen werden in: Merkblatt Nr. 65: Effektivität von Wärmedämm-Maßnahmen und Merkblatt Nr. 74: Wärmedämmverbesserung von Einzelbauteilen; beide habe ich Ihnen bei meinem Besuch am 02. 07. 1985 in Stuttgart überreicht.*

*Die "Richtigstellung" dient also mehr der Verschleierung der Sachlage.*

*Wir alle stehen unter Zeitdruck, nur so ist Ihr Brief mit diesem Schluß zu erklären. Das rationale und folgerichtige Denken aber darf keinesfalls auf der Strecke bleiben, Sie selbst sagen: "Bauphysik sei eine Fakten- und keine Meinungswissenschaft".*

*Kehren wir zu den Fakten zurück. Ihre Entrüstung ist grundlos. Es wäre der Sache dienlich gewesen, wenn sie beide Leserbriefe in Ruhe gelesen und "diesen Brief" vom 12. 07. nicht geschrieben hätten, bei Würdigung der Fakten wird er sowieso hinfällig.*

*Wir hatten schon einmal einen Disput in "Sachen Plagiat" und ich dachte, daß wir seitdem sachlich miteinander umgehen können.*

*Mit verbindlichem Gruß.*

Kommentar: Was soll der Hinweis "wie ich glaube"? Offensichtlich weiß Prof. Gertis genau, daß das, was er geschrieben hat, nicht stimmt. Wenn nun auch noch die Mathematik als Beweis abgelehnt wird, dann ist klar, wie hier meßtechnisch manipuliert wurde. Es ist auch typisch für derartige Antworten, daß "vernünftige Diskutanten" ihm beipflichten würden; das heißt im Klartext: "Ist man nicht seiner Meinung, sei man unvernünftig". Ein bekannter Thermodynamiker schrieb mir: *"Was unsere Diskrepanzen mit Herrn Kollegen Gertis anbetrifft, bin ich auch den Problemen ausgesetzt, die Sie erfahren haben. Auf Argumente erhalte ich Meinungsäußerungen, die so wenig fundiert sind, daß ich es aufgegeben habe, mich über die unqualifizierten Äußerungen aufzuregen".* Zu solchen Vorgängen kann man nur sagen: Es ist beschämend, daß diese Leute die bauphysikalische Szenerie zu präjudizieren versuchen und den bautechnischen Nachwuchs bauphysikalisch "betreuen". Von einer Treue zur Wahrheit kann hier wahrlich nicht gesprochen werden.

18. Zu meiner Veröffentlichung "Die Behaglichkeits-Maxime; Strahlungsheizung als Alternative zur Konvektionsheizung" [Meier 04c] wurde eine Vielzahl von Leserbriefen geschrieben. Hier einige besonders markante Äußerungen:

a) Von M. Reick, Büro für Bauphysik: *Wieder überrascht der Stadtplaner Meier mit einem neuen Aufsatz. Und wieder ist dieser gespickt sowohl mit alten Fehlern (Hohlraumstrahlung), als auch mit neuen. So behauptet Herr Meier nun, die Gesamtwärmeabgabe von Heizfläche bzw. Heizrohr sei in Wirklichkeit viel größer als in der Heiztechnik bisher angenommen, weil deren "radiative Wärmeleistung" viel größer sei.*
*Aber obwohl seine Behauptung, träfe sie zu, die Physik revolutionieren würde, kann er zum Beweis ihrer Richtigkeit keine nachvollziehbare Messung vorlegen. Statt dessen begnügt er sich damit, die Formeln (1) bzw. (5) zu zeigen und rechnerisch auszuwerten".*

Kommentar: Die Bezeichnung Hohlraumstrahlung wurde bei den Experimenten und Messungen von Max Planck verwendet. Ich unterstelle Max Planck nicht, Fehler gemacht zu haben.
Da die Heiztechnik den grundsätzlichen Denkfehler macht, den Strahlungsausgleich (Differenz zweier strahlenden Flächen) als Strahlungsleistung (Summe zweier strahlenden Flächen) anzusehen, ergeben sich hier fatale Unterschiede. Man bedenke nur: Bei zwei gleichstrahlenden Flächen ist der Strahlungsausgleich zwar Null, aber nicht die Strahlungsleistung. So einfach ist das mit der Mathematik und der Logik.
Mit dieser Feststellung revolutioniere ich nicht die Physik, sondern eher die eingefahrenen Denkschemen ambitionierter Bauphysiker. Das aber mißfällt den mit dieser Materie befaßten Leuten.

Auf meine Erwiderung schreibt er dann weiter: *"Grau, treuer Freund, ist alle Theorie" – dieses geflügelte Wort des Dichters und Naturforschers Goethe gilt für viele Theorien. Insbesondere aber gilt es für die Strahlungstheorie des Stadtplaners Meier. Die zahlreichen, fundierten und zum Teil mit Messwerten untermauerten Hinweise auf die Fehler und Widersprüche in seiner Theorie scheint Herr Meier gar nicht wahrzunehmen. Unbeeindruckt zitiert er seine eigenen fehlerhaften Werke, postuliert auf Grund falscher Bilanzierung unter Punkt 2 bis 5 neue Absurditäten und klopft chinesische Sprüche".*

Abschließend forderte er mich auf, durch ein Experiment die Richtigkeit meiner Aussagen zu beweisen. Geschehe dies nicht, käme dies einem Eingeständnis meines Irrtums gleich.

Kommentar: Goethe sagte auch: *"Der Irrtum wiederholt sich immerfort in der Tat. Deswegen muß man die Wahrheit unermüdlich in Worten wiederholen".*
Goethe spricht von Worten, nicht von Messungen. Diese nämlich orientieren sich an den Meßregeln der Konvektionsheizungen und sind deshalb für Strahlungsheizungen nicht anwendbar. Die Punkte 2 bis 5 (meine Erwiderung in "Bauen im Bestand" (B+B) Nr. 2/2005, S. 12) begründen die Aussage, daß Strahlungsaustausch nicht Strahlungsleistung sein kann. Das vorgeschlagene Experiment wird hinfällig, da allein die Logik die Fehlerhaftigkeit der in Theorie und Praxis verwendeten Formeln offenkundig macht. Die abschließende Bemerkung: "Wenn kein Experiment, dann sei ich widerlegt",

grenzt an blamable Naivität. Auch in diesem Leserbrief wird keineswegs widerlegt, sondern lediglich mit argumentativer Oberflächlichkeit operiert. Man versucht, vom eigentlichen Thema abzulenken.

Daraufhin wird wiederum geschrieben: *"Beruhigt nehme ich zur Kenntnis, dass sich der Stadtplaner Meier per Leserzuschrift weigert, das von mir in B+B 4/05 vorgeschlagene Experiment zur Verifizierung seiner Strahlungstheorie durchzuführen. Neben den in Heft 1 und 4 gezeigten theoretischen und experimentellen Befunden ist sein Kneifen der endgültige Beweis dafür, dass seine Strahlungstheorie falsch ist. Man darf nunmehr also wieder zur Tagesordnung übergehen".*

Kommentar: In wissenschaftstheoretischen Fragen ist Herr Reick ein Laie. Nach Karl-Raimund Popper kann eine Aussage nicht verifiziert, sondern nur falsifiziert werden. Also habe nicht ich die Richtigkeit, sondern er den Irrtum meiner Aussagen zu beweisen. Dies aber ist bis jetzt nicht geschehen. Die Schlußfolgerung, die Weigerung, ein Experiment durchzuführen, sei der Beweis für meinen Irrtum, ist deshalb aberwitzig.

b) Von K.H. Spandauer kommen zu diesem Thema folgende Aussagen: *"Die jüngsten Ausführungen, in Form von Leserbriefen von Claus Meier und Konrad Fischer veröffentlicht, sind so abstrus, dass ich es für angebracht hielt, diese mit einem kleinen Experiment für jeden nachvollziehbar zu widerlegen.*

Die von mir in [Meier 04c] angegebene Wärmeleistung eines Heizrohres von 33,3 W/m (radiativ 26,8 W/m und konvektiv 6,5 W/m) wird von ihm experimentell überprüft mit dem, wie er schreibt verblüffenden Ergebnis, daß "zur Erwärmung" des Heizrohres nur 14,6 W/m benötigt wurden. Nach VDI 2055 seien nur 12,2 W/m notwendig. Über dieses Ergebnis schreibt er dann:

*"Woran liegt's? Habe ich ein Zauberrohr gebaut, mit dem ich Energie sparender heizen kann, als es der Herr Professor vermag? Nein, die Erklärung ist viel einfacher. Prof. Meiers Aussage über die Heizleistung ist schlichtweg falsch. Er unterschlägt die Zustrahlung aus dem Raum auf das Heizrohr und errechnet daher eine viel zu hohe Heizleistung. Seine Aussage ist also eine Falschaussage. Richtig hingegen ist seine Aussage über den Irrtum. Der hat tatsächlich Konjunktur. Insbesondere bei seiner eigenen "Strahlungsforschung".*

Kommentar: Eine zugeführte Wärmeleistung ist nicht gleichbedeutend mit einer abgegebenen Wärmeleistung (radiativ und konvektiv), zumal hier vor allem die radiativen Anteile dominant sind. Insofern muß doch ernsthaft geprüft werden, ob es sich bei der Strahlungsheizung nicht doch vielleicht um ein "Zauberrohr" handelt. Die Erfahrung zeigt jedenfalls, daß eine Strahlungsheizung "sehr wirkungsvoll" ist. Seine Erklärung für diesen Umstand dokumentiert jedoch sehr deutlich seine Denkweise, bei der Strahlungsleistung stets vom Strahlungsaustausch, also von der Differenz, ausgehen zu müssen, was jedoch absurd ist. Wie gesagt: Wenn Abstrahlung und Zustrahlung gleich groß wären, ergäbe sich eine Wärmeleistung von Null.

Im weiteren Verlauf der Dispute schreibt er dann in einem Leserbrief: *"Prof. Meier macht in seiner letzten Zuschrift deutlich, wie sehr es ihm an physikalisch fundierten Argumenten für seine abstrusen Behauptungen mangelt. Meiner Rohrmessung hat er nichts entgegen zu setzen, vor der Strahlplattenmessung drückt er sich und Stefans $T^4$-Differenz gibt er vor, erst gar nicht zu verstehen. Stattdessen raunt er nun geheimnisvoll von einem Heizrohr, das womöglich mehr Energie abgibt als man ihm zuführt. So etwas aber nennt man Perpetuum mobile. Und jedes Kind weiß, dass so etwas nicht funktioniert".* Und weiter: *"Di Trocchio beschreibt die deduktive Methode, nach der Meier vorgibt zu 'forschen'. Demnach besteht sie aus 'dem kombinierten und umsichtigen Einsatz von Beobachtung, Logik, Mathematik und Experiment'".* Und etwas später schreibt er: *"Insbesondere wenn man bedenkt, dass Meier seine Aussagen für unwiderlegt, mitunter sogar für unwiderlegbar hält. Nach ähnlich abstrusen Falschbehauptungen und diversen korrigierenden Leserbriefen verkündete er im Deutschen Ingenieurblatt 9/1999: 'Meine speziellen Aussagen sind deduktiv erarbeitet, also mathematisch gefunden, und demzufolge, nach allgemeiner Auffassung der Wissenschaftstheorie nicht widerlegbar'. Seltsam, dass es ihm trotz dieser Unwiderlegbarkeit noch nicht gelungen ist, Energie aus dem Nichts herbeizuzaubern. Oder einen kalten Raum mit Heizrohren und Strahlplatten, die genauso kalt wie der Raum sind, aufzuheizen".*

Kommentar: Da die Wärmeleistungszahlen des Stefan-Boltzmannschen Gesetzes größer sind als die von Spandauer "gemessenen" zugeführten Leistungen, zeigt doch nur, daß die an Konvektionsheizungen sich orientierenden Meßmethoden nicht anwendbar sind. Immerhin werden doch von anerkannten Prüfinstituten Leistungswerte "gemessen", die sich (fast) proportional zur "Übertemperatur" verhalten. Das aber ist ausgemachter Unsinn. Deshalb nun von einem "Perpetuum mobile" zu sprechen, ist äußerst fatal.

Die deduktive Methode ist die einzige, die nachweisbar unwiderlegbare Aussagen ermöglicht. Di Trocchio unterstreicht dies und sagt, die Deduktion bestehe aus *dem kombinierten und umsichtigen Einsatz von Beobachtung, Logik, Mathematik und Experiment.* Sehr richtig: Die Beobachtung zeigt, daß eine Strahlungsheizung äußerst energieeffizient arbeitet, besser als man bisher angenommen hat. Logik und Mathematik verdeutlichen die Schwachpunkte bisheriger Strahlungsvorstellungen. Experimente aber werden mit Meßmethoden durchgeführt, die für eine Konvektionsheizung gelten. Bei dieser Sachlage bleibt nichts anderes übrig, als sich der Beobachtung, der Logik und der Mathematik zuzuwenden – und hier ist das Ergebnis eindeutig.

Das Fazit ist:
Es ist erstaunlich, wie sich etablierte Fachleute beharrlich an alte eingefahrene Gleise der Bauphysik, die nachweislich fehlerhaft und falsch sind, klammern. Die Folge ist ein langwieriges und zermürbendes Hin und Her. Der einzige Ausweg aus diesem chaotischen Zustand ist: Denken und Nachdenken.

In [Ratzinger 05] heißt es deshalb auch:

Aber vielleicht kann dieses Buch das Denken voranbringen

## 13.2 Literaturverzeichnis


[Aggen 81]
Aggen, K.: Zur Diskussion gestellt: Moderne Isolierwandkonstruktionen verschleudern Energie. Deutsches Architektenblatt 1981, H. 11, S. 1621.

[Aggen 85]
Aggen, K.: Das dämmstoff-freie massive Haus. Deutsches Architektenblatt 1985, H. 10, S. 1289.

[AGH]
Arbeitskreis Gesundes Haus. Zusammenschluß von unabhängigen Wissenschaftlern, Architekten, Fachingenieuren und Sachverständigen (Böttiger, Eisenschink, Fischer, Gagelmann, Gerlich, Köneke, Kühnel, Meier, Thüne). Petition zur EnEV an den Bundestag vom März 2001 – Aktenzeichen: Pet 1-14-12-232-031592).

[Altendorf 88]
Altendorf, W.: Einfälle, Gedanken und Ideen: Über die Probleme, Erfindungen in das rechte Licht zu rücken. Beratende Ingenieure 1988, H. 3.

[Angres 01]
Angres, V.; Hutter, C. P.; Ribbe, L.: Futter fürs Volk. Was die Lebensmittelindustrie uns auftischt. Droemer Knaur Verlag, München, 2001.

[Anton 85]
Anton, H.: Bestimmung des Durchlaßwiderstandes hochdämmender Wandsysteme. wksb Sonderausgabe Mai 1985, S. 21.

[ASEW 98]
ASEW, Das NiedrigEnergieHaus, Herausgeber: Arbeitsgemeinschaft kommunaler Versorgungsunternehmen zur Förderung rationeller, sparsamer und umweltschonender Energieverwendung und rationeller Wasserverwendung im VKU, 1998. Wissenschaftliche Beratung: Dr. Feist, IWU Darmstadt.

[Assmann 82]
Assmann, K.: Wärme-Bilanz-Verfahren zur energetischen Beurteilung von Bauteilen und Bauwerken. Deutsche Bauzeitschrift 1982, H. 3, S. 403.

[Austeda]
Austeda, F.: Wörterbuch der Philosophie. Humboldt-Taschenbuchverlag, Band 43.

[Beckert 86]
Beckert, J; Mechel, F.P.; Lamprecht, H.O.: Gesundes Wohnen. Düsseldorf: Beton Verlag 1986.

[Berman 02]
Berman, M.: Kultur vor dem Kollaps? Wegbereiter Amerika. Edition Büchergilde Frankfurt am Main, 2002.

[Berner 00]
Berner, U.; Streif H.: Klimafakten – Der Rückblick, ein Schlüssel für die Zukunft". Hrsg. von: Bundesanstalt für Geowissenschaften und Rohstoffe Hannover; Institut für Geowissenschaftliche Gemeinschaftsaufgaben Hannover; Niedersächsische Landesamt für Bodenforschung Hannover. E. Schweizerbart´sche Verlagsbuchhandlung Stuttgart, 2000.

[Bernsdorf 88]
Bernsdorf, P.; Jeran, A.; Grimm, H.; Reck, M.: Temperaturverteilung in wärmedämmendem Mauerwerk. Bautenschutz + Bausanierung 1988, S. 135.

[Betonbau]
Betonbau: Effizient Heizen mit Umweltwärme. Massiv-Absorber-Heizsysteme, Wärmepumpenanlagen, Solarwärmenutzung.

[BMBau 92]
Die Stellungnahme des BMBau vom 11.09.1992 enthält Kostendaten, die vom Institut für Bauforschung Hannover sorgfältig als ausgewogene Mittelwerte erarbeitet wurden.

[Böttiger 95]
Böttiger, H.: Mit kühlem Kopf gegen die Klimahysterie. Fusion 1995, Nr. 1, S. 27.

[Bogoslovkij 82]
Bogoslovkij, V. N.: Wärmetechnische Grundlagen der Heizungs-, Lüftungs- und Klimatechnik. VEB Verlag für Bauwesen, Berlin 1982.

[Bornholdt 99]
Bornholdt, H. P.; Dubben, H. H.: Der Hund, der Eier legt – Erkennen von Fehlinformation durch Querdenken. Rowohlt Sachbuch 60359, 1999).

[Bossert 96]
Bossert, P.: Klimabezogene Energie-Verbrauchs-Analysen. i. A. des Amtes für Bundesbauten in Bern, 1996.

[Burger 00]
Burger, H.: Die Norm ist eine hervorragende Leistung. Sanitär und Heizungstechnik 2000, H. 12, S. 88.

[Cerbe 96]
Cerbe, G.; Hoffmann, H.-J.: Einführung in die Thermodynamik – von den Grundlagen zur technischen Anwendung, Hanser Verlag München 1996.

[Cernaj 95]
Cernaj, I.: Umweltgifte – krank ohne Grund? MCS – die Multiple Chemische Sensibilität – eine neue Krankheit und ihre Ursachen. Südwest Verlag München 1995.

[Chossudovsky 02]
Chossudovsky, M.: Global brutal, der entfesselte Welthandel, die Armut, der Krieg. Zweitausendeins, Frankfurt/Main 2002.

[Cords-Parchim 53]
Cords-Parchim, W.: Technische Bauhygiene. Teubner Verlag Leipzig 1953.

[Cziesielski 85]
Cziesielski, E.; Daniels, K.; Trümper, H.: Ruhrgas Handbuch – Haustechnische Planung. Hrsg. Ruhrgas AG, Karl Krämer Verlag Stuttgart 1985.

[Diederichs 85]
Diederichs, C. J.: Wirtschaftlichkeitsberechnungen, Nutzen/Kostenüberlegungen. Allgemeine Grundlagen und spezielle Anwendungen im Bauwesen. Renningen-Malmsheim expert Verlag 1985.

[DIN 81]
DIN 4108 „Wärmeschutz im Hochbau“, Teil 5, August 1981.

[DIN 98]
Die Finanzierung des DIN. Herausgeber: Deutsches Institut für Normung e. V. 1998
DIN – Etwas über DIN. Herausgeber: Deutsches Institut für Normung e. V. 1998

[DIN 05]
Ausschuss Normpraxis (ANP) im DIN Deutsches Institut für Normung e.V. 2005

[Di Trocchio 95]
Di Trocchio, F.: Der große Schwindel, Betrug und Fälschung in der Wissenschaft. Campus Verlag Frankfurt/Main New York 1995.

[Di Trocchio 98]
Di Trocchio, F.: Newtons Koffer, Geniale Außenseiter, die die Wissenschaft blamierten. Campus Verlag Frankfurt/Main New York 1998.

[Dönhoff 97]
Gräfin Dönhoff, M.: Zivilisiert den Kapitalismus. Grenzen der Freiheit. Deutsche Verlags Anstalt Stuttgart 1997.

[Dorff 87]
Dorff, R.: Schallschutz im Innenbereich. db 1987, H. 9, S. 67.

[Ebbinghaus 51]
Ebbinghaus, H.: Der Hochbau. Fachbuchverlag Dr. Pfanneberg & Co., Giessen.

[Ehm 78]
Ehm, H.: Energieeinsparungsgesetz mit Wärmeschutzverordnung. Bauverlag Wiesbaden, Berlin 1978.

[Ehm 79]
Ehm, H.: Maßnahmen zum baulichen Wärmeschutz und zur Energieeinsparung in bestehenden Gebäuden; Kosten-Nutzen-Betrachtung. wksb 1979, H. 8, S. 1.

[Ehm 85]
Ehm, H.: Vom Mindestwärmeschutz zum Niedrig-Energiehaus. wksb Sondernummer 1985, S. 33.

[Ehm 96]
Ehm, H.: Stand zur Entwicklung der Anforderungen zur rationellen Energieverwendung und $CO_2$-Minderung bei Gebäuden. Gesetz zur Förderung des Wohneigentums. Die Freie Wohnungswirtschaft 1996, H. 1.

[Eichler 89]
Eichler, F; Arndt, H.: Bautechnischer Wärme- und Feuchtigkeitsschutz. 2. Auflage, VEB Verlag für Bauwesen Berlin 1989.

[Eicke 91]
Eicke, W.: Kosten und Wirtschaftlichkeitsaspekte von verstärkter Wärmedämmung. Symposium „Niedrigenergie-Bauweise“ des Instituts Wohnen und Umwelt (IWU) am 15. und 16. 11. 1991 in Tübingen.

[Eicke 94]
Eicke-Hennig, W.: Mehrkosten der Niedrigenergiebauweise und der Anforderungen der Wärmeschutzverordnung von 1995. wksb Sonderausgabe Juni 1994, S. 15.

[Eisenschink 81]
Eisenschink, A.: Strahlungsklima aus dem Türfutter. Sanitär- und Heizungstechnik 1981, H. 11, S. 1057.

[Eisenschink 90]
Eisenschink, A.: Falsch geheizt ist halb gestorben. 6. Auflage Gräfelfing, Technischer Verlag Resch KG 1990.

[Eisenschink 95]
Eisenschink, A.: Schöner bauen, richtig heizen, besser wohnen. 2. Aufl. Gräfelfing: Technischer Verlag Resch KG 1995.

[Eisenschink 04]
Eisenschink, A.: Die krankmachende Öko-Falle in unseren Häusern – Verordnete Irrwege und der Ausweg. J. Thomae Verlag Murnau, 2004.

[Elser 92]
Elser, M. et. al.: Enzyklopädie der Philosophie. Weltbild Verlag GmbH, Augsburg 1992.

[EMPA 94]
EMPA-Forschungsbericht Nr. 136 788 „Energiebilanz von Außenwänden unter realen Randbedingungen“ vom Dez. 1994.

[EnEV 02]
„Verordnung über energiesparenden Wärmeschutz und energiesparende Anlagentechnik bei Gebäuden“ (Energieeinsparverordnung EnEV) – vom 16. Nov. 2001.

[EnEV 07]
„Verordnung über energiesparenden Wärmeschutz und energiesparende Anlagentechnik bei Gebäuden“ (Energieeinsparverordnung EnEV) – vom 24.07.07.

[Enzy 92]
Enzyklopädie der Philosophie. Gruppo Editoriale Fabbri Bompiani Sonzognio Etas S.p.A. Weltbild Verlag GmbH, Augsburg 1992.

[Erhorn 88]
Erhorn, H.; Gertis, K.A.; Rath, J.; Wagner, J.: Werden die vorberechneten keff-Werte von Außenbauteilen praktisch bestätigt? Deutsches Architektenblatt 1988, H. 4, S. 549.

[Erhorn 90]
Erhorn. H.: Sind Niedrig-Energie-Häuser praxisreif? – Erfahrungen aus zwei Demonstrationsvorhaben. wksb 1990, H. 28, S. 5.

[Erhorn 90a]
Erhorn, H.: Schimmelbildung in Wohnungen. deutsche bauzeitung 1990, H. 5, S. 89.

[Erhorn 98]
Erhorn, H.: Nullheizenergiehäuser marktreif – auch marktgängig? Bauphysik 1998, H. 3, S. 69.

[Fasold 87]
Fasold, W.; Sonntag, E.; Winkler, H.: Bau- und Raumakustik. VEB Verlag für Bauwesen Berlin 1987.

[FAZ 99]
FAZ vom 27.11.1999, Die Norm begräbt den Staat.

[FAZ 00]
FAZ vom 5.09.2000, S. 73; Energieeinsparung und mehr Komfort, Pilotprojekt der Aschaffenburger Wohnungsbaugesellschaft.

[Fehrenberg 03]
Fehrenberg J. P.: Energie-Einsparen durch nachträgliche Außendämmung bei monolithischen Außenwänden? In der Praxis kommt wenig heraus! in: VBN-Info Sonderheft "Topthema Wärme Energie", 2003, VBN Seminare GmbH Bremerhaven, S. 51.

[Feist 87]
Feist, W.: Ist Wärmespeichern wichtiger als Wärmedämmen? Institut für Wohnen und Umwelt GmbH Darmstadt, Mai 1987.

[Feist 96]
Feist, W.: Grundlagen der Gestaltung von Passivhäusern. Institut Wohnen und Umwelt Gm bH, Passivhausbericht Nr.18, Darmstadt Februar 1996.

[Fischer 91]
Fischer, K.: Praxis-Ratgeber zur Denkmalpflege Nr. 1, Februar 1991. Holzfenster – sechszehn Argumente für die erhaltende Instandsetzung. Informationsschriften der Deutschen Burgenvereinigung e.V. Marksburg – 56338 Braubach.

[Fischer 01]
Fischer, K.; Köneke, R.; Lipfert, F.; Meier, C.; Parsiegla, H.: Temperaturmessung – Dämmstoffe im Vergleich. Bautenschutz + Bausanierung 2001, H. 8, S. 9.

[Forrester 97]
Forrester, V.: Der Terror der Ökonomie. Paul Zsolney Verlag Wien 1997.

[Frank 84]
Frank, R; Schmidt, J.: Temporärer Wärmeschutz von Fenstern. Forschungsbericht des Instituts für Fenstertechnik Rosenheim 1984.

[Frank 01]
Frank, Th.: Wärmeverluste und -gewinne. Außenwände: Wärmehaushalt unter realen Bedingungen. Der Schweizerische Hauseigentümer vom 10. Aug. 2001, S. 33.

[Froelich 88]
Froelich, H.: Schallschutz Isoliergläser. Deutsches Architektenblatt 1988, H. 7, S. 1019.

[Gabel 81]
Gabel, M.: Tauwasserbildung, Wasserdampfdiffusion und kapillarer Wassertransport. Deutsche Bauzeitschrift 3/1981, S. 395.

[Gerlich 95]
Gerlich, G.: Vortrag auf dem Herbstkongreß der Europäischen Akademie für Umweltfragen am 9. /10. November 1995 in Leipzig.

[Gerlich 96]
Gerlich, G.: Die fiktiven Treibhauseffekte der Atmosphäre. Fusion 1996, Nr. 4, S. 56.

[Gerlich 97]
Gerlich, G.: Gegen fiktive Strahlungsbilanzen – den atmosphärischen Treibhauseffekt gibt es nur in der Einbildung von Politikern und gewissen Schreibern von Drittmittelforschungsanträgen, nicht in der Physik. Fusion 1997, H. 4, S. 6.

[Gertis 82]
Gertis, K.; Erhorn, H.: Infrarotwirksame Schichten zur Energieeinsparung bei Gebäuden? Haustechnik-Bauphysik-Umwelttechnik 1982, H. 1, S. 20 und S. 33.

[Gertis 83]
Gertis, K.: Das hochgedämmte massive Haus. Bundesbaublatt 1983, H. 3, S. 149 und H. 4, S. 203.

[Gertis 83a]
Gertis, K.: Ist die Außenwanddämmung sinnlos? Kritische Betrachtungen zu einem Artikel von H. Wichmann und Z. Varsek. Allgemeine Bauzeitung 1983, H. 30, S. 3; H. 31, S. 6 u. 9.

[Gertis 83b]
Gertis, K.; Kießl, K.; Nannen, D.; Walk, R.: Wärmespannungen in Thermohautsystemen – Voruntersuchungen unter idealisierten Bedingungen. Die Bautechnik 1983, H. 5, S. 155.

[Gertis 83c]
Gertis, K.: Tauwasserbildung in Außenwandecken; Teil A: Kritische bauphysikalische Anmerkungen zu einem Urteil des Oberlandesgerichtes Hamm. Deutsches Architektenblatt 1983, H. 10, S. 1045.

[Gertis 85]
Gertis, K.; Erhorn, H.: Neue Überlegungen zum Mindestwärmeschutz. wksb, Sonderausgabe 1985, S. 39.

[Gertis 87]
Gertis, K.: Wärmedämmung innen oder außen? Deutsche Bauzeitschrift 1987, H. 5, S. 63.

[Gertis 89]
Gertis, K.: Bauen und Gesundheit. Bundesbaublatt 1989, H. 3, S. 126.

[Gertis 02]
Gertis, K.: Dämmen wir uns krank? Werden Energieeinsparung und Schimmelpilz sachlich diskutiert? Vortrag am 14. Dez. 2002 auf dem VBN-Seminar "Energieeinsparverordnung“ in Hannover.

[Gierga 97]
Gierga, M.: AMz-Bericht 5/1997: Solarabsorption auf Außenwänden und Reduktion der Transmissionswärmeverluste. Arbeitsgemeinschaft Mauerziegel e.V. Bonn im Bundesverband der Deutschen Ziegelindustrie e.V. Bonn.

[Glück 82]
Glück, B.: Strahlungsheizung – Theorie und Praxis. Verlag C. F. Müller Karlsruhe 1982.

[Gösele 85]
Gösele, K.; Schüle, W.: Schall, Wärme, Feuchte. Bauverlag Wiesbaden Berlin 1985.

[Gösele 86]
Gösele, K.: Fortschritte beim baulichen Schallschutz. Deutsches Architektenblatt 1986, H. 8, S. 935.

[Gösele 94]
Gösele, K.: Mauerwerkskalender 1994.

[Grimm 03]
Grimm, H. U.: Die Ernährungslüge – Wie uns die Lebensmittelindustrie um den Verstand bringt. Droemer Verlag 2003.

[Groll 85]
Groll, K. M.: In der Flut der Gesetze – Ursachen, Folgen, Perspektiven. Droste Verlag GmbH Düsseldorf 1985.

[Haartje 97]
Haartje, G.: Dunkelstrahlungsheizung. Heizungsjournal Dez. 1997, S. 36.

[Haferland 86]
Haferland, F.: Forschungsbericht aus "Wirtschaftlich Bauen", Sonderheft 9, Bauverlag Wiesbaden; in Hebel Handbuch für den Wohnbau 1986.

[Hauser 81]
Hauser, G.: Der k-Wert im Kreuzfeuer – Ist der Wärmedurchgangskoeffizient ein Maß für Transmissionswärmeverluste? Bauphysik 1981, H. 1, S. 3.

[Hauser 83]
Hauser, G.; Schulze H.; Wolfseher, U.: Wärmebrücken im Hochbau. Bauphysik 1983, H. 1, S. 17 und H. 2, S. 42.

[Hauser 84]
Hauser, G.: Einfluß des Wärmedurchgangskoeffizienten und der Wärmespeicherfähigkeit von Bauteilen auf den Heizenergieverbrauch von Gebäuden, Literaturstudie. Bauphysik 1984, H. 5, S. 180 und H. 6, S. 207.

[Hauser 86]
Hauser, G.: Einfluß der Baukonstruktion auf den Heizwärmeverbrauch. In: [Beckert 86], S. 405.

[Hauser 87]
Hauser, G.: Feuchteschutztechnische Probleme. Deutsche Bauzeitschrift 1987, H. 4, S. 433.

[Hauser 89]
Hauser, G.: Wärmebrückenprobleme bei Gebäuden mit hoher Wärmedämmung. Deutsche Bauzeitschrift 1989, H. 2, S. 193.

[Hauser 91]
Hauser, G.: Umweltbewußtes, energiesparendes Bauen. Baugewerbe 1991, H. 18 und 19 (von der KS-Industrie als Sonderdruck verteilt).

[Hauser 91a]
Hauser, G., Hausladen, G.: Energiekennzahl zur Beschreibung des Heizenergiebedarfes von Wohngebäuden. Hrsg.: Gesellschaft für Rationelle Energieverwendung e.V. Berlin. Energiepaß-Service Hauser & Hausladen GmbH, Baunatal 1991.

[Hauser 95]
Hauser, G.; Otto, F.; Striegel, H.: Porenbeton Bericht 15 – Einfluß von Baustoff und Baukonstruktion auf den Wärmeschutz von Gebäuden. September 1995, Hrsg.: Bundesverband Porenbetonindustrie e. V.

[Hauser 95a]
Hauser, G.: Leserbrief auf [Meier, 95a], das bauzentrum 1995, H. 9, S. 118.

[Hauser 97]
Hauser, G.; Otto, F.: Wärmespeicherfähigkeit und Jahresheizwärmebedarf. mikado 1997, H. 4, S. 18.

[Hebgen 73]
Hebgen, H.; Heck, F.: Außenwandkonstruktionen mit optimalem Wämeschutz. Bertelsmann Verlag Gütersloh 1973.

[Heindl 66]
Heindl, W.: Der Wärmeschutz einer ebenen Wand bei periodischen Wärmebelastungen. Die Ziegelindustrie 1966, H. 18, S. 685 und 1967, H. 1, S. 2 sowie H. 18, S. 593.

[Heindl 67]
Heindl, W.: Neue Methoden zur Beurteilung des Wärmeschutzes im Hochbau – Habilitationsschrift. Die Ziegelindustrie 1967, H. 4, S. 111.

[Hickel 01]
Hickel, R., Strickstrock, F. (HG.): Brauchen wir eine andere Wirtschaft? Rowohlt Taschenbuch Verlag, Reinbek bei Hamburg, 2001.

[Holton 00]
Holton, G.: Wissenschaft und Anti-Wissenschaft, Springer Verlag Wien, New York, 2000.

[IBP 83]
IBP-Bericht B HO 8/83 – II: Untersuchungen über den effektiven Wärmeschutz verschiedener Ziegelaußenwandkonstruktionen. Fraunhofer-Institut für Bauphysik Stuttgart. Auftraggeber: Ziegelforum e.V. München.

[IBP 85]
IBP-Bericht EB-8/1985: Auswirkungen der Strahlungsabsorption von Außenwandoberflächen und Nachtabsenkung der Raumlufttemperaturen auf den Transmissionswärmeverlust und den Heizenergieverbrauch. Fraunhofer-Institut für Bauphysik Stuttgart. Auftraggeber: Ziegelforum e.V. München.

[IBP 94]
IBP-Forschungsbericht EB-40/1994: Solarer Ausnutzungsgrad. Fraunhofer-Institut für Bauphysik Stuttgart. Auftraggeber: Ziegel-Forum e.V. München 1994.

[IBP 96]
IBP-Bericht REB-4/1996: Einfluß der Absorption von Sonnenstrahlung auf die Transmissionswärmeverluste von Außenwänden aus Ziegelmauerwerk. Fraunhofer-Institut für Bauphysik Stuttgart. Auftraggeber: Arbeitsgemeinschaft Mauerziegel e.V. Bonn.

[IBP 96a]
IBP-Bericht REB-5/1996: Untersuchungen zum Nachweis des solaren Ausnutzungsgrades an thermisch leichten und schweren Versuchsräumen. Fraunhofer-Institut für Bauphysik Stuttgart. Auftraggeber: Arbeitsgemeinschaft Mauerziegel e.V. Bonn.

[Keller 02]
Keller, R., Senkpiel, K., Samson, R. A., Hockstra, E. L.: Umgebungsanalyse bei gesundheitlichen Beschwerden durch mikrobielle Belastungen im Innenraum. Schriftenreihe des Instituts für medizinische Mikrobiologie und Hygiene der Universität zu Lübeck. VI. Lübecker Fachtagung für Umwelthygiene am 06./07. Sept. 2002.

[Klement 79]
Klement, E.; Rudolphi, R.: Zur numerischen Abschätzung der stationären Temperaturverteilung im Querschnitt von Schornsteinen. Technische Mitteilungen 1979, H. 2/3/4, S. 323.

[Klopfer 74]
Klopfer, H.: Wassertransport durch Diffusion in Feststoffen. Bauverlag GmbH Wiesbaden und Berlin 1974.

[Koblin 84]
Koblin, W.; Krüger, E.; Schuh, U.: Bau- und Wohnforschung, Schriftenreihe des BMBau, Heft Nr. 04.097, Handbuch Passive Nutzung der Sonnenenergie 1984.

[Koch 02]
W. C. Koch :Wärmerückgewinnhaus (3 Liter Haus) – ein neues und energieeffizentes Bausystem". ARCONIS 2002, Nr. 3, S. 30.

[Kopernikus]
Nicolaus Copernicus de revolutionibus; aus „Den Autoren und Freunden unseres Hauses zum Jahreswechsel 1972/1973". Walter de Gruyter, Berlin, New York.

[Knublauch 99]
Knublauch, E.: Wärmeschutz. Mauerwerksbau aktuell 1999, Jahrbuch für Architekten und Ingenieure. Beuth Verlag Berlin/Wien/Zürich, Werner Verlag Düsseldorf.

[Künzel 82]
Künzel, H.: Behauptungen und Meinungen anstelle von wissenschaftlicher Beweisführung. Bundesbaublatt 1982, H. 10, S. 683.

[Künzel 96]
Künzel, H. M.: Feuchtesichere Altbausanierung mit neuartiger Dampfbremse. Bundesbaublatt 1996, H. 10, S. 798.

[Küsgen 70]
Küsgen, H.: Planungsökonomie. Was kosten Planungsentscheidungen? Karl-Krämer-Verlag Stuttgart 1970.

[Kupke 87]
Kupke, Ch.; Stohrer, M.: Wärmeenergietransport durch Außenwände unter natürlichen Klimabedingungen. Forschungs- und Entwicklungsgemeinschaft für Bauphysik e.V. (FEB) an der FHS Stuttgart, März 1987. Auftraggeber: Bundesverband der Deutschen Ziegelindustrie e.V. Bonn.

[Labusch 02]
Labusch, D.: Hat die Politik versagt? Wärmedämmung ist schädlich. Die EnEV bringt wenig. Immobilien 2002, H. 6, S. 10.

[Lüscher 87]
Lüscher, E.: Moderne Physik. Serie Piper Bd. 457, R. Piper Verlag München, 3. Aufl. 1987.

[Lutz 94]
Lutz, P.; Jenisch, R.; Klopfer, H.; Freymuth, H.; Krampf, L; Petzold, K.: Lehrbuch der Bauphysik, Teubner Verlag Stuttgart, 3. Auflage 1994.

[Markl 88]
Markl, H.: Seit Anbeginn der Menschheit: Wissenschaft als Gemeinschaftswerk. In Wissenschaft – zum Verständnis eines Begriffs, arcus Architektur und Wissenschaft, Rudolf Müller Verlag Köln 1988.

[Markl 89]
Markl, H.: Wissenschaft zur Rede gestellt – Über die Verantwortung der Forschung. R. Pieper Verlag, München 1989, Serie Pieper-Aktuell.

[Markl 90]
Markl. H.: Wissenschaft im Widerstreit. Zwischen Erkenntnisstreben und Verwertungspraxis. VCH Verlagsgesellschaft mbH, Weinheim, New York, Basel, Cambridge 1990.

[Markl 00]
Hubert Markl, Präsident der Max Planck Gesellschaft, Vortrag auf der EXPO in Hannover (FAZ vom 26. 07. 2000).

[Mathe 65]
Kleine Enzyklopädie Mathematik. Hrsg.: Gellert, W.; Küstner, H.; Hellwich, M.; Kästner, H. VEB Bibliographisches Institut Leipzig 1965.

[Mechel 86]
Mechel, F. P.: Schallschutz im Hochbau. in: [Beckert 86].

[Meersburg-Urteil]
Bundesverwaltungsgericht Aktenzeichen 4 C 33 – 35/83, Urteil vom 22.05.87. Fundstelle: Neue Juristische Wochenschrift 1987, H. 45, S. 2888 (Quelle: Raimund Probst-Frankfurt).

[Meier 80]
Meier, C.: Wärmedämmung wirtschaftlich gesehen. Bundesbaublatt 1980, H. 11, S. 719.

[Meier 81]
Meier, C.: Energieeinsparung in der Zukunft – bedeutet das die Superdämmung? Bundesbaublatt 1981, H. 9, S. 544.

[Meier 83]
Meier, C.: Wirtschaftlichkeit von Wärmedämm-Maßnahmen, Darlegung des Kosten-Nutzen Verhältnisses. RG-Bau Merkblatt Nr. 62, RKW-Eschborn, Best. Nr. 823, 1983.

[Meier 85]
Meier, C.: Das energetische Paradoxon einer Gebäudedämmung. Bauphysik 1985, H. 3, S. 70.

[Meier 86]
Meier, C.: Die wirtschaftliche Gebäudedämmkonzeption. Teil 1: Bau- und Dämmstoffe – ihre wirtschaftlichen Grenzen bei der Energieeinsparung. Bauphysik 1986, H. 1, S. 14.

[Meier 86a]
Meier, C.: Die wirtschaftliche Gebäudedämmkonzeption. Teil 2: Das energetische Optimum einer Gebäudedämmung – ein Verteilungsproblem. Bauphysik 1986, H. 3, S. 80.

[Meier 86b]
Meier, C.: Die wirtschaftliche Gebäudedämmkonzeption. Teil 3: Ein Anwendungsbeispiel. Bauphysik 1986, H. 5, S. 80.

[Meier 87]
Meier, C.: Wärmeschutzverordnung und sinnvoller Gebäudewärmeschutz. Bauverlag GmbH Wiesbaden und Berlin 1987, 164 Seiten (seit Jan.1994 vom Markt genommen).

[Meier 87a]
Meier, C.: Feuchteschäden an Außenbauteilen – zum Problem der Schimmelpilzbildung an Außenwänden von Räumen. Berliner Bauwirtschaft, Sondernummer Okt. 1987, S. 21.

[Meier 87b]
Meier, C.: Wärmedämmung und Oberflächenkondensat – Ursache von Feuchteschäden. Baumetall, 1987, H. 6, S. 32.

[Meier 89]
Meier, C.: Feuchteschäden vermeiden. Bauverlag GmbH Wiesbaden und Berlin 1989, 221 Seiten (seit Jan.1997 vom Markt genommen).

[Meier 89a]
Meier, C.: Der kleine Irrtum beim Tauwasserschutz. Klima-Kälte-Heizung 1989, H. 9, S.404.

[Meier 89b]
Meier, C.: Tauwasserfreie Konstruktionen. – Utopie oder konstruktives Geschick. Deutsche Bauzeitschrift 1989, H. 9, S. 1161.

[Meier 89c]
Meier, C.: Glaube – Meinung – Wissen. Berliner Bauwirtschaft 1989, H. 22, S. 517.

[Meier 89d]
Meier, C.: Berichterstattung wegen eines methodischen Fehlers in der DIN 4108, Teil 5, „Diffusionsberechnungen" am 28. 04. und 08. 11. 1989 im Koordinierungsausschuß NA-Bau. Dieser Fehler wurde beim Entwurf DIN 4108, Teil 3 vom Juli 1999 wieder übernommen. Auch die Einspruchssitzung am 14. 01. 2000 erbrachte keine Änderung.

[Meier 90]
Meier, C.: Der Wert wissenschaftlicher Aussagen. Berliner Bauwirtschaft 1990, Sondernummer November, S. 487.

[Meier 90a]
Meier, C.: Die DIN 4108 „Wärmeschutz im Hochbau" (BRD) und die TGL 35424 „Bautechnischer Wärmeschutz (DDR). Berliner Bauwirtschaft 1990, H. 14, S. 289.

[Meier 90b]
Meier, C.: Die Minderung der Schadstoff- und $CO_2$-Emissionen durch verbesserte Wärmedämmung. Berliner Bauwirtschaft 1990, H. 8, S. 158.

[Meier 91]
Meier, C.: Der Wärmebrückeneinfluß bei Dämmungen. Berlin-Brandenburgische Bauwirtschaft 1991, H. 21, S. 548.

[Meier 91a]
Meier, C.: Verstärkter Gebäudewärmeschutz – Der Flop mit der Superdämmung. Berlin-Brandenburgische Bauwirtschaft 1991, H. 17, S. 443.

[Meier 91b]
Meier, C.: Energiepaß für Gebäude – Was ist das? Berlin-Brandenburgische Bauwirtschaft 1991, H. 6, S. 176 und Baumetall 1991, H. 3, S. 40.

[Meier 91c]
Meier, C.: Der Nonsens einer Superdämmung. Wohnung + Gesundheit 1991, H. 12, S. 31.

[Meier 92]
Meier, C.: Das Dilemma der Dämmstoff-Maximierer. Berlin-Brandenburgische Bauwirtschaft 1992, H. 5, S. 160.

[Meier 92a]
Meier, C.: Der Wärmebrückeneinfluß von Außenkonstruktionen. Berlin-Brandenburgische Bauwirtschaft 1992, H. 18, S. 518.

[Meier 92b]
Meier, C.: Das Fenster als energetischer Aktivposten. Berlin-Brandenburgische-Bauwirtschaft 1992, H. 19, S. 554.

[Meier 93]
Meier, C.: Novellierte Wärmeschutzverordnung – Scharlatanerie und Eiertanz. Berlin-Brandenburgische-Bauwirtschaft 1993, H. 3, S. 35.

[Meier 93a]
Meier, C.: Individuelle Vernunft oder kollektive Verwirrung. Berlin-Brandenburgische-Bauwirtschaft 1993, H. 13, S. 284.

[Meier 94]
Meier, C.: Einspruch zur DIN EN 832 am 29. 01. 1993.

[Meier 94a]
Meier, C.: Ökologisch-ökonomische Aspekte der Energieeinsparung. das bauzentrum, 1994, H. 5, S. 26.

[Meier 94b]
Meier, C.: Die Wärmeschutzverordnung 1995. Methodische und inhaltliche Ungereimtheiten. Berlin-Brandenburgische Bauwirtschaft 1994, H. 19 (1.Okt.), S. 408.

[Meier 95]
Meier, C. (Hrsg.): Wärmeschutzplanung für Architekten und Ingenieure. Rudolf Müller Verlag, Köln 1995, 2 Bände mit insgesamt ca. 1800 Seiten (seit Mai 1998 spektakulär und vertragswidrig vom Markt genommen).

[Meier 95a]
Meier, C.: Wärmeschutzverordnung 1995 – null und nichtig. Berlin-Brandenburgische Bauwirtschaft 1995, H. 19, S. 12; das Bauzentrum 1995, H. 6, S. 132.

[Meier 96]
Meier C.: Investitions- und Folgekosten bei Bauvorhaben – Bedeutung und Planungskonsequenzen. 2. aktualisierte und erweiterte Auflage. Renningen-Malmsheim: expert Verlag 1996, Band 246, 162 Seiten.

[Meier 97]
Meier, C.: Speicherung beim Gebäudewärmeschutz. Wohnung + Gesundheit 1997, H. 3 (Nr. 82), S. 38.

[Meier 99]
Meier, C.: Praxis-Ratgeber zur Denkmalpflege Nr. 7, Januar 1999. Altbau und Wärmeschutz – 13 Fragen und Antworten. Informationsschriften der Deutschen Burgenvereinigung e.V. Marksburg – 56338 Braubach.

[Meier 99a]
Meier, C.: Humane Wärme. Strahlungswärme als energiesparende Heiztechnik. bausubstanz 1999, H. 3, S. 40.

[Meier 99b]
Meier, C.: Auf Abstand. Zur Effizienz von Schallschutzfenstern im Vergleich zu Kastenfenstern. deutsche bauzeitung 1999, H. 3, S. 132.

[Meier 99c]
Meier, C.: Entwickelt der Wärmeschutz sich zum Phantom. Deutsches Ingenieurblatt 1999, H. 5, S. 16.

[Meier 99d]
Meier, C.: Gut gespeichert ist auch gedämmt. deutsche bauzeitung 1999, H. 5, S. 138.

[Meier 99e]
Meier, C.: Wirtschaftlichkeit von Energiesparkonstruktionen. Deutsche Bauzeitschrift 1999, H. 6, S. 99.

[Meier 99f]
Meier, C.: Richtig oder falsch. Ist der k-Wert als Maß für den Energieverbrauch gültig? bausubstanz 1999, H. 7-8, S. 46.

[Meier 99g]
Meier, C.: Ein Anschlag auf die Baukultur. Kritik am Entwurf der DIN 4108, Teil 2. bausubstanz 1999, H. 9, S. 42.

[Meier 99h]
Meier, C.: Das Fenster und die Wärmeschutzverordnung. Fenster im Baudenkmal 1998, Tagungsbeiträge Kapitel 4, Herausgeber: PaX Holzfenster GmbH. Lukas Verlag, Berlin 1999.

[Meier 00]
Meier, C.: Speicherung im Massivbau. Mauerwerksbau aktuell 2000, Jahrbuch für Architekten und Ingenieure. Beuth Verlag Berlin/Wien/Zürich, Werner Verlag Düsseldorf.

[Meier 00a]
Meier, C.: Alles was recht ist. Rechtliche Randbedingungen des Gebäudewärmeschutzes. bausubstanz 2000, H. 2, S. 45.

[Meier 00b]
Meier, C.: Wohnungsbestand und Wärmeschutz, Kritisches zur Energieeinsparverordnung. Wohnen 2000, H. 2, S. 64.

[Meier 00c]
Meier, C.: Verbundsysteme für die Fassade: kritisch betrachtet. Althaus modernisieren 2000, H. 2/3, S. 46.

[Meier 00d]
Meier, C.: Widersprüche im Wärmeschutz – Die allgegenwärtige k-Wert-Euphorie. Power Management + Intec, 2000, H. 2 (April), S. 24.

[Meier 00e]
Meier, C.: Contra EnEV 2000. Leonardo 2000, H. 3, S. 13. (Pro EnEV 2000 von Hauser, G.: S. 12).

[Meier 00f]
Meier, C.: Interview: Fragen zur geplanten Energieeinsparverordnung (EnEV). Wohnen 2000, wohnperspektiven vom 31. 05. 2000, H. 2, S. 2.

[Meier 00g]
Meier, C.: Bauphysik – aus den Gleisen geraten. bausubstanz 2000, H. 11/12 S. 48.

[Meier 01]
Meier, C.: Passivhäuser – Kontra. Bauhandwerk/Bausanierung 2001, H. 1-2, S. 47. – (Passivhäuser-Pro von Feist, W.: S. 46).

[Meier 01a]
Meier, C.: Energieeinsparung im Bestand – Grenzen und Möglichkeiten. Wohnen 2001, H. 2, S. 52.

[Meier 01b]
Meier, C. Heizung/Raumklima – Humane Strahlungswärme. Wohnung + Gesundheit 2001, H. 3 (Nr. 98), S. 51.

[Meier 01c]
Meier, C.: Wärme- und Feuchteschutz am Altbau. Tagungsband „Das Baudenkmal-Nutzung und Unterhalt" am 22./23. 01. 1999 in Nürnberg, S. 78. Herausgegeben von Konrad Fischer. Braubach, Deutsche Burgenvereinigung 2001.

[Meier 01d]
Meier, C.: Niedrigenergiehaus-Bauweise, Denkfehler, Irrtümer, Täuschungen. bau-zeitung 2001, H. 5, S. 52.

[Meier 01e]
Meier, C.: Die Mär von der Klimakatastrophe. Bausubstanz 2001, H. 5, S. 59.

[Meier 01f]
Meier, C.: Praxis-Ratgeber zur Denkmalpflege Nr. 9, Dezember 2001. Bauphysik des historischen Fensters – Notwendige Fragen und klare Antworten. Informationsschriften der Deutschen Burgenvereinigung e.V. Marksburg – 56338 Braubach.

[Meier 02]
Meier, C.: X für ein U? – Der U-Wert und seine Brauchbarkeit. Bautenschutz und Bausanierung (B + B), 2002, H. 6, S. 73.

[Meier 02a]
Meier, C.: Erfassung und Bewertung bauphysikalischer Mängel im Innenraum. Schriftenreihe des Instituts für Medizinische Mikrobiologie und Hygiene der Universität zu Lübeck, Band 6 (2002) "Umgebungsanalyse bei gesundheitlichen Beschwerden durch mikrobielle Belastungen im Innenraum", S. 241 – 304.

[Meier 02b]
Meier, C.: Die Wirksamkeit der Energieeinsparungsverordnung im Baubestand. Schriftenreihe des Deutschen Nationalkomitees für Denkmalschutz, 2002, Band 67 "Energieeinsparung bei Baudenkmälern", S. 28.

[Meier 02c]
Meier, C.: Praktische Möglichkeiten denkmalverträglicher Energieeinsparung bei der Erhaltung historischer Fenster. Schriftenreihe des Deutschen Nationalkomitees für Denkmalschutz, 2002, Band 67, "Energieeinsparung bei Baudenkmälern", S. 60.

[Meier 03]
Meier, C.: Der ominöse U-Wert – Gilt er oder gilt er nicht? Bautenschutz und Bausanierung (B + B), 2003, H. 2, S. 46.

[Meier 03a]
Meier, C.: Bauen wir noch richtig? Haus & Grund, April 2003, S. 10, (Interview).

[Meier 03b]
Meier, C.: Energieeinsparverordnung – ein Mißgriff. Methodische und inhaltliche Kritik. in: VBN-Info Sonderheft "Topthema Wärme Energie", VBN Seminare GmbH Bremerhaven, S. 85.

[Meier 03c]
Meier, C.: Richtig bauen und lüften. Ursachenbekämpfung: Anti-Schimmelpilz-Strategien. Bautenschutz und Bausanierung (B + B), 2003, H. 4, S. 50.

[Meier 03d]
Meier, C.: Schimmelpilzbefall – Muß beim Altbau wirklich gedämmt werden? Haus & Grund, 2003, H. 7, S. 10.

[Meier 03e]
Meier, C.: U-Wert-Auseinandersetzung. Bautenschutz und Bausanierung (B + B), 2003, H. 7 S. 45

[Meier 04]
Meier, C.: Widersprüche im Wärme- und Feuchteschutz. SSB-Seminarunterlage 2004.

[Meier 04a]
Meier, C.: Heiz- und Lüftungstechnik im Altbau – Die bauphysikalischen Irrtümer hinter den Rechenregeln. Tagung der Deutschen Burgenvereinigung "Technische Gebäudeausrüstung im Baudenkmal: Entwicklung – Erhaltung - Modernisierung" am 31. 01. / 01. 02. 2004 in Würzburg (siehe [Meier 08]).

[Meier 04b]
Meier, C.: DIN-Normen, EnEV und die Sachverständigen. Bauen im Bestand – Bautenschutz und Bausanierung (B + B), 2004, Nr. 3, S. 38.

[Meier 04c]
Meier, C.: Die Behaglichkeits-Maxime. Heiztechnik: Strahlungsheizung als Alternative zur Konvektionsheizung. Bauen im Bestand – Bautenschutz und Bausanierung (B + B), 2004, Nr. 7, S. 47.

[Meier 04d]
Meier, C.: Dämmen wir uns krank? Deutsche Burgenvereinigung, Mitteilungen Nr. 82, März 2004, S. 10.

[Meier 04e]
Meier, C.: Widersinnige Bekämpfung – Methodischer Irrtum zur Schimmelpilzbeseitigung. Bautenschutz und Bausanierung (B + B), 2004, Nr. 5, S. 47.

[Meier 05]
Auszüge aus einem Brief an Minister Dr. Goppel, Staatsministerium für Wissenschaft, München vom 22. März 2005.

[Meier 06]
Meier, C.: Bürokratischer Aktionismus statt bewährter Lösungen? Bauen im Bestand – Bautenschutz und Bausanierung (B + B), 2006 Nr. 3, S. 20.

[Meier 06a]
Meier, C.: Das erstickte Haus – Warum Wärmedämmung fragwürdig ist. raum&zeit, H. 142, 2006, S. 68.

[Meier 06b]
Meier, C.: Heizen wie die Sonne. raum&zeit, H. 144, 2006, S. 56.

[Meier 06c]
Meier, C.: Das malträtierte Haus. Deutsche Wohnungswirtschaft H. 11, 2006, S. 363.

[Meier 07]
Meier, C.: Mythos Bauphysik, Irrtümer, Fehldeutungen, Wegweisungen. Renningen: expert verlag; 2007, 180 Seiten.

[Meier 07a]
Die überzeugenden Eigenschaften der Strahlungswärme. Fischer, K.: Ein Erfahrungsbericht zur Hüllflächentemperierung (S. 22); Eisenschink, A.: Die Anfänge der Strahlenwärme und deren Zukunft (S. 24); Meier, C.: Die Wärmeleistung der Strahlungsheiztechnik (S. 25). raum&zeit, H. 145, 2007.

[Meier 07b]
Meier, C.: Sündenbock $CO_2$. raum&zeit, H. 148, 2007, S. 54.

[Meier 07c]
Meier, C.: Heizen wie die Sonne. Pulsar, Okt. 2007, S. 6.

[Meier 08]
Meier, C.: Heiz- und Lüftungstechnik im Altbau – die bauphysikalischen Irrtümer hinter den Rechenregeln; Vortrag auf der Tagung "Technische Gebäudeausrüstung im Baudenkmal: Entwicklung-Erhaltung-Modernisierung" am 31. 01. / 01. 02. 2004 in Würzburg. "Burgen und Schlösser", Zeitschrift für Burgenforschung und Denkmalpflege, H. 2, 2008, S. 103.

[Meier 08a]
Meier, C.: Richtig lüften will gelernt sein.. Wenn Schimmelpilze die Mauern verunstalten. Pulsar, H. 4, 2008.

[Meier 08b]
Meier, C.: DIN – eine Standortbestimmung. Der Bausachverständige H. 5, 2008.

[Meier 08c]
Meier, C.: DIN – viele fragwürdige Regelungen. Der Bausachverständige H. 6, 2008.

[Meier 09]
Meier, C.: Phänomen Strahlungsheizung – ein humanes Heizsystem wird rehabilitiert. Renningen: expert verlag; 2009, 141 Seiten.

[Meier 09a]
Meier, C.: Bauen und Wohnen hinterfragt. Wissenschaftliche Klarstellung von "Superdämmungen" u. ä. Pulsar, H. 5, 2009.

[Meier 09b]
Meier, C.: Segensreiche Wärmedämmung? Barackenklima in Niedrigenergie- und Passivhäusern. Pulsar H. 5, 2009.

[Metzler 95]
Metzler Philosophen Lexikon.- herausgegeben von B. Lutz. Verlag J. B. Metzler, Stuttgart, Weimar, zweite Auflage 1995.

[Meyers 70]
Meyers Lexikon Technik und exakte Wissenschaften, Bibliographisches Institut Mannheim/Wien/Zürich 1970.

[Meyers 78]
Meyers Enzyklopädisches Lexikon. Bibliographisches Institut Mannheim, Wien, Zürich 1978, Band 18, S. 747.

[Möhl 84]
Möhl, U.; Hauser, G.; Müller, H.: Baulicher Wärmeschutz, Feuchteschutz und Energieverbrauch. expert verlag Grafenau 1984, Band 131, Kontakt & Studium.

[Moriske 01]
Moriske, H. J.: Innenraumluftqualität in Wohn- und Bürogebäuden: Erfordernisse aus der Sicht der Lufthygiene. Der Sachverständige 2001, H. 9, S. 228.

[München 99]
Leitfaden zum Geschoßwohnungsbau mit Niedrigenergiestandard. Hrsg.: Landeshauptstad München 1999. Fachliche Beratung: Institut Wohnen und Umwelt, Darmstadt; Passivhaus-Institut, Darmstadt.

[Münzer 02]
Münzer, C.: Virtuelle Dienstleistungen. Deutsches Architektenblatt 2002, H. 11, S. 3.

[Natur 83]
Kleine Enzyklopädie Natur. VEB Bibliographisches Institut Leipzig 1983

[Neumüller 86]
Neumüller, A.: Hochwärmegedämmtes Außenmauerwerk ... eine bauphysikalische Notwendigkeit? deutsche bauzeitung 1986, H. 11, S. 62.

[Nixdorf 83]
Nixdorf, B.: Investitionsrechenverfahren in der Bauplanung. Schriftenreihe des BMBau Nr. 04.089, Bonn 1983.

[NN 00]
Es schreibert und kocht bei Nürnbergs Justiz. Nürnberger Nachrichten vom 03. März 2000.

[NN 01]
Kommen die Amerikaner zum Gipfel nach Bonn. Nürnberger Nachrichten vom 30. März 2001.

[NN 02]
Größter Klimarechner verbessert Prognosen. Nürnberger Nachrichten vom 10. Sept. 2002.

[NN 02a]
Die Wurzeln des Hasses. Nürnberger Nachrichten vom 30. Sept. 2002.

[NN 02b]
Recht ist nicht gleich Gesetz. Nürnberger Nachrichten vom 11. Okt. 2002.

[NN 05]
Erstes Rathaus mit Pass. Nürnberger Nachrichten vom 10. Dez. 2005.

[Nürnberger 85]
Nürnberger, W.: Vollholzbauweise. Informationsdienst Holz e.V. Düsseldorf, November 1985.

[Oblak 88]
Oblak, A.: Untersuchungen einer monolithischen Südwand als Sonnenkollektor. bauplan + bauorga 1989, H. 5, S. 272.

[Oblak 00]
Oblak, A.: Optimum von Dämmung und Masse bei der Außenwand. Mauerwerksbau aktuell 2000, Jahrbuch für Architekten und Ingenieure. Beuth Verlag Berlin/Wien/Zürich, Werner Verlag Düsseldorf.

[Pfarr 88]
Pfarr, K.: Trends, Fehlentscheidungen und Delikte in der Bauwirtschaft. Springer Verlag Berlin, Heidelberg, New York, London, Paris, Tokyo 1988.

[Pohl 93]
Pohl, W. H.: Innendämmung der Außenwand – bauphysikalische Aspekte. Bundesbaublatt 1993, H. 6, S. 431.

[Pohl 95]
Pohl, W. H.: Wärmeschutzverordnung 1995 – Konsequenzen für die Konstruktion von Anschlußpunkten. Baumeister-Sonderheft Oktober 1995, S. 12.

[Postman 99]
Postman, N.: Die zweite Aufklärung. Berlin Verlag 1999.

[Probst 99]
Probst, M.: Offener Brief an das DIN Deutsches Institut für Normung e.V. bausubstanz 1999, H. 7-8, S. 51.

[Probst 99a]
Probst, M.: Gemeinsame Stellungnahme der Architektenkammern Rheinland-Pfalz und Hessen zur Energieeinsparverordnung (EnEV) vom 28. Juni 1999.

[Raiß 58]
Raiß, W.; Bradtke, F.: H. Rietschels Lehrbuch der Heiz- und Lüftungstechnik. Springer Verlag Berlin/Göttingen/Heidelberg 1958, 13. Auflage.

[Ratzinger 05]
Ratzinger, Josef Kardinal: Werte in Zeiten des Umbruchs. Verlag Herder, Freiburg im Breisgau 2005, in HERDER spektrum Band 5592.

[Recknagel 88]
Recknagel, H.; Sprenger, E; Hönmann, W.: Taschenbuch für Heizung und Klmatechnik. München und Wien: R. Oldenbourg Verlag 1988/1989.

[Reeker 94]
Reeker, J.; Kraneburg, P.: Haustechnik – Heizung Raumlufttechnik. Werner Verlag Düsseldorf, 3. Auflage 1994.

[Richter 89]
Richter, H. E.: Die hohe Kunst der Korruption. Erkenntnisse eines Politik-Beraters, Hoffmann & Campe 1989.

[Rose 97]
Rose, M. D.: Berlin – Hauptstadt von Filz und Korruption. Droemer Knaur Verlag München 1997.

[Rosenkranz 04]
Rosenkranz, Z.: Albert Einstein privat und ganz persönlich. Verlag Neue Zürcher Zeitung 2004.

[Rouvel 79]
Rouvel, L.; Wenzl, B.: Kenngrößen zur Beurteilung der Energiebilanz von Fenstern während der Heizperiode. HLH 1979, H. 8, S. 285.

[Rudolphi 81]
Rudolphi, R.; Klement, E.; Müller, R.: Zur numerischen Berechnung der Wärmeverluste dreischaliger Schornsteine unter stationären Randbedingungen. Bauphysik 1981, H. 6, S. 219.

[Russell 02]
Russell, B.: Philosophie des Abendlandes. Parkland Verlag Köln, 5. Auflage 2002 (limitierte Sonderausgabe).

[Scheuch 92]
Scheuch, E. K. und U.: Cliquen, Klüngel und Karrieren. Rowohlt Taschenbuch Verlag GmbH Reinbek bei Hamburg 1992, rororo aktuell Nr. 12599.

[Schöndorf 98]
Schöndorf, E.: Von Menschen und Ratten – über das Scheitern der Justiz im Holzschutzmittelskandal. Verlag Die Werkstatt Göttingen 1998.

[Schulze 77]
Schulze, H.: Außenwände und Dächer. Informationsdienst Holz e.V. Düsseldorf, März. 1977.

[Seifert 69]
Seiffert, H.: Einführung in die Wissenschaftstheorie 1. C.H. Beck Verlag München 1969, Becksche Schwarze Reihe, Band 60.

[Soergel 83]
Soergel, C.: Tauwasserbildung in Außenwandecken; Kritische rechtliche Anmerkungen zu einem Urteil des Oberlandesgerichtes Hamm. Deutsches Architektenblatt 1983, H. 10, S. 1048.

[Spethmann 76]
Spethmann, H. J.: Sommerlicher Wärmeschutz. BMF Rundschau, Bauen mit Fertigteilen Nr. 26, 1976, S.17.

[Steinbuch 79]
Steinbuch, K.: Maßlos informiert. Die Enteignung unseres Denkens. Goldmann Sachbuch 11248, 11/1979.

[Steinbuch 85]
Steinbuch, K.: Unsere manipulierte Demokratie. Verlag Busse+Seewald GmbH, Herford 1985.

[Steinbuch 86]
Steinbuch, K.: Schluß mit der ideologischen Verwüstung! Plädoyer für die brachliegende Vernunft. Verlag Busse + Seewald GmbH Herford 1986.

[StGB]
Strafgesetzbuch, Beck-Texte im dtv, 26. Auflage, Stand 1. Febr. 1992.

[Sto]
Institut für Bautechnik Berlin: Zulassungsbescheid über „Wärmedämm-Verbundsystem Sto Therm Cell mit Sto Mineralschaumplatten" vom 13. August 2001.

[Störig 63]
Störig, H.J.: Kleine Weltgeschichte der Philosophie, Knaur Taschenbuch 1963, Bd. 9.

[Stoy 80]
Stoy, B.: Wunschenergie Sonne. Energie Verlag GmbH Heidelberg 1980.

[Stromthemen 00]
Streit um Gesetz zum KWK-Ausbau. Stromthemen 2000, Nr. 9, S. 1. Hrsg.: Informationszentrale der Elektrizitätswirtschaft e. V. (IZE) Frankfurt.

[Stromthemen 00a]
Klimaschutzprogramm beschlossen. Stromthemen 2000, Nr. 11, S. 1. Hrsg.: Informationszentrale der Elektrizitätswirtschaft e. V. (IZE) Frankfurt.

[Swyter 81]
Swyter, H. H.:Finanzmathematische Betrachtung der Wärmedämmung. Bundesbaublatt 1981, H. 1, S. 34.

[TGL]
Technische Güter- und Lieferbedingungen TGL 35 424/02 „Bautechnischer Wärmeschutz", Dezember 1985, DDR-Standard.

[Thüne 96]
Thüne, W.: Die Erde ist kein Treibhaus. Praxis Magazin 1996, H. 5, S. 41 und Interview in Fusion 1996, Nr. 3, S. 16.

[Thüne 97]
Thüne, W.: Die Klimakatastrophe ist paradox. Brennstoffspiegel 1997, H. 7, S. 14.

[Thüne 02]
Thüne, W.: Freispruch für CO2! Wie ein Molekül die Phantasien von Experten gleichschaltet. edition steinherz, Wiesbaden 2002.

[Tipler 94]
Tipler, P.A.: Physik. Spektrum Akademischer Verlag Heidelberg Berlin Oxford 1994.

[UTEC-IFEU 88]
Arbeitsgemeinschaft UTEC-IFEU, Bremen/Heidelberg: Energiekonzept für Wedel, November 1988.

[Vilar 90]
Vilar, E.: Der betörende Glanz der Dummheit. dtv-Sachbuch Nr. 11260, 2. Auflage 1990. Deutscher Taschenbuch Verlag GmbH & Co.KG. München.

[von Arnim 93]
von Arnim, H. H.: Der Staat als Beute. Wie Politiker in eigener Sache Gesetze machen. Droemersche Verlagsanstalt Th. Knaur Nachf. München 1993, Bd. 80014.

[Welp 02]
Welp, C.: Substanz ohne Glanz. Wirtschaftswoche 39 (19. 9. 2002), S. 130.

[Werner 79]
Werner, H.; Gertis, K.: Zur Wahl von Kalkulationsmethoden bei der Ermittlung der Wirtschaftlichkeit von Energiesparmaßnahmen. Baumaschine + Bautechnik 1979, H. 2, S. 65.

[Werner 82]
Werner, H.: Die Dicke der Außenwand – eine Einflußgröße auf die Wirtschaftlichkeit bei Berücksichtigung des Mietertrages? Bundesbaublatt 1982, H. 10, S. 710.

[Werner 86]
Werner, H.: Dunkle Wandoberflächen – Ihr Einfluß auf den Wärmeverlust. IBP-Mitteilung 110; Fraunhofer-Institut für Bauphysik Stuttgart, 1986.

[Wertheimer 01]
Wertheimer, J.; Zima, P. V.: Strategien der Verdummung. Infantilisierung in der Fun-Gesellschaft. Beck'sche Reihe 1423, Verlag C. H. Beck, München, 3. Auflage 2001.

[Wiechmann 83]
Wiechmann, H.; Varsek, Z.: Energieeinsparung, wie sie ein Planer sieht. Dargestellt an einer Schule in Bruchsal. Rationeller Bauen 1983, H. S. 33.

[Wick 80]
Wick, B.: Energie in öffentlichen Gebäuden – Erhebung an Schulbauten. Bauphysik 1980, H. 3, S. 75.

[Wild 86]
Wild, W.: "Die Auswirkungen des grün-alternativen Wissenschaftsverständnisses auf die Forschung". Freiheit der Wissenschaft, Nr.3, März 1986.

[WSchVO 95]
Verordnung über einen energiesparenden Wärmeschutz bei Gebäuden vom 16. Aug. 1994 (WSchVO 1995).

[Zeitler 85]
Zeitler, M.: Betriebswärmeleitfähigkeit von Wärmedämmungen industrieller und betriebstechnischer Anlagen. wksb Sonderausgabe Mai 1985, S. 85.

[Ziegel 95]
Baulicher Wärmeschutz. Herausgeber: Bundesverband der Deutschen Ziegelindustrie e.V. und Arbeitsgemeinschaft Mauerziegel e. V. Bonn, 2. Ausgabe 1995.

## 13.3 Sachwortverzeichnis


**A**bsorption....................23, 88, 117, 118, 120, 121, 127, 128, 129, 130, 140, 160, 165, 171, 175, 179, 180, 182, 185, 188, 200, 218, 221, 224, 225, 261, 329, 331, 339, 411, 412, 427
Absorptionseffekt....................................412
Absorptionsgrad..................................128, 129, 186, 187, 200, 201, 219, 225
Absorptionslinien...........................160, 355
Allgemein anerkannte Regel der Technik ............................................59, 66, 307
Altbau....................102, 163, 170, 183, 188, 190, 194, 246, 280, 292, 366, 384, 403
Altbausanierung....................................384
Altbausubstanz...............................224, 235
Amortisationsmethode.................71, 75, 76
Anforderungsniveau..... 81, 91, 93, 97, 110, 116, 162, 169, 239, 241, 245, 246, 345, 346, 348, 350, 353, 381, 383, 405, 425.
Anlagenaufwandszahl......87, 378, 379, 386
Anlagentechnik.............................100, 259, 353, 365, 366, 378, 379
Annuitätenmethode................71, 72, 74, 75
Atemluft....................................150, 264.80
Atomstrom.............................................161
Aufklärung2, 22, 38, 118, 206, 390, 395, 399
Aufwand................................6, 67, 70, 77, 85, 86, 89, 91, 95, 104, 105, 106, 108, 180, 198, 219, 222, 223, 236, 237, 238, 239, 241, 254, 255, 259, 382, 383
Ausnahmen68, 120, 183, 241, 368, 383–385
Aussage............... 2, 4-6, 8-11, 15, 17, 19, 21, 22, 26, 29-36, 38, 39, 41, 55, 57, 64, 65, 68, 69, 74, 76, 80, 96, 99-101, 105, 107, 109, 111, 157, 170, 171, 173, 175, 176, 180, 181, 207, 212, 215, 220, 230, 232, 235, 241, 243, 244, 246, 268, 276, 279, 292, 318, 320, 328, 343, 355-357, 362, 365, 366, 394, 400-405, 409, 410, 414, 415, 417, 419-422, 424-427, 429, 430, 432, 435-437
Aussagekraft...................................30, 336
Aussagewert.................................228, 363
Außenlärmpegel............................293, 304
Axiom................................ 5, 10, 14, 19, 36

**B**arwertgleichheit... 72, 73, 75-77, 81, 83
Baugefährdung........................................59
Baukultur....................... 183, 343, 391, 395
Bauschäden......... 1, 11, 117, 292, 341, 396
Bauschadensträchtigkeit........................183
Befreiung..........................................67, 68, 70, 94, 116, 117, 239, 241, 382-384
Begriffsverwirrung............. 3, 108, 403, 411
Behaglichkeit.......................................134, 150, 152, 153, 159, 197, 204, 211, 212, 234, 257, 258, 401, 405, 422, 435
Behaglichkeitsdefizite............................152
Behaglichkeitsdiagramm ....... 152, 257, 258
Behaglichkeitskriterien........... 152, 208, 212
Behaglichkeitstemperatur............. 150, 152
Beharrungszustand.................................86, 89, 90, 95, 116, 159, 173, 176-183, 187, 188, 207, 208, 211, 213, 217, 219, 220, 223-226, 228-235, 262, 276, 277, 282, 308, 325, 327, 337, 340, 349, 353, 361, 362, 391, 412
Beleidigung.............................................42, 55, 56, 161, 175, 390, 410, 414
Belüftete Konstruktion........... 202, 290, 392
Bestechlichkeit................ 7, 38, 60, 61, 419
Bestechnung............................... 17, 32, 61
Betrachtungszeitraum71, 74-75, 81, 105, 109
Betrug................................................2, 23, 32, 34, 38, 57, 58, 94, 96, 100, 109, 157, 172, 217, 228, 243, 246, 270, 355, 396, 399, 402, 404, 408, 418, 419.
Beweis.............................. 3, 5, 10, 21, 22, 26, 27, 31, 34-36, 38, 58, 63, 65, 69, 96, 107, 162, 173, 182, 217, 227, 359, 402, 410, 415, 426, 430, 431, 433-436
Blower-Door-Messung...........................291
Bußgeld............................. 49, 67, 68, 368

**C**O2-Minderung 101, 354, 360, 362, 364

**D**ämmaufwand .................................379
Dämmstoffkonstruktion 116, 198, 199, 216
Dämmstoffmassierung ..........................243
Dämmung ...........................1, 2, 16, 33, 80, 86, 92, 93, 107-110, 116, 157, 159, 160, 163, 171, 176, 187, 198, 204, 206, 207, 210, 211, 231, 236, 240, 243, 247-249, 265, 275, 280, 292, 310, 311, 325-327, 339, 346-348, 362, 364-366, 368, 371-373, 379, 382, 386, 421, 424, 431
Deckelfaktor ..................................252, 253
Deduktion .........................5, 22, 35, 36, 437
Demokratie ............................15, 18, 24-26, 28, 69, 365, 389, 390, 409, 411, 414
Diffusion ................260-262, 277, 279, 287, 288, 309-312, 317, 321-324, 364, 392
Diffusionswiderstandszahl .................277-279, 281, 284, 287, 312
DIN-Gläubigkeit 307
DIN-Normen (Vorschriften).......................2, 40, 51, 52, 54, 59, 60, 63-66, 68, 140, 146, 231, 276, 279, 291, 292, 307-310, 328, 340, 368, 391
Divergenz ..........................................78-85, 90-94, 96, 97, 102, 104, 105, 110, 111, 115, 240, 241, 366
Drittklassigkeit .................69, 399, 410, 417
Dübel ....................................................247

**E**ffektiver U-Wert ..............184, 200, 254
Effizienz ....................6, 58, 68, 86, 94, 100, 104, 106, 108, 109, 161, 235-238, 241-243, 326, 339,..361, 362, 401, 404, 421
Effizienzgrenze.......................94, 102, 106, 107, 117, 198, 238, 239, 326, 348, 384
Eigenfrequenz ........................295-299, 301
Einzahlangabe........................294, 295, 300
Elektromagnetische Strahlung .............125, 134, 154, 155, 158, 329
Emissionsgrad...............................127-132, 138, 139, 141, 147, 331, 338, 339
Emittierte Leistung................................126
Empirie ..............................5, 7, 35, 36, 134
Empirismus..........................................7, 20
Endenergieverbrauch ............................244
Energieaufwand ....................................379
Energiebilanzverfahren .................349, 352
Energiegewinn.........99, 159, 162, 164, 177, 180-182, 192, 193, 198, 201, 252, 254
Energiequantisierung.............................121
Energie-Verbrauchs-Analyse.................171
Energieverbrauchsminimum 104, 106, 108
Energieverschwendung......... 150, 289, 325
Erneuerbare Energien ...........................367
Ethik........... 8, 12, 14, 17, 19, 401, 403, 410
Euphemismus ............................................8

**F**alschaussage .......... 176, 337, 402, 436
Falsifikation........ 6, 8, 21, 22, 29, 31, 35, 38
Fehlerfortpflanzungsgesetz ............. 38, 414
Fensterglas .................................. 154, 394
Feuchteschäden ..................................151, 188, 256, 262, 267, 268, 271, 288, 290-292, 317, 364, 367, 372, 374, 382, 386, 391, 405, 416, 421
Feuchtetransport...................................188, 194, 211, 258, 260, 276, 278, 288, 310, 311, 321, 322
Forschungsmethodik ....... 34, 216, 219, 220
Fouriersche Wärmeleitungsgleichung ............... 173, 174, 218, 231, 232, 327

**G**esamtschalldämm-Maß.................304
Gesundheitsgefahr ........... 1, 256, 306, 396
Gesundheitsschäden....... 55, 293, 405, 427
Gewinnmaximierung.............................6, 9, 308, 340, 389, 396, 408, 420
Gewinnstreben.......................................2, 9
Gradtage................................................218
Graue Strahler .......................................126
Grenzfrequenz ...................... 295, 296, 301
Grenzwert ............................ 80, 81, 83, 84, 98, 101, 106, 107, 110-113, 117, 239-241, 300, 305, 326, 337, 347, 348

**H**albraumstrahlung .. 122, 123, 125, 126, 131, 135, 141-145, 147-149, 338
Härtefall ................................... 66, 70, 382
Heizenergiebedarf .......... 86, 102, 169, 235, 249, 327, 336, 349, 362, 369, 426, 427
Heizenergieverbrauch...........................168, 169, 220, 235, 327, 353
Heizkosten ........... 88-91, 96, 105, 172, 360
Heizkosteneinsparung ...................... 87-89, 91, 92, 94, 95, 100, 101, 102, 107, 108, 113, 242, 243, 366

Hohlraumstrahlung ................121-126, 129, 135, 141, 142, 144-147, 149, 155, 435
Hörgeschädigte ....................................306
Horrorszenario........................160, 161, 354
Hyperbelform.................................235, 236
Hyperbelfunktion ...........................105, 236
Hyperbeltragik ...............................68, 116, 241, 242, 246, 364, 423, 425

Illusion ..........................9, 10, 40, 169, 217

Induktion........................................5, 35, 36
Industrieinteressen.................................18, 40, 60, 65, 96, 253, 339
Informationsgesellschaft.................220, 414
Infrarot-Kamera .............................156, 157
Ingenieurwissenschaften................336, 340
Instationärer Zustand ......................86, 109, 116, 151, 163, 171, 173-175, 177-183, 206-208, 212-214, 216-221, 227-232, 246, 328, 340, 362, 411, 412, 427, 428
Intelligente Dampfbremse .....................261
Intuition.................................................7, 10
Intuitionismus ....................................10, 11
Investitionskosten............71-76, 89, 91, 98, 103, 105, 119, 243, 289, 394, 420, 424
Investitionskostendifferenz...............76, 77, 86, 88, 94, 100
Investitionsrechnung .............71, 72, 75, 78
Irrationalismus..........................................11

Kapitalwertmethode..........71, 72, 74, 75

Klima ..........................................1, 37, 100, 118, 162, 168, 180, 201, 207, 256, 278, 310, 342, 343, 354, 356, 358, 360, 363, 371, 376-378, 392.
Klimamodellrechnungen..................37, 359
Klimakatastrophe....16, 33, 37, 98, 160-162, 246, 340, 353-355, 359, 360, 362, 364
Klimaschutz...........................354, 423, 425
Klimatechnik..........................258, 259, 282
Klimazone..............................................159
Konklusion.............................11, 19, 29, 36
Konsens ............8, 11, 15, 69, 99, 411, 413
Konvektionsheizung.............................133, 135-137, 141, 144, 145, 150-153, 155, 156, 158, 234, 250, 257, 265, 266, 271, 362, 367, 375, 393, 435, 437
Konvergenz.......................................79, 80
Kostenaufwand...........77, 97, 109, 193, 360
Kostenminimum.........................................2, 104-108, 111, 361, 421, 422, 425
Kultur ....................... 12, 17, 20, 21, 23, 24, 30, 32, 62, 160, 183, 343, 399

Lautstärkeskala.................................293

Leichtbau .................................................2, 171, 180, 185, 212, 216, 223, 224, 290, 306, 327, 372, 375, 390-392
Lichtenfelser Experiment......................199, 204-207, 213, 214, 243, 325, 391
Lobbyismus.......................................12, 13, 18, 19, 28, 40, 107, 255, 340, 395, 418
Logik .............................................2, 3, 5, 7, 11, 13, 19, 21, 23, 24, 27, 29, 36, 69, 228, 230, 241, 389, 402, 435, 437
Luftdichtheit ..........................................288, 290, 291, 310, 311, 375, 427
Luftdichtheitsprüfung .................... 291, 375
Lüften..... 223, 266, 268, 271, 289, 365, 421
Luftfeuchte............................................256, 259, 260, 263, 267-271, 274, 278, 279, 281, 290, 291, 421
Lüftungsanlage.......................86, 198, 199, 259, 289, 290, 364. 367, 375, 376
Lüftungswärmebedarf...................153, 290, 349, 351, 375, 376
Lüftungswärmeverlust...........................153, 290, 349, 374, 386, 387

Machbarkeit.................... 119, 241, 341

Mangelfreiheit........................................308
Manipulation ..........................................10, 13, 35, 75, 78, 96, 116, 220, 276, 290, 303, 309, 330, 354, 401-403, 412, 418
Massiv-Absorber........................... 181, 367
Massivbau.............................................117, 156, 157, 169-171, 180, 187, 211, 290, 327, 340, 371, 375, 391, 392
Massivwand... 162, 163, 168, 171, 367, 368
Mehraufwand.... 70, 86, 89, 92-94, 150, 153
Mehrheitsmeinung.................................415
Mehrkostennutzenverhältnis71-74, 77-81, 83, 84, 88, 97, 99-101, 103, 109-113, 115, 116, 237, 239, 341, 243, 366, 420, 422
Meinungsfreiheit ............................ 41, 410
Menschenwürde ............................... 16, 41

Methode ............................................3, 5, 7, 9, 14, 20, 23, 29, 34, 35, 62, 68, 121, 136, 137, 171, 217, 218, 225, 231, 232, 287, 318, 350, 354, 418, 430, 437
Meßmethode ......................................437
Minderung .......................................48, 49, 52, 53, 63, 67, 70, 100, 153, 161, 198, 225, 237, 239, 247, 253, 254, 360, 362, 364, 412, 432
Moral ..................................................1, 8, 9, 12, 14-17, 19, 21, 26, 58, 361, 395, 397, 400, 409, 418

**N**achhaltigkeit...........................236, 341
Neubau .........................................187, 403
Niedrigenergiebauweise.210, 211, 249, 306
Niedrigenergiehaus ..........................1, 101, 103, 108, 109, 116, 168, 170, 185, 243
Nutzen ............................................24, 27, 31, 70, 77, 81, 85, 86, 89, 95, 97, 98, 102, 104-106, 108, 183, 212, 237-239, 241-243, 250, 339, 394, 420, 425, 432
Nützliche Wissenschaft..........................419

**O**bjektivismus ..................................17
Objektivität........................................17, 400
Oligarchie ..................................24 26, 414

**P**athologie................................1, 16, 28
Passivhaus .....................38, 91, 93, 94, 99, 103, 108, 109, 243, 427, 428.
Phasenverschiebung.....................199, 208
Plancksche Strahlungsgesetz........121, 125
Pluralismus.......................................18, 415
Plutokratie .......................................24, 414
Politikerverdrossenheit............15, 409, 411
Postulat ..................................................4, 19, 32, 343, 355, 361, 378, 411
Pragmatismus ...........14, 15, 19, 22, 27, 33
Prämisse ....................2, 11, 19, 27, 36, 38, 131, 218, 269, 270, 312, 317, 340
Produkteinführung.................................308
Prophetie ................................................20
Pseudowissenschaft....2, 22, 23, 33, 38, 94, 109, 212, 220, 224, 225, 276, 337, 394, 395, 402, 405, 425, 427, 429

**Q**uantenmechanik........... 118, 133, 136

**R**ationalismus .......................... 7, 11, 20
Raumklima..........................................153, 199, 208, 211, 257, 258, 266, 290, 327, 336, 364, 386, 393
Rechenmethoden .........................136, 137, 158, 276, 336, 340, 361, 362, 391
Rechtsbeugung........................................61
Reflektion.......................................35, 118, 127-129, 131, 132, 141, 339
Resonanzeinbruch........................ 295, 303
Resonanzfrequenz. 295, 296, 298-300, 302.
Restnutzungsdauer ......................... 81, 105
Ruheschutz..........................................306

**S**anierung................ 28, 86, 98, 110-112, 168, 194, 261, 271, 292, 304
Schadenersatz........... 42, 46, 47, 49, 53-55
Schalldämmung............. 295, 301-305, 392
Schalleinbruch .......................................294
Schalleindruck .......................................293
Scharlatanerie.................... 21, 22, 94, 101, 228, 336, 360, 363, 365, 399
Scheibenabstand........... 298-302, 385, 393
Schimmelpilz................................1, 51, 52, 150-152, 158, 188, 261, 262, 265-271, 273-276, 281, 309, 310, 325, 375, 432
Scholastik ............. 20, 22, 32, 37, 395, 399
Schwarzer Strahler ....................... 121, 132
Selbstüberschätzung ............ 399, 410, 416
Shareholder value................. 44, 117, 419
Simulation......... 37, 58, 155, 222, 223, 359
Simulationsmethode ..............................219
Simulationsmodell.................... 29, 36-38, 218, 220-222, 325, 369, 396, 420
Simulationsrechnungen ......... 222, 224, 350
Skelettbau.................................... 170, 290
Software........................................ 365, 366
Solarabsorption....................... 88, 225, 239
Solarenergie .......... 86, 117, 119, 157, 160, 162-165, 168, 169, 172, 174-176, 179, 180, 184, 187, 188, 191-194, 196,-198, 201, 216-219, 221, 223-225, 229, 230, 232, 234, 253, 254, 261, 325, 330, 331, 337, 367, 376, 378, 411, 412, 422

Solargewinn .................. 176, 185, 201, 231, 250, 253-255, 349, 429
Solargewinnfaktor .......... 184, 185, 194, 195, 197, 198, 218
Solarnutzung ........................................ 253
Solarstrahlung ...................... 119, 120, 126, 128, 129, 150, 155, 157, 160, 162-164, 167, 173, 174, 178, 180-187, 191-198, 200, 218, 221, 222, 224, 225, 233, 240, 253, 329-331, 343, 355, 361, 378, 411
Sonnenschutzgläser .............. 254, 255, 300
Sonnenwärme ............................... 171, 392
Sophismen ....................................... 21, 23
Sorption ............................ 2, 172, 183, 211, 214, 258, 260,-262, 276, 280, 281, 310, 312, 321-323, 363, 364, 384, 392
Sorptionsfähigkeit ........... 211, 258-260, 262, 268, 309
Spaßgesellschaft .................................. 306
Speicherfähigkeit ............ 89, 113, 117, 159, 162, 164, 174, 180, 181, 183, 191-193, 196-198, 204, 207, 208, 211-213, 218, 222-224, 229, 232-234, 261, 324, 327, 353, 362, 393, 428, 432
Speicherung ................. 1, 41, 86, 116, 117, 156, 159, 160, 163, 168, 176, 182, 183, 187, 197, 199, 210, 214, 233, 277, 282, 308, 325, 326, 334, 362, 392
Spektrale Intensitätsverteilung ...... 122, 123, 155, 160
Spezifische Wärmekapazität ................ 121, 184, 185, 196, 197, 199, 207, 213, 215, 230, 324, 331, 334
Staat ... 12, 15, 18, 24, 25, 28, 30, 40-42, 46, 49, 55, 66, 68, 99, 161, 389, 409, 411, 419, 430, 431.8, 10, 12, 16.ff, 17, 20, 27, 30, 31, 33, 193, 199, 208, 219, 221.
Stationäre Betrachtung ..... 90, 117, 187, 232
Stationäre Investitionsrechnung ............... 78
Stationäres Modell mit Absorption ...........23, 185, 218, 329, 330, 411, 412
Strahlplatte .......................................... 120, 133, 134, 140-144, 149, 154, 155, 437
Strahlung ........ 2, 41, 88, 118-121, 124-130, 132-134, 136-138, 140-142, 144, 150, 152, 154-156, 159, 205, 219, 328
Strahlungsaustausch ............................ 120, 130-134, 137-140, 339, 435, 436
Strahlungsaustauschzahl ........ 130-132, 422
Strahlungsheizung ................................ 118, 125, 130, 133-137, 139, 140, 142, 144-146, 149-158, 234, 250, 255, 257, 265, 269, 271, 290, 362, 367, 372, 375, 376, 385, 386, 393, 394, 413, 435-437
Strahlungsintensität ....... 123, 141, 165-168, 184, 185, 200, 201, 219, 343, 377, 412
Strahlungsleistung ................................ 124, 126, 133-137, 158, 338, 435, 436
Strahlungswärme .................................. 118, 144, 153, 157, 158, 328
Strahlungswerte ............ 187, 201, 202, 338
Streuung ....................................... 132, 160, 169, 336, 362, 363, 377, 379, 380, 414
Subjektivismus .................................. 17, 26
Subjektivität ...................................... 26, 27
Suggestion ..................................... 4, 27, 28
Superdämmung ...................... 2, 58, 68, 91, 105, 109, 116, 160, 162, 191, 237, 243, 345, 382, 413, 422, 423, 434

## T

Täter-Opfer-Syndrom ........................ 399
Täuschung ............... 2, 6, 9, 10, 23, 29, 35, 43, 44, 102, 105, 107, 115, 208, 228, 229, 237, 291, 327, 360, 403, 404, 408
Tauwasser ............. 266-268, 274, 277-280, 282-284, 288, 309-320, 322, 392, 421
Tauwasser-Nachweis ................... 274, 277, 282, 310, 312, 315, 316, 319, 320, 421
Tauwasserschutz ................................ 266, 276, 291, 309, 310, 421
Temperatur-Amplituden-Verhältnis ........................................ 199, 208-212
Temperaturdifferenz120, 135-138, 140, 143, 148, 171, 175, 176, 181, 182, 184, 187, 200, 213, 215, 226, 227, 229, 230, 233, 248, 250-252, 265, 266, 271, 277, 320, 332, 333, 335, 338, 347, 371, 372, 385
Temperaturfaktor ............ 137, 138, 270-276
Temperaturgradient 175-177, 217, 221, 230
Thermodynamik ..... 118, 120, 121, 133-136, 139, 152, 158, 176, 338, 413, 434
Treibhauseffekt ............................. 154, 158, 160, 246, 355, 359, 360
Trial and error Methode ........................... 29
Tyrannis ........................................... 25, 26

Übertemperatur ......... 121, 135-137, 148, 152, 158, 437

Üble Nachrede ........................................56
Undichte Fenster ...........................288, 364
Wärmestrahlung .....118-121, 123, 125, 126, 128, 129, 136, 154-158, 369, 394.
Wärmestromdichte ........................116, 140, 151, 174, 176, 178, 217, 218, 222, 225, 228, 229, 232-234, 246, 276, 277, 282
Wärmeträgheit ...............................178, 180
Wärmetransport .....................120, 140, 215
Wasserdampfsättigungsdruck ...............276, 282-284, 310, 318
Wasserdampfteildruck.....276, 282-284, 310
Wiensche Gesetz ..................................123
Wildwuchs ....................................328, 369
Willkür..................10, 75, 96, 138, 276, 312, 314, 316, 321, 322, 325, 329, 330, 333, 345, 346, 348, 370, 376, 378, 389, 412
Wirtschaftlichkeitsgebot................1, 66, 67, 70, 81, 91, 94-96, 99, 114, 117, 239, 240, 348, 361, 382

Universität22, 28, 30, 355, 401, 407, 408
Untreue.......................................57, 58, 107
Unwissenheit..........6, 29, 32, 291, 399, 430
U-Wert-Bonus.........................183, 191, 196

Verankerung .....................................247
Verantwortungslosigkeit.............18, 54, 399
Verbraucherschutz ..................93, 366, 390
Verbrauchsanalyse.........................170, 172
Verifikation..........................................10, 31
Verjährung..............................43-45, 47, 53
Verkrustung ............................................416
Vorlauftemperatur
Verleumdung ..................................20, 22, 28, 41, 56, 390, 410, 415
Vermarktungsinteressen .......................309
Vorteilsannahme ...............................60, 61
Vorteilsgewährung............................60, 61

Wahrheit .... 2, 3, 6-8, 10, 17, 19, 21-23, 26-28, 30-34, 37, 39, 55, 69, 220, 249, 323, 390, 394, 398-404, 406, 408, 410, 415, 419, 420, 425, 432, 434, 435
Wahrheitsfindung .........32, 34, 38, 397, 398
Wandlung .......................101, 140, 232, 244
Wandstrahler..........................................136
Wärmebrückeneffekt
........................ 220, 249, 261, 370, 371
Wärmebrückenfreies Haus.....................248
Wärmedämmung ....................1, 68, 70, 86, 113, 117, 127, 156, 159, 161, 198, 223, 247, 249, 269, 271, 309, 311, 318, 326, 330, 331, 367, 420, 421, 424, 426
Wärmedämmverbundsystem.......96, 98, 99, 103, 104, 115, 127, 157, 162, 163, 172, 188, 246, 248, 261, 262, 288, 310, 311, 313, 322, 323, 326, 363, 364, 384, 392
Wärmedurchgangskoeffizient..88, 113, 159, 173, 184, 200, 214, 226, 229, 237, 239, 241, 252, 275, 328, 337, 339, 347, 374
Wärmedurchlaßwiderstand...................180, 208, 209, 226-228, 230, 252, 254, 275, 277, 284, 285, 311, 328, 329, 337, 374
Wärmeeindringkoeffizient183-185, 189, 190, 194,-197, 199, 208, 209, 213, 214, 230
Wärmelecks...........................................156
Wärmeschutzgläser154, 158, 253, 255, 271
Wärmespeichervermögen
................ 199-201, 203, 213, 214, 230

Wirtschaftsinteressen................. 31, 69
Wissenschaft ........................... 1-10, 12-18, 20-24, 27, 28, 30-39, 41, 45, 54-58, 62, 65, 69, 94, 96, 99, 103, 107, 109, 118, 137, 158, 169, 191, 211, 212, 217, 218, 220, 224, 225, 228, 230, 235, 236, 246, 276, 292, 331, 336-338, 340, 353, 355, 361, 380, 390, 394-396, 398-419, 425, 427-429, 431-434, 436
Wissenschaftsethik.................... 33-35, 411.
Wissenschaftstheorie... 5, 7, 14, 19, 34, 437
Wucher ....................................... 43, 44, 58

Zeitkonstante....................................336
Zensur............................................ 41, 398
Zwischensparrendämmung ..................95

## 13.4 Namensverzeichnis


### A

Aggen ........... 428, 429, 430, 431
Aristoteles 3, 8, 10, 13, 21, 27, 31
Aßmann ........... 425

### B

Bacon, Francis ........... 7, 21, 35, 38, 396, 420
Beckstein ........... 404
Bengtsson ........... 360
Boltzmann ........... 120, 124, 125, 135, 139, 156, 158, 330, 332, 339, 438
Bossert ........... 171, 432
Bruer ........... 436
Bruno Fritsch ........... 399

### C

Cammerer ........... 178
Cheney ........... 161
Cicero ........... 21
Cziesielski ........... 433

### D

Di Trocchio ........... 37, 403, 405, 407, 418, 438
Dinkel ........... 429

### E

Edinson ........... 27
Ehm ........... 85, 424, 425, 428
Eicke-Hennig ........... 15, 425, 426
Einstein ........... 31, 32, 121, 402, 403, 407, 408
Erasmus von Rotterdam ........... 161

### F

Faraday ........... 27
Fehrenberg ........... 172, 433
Feist ........... 94, 103, 428, 429, 431
Fraunhofer ........... 160, 356

### G

Galilei ........... 6, 37
Gerlich ........... 356, 360
Gertis ........... 85, 227, 228, 403, 424, 428, 429, 431, 432, 434, 435
Giordano Bruno ........... 37
Goethe ........... 436
Goppel ........... 402, 408
Grochal ........... 429

### H

Haferland ........... 210, 211
Hauser ........... 222, 234, 247, 249, 253, 362, 366, 402, 403, 406, 408, 409, 425, 428, 430
Heindl ........... 173

### J

James ........... 19
Jesaja ........... 323, 406, 421

## K

Kant4, 10, 15, 17, 158, 400, 404
Kasper .................................. 432
Kepler ................................ 6, 27
Kopernikus ............................ 5, 22, 37, 406, 420, 421
Krüger, Ulrich ......................... 33

## L

Latif 37
Lessing ..................... 21, 27, 403
Lincoln ............................ 38, 391
Locke ...................................... 10

## M

Mach ......................................... 6
Markl ..................... 356, 411, 420
Michel ..................................... 99
Middelhof ................................ 13
Moriske .................................. 292
Münzer, Christoph .................. 52

## N

Newton .............................. 6, 27

## P

Planck ............. 31, 120-122, 124, 129, 135, 141, 155, 436
Plato ...... 8, 10, 15, 24, 25, 26, 29
Popper ......................... 5, 29, 34, 403, 415, 427, 437

## R

Rath, Ursula ......................... 424
Reich-Ranicki ......................... 69
Reick ........................... 436, 437
Ron Sommer .......................... 13
Roschild ................................ 430
Rousseau ................ 56, 161, 411
Royar ................................... 432,
Russell ....................... 4, 404, 416

## S

Schettler-Köhler ..................... 427
Schmidt-Eisenlohr .................. 430
Schulze-Darup ....................... 404
Sokrates .................................... 8
Spandauer .................... 437, 438
Stefan .......................... 120, 124, 125, 156, 158, 330, 438
Steinbuch ............................ 3, 4, 21, 23, 31, 158, 220, 355, 396, 405, 407, 413
Stotmeister .................... 429, 431
Strauß .................................. 366

## T

Thomas Haffa .......................... 13
Thomas von Aquin .................. 30

## V

Venzmer ............................... 261
von Humboldt, Wilhelm ........... 30

## W

Walter Jens ............................. 21
Werner .................................. 85, 412, 427, 428, 434, 435
Wertheimer ........................... 416
Wick ..................................... 224
Wiechmann/Varsek ............... 235
Wild ........................ 32, 401, 404

## Z

Zietz ..................................... 431
Zöttl ....................................... 35